Python
无人机编程

刘伟善 / 编著

清華大學出版社

北 京

内 容 简 介

本书全面而系统地介绍了基于 Python 编程语言的无人机飞行技术的原理及实现过程。本书分为上下两篇共 8 章，第 1 章至第 4 章为上篇，第 5 章至第 8 章为下篇。第 1 章介绍无人机的飞行原理、基本结构、应用领域以及智慧飞行器及其未来发展趋势。第 2 章详细讲解 Python 语言的特点、安装方法以及常用编辑器的配置。第 3 章重点介绍 Python 语句、变量、数据类型、数值转换、函数等核心概念及其应用。第 4 章介绍无人机起飞、降落、移动等基本操作，以及如何通过 Python 代码实现这些功能。第 5 章深入探讨无人机编程中的数据结构应用、数据处理与分析方法，详细介绍列表、元组、字典等高级数据结构在无人机编程中的运用。第 6 章系统介绍航线拍摄、定点航拍、地形测绘、智慧航运、空中物流、飞行表演、键盘控拍等高级编程技巧。第 7 章详细介绍无人机在视觉跟踪与多机编队飞行方面的技术，包括人脸识别与追随、多机协同飞行、编队变换等，提升读者的无人机编程与操控技能。第 8 章详细介绍无人机编程竞赛策略、团队协作、编程技巧及迷宫竞赛实例。增强读者的创新思维与团队协作，为职业发展打下坚实基础。

本书图文并茂，生动有趣，实例丰富，讲解细致且深入，操作性强。它是中小学创新人才教育、创客教育、劳动教育、科技教育及 STEM 无人机编程的理想工具书，也是无人机竞赛、科技教师培训的首选指南，更可作为大中专高职院校无人机、现代物流、软件工程等专业的教材或参考书。对 Python 无人机编程技术研发人员而言，本书同样是一本宝贵的实用手册。

图书在版编目（CIP）数据

Python 无人机编程 / 刘伟善编著. -- 北京 : 清华大学出版社, 2025. 4. -- ISBN 978-7-302-68631-6

Ⅰ. TP312.8；V279

中国国家版本馆 CIP 数据核字第 20258M4P74 号

责任编辑： 邓　艳
封面设计： 刘　超
版式设计： 楠竹文化
责任校对： 范文芳
责任印制： 丛怀宇

出版发行： 清华大学出版社
网　　址：https://www.tup.com.cn，https://www.wqxuetang.com
地　　址：北京清华大学学研大厦 A 座　　邮　　编：100084
社 总 机：010-83470000　　邮　　购：010-62786544
投稿与读者服务： 010-62776969，c-service@tup.tsinghua.edu.cn
质量反馈： 010-62772015，zhiliang@tup.tsinghua.edu.cn
印 装 者：北京同文印刷有限责任公司
经　　销：全国新华书店
开　　本：185mm×260mm　　印　　张：28　　字　　数：707 千字
版　　次：2025 年 5 月第 1 版　　印　　次：2025 年 5 月第 1 次印刷
定　　价：99.80 元

产品编号：094959-01

编 写 人 员

编　著：刘伟善

参　编：张翼飞

张燕洁

前言

PREFACE

在科技的浩瀚星空中，无人机如同璀璨的星辰，引领着智能飞行的未来。随着信息技术的飞速发展，无人机技术正以前所未有的速度融入我们的生活，从航拍测绘到农业植保，从应急救援到物流配送，其应用之广、价值之大，令人瞩目。然而，要让无人机真正翱翔于天际，发挥其无限潜力，离不开编程的智慧与数据处理的力量。

本书正是基于这样的背景应运而生，旨在为无人机编程爱好者、教育工作者以及科技探索者提供一本全面、系统、实用的指南。通过本书的学习，读者不仅能够掌握 Python 编程语言在无人机控制中的应用，更能够深入理解无人机编程背后的科学原理与技术逻辑，从而激发创新思维与增强实践能力。

本书是一本实践创新素养培养课程，作为创新课程，本书分为上下两篇共 8 章，第 1 章至第 4 章为上篇，第 5 章至第 8 章为下篇。每一章内容都经过精心设计与编排，力求让读者在轻松愉快的氛围中掌握无人机编程的核心技术。

第 1 章带领读者走进无人机的神秘世界，了解无人机的飞行原理、基本结构、应用领域以及智慧飞行器及其未来发展趋势。通过该章的学习，读者将对无人机有一个全面的认识，为后续的学习奠定坚实基础。第 2 章详细介绍 Python 编程语言的特点、优势以及在无人机编程中的应用。同时，该章还提供了 Python 的安装步骤与常用编辑器的使用方法，为读者搭建起编程学习的第一步。第 3 章从 Python 编程的基础知识入手，通过丰富的实例和练习，让读者掌握 Python 语句、变量、数据类型、数值转换、函数等核心概念，为后续的无人机编程打下坚实的语言基础。第 4 章以无人机起飞降落编程为起点，逐步深入探讨 Tello SDK 与无人机控制、顺序结构与飞行速度调整、if 条件判断与飞行路径选择、for 循环与长时间任务控制等核心内容。通过该章的学习，读者将能够编写简单的无人机控制程序，实现无人机的基本飞行功能。第 5 章聚焦于无人机飞行过程中的数据处理与分析。该章通过列表、元组、集合、字典等高级数据结构的运用，以及函数与类的设计，让读者掌握无人机飞行数据的处理与分析方法，为复杂的无人机编程任务提供有力支持。第 6 章结合无人机的实际应用场景，介绍航线拍摄、定点航拍、地形测绘、智慧航运、空中物流、飞行表演、键盘控拍等高级编程技巧。通过该章的学习，读者将能够编写出具有实际应用价值的无人机程序，实现无人机的智能控制与协同作业。第 7 章涵盖图像识别、人脸追随、多机编队飞行等前沿技术。通过该章的学习，读者将能够掌握无人机视觉跟踪与多机协同飞行的核心技能，为无人机技术在公共安全、环境监测等领域的应用奠定坚实基础。第 8 章详细介绍无人机编程竞赛策略、团队协作、编程技巧及迷宫竞赛实例，通过该章的学习，能提升读者的无人机编程能力，增强创新思维与团队协作，为职业发展打下坚实基础。

在精心雕琢本书的每一章节时，我深知，这不仅是一次技术的传授，更是一场关于创新、实践与梦想的探索之旅。本书如同一座桥梁，连接着知识的彼岸与创新的未来，引领每一位读者跨越学科界限，迈向无人机编程的广阔天地。

作为每章的启航灯塔，章首导言不仅为你揭示了学习航程的目的地与目标，更为你在知识的海洋中航行提供了明确的导向。它们如同航海图上的坐标，确保你在探索之旅中既不迷失方向，又能适时地回望，评估自己的成长与进步。

在这趟学习之旅中，你会发现，书中那些加粗标记的栏目，正是为你铺设的通往无人机智慧殿堂的阶梯。“知识链接”不仅是获取知识的桥梁，更是激发你对无人机编程领域的好奇心与求知欲，助你构建起坚实的知识基石；“课堂任务”如同指南针，确保你的学习之旅方向明确，每一步都踏在实处，让知识的吸收更加高效而系统；“探究活动”则是你实践创新的舞台，它鼓励你走出理论的象牙塔，通过团队协作与创造性尝试，你将学会如何以工程师的眼光审视问题，以科学家的精神探索未知，从而在实践中磨砺出扎实的技术素养与敏锐的创新意识；“成果分享”倡导的是一种开放共享的文化，鼓励你在交流中成长，在分享中进步，让创新的火花在集体智慧的碰撞中更加灿烂；“思维拓展”引领你跨越已知的边界，勇敢踏入未知的领域，用批判性与创造性的思维，探索无人机编程的无限可能，构建属于你自己的知识大厦；“当堂训练”与“想创就创”是你技能巩固与创意实现的双重保障，通过实战演练与创意设计，你的逻辑思维、工程思维、技术思维乃至创新思维将得到全面锻炼与提升。

这些精心设计的栏目，不仅是你掌握 Python 无人机编程技术的得力助手，更是你科学素养、技术素养、工程素养、数学素养以及创新与跨学科素养全面发展的强大推手。它们相互交织，共同编织出一张紧密的学习网，让你在享受编程乐趣的同时，也能在无形中成长为具备跨学科整合能力与创新精神的新时代拔尖创新人才。

本书的诞生，离不开众多专家的悉心指导与无私奉献。刘进明先生的实例支持与技术助力，广东省刘伟善名教师工作室成员张翼飞老师与张燕洁老师的辛勤笔耕与代码测试，都为本书增添了不可磨灭的光彩，其中张翼飞老师为本书提供了 12 个课例，约 12 万字，张燕洁老师为本书提供了 8 个课例，约 6.2 万字。在此，我再次向他们致以最深切的感谢。同时，我也要感谢所有为本书付出辛勤努力的编辑和工作人员，是他们的辛勤工作使得本书得以顺利出版。

我坚信，《Python 无人机编程》将成为你无人机编程征途上的忠实伴侣，携手共赴无人机技术的广阔天地。让我们一同在 Python 编程的海洋中破浪前行，在无人机翱翔的天际留下我们创新的足迹，共同绘制属于我们的璀璨未来！

由于个人视野与能力的局限，书中难免存在不足之处，我诚挚地邀请每一位读者成为我的同行者，用你们的智慧与反馈，共同雕琢这部作品的每一个细节，使之更加完善，更加贴近读者的愿望。

编　者

目录
CONTENTS

上 篇

下　篇

上篇

第1章 走进无人机世界

CHAPTER 1

走进无人机世界，这是一场探索科技前沿、领略未来之翼的奇妙之旅。随着社会的进步和技术的飞跃，无人机已不再是遥不可及的梦想，而是广泛应用于各个领域，从航拍测绘到农业植保，从应急救援到物流配送，其社会价值与日俱增，成为推动社会发展的新动力。

本章将引领你深入无人机的奥秘，从概述到应用，从飞行原理到基本结构，再到无人机发动机与系统组成，每一步都蕴含着知识的火花。特别地，本章内容紧扣新课标新课程的核心素养要求，旨在通过多学科融合的教学，激发你的创新思维、计算思维、逻辑思维、系统思维与结构思维，培养你解决复杂问题的能力。

学习本章，不仅意味着你将掌握无人机的基础知识与技能，更预示着你将成为未来科技社会的积极参与者和创造者。无人机技术的学习与应用，不仅能够拓宽你的视野，提升你的实践能力，更将对社会产生深远影响，助力智慧城市建设，推动行业革新，让科技之光照亮每一个角落。此刻，让我们一同启航，飞向无人机世界的无限可能！

本章主要知识点：

- 初探苍穹：无人机概述。
- 构造揭秘：无人机结构。
- 探索奥秘：无人机飞行原理。
- 飞行奥秘：多旋翼无人机飞行合力。
- 技术进阶：无人机动力系统。
- 智慧引领：无人机系统。
- 创新实践：无人机组装与挑战。
- 未来展望：无人机应用与发展趋势。

1.1 初探苍穹：无人机概述

知识链接

无人机，又称为无人驾驶飞行器（unmanned aerial vehicle，UAV），是一种无须载人驾驶的航空器。它依靠无线电遥控设备和自备的程序控制装置进行操纵，或由车载计算机实现完全或间歇的自主操作。相较于有人驾驶飞机，无人机在执行危险或简单重复任务时往往更具优势。

一、无人机发展历史

无人机的起源可回溯到 1914 年，彼时第一次世界大战激战正酣。英国的卡德尔和皮切尔两位将军，基于对战局的洞察与军事战略的考量，向英国军事航空学会提出了一项石破天惊的创新性建议：研发一种无须人员驾驶，仅依靠无线电操纵的小型飞机。这种飞机肩负着特殊使命——飞往敌方目标区域并投下预置炸弹。此构想犹如一颗火种，点燃了无人机发展的最初火焰。

1917 年是无人机发展历程中的一个关键节点。皮特・库柏和埃尔默・A. 斯佩里成功发明了第一台自动陀螺稳定器，这项发明如同为无人机的诞生搭建了坚实的骨架，无人飞行器就此应运而生。此后，无人机技术在摸索中前行。直至 1935 年，DH. 82B 蜂王号的问世，成为了无人机技术发展道路上的一座丰碑，它成功实现了无人机的自动返航，这一突破使得无人机在实际应用中具备了更高的可行性与安全性。

步入 20 世纪 30 年代，随着无人机技术的日臻成熟，英国政府敏锐地捕捉到其在军事领域的潜在价值，随即着手研制无人靶机，旨在通过它校验战列舰上火炮的攻击效果。1933 年 1 月，由“费雷尔”水上飞机改装而成的“费雷尔・昆土”无人机试飞成功，这一标志性事件，不仅宣告了无人机在军事应用层面的实质性进展，更为后续航空技术的迅猛发展奠定了基础。自此，航空技术如脱缰之马，飞速前行，至今已催生出数以千计性能各异、技术先进且用途广泛的无人机类型，长航时无人机凭借其超长续航能力，能在广袤天空长时间巡航；无人攻击机以其强大的攻击力，成为现代战争中的锐利武器；垂直起降无人机不受场地限制，可灵活执行任务；微型无人机则凭借小巧身形，在复杂环境中发挥独特作用。

时间来到 1982 年 6 月 9 日，在黎巴嫩贝卡谷地，一场震撼世界的大规模空战爆发。以色列空军精心策划，巧妙运用“侦察兵”和“猛犬”无人机，对盘踞此地的叙利亚萨姆导弹阵地发起奇袭。仅仅 6 分钟，叙利亚的 19 个萨姆导弹阵地便被彻底摧毁。这场战役，无疑是无人机在现代战争舞台上的一次精彩亮相，充分展示了无人机在军事作战中的巨大威力与战略价值。

21 世纪初，科技的浪潮推动着无人机向更精致化方向发展，迷你无人机应运而生。它们的机型更加小巧玲珑，却不失性能的稳定性，进一步拓展了无人机的应用场景。

而在世界的东方，新中国成立后，尽管面临着资金匮乏、技术封锁等诸多艰难险阻，但我国科研工作者怀揣着强国梦想，以坚定的信念毅然投身于无人机研发事业。早期，他们凭借着顽强的毅力与不懈的钻研精神，从无到有，逐步掌握了无人机的基本原理与技术，开启了艰难的自主探索之路。

随着时间的推移，我国在无人机领域取得了一系列举世瞩目的重大突破。在军事领域，“彩虹”系列无人机宛如天空中翱翔的利剑，以长航时、高机动性以及强大的侦察打击能力，在保卫我国领空、执行边境巡逻等任务中发挥着无可替代的作用，成为捍卫国家安全的重要力量。“翼龙”系列无人机更是凭借其卓越的性能与可靠的品质声名远扬，不仅极大地增强了我国军事力量，还在国际军事合作与交流中崭露头角，赢得了国际社会的广泛赞誉，有力提升了我国在军事领域的国际影响力。

与此同时，在民用领域，中国无人机的应用如星火燎原般迅速拓展。农业植保无人机的出现，彻底变革了传统农业植保模式，显著提高了农药喷洒的效率与均匀度，为我国农业现代化进程注入了强大动力。电力巡检无人机凭借其灵活的飞行性能与高精度检测设备，能在崇山峻岭间自如穿梭，对电力线路进行全方位、无死角巡检，有力保障了电力供应的稳定与可靠性。此外，在影视航拍领域，无人机以独特视角为观众带来震撼的视觉体验；在环境监测方面，它能快速获取大面积环境数据；在测绘领域，无人机能精准高效地完成地形测绘任务。无人机在诸多民用领域都展现出独特优势与巨大应用潜力。

如今，中国无人机产业已经步入高速发展的黄金时代。国内科研机构与企业持续加大研发投入，在无人机核心技术研发上屡创佳绩。在飞控系统方面，我国自主研发的飞控算法不断优化，日益成熟，能够实现无人机精准定位、稳定飞行以及智能避障等复杂功能。在动力系统上，新型电池与电机技术如雨后春笋般不断涌现，显著提升了无人机的续航能力与动力性能。以大疆为代表的一批优秀无人机企业，凭借创新的产品设计、卓越的性能以及完善的服务体系，在全球无人机市场占据了重要地位，成为中国智造的杰出代表与闪亮名片。

二、无人机的特点

1. 无人机的优势

与有人机相比，无人机具有以下优势。

（1）机上没有驾驶员，无须配备生命保障系统，简化了系统、减轻了重量、降低了成本。

（2）机上没有驾驶员，执行危险任务时不会危及飞行员安全，更适合执行危险性高的任务。

（3）机上没有驾驶员，可以适应更激烈的机动飞行和更加恶劣的飞行环境，留空时间也不会受到人所固有的生理限制。

（4）无人机在制造、使用和维护方面的技术门槛与成本相对更低。制造方面：放宽了冗余性和可靠性指标，放宽了机身材料、过载、耐久等要求。使用方面：使用相对简单，训练更易上手，且可用模拟器代替真机进行训练，节省了真机的实际使用寿命。维护方面：维护相对简单，维护成本低。

（5）无人机对环境（包括起降环境、飞行环境和地面保障等）要求较低。

（6）无人机相对重量轻、体积小、结构简单，应用领域广泛。

2. 无人机的局限性

与有人机相比，无人机具有以下局限性。

（1）无人机上没有驾驶员和机组人员，对导航系统和通信系统的依赖性更高。

（2）无人机放宽了冗余性和可靠性指标，降低了飞行安全。当发生机械故障或电子故障时，无人机及机载设备可能会产生致命损伤。

（3）无人机的续航时间相对较短，尤其是电动无人机。

（4）无人机遥控器、地面站、图传、数传电台等设备的通信频率和地面障碍物等，限制了无人机系统的通信传输距离，限制了无人机的飞行范围。

（5）无人机的体积、重量和动力等，决定了无人机的抗风、抗雨能力有限。

三、无人机的分类

近些年来，国内外无人机相关技术飞速发展，种类繁多，按应用领域的不同，无人机可分为军用无人机、民用无人机和科研无人机。还可以从飞行尺度、飞行高度、活动半径、平台构型、用途、飞行速度、性能等多方面进行分类。

根据载重量大小，民用无人机可分为微型无人机、轻型无人机、小型无人机、中型无人机和大型无人机，具体分类如表 1.1 所示。

表 1.1　无人机按尺度分类

无人机分类	无人机载重量大小
微型无人机	空机重量小于 0.25kg，设计性能同时满足飞行真高不超过 50m、最大飞行速度不超过 40km/h、无线电发射设备符合微功率短距离无线电发射设备技术要求的无人机
轻型无人机	同时满足空机重量不超过 4kg、最大起飞重量不超过 7kg、最大飞行速度不超过 100km/h，具备符合空域管理要求的空域保持能力和可靠被监视能力的无人机（不包括微型无人机）
小型无人机	空机重量不超过 15kg 的无人机、轻型无人机
中型无人机	最大起飞重量超过 25kg 不超过 150kg，且空机重量超过 15kg 的无人机
大型无人机	最大起飞重量超过 150kg 的无人机

按飞行高度的不同，无人机可分为超低空无人机、低空无人机、中空无人机、高空无人机和超高空无人机，具体分类如表 1.2 所示。

表 1.2　无人机按飞行高度分类

无人机分类	无人机的飞行高度/m
超低空无人机	0～100
低空无人机	100～1000
中空无人机	1000～7000
高空无人机	7000～18000
超高空型无人机	>18000

按活动半径的不同，无人机可分为超近程无人机、近程无人机、短程无人机、中程无人机和远程无人机，具体分类如表 1.3 所示。

表 1.3　无人机按活动半径分类

无人机分类	无人机的飞行航程/km
超近程无人机	<15
近程无人机	15～50
短程无人机	50～200
中程无人机	200～800
远程无人机	>800

无人机按应用领域可划分为军用与民用两大类。军用无人机，如图 1.1 所示，主要分为侦察机和靶机，它们承担着侦察预警、跟踪定位、特种作战、中继通信、精确制导、信息对抗、战场搜救等多种战略和战术任务。而民用无人机通过“无人机+行业应用”的模式，成了真正的刚需，广泛应用于农业植保、快递运输、灾难救援、野生动物观察、传染病监控、测绘、新闻报道、电力巡检、救灾等领域，如图 1.2 所示。摄影无人机在影视拍摄、监控航拍、个人自拍、各类直播等领域也常见其应用，如图 1.3 所示。此外，它们还涉足警用安防、消防、气象、交通巡逻，以及城市规划、资源勘探和地图测绘等政府公共服务领域，极大地拓展了无人机的用途。随着技术的成熟，无人机的使用门槛降低，普通大众也能亲身体验无人机的魅力。世界各国也在积极推动无人机技术研发及其在行业中的应用。

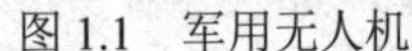
图 1.1 军用无人机

图 1.2 民用无人机

图 1.3 摄影无人机

进一步按飞行平台构型分类，无人机可分为固定翼无人机、无人直升机、多旋翼无人机等。

固定翼无人机：这类无人机依靠动力装置产生向前的推力或拉力，由固定在机身上的机翼产生升力，是在大气层内飞行且重于空气的飞行器。其特点显著，载荷较大，能携带较多设备；续航时间长，可长时间执行任务；航程远，飞行速度快，飞行高度高，适合长距离、大范围作业。然而，它的起降受场地限制，需要跑道等特定场地，并且无法在空中悬停。

无人直升机：无人直升机依靠动力系统驱动一个或多个旋翼，产生升力和推进力，能实现垂直起落、悬停、前飞、后飞、定点回转等可控飞行。依据旋翼数量和布局方式，可分为单旋翼带尾桨、共轴式双旋翼、纵列式双旋翼、横列式双旋翼和带翼式等不同类型。其优势在于可垂直起降、悬停，操作灵活，能向任意方向飞行，适用于对场地要求苛刻、需要灵活机动的任务场景。但缺点是结构复杂，零部件众多，导致故障率较高。相比固定翼无人机，其飞行速度低、油耗高、载荷小、航程短、续航时间短。

多旋翼无人机：多旋翼无人机具有三个及以上旋翼轴，以此提供升力和推进力，具备垂直起降能力。与无人直升机通过自动倾斜器、变距舵机和拉杆组件实现桨叶周期变距不同，多旋翼无人机的旋翼总距固定不变，通过调整不同旋翼的转速改变单轴推进力大小，进而改变飞行姿态。其结构简单，易于组装和维护；价格低廉，在消费级市场广泛普及；操作灵活，可向任意方向飞行。不过，它的有效载荷较小，难以搭载大型设备，续航时间也较短。

课堂任务

通过一系列精心设计的趣味探究活动，引导读者在轻松愉快的氛围中学习并掌握无人机的基本知识，包括其定义、发展历史、特点和分类，在互动体验中进一步深化对无人机的理解与兴趣。

探究活动

1. 活动一：无人机知识卡片游戏

第 1 步，准备材料

制作一系列无人机知识卡片，每张卡片上写有一个关于无人机的术语或知识点（如“无人机的定义”“无人机的发展历史”“无人机的优势”等）。每个小组分发一套卡片。

第 2 步，卡片游戏

将读者分成若干小组，每组 3～5 人。每组通过抽卡的方式，随机抽取一张卡片，然后小组成员共同讨论并解释卡片上的知识点。小组讨论结束后，向全班分享他们的讨论结果。

第 3 步，分享与讨论

每组分享他们的讨论结果，其他小组可以提问和补充。讨论过程中，教师可以补充和纠正知识点，确保信息的准确性。

2. 活动二：无人机分类与应用匹配游戏

第 1 步，准备材料

制作一系列无人机分类卡片（如“微型无人机”“轻型无人机”“固定翼无人机”等）和应用卡片（如“农业植保”“快递运输”“影视航拍”等）。每个小组分发一套卡片。

第 2 步，匹配游戏

将读者分成若干小组，每组 3～5 人。每组通过讨论，将无人机分类卡片与应用卡片进行匹配，找出每种无人机适用于哪些应用场景。小组讨论结束后，向全班展示他们的匹配结果。

第 3 步，展示与评选

每组展示他们的匹配结果，并解释匹配的依据。评选出最佳匹配小组，并给予小奖品作为奖励。

3. 活动三：无人机发展历史时间线制作

第 1 步，准备材料

准备一张长条形的纸或布，用于制作时间线。准备一些小卡片或标签，用于标注无人机发展的重要事件和时间点。

第 2 步，时间线制作

将读者分成若干小组，每组 3～5 人。每组根据教材内容，将无人机发展的重要事件和时间点标注在时间线上。小组讨论结束后，向全班展示他们的时间线。

第 3 步，展示与讨论

每组展示他们的时间线，并解释每个事件的意义。其他小组可以提问和补充，共同讨论无人机的发展历程。

想一想： 通过本节课的内容，请描述一下当前无人机种类有哪些？为什么要这样分类？

成果分享

踏入无人机领域，你仿佛开启了一扇通往未来科技的大门。无人机的历史源远流长，从最初的简单军事靶机，到如今集高科技于一身的空中精灵，它的每一次飞跃都凝聚着人类的智慧与创新。

在无人机的广阔天地里，你会发现它们多姿多彩的分类。有的是固定翼无人机，像鹰击长空，续航力惊人；有的是多旋翼无人机，灵活多变，能在空中翩翩起舞。无论是军用无人机的威武霸气，还是民用无人机的亲民实用，都让你对无人机的应用前景充满了无限遐想。

这次学习之旅，不仅让你对无人机有了全面的认识，更激发了你对科技探索的热情。你会期待，未来的无人机将如何改变我们的生活，又将在哪些领域创造新的奇迹。

思维拓展

如图 1.4 所示，创新无人机种类需要从多维度考虑。首先，从飞行方式入手，研发垂直起降与悬停能力强的无人直升机，融合固定翼与多旋翼优势，适应复杂环境，并提升自主飞行、智能化及协同工作能力，增强实用价值。其次，拓展应用领域，如研发家庭安全监视无人机，利用高清摄像头与机器学习技术监控家庭安全；探索为骑行者指路的无人机。此外，优化设计与结构，提高航拍无人机拍摄清晰度、稳定性及操作简便性，拓宽应用范围；同时，研发轻便、易携带的微型无人机，适应更广泛场景。总之，创新无人机需要综合考虑飞行方式、应用领域与设计结构，满足不同需求。

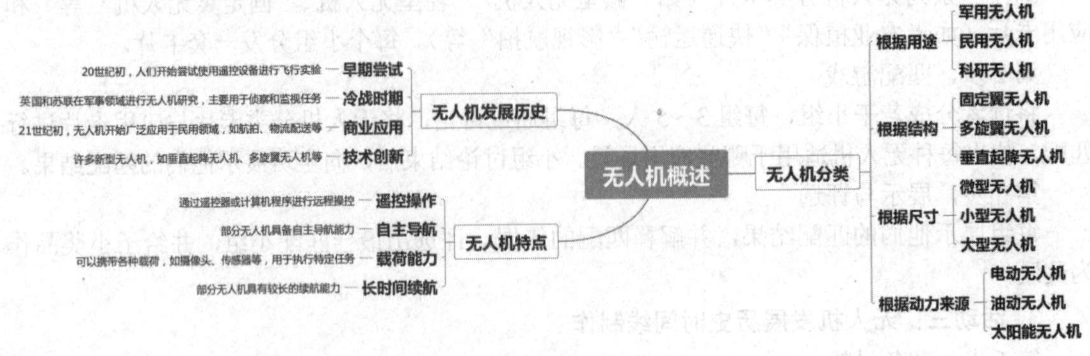

图 1.4 无人机概述思维导图

当堂训练

1. 固定翼无人机的发展历史可以追溯到________时期。

2. 无人直升机与多旋翼无人机的主要区别在于其采用了________式结构，可以实现垂直起降和悬停。

3. 无人机的分类可以根据其用途、结构和动力系统等方面进行划分，常见的分类有固定翼无人机、无人直升机、多旋翼无人机和________等。

4. 为了提高固定翼无人机的续航能力，研究人员正在探索使用________作为能源。

想创就创

1. 概述固定翼无人机在军事行动中的角色及其历史重要性。

2. 探讨技术进步如何推动固定翼无人机在民用领域的创新应用，并举例说明。

3. 分析固定翼无人机执行长航时任务时面临的技术挑战及应对策略。

4. 比较无人直升机与多旋翼无人机在结构设计上的差异及各自适用的应用场景。

5. 展望未来，你认为哪些技术或领域将为固定翼无人机的发展带来巨大创新潜力？请结合固定翼无人机的特性进行分析。

1.2 构造揭秘：无人机结构

知识链接

无人飞机基本结构由机翼、机身、尾翼、起落装置和动力装置这 5 个主要部分构成。其中，机翼的主要功用是产生升力，以支撑飞机在空中飞行，同时也起到一定的稳定和操控作用；机身主要用于装载乘员、旅客、武器、货物和各种设备，并将机翼、尾翼、发动机等飞机的其他部件连接成一个整体；尾翼用于操纵飞机的俯仰和偏转，确保飞机平稳飞行；起落装置在飞机起飞、着陆滑跑、地面滑行和停放时起到支撑作用；动力装置主要用来产生拉力或推力，推动飞机前进。

一、固定翼无人机的基本结构

固定翼无人机一般由机翼、机身、尾翼、起落装置和动力装置5个部分组成，如图1.5所示。机翼主要由翼梁、纵墙、桁条、翼肋和蒙皮等构成，其主要功能是产生飞行所需的升力。机身主要由纵向骨架（桁梁和桁条）、横向骨架（普通隔框和加强隔框）、蒙皮等组成。它的主要功能是装载燃料和设备，将机翼、尾翼、起落装置等连成一个整体。尾翼主要由水平尾翼和垂直尾翼两部分组成，主要功能是稳定和操纵无人机的俯仰与偏转。起落装置主要由支柱、减振器、机轮和收放机构等组成，其主要功能是在无人机起飞、着陆滑跑、滑行和停放时起支撑作用。动力装置包括油动和电动两种类型。油动动力装置主要由螺旋桨、发动机、舵机和辅助系统等组成；电动动力装置主要由电池、电调、电动机和螺旋桨等组成。动力装置的主要功能是产生拉力（螺旋桨式）或推力（喷气式），使无人机产生相对空气的运动。

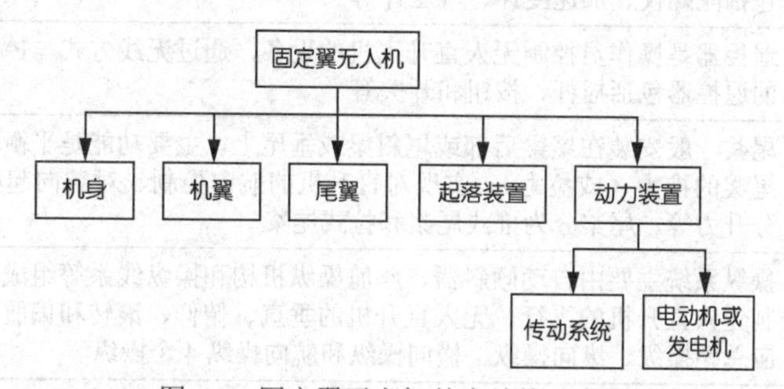

图1.5 固定翼无人机基本结构示意图

二、无人直升机的基本结构

无人机，亦被广泛称作无人直升飞机或四旋翼飞行器，是一种高度先进的、无须人员直接驾驶便能自主飞行或远程操控的航空器。它的核心构造通常围绕4个高效能螺旋桨展开设计，这4个螺旋桨不仅为飞行器提供升力，还通过精密的协同转动实现前进、后退、上升、下降以及左右旋转等多种飞行动作，其具体形态如图1.6所示，图中清晰展示了无人机的整体布局和各部件位置。

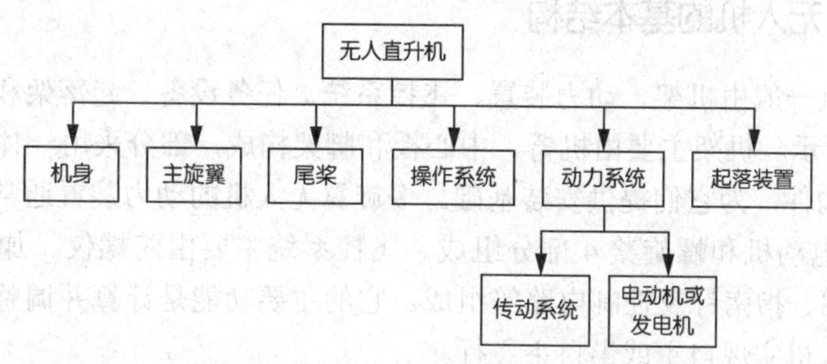

图1.6 无人直升机基本结构示意图

无人直升飞机（或四旋翼飞行器）的基本结构，可以详细参见表 1.4。该表不仅列出了无人机的主要组成部分，如机身框架、动力系统（包括电机和螺旋桨）、飞行控制系统、电池组以及各类传感器等，还对各部分的功能和工作原理进行了简要阐述。

表 1.4　无人直升飞机的基本结构概述

结构名称	结构描述
机身	无人直升飞机的主体部分，用于容纳所有组件和设备。它通常由轻质材料（如塑料或碳纤维）制成，以减轻重量并提高飞行性能
电机	无人直升飞机的螺旋桨是通过电机驱动旋转的。每个螺旋桨都连接到一个电机，电机负责提供足够的动力产生旋转力
螺旋桨	螺旋桨是无人直升飞机的重要部件，用于产生升力和推进力。螺旋桨的设计和尺寸直接影响到飞行稳定性、速度和操控性
电池	无人直升飞机通常使用锂电池作为能源供应。电池容量的大小决定了飞行器的续航时间
控制器	控制器是无人直升飞机的大脑，负责接收遥控器发出的指令，并将其转化为电机的控制信号。它通常包括一个处理器、传感器和通信模块
传感器	传感器用于测量无人直升飞机的姿态、高度、速度和其他重要参数。常用的传感器包括陀螺仪、加速度计、气压计等
遥控器	遥控器是操作员控制无人直升飞机的设备，通过无线方式与控制器进行通信。常见的遥控器包括摇杆、按钮和开关等
尾桨	尾桨一般安装在尾梁后部或尾斜梁或垂尾上，主要功能是平衡旋翼的反扭矩、改变尾桨的推力（或拉力），实现对直升机的航向控制、对航向起稳定作用和提供一部分升力等。尾桨分为推式尾桨和拉式尾桨
操纵系统	操纵系统主要由自动倾斜器、座舱操纵机构和操纵线系等组成，主要功能是用来控制无人直升机的飞行。无人直升机的垂直、俯仰、滚转和偏航 4 种运动形式分别对应总距操纵、纵向操纵、横向操纵和航向操纵 4 个操纵
动力系统	动力系统包括传动系统和发动机。其中传动系统主要由主减速器、传动轴、尾减速器及中间减速器组成，主要功能是将发动机的动力传递给主旋翼和尾桨；发动机是无人机起飞动力核心部件

在《Python 无人机编程》中，你将学习运用 Python 编程语言操控无人机的组件与设备。教程会指导你编写代码，实现调整电机速度、改变螺旋桨旋转方向的操作，还会教你如何处理传感器数据，以达成自主飞行和导航等功能。通过学习，你能掌握基础的无人机编程技能，为深入开发和应用无人机技术筑牢根基。

三、多旋翼无人机的基本结构

多旋翼无人机一般由机架、动力装置、飞控系统、任务设备、起落架和数据链路等部分组成，如图 1.7 所示。机架主要由机臂、中心板和脚架构成，部分采用一体化设计。其主要功能是承载其他构件，为它们提供安装基础。多旋翼无人机的动力装置通常采用电动系统，由电池、电调、电动机和螺旋桨 4 部分组成。飞控系统主要由陀螺仪、加速度计、角速度计、气压计、GPS、指南针及控制电路等组成。它的主要功能是计算并调整无人机的飞行姿态，从而控制无人机实现自主或半自主飞行。

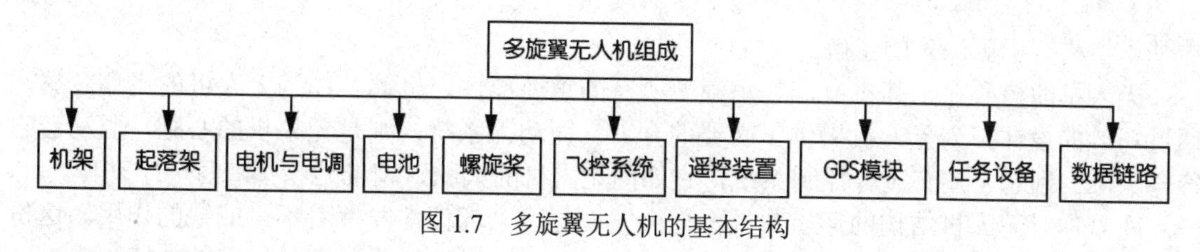

图 1.7 多旋翼无人机的基本结构

课堂任务

通过一系列精心设计的趣味探究活动，在玩的过程中学习并掌握无人机的基本结构，理解各部件的功能及其在无人机飞行中的作用。

探究活动

1. 活动一：无人机结构拼图游戏

第 1 步，准备材料

准备一张无人机结构示意图（如教材中的图 1.5、图 1.6、图 1.7），将其剪成若干小块，制作成拼图。每个小组分发一套拼图。

第 2 步，拼图竞赛

将读者分成若干小组，每组 3～5 人。每组通过拼图，重新组合出完整的无人机结构示意图。第一个完成拼图的小组获胜，并需要向全班解释每个部分的名称和功能。

第 3 步，分享与讨论

获胜小组向全班介绍无人机结构的各个组成部分及其功能。其他小组可以提问和补充，共同讨论无人机结构的作用。

2. 活动二：无人机结构模型制作

第 1 步，准备材料

准备一些轻质材料（如塑料板、纸板、橡皮筋、小电机、小风扇等），用于制作无人机模型。每个小组分发一套材料。

第 2 步，模型制作

将读者分成若干小组，每组 3～5 人。每组根据教材内容，制作一个简单的无人机模型，包括机翼、机身、尾翼、起落装置和动力装置等主要部分。制作过程中，需要标注每个部件的名称和功能。

第 3 步，展示与评选

每组展示他们的无人机模型，并解释每个部件的名称和功能。评选出最佳模型，并给予小奖品作为奖励。

▶ **想一想：** 通过本节课的内容，观察一下手中的无人机，看看我们的无人机有什么部件呢？

成果分享

当你初次接触无人机，是否被它复杂而又精妙的构造所吸引？这次学习，让你对无人机的基本结构有了更深入的了解。

无人机的核心在于其机身，它承载着所有的重要部件。机翼，作为无人机的飞翔之翼，通过巧妙的设计，为无人机提供了必要的升力。而动力系统，则是无人机的心脏，驱动着它翱翔天际。别忘了还有飞行控制系统，它如同无人机的大脑，精准地指挥着每一个动作。

随着你对无人机结构的逐步掌握，你会发现每一个部件都发挥着不可或缺的作用。这份对无人机内部构造的探秘，不仅满足了你的好奇心，更激发了你对科技探索的热情。未来，当你再次仰望无人机翱翔天际时，心中定会充满对科技力量的敬畏与向往。

思维拓展

当你对无人机的基本结构有了初步了解后，是否想要更深入地探索其组装部件的奥秘？不妨在网上查找更多无人机资料，看看除了本节课学到的内容，是否还有其他未知的组装部件等待你去发现。了解这些部件的名称和特点，将让你对无人机的构造有更全面的认识。

根据图 1.8 所示的创新无人机系统结构思路，你可以思考在哪些地方可以进行创新。无论是改进现有部件的设计，还是增加新的功能模块，你的每一个创意都可能为无人机技术的发展带来新的突破。这份对无人机基本结构的创新探索，将激发你的无限创意，让你在无人机的世界里自由翱翔。

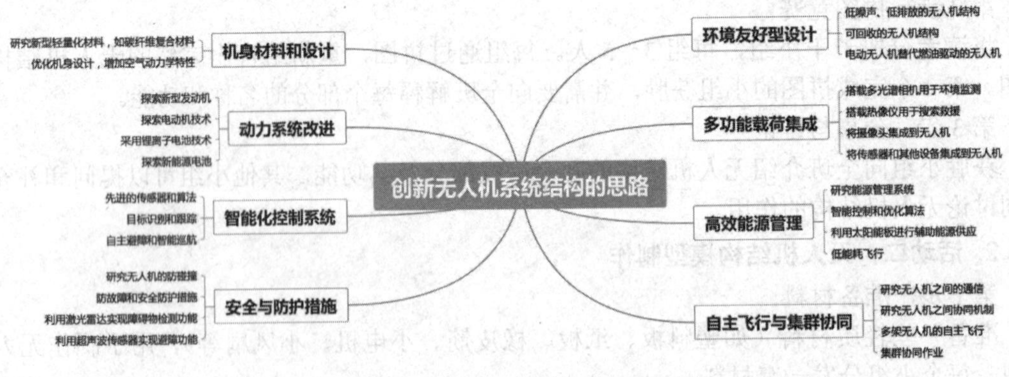

图 1.8 无人机系统结构的创新示意图

当堂训练

1. 固定翼无人机主要由_________、_________、_________和_________等部分组成。

2. 无人直升机与多旋翼无人机的主要区别在于其采用了_________式结构，可以实现垂直起降和悬停。

3. 多旋翼无人机的每个电机都通过一个_________来驱动一个_________，从而实现飞行。

4. 无人机中，负责接收并处理飞行指令，控制无人机飞行姿态和轨迹的系统是_________。

5. 在固定翼无人机的结构中，通常采用_________实现对飞行姿态的控制。

想创就创

1. 请简述固定翼无人机的优势。

2. 请分析无人直升机在复杂环境中的应用优势及面临的挑战。

3. 针对多旋翼无人机的结构特点，请提出几种创新设计，以进一步提升其飞行性能。

4. 从技术角度探讨固定翼无人机在长航时任务中的局限性，并提出可能的解决方案。

5. 在民用无人机领域，如何结合固定翼无人机、无人直升机和多旋翼无人机的特点，平衡安全性、可靠性和经济性的需求？

1.3　探索奥秘：无人机飞行原理

知识链接

力学作为基础且兼具技术属性的学科，研究能量、力与固体、液体、气体的平衡、变形及运动的关系。基于力学相互作用，飞机得以克服重力，实现飞行。无人机与有人机起飞方式有别，有人驾驶固定翼飞机靠长距离跑道滑跑获得升力起飞，而无人机发射方式多样，不同尺寸的无人机可采用手抛、机载投放、车载发射、弹射、火箭助推等方式。那么，无人机究竟为何能飞行呢？

一、飞行升力和阻力

1. 飞行升力

飞行升力是无人机克服重力的关键。飞机飞行时，特殊机翼设计致使上下空气流速不同，产生压力差，进而托举飞机。本质上，无人机是重于空气的飞行器，依靠空气动力升空，这背后涉及“空气流速大时压强小”的原理，即伯努利原理与流体连续性定理。

流体连续性定理表明，稳定流过粗细不均管道的流体，同一时间内，流入和流出任意切面的流体质量相等，阐述了流速与管道切面的关系。伯努利定理则进一步说明，流体在管道中流动时，流速大处压力小，流速小处压力大。

飞机升力主要由机翼产生，尾翼常产生负升力，其他部分升力可忽略。空气流至机翼前缘分为上下两股，沿机翼上下表面流动后在机翼后缘汇合。机翼上表面凸出，流管细、流速快、压力低；下表面气流受阻，流管粗、流速慢、压力大，由此产生垂直于气流方向的压力差，其总和即机翼升力。凭借此升力，无人机克服重力得以飞行。

无人机升力产生依赖机翼特殊设计与空气流动。机翼有迎角，当无人机前进或上升，迎角使机翼上表面空气流速快、压强低，下表面流速慢、压强高，产生向上的升力。此外，空气粘性使空气粘附机翼形成空气薄膜，随机翼运动增加升力；机翼上凸下平的形状，使上下表面受不同压力，也产生升力。总之，无人机升力源于机翼设计与空气流动的共同作用，涉及空气动力学、流体力学等知识。

2. 飞行阻力

无人机飞行时，会受到与运动方向相反的空气动力——阻力，按成因分为摩擦、压差、诱导、干扰阻力。

空气流经飞机表面，因粘性产生摩擦，形成阻止飞机前进的摩擦阻力，其大小取决于空气粘性、飞机表面状况及接触面积，三者越大，阻力越大。人们逆风行走感受到的阻力类似压差阻力，它由前后压力差形成，飞机机身、尾翼等部件都会产生。

无人机产生升力时会附带诱导阻力，这是产生升力的“代价”，产生过程复杂。而气流相互干扰产生的干扰阻力，多出现于机身与机翼、尾翼，机翼与发动机短舱、副油箱之间。这 4 种阻力适用于低速飞机，高速飞机还会产生其他阻力。

二、影响升力和阻力的因素

无人机飞行中，升力和阻力相互作用，受多种因素影响，如表 1.5 所示，包括机翼相对气流位置、气流速度、空气密度及无人机自身特性，如表面质量、机翼形状、面积，是否使用襟翼、前缘翼缝是否张开等。

表 1.5　无人机飞行影响因素

影响因素	原理
气流速度和方向	机翼设计（形状、大小、厚度等）与飞行速度共同影响气流速度和方向，进而左右升力大小
空气密度	随飞行高度增加，空气密度降低，升力和阻力减小，所以高空飞行需更大推力维持高度
迎角	机翼与气流夹角即迎角，其大小直接影响升力和阻力。迎角增大，升力和阻力都增大，需寻找最佳迎角，兼顾升力与阻力
机翼形状	不同机翼形状（平直翼、后掠翼等）产生不同升力和阻力效果，较长机翼升力大但阻力也大
飞行速度和加速度	加速时升力和阻力增加，减速时减小
大气条件	温度、压力、湿度等大气条件影响空气密度和粘性，改变升力和阻力。如高海拔气压低、空气密度小，需更多推力
螺旋桨尺寸和形态	尺寸大的螺旋桨推力大但阻力也大，旋转方向影响气流，进而影响升力

此外，特定飞行条件下，机翼与气流夹角达临界迎角时升力最大，超过该角度，阻力急剧增加。飞行速度越快、空气密度越大，升力和阻力越大，且分别与飞行速度平方、空气密度成正比。机翼面积越大，升力和阻力越大，与机翼面积成正比。机翼形状各方面，如切面厚度、平面形状、襟翼位置等，都影响升力和阻力。飞机表面越光滑，摩擦阻力越小。

三、无人机飞行方式及原理

民用无人机飞行方式多样，主要有固定翼、直升式、旋翼机式飞行。

1. 固定翼无人机的飞行原理

固定翼无人机飞行原理基于伯努利定理：在流体系统中，流速越快，压力越小。其机翼的形状与结构，使机翼上方气流速度大于下方，进而上方压强小于下方，由此产生向上的升力，如图 1.9 所示。当升力大于无人机自重，便能起飞。此外，通过改变螺旋桨叶片形状与旋转方向，使叶片上下表面空气流速不同，利用该定理同样可产生升力助飞。

2. 无人直升式飞机的飞行原理

无人直升机依靠旋翼产生升力。其主要由旋翼、尾桨、机身、起落架、发动机和操纵机构构成。旋翼转动时将空气向下推，空气给予向上的反作用力，当升力大于直升机重量，即可起飞。旋翼不仅产生克服重力的向上力，还产生向前的水平分力用于前进，以及其他分力和力矩维持平衡或实现机动飞行。发动机停车时，旋翼能自转产生升力，保障安全降落。

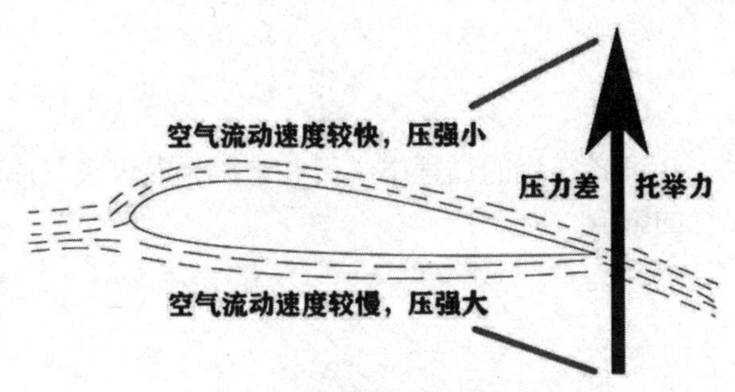

图 1.9　固定翼飞行原理示意图

尾桨通过“拉”或“推”的方式，抵消发动机驱动旋翼时，机体受到的反作用力矩，如图 1.10 所示；防止直升机打转，为机身提供偏航力矩，保持机身稳定。

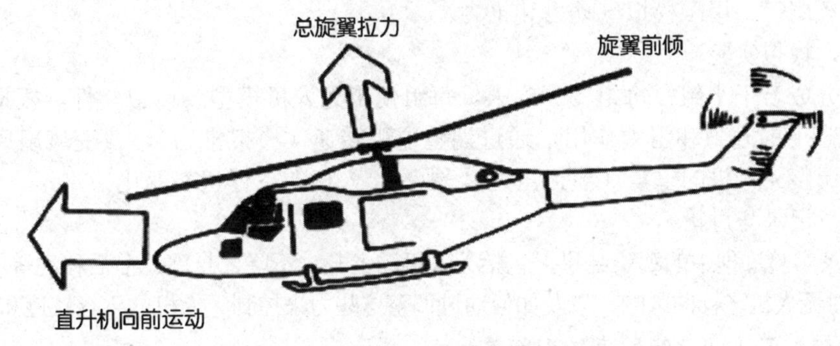

图 1.10　直升飞行拉推前进示意图

3. 旋翼式无人机的飞行原理

旋翼机是借助无动力驱动的旋翼提供升力的、重于空气的飞行器，由螺旋桨或喷气式推进装置提供推力以实现前进。飞行时，气流吹动旋翼产生升力，但它无法直接垂直起飞或悬停，起飞时通常需要给予旋翼初始动力以增加升力，降落时可借助旋翼近似垂直降落。

旋翼机与直升机不同，其旋翼不由发动机直接驱动，而是靠前方气流吹动，这导致其飞行速度通常在 300km/h 以下，发展受限。但它促进了直升机的发展，少量应用于研究和体育活动。

以四旋翼无人机为例，螺旋桨旋转时，桨叶上下表面因空气流速不同产生压力差，形成向上升力。当总升力大于无人机总重量，即可升空。飞行时，电机 1、3 逆时针旋转，电机 2、4 顺时针旋转，如图 1.11 所示，以此抵消陀螺效应和空气动力扭矩效应，实现平衡飞行。

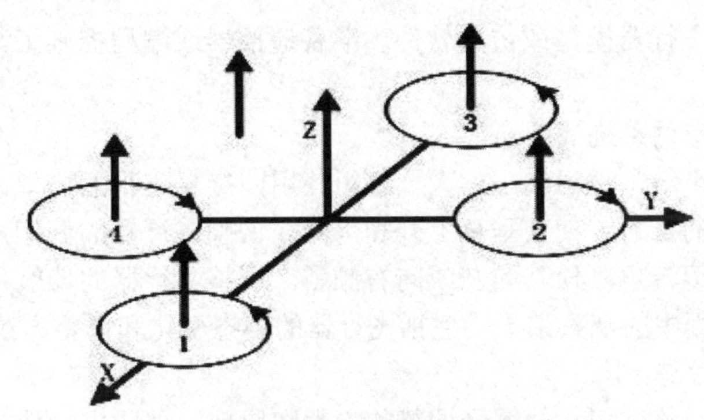

图 1.11　四旋翼飞行器垂直飞行示意图

课堂任务

通过趣味探究活动，让读者在玩的过程中学习并掌握无人机飞行原理，理解升力、阻力的产生及其对无人机飞行的影响。

探究活动

1. 活动一：无人机飞行原理模拟实验

第 1 步，准备材料

准备一个四旋翼无人机模型（或使用无人机飞行模拟软件）。准备一些简单的工具，如橡皮筋、小风扇等，用于模拟气动力和推力。

第 2 步，模拟实验

将读者分成若干小组，每组 3～5 人。每组使用无人机模型或模拟软件，模拟无人机在不同飞行状态下的升力和阻力作用。通过调整电机转速（模拟推力）、改变风扇风速（模拟气动力）和调整无人机的重量（模拟重力），观察无人机的飞行状态变化。

第 3 步，记录与讨论

每组记录实验过程中的观察结果，包括无人机的上升、下降、悬停、前后移动等状态。讨论升力和阻力对无人机飞行的影响，以及如何通过调整这些力来控制无人机的飞行轨迹和姿态。

2. 活动二：无人机飞行原理知识问答

第 1 步，知识学习

让读者自主阅读教材内容，了解无人机飞行原理，包括升力和阻力的产生及其影响。提供以下问题作为引导：无人机飞行时，升力是如何产生的？无人机飞行时，阻力有哪些类型？如何通过调整升力和阻力来控制无人机的飞行？

第 2 步，知识问答

组织知识问答活动，题目涉及无人机飞行原理的各个方面。例如：无人机飞行时，升力是如何产生的？无人机飞行时，阻力有哪些类型？如何通过调整升力和阻力控制无人机的飞行？

第 3 步，评分与奖励

根据答题的准确性和速度进行评分。评选出最佳个人，并给予小奖品作为奖励。

3. 活动三：四旋翼无人机飞行姿态调整挑战

第 1 步，准备材料

准备一个四旋翼飞行器模型或仿真软件。准备遥控器或编程控制工具，用于调整飞行器的姿态。

第 2 步，飞行姿态调整挑战

将读者分成若干小组，每组 3～5 人。每组使用四旋翼飞行器模型或仿真软件，完成以下任务：调整飞行器的推力，使其垂直上升和下降。调整飞行器的俯仰角，使其向前或向后倾斜。调整飞行器的滚转角，使其向左或向右倾斜。调整飞行器的偏航角，使其绕垂直轴旋转。每组记录调整过程中的观察结果，包括飞行器的姿态变化和调整方法。

第 3 步，展示与评选

每组展示他们的调整过程，并解释调整的步骤和原理。评选出最佳小组，并给予小奖品作为奖励。

▶ **想一想：**观看视频，查看无人机起飞时的状态，并记录下 4 个桨翼的旋转方向。

成果分享

当你仰望蓝天，看到无人机在空中自由飞翔，你是否曾好奇过它们为何能如此轻盈地穿梭于天际？这次学习，带你揭开了无人机飞行的神秘面纱。

无人机的飞行，离不开空气动力学的巧妙运用。通过机翼的精心设计和发动机的强劲动力，无人机能够产生足够的升力，克服自身重力，实现在空中的稳定飞行。同时，先进的飞行控制系统确保了无人机的精准操控，让它们在复杂的环境中也能游刃有余。

随着学习的深入，你不仅了解了无人机飞行的原理，更为其背后的科技魅力所吸引。这份对知识的渴望和探索，将激励你在无人机的世界里继续前行，探寻更多的奥秘和可能。

思维拓展

当你已经了解无人机为何能飞行后，是否想要更深入地探究其飞行运动的多样性？

不妨在网上查找无人机视频，仔细观察无人机在飞行时的各种动作。你会发现，除了垂直运动，无人机还能做出前飞、后飞、侧飞等多种飞行运动。这些丰富的飞行动作，不仅展示了无人机的灵活性，也为你提供了创新的灵感，如图 1.12 所示。

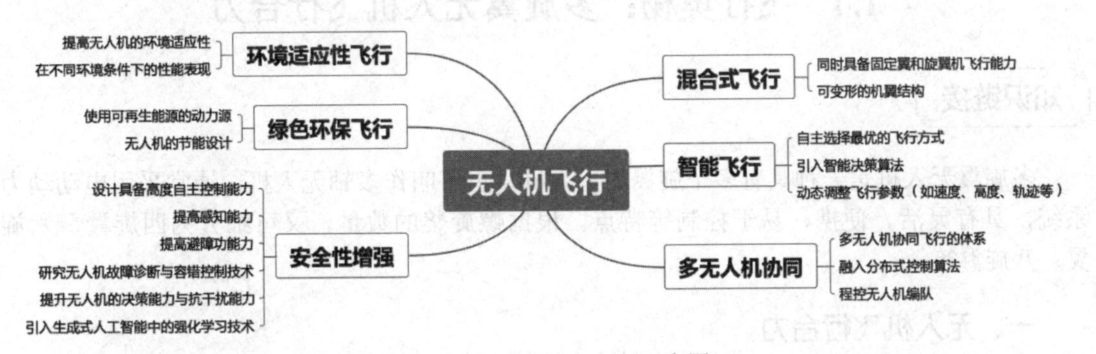

图 1.12 无人机飞行创新示意图

在观看视频的过程中，思考无人机是如何实现这些飞行动作的，以及你是否可以设计出更多创新的飞行模式。这份对无人机飞行原理的创新探索，将拓宽你的思维边界，让你在无人机的飞行世界里发现更多的可能性。

当堂训练

1. 在无人机飞行中，升力和阻力的关系是相互作用且影响飞行性能的，具体表现为________。

2. 影响无人机升力和阻力的主要因素包括________、________和________等。

3. 固定翼无人机飞行的工作原理主要基于伯努利定理，当机翼上表面的气流速度

________下表面的气流速度时，机翼上表面的压强________下表面的压强，从而产生向上的升力。

4. 直升式无人机飞行的工作原理是依靠旋翼产生的升力，当旋翼转动时，旋转的叶面将空气向下推，形成一股强风，空气对旋翼产生一个向上的反作用力。当这个升力________直升机的重量时，直升机便能向上飞起。

5. 旋翼机式无人机的工作原理是利用气流吹动旋翼来产生升力，与直升机相比，其旋翼不与发动机传动系统直接相连。旋翼机的这一特性________与无人机的安全性密切相关，因为旋翼为自转式，传递到机身上的扭矩很小，所以旋翼机不需要像单旋翼直升机那样的尾桨来平衡扭矩，但通常装有尾翼以控制飞行方向。

想创就创

1. 解释无人机飞行中升力和阻力的概念及其作用。
2. 分析影响无人机升力和阻力的主要因素及其影响方式。
3. 设计一个实验来探究无人机的升力和阻力关系。
4. 比较固定翼无人机、直升式无人机和旋翼机式无人机的飞行原理及其各自的优缺点。
5. 在旋翼机式无人机设计中，探讨如何平衡飞行速度和安全性，并提出至少两种可能的设计方案。

1.4 飞行奥秘：多旋翼无人机飞行合力

知识链接

多旋翼无人机是一种具有多个旋翼的无人机，也可叫作多轴无人机，通常采用电动动力系统，具有灵活、便携、易于控制等特点。根据螺旋桨的数量，又可细分为四旋翼、六旋翼、八旋翼等。

一、无人机飞行合力

无人机飞行合力是指无人机在飞行过程中受到的多个力的合力，这些力包括推力、重力、气动力和惯性力等。这些力共同作用，使无人机能够稳定飞行并完成各种任务。

1. 推力

无人机通过发动机或电机产生的推力是其飞行的主要动力来源。推力的大小和方向可以通过调整油门和舵机来实现，从而改变无人机的速度和方向。在起飞阶段，需要增加推力以产生足够的升力来平衡重力；在巡航阶段，需要保持适当的推力以维持稳定飞行。

2. 重力

无人机受到地球引力的作用，产生向下的重力。重力的大小取决于无人机的质量，质量越大，受到的重力越大。为了保持飞行稳定，无人机需要在推力的作用下产生足够的升力来平衡重力。如果升力不足，无人机将会下降；如果升力过大，无人机将会上升。

3. 气动力

无人机在飞行过程中受到空气的作用力，包括升力和阻力。升力是由机翼产生的，使无人机能够升空飞行；机翼的翼型设计和气流速度决定了升力的大小。当机翼产生的升力等于无人机的重力时，无人机就能在空中保持平飞状态。例如：多旋翼无人机依靠多个螺旋桨产生的升力来平衡飞行器的重力，让飞行器可以飞起来，通过改变每个旋翼的转速来控制飞行器的姿态。阻力是由空气对无人机表面的摩擦和形状阻力产生的，会影响无人机的速度和机动性；阻力的大小取决于无人机的形状、速度和空气密度等因素。为了减小阻力，无人机的设计通常采用流线型外形和轻质材料。

综上所述，无人机飞行合力是这些力的矢量和，可以通过调整各个力的大小和方向控制无人机的飞行轨迹和姿态。例如，在起飞阶段，需要增加推力以产生足够的升力平衡重力；在巡航阶段，需要保持推力和升力的平衡以维持稳定飞行；在执行任务时，需要根据任务需求调整推力和气动力的大小和方向以实现所需的机动性。

二、多旋翼无人机及其工作原理

1. 结构组成

多旋翼无人机通常由机架、电机、桨叶、控制器等组成。机架是无人机的主体结构，用于支撑电机和桨叶；电机是无人机的动力来源，通过旋转桨叶来产生推力；桨叶是无人机产生升力的关键部件，其形状和大小取决于无人机的设计和性能要求；控制器用于控制无人机的飞行轨迹和姿态。

2. 工作原理

多旋翼无人机的工作原理基于空气动力学和力学原理。当电机旋转桨叶时，桨叶产生推力，使无人机上升或下降。通过控制电机的转速和桨叶的角度，可以改变无人机的飞行轨迹和姿态。同时，通过调整多个电机的转速和桨叶的角度，可以实现多个旋翼之间的协调飞行，以实现复杂的飞行姿态和轨迹。

3. 飞行合力

多旋翼无人机的飞行合力是由多个旋翼产生的推力和升力组成的。每个旋翼产生的推力和升力取决于其桨叶的形状、大小和转速。通过控制多个电机的转速和桨叶的角度，可以控制无人机的飞行轨迹和姿态。

4. 控制方式

多旋翼无人机的控制方式通常采用遥控器、编程控制、自主控制和网络控制。遥控器是一种比较常见的控制方式，通过遥控器上的摇杆和按键控制无人机的飞行轨迹和姿态。其中，遥控器通常分为遥控器和接收机两部分，遥控器用于发送控制信号，接收机用于接收这些信号并控制无人机的动作。编程控制通常用于高级的多旋翼无人机，通过编写控制程序实现自动化飞行和任务执行；编程控制需要掌握一定的编程知识和技能，通常使用一些编程语言和开发环境来实现。

网络控制是一种利用互联网或局域网实现远程控制多旋翼无人机的技术。自主控制是一种利用 GPS、IMU 等传感器实现无人机自主飞行的控制方式。自主控制通常需要预先设定飞行轨迹或目标，无人机通过传感器获取自身的位置、速度等信息，自动调整飞行轨迹和姿态，以实现自主飞行。

综上所述，多旋翼无人机是一种具有多个旋翼的无人机，通过电机旋转桨叶产生推力和升力来实现飞行。通过控制多个电机的转速和桨叶的角度，可以实现多个旋翼之间的协调飞行，以实现复杂的飞行姿态和轨迹。

三、四旋翼飞行器的结构及其工作原理

四旋翼飞行器是一种具有 4 个旋翼的无人机，属于多旋翼无人机的一种。如图 1.13 所示，在无人机飞行中，四旋翼飞行器的结构和设计对于其飞行性能和稳定性具有重要意义。

图 1.13 四旋翼飞行器

1. 飞行器的结构

四旋翼飞行器的结构包括机架结构、旋翼系统、飞行控制器、电池和动力系统以及传感器系统。这些部分相互协作，共同实现四旋翼飞行器的稳定飞行和复杂任务执行。

（1）机架结构。四旋翼飞行器的机架通常采用十字形或 X 形结构，由轻质材料制成，如碳纤维、铝合金等。这种设计使得 4 个旋翼能够均匀分布在机架的 4 个角上，从而保证了飞行的稳定性和平衡性。

（2）旋翼系统。四旋翼飞行器的旋翼系统由 4 个电机和对应的桨叶组成。每个电机通过旋转桨叶来产生推力，从而控制飞行器的上升、下降和悬停。桨叶的形状和大小经过精心设计，以提供足够的升力和效率。

（3）飞行控制器。飞行控制器是四旋翼飞行器的核心部件，负责接收来自遥控器的指令，并根据指令控制 4 个电机的转速和桨叶的角度，以实现所需的飞行轨迹和姿态。飞行控制器通常由微处理器、传感器和执行器组成，能够实时监测飞行状态并进行相应的调整。

（4）电池和动力系统

四旋翼飞行器的动力来源通常是可充电的锂电池，通过电调（电子调速器）控制电机的电流和电压，从而调整电机的转速。电池的能量密度和容量对于飞行器的续航时间和性能至关重要。

（5）传感器系统。为了保证飞行的稳定性和安全性，四旋翼飞行器通常配备有多种传感器，如陀螺仪、加速度计、磁力计等。这些传感器能够实时监测飞行器的姿态、速度和位置信息，并将这些信息反馈给飞行控制器，以便进行及时调整。

2. 工作原理

四旋翼飞行器依靠 4 个旋翼产生的推力和升力实现飞行，通过调控 4 个电机的转速与桨叶角度，控制推力和升力的大小与方向，进而形成不同飞行姿态和轨迹。同时，借助传感器系统与飞行控制器，保障飞行器稳定飞行并执行复杂任务。

四旋翼飞行器仅有两个直接输入（上升和下降），左右移动等其他输出由系统内部力学关系与飞行控制算法调控。给定上升、下降指令后，系统会自动调节 4 个旋翼的转速和桨叶角度，以维持平衡，实现所需飞行姿态和轨迹。这使得四旋翼飞行器成为欠驱动系统，虽具高度灵活性与适应性，但也带来控制挑战。深入理解其动力学特性与控制原理，有助于优化飞行设计与操控。

如图 1.14 所示，四旋翼飞行器飞行时，电机 1 和电机 3 逆时针旋转，电机 2 和电机 4 顺时针旋转，平衡飞行时，陀螺效应和空气动力扭矩效应相互抵消。规定沿 X 轴正方向运动为向前运动，箭头在旋翼运动平面上方表示电机转速提高，在下方表示转速下降。

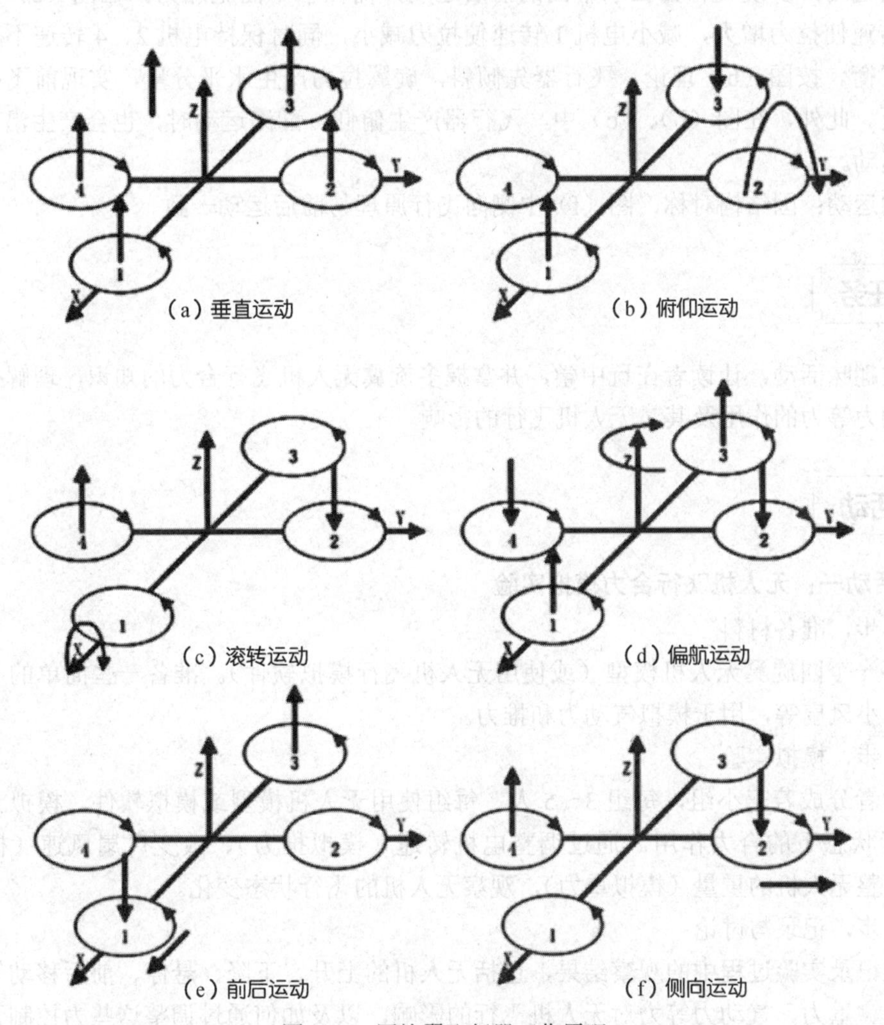

图 1.14　四旋翼飞行器工作原理

垂直运动：同时增加 4 个电机输出功率，旋翼转速提升，总拉力增大，当总拉力超过整机重量，飞行器垂直上升；反之，同时减小功率，飞行器垂直下降直至落地。当外界干扰为零，且旋翼升力等于飞行器自重时，飞行器悬停。

俯仰运动：在图（b）中，电机 1 转速上升，电机 3 转速下降（改变量相同），电机 2、4 转速不变。旋翼 1 升力上升，旋翼 3 升力下降，产生不平衡力矩，使机身绕 Y 轴旋转。反之，电机 1 转速下降，电机 3 转速上升，机身绕 Y 轴反向旋转，实现俯仰运动。

滚转运动：与图（b）原理类似，在图（c）中，改变电机 2 和电机 4 的转速，电机 1 和电机 3 转速不变，机身绕 X 轴正反向旋转，实现滚转运动。

偏航运动：旋翼转动因空气阻力产生反扭矩，为克服其影响，4 个旋翼两两正反转，且对角线上旋翼转动方向相同。反扭矩大小与旋翼转速相关，当 4 个电机转速相同时，反扭矩平衡，飞行器不转动；转速不同时，不平衡反扭矩使飞行器转动。在图（d）中，电机 1 和电机 3 转速上升，电机 2 和电机 4 转速下降，旋翼 1 和 3 对机身的反扭矩大于旋翼 2 和 4，机身在富余反扭矩作用下绕 Z 轴转动，转向与电机 1、3 转向相反，实现偏航运动。

前后运动：实现飞行器在水平面的前后运动，需在水平面施加力。在图（e）中，增加电机 3 转速使拉力增大，减小电机 1 转速使拉力减小，同时保持电机 2、4 转速不变，维持反扭矩平衡。按图（b）理论，飞行器先倾斜，旋翼拉力产生水平分量，实现前飞；后飞则与之相反。此外，在图（b）、（c）中，飞行器产生俯仰、翻滚运动时，也会产生沿 X、Y 轴的水平运动。

侧向运动：因结构对称，图（f）中侧向飞行原理与前后运动一致。

课堂任务

通过趣味活动，让读者在玩中学，并掌握多旋翼无人机飞行合力的知识，理解推力、重力、气动力等力的作用及其对无人机飞行的影响。

探究活动

1. 活动一：无人机飞行合力模拟实验

第 1 步，准备材料

准备一个四旋翼无人机模型（或使用无人机飞行模拟软件）。准备一些简单的工具，如橡皮筋、小风扇等，用于模拟气动力和推力。

第 2 步，模拟实验

将读者分成若干小组，每组 3～5 人。每组使用无人机模型或模拟软件，模拟无人机在不同飞行状态下的合力作用。通过调整电机转速（模拟推力）、改变风扇风速（模拟气动力）和调整无人机的重量（模拟重力），观察无人机的飞行状态变化。

第 3 步，记录与讨论

每组记录实验过程中的观察结果，包括无人机的上升、下降、悬停、前后移动等状态。讨论推力、重力、气动力等力对无人机飞行的影响，以及如何通过调整这些力控制无人机的飞行轨迹和姿态。

2. 活动二：无人机飞行合力知识问答

第 1 步，知识学习

让读者自主阅读教材内容，了解多旋翼无人机飞行合力的组成及其作用。提供以下问题作为引导：无人机飞行合力包括哪些力？推力的作用是什么？如何调整推力？重力对无人机飞行的影响是什么？气动力包括哪些部分？如何通过气动力控制无人机的飞行？

第 2 步，知识问答

组织知识问答活动，题目涉及无人机飞行合力的各个组成部分及其作用。例如：无人机飞行合力包括哪些力？推力的作用是什么？如何调整推力？重力对无人机飞行的影响是什么？气动力包括哪些部分？如何通过气动力控制无人机的飞行？

第 3 步，评分与奖励

根据答题的准确性和速度进行评分。评选出最佳个人，并给予小奖品作为奖励。

3. 活动三：四旋翼飞行器飞行姿态调整挑战

第 1 步，准备材料

准备一个四旋翼飞行器模型或仿真软件。准备遥控器或编程控制工具，用于调整飞行器的姿态。

第 2 步，飞行姿态调整挑战

将读者分成若干小组，每组 3～5 人。每组使用四旋翼飞行器模型或仿真软件，完成以下任务：调整飞行器的推力，使其垂直上升和下降。调整飞行器的俯仰角，使其向前或向后倾斜。调整飞行器的滚转角，使其向左或向右倾斜。调整飞行器的偏航角，使其绕垂直轴旋转。每组记录调整过程中的观察结果，包括飞行器的姿态变化和调整方法。

第 3 步，展示与评选

每组展示他们的调整过程，并解释调整的步骤和原理。评选出最佳小组，并给予小奖品作为奖励。

▶ **想一想：**根据我们前面所学知识，思考一下，无人机的螺旋桨最少可以是几个？

成果分享

当你踏入多旋翼无人机的世界，是否曾被它如何在空中自由翱翔的奥秘吸引？这次学习，将带你深入探索多旋翼无人机的飞行合力，揭开它翱翔天际的秘密。

多旋翼无人机的飞行，离不开各个旋翼产生的升力合力。这些旋翼，通过电动机的驱动，快速旋转，从而产生升力，使无人机能够垂直起降、悬停、前进、后退、左右移动以及偏航。而多旋翼无人机的飞行合力，正是这些旋翼升力相互协调、共同作用的结果。

当你理解了多旋翼无人机的飞行合力后，你会发现，每一个旋翼的旋转、每一个电机的转速调整，都在为无人机的稳定飞行贡献着力量。这份对多旋翼无人机飞行合力的探索，不仅让你对无人机的飞行原理有了更深入的理解，更激发了你对科技探索的浓厚兴趣。未来，在多旋翼无人机的世界里，你将拥有更加广阔的探索空间和更加深厚的理论基础。

思维拓展

当你掌握了无人机飞行合力、多旋翼无人机及其工作原理等核心知识后，是否想过如何将这些知识应用于更广泛的领域，创造出新的价值？

从多旋翼无人机的飞行合力出发，你可以思考如何优化旋翼设计，提高升力效率，使无人机在更复杂的环境中也能稳定飞行。同时，你还可以结合四旋翼飞行器的结构及其工作原理，探索更多创新的应用场景，如空中拍摄、环境监测、物流配送等。

通过如图 1.15 所示的思维导图将这些拓展应用系统地呈现出来，你将发现，每一个知识点的延伸都可能孕育出创新的火花。这份对多旋翼无人机飞行合力的创新探索，不仅锻炼了你的思维能力，更激发了你将知识转化为实际应用的创造力。未来，在多旋翼无人机的世界里，你将拥有无限的创新可能。

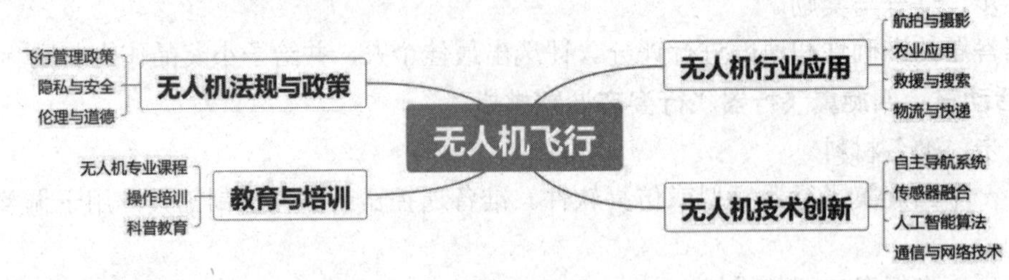

图 1.15 无人机无行思维导图

当堂训练

1. 无人机飞行合力是由无人机的________、________、________和空气动力等组成的合力。

2. 多旋翼无人机是指具有________个或以上旋翼的无人机，其飞行姿态和轨迹可以通过调整旋翼的转速和角度来实现。

3. 四旋翼飞行器的结构包括机架、电机、桨叶、________和其他组件。

4. 当四旋翼飞行器的 4 个旋翼产生的推力相等且方向相反时，飞行器保持________状态。

5. 飞行控制器是四旋翼飞行器的核心部件，负责接收来自遥控器的指令，并根据指令控制电机的转速和桨叶的角度，以实现所需的飞行轨迹和________。

想创就创

1. 请定义无人机飞行合力，并阐述它在无人机飞行中的重要性。

2. 多旋翼无人机相较于其他类型的无人机具有哪些优势？请至少列举两项。

3. 请简述四旋翼飞行器的工作原理，并说明它是如何实现悬停、上升和下降的。

4. 为什么称四旋翼飞行器为欠驱动系统？这对飞行控制有何影响？

5. 在设计四旋翼飞行器时，应如何考虑其结构对飞行性能和稳定性的影响？请提出至少两项建议。

1.5 技术进阶：无人机动力系统

知识链接

自 1914 年无人机诞生以来，无人机中的核心部件发动机的使役性能就成了人们的研究重点。在无人机运行过程中，发动机始终处于高温、高压及反复摩擦的工作环境中，恶劣环境、机油中存在的金属磨粒、污染物和碳烟颗粒使气缸和活塞环间的油膜极易遭到破坏，从而加剧气缸表面的磨损，导致无人机功率显著降低，油耗剧烈增加，降低了无人机的可靠性和经济性。

一、无人机发动机发展史

自从瓦特发现了蒸汽可以做功，就有人发明了世界上第一个非天然机械——蒸汽机。蒸汽机是用蒸汽推动活塞做往复运动，从而提供机械动力。但活塞是直线运动，而人们更多需要的是圆周运动，于是就有人设计了一套转化系统，于是就有了锅驼机，后来又有了火车。蒸汽机体型庞大，它需要锅炉烧水提供蒸汽，所以在把火车从铁轨上搬下来的过程中遇到了很多困难。直到有一天，人们发现很多物质与空气以一定比例混合后会发生爆炸，事情才有了起色。顺便说一下，面粉与空气混合后也会发生爆炸。最后人们选择了一些易挥发液体来提供动力，这是因为液体便于携带、相对比较安全（现在固体发动机只用在导弹和火箭上）。

易挥发的液体很多，譬如常见的酒精、稀料（香蕉水）等，但我们需要的是高燃烧值（辛烷值）、低爆点的物质，于是人们看上了汽油。现在街上跑的汽车大多数使用的都是烧汽油的四冲程发动机，所谓四冲程是指这种发动机完成一个周期要用进气、压缩、做功、排气 4 个阶段。但体型较小的摩托车却用的是二冲程发动机，这种发动机把进气、压缩合为一体，做功、排气合为一体，所以只用二次往返运动。注意，完成四冲程曲轴要转两圈，二冲程只要用一圈。

这里还要说说为什么发动机要用曲轴。前面说过，活塞是往返（直线）运动，车轮、螺旋桨可是圆周运动，于是人们在一个圆盘偏心的位置上装一个销子，活塞通过一个连杆推动这个销子，于是直线运动就变成了圆周运动。这种转变有点别扭，它在最高点（上止点）和最低点（下止点）两次被卡住，所以圆盘要相对的大一点、重一点，利用惯性来克服这个缺点，这一类的装置也叫飞轮。我们碰到的这个小东西的曲轴还有一个很重要的作用，我们在以后的分析中还会讲到。

二、无人机发动机类型

无人机常用的发动机类型有活塞发动机、喷气发动机、燃气涡轮发动机和电动机。活塞发动机是应用最广泛、发展历史最久的无人机发动机类型。自 20 世纪初“飞行者一号”问世后，活塞发动机在航空领域得到了广泛应用，其性能不断提高。20 世纪 30 年代初“He-178”的研发促进燃气涡轮发动机的发展，如今燃气涡轮发动机的应用场所主要为大型客机。20 世纪 30 年代末，喷气发动机开始应用，二战中的战斗机大多使用喷气发动机。21 世纪初，电动机开始进入航空领域，电动机是以电力为驱动的发动机，其续航水平较低，电池的不可靠性以及使用环境有限，使其只能应用于部分无人机中。

如今，中小型无人机中的发动机大多采用活塞发动机，又名往复活塞式内燃机，根据冲程数可分为二冲程航空活塞发动机和四冲程航空活塞发动机。

1. 二冲程航空活塞发动机

二冲程航空活塞发动机是指活塞共有从上到下、从下到上两个行程。因其结构简单，总重量较轻等特点，二冲程航空活塞发动机被广泛应用于低空短航无人机中。二冲程航空活塞发动机的工作过程如下，第一行程时活塞由下止点移动至上止点，内部气孔随着活塞移动被缓慢关闭，曲轴箱内流入混合气体。当气孔全部关闭时，曲轴箱内的混合气体随着曲轴的运动开始压缩；第二行程时活塞被压缩到上止点附近，此时可燃气体被火花塞点燃，燃烧产生的能量推动活塞向下运动。当活塞运动到露出排气孔时，燃烧废气被压缩的可燃气体取代，换气过程结束。

2. 四冲程航空活塞发动机

四冲程航空活塞发动机是指活塞共有从上到下、从下到上各两个行程。因其结构存在配气系统和润滑系统，因而较为复杂，四冲程航空活塞发动机主要应用于大型飞机设备中。四冲程航空活塞发动机的工作过程如下，第一行程时随着活塞由上到下的运动，可燃气体由进气门和进气道进入气缸内；第二行程时进、排气门全部关闭并对气缸内的可燃气产生压缩作用，此时缸内温度和压力升高；第三行程时缸内气体被火花塞放出的火花点燃，并放出热量，此时缸内温度和压力继续升高，并推动活塞向下止点移动；第四行程时排气门打开，由于内外压力差使燃烧废气迅速排出，缸内废气随着活塞的运动全部排出。

3. 二冲程发动机较四冲程发动机优势

（1）二冲程发动机没有阀，这就大大简化了它们的结构，减轻了自身的重量。

（2）二冲程发动机每一回转点火一次，而四冲程发动机每隔一次回转点火一次。这就付与了二冲程发动机重要的动力基础。

（3）二冲程发动机可在任何方位上运转，这在某些设备如链锯上很重要。标准四冲程发动机可能在油料晃动的时候发生故障，除非它是直立着的。解决这个问题就会大大增加发动机的灵活性。

三、无人机发动机润滑方式

1. 二冲程航空活塞发动机

二冲程航空活塞发动机共有两种润滑手段，第一种为混合润滑，即将润滑油与燃油按照比例混合搅匀后装入油箱（通常为1∶20～1∶40），润滑油与汽油通过化油器一同进入气缸和曲轴箱内；另一种为分离润滑，其润滑方式为机油泵内的机油在压力的作用下经过机油管道进入化油器，雾化后与可燃气一同流入气缸。由于分离式润滑需要增加机油箱、机油泵等结构，因而加重了无人机发动机整体质量。在小型无人机上，混合润滑方式应用较广泛。二冲程发动机进气位置如图 1.16 所示。

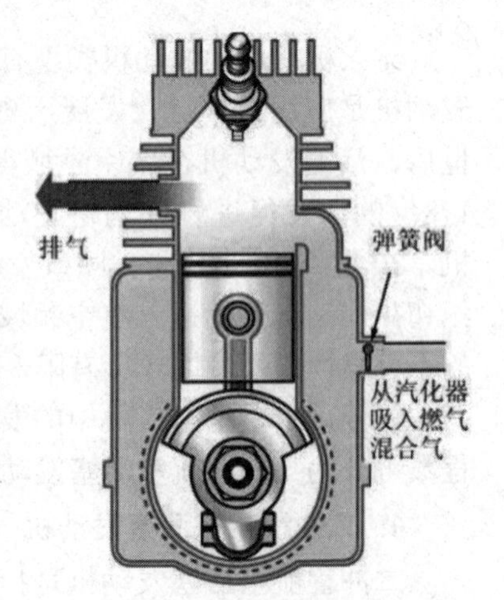

图 1.16　二冲程发动机进气位置

2. 四冲程航空活塞发动机

与二冲程航空活塞发动机不同，四冲程航空活塞发动机中润滑油不与燃油混合。四冲程航空发动机共有两种润滑手段，第一种是飞溅润滑，即通过曲柄的高速旋转，将机油溅至需要润滑的结构表面，这种润滑方式对曲柄的形状和长度有较高的要求。第二种是压力润滑，其润滑方式为通过机油泵将机油输出到需要润滑部位的油道，润滑油经过机油滤清器回收过滤后继续使用。压力润滑方式可以减少润滑油的消耗，因此应用较多。

四、无人机发动机工作机理

在无人机发动机工作时，活塞与气缸是一对始终处于高温、高压及高速往复状态下的摩擦副。在无人机发动机运行一段时间后，气缸会产生较严重的磨损，甚至会失效。气缸表面主要经历的磨损形式有磨粒磨损、腐蚀磨损、茹着磨损和微动磨损。磨粒磨损主要是由空气过滤器损坏后进入的砂粒、机油和燃油燃烧后的炭粒以及气缸表面脱落的金属磨料等颗粒引起的；腐蚀磨损主要是由润滑油本身以及燃烧后产生的极性产物引起的；茹着磨损主要发生在润滑状态不佳时，由于金属间直接接触并反复摩擦引起的高温，导致气缸表面与活塞环表面产生高温茹着；微动磨损主要是由瞬时发生以上几种磨损导致的混合磨损。如图1.17所示。

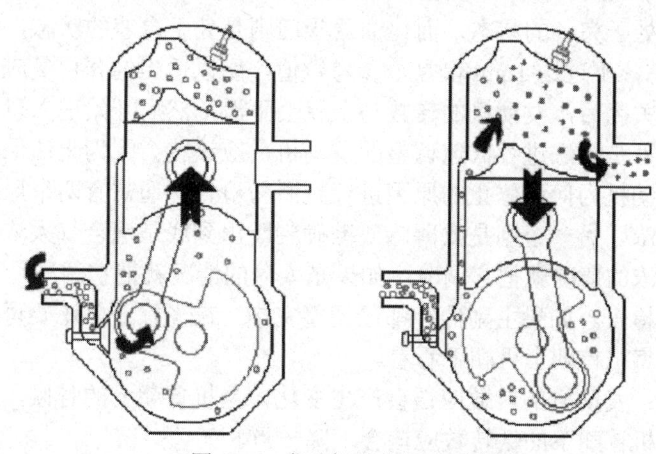

图1.17　发动机工作原理示意图

五、发动机的使用

1. 发动机的启动要决

首先是发动机的启动。要成功的启动发动机有三个条件：首先是适当比例的混合气，也就是我们常说的油针的调整。其次是强力的压缩，所谓强力的压缩是指快速的转动曲轴，或者是马力足够的启动器，缓慢地转动曲轴的话，不仅无法启动发动机，甚至可能会发生危险。随后则是强力的点火性能，在启动时必须要有足够的电力让火星塞加热；如果电池的电力不足的话，再怎么努力也无法让发动机启动。最后，整理启动的坏境。也就是注意周边的人，总而言之，安全是第一考量。

而事实上，这些条件不只局限于遥控发动机，还适用于所有的内燃机。换句话说，只要满足了这些条件，除非发动机本身损坏了，不然的话是一定可以启动发动机的。

2. 调整油针的技巧

（1）摇控器的调整。依照遥控器、发动机的顺序将电源打开。将化油器阀门调至怠速的状态（全闭化油器阀门），拿掉火花赛上的电夹；然后将遥控器上的油门摇杆拨到最上方，确认一下化油器的阀门是否完全打开了。再用手指塞住化油器上的进气口，并将螺旋桨按逆时针方向转动，将燃油送至化油器。转动螺旋桨一至二圈，燃油就会少量进入曲轴箱，结束之后化油器阀门又形成开启的状态。此时发动机启动工作准备就绪，在确保螺旋桨周边没有人时将电夹连接上，遥控器天线呈现收起状态，并且放在手边随时可以接触到油门摇杆的位置。再将机头罩用启动胶圈固定之后，就可以启动了。

（2）主油针的调整。发动机启动之后，暂时让它保持怠速的状态，再一步一步地将化油器阀门打开，一直到进气口呈现半闭状态为止，然后进行主油针的调整，通常是以三格的响声为基准，当其越接近高速的状态时，其反应会越敏锐。

当发动机的混合油气过浓时，会听到其发出噗噗吵闹声之后停止的情况，此时就必须将油针转进；相反，如果发现混合油气过薄，感觉发动机好像在咳嗽吸不到油时，可将油针转出。调整完毕，将电夹拆掉，再用相同的办法检查一遍。

（3）发动机的提速反应与混合气的关系。在做发动机的调整设定时，有个先决条件是你要切记的：就是任何的模型发动机，都是在先确定高速位置之后，才来调整发动机及提速反应。主油针位置确定了之后，接下来要进行的是低速的调整。

首先是让主油针处于完备的状态，而化油器阀门则是处于怠速的状态，化油器阀门大约打开 1mm 左右的状态，不过这 1mm 仅是个参考数值，所以适当的开启量应由经验丰富的人士确定。化油器阀门关闭后，发动机的转数马上就会下滑，然后开始进入怠速的状态。暂时观察一下这个状态，若是无法进行低速调整的发动机，应该就会因为无法保持怠速而停止，在这里我们必须对发动机为何而停止的原因进行判断与检查。通常有两个原因：一个是因为低速时候的混合气太浓，另一个则是太薄。要准确判断出到底是混合气太浓还是太薄而导致发动机停止。如果太浓的情况就把它调薄；如果是太薄的情况就把它调浓。

（4）调整之后的检查。如果主副油针都已调整完毕，在飞行之前还要再检查一次，将化油器阀门全开，然后将机首朝上再朝下看看。

主油针位置正确：发动机的转数应该会产生变化，当机首朝上的时候，发动机的转数会提升一点；相对地，机首朝下的话转数应该会下降一点。

主油针位置不正确：主油针位置调进去太多，混合气过薄，机首朝上的时候马力就会出现很明显的下滑；相反，主油针位置调出来太多，导致混合气太浓，当机首朝下时，发动机就会发出噗噗的啵啵声而停止。不轮你是出现哪一种状况，将机体保持水平之后再将主油针调整 1～2 个响声就可以。

发动机调整之后，就可以起飞了。

课堂任务

通过一系列精心设计的趣味探究活动，让读者在玩的过程中学习并掌握无人机动力系统的组成、类型、工作原理及使用技巧。

探究活动

1. 活动一：无人机动力系统拼图游戏

第 1 步，准备材料

准备一张无人机动力系统组成示意图（如图 1.17 所示），将其剪成若干小块，制作成拼图。每个小组分发一套拼图。

第 2 步，拼图竞赛

将读者分成若干小组，每组 3～5 人。每组通过拼图，重新组合出完整的无人机动力系统组成示意图。第一个完成拼图的小组获胜，并需要向全班解释每个部分的名称和功能。

第 3 步，分享与讨论

获胜小组向全班介绍无人机动力系统的各个组成部分及其功能。其他小组可以提问和补充，共同讨论无人机动力系统的组成和作用。

2. 活动二：无人机发动机启动与调整模拟

第 1 步，准备材料

准备一个无人机发动机模型或仿真软件，模拟发动机的启动和调整过程。每个小组分发一个模型或提供仿真软件的访问权限。

第 2 步，启动与调整模拟

将读者分成若干小组，每组 3～5 人。每组通过模型或仿真软件，模拟无人机发动机的启动和调整过程。

模拟过程中，需要完成以下任务：调整油针，确保发动机能够顺利启动。调整主油针和副油针，确保发动机在不同姿态下能够稳定运行。检查发动机的启动条件，确保启动过程安全可靠。

第 3 步，展示与评选

每组展示他们的模拟过程，并解释调整的步骤和原理。评选出最佳小组，并给予小奖品作为奖励。

▶ **想一想：** 观看视频，学习启飞无人机，并记录下操作步骤。

成果分享

当你深入无人机的世界，是否曾被驱动它翱翔天际的力量吸引？这次学习，带你一起揭秘无人机的发动机，这个动力之源的奥秘。

无人机的发动机，就像它的心脏，为飞行提供着源源不断的动力。不同类型的无人机，配备着不同类型的发动机。有的采用电动发动机，环保且安静，适合在城市和民用领域中使用；有的则使用燃油发动机，动力强劲，更适合在广阔的天空中长时间飞行。

随着你对无人机发动机的了解加深，你会发现这个小小的部件里蕴含着巨大的科技含量。它的每一次运转，都是对无人机飞行性能的极致追求。这份对无人机动力之源的探索，不仅让你对无人机的构造有了更深入的认识，更激发了你对科技世界的无限好奇。

思维拓展

在探索无人机发动机的创新领域时，如图 1.18 所示，你应当聚焦于以下几个维度来激发你的创新意识。

首要的是，增强无人机发动机的效能与可靠性，这是推动创新的关键路径。以江西中发天信无人战机喷气动力研究团队的突破为例，他们通过对 xx850 菱形涡轮喷气式发动机的持续改良，不仅将其寿命从 18 小时大幅提升至 600 小时，还实现了 30%的推力增长，并攻克了平衡密封、调心阻燃调整等一系列核心技术难题。同时，涡轮增压内燃机凭借其优异的经济性、高空推重比及低油耗特性，在无人机动力领域占据了重要地位，这提示你在创新时应注重技术的实用性与经济性并重。

进一步地，开发新型无人机发动机类型，是拓宽创新视野的另一重要方向。美国航空航天公司推出的动力强劲的无人机，以及 HFE 国际公司在高可靠性注射燃料发动机、气缸旋转式发动机领域的深耕，均展示了新型发动机对提升无人机性能的巨大潜力。这鼓励你勇于尝试新技术，打破传统框架。

此外，优化无人机发动机的润滑方式，同样是提升性能与延长寿命不可或缺的一环。当前，油脂润滑、油气润滑及脂气混合润滑等方式已广泛应用，但未来的创新应聚焦于研发更高效、环保的润滑材料，以期在减少摩擦损耗的同时，也符合绿色可持续发展的要求。

最终，将智能算法融入无人机发动机的控制与优化，是开启创新篇章的关键。利用深度学习等前沿技术，实现对发动机运行状态的实时监测与预测，能够预先识别并解决潜在故障，显著提升发动机的运行效率与可靠性。这不仅要求你掌握先进的算法知识，更需具备将技术与实践紧密结合的能力，从而在无人机发动机的创新之路上迈出坚实步伐。

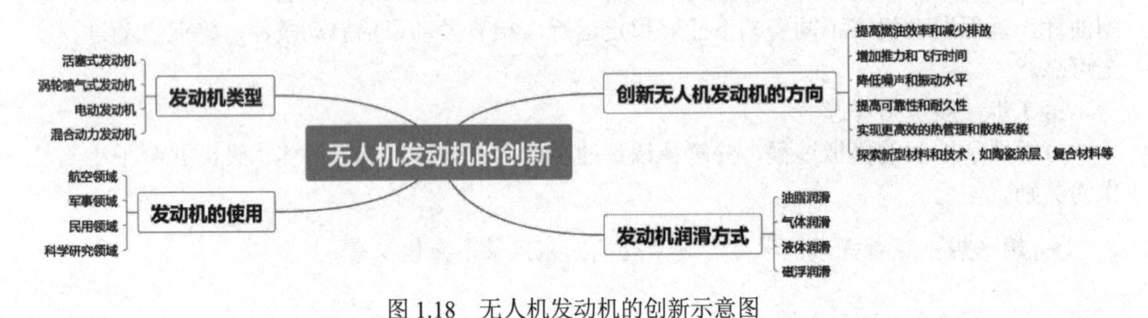

图 1.18　无人机发动机的创新示意图

当堂训练

1. 无人机发动机的发展史可以追溯至__________时期的第一次世界大战。

2. 目前常见的无人机发动机类型包括活塞发动机、涡扇发动机、涡喷发动机、涡轴发动机和__________。

3. 无人机活塞发动机因其高性价比而在无人机中得到广泛应用，但其缺点是__________、排放废气多以及燃油消耗较大。

4. 将智能算法应用于无人机发动机的控制和优化，可以提高发动机的运行效率和__________。

5. 润滑方式对无人机发动机的性能和寿命有着重要影响，常见的润滑方式包括__________、__________、和__________等。

想创就创

1. 请列举几种常见的无人机发动机类型并简要介绍其特点。

2. 无人机发动机润滑方式的选择对发动机的性能和寿命有何影响？请举例说明。

3. 无人机发动机的工作原理是什么？如何提高其效能和可靠性？

4. 在使用无人机发动机时，需要注意哪些安全问题？如何解决这些问题？

5. 未来可能出现的新型无人机发动机类型有哪些？这些新型发动机可能带来哪些创新和应用？

1.6　智慧引领：无人机系统

知识链接

无人机系统（UAS：unmanned aircraft system），也称无人驾驶航空器系统（RPAS：remotely piloted aircraft system），是指一架无人机、相关的遥控站、所需的指令与控制数据链路以及批准的型号设计规定的任何其他部件组成的系统，无人机系统主要由无人机的机体、动力系统、导航系统、电源系统、通信系统以及载荷等组成，如图 1.19 所示。

图 1.19　无人机系统组成示意图

典型的无人机系统是由飞行器平台、动力系统、控制站与飞行控制系统、通信导航系统、任务载荷系统以及发射或回收系统等组成。

一、飞行器平台

飞行器（flight vehicle）是在大气层内或大气层外空间（太空）飞行的器械。飞行器分为 3 类：航空器、航天器、火箭和巡飞弹型无人机。在大气层内飞行的称为航空器，如气球、飞艇、飞机等。它们靠空气的静浮力或空气相对运动产生的空气动力升空飞行。在太空飞行的称为航天器，如人造地球卫星、载人飞船、空间探测器、航天飞机等。它们在运载火箭的推动下获得必要的速度进入太空，然后依靠惯性做与天体类似的轨道运动。

本书主要介绍航空器，任何航空器都必须产生大于自身重力的升力，才能升入空中。根据产生升力的原理，航空器可分为三大类：轻于空气的航空器、重于空气的航空器、杂交航空器。前者靠空气静浮力升空，后者靠空气动力克服自身重力升空，如图 1.20 所示。

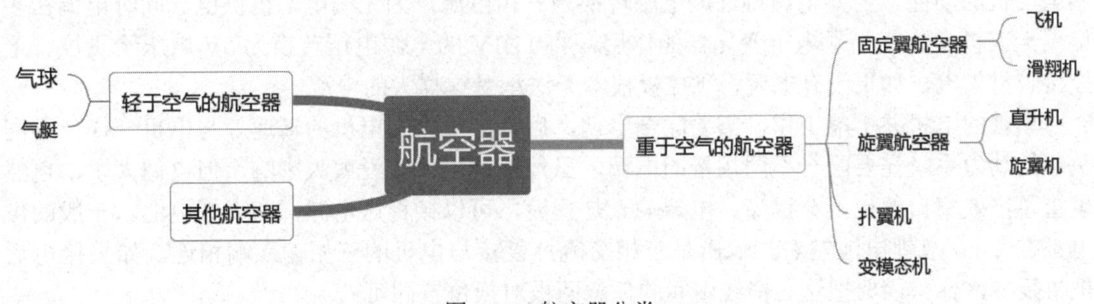

图 1.20　航空器分类

二、动力系统

无人机动力系统为无人机提供动力，使无人机能够进行飞行活动。无人机动力系统有3种类型，即以电池为能源的电动动力系统、以燃油类发动机为动力的油动动力系统和油电混动系统，如图1.21所示。目前油电混合系统更多地应用于汽车中，在无人机领域较少使用。

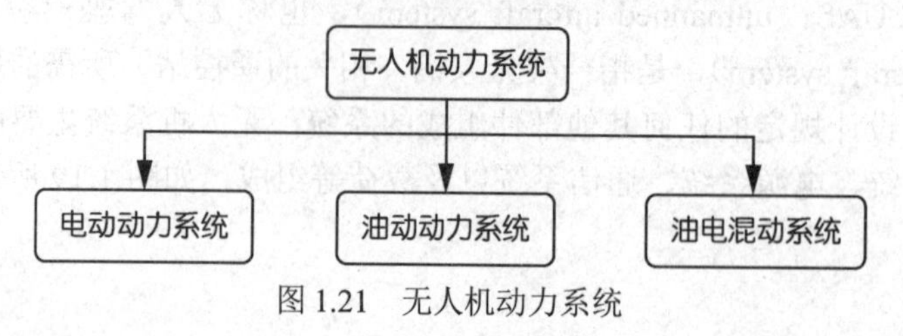

图1.21　无人机动力系统

1. 电动动力系统

电动动力系统是将化学能转化为电能再转化为机械能，为无人机飞行提供动力的系统，由电池、电调、电动机、螺旋桨4个部分组成。

1）电池

无人机的电池主要为无人机提供能量，有镍镉、镍氢、锂离子、锂聚合物电池，主要以锂聚合物电池为主。其特点是能量密度大、重量轻、耐电流数值较高等等，这些特性都是较为适合无人机的。例如：单片电芯放电能力理论值超过400安。而由于这些电池用于无人机的动力系统，所以也会被叫作“动力电池”。

电池容量是指电池储存电量的大小，电池容量分为实际容量、额定容量、理论容量，符号为C，单位为毫安时（mA・h）。实际容量是指在一定放电条件下，在终止电压前电池能够放出的电量;额定容量是指电池在生产和设计时，规定的在一定放电条件下电池能够放出的最低电量;理论容量是指根据电池中参加化学反应的物质计算出的电量。

电池倍率，一般充放电电流的大小常用充放电倍率来表示，即充放电倍率=充放电电流/额定容量，符号为C；例如，额定容量为10mA・h的电池用4A放电时，其放电倍率为0.4C；1000mA・h、10C的电池，最大放电电流=1000×10mA=10000mA=10A。

2）电调

动力电机的调速系统称为电调，全称为电子调速器，英文为electronic speed controller，简称ESC。按动力电机不同来分，可分为有刷电调和无刷电调。它的主要功能是将飞控板的控制信号进行功率放大，并向各开关管送去能使其饱和导通和可靠关断的驱动信号，以控制电动机的转速。因为电动机的电流是很大的，正常工作时通常为3A～20A。飞控没有驱动无刷电动机的功能，需要电调将直流电源转换为三相电源，为无刷电动机供电。同时电调在多旋翼无人机中也充当了电压变化器的作用，将11.1V的电源电压转换为5V电压给飞控、遥控接收机供电，如果没有电调，飞控板根本无法承受这样大的电流。

单独的电机并不能工作，需要配合电调，后者用于控制电机的转速。与电机一样，不同负载的动力系统需要配合不同规格的电调，虽然电调用大了没太大影响，但电调大了，自然也重了，效率自然也不会提高。电调输入是直流，可以接稳压电源，或者锂电池。一般的供电都在2～6节锂电池左右。输出是三相交流，直接与电机的三相输入端相连。如果接电后电机反转，你只需要把这三根线中间的任意两根对换位置即可。

电调的连接：电调的输入线与电池连接；电调的输出线（无刷三根）与电机连接；电调

的信号线与接收机连接，如图 1.22 所示。另外，电调一般有输出功能（BEC），即在信号线的正负极之间有 5V 左右的电压输出，通过信号线为接收机和舵机供电。

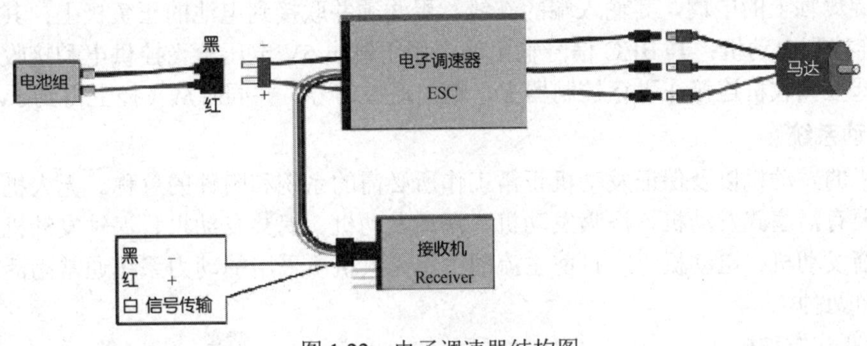

图 1.22　电子调速器结构图

3）电动机

电动机旋转带动桨叶使无人机产生升力和推力，通过对电动机转速的控制，可使无人机完成各种飞行状态。无人机的电机主要以无刷电机为主，一头固定在机架力臂的电机座，一头固定螺旋桨，通过旋转产生向下的推力。

普通直流电动机的电枢在转子上，而定子产生固定不动的磁场。为了使直流电动机旋转，需要通过换向器和电刷不断改变电枢绕组中电流的方向，使两个磁场的方向始终保持相互垂直，从而产生恒定的转矩驱动电动机不断旋转。无刷直流电动机为了去掉电刷，将电枢放到定子上去，而转子制成永磁体，这样的结构正好和普通直流电动机相反。然而，即使这样改变还不够，因为定子上的电枢通过直流电后，只能产生不变的磁场，电动机依然转不起来。为了使电动机转起来，必须使定子电枢各相绕组不断地换相通电，这样才能使定子磁场随着转子的位置在不断地变化，使定子磁场与转子永磁磁场始终保持左右的空间角，产生转矩推动转子旋转。

4）螺旋桨

螺旋桨安装在无刷电动机上，通过电动机旋转带动螺旋桨旋转。多旋翼无人机多采用定距螺旋桨，即桨距固定。定距螺旋桨从桨毂到桨尖安装角逐渐减小，这是因为半径越大的地方线速度越大，受到的空气反作用就越大，容易造成螺旋桨因各处受力不均匀而折断。同时螺旋桨安装角随着半径增加而逐渐减小，能够使螺旋桨从桨毂到叶尖产生一致升力。

螺旋桨尺寸通常用“××××”型数字来表示，前两位数字表示螺旋桨直径，后两位数字表示螺旋桨螺距，单位均为英寸，1 英寸约等于 2.54 厘米，螺距即桨叶旋转一周旋转平面移动的距离。螺旋桨有正反桨之分，顺时针方向旋转的是正桨，逆时针方向旋转的是反桨。电动机与螺旋桨的配型原则：高 KV 电动机配小桨，低 KV 电动机配大桨。

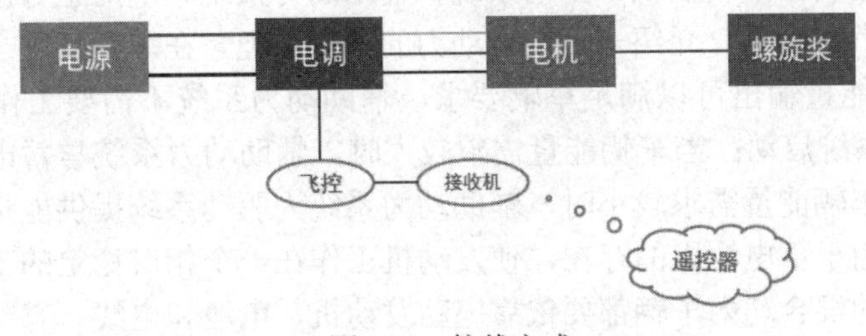

图 1.23　接线方式

5）接线方式

动力系统中电池、电调、电动机之间的接线方式，如图 1.23 所示。例如：多旋翼无人机的多个旋翼轴上的电调，其输入端的红线、黑线须并联接到电池的正负极上；其输出端的 3 根黑线连接到电动机；其 BEC 信号输出线，用于输出 5V 电压给飞控供电和接收飞控的控制信号；遥控接收机连接在飞行控制器上，输出遥控信号，并同时从飞控上得到 5V 供电。

2. 油动系统

无人机的发动机以及保证发动机正常工作所必需的系统和附件的总称。无人机使用的动力装置主要有活塞式发动机、涡喷发动机、涡扇发动机、涡桨发动机、涡轴发动机、冲压发动机、火箭发动机、电动机等。目前主流的民用无人机所采用的动力系统通常为活塞式发动机和电动机两种。

1）活塞式发动机

燃油类发动机工作过程是将化学能转换为机械能，常用的燃油类发动机有活塞式发动机和燃气涡轮发动机。活塞式发动机也叫往复式发动机，由气缸、活塞、连杆、曲轴、气门机构、螺旋桨减速器、机匣等组成主要结构，如图 1.24 所示。活塞式发动机属于内燃机，它通过燃料在气缸内的燃烧，将热能转变为机械能。活塞式发动机系统一般由发动机本体、进气系统、增压器、点火系统、燃油系统、启动系统、润滑系统以及排气系统构成。

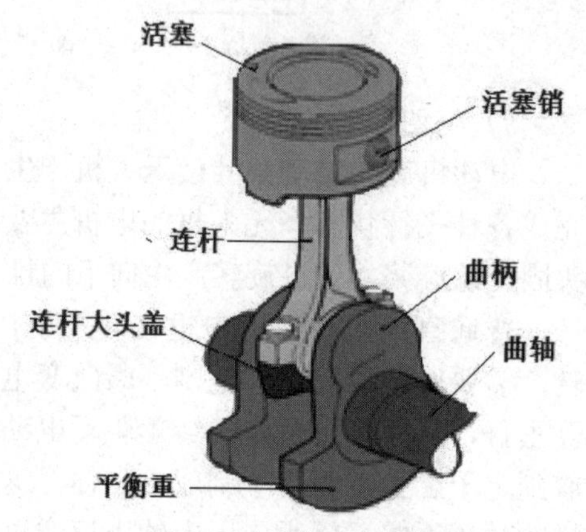

图 1.24 活塞式发动机

2）燃气涡轮发动机

燃气涡轮发动机（gas turbine engine 或 combustion turbine engine）或称燃气轮机，是属于热机的一种发动机。燃气轮机可以是一个广泛的称呼，基本原理大同小异，包括燃气涡轮喷气发动机等都包含在内。而一般所指的燃气涡轮发动机，通常是指用于船舶（以军用作战舰艇为主）、车辆（通常是体积庞大可以容纳得下燃气涡轮机的车种，如坦克、工程车辆等）、发电机组等。与推进用的涡轮发动机不同之处在于，其涡轮机除了要带动压缩机外，还会另外带动传动轴，传动轴再连上车辆的传动系统、船舶的螺旋桨或发电机等。

3. 油电混动系统

油电混合动力系统，通常是指油电混合动力，即燃料（汽油，柴油）和电能的混合，有着油耗低的优点。从对电能的依赖程度来看，混合动力可分为弱混合动力 MILD HYBRID（也称轻度混合动力，软混合动力，微混合动力等），中度混合动力，重度混合动力 FULL HYBRID（也称全混合动力，强混合动力等），插电混合动力 PLUG IN HYBRID。

混合动力系统主要由控制系统、驱动系统、辅助动力系统和电池组等部分构成。下面以串联混合动力电动汽车为例，介绍一下混合动力的工作原理。在车辆行驶之初，蓄电池处于电量饱满状态，其能量输出可以满足车辆要求，辅助动力系统不需要工作；电池电量低于 60%时，辅助动力系统启动；当车辆能量需求较大时，辅助动力系统与蓄电池组同时为驱动系统提供能量；当车辆能量需求较小时，辅助动力系统为驱动系统提供能量的同时，还给蓄电池组进行充电。由于蓄电池组的存在，使发动机工作在一个相对稳定的工况，使其排放得到改善。不是所有的混合动力车辆都要依靠电动发动机、电池和电线。有些车辆是靠液压发动机、铃线和蓄能器的联合作用来驱动的。

三、控制站与飞行控制系统

1. 控制站

无人机地面站也称控制站、遥控站或任务规划与控制站，由数据链路控制、飞行控制、载荷控制、载荷数据处理等四类硬件设备机柜或机箱构成。在规模较大的无人机系统中，可以有若干个控制站，这些不同功能的控制站通过通信设备连接起来，构成无人机地面站系统。

一般情况下，根据无人机控制系统功能来分，可以划分为指挥处理中心、无人机控制站、载荷控制站等三部分。指挥处理中心负责制定任务、完成载荷数据的处理和应用，一般都是通过无人机控制站等间接地实现对无人机的控制和数据接收，包括上级指令接收、系统之间联络、系统内部调度，同时包括飞行航路规划与重规划、任务载荷工作规划与重规划；无人机控制站负责飞行操纵、飞行控制操作、任务载荷控制、数据链路控制和通信指挥，显示与记录飞行状态参数、航迹等信息；载荷控制站负责控制无人机的机载任务设备，显示与记录任务载荷信息。

无人机操纵与控制主要包括起降操纵、行操纵、任务与链路操纵和数据链管理等。地面控制站内的飞行控制席位、任务设备控制席位、数据链路管理席位都应设有相应分系统的操作装置。

1）起降操纵

起降阶段是无人机操纵中最难的控制阶段，起降控制程序应简单、可靠、操纵灵活，操纵人员可直接通过操纵杆和按键快捷介入控制通道，控制无人机起降。根据无人机不同的类别及起飞重量，其起飞降落的操纵方式也有所不同。对于滑跑起降的无人机，可采用自主控制、人工遥控（舵面）或组合控制（人工修正及姿态遥控）等模式进行起降控制。

2）飞行操纵

飞行操纵是指采用遥控方式对无人机在空中整个飞行过程的控制。无人机的种类不同，执行任务的方式不同，决定了无人机有多种飞行操纵方式。一般包括舵面遥控、姿态遥控、和指令控制三种方式。

3）任务操纵

任务设备控制是地面站任务操纵人员通过任务控制单元，发送任务控制指令，控制机载任务设备工作；同时地面站任务控制单元处理并显示机载任务设备工作状态，供任务操纵人员判读和使用。

4）通讯数据链路

通讯数据链路是指无人机通讯链路与数据链的管理。数据链管理主要是对数据链设备进行监控，使其完成对无人机的测控与信息传输任务；机载数据链主要有：V/UHF 视距数据链、L 视距数据链、C 视距数据链、UHF 卫星中继数据链、Ku 卫星中继数据链。通讯链路主要用于无人机系统传输控制、无载荷通讯、载荷通讯三部分信息的无线电链路；根据 ITU-R M.2171 报告给出的无人机系统通讯链路是指控制和无载荷链路，主要包括：指挥与控制（C&C），空中交通管制（ATC），感知和规避（S&A）三种链路。

无人机通讯链路机载终端常被称为机载电台，集成于机载设备中。视距内通讯的无人机多数安装全向天线，视距外通讯的无人机一般采用自跟踪抛物面卫星通讯天线；民用通讯链路的地面终端硬件一般会被集成到控制站系统中，称作地面电台，部分地面终端会有独立的显示控制界面。视距内通讯链路地面天线采用鞭状天线、八木天线和自跟踪抛物面天线，视距外通讯的控制站还会采用固定卫星通讯天线。

2. 飞行控制系统

所谓无人机飞控系统，就是无人机的飞行控制系统（flight control system），简称飞控。飞控系统是控制无人机飞行姿态和运动的设备，是无人机的关键核心系统之一，由传感器、机载计算机和执行机构三大部分组成。一般会内置控制器、陀螺仪、角速度计、加速度计和气压计、指南针等传感器。无人机依靠这些传感器来稳定机体，再配合北斗卫星（或 GPS）及气压计数据，便可把无人机锁定在指定的位置及高度。

当无人飞机偏离原始状态，敏感元件感受到偏离方向和大小，并输出相应信号，经放大、计算处理，操纵执行机构（如舵机），使控制面（例如升降舵面）相应偏转。由于整个系统是按负反馈原则连接的，其结果使无人飞机趋向原始状态。当飞机回到原始状态时，敏感元件输出信号为零，舵机以及与其相连接的舵面也回到原位，无人飞机重新按原始状态飞行。这就是无人飞机的飞行控制原理。

飞控系统是无人机完成起飞、空中飞行、执行任务、回收等整个飞行过程的核心系统，对无人机实现全权控制与管理，是无人机执行任务的关键。飞控系统主要具有如下功能：

（1）无人机姿态稳定与控制；

（2）与导航子系统协调完成航迹控制；

（3）无人机起飞（发射）与着陆（回收）控制；

（4）无人机飞行管理；

（5）无人机任务设备管理与控制；

（6）应急控制；

（7）信息收集与传递。

以上所列的功能中第（1）、（4）和（6）项是所有无人机飞行控制系统所必须具备的功能，而其他项则不是每一种飞行控制系统都具备的，也不是每一种无人机都需要的，根据具体无人机的种类和型号可进行选择和组合。

四、通信导航系统

无人机通信导航系统由机载设备和地面设备组成。机载设备也称机载数据终端，包括传感器、机载天线、遥控接收机、遥测发射机、视频发射机和终端处理机等。地面设备包括由天线、遥控发射机、遥测接收机、视频接收机和终端处理机构成的测控站数据终端，以及操纵和监测设备。

无人机导航系统常用的传感器包括角速度率传感器、姿态传感器、位置传感器、迎角侧滑传感器、加速度传感器、高度传感器及空速传感器等，如图 1.25 所示。

1. 角速度传感器

角速度传感器是飞行控制系统的基本传感器之一，用于感受无人机绕机体轴的转动角速率，以构成角速度反馈，从而改善系统的阻尼特性、提高稳定性。角速度传感器应安装在无人机重心附近，安装轴线与要感受的机体轴向平行，并特别注意极性的正确性。

2. 姿态传感器

态传感器用于感受无人机的俯仰、转动和航向角度，用于实现姿态稳定与航向控制功能。姿态传感器应安装在无人机重心附近，振动要尽可能小，有较高的安装精度要求。

3. 高度、空速传感器（俗称“大气机”）

高度、空速传感器用于感受无人机的飞行高度和空速，是高度保持和空速保持的必备传感器。一般和空速管、同期管路构成大气数据系统。高度、空速传感器（大气机）一般要求其安装在空速管附近，尽量缩短管路。

4.位置传感器

位置传感器用于感受无人机的位置，是飞行轨迹控制的必要前提。惯性导航设备、GPS 卫星导航接收机、磁航向传感器是典型的位置传感器。惯性导航设备有安装位置和较高的安装精度要求，GPS 的安装主要应避免天线的遮挡问题。磁航向传感器要安装在受铁磁性物质影响最小且相对固定的地方，安装件应采用非磁性材料制造。

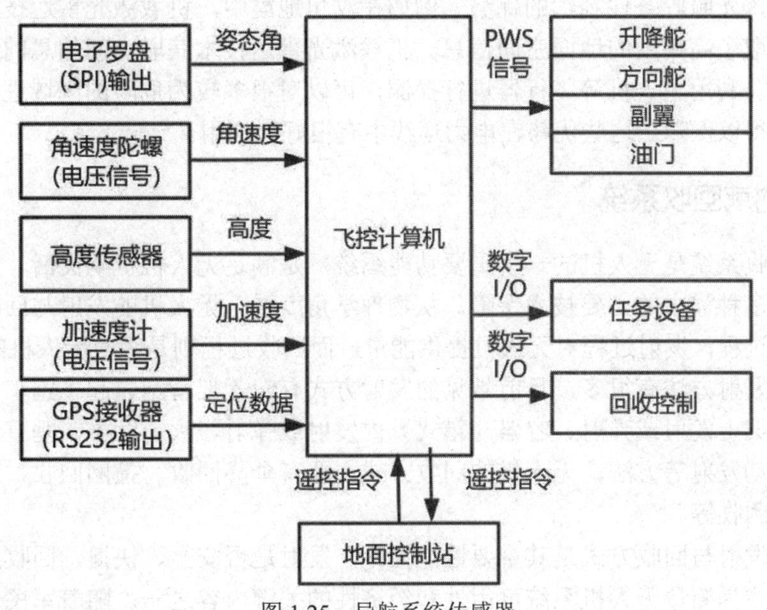

图 1.25　导航系统传感器

五、任务载荷系统

任务载荷是指那些装备到无人机上为完成某种任务的设备的总称，包括执行电子战、侦察和武器运输、对地打击、拍摄、光学、声学、遥感、探测等任务所需的设备，如信号发射机、传感器、摄影相机等，但不包括飞行控制设备、数据链路和燃油等。无人机的任务载荷的快速发展极大地扩展了无人机的应用领域，无人机根据其功能和类型的不同，其上装备的任务载荷也不同。常用的任务载荷有：倾斜摄影相机、空中喊话器、空中探照灯、光学照相机、红外线热像仪、气体检测仪、红外相机、激光雷达等。

1. 倾斜摄影相机

倾斜摄影是通过在同一飞行平台上搭载多台传感器，同时从垂直、侧视等不同的角度采集影像，将用户引入符合人眼视觉的真实直观世界，有效弥补了传统正射影像只能从垂直角度拍摄地物的局限。专业倾斜相机由 5 个摄像头组成，中间相机拍摄正射影像，其余 4 个相机拍摄倾斜影像。

2. 传感器载荷

随着我国近几年来大气污染状况越来越严重，特别是雾霾（颗粒物 PM2.5、PM10 等）在污染物中所占的比例越来越重，因此我国的大气污染检测与治理的任务也越来越重。作为继航空、航天遥感后的第 3 代遥感技术的无人机遥感技术，具有立体监测、响应速度快、监测范围广、地形干扰小等优点，是今后进行大气突发事件污染源识别和浓度监测的重要发展方向之一。但是由于无人机的载荷有限，要完成高精度的大气环境监测工作需要高精度的传感器荷载，而传统传感器往往在体积、重量等方面的限制可供选择的不多。

3. 激光雷达

机载激光雷达技术是一种主动式测绘地表空间信息的技术手段。通过主动发射激光脉冲，获取探测目标反射回来的信号并处理得到地表目标的空间信息。因此，机载激光雷达技术有不受天气，光照等条件制约的优势。例如在汶川地震中，机载激光雷达技术就在恶劣复杂的环境中获取了高精度的地面空间信息。机载激光雷达技术获取空间信息的速度快，效率高，作业安全。利用无人机等飞行器进行探测，可以对很多较为危险的区域进行探测，使得作业的安全性得以保障。这些优势在电力巡线中有很好的应用。

六、发射或回收系统

发射与回收系统是无人机的一个重要功能系统，是满足无人机机动灵活、重复使用以及高生存能力等多种需求的必要技术保障。从物理学角度看，无人机的发射与回收过程均是对无人机做功的过程，发射过程对无人机提供能量，而回收过程则是吸收无人机的能量。

无人机的发射方法有很多，目前常见的发射方式有起落架滑跑、起飞跑车滑跑、母机空中发射、发射架上发射或弹射、容器（箱式）内发射或弹射、火箭助推、垂直起落、缆绳系留、手抛和自动发射等方法。无人机的回收方式主要有伞降回收、撞网回收、起落架滑轮着陆、空中勾取回收等。

无人机的发射与回收方式是其重要性能指标，发射是否安全、快捷，回收是否准确、简单、可靠，已成为衡量无人机系统可用性和经济性的关键内容之一。随着军民领域愈加旺盛的应用需求和无人机技术的快速发展，对无人机的要求趋于效能最优化、操作自动化、展开便捷化和场地小型化，不同行业领域还会提出独特的需求，并据此选择无人机型号，对固定翼无人机发射与回收系统的设计和技术应用也提出更高要求。

课堂任务

通过趣味活动，让读者在玩的过程中学习并掌握无人机系统的组成和基本知识，提高自主学习能力和思维能力。

探究活动

1. 活动一：无人机系统拼图游戏

第 1 步，准备材料

准备一张无人机系统组成示意图（如图 1.19），将其剪成若干小块，制作成拼图。每个小组分发一套拼图。

第 2 步，拼图竞赛

将读者分成若干小组，每组 3～5 人。每组通过拼图，重新组合出完整的无人机系统组成示意图。第一个完成拼图的小组获胜，并需要向全班解释每个部分的名称和功能。

第 3 步，分享与讨论

获胜小组向全班介绍无人机系统的各个组成部分及其功能。其他小组可以提问和补充，共同讨论无人机系统的组成和作用。

2. 活动三：无人机系统设计挑战

第 1 步，创意设计

让读者自主设计一个无人机系统，选择合适的飞行器平台、动力系统、飞行控制系统、通信导航系统、任务载荷系统和发射回收系统。

提供以下问题作为引导：你选择哪种飞行器平台？为什么？你选择哪种动力系统？为什么？你的飞行控制系统将具备哪些功能？你的通信导航系统将如何确保无人机的安全飞行？你的任务载荷系统将搭载哪些设备？为什么？

第 2 步，撰写设计文档

每位读者撰写一份设计文档，内容包括：设计目标，选择的飞行器平台、动力系统、飞行控制系统、通信导航系统、任务载荷系统和发射回收系统，各部分的功能和优势，预期效果和潜在挑战。

第 3 步，展示与评选

让每位读者在全班或小组中展示自己的设计文档。评选出最具创意的设计，并给予小奖品作为奖励。

想一想：无人机系统是如何组成的?

成果分享

当你踏入无人机领域，是否曾被其复杂而又精细的系统组成所吸引？这次学习，带你深入了解了无人机系统的每一个组成部分。

无人机系统并非单一的飞行器，而是由多个子系统共同协作的整体。机身作为核心，承载着发动机、电池等关键部件；飞行控制系统如同大脑，精准地指挥着无人机的每一个动作；导航系统则确保无人机能够按照预定路线飞行；而通信系统，则让无人机与地面控制站保持实时联系。

随着你对无人机系统组成的深入了解，你会发现每一个子系统都发挥着至关重要的作用。这份对无人机系统的全面解析，不仅让你对其构造有了更清晰的认识，更激发了你对无人机技术的浓厚兴趣。未来，在探索无人机的道路上，你将更加自信地前行。

思维拓展

当你已经掌握了本节课关于无人机的基础知识后，是否想要进一步拓展视野，探索无人机系统的更多奥秘？

如图 1.26 所示，不妨在网上深入查找无人机资料，看看除了已知的内容，无人机系统还隐藏着哪些令人惊叹的组成及其功能。你会发现，无人机的每一个部件都承载着独特的作用，共同构成了这个高效而精密的系统。同时，了解常见的任务载荷，如摄像头、传感器等，将让你对无人机的应用领域有更全面的认识。

更进一步，探究发射或回收系统所关注的指标，如安全性、准确性等，将激发你对无人机技术创新的深入思考。这份对无人机系统组成的深度探索，不仅拓宽了你的知识边界，更点燃了你将创意转化为现实的创新火花。未来，在无人机的广阔天地里，你将拥有无限的创新可能。

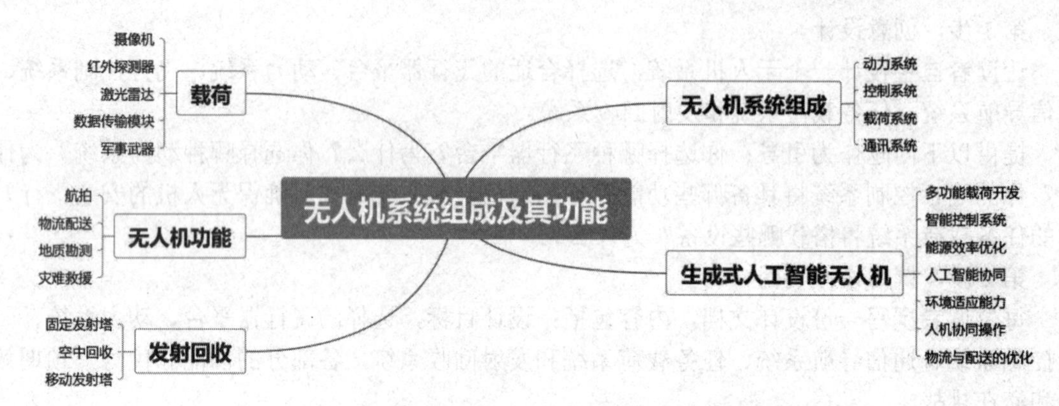

图 1.26　无人机系统组成及其功能创新示意图

当堂训练

1. 无人机系统主要由________、________、________、________和________等组成。

2. ________是无人机的主体，它不仅为无人机提供支撑，还决定了无人机的尺寸、形状和重量。

3. 无人机的导航系统主要由________、________、________和________组成。

4. 无人机的电源系统主要由________、________和________组成。

5. 无人机的通信系统主要由________、________和________组成。

想创就创

1. 什么是无人机的机体，其主体结构通常由哪些关键部件构成？

2. 无人机的动力系统主要包含哪些组件，并且这些组件是如何协同工作为无人机的旋翼或推进器提供动力的？

3. 无人机的导航系统是如何实现自主导航的？请描述一种典型的自主导航技术及其工作原理。

4. 无人机的通信系统如何建立操作者与无人机之间的无线通信？请概述一种基本的无人机通信协议设计。

5. 如何通过编程控制无人机的飞行？

1.7　创新实践：无人机组装与挑战

知识链接

多旋翼无人机的内部结构相对简洁，其组装过程也呈现出一定的相似性。接下来，我们将详细阐述其组装的主要步骤，以确保整个过程的连贯性和准确性。

首先是机架的组装。机架作为多旋翼无人机的骨架，通常由轻量化且坚固的材料制成，如碳纤维复合材料或铝合金。在组装机架时，我们不仅要确保其稳定性和刚度，还要充分考虑后续维护和修理的便利性。

随后是动力系统的组装。动力系统是无人机的核心驱动力，包括电机、电调（电子调速器）和电池等关键组件。在选择电机和电池时，我们需要确保它们的性能相匹配，并且电调能够与电机和电池完美兼容。同时，安全问题也不容忽视，特别是电池的充电和放电安全，必须严格遵守相关规定。

然后是飞控系统的组装。飞控系统是多旋翼无人机的“大脑”，它负责接收遥控器或地面站发送的指令，并精准控制无人机的飞行轨迹、高度和速度等参数。在组装飞控系统时，我们需要选择性能可靠、稳定性高的飞控板和相关组件，并确保它们之间的连接和通信畅通无阻。

最后是遥控装置和任务载荷的组装。遥控装置是操控无人机的关键工具，而任务载荷则是根据具体任务需求搭载的设备。在组装这两个部分时，我们需要根据任务的实际需求选择适合的遥控设备和任务载荷，并确保它们能够通过适配器和数据线等与无人机实现无缝连接。

值得注意的是，虽然上述组装步骤具有一定的普遍性，但在实际操作中，部分组装顺序可能需要根据具体情况进行适当调整。不同的多旋翼无人机产品可能会有不同的组装要求，有些系统甚至需要并行组装以满足特定的任务需求。以 F450 多旋翼无人机为例（如图 1.27 所示），其组装步骤通常遵循机架、动力系统、飞控装置、遥控装置及任务载荷的顺序进行。

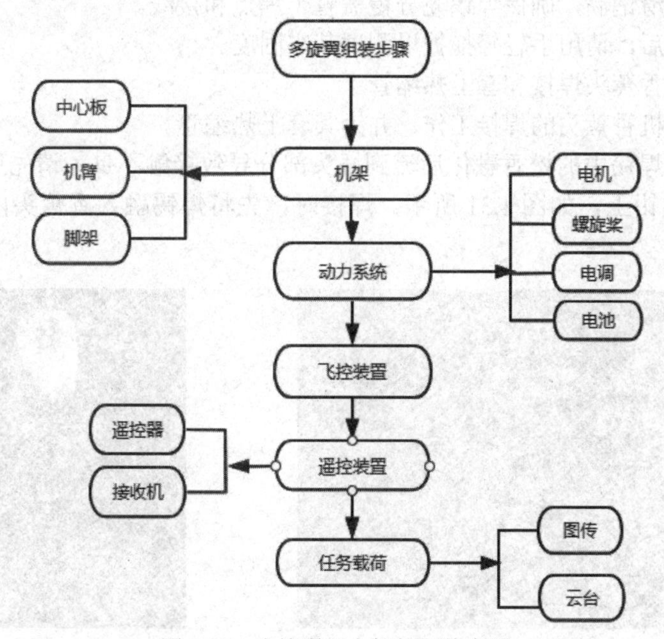

图 1.27　多旋翼无人机的组装步骤

课堂任务

以 F450 多旋翼无人机为例，练习无人机组装方法。

探究活动

第 1 步，焊接电调与电源接口

首先，将电调的输入端两根电源线分别精确地焊接到中心板（分电板）的正极（红线）和负极（黑线）上，具体操作可参考图 1.28。随后，继续焊接动力电源线，如图 1.29 所示。

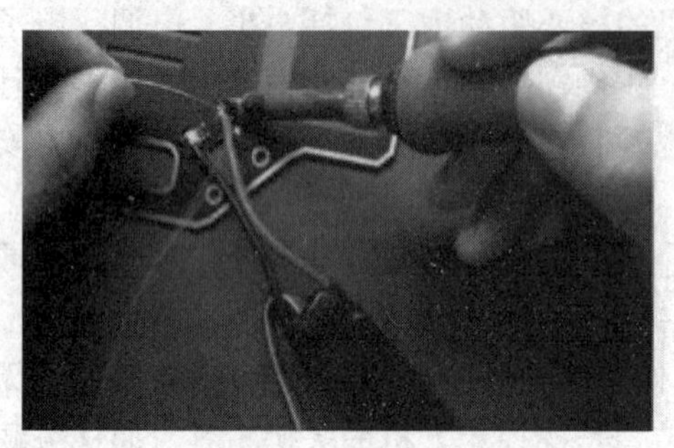

图 1.28　电调焊接

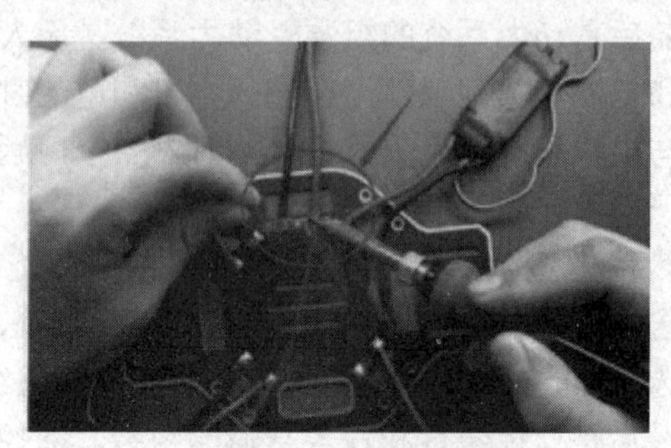

图 1.29　动力电源焊接

其次，完成焊接后，电调与电源接口的整体效果应如图 1.30 所示。为确保电路连接无误，请使用万用表检查电路是否联通。

在此过程中，请注意以下几点温馨提示：

（1）电调与底板之间的焊点必须牢固，避免虚焊。

（2）前后 4 个焊点的大小需适中，以免阻碍后续电池的安装。

（3）焊点应光滑饱满，确保焊锡充分覆盖整个焊点和接线。

（4）焊接完成后，请用手轻轻拖拽以测试其牢固度。

第 2 步，电机香蕉头焊接和套上热缩管

接下来进行电机香蕉头的焊接工作，并为其套上热缩管。

首先，为防止焊锡中的松香融化后流到插头部分导致接触不良，请先用纸巾将香蕉头包裹好，并夹在老虎钳上，如图 1.31 所示。焊接时，先将焊锡融入香蕉头内并填满，然后再插入电机线。

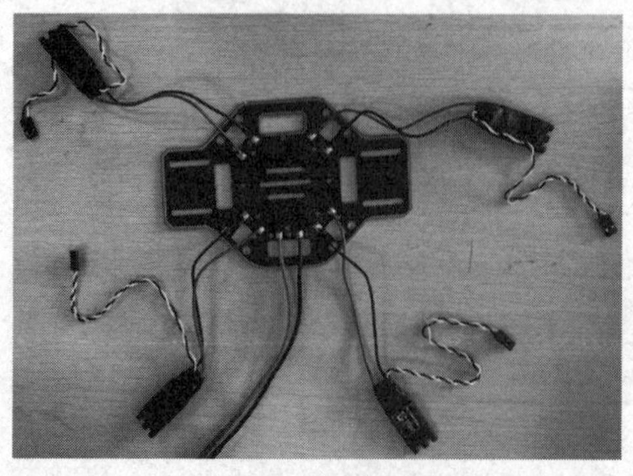

图 1.30　检查电路

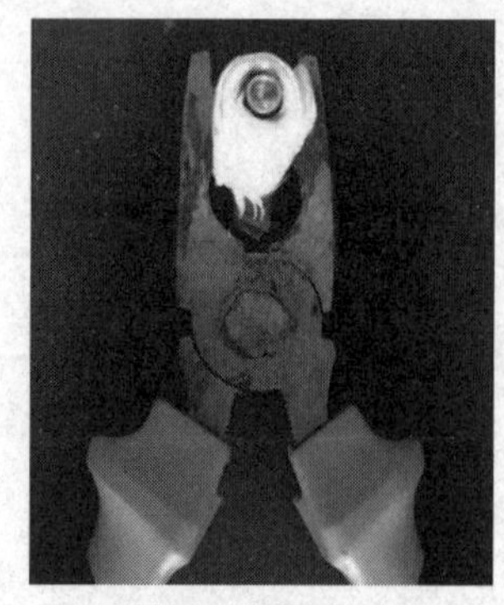

图 1.31　香蕉头

紧跟着，焊接完成后，待其冷却后，用手轻轻拖拽以确认焊接是否牢固。确认无误后，将热缩管套上，并使用热风枪、电吹风高温档或打火机吹烤包裹部分，使其紧贴电机线，如图 1.32 所示。

第 3 步，机架组装

首先，我们进行机架的组装工作。使用机架内配套的银色大螺丝，将电机牢固地固定在机臂上，具体操作可参考图 1.33。

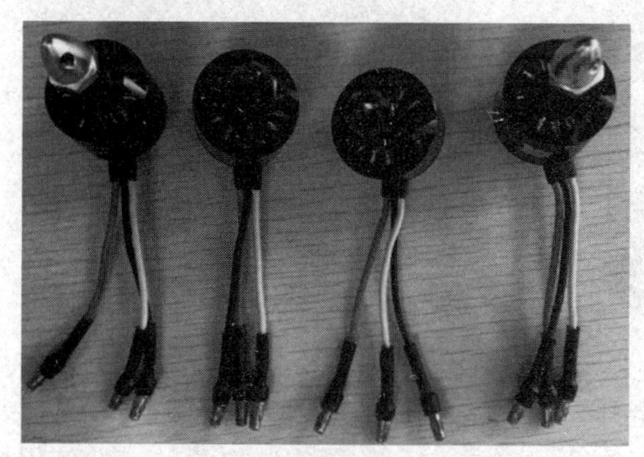

图 1.32　焊接好的香蕉头

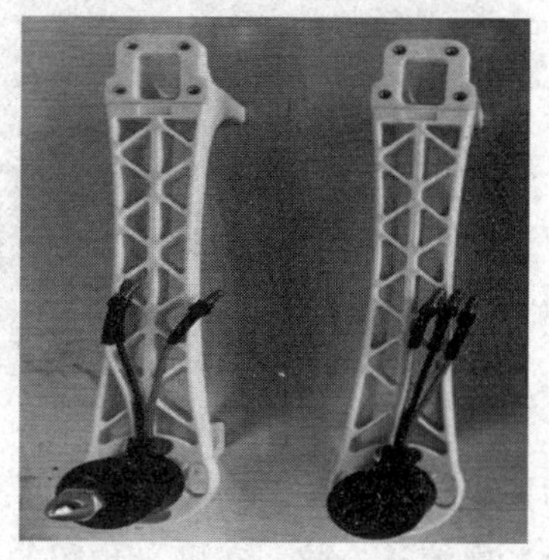

图 1.33　电机固定在机臂

接下来，将机臂固定在底板上，并安装机架上板。此时，螺丝无须拧得太紧，以便后续进行调节，如图 1.34 所示。

然后，在完成机架基本组装后，连接电机与电调。将电机焊接好的香蕉头分别插入电调对应的香蕉头内。注意，此时可任意连接，因为无人机正常飞行对电机的旋转方向有要求，但在此步骤中电机还无法启动。待后续飞控调试完成后，我们再根据需要进行电机旋转方向的调整，如图 1.35 所示。

图 1.34　机架上安装机臂

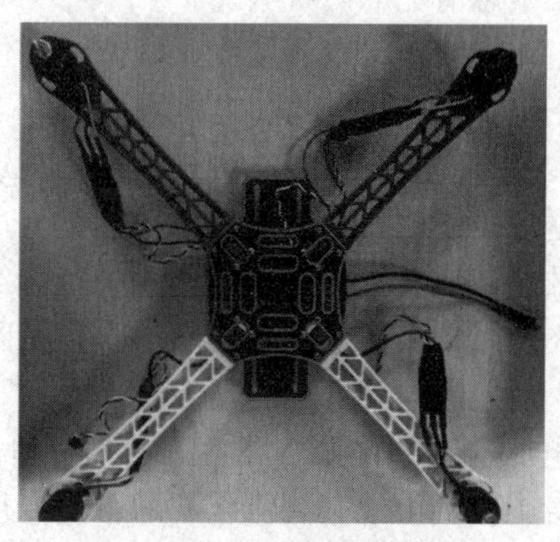

图 1.35　装好的电机与电调

第 4 步，飞控及配件的安装和接线

首先，安装减震板。先将减震球小心地安装在小板上，避免使用尖锐工具以防损坏减震球，其破损将丧失减震效果。随后，将组装好的减震球与小板连接到大板上，形成完整的减震板组件。取一片 3M 胶，将减震板稳固地粘贴在机架上板的中心位置。为了进一步增强稳定性，可以在减震板的 4 个角使用尼龙扎带进行绑扎固定，如图 1.36 所示。

其次，安装飞控模块。利用减震板内置的 3M 胶，将飞控模块牢固地粘贴在减震板上，确保飞控的箭头前向与无人机的机头前向一致，这一点至关重要，因为它将决定后续电机的旋转方向、GPS 的安装方向以及飞行时的前向。我们以红色机臂的方向作为机头方向进行参考，如图 1.37 所示。在飞控模块上，还需安装内存卡以记录飞行数据，连接蜂鸣器以发出提示音，以及设置安全开关作为硬件保护措施，防止意外解锁电机造成伤害。

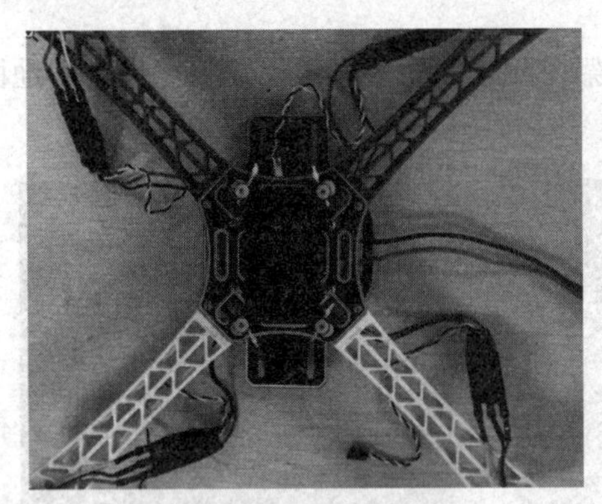

图 1.36 安装好的减震板

图 1.37 安装好飞控模块

随后安装电流计、GPS、蜂鸣器、安全开关、电调、接收机及数传连线。

（1）电流计安装：在机身预留的位置，按照正确方向和位置安装电流计，并使用螺丝或固定件紧固。确保电流计的接线准确无误，以便后续测量和记录。

（2）GPS 安装：将 GPS 接收器安装在机身适当位置，通过数传连线与飞控系统连接。确保 GPS 天线无遮挡，能够顺畅接收卫星信号。

（3）蜂鸣器安装：将蜂鸣器固定在机身上，并正确连接至飞控系统，确保正负极接线无误，以便在需要时发出警报或提示音。

（4）安全开关安装：安装安全开关作为保护措施，将其连接至飞控系统，并确保接线正确，以便在紧急情况下切断电源。

（5）电调安装：将电调按照正确方向和位置安装在机身上，使用螺丝或固定件紧固，并确保接线正确，以便与电池和电机协同工作。

（6）接收机安装：将接收机安装在机身适当位置，并连接至飞控系统，确保接线无误，以便接收遥控器或地面站的控制信号。

（7）数传连线安装：将数传连线的一端连接至遥控器或地面站，另一端连接至无人机的接收机或飞控系统，确保接线正确，以实现遥控器与无人机之间的正常通信。

最后，对电池与起落架的安装。

（1）电池安装。首先，准备工具和材料，包括适合 F450 无人机的电池、螺丝刀等。其次，在机身上找到电池安装位置，通常是专用的电池仓或可拆卸的电池盒。随后，使用适当的电线将电池的正负极连接到飞控板或其他所需设备，确保连接牢固且颜色标记正确。然后，将电池按照正确方向放入安装位置，并使用螺丝或固定件紧固，确保连接紧密无松动。最后，安装完成后，检查所有电线连接是否牢固，无短路或断路现象。

（2）起落架安装。首先，准备工具和材料，包括适合 F450 无人机的起落架、螺丝刀、扳手等。其次，在机身上找到起落架的安装位置，通常是在无人机底部或着陆位置。随后，将起落架按照正确方向安装在机身上，并使用螺丝或固定件紧固，确保安装牢固无松动。最后，安装完成后，检查起落架是否平稳、牢固，且不会对无人机飞行造成影响。

以上就是 F450 多旋翼无人机的电池和起落架的安装过程。请务必遵循安全操作规程，并确保所有设备和电线连接正确且牢固。如遇疑问或问题，请及时咨询专业人员或寻求帮助。

▶ **想一想：**请简述 TELLO 无人机与 F450 多旋翼无人机的组装过程有何异同点？

成果分享

通过实践 F450 多旋翼无人机的组装，你不仅掌握了无人机的基本构造，还深入理解了各个部件之间的协同工作原理。首先，你从整理配件开始，逐一确认了机臂、电机、电调、飞控板以及 GPS 模块等关键部件的完好无损。在组装过程中，你严格按照说明书指导，将电机精准安装在机臂上，并仔细调整了电机与螺旋桨的匹配方向，确保了无人机的平衡与稳定。

紧接着，你细心地连接了电调线与飞控板，注意了线路的整洁与走向，避免了可能的干扰。在固定飞控板时，你更是谨慎地调整了其朝向，以确保无人机在飞行过程中能够准确接收并响应指令。

最后，你进行了全面的调试与测试工作。从飞控的校准到电机的空转测试，你都一丝不苟地完成，确保了无人机的各项性能均达到最佳状态。通过这次组装实践，你不仅提升了动手能力，还加深了对无人机技术的理解与热爱。

思维拓展

在深入探究无人机组装领域后，你不满足于仅掌握本节课所学的内容，而是主动拓宽视野，上网查阅各类无人机的相关资料。你开始思考，是否所有类型的无人机都遵循着相同的组装逻辑？带着这份好奇，你发现不同类型的无人机，其组装方法确实各有千秋。

于是，你进一步探索这些差异背后的原因，了解不同无人机在设计理念、飞行原理以及应用场景上的独特之处。你对比分析了固定翼无人机、直升机式无人机以及多旋翼无人机等类型的组装流程，发现它们在结构布局、动力配置以及控制系统上各有特色。

通过这一过程，你不仅丰富了无人机组装的知识体系，还激发了强烈的创新意识。你开始思考如何借鉴不同无人机的优点，设计出更加高效、稳定且具有创新性的无人机组装方案，如图 1.38 所示。这种跨领域的探索与思考，无疑为你的创新能力注入了新的活力。

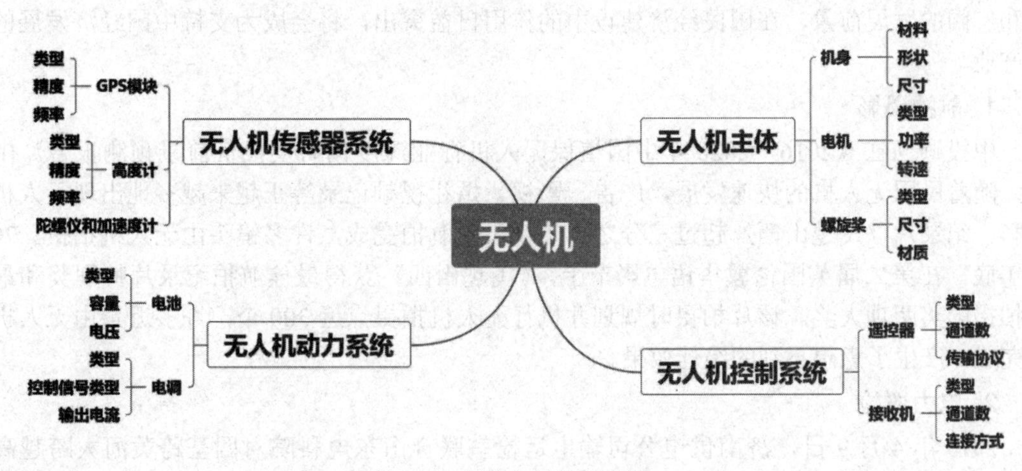

图 1.38　无人机结构示意图

当堂训练

1. 在组装 TELLO 无人机时，需要先安装________，然后是________和________。

2. F450 多旋翼无人机的________通常需要安装在机身上，并且需要使用螺丝或固定件将其固定。

3. 为了确保安全，F450 多旋翼无人机上需要安装________。当发生异常情况时，可以迅速切断无人机的电源。

4. 在将遥控接收机连接到 F450 多旋翼无人机时，需要使用________将接收机的线缆连接到飞控系统。

5. 在安装完电池后，需要检查所有连接的电线是否牢固，并且________。

想创就创

请设计并描述一种创新的无人机组装方法，以简化组装过程和提高工作效率。要求考虑无人机的用途、设计、部件选择和组装顺序等方面，并说明创新点和对实际应用的影响。

1.8 未来展望：无人机应用与发展趋势

知识链接

随着科技的更新和技术的进步，无人机的研究变得越来越深入，应用领域也越加广泛，其无可比拟的优势也发挥着重要的作用，目前无人机技术已逐步成熟起来，无论在军事上还是民用航拍领域的应用，都具有广阔的发展前景。

一、民用无人机应用领域

民用无人机产业的研发、制造和应用是衡量一个国家科技创新和高端制造业水平的重要标志之一。随着无人机研制、生产成本不断降低，其应用范围日益广泛，具有旺盛的市场需求和广阔的发展前景，在国民经济建设中的作用日益突出，将会成为支持中国经济发展的重要产业。

1. 航拍摄影

中投顾问在《2016—2020 年中国植保无人机行业深度调研及投资前景预测报告》中表示，随着民用无人机的快速发展，广告、影视、婚礼视频记录等正越来越多地出现无人机的身影。纪录片《飞越山西》超过三分之二的镜头由航拍完成，许多镜头由无人机拍摄。2014 年年底，在第二届英国伦敦华语电影节上，《飞越山西》获得最佳航拍纪录片特别奖和最佳航拍摄影奖两项大奖。该片拍摄时规划并执行无人机拍摄点近 300 个，许多近景由无人机拍摄完成，产生了意想不到的绝佳效果。

2. 电力巡检

2015 年 4 月 9 日，济南供电公司输电运检室联合山东电科院对四基跨黄河大跨越高塔开展了无人机巡视工作。无人机巡视具有不受高度限制、巡视灵活、拍照方便和角度全面的优点，特别适合于大跨越高塔的巡视，弥补了人工巡视的不足。

3. 新闻报道

美国有线电视新闻网络（CNN）已经获得由美国联邦航空管理局（FAA）颁发的牌照，将测试配备摄像头、用于新闻报道的无人机。早在 2013 年芦山地震抗震救灾中，央视新闻就采用深圳一电科技有限公司自主研发的某款无人机拍摄了灾区的航拍视频。救灾人员无法抵达的地方，无人机轻松穿越，在监测山体、河流等次生灾害的同时，还能利用红外成像仪在空中搜寻受困人员。

4. 保护野生动物

位于荷兰的非营利组织影子视野基金会等机构正在使用经过改装的无人飞行器，为保护濒危物种提供关键数据，其飞行器已在非洲投入广泛使用。经过改良的无人机还能够被应用于反偷猎巡逻。英国自然保护慈善基金-皇家鸟类保护协会也将越来越多的无人机应用于鸟类和自然栖息地的保护工作。

5. 环境监测

环保部组织 10 个督查组在京津冀及周边地区开展大气污染防治专项执法督查，安排无人机对重点地区进行飞行检查。无人机已经越来越频繁地被用于大气污染执法。从 2013 年 11 月起，环保部门开始使用无人机航拍，对钢铁、焦化、电力等重点企业排污、脱硫设施运行等情况进行直接检查。2014 年以来，多个省份使用无人机进行大气污染防治的执法检查，以实现更到位的监管。

6. 快递送货

2015 年 2 月 6 日，阿里巴巴在北京、上海、广州三地展开为期 3 天的无人机送货服务测试，使用无人机将盒装姜茶快递给客户。这些无人机不会直接飞到客户门前，而是会飞到物流站点，“最后一公里”的送货仍由快递员负责。在国外，亚马逊在美国和英国都有无人机测试中心。去年，亚马逊表示其目标是利用无人飞行器将包裹送到数百万顾客手中，顾客下单后最多等半小时包裹即可送到。

7. 提供网络服务

早在 2014 年 Google 公司就收购了无人机公司 TitanAerospace，目前研制成功并开始测试无人机 Solara50 和 Solara60，通过吸收太阳能补充动能，在近地轨道持续航行 5 年而不用降落。Titan 表示通过特殊设备，使其高空无人机最高可提供每秒高达 1GB 的网络接入服务。Facebook 也收购了无人机产商 Ascenta，成立 ConnectivityLab，开发包括卫星、无人机在内的各自互联网连接技术。

二、无人机应用发展趋势

无人机作为一种具有广阔应用前景的技术，其发展历程经历了从军事用途到民用市场的转变。在上世纪，无人机最早被应用于空中侦察等军事领域，发挥着重要的作用。然而，进入 21 世纪后，随着全球卫星定位等新技术的不断涌现以及制造成本的逐渐降低，无人机开始走向行业应用，成为真正的刚需，民用无人机数量也随之激增。

1. 无人机行业的快速发展

截至 2019 年 6 月底，我国注册的无人机数量已高达 33.9 万架，显示出无人机行业的蓬勃发展。统计数据进一步显示，我国消费类无人机出口数量占全球无人机出口总量的 70%左右，达到 120 多万架。深圳作为无人机产业的聚集地，拥有世界民用小型无人机 70%的市场份额，成为全球无人机产品的风向标。这些数据不仅反映了无人机市场的繁荣，也预示着无人机应用未来的无限可能。

2. 无人机应用趋势的多元化

随着科技的飞速发展，无人机已经成为当今世界最具潜力的技术之一。从军事领域到民用市场，无人机的应用已经渗透到了各个角落。未来，无人机的发展趋势将呈现出以下几个显著特点。

首先，智能化将成为无人机发展的重要方向。未来的无人机将更加智能化，具备更强的自主飞行和任务执行能力。通过搭载先进的人工智能技术，无人机可以实现自主避障、自主导航、自主决策等功能，从而大大提高其在复杂环境中的适应性和可靠性。

其次，多功能化也是无人机发展的一个显著趋势。未来的无人机将不再局限于单一功能，而是向多功能化发展。例如，一款无人机可以同时具备侦察、打击、运输等多种功能，以满足不同任务的需求。此外，无人机还可以与其他无人系统（如无人车、无人船等）协同作战，形成一体化的无人作战体系，提高整体作战效能。

再者，小型化与轻量化是无人机发展的另一个重要方向。随着材料科学和航空工程的进步，未来的无人机将更加小型化和轻量化。这将使得无人机在运输、携带和使用方面更加便捷，同时也有助于降低制造成本和维护成本，推动无人机在更多领域的应用。

此外，长航时与高载荷也是未来无人机发展的重要趋势。为了满足长时间、大范围的任务需求，未来的无人机将具备更长的续航能力和更高的载荷能力。这将使得无人机在应急救援、环境监测等领域发挥更大的作用，为人类带来更多便利和价值。

同时，网络化与协同作战能力的提升也是无人机发展的重要方向。随着通信技术的发展，未来的无人机将实现更高程度的网络化和协同作战能力。通过构建无人机之间的信息共享和数据传输网络，实现多架无人机之间的实时通信和任务分配，从而提高整体作战效能，推动无人机在更多复杂场景下的应用。

最后，民用市场的拓展将是无人机发展的重要驱动力。除了军事领域，无人机在民用市场的应用也将得到更广泛的拓展。例如，在物流、农业、环保、安防等领域，无人机的应用将不断深化，为人类带来更多便利和价值。这些领域的拓展不仅将推动无人机技术的进一步发展，也将为无人机产业带来更多的商业机会和发展空间。

综上所述，无人机应用的发展趋势呈现出多元化、智能化的特点。随着技术的不断进步和市场的不断拓展，无人机将在更多领域发挥重要作用，为人类带来更多便利和价值。

三、智慧飞行器发展趋势

近年来，无人机行业在技术的不断推动下，迎来了前所未有的发展机遇。特别是在生成式人工智能和自建大语言模型融入无人机技术后，智慧飞行器的概念逐渐成为现实。这一趋势不仅推动了无人机技术的革新，也为多个领域带来了新的应用前景。

1. 技术革新推动无人机智能化

无人机技术的核心在于其动力系统和飞行控制系统。近年来，动力系统的创新使得无人机的续航能力显著提升。根据市场预测，无人机动力系统在 2024 年的市场规模将达到 61.7

亿美元，并预计到 2029 年将达到 81.9 亿美元。电池技术的不断升级，特别是更高能量密度的固态电池和锂硫电池的应用，将成为提升无人机续航能力的关键。此外，太阳能等可再生能源的探索也为无人机提供了更持久的飞行能力。

与此同时，飞行控制系统的智能化和模块化设计，使得无人机操作更为简易和高效。智能化与自主化是未来无人机的发展趋势，通过不断完善的算法和传感器技术，无人机将实现更高的自主飞行能力和平台共享。这些技术革新为无人机融入生成式人工智能和自建大语言模型打下了坚实的基础。

2. 生成式人工智能在无人机中的应用

生成式人工智能（生成式 AI）是一种可以创造新内容和想法的人工智能，包括创造对话、故事、影像、视讯和音乐。随着 GPT-4 等语言模型的推出，生成式 AI 在文本生成、图像识别、自然语言处理等方面取得了显著进展。将生成式人工智能应用于无人机，可以极大地提升无人机的智能化水平。

例如，通过自建大语言模型，无人机能够理解复杂的指令，进行自然语言的交互，从而实现更加精准的任务执行。这种交互方式不仅提高了无人机的操作便捷性，也为无人机的应用拓展了新的场景。在航拍、数据采集、应急救援等领域，无人机可以通过生成式 AI 实现更加高效和智能化的工作。

3. 自建大语言模型的独特优势

自建大语言模型在无人机中的应用具有独特的优势。

首先，自建模型可以根据具体需求进行定制化训练，从而更加贴合无人机的应用场景。例如，在电力巡检中，无人机可以通过自建模型识别电力设备的故障情况，并进行实时报告。这种定制化训练使得无人机在特定领域的应用更加高效和准确。

其次，自建大语言模型可以更好地保护数据隐私和安全。使用第三方生成式 AI 服务时，数据安全和隐私保护成为一大挑战。而自建模型可以确保数据在本地进行处理和分析，从而避免了数据泄露的风险。

4. 智慧飞行器的未来展望

随着生成式人工智能和自建大语言模型的不断融入，无人机将逐渐发展成为智慧飞行器。智慧飞行器不仅具备传统的飞行和拍摄功能，还具备更加智能化的数据处理和任务执行能力。例如，在环境监测、农业植保、交通管理等领域，智慧飞行器可以通过实时数据分析，提供更加精准和高效的解决方案。

此外，智慧飞行器还可以应用于社区管理和应急救援等场景。通过自建大语言模型，无人机可以理解复杂的指令和场景信息，进行自主决策和执行任务。在地震、火灾等自然灾害发生时，智慧飞行器可以迅速响应，进行人员搜救和物资投放等工作，为救援工作提供有力支持。

综上所述，生成式人工智能和自建大语言模型的融入，为无人机技术的发展带来了新的机遇和挑战。通过技术革新和智能化应用，无人机将逐渐发展成为智慧飞行器，为多个领域提供更加高效和智能化的解决方案。未来，随着技术的不断迭代升级和政策的持续支持，无人机行业将迎来更加广阔的发展前景。

四、民用无人机发展瓶颈

为了推动无人机市场的进一步增长，目前业内主要从研发新机型与攻关充电技术及电池技术两方面入手，其中无线充电技术应用或成未来重要选项。无论是何种飞行器，续航能力都是最为重要性能之一。目前主流的多旋翼无人机大多使用锂电池作为动力，而锂电池的电芯无法做到100%均衡地充电和放电，同时大功率电池的充电时间又比较长。这些问题是对续航能力的主要制约因素。

随着全球无人机产业发展持续提速，应用普及范围不断扩张，无人机的续航能力瓶颈也愈发凸显。根据调研情况来看，我国民用无人机在全球范围内得到了广泛的应用，如航拍、物流配送、农业监测等。然而，在民用无人机的发展过程中，仍然存在一些瓶颈问题，限制了其进一步的普及和应用。民用无人机行业面临着诸多发展障碍，主要是以下几个方面的瓶颈。

1. 法规和政策限制

随着无人机技术的迅速发展，各国政府对无人机的监管越来越严格。在某些国家和地区，民用无人机的使用受到严格的法规限制，如飞行高度、飞行区域、飞行时间等方面的限制。这些法规和政策限制了民用无人机在各个领域的应用和发展。

2. 无人机技术瓶颈

虽然民用无人机的技术已经取得了很大的进步，但仍然存在一定的技术瓶颈。例如，电池续航能力不足、飞行稳定性不高、遥控距离有限等问题。这些问题限制了民用无人机在更广泛的场景和更高难度的任务中的应用。

3. 无人机安全问题

民用无人机的安全问题一直是人们关注的焦点。如何确保无人机在飞行过程中不发生意外事故，避免对周围环境和人员造成损害，是民用无人机发展的一个重要挑战。此外，无人机的隐私保护和数据安全问题也需要得到充分重视。

4. 无人机成本问题

虽然近年来民用无人机的价格有所下降，但对于许多潜在用户来说，价格仍然是一个重要的考虑因素。高昂的购买成本和维护成本使得部分用户望而却步，限制了民用无人机市场的扩大。

5. 无人机人才短缺

随着民用无人机应用领域的不断拓展，对相关人才的需求也在不断增加。然而，目前市场上缺乏专业的无人机操作员和维护人员，这对民用无人机的发展构成了一定的制约。

6. 社会认知度

尽管民用无人机在各个领域取得了显著的成果，但在社会上的认知度仍然有限。许多人对无人机存在误解和担忧，担心其可能带来的安全风险和社会问题。因此，提高公众对民用无人机的认知度和接受度是推动其发展的关键。

五、民用无人机使用法规

汽车行驶要遵守《道路交通安全法》，听从指挥，各行其道。无人机飞行也一样要遵守无人机安全法规。为保证无人机安全飞行，各国制定了相关管理条例和规定。2018年，中国空中交通管制委员会办公室组织起草了《无人驾驶航空器管理暂行条例（征求意见稿）》，另外还制定了《民用无人驾驶航空器实名制登记管理规定》、《关于公布民用机场障碍物限制面保护范围的公告》、《无人机围栏》和《无人机云系统接口数据规范》等法规；针对各类型飞行空域、飞行运行、无人机驾驶员、安全飞行等做了明确规定。如使用登记，最大起飞重量大于或等于 0.25kg 的无人机将实行实名制。登记涉及姓名、有效证件号码、联系方式、产品型号、产品序号、使用目的。单位应登记单位名称、统一社会信用代码或者组织机构代码。登记完成后，需在无人机上粘贴登记二维码标记。除此之外，还在全国划设了 155 个机场禁飞区、提出无人机驾驶航空器系统标准体系框架、首次对违规飞行采取具体惩处措施。

RoboMaster TT（特洛）作为编程教育微型无人机在适飞空域飞行不需要持有合格证或执照，了解飞行守法要求和风险提示即可。其他机型禁飞区包括：机场、军事基地、重要政府机构、重要公共设施、深港边界、执法现场、火山活动区等。如需要在隔离区域飞行，需由申请人在拟使用隔离空域 7 个工作日前，向有关飞行管制部门提出申请。

课堂任务

通过一系列精心设计的趣味探究活动，让读者了解无人机的应用领域和未来发展趋势。

探究活动

1. 活动一：无人机应用领域知识竞赛

第 1 步，分组竞赛

将读者分成若干小组，每组 3～5 人。每组选择一个无人机应用领域（如航拍摄影、电力巡检、新闻报道等）进行研究。每组准备一个简短的报告，介绍该领域的具体应用案例、优势和未来发展前景。

第 2 步，知识竞赛

每组派出一名代表，参加知识竞赛。竞赛形式为抢答，题目涉及无人机应用领域的基本知识和案例。例如：无人机在电力巡检中的主要优势是什么？在《飞越山西》纪录片中，无人机拍摄了多少个镜头？无人机在新闻报道中的应用有哪些具体案例？

第 3 步，评分与奖励

根据答题的准确性和速度进行评分。评选出最佳小组，并给予小奖品作为奖励。

2. 活动二：无人机应用发展趋势探究

第 1 步，自主探究

让读者自主选择一个无人机应用领域，深入研究其未来发展趋势。提供以下问题作为引导：该领域目前面临哪些技术瓶颈？未来 5～10 年内，该领域可能会有哪些技术突破？该领域的市场前景如何？该领域的发展将对社会产生哪些影响？

第 2 步，撰写报告

每位读者撰写一份简短的报告，总结自己的探究结果。报告应包括：研究领域、现状分析、未来趋势、个人见解等。

第 3 步，分享与讨论

组织全班或小组讨论，让每位读者分享自己的报告。

第 4 步，讨论问题

你认为哪个领域的无人机应用前景最广阔？无人机技术的发展将如何改变我们的生活？无人机技术的发展可能会带来哪些新的挑战？

3. 活动三：无人机应用案例分析

第 1 步，案例选择

提供几个具体的无人机应用案例（如电力巡检、新闻报道、环境监测等）。让读者选择一个案例进行深入分析。

第 2 步，案例分析

每位读者撰写一份案例分析报告，内容包括：案例背景、无人机在该案例中的具体应用、该应用的优势和不足、该应用对相关领域的启示。

第 3 步，展示与反馈

让每位读者在全班或小组中展示自己的案例分析报告；其他读者可以提问和反馈，共同探讨无人机应用的实际效果和改进方向。

4. 活动四：无人机法规与安全知识竞赛

第 1 步，知识学习

提供无人机使用法规和安全知识的相关资料，让读者自主学习。例如：《无人驾驶航空器管理暂行条例（征求意见稿）》《民用无人驾驶航空器实名制登记管理规定》。

第 2 步，知识竞赛

组织知识竞赛，题目涉及无人机法规和安全知识。例如：无人机的最大起飞重量达到多少需要进行实名制登记？无人机在哪些区域是禁飞的？无人机驾驶员需要持有哪些证件？

第 3 步，评分与奖励

根据答题的准确性和速度进行评分。评选出最佳个人，并给予小奖品作为奖励。

▶ **想一想：**通过本节课的内容，观察一下手中的无人机，请描述一下我们手中无人机的特点、发展趋势以及发展瓶颈。

成果分享

当你踏入无人机这片充满无限可能的领域，首先映入眼帘的是它广泛的应用场景。从军事侦察到民用航拍，从农业喷洒到物流配送，无人机正以它独特的魅力改变着我们的生活。

你会惊叹于无人机在灾难救援中的迅速响应，也感慨于它在环境监测中的精准高效。更让你兴奋的是，随着技术的不断进步，无人机正向着更智能化、更自主化的方向发展。

这次学习，让你对无人机的未来发展趋势充满了期待。你想象着未来的无人机将如何更深入地融入我们的生活，为我们创造更多的便利和价值。这份对未知的探索和渴望，将驱使你不断前行，在无人机的世界里寻找更多的惊喜和可能。

思维拓展

在民用无人机领域，当前已有多种应用场景，包括影视航拍、传统农林业、工业作业、灾害救援、公共安全以及消费娱乐业等。随着科技的不断进步，无人机正朝着多任务载荷、载荷小型化、智能化、规范化和产业协作的趋势发展。

未来的创新方向可以从以下几个方面进行，如图 1.39 所示。首先，可以考虑开发具备更强自主飞行能力、更高智能化程度以及与其他设备协同工作能力的无人机，以满足更复杂和多变的应用需求。其次，可以在无人机的设计和结构上寻找优化方案，例如，减轻无人机的重量和体积，可以扩大其应用场景并提高操作便利性。此外，还可以通过提高无人机拍摄清晰度、稳定性等方面的性能，使其在影视素材拍摄等领域得到更广泛的应用。

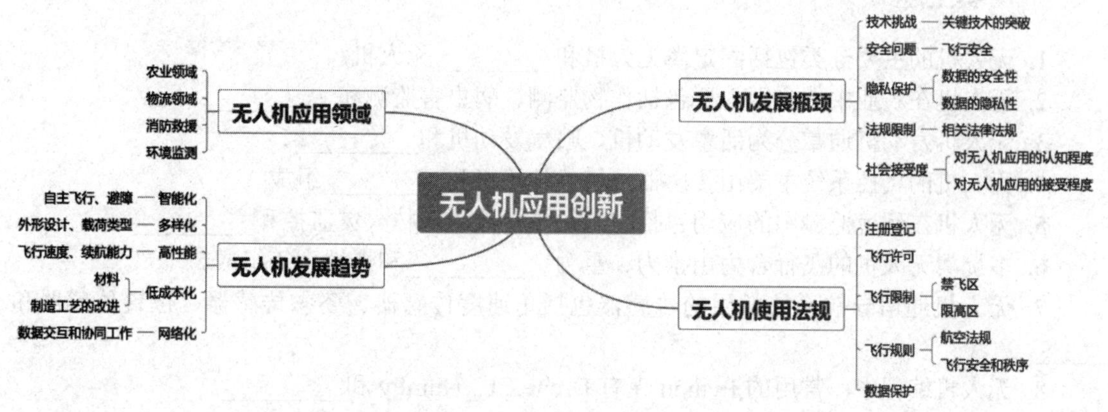

图 1.39　无人机应用创新示意图

当堂训练

1. 民用无人机在________、________和________等领域有广泛的应用。

2. 目前，民用无人机的发展趋势主要是向________、________和________方向发展。

3. 民用无人机的发展瓶颈主要包括________、________和________等方面。

4. 在使用民用无人机时，需要遵守相关的法规，如________、________和________等。

5. 为了提高民用无人机的安全性和可靠性，研究人员正在探索使用________、________和________等技术。

想创就创

1. 无人机在灾害救援中的应用如何体现创新，并举例说明其如何提高救援效率？

2. 结合当前技术趋势，探讨无人机如何促进智慧农业的发展，并提出一个创新应用场景。

3. 分析无人机在城市规划与建设中的潜在作用，并设计一个创新的城市规划监测方案。

4. 探讨无人机技术在教育领域的应用潜力，并设计一个旨在激发学生创新能力的无人机教学项目。

5. 面对未来无人机市场的多元化需求，你认为哪些技术创新是推动行业发展的关键，并阐述其可能带来的社会影响？

1.9 本章学习评价

请完成以下题目，并借助本章的知识链接、探究活动、课堂训练以及思维拓展等部分，全面评估自己在知识掌握与技能运用、解决实际难题方面的能力，以及在此过程中形成的情感态度与价值观，是否成功达成了本章设定的学习目标。

一、填空题

1. 无人机的主要分类包括固定翼无人机和________无人机。
2. 无人机在农业中的应用主要包括作物监测、病虫害监测和________。
3. 无人机发动机通常分为活塞发动机、喷气发动机和________。
4. 无人机的飞控系统主要由传感器、机载计算机和________组成。
5. 无人机在环境监测中的应用包括空气质量检测、森林火灾监控和________。
6. 多旋翼无人机的飞行合力由推力、重力、________和惯性力等组成。
7. 无人机通信导航系统常用的传感器包括角速度传感器、姿态传感器、位置传感器和________。
8. 无人机编程中，常用的 Python 库有 DroneKit、NumPy 和________。
9. 在无人机组装过程中，飞控系统的组装是确保无人机能够________飞行的关键步骤。
10. 未来无人机的发展趋势包括智能化、小型化和________。

二、选择题

1. 以下哪种无人机类型更适合进行低空作业和复杂环境飞行？
   A. 固定翼无人机　B. 无人直升机　C. 多旋翼无人机
2. 无人机动力系统不包括以下哪个组件？
   A. 电池　B. 电调　C. 遥控器
3. 无人机飞行控制系统的主要功能不包括：
   A. 姿态稳定与控制　B. 任务载荷管理　C. 起飞与降落场地的选择
4. 无人机在新闻报道中的主要作用是？
   A. 地面监控　B. 空中拍摄　C. 数据处理
5. 下列哪项不是无人机在农业中的应用？
   A. 作物监测　B. 精准施肥　C. 天气预报
6. 无人机的导航系统主要依赖哪些传感器？（多选）
   A. 角速度传感器　B. 气压计
   C. 红外相机　D. 高度传感器
7. 在无人机组装中，首先进行的是哪个部分的组装？
   A. 动力系统　B. 机架　C. 飞控系统
8. 以下哪种技术不属于无人机未来发展趋势？
   A. 智能化　B. 大型化　C. 网络化
9. Python 编程在无人机领域的应用不包括：
   A. 飞行控制　B. 数据处理　C. 硬件维修

10. 无人机在执行任务时，如何通过改变飞行姿态来实现方向调整？
   A. 调整螺旋桨的转速　　B. 改变电池电量　　C. 更换飞控系统

三、问答题

1. 简述无人机在农业中的应用，并设计一个创新的农业应用方案。

2. 分析无人机在环境监测中的优势，并设计一个环境监测方案。

3. 探讨无人机编程对提升无人机性能的重要性，并提出一个编程创新项目。

4. 分析多旋翼无人机相较于固定翼无人机的优势，并设计一个多旋翼无人机的创新应用场景。

5. 讨论无人机技术在物流配送领域的应用前景，并提出一个创新物流配送方案。

第 1 章答案

第 2 章
CHAPTER 2

编程语言 Python 及其安装

在科技的曙光中，无人机如同一把钥匙，轻轻旋转，便打开了通往未来世界的大门。它翱翔天际，穿梭于云端，让我们窥见了前所未有的无限可能。今天，让我们携手走进无人机世界，揭开它神秘的面纱，一同踏上这场探索与创新的旅程。

本章将带你领略 Python 无人机编程的奇妙魅力。你将学习如何运用 Python 语言，让无人机听从你的指令，自由翱翔。我们将从基础操作讲起，逐步深入，让你在掌握无人机编程技能的同时，也能感受到编程的乐趣和创造的成就感。更重要的是，Python 无人机编程不仅是一门技术，更是一种思维方式的变革。它鼓励我们打破常规，勇于创新，用代码去定义世界。在学习的过程中，你将逐渐培养出创新思维和解决问题的能力，成为未来社会所需的创新型人才。

来吧，让我们一同揭开无人机的神秘面纱，踏上这场充满挑战与机遇的编程之旅。在这里，你将发现无尽的奥秘，释放你的创造力，成为新时代的创新者！

本章主要知识点：

- 启航之选：为何选择 Python。
- 语言基础：Python 无人机编程。
- 环境搭建：Python 安装方法。
- 编辑搭建：PyCharm 编辑器安装。
- 插件设置：Sublime Text3 安装以及插件配置。
- 图形编程：mind+及其安装。
- 初试牛刀：第一个 Python 程序。

2.1 启航之选：为何选择 Python

知识链接

随着科技迅猛发展，编程成了现代社会必不可少的技能。众多编程语言里，Python 因简洁易读、功能强大、应用广泛而备受关注，在无人机编程领域，它更是至关重要。

一、Python 编程语言概述

Python 作为一种高级编程语言，由 Guido van Rossum 在 1991 年首次发布。从诞生之初，它就秉持着独特的设计哲学，将代码的可读性与简洁性放在重要位置。这一理念使得程序员能用更精简的代码，清晰地表达丰富的想法，就如同用简洁的文字勾勒出复杂的画卷。

正因如此，Python 自问世以来，凭借简洁易读、功能强大的特点，迅速在编程领域崭露头角，备受各界欢迎。它的应用范围极为广泛，涵盖了数据分析、人工智能、Web 开发、自动化运维等诸多领域。在数据分析中，Python 凭借丰富的库，如 Pandas、NumPy 等，能高效处理和分析海量数据；在人工智能领域，借助 TensorFlow、PyTorch 等库，助力开发者搭建和训练复杂的模型；在 Web 开发方面，Django、Flask 等框架让开发者能够快速构建功能强大的网站；在自动化运维中，Python 可实现服务器管理、任务调度等自动化操作。也正因如此广泛的应用，Python 已成为全球范围内最受欢迎的编程语言之一。

Python 的语法清晰易懂，哪怕是毫无编程基础的初学者，也能较快上手。其“优雅、明确、简单”的设计理念，使得代码如同优美的文章，具备极高的可读性，大大降低了编程学习的门槛。不仅如此，Python 还拥有数量庞大的第三方库支持。这些库就像是一个个功能丰富的“百宝箱”，能帮助开发者快速实现各种复杂功能，极大地提高了开发效率。例如，在处理图像时，有 Pillow 库；进行网络请求时，有 Requests 库；操作数据库时，有 SQLAlchemy 库等。

在无人机编程领域，Python 同样占据着重要地位。借助 Python，我们能够实现对无人机的精准控制，无论是调整飞行姿态，还是规划复杂航线，都能轻松应对。同时，它还能完成数据收集与分析的任务，对无人机飞行过程中收集到的各种传感器数据进行分析处理，为优化飞行提供依据。此外，Python 还能实现无人机的自动化飞行，通过编写相应程序，让无人机按照预设指令自动执行任务。Python 的灵活性和可扩展性，让原本复杂的无人机编程变得简单且有趣，为无人机技术的发展注入了强大动力。

二、Python 编程语言的特征

Python 编程语言之所以在全球范围内广受欢迎，源于其具备诸多独特且强大的特征。

1. 易于学习

Python 的语法设计极为简洁易懂，上手门槛较低，这使得它对编程初学者而言堪称友好。它摒弃了复杂冗余的符号与结构，采用类似自然语言的表述方式，让代码如同日常语句般清晰直白。例如，定义变量无须声明数据类型，简单赋值即可。此外，Python 还拥有海量丰富的在线教程、详尽的文档资料以及活跃的社区支持。学习者无论是遇到基础概念的困惑，还是复杂项目的难题，都能在这些资源中快速找到答案，从而高效地掌握编程技能，逐步开启编程之旅。

2. 跨平台性

Python 拥有卓越的跨平台能力，可在 Windows、Linux、macOS 等多种主流操作系统上稳定运行。这意味着基于 Python 编写的程序，无须针对不同操作系统进行大幅修改，就能轻松实现跨平台的开发与部署。无论是在 Windows 系统下进行初步开发，还是在 Linux 服务器上进行最终部署，又或是在 macOS 系统上进行调试优化，Python 程序都能良好适配。这种出色的可移植性，极大地拓展了 Python 的应用场景，节省了开发成本与时间。

3. 强大的第三方库

Python 以其庞大且丰富的第三方库而闻名。像 NumPy，提供了高效的数值计算功能，能快速处理大规模数组运算；Pandas 擅长数据处理与分析，方便进行数据清洗、转换等操作；Matplotlib 则专注于数据可视化，能将枯燥的数据生动地展示为各类图表。在无人机编程领域，也有许多优秀的库发挥着关键作用。例如 DroneKit，它为开发者提供了便捷的接口，可轻松实现对无人机的精准控制；MAVProxy 则助力无人机的通信与数据处理，保障飞行过程中的信息交互顺畅。这些库如同强大的工具集，极大地提升了开发效率，让开发者无须从头编写复杂功能，并站在巨人的肩膀上快速实现项目目标。

4. 广泛的应用领域

Python 的应用领域广泛，几乎涵盖了当今科技发展的各个热门领域。在数据分析领域，Python 凭借其强大的数据处理与可视化能力，深入挖掘数据价值；在人工智能领域，众多机器学习、深度学习框架基于 Python 开发，推动智能算法的创新与应用；在 Web 开发领域，Django、Flask 等框架助力构建功能丰富、性能卓越的网站与应用程序；在自动化运维领域，Python 可实现服务器管理、任务调度等自动化操作，提升运维效率。在无人机编程领域，Python 同样不可或缺。无人机编程涉及对无人机的精准控制、稳定的数据传输以及复杂的图像处理等多个关键方面。Python 凭借其强大的功能和易用性，能够满足无人机编程的多样化需求，成为无人机编程的首选语言之一，为无人机技术的发展提供了坚实的编程支持。

三、Python 在无人机编程中的应用

在无人机编程领域，Python 发挥着越来越重要的作用。通过 Python 编程，我们可以实现对无人机的精准控制、数据收集与分析、自主导航、智能避障等功能。以下是一些 Python 在无人机编程中的典型应用。

1. 无人机控制

使用 Python 编写的程序可以通过无人机遥控器或地面站软件与无人机进行通信，发送控制指令，实现无人机的起飞、降落、悬停、移动等动作。

2. 数据处理

无人机搭载的传感器可以收集大量的数据，如图像、视频、位置信息等。Python 提供了丰富的数据处理和分析工具，可以帮助我们处理这些数据，提取有用的信息。

3. 自主导航

Python 可以结合地图和传感器数据，实现无人机的自主导航功能。通过路径规划算法，无人机可以自动寻找目标并避开障碍物。

4. 智能避障

利用 Python 编写的程序可以分析无人机的传感器数据，实时检测周围环境中的障碍物，并控制无人机进行避障操作。

通过 Python 编程，我们可以将无人机与各种应用场景相结合，实现更多的创新和可能性。无论是对于初学者还是专业人士来说，掌握 Python 编程都将为无人机编程领域的学习和发展带来极大的帮助。

四、无人机编程为何选择 Python

在无人机编程的广阔领域中，选择适合的编程语言对于实现各种复杂功能和满足实际应用需求至关重要。Python，作为一种通用且功能强大的编程语言，在无人机编程中展现出了其独特的魅力和优势。以下是我们为何推荐选择 Python 作为无人机编程的首选语言。

1. 直观易懂的语法

Python 的语法设计清晰直观，易于理解和记忆。对于初学者来说，这种直观性使得编程变得更加有趣和易于上手。通过简单的 Python 代码，学生可以迅速掌握无人机的基本控制，如起飞、降落、悬停等基础飞行控制。通过 Python 编写的无人机控制程序，学生可以实现无人机的起飞、上升、下降、前进、后退、左转、右转等基本飞行动作。这样的案例不仅能够培养学生的编程兴趣，还能够让他们直观地理解无人机飞行控制的基本原理。

2. 强大的数据处理能力

无人机在飞行过程中会收集大量的数据，包括位置信息、速度、高度、传感器数据等。Python 提供了丰富的数据处理和分析工具，如 NumPy、Pandas 等库，使得开发者能够高效地处理和分析这些数据，如环境监测应用。利用无人机搭载的环境监测传感器（如空气质量传感器、温度传感器等），结合 Python 编程，可以实现环境数据的实时收集和分析。无人机按照预设的航线进行巡航，收集环境数据并通过网络传输到数据中心进行进一步处理和分析。这样的应用案例不仅能够帮助我们更好地了解环境质量状况，还能够为环保决策提供科学依据。

3. 丰富的机器视觉库

随着无人机技术的发展，机器视觉在无人机编程中扮演着越来越重要的角色。Python 拥有众多强大的机器视觉库，如 OpenCV，它提供了丰富的图像处理和分析功能。通过结合无人机搭载的摄像头和 Python 的机器视觉库，我们可以实现目标识别、跟踪、避障等高级功能，如智能追踪应用。利用 Python 和 OpenCV，我们可以实现无人机对特定目标的智能追踪。无人机通过摄像头捕捉图像，并使用 OpenCV 进行目标识别和跟踪。一旦识别到目标，无人机将自动调整飞行轨迹，确保目标始终保持在视野范围内。这样的应用案例在搜救、影视拍摄等领域具有广泛的应用前景。

4. 丰富的社区和资源

Python 拥有庞大的社区和丰富的在线资源，为无人机编程提供了强大的支持。开发者可以通过在线论坛、教程、文档等途径获取帮助和解决方案。这种丰富的社区和资源使得无人机编程的学习和实践变得更加便捷和高效。

5. 易于与其他技术集成

Python 作为一种通用编程语言，易于与其他技术和工具进行集成。在无人机编程中，我们可能需要与各种硬件、传感器、通信协议等进行交互。Python 的灵活性和扩展性使得我们能够轻松地与这些技术和工具进行集成，实现更加复杂和高级的无人机应用，如自动投放应用。利用 Python 编程，我们可以实现无人机的自动投放功能。无人机通过搭载的定位系统和传感器，能够精确地确定目标位置，并在适当的高度和速度下释放负载。这样的应用案例在救援、快递等领域具有巨大的潜力。

综上所述，Python 作为无人机编程的首选语言具有直观易懂的语法、强大的数据处理能力、丰富的机器视觉库、丰富的社区和资源，以及易于与其他技术集成的优势。通过具体的案例展示，我们可以更加深入地理解 Python 在无人机编程中的应用和价值。选择 Python 进行无人机编程将为你带来更多的机遇和挑战，让你在无人机编程领域取得更大的成就。

课堂任务

通过自主探究和实践，理解 Python 在无人机编程中的优势，包括易学性、强大的第三方库支持、跨平台性、广泛的应用领域等。

探究活动

1. 步骤一：阅读与理解

阅读本书内容，了解 Python 编程语言的概述、特征以及在无人机编程中的应用。通过以下问题引导读者思考：

（1）Python 有哪些独特的特征？

（2）在无人机编程中，Python 可以实现哪些功能？

（3）为什么 Python 适合作为无人机编程的首选语言？

2. 步骤二：自主探究

将读者分成若干小组，每组讨论以下问题，并记录讨论结果：

（1）Python 的语法设计有哪些优点？

（2）Python 的跨平台性如何影响无人机编程？

（3）Python 的第三方库在无人机编程中有哪些应用？

3. 步骤三：总结与分享

（1）总结讨论：每组总结讨论结果，并选出代表向全体读者分享。分享内容包括：Python 的优点、在无人机编程中的应用、实验结果等。

（2）撰写报告：每组撰写一份报告，内容包括：Python 的特征及其在无人机编程中的优势；实验过程与结果；对 Python 作为无人机编程语言的理解与思考

（3）展示与评比：各组展示报告，进行评比，评选出最佳报告。

4. 步骤四：活动延伸

（1）深入学习：鼓励读者深入学习 Python 的高级特性，如面向对象编程、异常处理等。探索 Python 在其他领域的应用，如数据分析、人工智能等。

（2）项目实践：组织无人机编程竞赛，设定不同的任务，鼓励读者发挥创意，编写出更高效、更有趣的程序。结合实际应用场景，设计并实现复杂的无人机编程项目，如无人机编队飞行、无人机送货等。

通过以上探究活动，读者能够自主学习和探究 Python 在无人机编程中的应用，提升编程能力和思维能力。

▶ **想一想：**请简述 Python 作为无人机编程语言的优势，并结合生活中的一个实际应用场景，阐述如何利用 Python 和无人机的结合来解决该场景中的某个具体问题。

成果分享

Python 的直观语法让我们能够快速上手，即使是编程初学者也能轻松掌握无人机的基本控制。同时，Python 拥有庞大的第三方库支持，这为我们在无人机编程中实现各种复杂功能提供了极大的便利。无论是数据处理、自主导航还是智能避障，Python 都能轻松应对。

通过这次学习，我们不仅掌握了 Python 编程的基本技能，还深入了解了 Python 在无人机编程中的应用和价值。在未来的学习和工作中，Python 与无人机的结合将会为我们带来更

多的机遇和挑战。

思维拓展

Python 的语法简洁明了，学习曲线平缓，特别适合初学者入门。同时，Python 拥有众多强大的库和框架，如 OpenCV 用于图像处理，DroneKit 用于无人机控制等，这些工具能极大地简化无人机编程的复杂性。此外，Python 的跨平台兼容性使得开发者能够在不同操作系统上编写和运行无人机程序。最重要的是，Python 在数据分析、人工智能、机器学习等领域有着广泛的应用，这些技术可以为无人机编程提供无限的创新空间。因此，选择 Python 进行无人机编程，不仅能够快速掌握无人机操作，还能深入学习 Python 编程，为未来的无人机应用开发和无人机飞行比赛打下坚实的基础。

图 2.1　无人机编程为什么选择 Python

当堂训练

1. Python 以其_________的语法和_________的库支持，成为无人机编程的首选语言。

2. 无人机编程中常用的 Python 库包括 NumPy（用于_________处理）和 OpenCV（用于_________处理）。

3. Python 的_________特性使得它易于与其他技术集成，如无人机的硬件、传感器和通信协议。

4. 在无人机编程中，Python 的_________支持使得开发者能够方便地获取帮助和资源，加速了无人机编程技术的发展。

5. 利用 Python 和无人机编程，我们可以实现各种创新应用，如_________、_________和_________等。

想创就创

1. 问题：Python 作为一种高级编程语言，其简洁易读的语法对初学者有何吸引力？

2. 问题：Python 拥有庞大的第三方库和框架，这些资源在无人机编程中如何发挥作用？请举例说明一个你认为特别有用的库，并探讨它在无人机编程中的创新应用。

3. 问题：Python 的跨平台兼容性对于无人机编程来说意味着什么？这种兼容性如何帮助创新无人机应用的发展？

4. 问题：在无人机编程中，你认为 Python 的动态类型系统有何优点和潜在挑战？请结合你的生活实际，探讨如何利用这一特点开发出更灵活、更强大的无人机应用。

5. 问题：Python 社区对于无人机编程初学者来说有何价值？请结合你的个人经验或观察，谈谈 Python 社区如何促进创新思维和无人机编程技能的提升。

2.2 语言基础：Python 无人机编程

知识链接

随着科技的飞速发展，无人机（也称为无人驾驶飞行器，简称 UAV）已经不再是科幻电影中的场景，而是逐渐融入了我们的日常生活。与此同时，Python 编程语言，凭借其强大的功能、易学的特性和丰富的资源库，正逐渐成为无人机编程的利器。本节将带您领略无人机与 Python 编程如何完美结合，开启一段充满乐趣和挑战的编程之旅。

无人机编程，简而言之，就是通过编程来控制无人机的飞行、任务执行等。随着无人机技术的不断进步，无人机编程也逐渐成为了一个热门领域。通过编程，我们可以让无人机实现更加复杂、智能的飞行任务，如航拍、物流运输、环境监测等。

一、无人机与 Python 编程的完美结合

无人机与 Python 编程的完美结合，不仅让无人机编程变得更加简单、高效，还为我们带来了许多新的可能性。以下是一些具体的例子。

1. 自主飞行

通过 Python 编程，我们可以实现无人机的自主飞行。通过编写算法，我们可以让无人机自动规划飞行路线、避障、进行空中悬停等操作。这不仅提高了飞行的安全性，还大大减轻了飞行员的负担。

2. 智能任务执行

利用 Python 的强大数据处理能力，我们可以让无人机执行更加智能的任务。例如，在环境监测中，无人机可以搭载各种传感器，通过 Python 编程收集和处理数据，实时分析环境状况；在物流运输中，无人机可以通过 Python 编程实现智能路径规划、自动装卸货物等功能。

3. 图像识别与处理

Python 中的 OpenCV 库为图像识别和处理提供了强大的支持。通过 OpenCV 和 Python 编程，我们可以让无人机实现目标识别、跟踪、图像拼接等功能。这在航拍、安防监控等领域具有广泛的应用前景。

4. 虚拟现实与增强现实

结合 Python 编程和虚拟现实（VR）或增强现实（AR）技术，我们可以为无人机编程带来更加沉浸式的体验。例如，通过 VR 设备模拟无人机的飞行场景和视角，让用户体验飞行的乐趣；或者通过 AR 技术在真实世界中叠加无人机的图像和数据，为用户提供更加直观的信息展示。

二、生活实例展示

为了让读者更好地理解无人机与 Python 编程的完美结合在实际生活中的应用，我们将

通过一些具体的实例来展示其魅力和实用性。

1. 无人机快递配送系统

随着电子商务的飞速发展，快递配送行业面临着巨大的挑战。无人机快递配送系统提供了一种高效、快速的解决方案。在这个系统中，我们可以使用 Python 来编写无人机的飞行控制程序，实现智能路径规划、自主避障等功能。通过无人机搭载的 GPS 和传感器数据，Python 程序可以实时获取无人机的位置、速度和姿态信息，从而确保无人机能够准确、安全地送达包裹。

2. 无人机环境监测系统

环境保护是当前社会关注的热点问题之一。无人机环境监测系统可以利用无人机搭载的传感器，如空气质量检测仪、水质检测仪等，实时监测环境状况。Python 程序可以接收传感器数据，进行数据处理和分析，并将结果以图表或报告的形式展示给用户。通过无人机环境监测系统，我们可以更加直观地了解环境质量的变化趋势，为环境保护提供有力的数据支持。

3. 无人机航拍系统

航拍是无人机应用的一个重要领域。通过无人机航拍系统，我们可以拍摄到许多平时难以拍摄到的场景，如高空俯瞰、低空穿越等。在这个系统中，Python 程序可以控制无人机的飞行轨迹和拍摄参数，如高度、速度、角度等。同时，Python 程序还可以对拍摄到的图像进行后期处理，如裁剪、拼接、增强等，以得到更加美观、清晰的航拍作品。

三、高级无人机编程技术

当我们掌握了无人机与 Python 编程的基础之后，便可以开始探索更高级的技术和应用。这里，我们将介绍一些无人机编程的高级技术，帮助读者进一步提升自己的编程能力。

1. 无人机自主导航与路径规划

自主导航和路径规划是无人机编程中的关键技术之一。通过编写复杂的算法，我们可以让无人机在未知环境中自主飞行，并找到最优的飞行路径。这涉及到对传感器数据的处理、环境建模、路径搜索等多个方面的技术。Python 中的许多库，如 NumPy、SciPy 和 scikit-learn 等，都可以帮助我们实现这些功能。

2. 无人机集群协同编程

随着无人机技术的发展，无人机集群协同工作成为了可能。通过编写协同编程算法，我们可以让多架无人机协同完成复杂的任务，如搜索救援、环境监测等。这要求无人机之间能够进行有效的通信和协作，以及能够处理复杂的任务分配和冲突解决等问题。Python 中的网络编程库和并发处理库，如 socket、threading 和 asyncio 等，都可以帮助我们实现无人机集群协同编程。

3. 无人机图像识别与处理

无人机搭载的高清摄像头可以拍摄到大量的图像和视频数据。通过图像识别与处理技术，我们可以从这些数据中提取出有用的信息，如目标检测、物体识别等。Python 中的 OpenCV 库为图像识别与处理提供了强大的支持。通过结合 OpenCV 和 Python 编程，我们可以让无人机具备更加智能的图像处理能力。

4. 无人机与机器学习的结合

机器学习是一种强大的技术，可以让无人机具备学习和自我优化的能力。通过将机器学习算法应用到无人机编程中，我们可以让无人机根据历史数据和经验来改进自己的飞行和任务执行效果。Python 中的机器学习库，如 scikit-learn、TensorFlow 和 PyTorch 等，都提供了丰富的机器学习算法和工具，可以帮助我们实现无人机与机器学习的结合。

5．安全与伦理

在探索无人机编程的高级技术时，我们不能忽视安全和伦理问题。无人机技术的广泛应用可能会带来一些潜在的风险和挑战，如隐私泄露、安全隐患等。因此，在编写无人机程序时，我们需要充分考虑安全和伦理因素，确保无人机技术的合法、安全和负责任的应用。

四、学习路径与资源推荐

为了帮助读者更好地学习无人机与 Python 编程的结合，我们提供以下学习路径和资源推荐。

1. 学习 Python 基础知识

首先，你需要掌握 Python 语言的基础知识，包括语法、数据类型、控制结构、函数等。你可以通过在线教程、书籍或视频课程来学习 Python。

2. 了解无人机编程框架

接下来，你需要了解一些常用的无人机编程框架和库，如 DroneKit、MAVProxy 等。这些框架和库提供了许多现成的功能和工具，可以帮助你更快速地开发无人机应用程序。

3. 实践项目实战体验

通过实践项目来巩固所学知识是一个很好的学习方法。你可以尝试编写一些简单的无人机应用程序，如控制无人机起飞、降落、悬停等。随着经验的积累，你可以逐渐增加项目的复杂度和难度。

4. 参加无人机飞行比赛

参加无人机比赛是一个锻炼自己技能和团队协作能力的好机会。通过比赛，你可以与来自世界各地的优秀选手交流学习，提升自己的无人机编程水平。此外，我们还推荐一些优质的在线资源和社区供读者参考和学习。Python 官方网站提供了 Python 的官方文档、教程和社区支持。GitHub 是全球最大的代码托管平台，上面有许多关于无人机编程的开源项目和代码示例。DroneKit 文档详细介绍了 DroneKit 框架的使用方法和示例代码。无人机技术论坛是一个专注于无人机技术交流和学习的论坛，上面有许多无人机编程方面的专家和爱好者。

无人机与 Python 编程的结合为我们提供了一个全新的视角来理解和应用无人机技术。通过不断学习和探索，我们可以发现更多无人机编程的可能性和机会。希望这本书能够帮助读者掌握无人机编程的基础和高级技术，为未来的无人机应用和发展做出贡献。同时，我们也希望读者能够关注安全和伦理问题，确保无人机技术的合法、安全和负责任的应用。

课堂任务

通过自主探究活动，让读者理解 Python 在无人机编程中的应用，掌握基本的无人机编程技能，并激发读者的创新思维和自主学习能力。

探究活动

1. 步骤一：知识链接与背景介绍

1）阅读教材

让读者阅读教材内容，了解 Python 在无人机编程中的应用和优势。引导读者思考 Python 如何让无人机编程变得更加简单和高效。

2）讨论问题

提出以下问题，引导读者思考：

（1）Python 在无人机编程中的主要应用是什么？

（2）Python 如何帮助无人机实现自主飞行和智能任务执行？

（3）Python 在无人机编程中的优势有哪些？

2. 步骤二：自主探究与实践

1）分组探究

将读者分成若干小组，每组选择一个具体的无人机编程应用场景（如快递配送、环境监测、航拍等），并探讨如何使用 Python 实现该场景。每组需要准备一个简短的报告，介绍他们的探究过程和结果。

2）实践操作

提供一个简单的 Python 无人机编程示例代码，让读者在模拟环境中运行代码，观察无人机的行为。

示例代码如下：

```
from dronekit import connect, VehicleMode, LocationGlobalRelative
import time
# 连接无人机
vehicle = connect('127.0.0.1:14550', wait_ready=True)
# 起飞
def arm_and_takeoff(aTargetAltitude):
    print("Basic pre-arm checks")
    while not vehicle.is_armable:
        print(" Waiting for vehicle to initialise...")
        time.sleep(1)

    print("Arming motors")
    vehicle.mode = VehicleMode("GUIDED")
    vehicle.armed = True
    while not vehicle.armed:
        print(" Waiting for arming...")
        time.sleep(1)
    print("Taking off!")
    vehicle.simple_takeoff(aTargetAltitude)
    while True:
        print(" Altitude: ", vehicle.location.global_relative_frame.alt)
```

```
            if vehicle.location.global_relative_frame.alt >= aTargetAltitude * 0.95:
                print("Reached target altitude")
                break
            time.sleep(1)

    # 执行任务
    def execute_mission():
        print("Starting mission")
        waypoint1 = LocationGlobalRelative(-35.36327495, 149.16529422, 20)
        waypoint2 = LocationGlobalRelative(-35.36305332, 149.16569862, 20)
        vehicle.simple_goto(waypoint1)
        time.sleep(30)
        vehicle.simple_goto(waypoint2)
        time.sleep(30)
    # 降落
    def land():
        print("Landing")
        vehicle.mode = VehicleMode("LAND")
        while vehicle.armed:
            time.sleep(1)
        print("Landed")
    # 主程序
    def main():
        arm_and_takeoff(20)
        execute_mission()
        land()
        vehicle.close()

    if __name__ == "__main__":
        main()
```

3）实验与修改

让读者修改示例代码中的飞行参数（如飞行高度、速度、航点等），观察无人机的不同表现。鼓励读者尝试实现更复杂的任务，如自主避障、图像识别等。

3. 步骤三：拓展与延伸

1）高级技术探究

鼓励读者探索更高级的无人机编程技术，如自主导航、集群协同、图像识别与处理等。提供一些高级技术的示例代码和资源链接，供读者参考。

2）项目实践

设计一个小型的无人机编程项目，让读者在实践中应用所学知识。项目示例：设计一个无人机快递配送系统，实现智能路径规划和自主避障功能。

想一想：在无人机编程中，Python 语言通常用于哪些方面的任务？请结合无人机的生活应用，举例说明 Python 如何提升无人机的智能化水平。

成果分享

无人机与 Python 编程的结合，不仅让无人机编程变得更加简单、高效，还为我们带来了许多新的可能性。通过 Python 编程，可以实现无人机的自主飞行，自动规划飞行路线、避障、进行空中悬停等操作。这不仅提高了飞行的安全性，还大大减轻了飞行员的负担。利用 Python 的强大数据处理能力，无人机可以执行更加智能的任务，如在环境监测中，通过 Python 编程收集和处理数据，实时分析环境状况；在物流运输中，实现智能路径规划、自动装卸货物等功能。

此外，Python 中的 OpenCV 库为图像识别和处理提供了强大的支持。通过 OpenCV 和 Python 编程，无人机可以实现目标识别、跟踪、图像拼接等功能，这在航拍、安防监控等领域具有广泛的应用前景。结合 Python 编程和虚拟现实（VR）或增强现实（AR）技术，我们可以为无人机编程带来更加沉浸式的体验，例如，通过 VR 设备模拟无人机的飞行场景和视角，或通过 AR 技术在真实世界中叠加无人机的图像和数据，为用户提供更加直观的信息展示。

综上所述，Python 在无人机编程中的应用是多方面的，从快速开发到强大的社区支持，再到跨平台兼容性，这些特性共同构成了选择 Python 作为无人机编程语言的坚实理由。

思维拓展

无人机与 Python 编程的完美结合，为无人机爱好者及学习者打开了一扇充满创意与趣味的大门。通过 Python 编程，学习者不仅能掌握无人机的基本操作技巧，还能深入理解无人机在现实生活中的应用场景。Python 的简洁语法和强大的功能库，使得无人机编程变得轻松而高效。无论是进行飞行模拟、图像处理，还是实现自主导航和路径规划，Python 都能提供强大的支持。这种结合不仅激发了学习者的创新思维，也为他们未来在无人机领域的发展奠定了坚实的基础。如图 2.2 所示。

图 2.2　无人机与 Python 编程结合示意图

当堂训练

1. Python 中的________库可以帮助我们进行无人机图像识别与处理，从而实现对目标的自动识别和跟踪。

2. 无人机编程中，________是实现无人机自主导航和路径规划的关键技术之一。

3. 无人机飞行比赛中，通过 Python 编程，我们可以实现无人机的________功能，让无人机在比赛中更加灵活和精准地完成任务。

4. 无人机编程时，________和________是无人机与 Python 编程结合的两个重要方面，它们共同提升了无人机的智能化水平。

5. 无人机培训机构在教授无人机编程时，应注重培养学生的________能力，使其能够独立思考和解决无人机编程中遇到的问题。

想创就创

1. 为什么 Python 成为无人机编程的首选语言？请列举 Python 的至少三个特性，并解释这些特性如何支持无人机编程的需求。

2. 如果你是一名无人机编程的初学者，你将如何利用 Python 语言来编写一个简单的无人机起飞和降落程序？请简要描述你的思路。

3. 假设你要设计一个基于无人机的自动快递配送系统，请思考如何结合 Python 编程来实现该系统的智能路径规划和避障功能？

4. 在无人机编程中，创新思维的重要性体现在哪些方面？请结合一个具体的无人机应用场景来说明。

5. 无人机编程与 Python 编程的结合对无人机飞行比赛有何影响？请从比赛准备、比赛过程和比赛结果三个方面进行分析。

2.3 环境搭建：Python 安装方法

知识链接

Python 是一种高级编程语言，以其简洁易读的语法和强大的功能而广受欢迎。它适用于多种编程任务，包括数据分析、人工智能、Web 开发、自动化运维等。Python 的跨平台特性使其能够在 Windows、macOS 和 Linux 等多种操作系统上运行。

Python 的安装方法因操作系统而异。以下是针对 Windows、macOS 和 Linux 的安装步骤。

一、Windows 系统环境下安装 Python 方法

1. 下载 Python

访问 Python 官方网站：https://www.python.org/，在首页找到“Downloads”部分，选择适合 Windows 的安装包（通常是 python-x.x.x-amd64.exe，其中 x.x.x 是版本号）。单击下载链接，保存安装文件到本地。

2. 运行安装程序

双击下载的安装文件，启动安装程序。在安装向导中，确保选中“Add Python to PATH”选项。这将使 Python 命令在命令行中可用。单击“Install Now”按钮，等待安装完成。安装完成后，单击“Close”按钮。

3. 验证安装

打开命令提示符（CMD）或 PowerShell。输入以下命令并按回车键：python --version；

如果安装成功，系统将显示 Python 的版本号。

二、macOS 系统环境下安装 Python 方法

1. 下载 Python

访问 Python 官方网站：https://www.python.org/；在首页找到“Downloads”部分，选择适合 macOS 的安装包（通常是 python-x.x.x-macosx.pkg）。单击下载链接，保存安装文件到本地。

2. 运行安装程序

双击下载的安装文件，启动安装程序。按照安装向导的提示完成安装。通常不需要额外配置。安装完成后，关闭安装程序。

3. 验证安装

打开终端（Terminal）。输入以下命令并按回车键：python3 --version；如果安装成功，系统将显示 Python 的版本号。

三、Linux 系统环境下安装 Python 方法

Linux 系统通常自带 Python，但可能不是最新版本。以下是安装最新版本 Python 的方法。输入以下命令并按回车键：

```
sudo apt install python3      # 对于基于 Debian 的系统
sudo yum install python3      # 对于基于 Red Hat 的系统
```

课堂任务

请按照以下步骤在 Windows 系统上安装 Python，并验证安装成功。首先，访问 Python 官方网站 https://www.python.org/，下载适用于 Windows 的安装包。其次，运行下载的安装程序，确保勾选“Add Python to PATH”选项，单击“Install Now”按钮进行安装。安装完成后，打开命令提示符（CMD），输入 python --version，验证 Python 安装成功。

通过完成此任务，读者将学会在 Windows 系统上安装 Python，并能够在命令行中运行 Python。

探究活动

第 1 步，下载 Python 安装包

首先，请访问 Python 的官方网站 www.python.org；接着，在页面中寻找最新版本的 Python 安装包；随后，根据自己电脑的位数，若是 32 位就单击 32 位的安装包，若是 64 位就单击 64 位的安装包进行下载。例如：如果您的电脑是 32 位的，请选择 32 位的安装包；如果是 64 位的，则选择 64 位的安装包。

第 2 步，安装 Python

找到已下载好的 Python 安装包，双击它以启动安装程序。

在弹出的安装界面中（如图 2.3 所示），选择“自定义安装”选项，这样可以根据个人需求来配置相关设置。单击“自定义安装”进行下一步操作，如图 2.4 所示。

图 2.3 安装界面

之后，选择组件。在自定义安装界面中（如图 2.4 所示），您可以根据实际需求选择需要安装的组件。选择完毕后，单击"Next"按钮进入下一步，并出现如图 2.5 所示的界面。

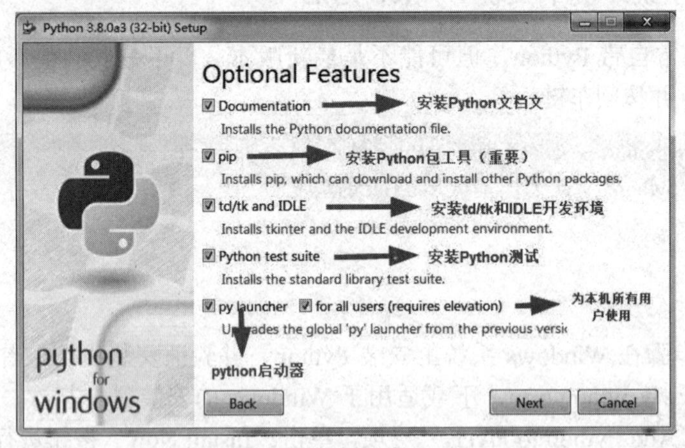

图 2.4 按需选择选项

再之后，设置安装路径。在新出现的界面中设置 Python 的安装路径，如图 2.5 所示，建议将其安装在一个容易找到且不易被误删的位置。

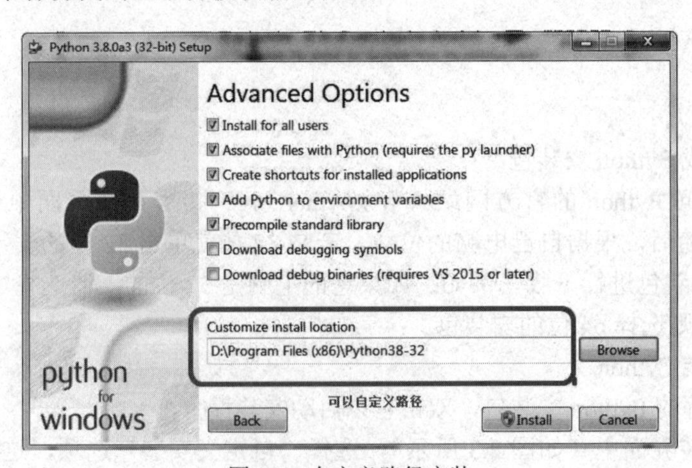

图 2.5 自定义路径安装

最后，完成安装。确认所有的设置都准确无误后，单击“Install”或类似按钮开始安装，如图 2.6 所示。在安装过程中，请耐心等待一段时间，因为可能需要一定的时间才能完成安装。

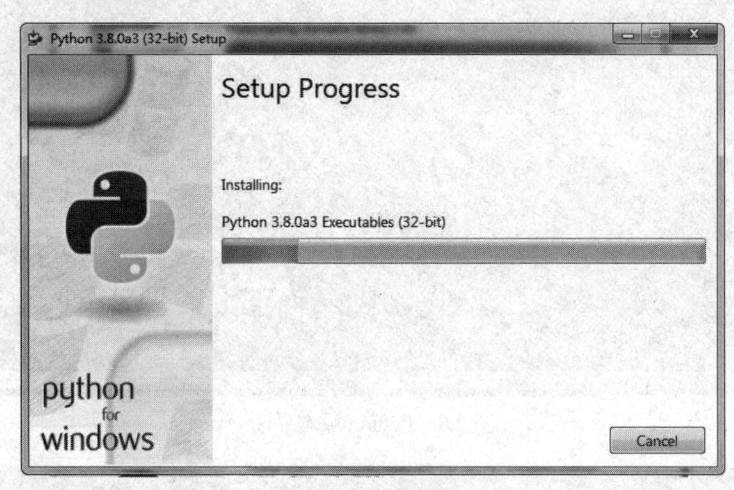

图 2.6　正在安装

安装完成后，会有一个安装成功的提示界面：如图 2.7 所示。

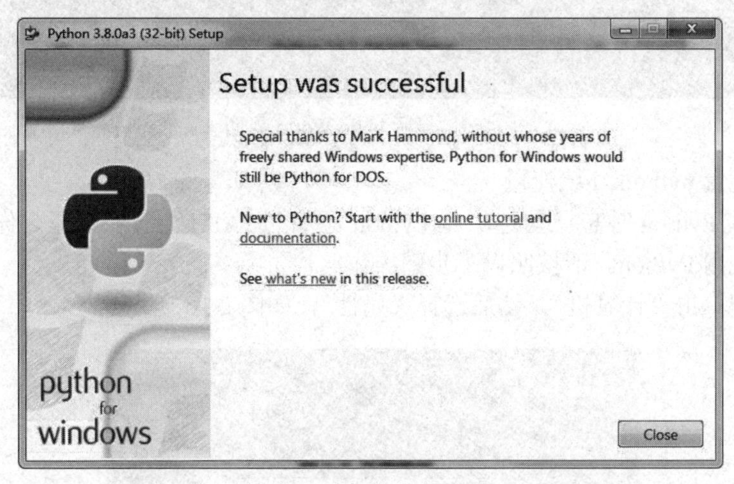

图 2.7　安装成功界面

第 3 步，测试 Python 安装

Python 安装完成后，我们需要验证其是否成功安装。请按照以下步骤操作。

首先，以系统管理员的身份打开命令行工具“cmd”。其次，在打开的“cmd”中输入“python -V”命令，然后按下回车键。此时，如果屏幕上显示出 Python 的版本信息，如“Python 3.8.0a3”，如图 2.8 所示，这就表明 Python 已经成功安装。

第 4 步，运行首个程序

接下来，让我们编写第一个 Python 程序——经典的“hello world”。请按照以下步骤操作。

首先，再次打开“cmd”命令行工具。然后，输入“python”命令并按下回车键，进入 Python 交互环境。接着，在 Python 交互环境中输入 print("hello world")并按下回车键。

最后，如果屏幕上显示出“hello world”字样，那么恭喜你，你已经成功运行了第一个

Python 程序。如图 2.9 所示。

Administrator: 命令提示符
Microsoft Windows [Version 6.3.9600]
(c) 2013 Microsoft Corporation. All rights reserved.
C:\windows\system32>python -V
Python 3.8.0a3
C:\windows\system32>_

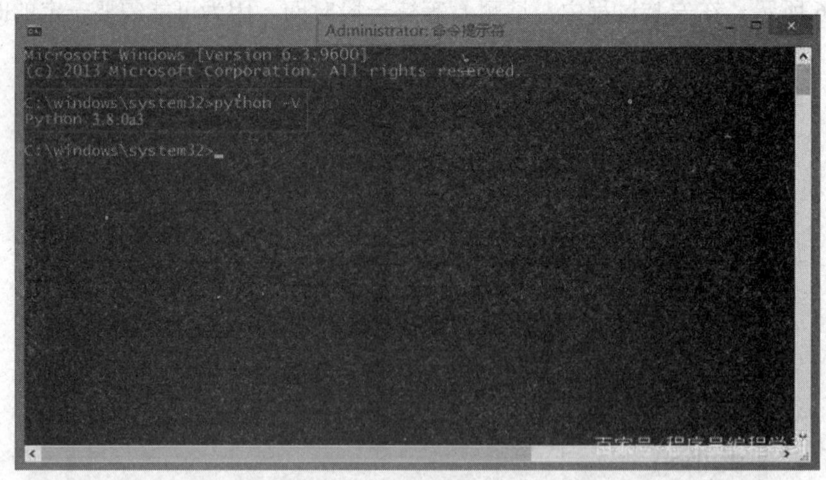

图 2.8 Python 版本界面

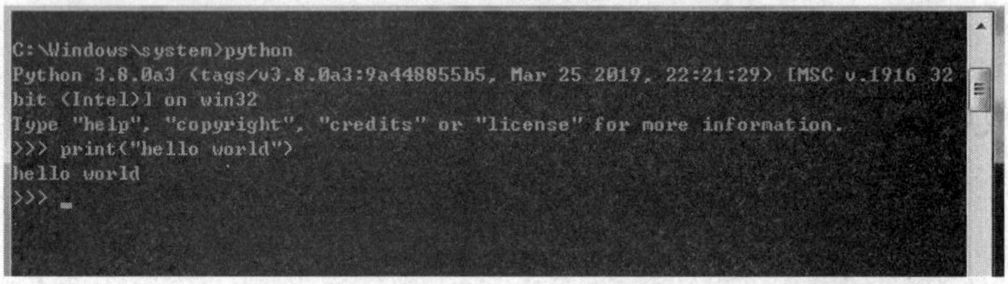

C:\Windows\system>python
Python 3.8.0a3 (tags/v3.8.0a3:9a448855b5, Mar 25 2019, 22:21:29) [MSC v.1916 32
bit (Intel)] on win32
Type "help", "copyright", "credits" or "license" for more information.
>>> print("hello world")
hello world
>>>

图 2.9 显示 hello World 界面

第 5 步，配置 python 环境变量

如果在安装 Python 时忘记勾选“将 Python 添加到 PATH”选项，那么你需要手动配置环境变量才能使用 Python。请按照以下步骤操作。

首先，右键单击“计算机”，然后选择“属性”，如图 2.10 所示。

打开(O)
管理(G)
映射网络驱动器(N)...
断开网络驱动器(C)...
创建快捷方式(S)
删除(D)
属性(R)

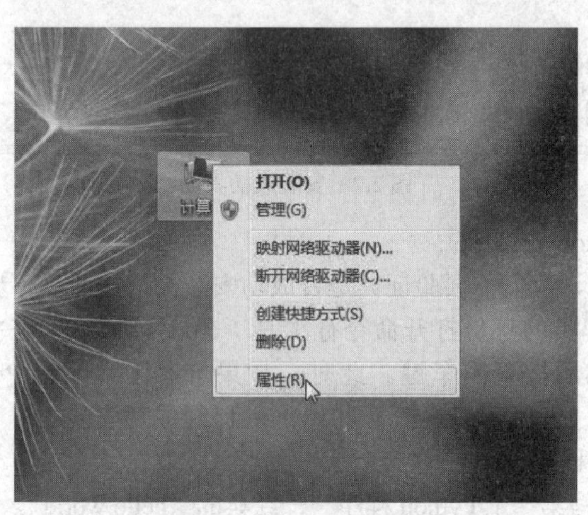

图 2.10 计算机属性

接着，在弹出的窗口中，如图 2.11 所示，找到并单击“高级系统设置”（注意：不同版本的 Windows 系统界面可能略有不同，此处以 Win7 为例）。

图 2.11　Windows 系统版本

之后，在打开的“高级系统设置”窗口中，如图 2.12 所示，单击“环境变量”按钮。

接下来，在“系统变量”的“Path”里添加 Python 的安装目录，以便后续更方便地使用 Python。例如：在图 2.13 的“环境变量”窗口中，找到系统变量中的“Path”一项，选中后单击“编辑”按钮。

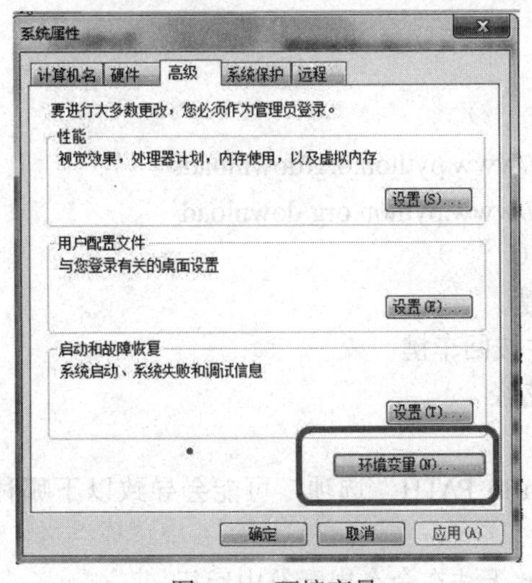

图 2.12　环境变量

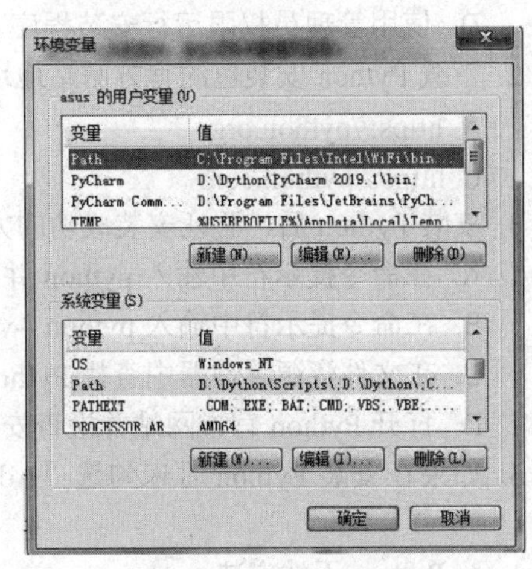

图 2.13　系统变量设置

在“编辑环境变量”窗口中，将 Python 的安装路径添加到“变量值”的末尾，不过要记得在添加的路径前添加一个分号“;”。完成路径添加后，单击“确定”按钮保存所做的修改，然后依次关闭打开的所有窗口，如此一来，环境变量就设置完成啦。

设置好环境变量后，可按照之前提到的测试方法来进行测试，这样做是为了确认环境变量是否正确设置。

以上就是 Python 的安装方法，对于初学者来说非常适用，能帮助大家快速上手。在完成 Python 的安装之后，通常我们还会选择安装 PyCharm。PyCharm 是一款优秀的 Python IDE，当我们编写 Python 程序时，常常会使用这个工具进行开发、调试以及工程的管理等操作，它可以为我们带来诸多便利，如代码自动补全、错误检查和项目管理等功能，让我们在开发 Python 程序时更加高效。

成果分享

安装过程比我们预想的要顺利得多。我们首先访问了 Python 官方网站，找到了适合 Windows 系统的安装包并下载到本地。运行安装程序时，我们特别注意勾选了“Add Python to PATH”选项，这一步至关重要，因为它能让 Python 命令在系统的任何位置都能被识别和运行。安装完成后，打开命令提示符，输入 python --version，看到屏幕上显示出清晰的 Python 版本号，则表明成功了。为了进一步验证，我们创建了一个简单的 Python 脚本，运行后一切正常。这次安装不仅让我们掌握了 Python 的安装方法，也让我们对后续的学习充满了信心。

当堂训练

1. 在 Windows 环境下安装 Python 时，以下哪个步骤是必需的？（　　）

   A. 安装完成后重启计算机

   B. 在安装过程中勾选“Add Python to PATH”选项

   C. 下载并安装 Python 的最新版本

   D. 使用管理员权限运行安装程序

2. 下载 Python 安装包的官方网站地址是：（　　）

   A. https://python.org　　B. https://www.python.org/downloads/

   C. https://python.com　　D. https://www.python.org/download/

3. 安装 Python 后，验证安装成功的方法是：（　　）

   A. 在命令提示符中输入 python 并按回车键

   B. 在命令提示符中输入 python --version 并按回车键

   C. 在文件资源管理器中查找 Python 安装路径

   D. 打开 Python 官方网站并检查安装信息

4. 如果在安装 Python 时未勾选“Add Python to PATH”选项，可能会导致以下哪种情况？（　　）

   A. Python 无法安装　　B. Python 无法在命令提示符中运行

   C. Python 安装路径无法找到　　D. Python 版本无法更新

5. 在 Windows 环境下，运行 Python 脚本的命令是：（　　）

   A. python script.py　　B. python3 script.py

   C. run script.py　　D. execute script.py

想创就创

请简述在 Windows 环境下安装 Python 的步骤，并说明如何验证 Python 是否安装成功。

2.4　编辑搭建：PyCharm 编辑器安装

知识链接

PyCharm，一款专为 Python 开发者设计的集成开发环境（IDE），由 JetBrains 公司匠心打造。它不仅涵盖了代码编辑、调试、项目管理、版本控制等全方位功能，还显著提升了 Python 开发的效率和便捷性。尤为值得一提的是，PyCharm 分为社区版和专业版两个版本，其中社区版免费开放且功能完备，足以满足初学者及多数开发者的实际需求。

一、Windows 系统下的安装指南

为了帮助您顺利安装并使用这款开发工具，以下我们提供了详细的安装步骤。

首先，您需要下载 PyCharm。请打开浏览器，访问 PyCharm 的官方网站：https://www.jetbrains.com/pycharm/download/。在下载页面，您可以根据自己的需求选择“Community”（社区版，免费）或“Professional”（专业版，付费）。对于初学者及多数开发者而言，社区版的功能已经足够强大。单击“Community”下的“Download”按钮，即可开始下载。

接下来，您需要运行安装程序。下载完成后，双击.exe 文件以启动安装向导。在安装过程中，您需要仔细阅读许可协议并同意条款，然后继续下一步。在选择安装路径时，我们建议使用默认路径，除非您有特殊需求。此外，您还可以根据自己的需求选择安装的组件。安装向导还会提示您选择 PyCharm 的开始菜单文件夹，您可以使用默认设置或自定义文件夹名称。在确认无误后，单击“Install”按钮开始安装。安装完成后，勾选“Launch PyCharm Community Edition”选项以启动软件，并单击“Finish”按钮完成安装。

安装完成后，您还需要进行配置 PyCharm 的操作。在首次启动时，PyCharm 会提示您选择主题风格，您可以选择“Darcula”（深色）或“IntelliJ Light”（浅色）。为了使用 PyCharm 进行 Python 开发，您需要配置 Python 解释器。单击“File” > “Settings”（或“PyCharm” > “Preferences”），在项目设置中选择 Python 解释器，并单击右侧齿轮图标选择“Add”，然后选择已安装的 Python 环境路径进行配置。

最后，为了验证安装是否成功，您可以进行以下操作：单击“File” > “New Project”，创建一个新的 Python 项目。在项目中新建 Python 文件，并输入代码 print("Hello, PyCharm!")。右键单击代码编辑区，选择“Run”运行代码。若一切正常，运行窗口将显示“Hello, PyCharm!”，这表明您已成功安装并配置了 PyCharm。

二、常见问题及解决方案

在安装和使用 PyCharm 的过程中，您可能会遇到一些常见问题。例如，安装路径问题：如果安装路径中包含空格或特殊字符，可能会影响某些功能的正常使用。因此，我们建议您使用默认路径或选择一个不包含空格和特殊字符的路径进行安装。Python 解释器未找到：如果 PyCharm 无法找到 Python 解释器，请确保 Python 已正确安装，并将路径添加到系统环境变量中。您可以通过命令行输入 python --version 验证 Python 是否可用。启动缓慢：如果 PyCharm 启动缓慢，可能是由于首次启动时需要下载一些必要的插件。请耐心等待插

件下载完成，或者检查网络连接是否正常。

通过上述步骤和解决方案的指导，相信您已经成功安装并配置了 PyCharm，并可以充分利用其强大功能进行高效的 Python 开发了。如遇其他问题，您可参考官方文档或在社区中寻求帮助。

课堂任务

请按照提供的 PyCharm 安装指南，独立安装并配置 PyCharm 社区版，最后验证安装是否成功，提交安装截图和验证结果。

探究活动

第 1 步，下载并安装 PyCharm

1. 下载安装包

首先，打开浏览器，访问 PyCharm 下载链接：http://www.jetbrains.com/pycharm/download/#section=windows，这是一个专门用于下载 PyCharm 的官方页面。到达该页面后，会看到如图 2.14 所示的界面，根据自己电脑的操作系统进行选择。如果你使用的是 Windows 系统，可选择图中红色圈中的区域。

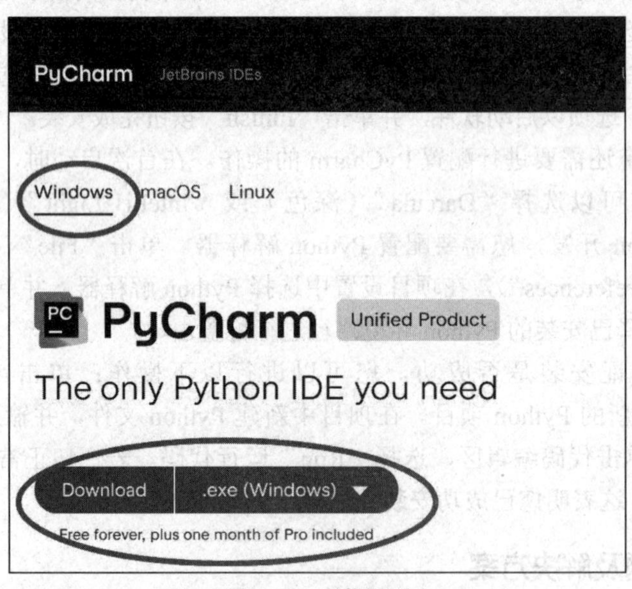

图 2.14 下载界面

下载完成后，你可以在如图 2.15 所示的位置找到下载的文件。

2. 安装 PyCharm

找到下载的 exe 文件后，双击它开始安装。此时会出现如图 2.16 所示的安装界面，单击“Next”按钮进入下一步。单击“Next”按钮进入下一步，出现的界面如图 2.17 所示。

在图 2.17 的界面中，选择你想要安装 PyCharm 的路径。选好路径后，继续单击“Next”按钮。

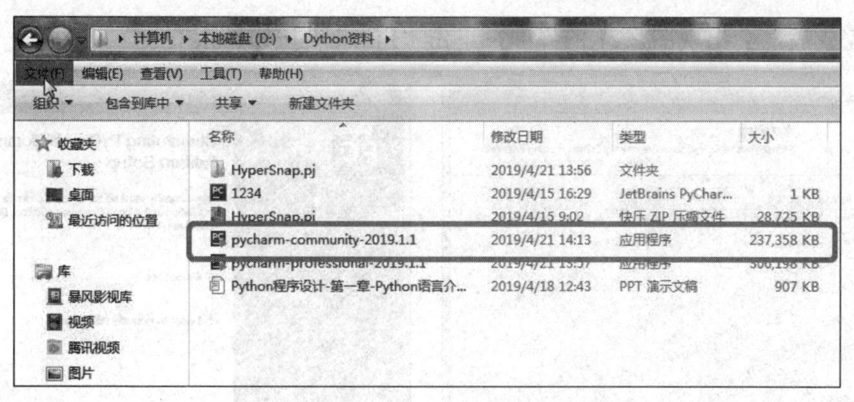

图 2.15　下载完成界面

图 2.16　安装界面

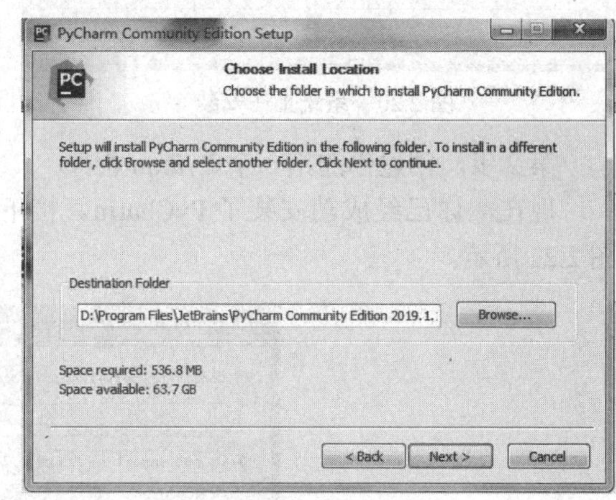

图 2.17　安装路径

在图 2.18 的界面中，根据需求选择安装选项。如果你的操作系统是 32 位的，不要勾选“64 - bit launcher”，建议勾选其他所有选项。在相关复选框里勾选“√”之后，再次单击“Next”按钮，进入图 2.19 的安装界面。

最后，在图 2.19 中，直接单击“Install”按钮开始安装。

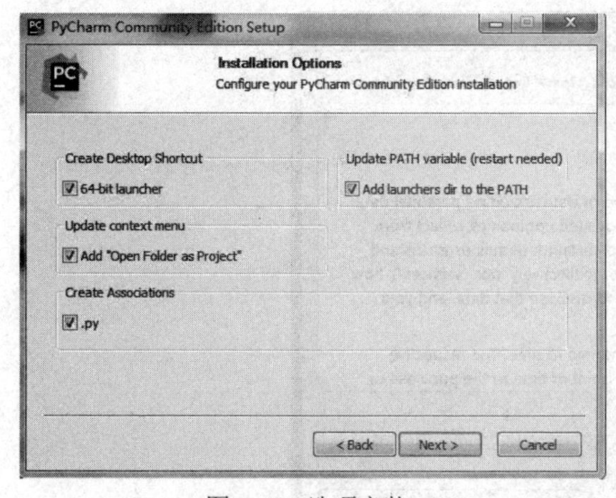

图 2.18　选项安装

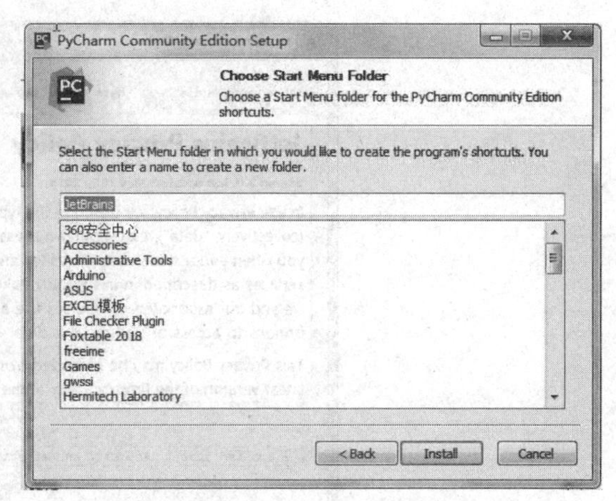

图 2.19　安装界面

安装过程如图 2.20 所示，等待安装完成。

安装完成后，会出现图 2.21 的界面，单击“Finish”按钮结束安装。

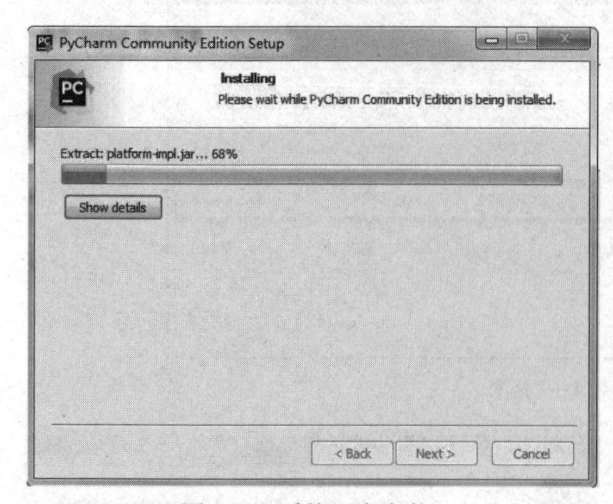

图 2.20　系统正在安装

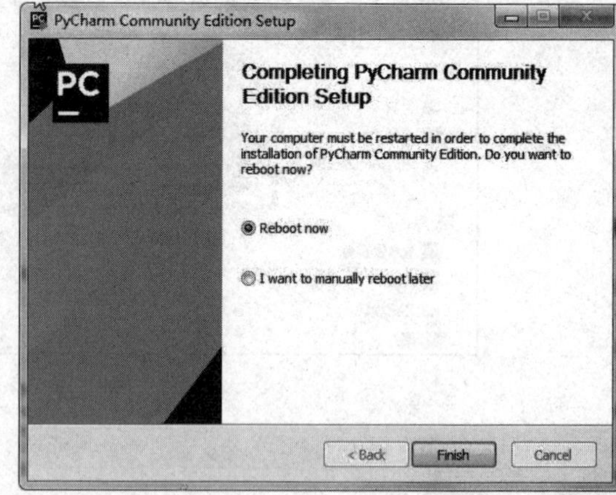

图 2.21　系统安装完成

第 2 步，创建你的第一个 Python 程序

现在，你已经成功安装了 PyCharm。接下来，单击桌面上的 PyCharm 图标启动它，如图 2.22 所示。

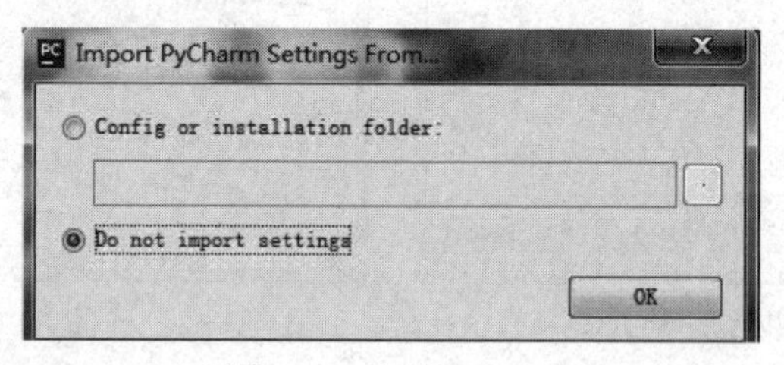

图 2.22　启动 pyharm

1. 启动 PyCharm

在启动界面中，选择第二个选项并点击“Ok”按钮，之后会看到图 2.23 的界面。在这个界面中，勾选相应的选项后单击“Continue”按钮，进入 PyCharm 的主界面，如图 2.24 所示。

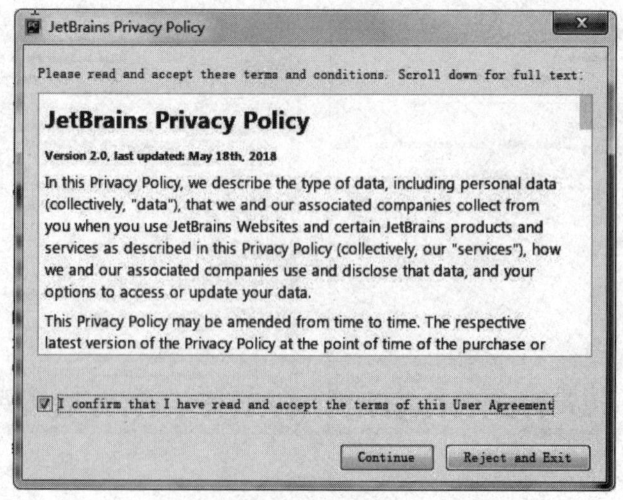

图 2.23　选择安装

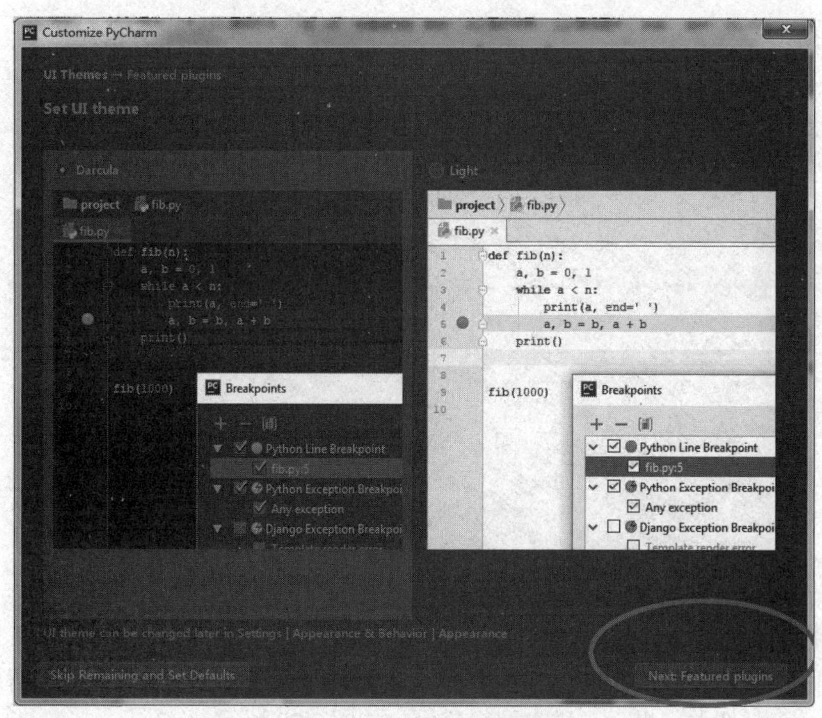

图 2.24　PyCharm 主界面

2. 创建新项目

进入主界面后，单击“Next Featured Plugins”按钮进入图 2.25 的编辑界面。在图 2.25 中，单击“Create New Project”创建一个新的项目。

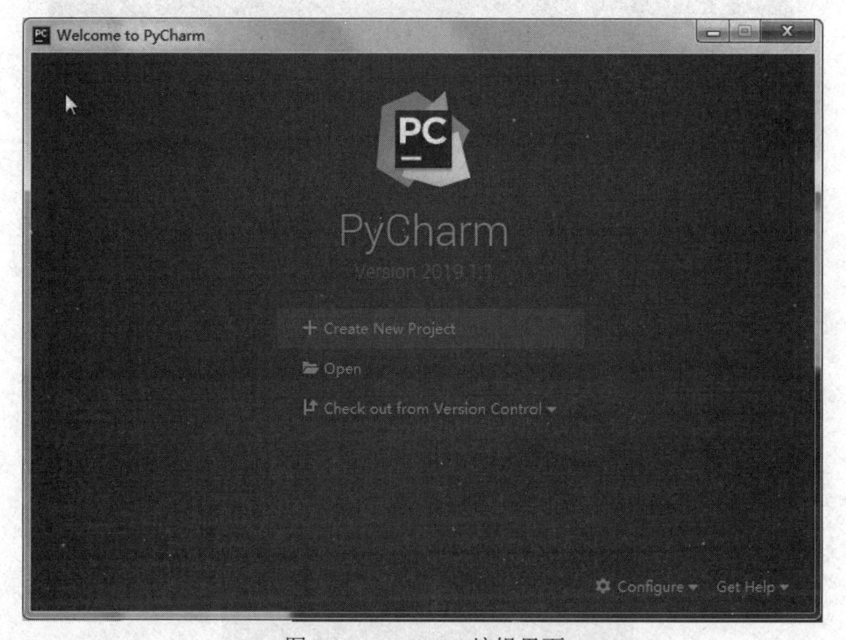

图 2.25　PyCharm 编辑界面

在弹出的界面中，选择 Python 的安装位置，选择好后单击“Create”按钮，如图 2.26 所示。

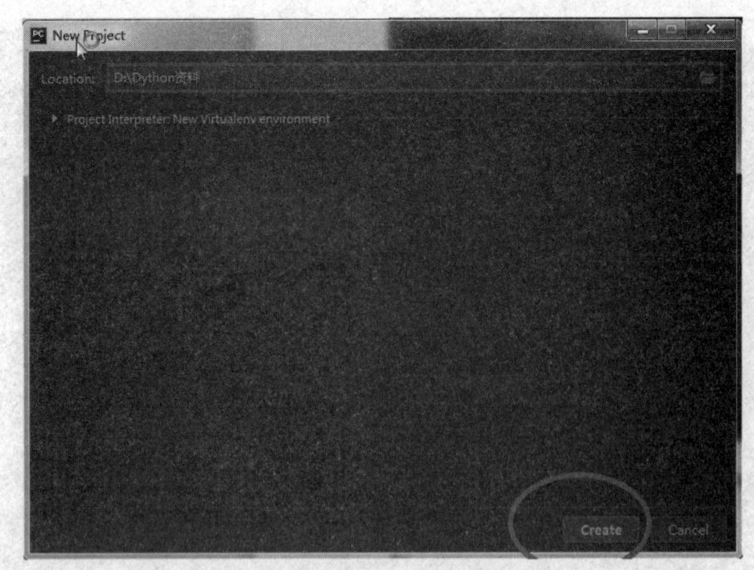

图 2.26 创建新文件存放路径

3. 进入项目并创建 Python 文件

进入项目后，会看到图 2.27 的界面。单击“Next Tip”按钮可以查看提示信息，或者直接单击“Close”按钮关闭提示，进入编辑界面，如图 2.28 所示。

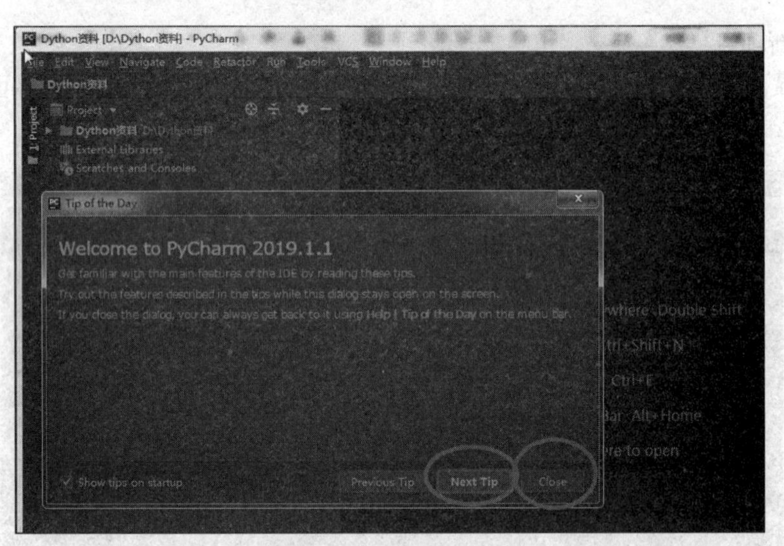

图 2.27 Python 提示信息

在图 2.28 中，选择“File”->“New”->“Python file”创建一个新的 Python 文件。在弹出的框中填写文件名（如 hello World），然后单击“OK”按钮。

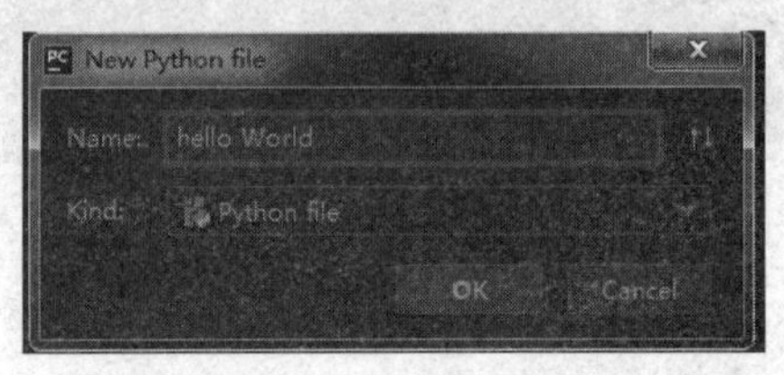

图 2.28 创建新文件名

单击“OK”按钮之后，出现如图 2.29 所示界面，此时你就成功创建了一个名为 hello World.py 的 Python 文件，其编辑界面如图 2.29 所示。

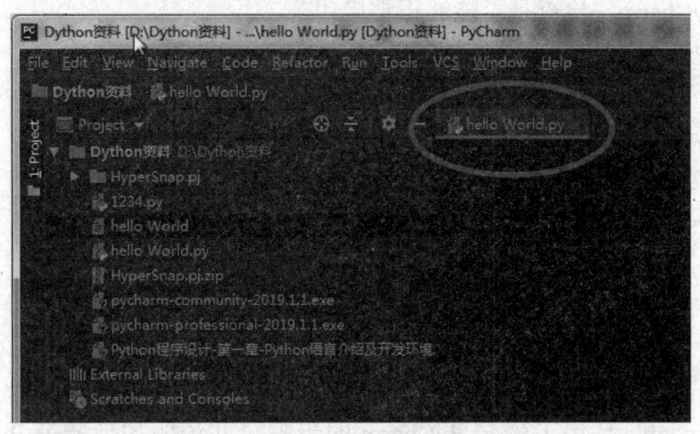

图 2.29　创新文件类型

现在，你可以在这个界面中编写自己的 Python 程序了。如果对 PyCharm 的界面不满意，还可以自定义背景等设置，具体方法可通过搜索引擎查询。

成果分享

在成功学会 PyCharm 编辑器的安装与调试之后，我们感到非常兴奋和满足。安装过程十分顺利，我们从 PyCharm 的官方网站下载了安装包，并按照提示完成了安装。安装完成后，我们启动 PyCharm，创建了一个新的 Python 项目，并成功运行了一个简单的“Hello World”程序。在调试方面，我们学会了如何设置断点、启动调试模式以及监视变量。这些功能极大地提高了开发效率，能够更直观地理解代码的运行过程。通过这次学习，我们不仅掌握了 PyCharm 的基本使用方法，还对 Python 编程有了更深入的理解。

当堂训练

1. PyCharm 编辑器分为哪两个版本？（　　）

　A. 社区版和专业版　　B. 标准版和高级版

　C. 免费版和付费版　　D. 试用版和正式版

2. 从哪里可以下载 PyCharm 的安装包？（　　）

　A. 官方网站 https://www.jetbrains.com/pycharm/download/

　B. 官方网站 https://www.pycharm.com/

　C. 官方网站 https://www.jetbrains.com/

　D. 官方网站 https://www.python.org/

3. 在安装 PyCharm 时，以下哪个步骤是必需的？（　　）

　A. 在安装过程中勾选“Add PyCharm to PATH”选项

　B. 下载并安装最新版本的 Python

　C. 下载并安装最新版本的 Java 运行环境

D. 下载并安装最新版本的 PyCharm

4. 安装完成后，如何验证 PyCharm 是否安装成功？（　　）

A. 打开 PyCharm，检查是否能够正常启动

B. 在命令提示符中输入 pycharm --version

C. 在文件资源管理器中查找 PyCharm 安装路径

D. 打开 PyCharm 官方网站，检查安装信息

5. PyCharm 支持哪些操作系统？（　　）

A. Windows　　B. macOS

C. Linux　　D. 所有上述选项

想创就创

请简述在 Windows 环境下安装 PyCharm 的步骤，并说明如何验证 PyCharm 是否安装成功。

2.5 插件设置：Sublime Text3 安装以及插件配置

知识链接

如果你对 PyCharm 的英文界面不太满意，还可以选择 Sublime Text 3 这款第三方编辑器。Sublime Text 3 支持汉化中文界面，对英语不太熟练的用户来说，这无疑是个好消息。

Sublime Text 3 是一款轻量级、高效且功能强大的文本编辑器，广泛应用于编程和代码编辑。它支持多种编程语言，具备代码高亮、自动补全、多光标编辑等功能，通过安装插件还可以进一步扩展其功能。接下来将详细介绍 Sublime Text 3 在 Windows 系统下的安装方法以及插件配置步骤。

一、Sublime Text 3 安装步骤

首先，访问 Sublime Text 的官方网站 https://www.sublimetext.com/3，找到下载链接并下载适用于 Windows 系统的安装程序。下载完成后，双击安装文件启动安装向导。在安装过程中，您可以选择安装路径，通常建议使用默认路径以避免潜在的权限问题。安装完成后，启动 Sublime Text 3，您将看到简洁的初始界面，这标志着安装成功。

二、Package Control 插件安装

为了方便管理其他插件，首先需要安装 Package Control 插件。打开 Sublime Text 3，按下 Ctrl+Shift+P 组合键（Windows 系统）调出命令面板，输入 Install Package Control 并选择它来安装。安装完成后，重启 Sublime Text 3 以确保插件生效。

三、常用插件安装与配置

安装 Package Control 后，您可以轻松安装其他插件增强 Sublime Text 3 的功能。例如，

安装 SublimeLinter 插件可以进行代码检查，安装 SideBarEnhancements 插件可以增强侧边栏的功能。再次按下 Ctrl+Shift+P 组合键调出命令面板，输入 Package Control: Install Package，然后在弹出的列表中搜索并选择您需要的插件进行安装。安装完成后，部分插件可能需要重启 Sublime Text 3 或进行一些简单的配置才能正常使用。

四、主题和配色方案配置

Sublime Text 3 提供了丰富的主题和配色方案，您可以根据个人喜好进行配置。通过 Package Control 安装 Theme - Soda 或 Material Theme 等主题插件，然后在 Sublime Text 3 的设置中选择您喜欢的主题和配色方案。单击 Preferences > Settings，在设置文件中找到 theme 和 color_scheme 选项，将其值更改为新安装的主题和配色方案的名称，保存设置后即可看到效果。

通过以上步骤，您不仅成功安装了 Sublime Text 3，还配置了 Package Control 插件以及一些常用的插件和主题。这些操作将使您的代码编辑体验更加高效和个性化。在使用过程中，如果遇到任何问题，可以参考 Sublime Text 3 的官方文档或社区资源获取帮助。希望这篇指南能帮助您更好地利用 Sublime Text 3 进行编程和文本编辑工作。

课堂任务

请独立完成 Sublime Text 3 的安装，并根据指导配置至少三款实用插件（如 Package Control、SublimeLinter、Anaconda），最后提交安装及配置成功的截图。

探究活动

第 1 步，下载 Sublime Text 3 安装包

首先，打开浏览器，进入 Sublime Text 官方网站：http://www.sublimetext.com/3。随后依据系统的类型（32 位或 64 位），在网站上单击对应的 Windows 安装包下载，界面参考图 2.30。

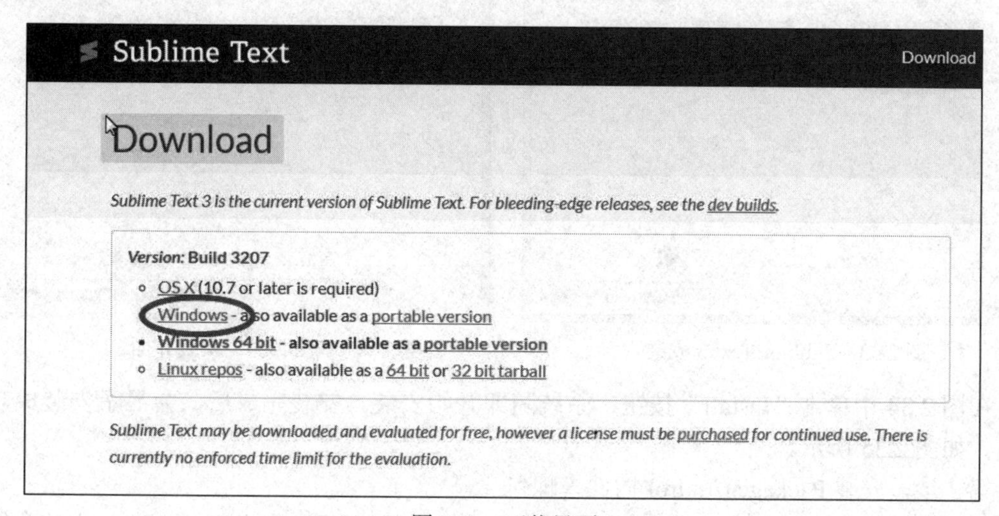

图 2.30 下载界面

在图 2.31 的界面里，选择把安装包保存到指定文件夹。

图 2.31　选择下载到文件夹

下载完成后，便能在选定的文件夹中找到安装包，可参照图 2.32。

名称	修改日期	类型	大小
HprSnap8	2019/4/21 21:57	应用程序	3,466 KB
Newtonsoft.Json.dll	2013/5/8 20:51	应用程序扩展	422 KB
package_control-master	2019/4/14 7:56	快压 ZIP 压缩文件	452 KB
pconline1543315131591	2019/4/13 8:52	快压 ZIP 压缩文件	29,056 KB
python3.7.2	2019/4/12 21:00	应用程序	24,772 KB
python-3.7.3	2019/4/13 8:06	应用程序	24,829 KB
Sublime Text 2.0.2a Setup	2019/4/13 8:06	应用程序	5,471 KB
Sublime Text Build 3207 Setup (1).exe.crdownload	2019/4/21 22:08	CRDOWNLOAD 文...	160 KB
Sublime Text Build 3207 Setup	2019/4/14 7:24	应用程序	10,072 KB
sublimetextbuild3143	2019/4/13 8:42	快压 ZIP 压缩文件	29,049 KB

图 2.32　下载文件

第 2 步，安装 Sublime Text 3 编辑器

首先，下载好安装包后，双击该文件（如 Sublime Text Build 3207 Setup.exe）。按照提示完成安装。安装过程中，可能会看到类似图 2.33 和图 2.34 的界面。

安装过程中，会出现图 2.33 的界面，在此选择 “Add to explorer context menu”，随后单击“Next”按钮进入图 2.34 的界面。

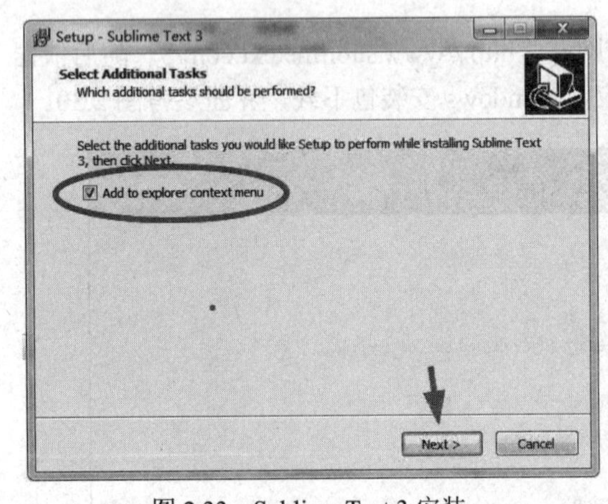

图 2.33　Sublime Text 3 安装

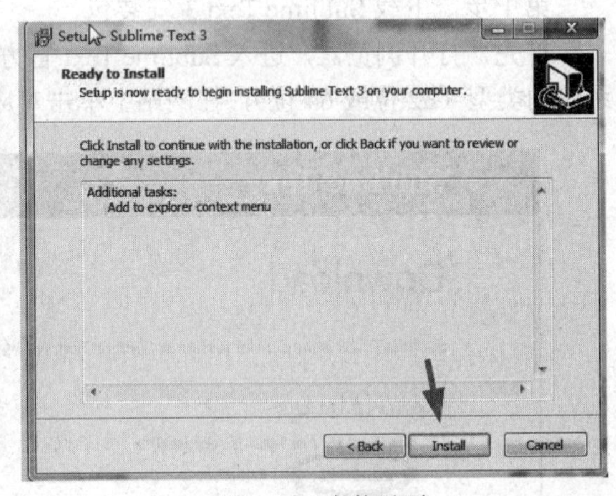

图 2.34　安装界面

在图 2.34 中单击“Install”按钮，系统随即开始安装。安装完成后，会显示安装成功的界面，如图 2.35 所示。

第 3 步，安装 Package Control 插件管理包

Package Control 是 Sublime Text 的插件管理包，它可以帮助你方便地浏览、安装和卸载插件。虽然 Sublime Text 3 不自动包含 Package Control，但你可以手动安装它。

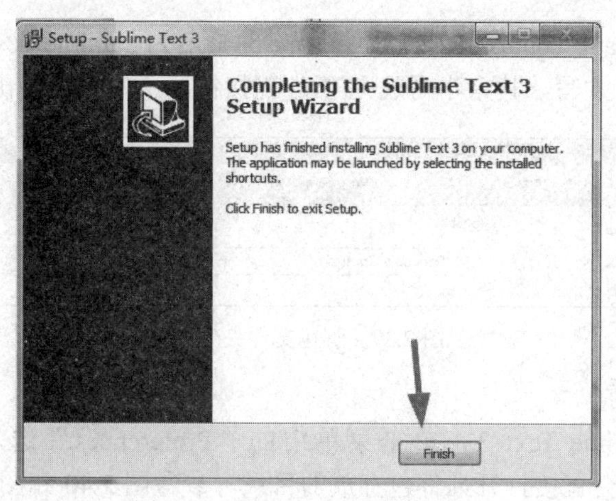

图 2.35　Sublime Text3 安装成功

1. 下载

首先，打开浏览器，访问 Package Control 的官方网站：

打开 Package Control 的官方网站（https://github.com/wbond/package_control），在网站上找到“Clone or download”按钮，进行打包下载，可参考图 2.36。

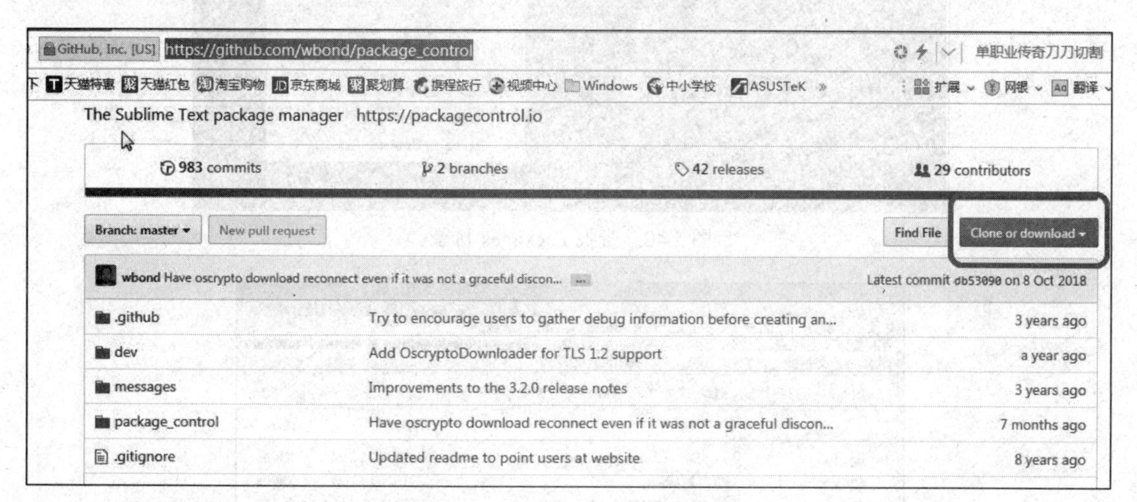

图 2.36　Package Control 安装包

在图 2.37 的界面中，选好存放位置后单击“下载”按钮。

2. 解包与重命名

下载完成后，对文件进行解包操作，参考图 2.38。

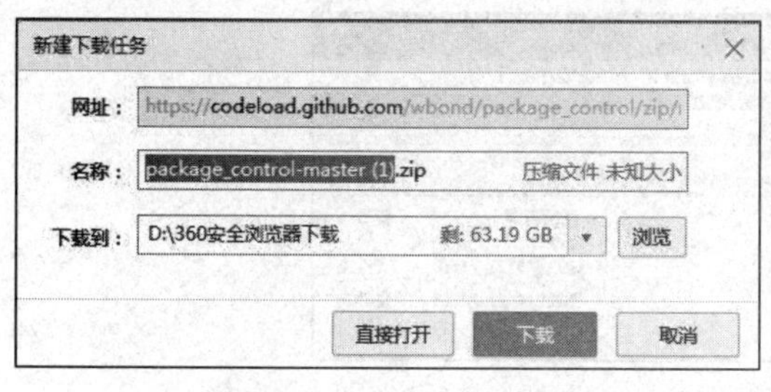

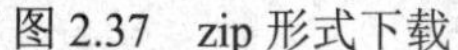

图 2.37　zip 形式下载　　　　图 2.38　解包后的安装包

将解压后的“package_control-master”文件夹，重命名为Sublime Text 3能识别的“Package Control”，注意P和C大写，其余小写且无“-”连接符，不然安装会出错，参考图2.39。

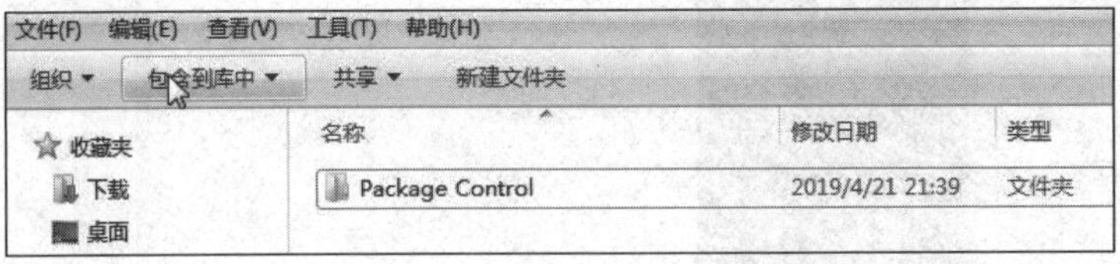

图2.39 解包文件夹改名

3. 复制到指定目录

首先，打开Sublime Text 3，单击菜单中的“Preferences”选项，再选择“Browse Packages...”选项，这会直接打开插件包存放的目录，参考图2.40和图2.41。

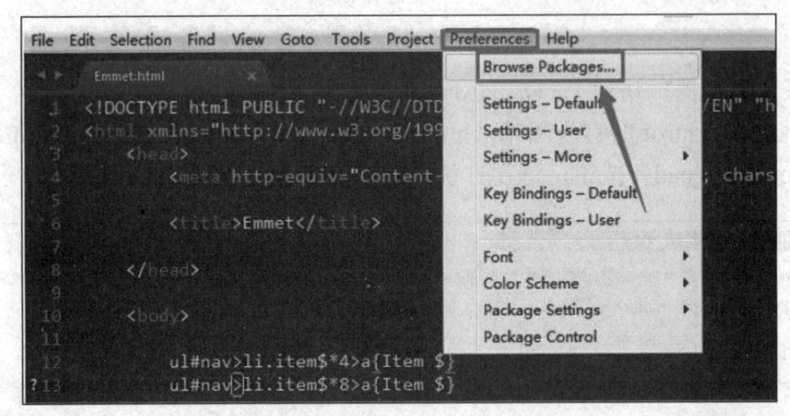

图2.40 查找Packages目录

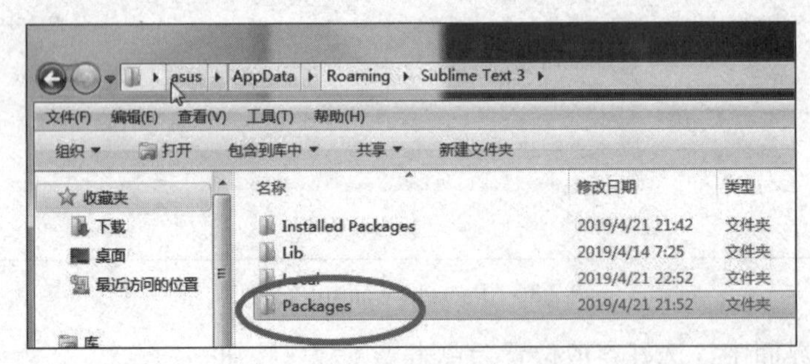

图2.41 目标Packages文件夹

然后，把重命名后的解压好的“Package Control”文件夹，复制到该目录下，可参考图2.42。

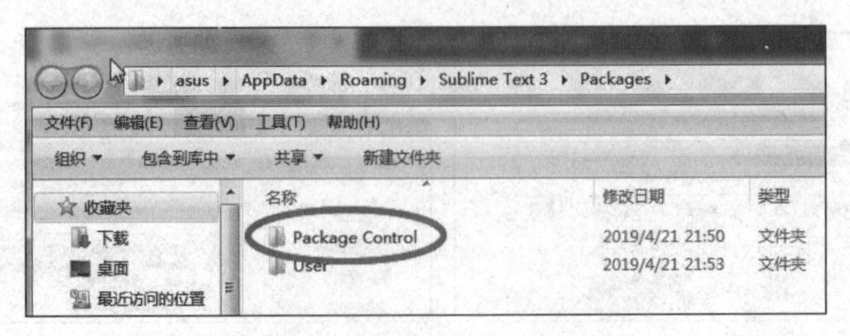

图2.42 复制到Packages文件夹下

4. 重启与验证

最后，重启 Sublime Text 3，使用快捷键 Ctrl+Shift+P 打开“Command Palette”悬浮对话框。在对话框顶部输入“install”，选择“Package Control: Install Package”验证安装情况。稍等片刻，若安装成功，会看到相应提示，如图 2.43 所示。

第 4 步，汉化 Sublime Text 3

如果想将 Sublime Text 3 汉化为中文版，可以按照以下步骤进行：

1. 下载汉化安装包。

从指定的下载地址（如 http://pan.baidu.com/s/1qWnBNvI）下载汉化安装包，并进行解压，参考图 2.44。

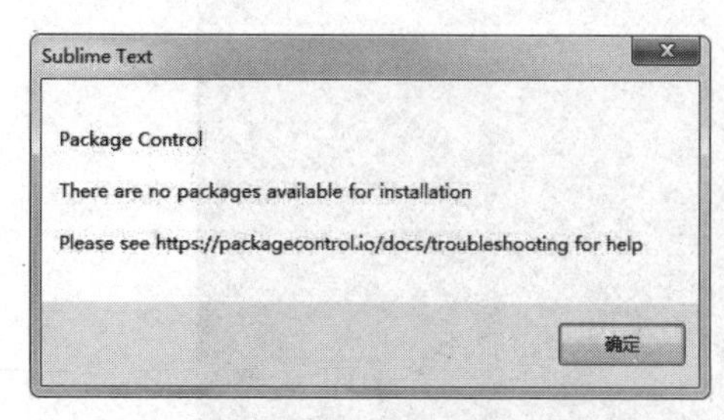

图 2.43　Package Control 安装成功

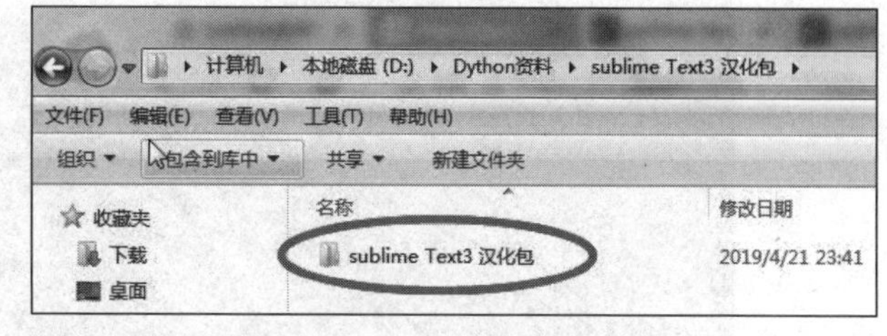

图 2.44　安装解压汉化包

2.安装汉化包

把解压后的汉化包（通常是 Default.sublime-package 文件），复制到 Sublime Text 3 的 Installed Packages 目录下。该目录一般在安装目录下的 Data 文件夹中，如本文安装在 D 盘，那就把 D:\Sublime Text3\Data\Installed Packages 中的 Default.sublime-package 文件复制到 Installed Packages 文件夹中，参考图 2.45。完成上述操作后，就会看到汉化成功的界面，如图 2.46 所示。

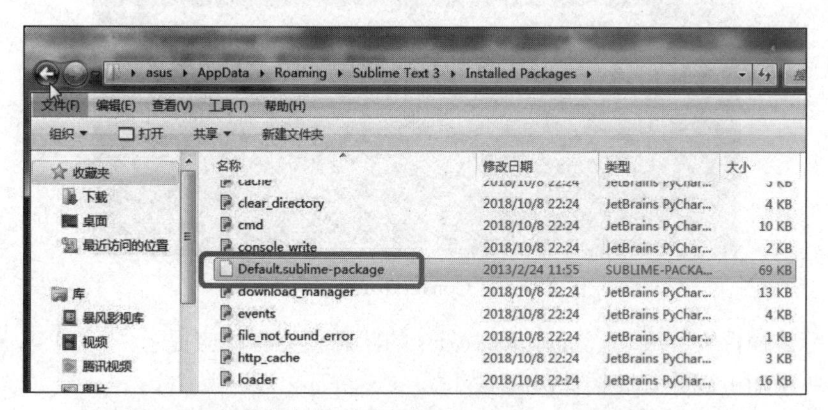

图 2.45　汉化包复制到对应的 Installed Packages 文件夹下

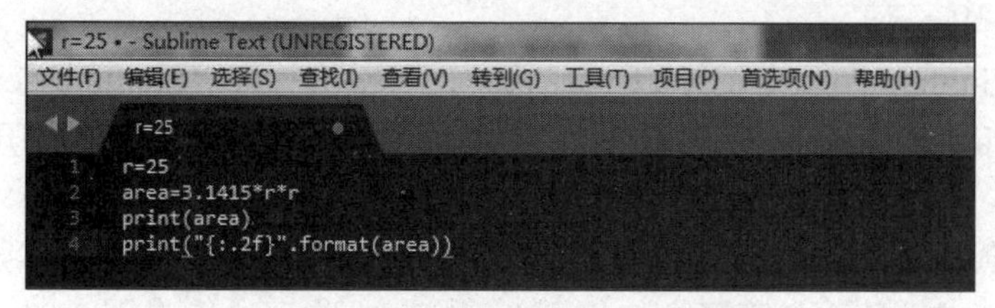

图 2.46　汉化成功的 Sublime Text 界面

第 5 步，安装插件（以 ConvertToUTF8 插件为例）

功能说明：ConvertToUTF8 能将除 UTF8 编码之外的其他编码文件在 Sublime Text3 中转换成 UTF8 编码，在打开文件的时候一开始会显示乱码，然后一刹那就自动显示出正常的字体，当然，在保存文件之后原文件的编码格式不会改变。

方法一：使用 Package Control 安装

首先，打开 Sublime Text 3，用快捷键 Ctrl+Shift+P 打开“Command Palette”悬浮对话框。在对话框顶部输入“install”，然后向下选择并单击“Package Control:Install Package”，如图 2.47 所示。

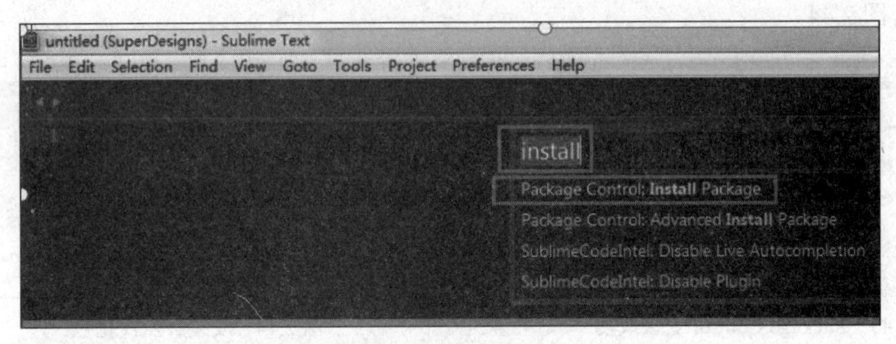

图 2.47 install 命令

其次，在出现的悬浮对话框中输入“Convert”，选择“ConvertToUTF8”插件进行安装，参考图 2.48。

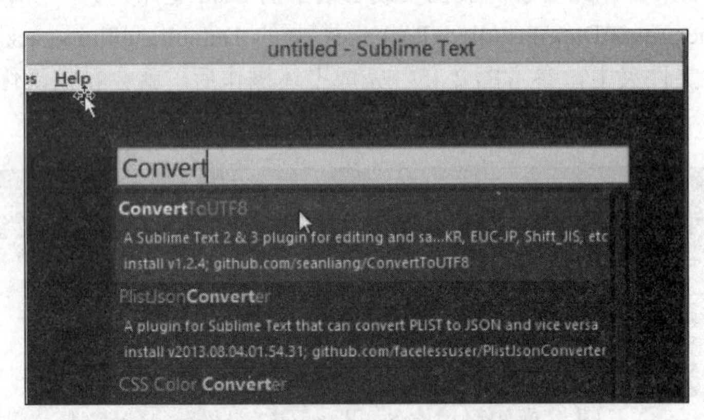

图 2.48 “ConvertToUTF8”插件

最后，等待插件安装成功，Sublime Text 3 的状态栏会有相应提示。

方法二：手动下载并安装插件包

首先，从指定的下载地址（如 https://github.com/seanliang/ConvertToUTF8）下载完整的插件包，并进行解压。

其次，找到 Sublime Text 3 的 Packages 目录，可双击打开“Sublime Text 3”，单击菜单“Preferences→Browse Packages...”选项，参考图 2.49，这样会直接打开插件包存放的“Packages”目录。

最后，把下载后解压好的插件包复制到“Packages”目录下。要是你熟悉 git，还能用 git 从插件的“GitHub”库直接克隆插件包到 Packages 目录下，参考图 2.50。

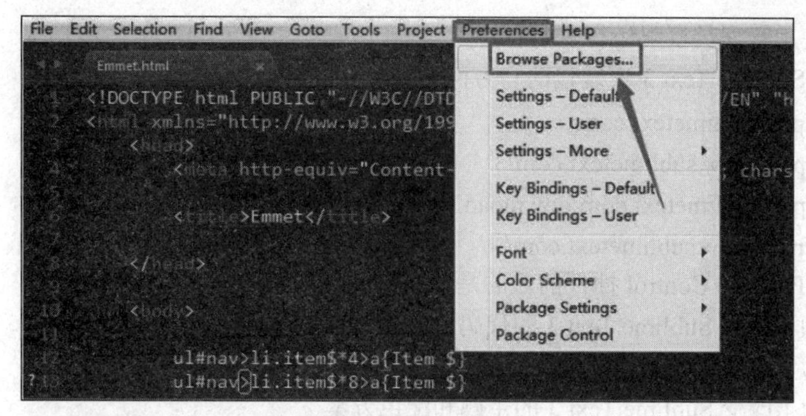

图 2.49　查找 Packages

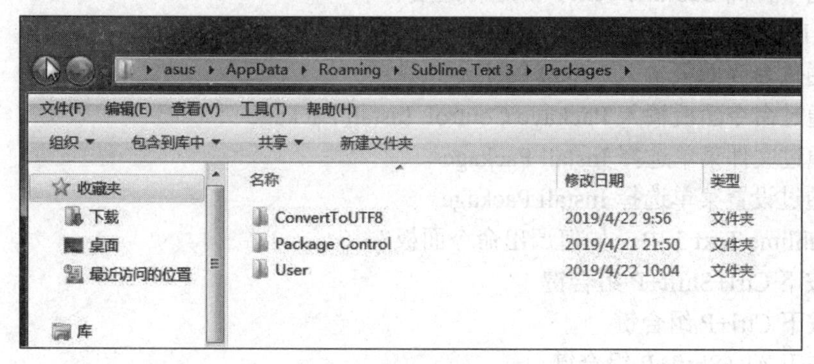

图 2.50　Packages 目录

▶ **备注：**后续安装所有插件，都推荐优先使用方法一（即使用 Package Control 安装插件），因为此方法更便捷高效。

成果分享

在成功安装 Sublime Text 3 并完成插件配置后，我们感到非常满意。整个过程比预期的要顺利得多。首先，我们从官方网站下载了 Sublime Text 3 的安装包，并按照提示完成了安装。接着安装了 Package Control 插件，这一步是关键，因为它能够轻松管理其他插件。通过 Package Control，我们安装了几个常用的插件，如 SublimeLinter 和 SideBarEnhancements，这些插件极大地增强了 Sublime Text 3 的功能。此外，还根据个人喜好调整了主题和配色方案，让编辑器看起来更加舒适。现在，Sublime Text 3 已经成为我们编写代码时不可或缺的工具，它不仅提高了工作效率，还让编程变得更加愉快。

当堂训练

1. 在安装 Sublime Text 3 时，以下哪个步骤是必须的？（　　）

A. 访问 Sublime Text 官方网站下载安装包

B. 安装完成后重启计算机

C. 在安装过程中勾选“Add to PATH”选项

D. 使用管理员权限运行安装程序

2. 下载 Sublime Text 3 安装包的官方网站地址是：（　　）

A. https://sublimetext.com/

B. https://www.sublimetext.com/3

C. https://sublimetext.com/download

D. https://www.sublimetext.com/

3. 安装 Package Control 插件的目的是什么？（　　）

A. 为了增强 Sublime Text 3 的代码编辑功能

B. 为了方便管理其他插件

C. 为了改变 Sublime Text 3 的主题和配色方案

D. 为了提高 Sublime Text 3 的运行速度

4. 安装 Package Control 插件后，如何安装其他插件？（　　）

A. 通过命令面板输入 Install Package

B. 通过命令面板输入 Package Control: Install Package

C. 通过文件菜单选择 Install Package

D. 通过设置菜单选择 Install Package

5. 在 Sublime Text 3 中，如何调出命令面板？（　　）

A. 按下 Ctrl+Shift+P 组合键

B. 按下 Ctrl+P 组合键

C. 按下 Alt+Shift+P 组合键

D. 按下 Ctrl+Shift+T 组合键

想创就创

请简述在 Windows 环境下安装 Sublime Text 3 并配置 Package Control 插件的步骤，并说明如何通过 Package Control 安装其他插件。

2.6 图形编程：Mind+及其安装过程

知识链接

Mind+是一款拥有自主知识产权的国产青少年编程软件，它提供了一个简洁直观的图形化编程界面，允许用户通过拖曳和组合不同的命令模块编写程序，显著降低了编程学习的门槛。这款软件致力于为不同年龄段的用户，尤其是青少年，提供趣味化的编程教学和创作平台，以此培养计算机思维和创新精神。

一、Mind+的主要特点

Mind+作为一款卓越的编程工具，以其独特的图形化编程界面而广受好评。用户无须深入代码编写的复杂细节，仅通过简单地拖曳图形模块，便能轻松创建出所需的程序。这一特性极大地降低了编程的门槛，使得初学者也能迅速掌握编程的基本技能。

除了图形化编程的便捷性，Mind+还提供了多语言支持的功能。它不仅能够适应 Python、C++、Java 等多种编程语言，还满足了不同学习阶段和需求的用户。无论是初学者还是资深开发者，都能在 Mind+中找到适合自己的编程环境。

为了帮助用户更好地学习和掌握编程技能，Mind+还提供了丰富的教程和资源。这些教程涵盖了从入门到深入的各个层面，配合实际的项目案例，使得用户能够快速上手并深入理解编程的精髓。

此外，Mind+还具备出色的硬件集成能力。它能够兼容多种硬件设备，如主控板、传感器、执行器等，从而支持机器人、无人机等设备的编程控制。这一特性使得 Mind+在教育和科研领域具有广泛的应用前景，成为众多用户和开发者的首选编程工具。

二、Mind+与无人机的关系

Mind+在无人机领域中的应用主要体现在其能够对无人机进行编程控制。借助 Mind+软件，用户可以设计出各种控制逻辑，实现对无人机的精确操控，包括但不限于起飞、着陆、航线规划、飞行特技、多机编队等。具体来说，Mind+与无人机的关系表现在以下几个方面。

1. 编程教育

Mind+可以应用在教育领域，帮助学生和初学者通过直观的编程界面学习如何控制无人机，从而理解基础的飞行原理和编程逻辑。

2. 创客文化

支持创客文化的发展，使得无人机爱好者及发明家可以自由地探索和实验新的无人机应用，推动创新和自主制作项目的发展。

3. 简化操作

对于无人机爱好者，Mind+提供了一种简化的方式设计和执行复杂的飞行任务，而不需要深入专业的无人机编程。

总之，Mind+软件平台通过其图形化编程接口，为无人机的编程控制提供了便利，特别是在教育、创客项目和业余爱好领域，它极大地推动了无人机操作的易用性和可访问性。通过 Mind+，用户可以轻松入门无人机编程，发挥创意，实现多样化的无人机应用。

三、Mind+软件的安装步骤

Mind+是一款集成了各种主流主控板和上百种开源硬件的图形化编程平台，同时也兼容了 Python 3.6 版本开发环境，图形化编程代码自动生成 Python 3.6 版代码，支持人工智能和物联网功能。以下是 Mind+软件的安装步骤：

第 1 步，下载 Mind+软件：访问 Mind+的官方网站：https://www.mindplus.cc/，在官网首页上方导航栏中选择“下载”选项。选择操作系统对应的版本（Windows、Linux、macOS 或 Chrome OS）并单击下载按钮。

第 2 步，运行安装程序：找到下载的安装文件，通常保存在默认的下载文件夹中。双击运行该安装文件。

第 3 步，安装向导：安装程序启动后，会显示一个安装向导。按照屏幕指示操作，通常包括单击“下一步”按钮以继续。

第 4 步，阅读协议：在安装过程中，仔细阅读软件使用协议。如果您同意协议条款，选择“我接受协议”或类似的选项，然后可以继续单击“下一步”按钮。

第 5 步，选择安装位置：确定希望安装 Mind+软件的文件夹位置。您可以选择默认位置，也可以单击“浏览”来指定其他位置。选定位置后，单击“下一步”按钮。

第 6 步，选择快捷方式：决定是否在桌面或开始菜单创建快捷方式。根据您的偏好做出选择，然后继续单击“下一步”按钮。

第 7 步，安装进程：单击“安装”按钮开始实际的安装过程。安装进度条将显示当前状态。

第 8 步，完成安装：安装完成后，通常会有一个完成界面，可能会有选项让您选择是否立即启动 Mind+。勾选启动选项（如果需要），然后单击“完成”退出安装向导。

第 9 步，首次运行：如果选择了立即启动，Mind+软件将会打开。您可能需要进行初次使用的设置，如选择设备类型、连接硬件等。注意，运行软件后，检查是否有可用的更新，确保您使用的是最新版本。

课堂任务

安装 Mind+软件，探索其界面与编程环境。尝试图形化编程项目，运用创新思维设计独特作品，不仅掌握安装技巧，更能激发创造力，开启你的编程与创造之旅。

探究活动

第 1 步，下载 Mind+安装包

首先，访问 Mind+的官方网站 https://www.mindplus.cc/download.html 或者常用的应用商店，并在搜索栏中输入“Mind+”进行搜索。找到 Mind+软件后，根据操作系统选择适合的版本进行下载。如图 2.51 所示。

图 2.51 Mind+下载界面

第 2 步，安装 Python

首先，双击下载的安装包，这将启动安装向导。按照安装向导的指示，逐步进行安装操作。在安装过程中，您会遇到几个关键步骤。首先是选择安装语言，再单击“OK”按钮，如图 2.52 所示。

其次是选择安装位置：软件通常会默认安装到系统盘（如 C 盘），但可以根据个人需求和硬盘空间情况，单击“浏览(B)...”按钮来更改安装路径，如图 2.53 所示。

图 2.52　选择语言

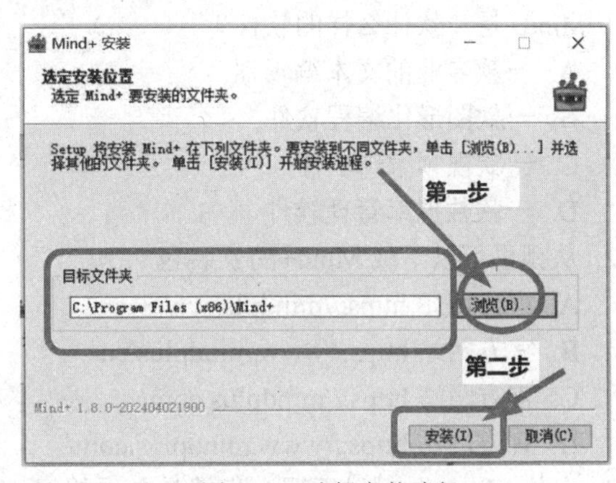

图 2.53　选择安装路径

再次，如图 2.53 所示，单击“安装”按钮，软件将开始安装到计算机上。

最后，需要等待安装完成：安装过程可能需要几分钟的时间，如图 2.54 所示，请耐心等待，直到安装进度条达到 100%。安装完成后，单击“完成”按钮，这将自动启动 Mind+软件。现在，您可以开始使用 Mind+来创作和编辑项目了。

第 3 步，启动 Mind+

安装完成后，单击“完成”按钮，如图 2.55 所示，这将自动启动 Mind+软件。

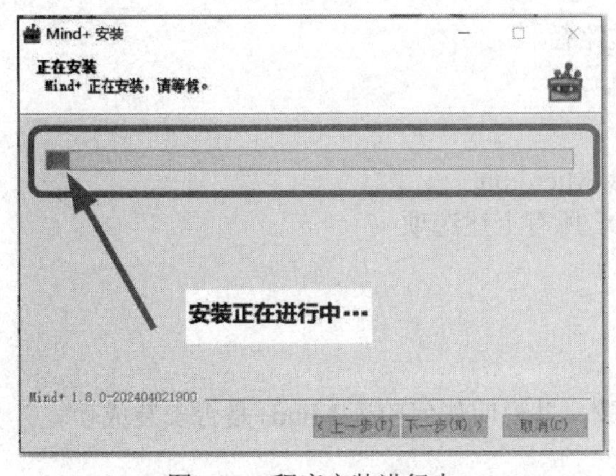

图 2.54　程序安装进行中

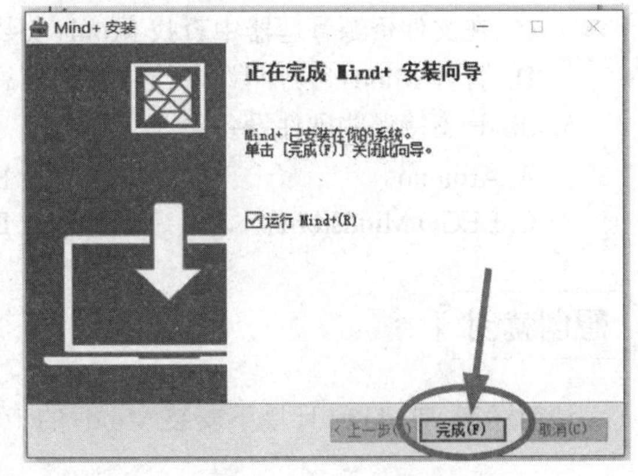

图 2.55　程序安装进行中

成果分享

Mind+是一款功能强大的图形化编程软件，特别适合初学者和教育场景。安装过程十分简单，从 Mind+的官方网站下载安装包，按照提示完成安装。安装完成后，打开软件，开始探索其丰富的功能。通过 Mind+，能够轻松地进行图形化编程，控制各种硬件设备，如 Arduino、Micro:bit 等，这让编程变得更加直观和有趣。这次学习不仅让我们掌握了 Mind+的使用方法，还激发了他对编程和硬件结合的兴趣，为未来的项目开发打下了坚实的基础。

当堂训练

1. Mind+是一款什么样的软件？（　　）
   A. 一款专业的文本编辑器
   B. 一款图形化编程软件
   C. 一款视频编辑软件
   D. 一款数据库管理软件
2. 从哪里可以下载 Mind+的安装包？（　　）
   A. 官方网站 https://mindplus.cc/
   B. 官方网站 https://www.mindplus.cn/
   C. 官方网站 https://mindplus.com/
   D. 官方网站 https://www.mindplus.com/
3. 安装 Mind+时，以下哪个步骤是必须的？（　　）
   A. 在安装过程中勾选“添加到系统路径”选项
   B. 下载并安装最新版本的 Java 运行环境
   C. 下载并安装最新版本的 Python
   D. 下载并安装最新版本的 Mind+
4. 安装完成后，如何验证 Mind+是否安装成功？（　　）
   A. 打开 Mind+，检查是否能够正常启动
   B. 在命令提示符中输入 mind+ --version
   C. 在文件资源管理器中查找 Mind+安装路径
   D. 打开 Mind+官方网站，检查安装信息
5. Mind+支持哪些硬件设备？（　　）
   A. Arduino　　B. Micro:bit
   C. LEGO Mindstorms　　D. 所有上述选项

想创就创

请简述在 Windows 环境下安装 Mind+的步骤，并说明如何验证 Mind+是否安装成功。

2.7 初试牛刀：第一个 Python 程序

知识链接

在成功安装 Python 之后，我们可以开始编写我们的第一个 Python 程序。Python 是一种

高级编程语言，它以其简洁易读的语法和强大的功能而受到广大程序员的喜爱。Python 可以用于各种类型的编程任务，包括网站开发、数据分析、人工智能等。

一、基础知识

让我们从一个简单的例子开始，打印出"Hello, World!"。这是一个经典的编程入门示例，用于向初学者展示如何编写一个简单的程序。

首先，我们需要打开一个文本编辑器（如 IDLE、Sublime Text 等），然后创建一个新的文件，将其命名为 hello_world.py。接下来，我们将在这个文件中编写以下代码并保存到文件 hello_world.py 中：print("Hello, World!")

这段代码非常简单，只包含一行。print()函数是 Python 中的一个内置函数，用于在屏幕上输出指定的文本。这里，我们传递给 print()函数的参数是一个字符串"Hello, World!"。当我们运行这个程序时，它将在屏幕上显示这个字符串。

其次，要运行这个程序，在 Python IDLE 编辑器中找到菜单“Run”，单击之后，选择 F5 或者直接按下 F5 键就可以执行了。或者，导航到包含 hello_world.py 文件的目录。接下来，我们可以使用以下命令来运行程序：python hello_world.py。

执行这个命令后，你将看到屏幕上显示了"Hello, World!"。恭喜你，你已经成功编写并运行了你的第一个 Python 程序！

二、实现步骤

要实现 Python 第一个程序并打印"Hello, World!"，可以按照以下步骤进行：

第 1 步，打开一个文本编辑器（如 Notepad++、Sublime Text 或 Visual Studio Code 等）。

第 2 步，创建一个新的文件，并将其命名为 hello_world.py。确保文件扩展名为.py，这是 Python 脚本的常见扩展名。

第 3 步，在文件中输入以下代码：print("Hello, World!")。

第 4 步，保存文件并关闭文本编辑器。

第 5 步，在文本编程器菜单栏查找“Run”并选择 F5 或直接按下 F5 键就可以执行本程序了。如果一切顺利，你将在命令行窗口中看到输出结果："Hello, World!"。

课堂任务

学习启动 Python 与 IDLE，了解界面及环境。然后，编写程序输出“Hello, World!”，并尝试创新，如添加个性化问候或改变输出格式，以此探索 Python 基础语法，并激发创新思维。

探究活动

第 1 步，找到 IDLE 编程入口

第 1 章完成了 Python 程序及编辑器安装之后，我们可以单击屏幕左下角的 Windows 标志，选择所有程序菜单的 Python 3.8 中的第一项 IDLE(Python 3.8 32-bit)，如图 2.56 所示。

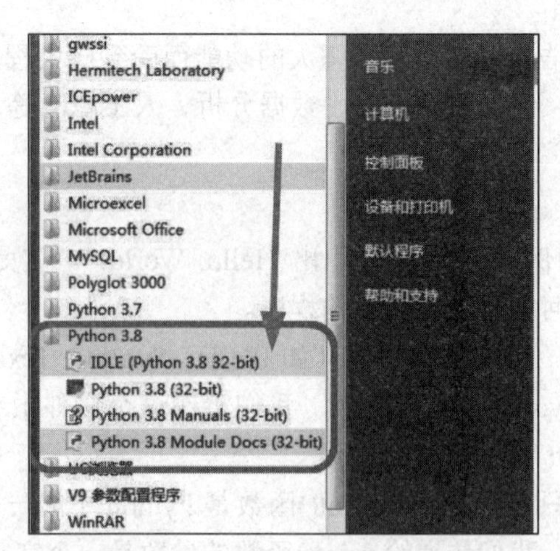

图 2.56 IDLE(Python3.8 32-bit)

第 2 步，启动 IDLE 编程器

IDLE 是 Python 自带的程序编辑器，打开之后出现如图 2.57 所示的界面。

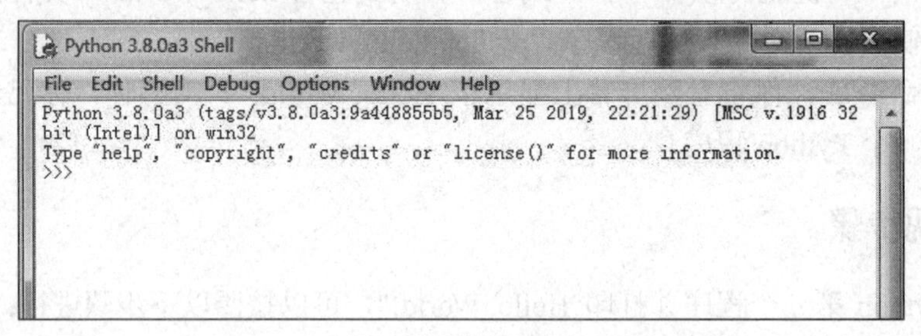

图 2.57 Shell 界面

第 3 步，创建新文件

在图 2.57 这个界面中，Shell 是“外壳”的意思，指给用户的操作界面。选择 File 菜单，在下拉菜单中选择第一项 New File 命令，新建文件是空白的，等待录入程序代码。如图 2.58 所示。

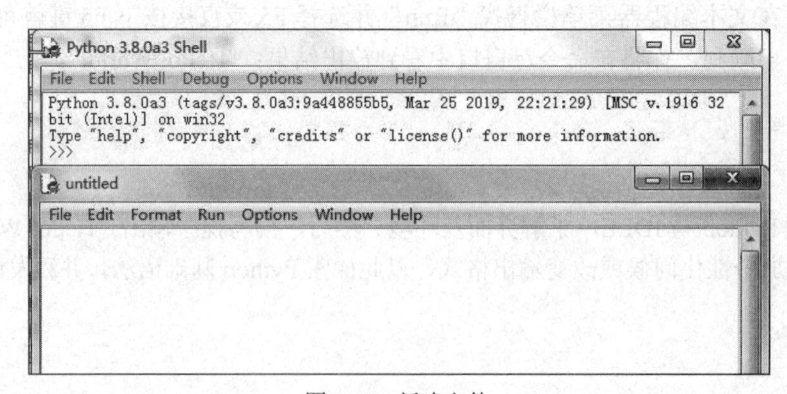

图 2.58 新建文件

第 4 步，录入编码并运行

在新建文件中录入 print("Hello, World!")，然后按下 F5 键运行第一个程序，结果如图 2.59 所示。

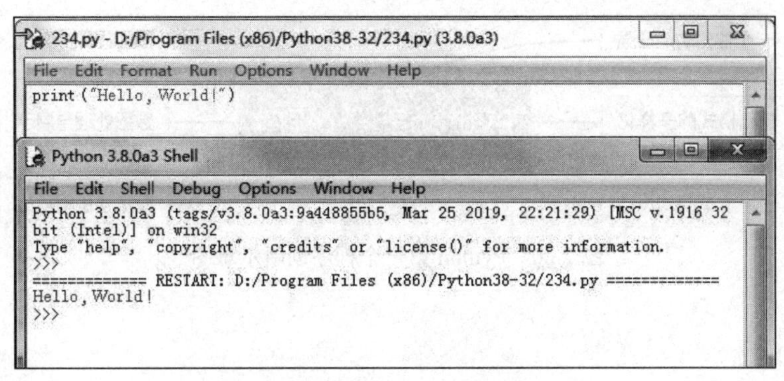

图 2.59　运行第一个程序

成果分享

作为 Python 无人机编程的初学者，我们首先学会了如何启动 Python 与 IDLE，并迅速熟悉了其直观的操作界面和编程环境。这一基础步骤为后续的编程学习打开了大门。

紧接着，我们成功编写并运行了经典的“Hello, World!”程序，看到屏幕上的输出，倍感兴奋。随后，继续添加了个性化的问候语，让程序能够根据当前时间输出“早上好!”、“下午好!”或“晚上好!”。此外，还尝试改变输出格式，使用不同的字体和颜色，让程序输出更加丰富多彩。

这些创新尝试不仅深入探索了 Python 的基础语法，还激发了创新思维，让我们对 Python 无人机编程充满了浓厚的兴趣和期待。我们相信，在不断的学习和实践中，我们能够掌握更多技能，创造出更多有趣的作品。

思维拓展

在掌握 Python 与 IDLE 的启动，成功迈出编程第一步并输出“Hello, World!”之后，我们的探索之旅方才启程。为了更深入地挖掘创新潜能，下面从 6 大维度进行思维拓展：首先，个性化功能增强，旨在通过用户输入定制专属问候，或融合日期信息，增添节日的温馨提醒，让程序更富人情味。其次，追求输出格式的多样化，尝试变换文本格式、色彩与排版，使每一次的输出都成为一场视觉盛宴。再者，引入交互式设计，让用户成为程序的主导，根据其反馈进行动态调整，实现真正的互动体验。接下来，探索图形界面的奥秘，利用图形库构建简洁直观的 GUI 应用，让用户体验再上新台阶。同时，深入数据处理与展示领域，学习如何高效地读取、处理数据，并以图表等直观形式呈现结果，让数据说话。最后，迎接算法与逻辑的挑战，尝试实现排序、搜索等基础算法，以此锤炼逻辑思维能力，为编程之路铺设坚实的基石。

通过精心绘制思维导图，将这 6 大拓展点巧妙串联，不仅有助于系统地规划学习路径，更能持续激发创新思维，为后续的 Python 无人机编程学习奠定坚实基础，让创新之翼在编程的天空中翱翔。

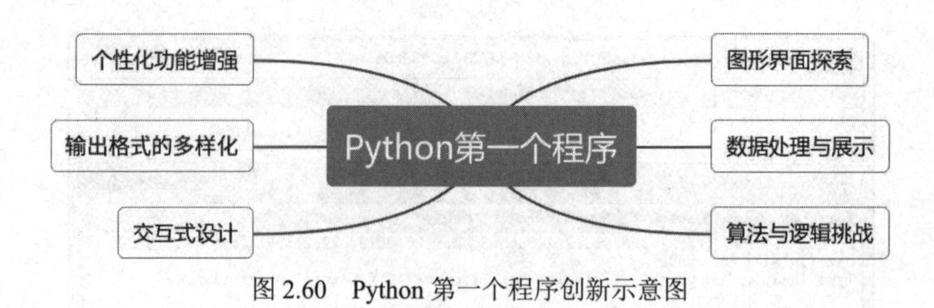

图 2.60 Python 第一个程序创新示意图

当堂训练

1. 在 Python 中，输出“Hello, World!”到控制台的语句是________。

2. 在编写 Python 程序时，为了让 Python 解释器知道你要执行的是一个字符串输出操作，你需要使用________函数。

3. 在 print("Hello, World!")语句中，被输出的字符串被________包围。

4. 如果想要在输出的“Hello, World!”后面加上感叹号的个数（如 3 个），可以修改语句为________。

5. 在 Python 中，每当你想要运行一段代码，都需要将其放在一个________中，如函数、循环或者直接作为脚本的顶层代码。

想创就创

1. 请编写程序分别打印出如下图形。

```
    6            888888888        9999999999999
   666           888888888          9         9
  66666          888888888      99999999999999
```

2. 如果要输出一个金字塔形状的图形，你会吗？除此之外，还有什么可以打印输出更加有趣的图形呢？

2.8 本章学习评价

请完成以下题目，并借助本章的知识链接、探究活动、课堂训练以及思维拓展等部分，全面评估自己在知识掌握与技能运用、解决实际难题方面的能力，以及在此过程中形成的情感态度与价值观，是否成功达成了本章设定的学习目标。

一、填空题

1. Python 是一种高级、解释型、交互式和面向________的脚本语言。

2. Python 因其简洁易读、功能强大以及拥有丰富的________库而广泛应用于无人机编程领域。

3. 在安装 Python 时，为了确保能在命令行中直接运行 Python，需要勾选“Add Python X.X to________”。

4. PyCharm 是一个由 JetBrains 公司开发的 Python IDE，它提供了代码自动补全、________和版本控制等功能。

5. Sublime Text 3 是一个轻量级的文本编辑器，支持多种语言的语法高亮，通过安装 Package Control 插件可以方便地管理其他________。

6. 在 Sublime Text 3 中，为了更方便地进行 Python 编程，可以安装如 SublimeREPL 这样的________插件。

7. Mind+是一个专为青少年编程教育设计的集成开发环境，它支持图形化编程以及基于________的文本编程。

8. 使用 Python 进行无人机编程时，通常需要安装特定的库，如 Tello SDK，以便与无人机进行________。

9. Python 的官方网站地址是________。

10. 在 Python 中，执行条件语句通常使用________关键字。

二、选择题

1. 以下哪个不是 Python 的特点？
   A. 简洁易读　　B. 面向对象
   C. 编译型语言　　D. 拥有丰富的第三方库

2. 为什么选择 Python 作为无人机编程语言？
   A. 因为它简单易学　　B. 因为它拥有强大的第三方库支持
   C. 因为它是一种低级语言　　D. 因为它主要用于 Web 开发

3. 在安装 Python 时，以下哪个步骤不是必需的？
   A. 勾选“Add Python X.X to PATH”
   B. 选择自定义安装路径
   C. 安装 pip 工具
   D. 安装额外的 Python 库

4. PyCharm 编辑器是由哪家公司开发的？
   A. Microsoft　　B. JetBrains
   C. Adobe　　D. Apple

5. Sublime Text 3 是一个什么类型的编辑器？
   A. 文本编辑器　　B. IDE
   C. 图形化编程工具　　D. 数据库管理工具

6. 在 Sublime Text 3 中，如何安装新的插件？
   A. 通过菜单栏的“插件”选项
   B. 通过快捷键 Ctrl+Shift+P 打开命令面板，然后输入“Install Package”
   C. 直接将插件文件拖放到编辑器窗口中
   D. 通过官方网站下载插件并手动安装

7. Mind+编辑器主要面向哪类用户？
   A. 专业程序员　　B. 青少年编程学习者
   C. 数据科学家　　D. Web 开发者

8. 使用 Python 进行无人机编程时，以下哪个库不是必需的？

A. NumPy　　B. Tello SDK

C. OpenCV　　D. Django

9. Python 的官方网站是什么？

A. https://www.java.com/　　B. https://www.python.org/

C. https://www.cplusplus.com/　　D. https://www.javascript.com/

10. 在 Python 中，以下哪个关键字用于定义函数？

A. if　　B. def

C. for　　D. while

三、思考题

请思考并简述 Python 在无人机编程中的优势，以及如何通过 Python 实现无人机的基本操作（如起飞、降落、移动等）。

提示：通过 Python 实现无人机的基本操作，通常需要借助特定的无人机编程库，如 Tello SDK。

第 2 章答案

第 2 章代码

第3章 无人机Python编程基础

CHAPTER 3

随着无人机技术的迅猛崛起，Python这一强大的编程语言正站在技术创新的浪尖，引领着社会的深刻变革。本章将引领您步入Python编程的奇幻殿堂，从基础的语句与标识初探，到常量与变量的自如驾驭，再至基本数据类型与数值转换的精髓剖析，每一步都精心铺陈，旨在为您逐层揭开Python的神秘面纱。

尤为重要的是，本章内容紧密契合新课标新课程的核心理念，旨在全面培育您的核心素养。通过现代信息技术与各学科的深度融合，我们不仅致力于激发您的逻辑思维与计算思维，更着重于锻造您的创新思维能力，为您构筑一个完备的思维框架，助您在科技领域的广阔天地中振翅高飞。

在本章的学习过程中，您不仅将掌握Python编程的基础技能，更能在无人机领域展现卓越才华。您的每一次编程实践，都可能成为点燃无人机技术创新的璀璨火花。对于社会而言，您将拥有以技术为笔，描绘出更加智慧、便捷未来图景的能力。

此刻，让我们并肩启程，踏上这段既充满挑战又蕴含无限机遇的Python编程之旅，共同书写无人机技术的新篇章。您，是否已整装待发，准备迎接这场精彩的探险？

本章主要知识点：

- 语法启航：Python语句及标识。
- 变量探秘：Python常量与变量。
- 数据解锁：Python数据类型。
- 数据进阶：Python数值转换。
- 函数启蒙：Python基本函数。
- 首次翱翔：我的第一次飞行。

3.1 语法启航：Python语句及标识

知识链接

在Python中，缩进的重要性不言而喻，它作为定义代码块结构的核心要素，扮演着举足轻重的角色。与众多其他编程语言显著不同的是，Python并不采用花括号{}来界定代码块，而是巧妙地运用缩进来区分各个逻辑部分。这一设计不仅使代码在视觉上更加整洁，更确保了代码逻辑的清晰无误，从而保障其正确执行。

1. Python 语句的缩进

Python 语言与 Arduino、Java、C#等编程语言在代码块表示上存在着根本性的差异。具体而言，Python 摒弃了花括号的使用，转而采用缩进对齐的方式体现代码的逻辑结构。这一转变对于那些习惯于依赖花括号来组织代码块的程序员而言，无疑构成了学习 Python 过程中的一道难关。然而，一旦掌握了这一规则，程序员将发现 Python 代码在表达逻辑上的独特魅力。

值得注意的是，Python 在缩进方面给予了程序员相当的自由度。每段代码块的缩进空白数量并非固定不变，程序员可以根据个人喜好或项目规范进行选择。但关键在于，同一段代码块内的所有语句必须保持一致的缩进空白数量，以确保代码结构的准确性和可读性。这一规则看似简单，却是 Python 代码中不可或缺的一部分，它维系着代码的整体逻辑和流畅性。

例 1： 由于缩进没有对齐而产生的语法错误。

```
#IF 语句示例：
a=input(" 请 输 入 第 一 个 数 ")
b=input(" 请 输 入 第 二 个 数 ")
if a > b:
  print("a>b")
else:
print("a<b")
```

如图 3.1 所示，else 语句的 print 函数和 if 语句的 print 函数没有缩进对齐，会产生语法错误。建议在代码块的每个缩进层次使用单个制表符或两个空格，切记这二者不能混用。

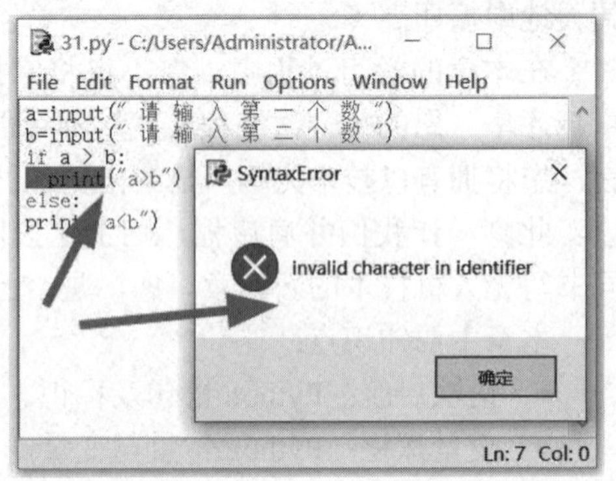

图 3.1　代码块没有缩进对齐产生的语法错误

2. Python 的多行语句

在 Python 编程中，语句的书写与展示方式有着其独特的规范。一般来说，Python 语句会以新的一行作为前面语句的自然结束。然而，在实际编程过程中，我们有时会遇到一些特殊情况，这时，一条语句可能需要跨越多行进行输出。

具体来说，当语句的长度过长，超出了编辑器窗口的宽度，导致无法在一行内完整显示时，我们就需要采取一些措施来确保语句的可读性和完整性。此时，Python 提供了一个非常实用的功能，即使用反斜杠“\”作为续行符，将一条过长的语句分为多行进行显示。

例 2： 多行显示一条语句。

```
import sysprint('Hello World')bookbrief='课程阐述 Python 的核心内容，\包括基本的 概念和语句 Python 对象、映射和集合类型、\文件的输入和输出、函数和函数式编程等内容。'sys.stdout.write(bookbrief)
```

3. Python 引号

在 Python 语言中，引号扮演着至关重要的角色，它们主要用于表示字符串这一数据类型。首先，我们需要明确的是，引号必须成对使用，这是 Python 语法的基本规则之一。

具体来说，Python 提供了多种引号供我们选择，包括单引号（'）、双引号（"）以及三引号（'''或"""）。这些引号在功能上有所区别，但都能有效地界定字符串的边界。

其中，单引号和双引号是最常用的两种引号，它们主要用于程序中的字符串表示。在实际编程过程中，我们可以根据个人的喜好或代码风格的要求，灵活选择使用单引号或双引号来定义字符串。

此外，Python 还提供了三引号这一特殊形式的引号。三引号允许一个字符串跨越多行进行书写，这在处理包含换行符、制表符以及其他特殊字符的字符串时尤为方便。同时，三引号也常被用于程序中的多行注释，因为它能够清晰地标识出注释的起始和结束位置，使得注释内容更加易于阅读和理解。

例 3：引号的应用。

```
bookname = 'Python 编程基础 'bookbrief = "这是一本学习 Python 编程的书"paragraph = """图书主要阐述Python 的核心内容，包括基本的概念和语句、Python 对象、映射和集合类型、文件的输入和输出、函数和函数式编程等内容。"""
```

4. Python 标识符

在 Python 语言中，标识符被广泛应用于变量、关键字、函数、对象等数据的命名。为了确保标识符的命名规范且易于理解，我们需要遵循一系列严格的规则。

（1）标识符的组成元素具有一定的限制。它们可以由字母（无论大写 A～Z 还是小写 a～z）、数字（0～9）以及下画线（_）组合而成。然而，需要注意的是，标识符不能以数字开头，这是为了避免与数字常量产生混淆。

（2）在标识符的命名过程中，我们应避免使用除下画线以外的任何特殊字符。这包括常见的符号，如百分号（%）、井号（#）、与号（&）、逗号（,）以及空格等。这些特殊字符在 Python 语法中具有特定的含义，因此不能用于标识符的命名。

（3）空白字符也是标识符命名中的禁忌。换行符、空格和制表符等空白字符在 Python 中被用作分隔符，以区分不同的代码元素。因此，它们不能出现在标识符中，否则会导致语法错误。

（4）标识符还不能与 Python 语言中的关键字和保留字相冲突。这些关键字和保留字是 Python 语法的基础，具有特定的含义和用途。如果标识符与它们重名，将会引发语法错误或导致程序行为异常。

（5）在区分标识符时，Python 语言还采用了大小写敏感的原则。这意味着，即使两个标识符的字符完全相同，但只要大小写不同，它们就被视为两个不同的标识符。例如，“num1”和“Num1”在 Python 中就是两个完全不同的命名。

（6）标识符的命名要有意义，做到见名知意。一个优秀的标识符命名应该具有描述性和可读性。通过选用有意义的词汇或缩写，我们可以使标识符的名称更加直观易懂，从而提高代码的可读性和可维护性。因此，在命名标识符时，我们应遵循“见名知意”的原则，确保名称能够准确反映其所代表的数据或功能的含义。

例 4：正确标识符的命名示例。

width、height、book、result、num、num1、num2、book_price。

例 5：错误标识符的命名示例。

123rate（以数字开头）、Book Author（包含空格）、Address#（包含特殊字符）、class（calss 是类关键字）。

5. Python 关键字

在 Python 语言中，为了确保语言的规范性和一致性，设计者预先定义了一部分具有特殊意义的标识符。这些标识符被称为关键字或保留字，它们在 Python 语言中具有固定的含义和用途。

首先，这些关键字或保留字是 Python 语言自身的核心组成部分，它们被用于定义语言的语法规则和结构。由于这些标识符具有特殊的语义和功能，因此它们不能被用于其他任何用途。如果我们尝试将这些关键字或保留字用作变量名、函数名或其他标识符，将会引发语法错误，导致程序无法正常运行。

值得注意的是，随着 Python 语言的不断发展和更新，其预留的关键字也会有所变化。这意味着，在不同的 Python 版本中，可能会增加或减少一些关键字。因此，我们在编写 Python 程序时，需要时刻关注 Python 语言的最新动态，以确保我们的代码与当前版本的 Python 语言兼容。

为了清晰地展示 Python 语言中的关键字或保留字，我们可以参考表 3.1（虽然这里无法直接展示表格，但我们可以假设表 3.1 列出了当前 Python 版本中的所有关键字）。这张表格详细列出了所有被 Python 语言预留的关键字，供我们在编写程序时参考和避免使用。

表 3.1 Python 预留的关键字表

保留字	说明	保留字	说明
and	用于表达式运算，逻辑与操作	finally	用于异常语句，出现异常后，始终要执行 finally 包含的代码块，与 try、except 结合使用
as	用于类型转换	from	用于导入模块，与 import 结合使用
assert	断言，用于判断变量或条件表达式的值是否为真	if	与 else、elif 结合使用
break	中断循环语句的执行	globe	定义全局变量
class	用于定义类	or	用于表达式运算，逻辑或操作
continue	继续执行下一次循环	in	判断变量是否在序列中
def	用于定义函数或方法	is	判断变量是否为某个类的实例
del	删除变量或序列的值	lambda	定义匿名变量
elif	条件语句，与 if、else 结合使用	not	用于表达式运算，逻辑非操作
else	条件语句，与 if、elif 结合使用，也可用于异常和循环语句	import	用于导入模块，与 from 结合使用
except	except 包含捕获异常后的操作代码块，与 try、finally 结合使用	try	try 包含可能会出现异常语句，与 except、finally 结合使用
exec	用于执行 Python 语句	print	打印语句
for	for 循环语句	raise	异常抛出操作
return	用于从函数返回计算结果	pass	空的类、方法、函数的占位符
while	while 的循环语句	with	简化 Python 语句
yield	用于从函数依此返回值	nonlocal	用来声明外层的局部变量
false	布尔类型的值，表示“假”，与 True 相反	true	布尔类型的值，表示“真”，与 False 相反

6. Python 注释

在编程的广阔世界里，为了方便程序员理解程序语句的含义，我们经常在程序语句之后添加注释。这些注释如同代码的“说明书”，虽然它们并不会对程序的运行产生任何直接影响，但却能够极大地提升代码的可读性和可维护性。

在 Python 这门强大的编程语言中，提供了多种添加注释的方法。其中，两种最为常见且实用的方法被广大程序员所青睐，它们分别是使用“#”符号进行单行注释，以及利用三个连续的单引号（'''）或双引号（"""）来实现多行注释。

具体来说，“#”符号被广泛应用于单行注释。当我们在一行代码的末尾或者需要单独解释某一行代码时，只需在该行代码的末尾加上“#”，并在其后输入我们的注释内容。这种方式简洁明了，能够迅速地为代码添加必要的说明。

然而，在面对需要解释说明的代码段或逻辑较为复杂的情况时，单行注释就显得有些捉襟见肘了。这时，三个连续的单引号或双引号便成为了我们的得力助手。它们可以包围住多行的注释内容，让我们能够更自由地表达自己的想法和解释。这种多行注释的方式不仅提高了注释的灵活性，也使得代码的整体结构更加清晰易懂。

综上所述，无论是使用“#”符号进行单行注释，还是利用三个单引号（或三个双引号）进行多行注释，都是 Python 语言中提升代码可读性、增强代码可维护性的有效手段。作为程序员，我们应该善于利用这些工具，为我们的代码增添更多的“智慧”与“温度”。

例如：

```
'''hello python
```

或

```
"""hello python
```

7. Python 算术运算符

Python 算术运算符如表 3.2 所示。

表 3.2　Python 算术运算符

运 算 符	描　述	实　例
+	加：两个对象相加	a+b 输出结果是 30（假设 a=10，b=20，下同）
−	减：得到负数或是一个数减去另一个数	a−b 输出结果是−10
*	乘：两个数相乘或是返回一个被重复若干次的字符串	a * b 输出结果是 200
/	除：x 除以 y	b / a 输出结果是 2
%	取模：返回除法的余数	b % a 输出结果是 0
**	幂：返回 x 的 y 次幂	a**b 为 10 的 20 次方，输出结果是 100000000000000000000
//	取整除：返回商的整数部分（向下取整）	>>> b // a

8. Python 比较运算符

Python 比较运算符如表 3.3 所示。

表 3.3 Python 比较运算符

运 算 符	描 述	实 例
==	等于：比较对象是否相等	(a == b)返回 False（假设 a=10，b=20，下同）
!=	不等于：比较两个对象是否不相等	(a != b)返回 True
<>	不等于：比较两个对象是否不相等	(a <> b)返回 True。这个运算符类似!=
>	大于：返回 x 是否大于 y	(a > b)返回 False
<	小于：返回 x 是否小于 y。所有比较运算符返回 1 表示真，返回 0 表示假。这分别与特殊的变量 True 和 False 等价	(a < b)返回 True
>=	大于或等于：返回 x 是否大于或等于 y	(a >= b)返回 False
<=	小于或等于：返回 x 是否小于或等于 y	(a <= b)返回 True

课堂任务

首先，要熟练掌握 Python 的基本语法和标识符的使用规则。这一步骤是编写任何 Python 程序的基石，它关乎代码的正确性、可读性以及后续维护的便捷性，是体现信息意识与数字化学习与创新能力的关键一环。

其次，要学会识别并深刻理解 Python 预留的关键字。这些关键字在 Python 语言中扮演着举足轻重的角色，它们各自承载着特定的语义和功能。了解并正确运用这些关键字，不仅能够有效避免语法错误，还能显著提升编程效率与代码质量，这是培养计算思维与信息社会责任的重要实践。

探究活动

任务一：通过知识链接部分，我们可以了解相关的语法知识。接下来，我们一起来探究如何改正程序中的错误。

首先，将以下程序输入 Python 自带的 IDLE 编辑器中，并在编辑器里运行。此时，程序会发生错误，具体情形如图 3.1 所示。接着，我们需要按照规范对程序进行缩进调整，然后再按 F5 键重新运行一次，这时程序的运行情况将如图 3.2 所示。

例 1：由于缩进没有对齐而产生的语法错误。

修改前程序：

```
#IF 语句示例
a=input("请输入第一个数")
b=input("请输入第二个数")
if a > b:
        print("a>b")
else: else:
print("a<b")
```

修改后程序：

```
#IF 语句示例
a=input("请输入第一个数")
b=input("请输入第二个数")
if a > b:
        print("a>b")

print("a<b")
```

以上两段程序中，不同的就是缩进问题，修改后的程序运行结果如图 3.2 所示。

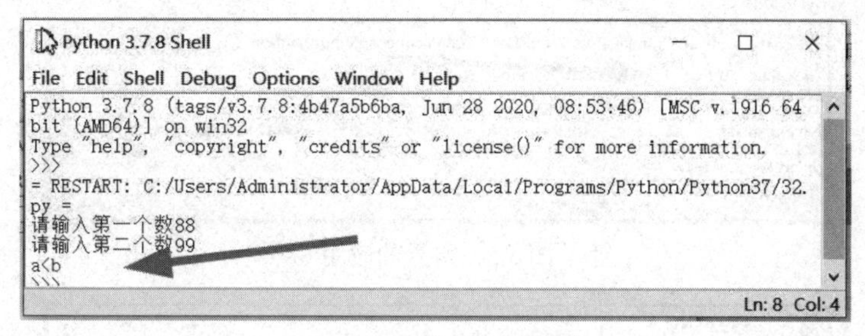

图 3.2 缩进运行结果图

任务二：现在，我们来探究一个具体问题：符号“\”在编辑器中的正确使用方式。

具体操作如下：首先，在 Python 自带的 IDLE 编辑器中输入如下程序，具体步骤及界面如图 3.3 所示；接着，按 F5 键运行程序，运行结果如图 3.4 所示。

```
import sys
print('Hello World')
bookbrief='课程阐述 Python 的核心内容，\包括基本的概念和语句、Python 对象、映射和集合类型、\文件的输入和输出、函数和函数式编程等内容。 '
sys.stdout.write(bookbrief)
```

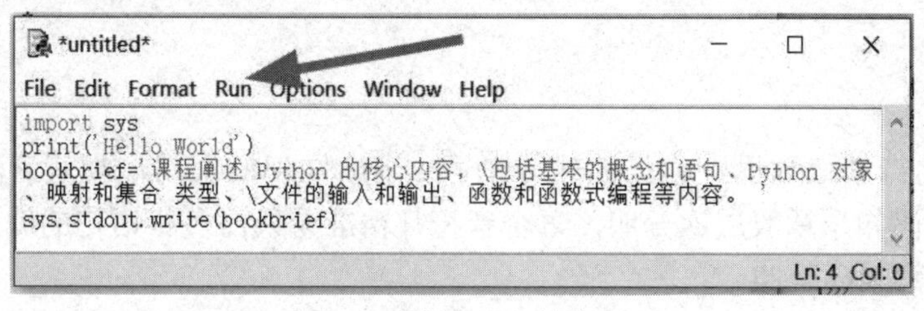

图 3.3 符号“\”的使用

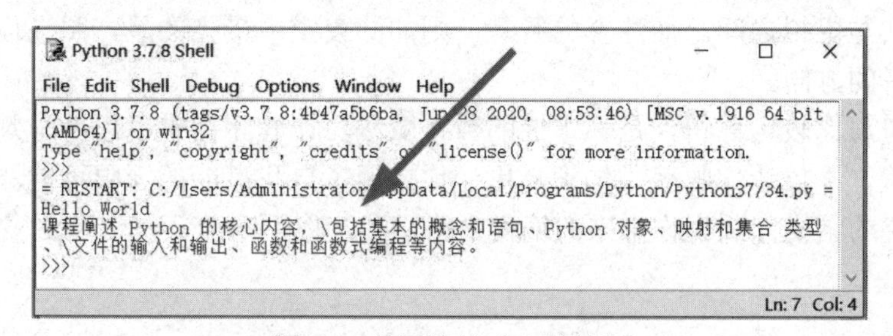

图 3.4 使用符号“\”的效果

任务三：在 Python 自带的 IDLE 编辑器中输入如下程序，具体界面如图 3.5 所示。

接着，按下 F5 键来运行程序，运行结果如图 3.6 所示。

```
bookname = 'Python 编程基础 '
bookbrief = "这是一本学习 Python 编程的书"
paragraph = """图书主要阐述 Python 的核心内容，包括基本的概念和语句、Python 对象、映射 和集合类型、文件的输入和输出、函数和函数式编程等内容。"""
print(bookname)
print(bookbrief)
print(paragraph)
```

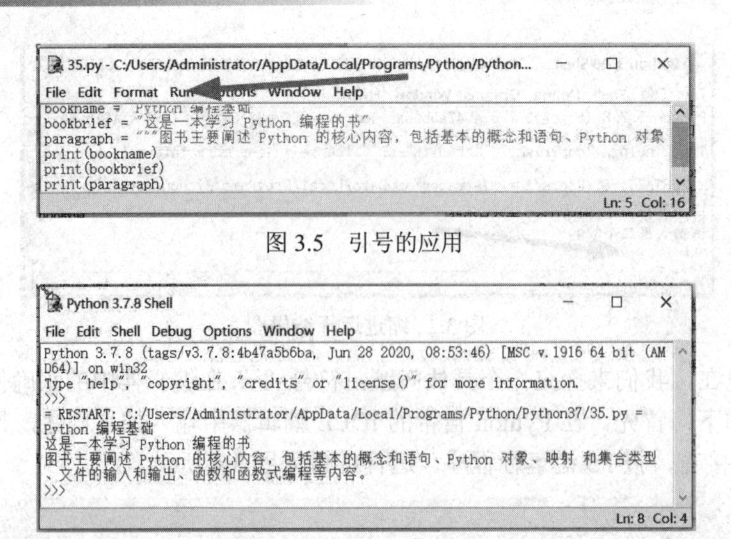

图 3.5 引号的应用

图 3.6 引号的应用效果

想一想：学习了 Python 基础知识后，请思考：如何利用 Python 语句的缩进、多行特性及注释，编写一个简洁的判断奇偶数的程序，并解释你为何选择这样的代码结构?

成果分享

在 Python 的奇妙殿堂里，你已悄然解锁了一扇扇知识的大门，收获满满。你学会了语句的缩进，让代码如乐章般层次分明，每个音符都精准无误；多行语句的编织，让你的思维在指尖跳跃，创意无限延伸。

引号间，字符灵动，故事跃然纸上；标识符与关键字，是你与 Python 世界的桥梁，引领你穿梭于现实与虚拟之间。而注释的智慧，则如同夜空中最亮的星，照亮你前行的道路，也指引着后来者的方向。

算术运算符与比较运算符，是你掌握的数字魔法，让程序拥有了思考与判断的力量。这一切的学习之旅，不仅让你收获了知识，更让你挖掘了自我潜能的无限可能。愿这份探索的热情，如同破晓的曙光，照亮你未来的编程之路，激发你不断前行，创造更多可能。

思维拓展

在 Python 的广袤天地里，你已掌握了语句的缩进、多行语句的编织、引号内的奥秘、标识符与关键字的精髓，以及注释的智慧。现在，让我们一同探索 Python 算术运算符与比较运算符的无限可能。

想象一下，算术运算符不仅仅是加、减、乘、除，它们是你手中塑造数字的魔法棒；比较运算符也不仅仅是大于小于，它们是你在数据海洋中导航的灯塔。你可以利用这些基础元素，构建出复杂而精巧的算法，解决生活中的实际问题，甚至创造出前所未有的新应用。

接下来，让我们用思维导图的形式，将这些知识点串联起来，形成一个完整的知识体系。从语句的缩进开始，到多行语句的拓展，再到引号、标识符、关键字的运用，最后是注释、算术运算符与比较运算符的巧妙结合。在这个过程中，你会发现，每一个知识点都是一颗璀璨的明珠，它们相互辉映，共同构成了 Python 编程的璀璨星河。

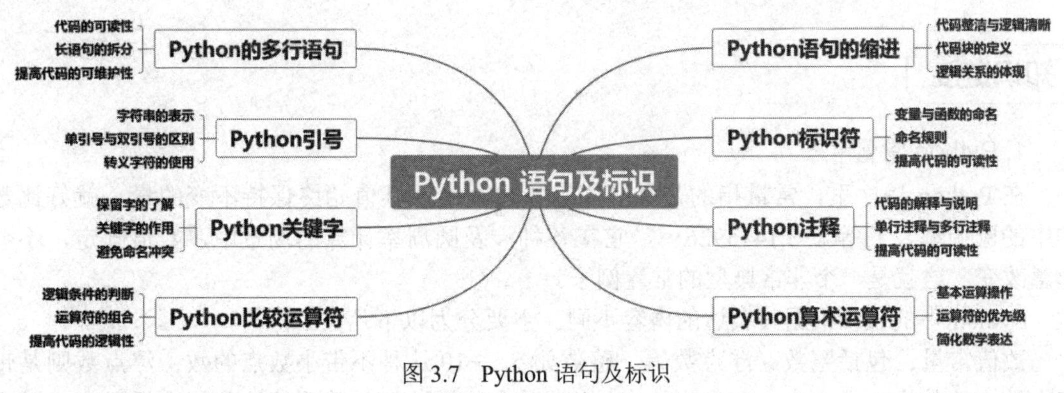

图 3.7　Python 语句及标识

当堂训练

1. 有一字符串很长，如何写成多行？提示：除使用括号的办法可以做到之外，还有哪些方法？

```
sql = ("select *" "
        from a " "
where b = 1")
```

2. 3 个单引号（或 3 个双引号）也可以表示跨行字符串，在 Python 的 Shell 界面上操作如下代码，观察结果。

```
    >>> s='''
        ... hello
    ... python
    '''
...
>>> print (s)
 >>>
```

想创就创

编程创新：请编写一个 Python 程序，完成以下任务：首先，定义一个变量 student_name，存储学生的姓名。其次，定义一个变量 score，存储学生的分数（使用整数表示）。再次，计算学生的分数加 10 之后的值，并将结果存储在变量 new_score 中。最后，打印学生的姓名、原始分数以及新分数。

要求：

（1）使用正确的缩进。

（2）变量名应合法且有意义，避免使用 Python 关键字。

（3）字符串定义时，使用合适的引号。

（4）在代码中添加必要的注释，解释每一步的作用。

3.2 变量探秘：Python 常量与变量

知识链接

1. Python 常量

在 Python 程序里，常量指的是在程序运行过程中，其值始终保持不变的量。就好比数学中的圆周率，约等于 3.1415926…，它在各种涉及圆周率计算的场景中，数值固定，不会随意改变，这就是一个非常典型的常量例子。

Python 中的常量根据其表达的内容不同，主要分为以下几类。

数值常量：包括整数、浮点数等。整数如 5、−10 这种不带小数点的数；浮点数则是带有小数点的数字，像 3.14、−0.56 等。数值常量在数学计算、数据统计等诸多场景中广泛应用，如计算圆的面积时会用到圆周率这个数值常量。

字符型常量：是用引号引起来的一串字符。可以使用单引号，如'hello'，也能使用双引号，如"world"。这种常量常用于文本处理、输出提示信息等场景，如在程序中向用户输出问候语，就会用到字符型常量。

日期常量：虽然 Python 本身没有专门的日期常量类型，但我们可以借助 datetime 模块处理日期相关的操作。例如，通过该模块可以定义某个特定的日期，如 2024-01-01，这在日程管理、数据分析（涉及时间序列）等方面有着重要用途。

时间常量：同样借助 datetime 模块，能够定义时间相关的常量，如 12:00:00，表示中午 12 点整。在涉及时间记录、时间间隔计算等场景中经常会用到。

不同类型的常量，输出格式存在差异。对于数值常量，通过 print (数值)这种格式输出，它会直接显示数值本身。如 print (3)，输出结果就是 3。而字符型常量输出时，需要用 print ("字符")这种格式，这里引号内为要输出的字符型常量。如 print ("345abc")，输出的就是 345abc 这串字符。

需要特别注意的是，在 Python 3 中，print 已经成为一个函数，这就要求 print 语句后面必须加上括号。所以像 print 3 以及 print "345abc"这种没有括号的格式都是不正确的，会导致程序报错。正确的格式能确保程序准确无误地将常量输出展示给用户或用于后续的数据处理。

2. Python 变量

在 Python 中，变量是与常量相对应的概念，它代表那些在程序运行过程中可以发生变化的量。变量本身是一个标识符，通过为其命名，我们能够引用与之相对应的值。

变量的特点：每个变量在内存中都有一个唯一的地址（虽然用户不能直接看到）；变量对应一个值，这个值有类型，并且可以被修改；“变”字强调的是变化，“量”则表示一种状态或计量的单位。

1）变量命名规则

变量的命名在 Python 中至关重要，遵循合理的命名规则是确保代码可读性和可维护性的关键。具体规则如下：

（1）变量名只能由字母、数字和下画线（_）构成。这是为了保证程序能够准确识别变量，避免因命名不规范导致的错误。变量名可以从字母或下画线开始，不过不能以数字作为开头，因为以数字开头会混淆变量与其他代码元素的区别。例如，message_1 是一个完全合法的变量名，而 1_message 则不符合规则，会引发错误。

（2）变量名不允许包含空格，因为空格会破坏变量名的完整性，影响程序的解析。为了提高变量名的可读性，我们可以使用下画线来分隔不同的单词，例如 greeting_message 是一个很好的例子，它清晰地表明了变量的含义；相反，像 greeting message 这样包含空格的名称会引发错误。

（3）要避免使用 Python 的关键字和内置函数名作为变量名。Python 的关键字是具有特殊含义和功能的保留字，如 if、else、for 等，它们用于程序的逻辑控制；内置函数，如 print，也具有预先设定的功能，将它们用作变量名会覆盖原有的功能，导致程序运行出错。所以，使用这些关键字和内置函数名作为变量名是不允许的。

（4）变量名应该既简洁又具有描述性。一个好的变量名能够清晰地表达其存储的数据含义，方便他人理解代码。例如，使用 name 比使用 n 更具描述性，student_name 又比 s_n 更易于让人理解，而 name_length 可能比 length_of_persons_name 更简洁明了，既可以传达出变量的含义，代码又不会过于冗长，避免使代码变得难以阅读和维护。

（5）要谨慎使用小写字母 l 和大写字母 O，这是因为在一些字体或显示环境下，它们很容易被混淆为数字 1 和 0，可能会给代码的阅读和调试带来不必要的麻烦，增加错误发生的风险。

为了保持代码风格的一致性和规范性，通常建议使用小写的变量名。尽管使用大写字母作为变量名不会直接导致错误，但为了避免混淆，还是尽量避免使用，遵循统一的小写命名风格有助于代码的整体美感和可维护性。

2）变量赋值方法

变量的主要作用是存储数据，我们可以通过标识符来获取变量的值，同时也可以对变量进行赋值操作。赋值操作的本质是将一个值赋给变量，一旦赋值完成，变量所指向的存储单元就存储了这个值。

在 Python 语言中，有多种赋值操作符，包括=、+=、−=、*=、/=、%=、**=和//=等。这些操作符提供了丰富的赋值方式，满足不同的运算需求。例如，level = 1 这个简单的语句表示将值 1 赋给变量 level。

需要注意的是，在使用变量存储数据之前，必须先声明变量（虽然在 Python 中，变量的声明是隐式的，即赋值操作会自动声明变量）。声明的语法很简单，只需要使用赋值操作符将值赋给变量即可。声明变量的语法如下：

```
identifier [ = value];
```

其中，identifier 是标识符，也是变量名称。value 为变量的值，该项为可选项，可以在变量声明时给变量赋值，也可以不赋值。例如，level = 1，其中 level 是变量名；符号“=”是赋值符号；1 是要给变量 level 赋值的值。除了“=”，还有其他赋值类型，如表 3.4 所示。

表 3.4　Python 赋值符号

运 算 符	描　述	实　例
=	简单的赋值运算符	c =i+ j 表示将 i + j 的运算结果赋值为 c
+=	加法赋值运算符	c += i 等效于 c = c +i
−=	减法赋值运算符	c −= i 等效于 c = c −i
*=	乘法赋值运算符	c *= i 等效于 c = c * i

续表

运 算 符	描 述	实 例
/=	除法赋值运算符	c /= i 等效于 c = c /i
%=	取模赋值运算符	c %=i 等效于 c = c %i
**=	幂赋值运算符	c **= b 等效于 c = c **b
//=	取整除赋值运算符	c //= b 等效于 c = c // b

声明变量时，不需要声明数据类型，Python 会自动选择数据类型进行匹配。

例 1：变量声明示例。

```
result;
width;
```

例 2：变量声明并赋值示例。

```
result = 30;
name="Peter";
```

变量值的输出。要输出变量的值，首先要给变量赋值，否则会出错。对已经赋过值的变量用 print(变量)就可以输出。

例 3：

```
x=3
print(x)
```

这里要说明一下，Python 和其他语言不同，数值变量名和字符变量名不再用$来区别，只是在赋值时，字符串常量用单引号、双引号或三引号标出来再赋值给变量即可。

课堂任务

1. 认识常量：了解数据常量和字符常量的含义。这是培养读者信息意识的基础，使读者能够识别并区分不同类型常量在计算机程序中的作用和表现形式。

2. 变量基础：学会变量的声明方法，并能给变量赋值。这一步骤不仅要求读者掌握变量这一核心概念，还要能够灵活运用变量来存储和处理数据，从而在编程实践中培养计算思维和信息社会责任。

探究活动

首先，让我们一同踏入 Python 编程的奇妙世界，探索变量与常量之间的奥秘。请打开 Python 自带的 IDLE 编辑器，按照图 3.8 的指引，输入以下精心准备的程序。

```
x=3
print("x=", x),
y=8
print("y=", y)
x=y
```

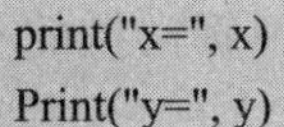

```
print("x=", x)
Print("y=", y)
```

输入完成后，请轻轻按下 F5 键，你将见证一段神奇的旅程——程序的运行结果将如图 3.9 所示展现在你眼前。

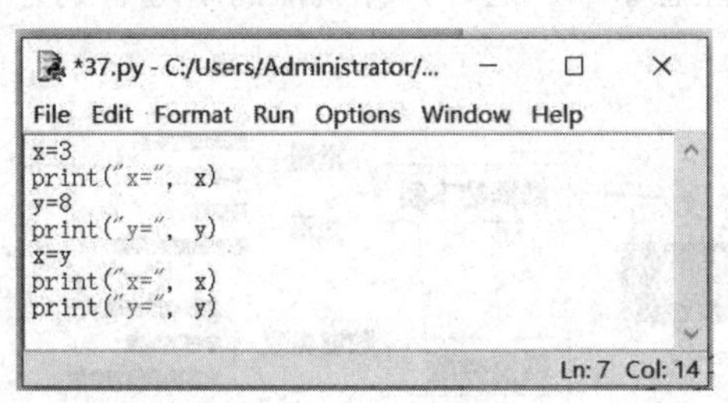

图 3.8　程序录入

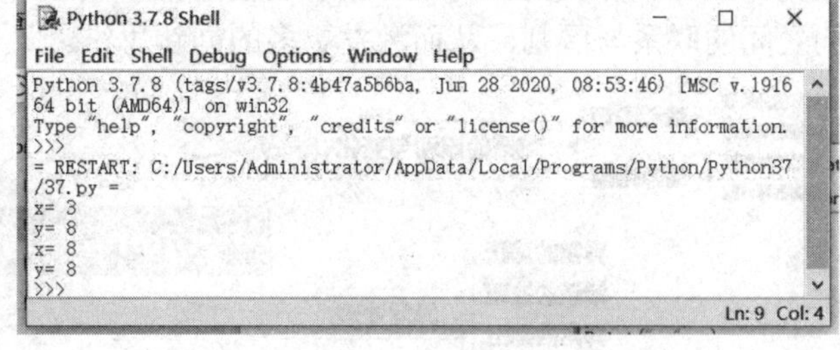

图 3.9　运行结果

此刻，请仔细观察图 3.9 中的代码。不难发现，程序开始时，变量 x 被赋予了数值 3，随后，程序输出 x=3，验证了 x 的值。紧接着，变量 y 被赋予了数值 8，程序同样输出了 y=8，确认了 y 的值。

接下来，程序中发生了一个有趣的操作：y 的值被赋给了 x。运行后，我们发现程序输出了 x=8，这清晰地表明，变量 x 的值已经从 3 变为了 8，体现了变量值的可变性。

▶ **想一想：** 然而，当我们再次审视 y 的值时，却发现它仍然是 8，没有发生任何变化。这不禁让我们产生了一个疑问：为什么 y 的值在赋给 x 之后，仍然保持不变呢？

成果分享

在 Python 的奇妙世界里，你已悄然解锁了常量与变量的神秘面纱，仿佛推开了一扇通往无限可能的大门。你学会了如何赋予变量生命，让它们在你的指尖下跃动，承载起一个个鲜活的数据与梦想。

记得吗？当你第一次将数值赋予变量，那简单的赋值操作，却如同点亮了一盏明灯，照亮了编程之路。你惊叹于变量的灵活性，它们可以随心所欲地变换值，却又在你的掌控之中，忠诚地执行着每一个指令。而常量呢？它们如同编程世界中的定海神针，坚定不移，始终如一。你明白了，在变化万千的编程旅途中，常量的存在是如此重要，它们为程序提供了稳定的基石。

现在，你已经掌握了这些基础，但请记得，这只是编程之旅的起点。前方还有更多未知等待你去探索，更多挑战等待你去征服。愿你在 Python 的海洋中，扬帆远航，追寻属于自己的编程梦想。

思维拓展

在 Python 的编程殿堂中，你已掌握了常量与变量、赋值等基础概念，但这仅仅是创新的起点。现在，让我们一同展开思维的翅膀，飞向更广阔的天地。

想象一下，如果将变量比作是编程世界中的魔法师，那么赋值操作就是它们施展魔法的咒语。你可以随心所欲地创造出新的变量，赋予它们独特的值，让它们在你的指令下翩翩起舞。记住，创新并非无中生有，而是建立在坚实的基础之上。你需要深入理解常量的不变性，以及变量值的变化规律。只有这样，你才能在编程的舞台上尽情地表演。

如图 3.10 所示，让我们用思维导图来梳理这一思维过程。请跟随指引，在心中勾勒出这样一幅图景：中心是“Python 编程”，周围分别延伸出“常量”、“变量”和“赋值”三个分支。在每个分支上，再细化出各自的特点、用法和注意事项。这样，你就能清晰地看到它们之间的联系与区别，从而激发更多的创新思维。

图 3.10 Python 常量与变量拓展示意图

愿你在 Python 的编程之路上，不断探索、不断创新，成为真正的编程大师。

当堂训练

1. 简单消息：将一条消息存储到变量中，再打印出来。

```
message = "I am a student."
print(message)
```

2. 多条简单消息：将一条消息存储到变量，打印出来；修改变量值为另外一条消息，再 打印出来。

```
message = "I am a student."
print(message)
message = "You are a teacher."
print(message)
```

想创就创

1. 个性化消息：将用户的名字存储到变量，并向该用户显示一条消息。
2. 名言：找一句你钦佩的名人说的名言，将这个名人和他的名言打印出来。
3. 变量的加、减、乘、除运算。

3.3 数据解锁：Python 基本数据类型

知识链接

Python 提供了丰富多样的基本数据类型，它们是构建编程世界的重要基石，这些数据类型涵盖了布尔类型、整型、浮点型、字符串、列表、元组、集合以及字典等多种不同的数据表示和存储需求。主要包含以下几种：

1. 空（None）

在 Python 中，None 是一个极为特殊的对象，它代表着空值或无值的状态。注意，None 与 0 有着本质区别，0 是具有明确数值意义的数字，而 None 仅仅表示一种“空”的概念，专门用于表示某个变量没有被赋予实际的值，或者某个函数没有返回有意义的结果。例如，当一个函数在某些情况下不返回任何有效信息时，通常会返回 None，以表明此处无值。

2. 布尔类型（Boolean）

Python 中的布尔类型只有两种取值，即 True 和 False（注意大小写）。除了直接使用这两个关键字来表示布尔值，在布尔上下文环境中，还有一些特殊情况需要注意。像 None、0、空字符串（''）、空元组（()）、空列表（[]）以及空字典（{}）等，这些在逻辑判断中会被视为 False。反之，其他任何对象，只要不是上述情况，在默认情况下都被视为 True。例如，在条件判断语句中，如果一个变量存储了一个非空列表，那么该变量在布尔上下文中会被判定为 True，程序会执行相应的代码块；而如果存储的是空列表，程序则会执行另一条路径。这种机制为程序的逻辑控制提供了简洁而灵活的方式。

3. 整型（Int）

Python 对整数的处理十分灵活且强大。它会根据数值的大小智能地选择使用普通整数或长整数进行存储，这一过程对于开发者来说是透明的，无须手动干预。普通整数通常在一定范围内，其长度一般为 32 位，但当数值超过这个范围时，Python 会自动将其视为长整数进行存储，保证了对各类整数的准确表示和处理。无论是正数、负数还是 0，Python 都可以轻松应对，而且其表示方法与日常数学中的写法完全一致，像 1、100、-8080、0 这样的整数都能被准确表示和使用。例如，在计算数量、索引、计数等场景中，整型数据类型发挥着关键作用。

4. 浮点型（Float）

浮点型数据类型是 Python 中用于表示小数的。它类似于 C 语言中的 double 类型，专门处理包含小数部分的数据。然而，需要注意的是，浮点数运算和整数运算有所不同，浮点数运算可能会产生一定的四舍五入误差，这是由于计算机对浮点数的存储和运算方式决定的。Python 中的浮点数可以用常规的数学写法表示，如 1.23、3.14 等常见的小数。对于极大或极小的浮点数，还可以采用科学计数法表示，这样可以更简洁地表达数值。例如，1.23e9 表示 1.23 乘以 10 的 9 次方，也就是 1230000000.0；类似地，0.000012 可以写成 1.2e-5。把 10 用 e 替代，像 1.23×10^9就可以写成 1.23e9，也可以写成 12.3e8（或者 12.3e+8）。之所以称为浮点数，是因为按照科学记数法表示时，一个浮点数的小数点位置是可变的，像 1.23×10^9和 12.3×10^8是相等的，因为它们表示的实际数值相同，只是科学计数法的表示形式不同而已。在涉及需要精确表示小数的场景，如科学计算、金融计算（尽管在金融计算中要注意浮点数误差问题）、测量数据等方面，浮点型数据发挥着重要作用。

5. 字符串（String）

Python 的字符串非常灵活，可以使用多种引号来表示。既可以使用单引号（' '），也可以使用双引号（""），甚至可以使用三引号（""" """）。字符串是由这些引号括起来的任意文本，如'abc'、"xyz"等。需要明确的是，引号只是一种表示字符串的方式，并不属于字符串的内容部分。例如，字符串 'abc' 仅包含 a、b、c 这 3 个字符。如果单引号（'）本身是字符串的一部分，那么可以使用双引号来括起字符串，如"I'm OK"，它包含的字符是 I、'、m、空格、O、K 这 6 个字符。要是字符串内部既包含单引号又包含双引号，这时可以使用转义字符“\”来标识，以避免混淆。

此外，Python 还为字符串提供了丰富的操作方法，如替换、删除、截取、连接、比较、查找和分割等，这些操作极大地方便了对字符串的处理，如表 3.5 所示。例如，使用 replace()方法可以将字符串中的某个子串替换为另一个子串，split()方法可以将字符串按照指定的分隔符分割成多个子串，这为文本处理、数据解析等操作提供了极大的便利，让开发者能够更加高效地处理文本数据。

表 3.5 字符串操作汇总表

字符串操作	格 式	实 例
删除空格	str.strip()：删除字符串两边的指定字符，括号的写入指定字符，默认为空格	a='hello' b=a.strip() print(b)
删除字符	str.lstrip()：删除左边指定字符 str.rstrip()：删除右边指定字符	>>> a='world' >>>a.lstrip("d") hello

连接字符串	用加号+连接两个字符串
	用 str.join 函数连接两个字符串。关于 join，读者可以自己去查看一些相关资料
		>>>a='hello'
		>>> b='world'
		>>> print(a+b)
		helloworld

查找字符串	str.index 和 str.find 功能相同，区别在于 find()查找失败会返回-1，不会影响程序运行。一般用 find!=-1 或者 find>-1 来作为判断条件
	str.index：待检测字符串#str，可指定范围
		>>> a='hello world'
		>>> a.index('l')
		2
		>>> a='hello world'
		>>> a.find('l')
		2

截取	str = '0123456789' print(str[0:3]) #截取第 1～3 位的字符 print(str[:]) #截取全部字符 print(str[6:]) #截取第 7 个字符到结尾 print(str[:-3]) #截取从头开始到倒数第 3 个字符之前 print(str[2]) #截取第 3 个字符 print(str[-1]) #截取倒数第一个字符 print(str[::-1]) #创造一个与原字符串顺序相反的字符串 print(str[-3:-1]) #截取倒数第 3 位与倒数第 1 位之前字符 print(str[-3:]) #截取倒数第 3 位到结尾	str = '0123456789' print(str[0:3]) #截取第 1～3 位的字符
分割	s.split("e")是对字符串 s 中查 e 字符，取出 e 字符之后，e 字符左右的字符变成独立的字符串，实现分割	>>>s="alexalec" >>>print(s.split("e")) #输出结果['al', 'xal', 'c']
替换	s.replace("al", "BB")，是将字符串中的 al 替换成 BB	>>>s="alex SB alex" >>>s.replace("al","BB") >>>print(ret) #输出结果 BBex SB BBex
字符串长度	Len("字符串")字符串长度	>>>a='helloworld' >>>print(len(a))
字符串比较	比较字符串是否相同：使用==比较两个字符串内的 value 值是否相同；使用 is 比较两个字符串的 id 值	>>>"12345"=="12345678" >>>False

总之，这些基本数据类型在 Python 编程中各自发挥着独特的作用，掌握它们的特性和使用方法是编写高质量 Python 程序的基础，有助于开发者在不同的应用场景中选择合适的

数据类型，准确地存储和处理数据。

除了以上所述的基本数据类型之外，还有列表、元组、集合、字典等数据类型在第 4 章论述。

课堂任务

1. 了解基本数据类型，这是培养读者信息意识的第一步，使读者能够识别并理解在计算机编程中常用的数据类型，如整数、浮点数、布尔值等。

2. 掌握数值型数据的操作与应用，包括数值的加、减、乘、除、取余、整除等基本运算，以及如何在程序中合理地使用数值型数据解决问题。

3. 掌握字符串操作方案，这包括字符串的拼接、截取、查找、替换等常用操作，以及如何通过字符串操作实现信息的提取、处理和展示，从而培养读者的计算思维。

探究活动

任务一：字符串的创建

在 Python 编程中，字符串是一种非常重要的基本数据类型，它用于表示文本信息。我们可以通过双引号（" "）或者单引号（' '）创建字符串。例如，str1 = "Hello, world!"和 str2 = 'Python 编程'都是合法的字符串创建方式。

```
str1='hello'
str2="python"
print(str1)
print(type(str1))
print(str2)
print(type(str2))
```

任务二：字符串的拼接

字符串的拼接是指将两个或多个字符串连接成一个新的字符串。在 Python 中，主要有两种方式可以实现字符串的拼接。

方式 1：使用“+”号拼接

这是最直接的一种方式，只需将需要拼接的字符串用“+”号连接起来即可。例如，str3 = str1 + str2 会将 str1 和 str2 拼接成一个新的字符串 str3。

```
str3=str1+str2
print("这是 str3:"+str3)
```

方式 2：使用 join()方法来拼接

join()方法是字符串对象的一个方法，它可以将一个可迭代对象（如列表、元组等）中的元素拼接成一个新的字符串。需要注意的是，使用 join()方法时，可迭代对象中的元素必须都是字符串类型。例如，str_list = ["Hello", " ", "World", "!"]，str4 = "".join(str_list)会将 str_list 中的元素拼接成一个新的字符串 str4。

```
str4=','.join(str1)
print(str4)
```

任务三：去掉字符串中的空格和换行符

在处理文本信息时，我们经常会遇到字符串中包含空格、换行符等不需要的字符。为了去除这些字符，可以使用 strip()方法。strip()方法可以去除字符串前后的空格、换行符等指定字符。例如，str5 = "\nHello, World!\n"，str5_cleaned = str5.strip()会去除 str5 前后的换行符，得到一个新的字符串 str5_cleaned。

```
name=" python 学习-5" print('变换前', name)
name=name.strip()
print('变换后', name)
```

任务四：检查字符串是否都是字母或文字，并至少有一个字符

在处理字符串时，有时我们需要判断一个字符串是否完全由字母或文字组成，并且至少包含一个字符。为了实现这一功能，我们可以使用 Python 中的 str.isalpha()方法（仅检查字母）或 str.isprintable()方法（检查可打印字符，包括字母、数字、标点符号等，但通常不用于严格检查仅由字母或文字组成的字符串）。然而，由于 isalpha()方法仅适用于检查字母，且不考虑数字和其他可打印字符，我们可以结合 str.isalnum()方法（检查字母和数字）进行更灵活的判断，或者自定义函数检查字符串是否完全由字母或指定的文字字符组成。例如，我们可以编写一个函数来检查字符串是否满足这些条件：def is_letter_or_text(s): return s.strip() != "" and s.strip().isalpha() or (自定义逻辑来判断是否包含指定的文字字符)。注意，这里的示例代码需要进一步完善以符合具体需求。在实际应用中，我们应根据具体需求选择合适的方法和逻辑判断字符串是否满足条件。

```
name1='abcdef'
name2 = 'python21 学习群'
print(name1.isalpha())
print(name2.isalpha())
```

▶ **想一想：**在 Python 中，除了使用“+”号和 join 方法进行字符串拼接外，还有哪些方法可以实现字符串的拼接？请至少列举一种并简要说明其用法。

成果分享

当探索 Python 的奇妙世界时，我们的读者已悄然解锁了基本数据类型的奥秘。它们如匠人般，精心雕琢着字符串的细腻，领略着整数与浮点数的精确韵律，更在布尔值的逻辑交响中，找到了决策的智慧火花。

字里行间，数字的跳动与字符的流转，仿佛编织着一段段动人的代码诗篇。无需烦琐的循环与条件，仅凭这些基础元素，它们已能勾勒出数据的初步轮廓，让想象在编程的宇宙中自由翱翔。

此刻，让我们以学习成果为灯塔，照亮更多求知者的航道。愿每位读者都能在这片数据的海洋中，扬帆起航，发现属于自己的编程新大陆，共同书写 Python 世界的辉煌篇章。

思维拓展

你已跨越 Python 基本数据类型的门槛，是时候将这些基石转化为创新思维的翅膀了。

想象一下，字符串不仅是文字的堆砌，更是故事的编织者。你可以用它构建动态文本，让程序拥有讲述能力，让每一次输出都成为一次独特的表达。

整数与浮点数，它们不仅是计算的基石，更是数据与逻辑的桥梁。你可以尝试用它们构建模型，预测未来，让数字成为你洞察世界的眼睛。

而布尔值，它不仅是真假的判断，更是决策的引擎。在你的程序中，它可以引领分支，决定走向，让每一次选择都充满智慧的光芒。

图 3.11 Python 数值类型示意图

当堂训练

1. 创建字符串，可以通过双引号（" "）或者单引号（' '）来创建。

```
str1='hello'
str2="python"
print(str1)
print(type(str1))
print(str2)
print(type(str2))
```

2. print()方法默认在打印完成后会换行，其实它有一个 end 参数，可以用 end=""来去除换行。

```
print(str1)
print(str2)
print("-----------------")
print(str1, end=",")
print(str2, end=',')
```

3. print()方法在打印多行的字符时，默认是以一个空格来分隔的。我们可以使用 sep 来指定分隔的符号。

```
name="python 学习"
print("hello", name)
print("hello", name, sep='------->>>>>')
```

4. Python 3 之后建议用.format()格式化字符串。第一个参数接收的是 1，第二个参数接收的是 2，第三个参数接收的是（1+2）。

```
str5='{}加{}等于{}'.format(1, 2, 1+2)
```

```
print(str5)
```

5. 去掉某个字符串。

```
name=name.strip('-5')
print(name)
name=" python 学习-5"
name=name.lstrip()
print(name)
name=" python 学习-5"
name=name.rstrip()
print(name)
```

想创就创

1. 查找某个字符在字符串中出现的次数。

```
name="python 学 n 习 -5"
name count=name.count('n')
print('n 出现了 : ', name_count, end="次")
```

2. 首字母大写。

```
print('-------------------')
name = 'python 学习群 '
name=name.capitalize()
print(name)
```

3. 把字符串放中间，两边用“-”补齐。

```
name = 'python 学习群 '
print('-------------------')
name=name.center(40, '+')
print(name)
```

4. 在字符串中找到目标字符的位置，有多个时返回第一个所在位置，找不到时返回-1。

```
name = 'python 学习群 '
i=name.find('学 ')
temp='{}中{}第一次出现在第{}个位置 '.format(name, '学', i)
print(temp)
```

5. 字符串替换。

```
name = 'python 学习群 '
name=name.replace('python', 'java')
print(name)
```

6. 查看是否都是数字。

```
name='121212'
```

```
name2='asa12121'
print(name.isdigit())
print(name2.isdigit())
```

7. 查看是否都是小写使用 islower()方法，是否都是大写使用 isupper()方法。

```
name="asasas"
print(name.islower())
print(name.isupper())
```

8. 字符串分割。

```
word = "人生不止，寂寞不已。寂寞人生爱无休，寂寞是爱永远的主题。我和我的影子独处。它说\
它有悄悄话想跟我说。它说它很想念。\
你，原来，我和我的影子都在想你。"
wordsplit=word.split('，')
print(wordsplit)
```

3.4　数据进阶：Python 数值转换

知识链接

Python 中的 Number 数据类型是数据存储与处理的核心部分，它们就像稳固的基石一样，为程序的运行提供了重要支撑。在 Python 中，每种数据类型一旦确定，其性质相对稳定，若要对存储的值进行更改，可能就需要重新分配内存空间，这是 Python 内存管理的一个重要特性。

在之前的学习中，我们已经对 Python 的数值类型有了一定的认识，现在让我们更加深入且全面地来归纳和探讨一下。Python 支持以下几种重要的数值类型。

（1）整型（Int）：这是最直观、最常用的数值类型，代表着正整数或负整数，简洁清晰，不包含小数点，是各种数学运算中的基础元素。例如，像-5、0、100 这样的数字，都是整型数据，在计数、索引、序列处理等诸多方面发挥着重要作用。

（2）长整型（Long Integers）：在 Python 2 中，长整型用于表示可以无限增长的整数，会以大写或小写的 L 作为标识，如 123456789L。然而，在 Python 3 中，长整型已经被整合到整型（Int）中，不再单独区分，这样使得整型数据的表示更加统一，避免了因数据类型过多而带来的复杂性。

（3）浮点型（Floating Point Real Values）：浮点型类似于数学中的实数，它由整数部分和小数部分组成，能够精确地表示小数部分，展现出细腻的数据表达能力。而且，浮点型还支持科学计数法，这是它的一大亮点。例如，2.5e2 表示的是 2.5 乘以 10 的 2 次方，也就是 250，这种表示方法为表示极大或极小的数值提供了便利，让数值的表示和计算更加灵活、高效，在科学计算、测量数据处理、金融计算等需要精确表示小数的领域发挥着重要作用。

（4）复数（Complex Numbers）：复数是数学中的一个高级概念，由实数部分和虚数部分构成。在 Python 中，复数可以用 a + bj 的形式来表示，其中 a 是复数的实部，b 是复数的虚部，而且 a 和 b 都是浮点型数值，也可以通过 complex (a, b)函数构造复数。例如，3 + 4j 就是一个复数，其中实部为 3，虚部为 4，complex (2.5, 3.2)则是使用函数构造的复数，这为涉及复数运算和处理的问题提供了极大的便利，在信号处理、物理计算等领域有着广泛的应用。

接下来，让我们看看这些不同的数值类型之间是如何进行转换的呢？在 Python 中，存在着强大的转换函数，它们如同桥梁一般，帮助我们实现不同数值类型之间的互通。

（5）int()函数：这个函数非常实用，它可以将多种数据类型转换为整型。当输入为浮点型时，它会将浮点数向下取整，如 int(3.8)会得到 3；当输入为字符串时，如果字符串是纯数字，它可以将其转换为整型，像 int('5')会得到 5，但如果字符串中包含非数字字符，就会引发错误。

（6）float()函数：它能够将整型、字符串或复数转换为浮点型。对于整型，它会添加小数部分，如 float(5)会得到 5.0；对于字符串，它会将符合数值表示的字符串转换为浮点数，如 float('3.14')会得到 3.14；对于复数，它会取其实部转换为浮点数，如 float(2+3j)会得到 2.0。

（7）complex()函数：这个函数可以将整型、浮点型或字符串转换为复数。对于整型和浮点型，它会将其作为实部，虚部为 0，如 complex(4)会得到 4+0j，complex(3.2)会得到 3.2+0j；对于字符串，如果是纯数字字符串，会将其作为实部，虚部为 0，如 complex('5')会得到 5+0j，如果字符串是复数的表示形式，如'2+3j'，则会将其转换为相应的复数。

如表 3.6 所示，这些转换函数的存在，极大地方便了我们在编程过程中对数值类型的灵活运用，使得不同类型的数据可以根据需求相互转换，为编写 Python 程序带来了更多的可能性，帮助我们更灵活地处理各种数据，解决不同的编程问题，让我们的编程之旅更加顺畅和高效。

表 3.6 Number 类型转换函数

转换函数	描述	转换函数	描述
int(x [,base])	将 x 转换为一个整数	tuple(s)	将序列 s 转换为一个元组
long(x [,base])	将 x 转换为一个长整数	list(s)	将序列 s 转换为一个列表
float(x)	将 x 转换为一个浮点数	chr(x)	将一个整数转换为一个字符
complex(real [,imag])	创建一个复数	unichr(x)	将一个整数转换为 Unicode 字符
str(x)	将对象 x 转换为字符串	ord(x)	将一个字符转换为它的整数值
repr(x)	将对象 x 转换为表达式字符串	hex(x)	将一个整数转换为一个十六进制字符串
eval(str)	用来计算在字符串中的有效 Python 表达式，并返回一个对象	oct(x)	将一个整数转换为一个八进制字符串

课堂任务

1. 了解数据类型的特征及其用途，这是培养信息意识的关键一步。通过深入理解不同数据类型的特性和应用场景，学生能够更好地识别、分析和处理信息，为后续的编程实践打下坚实基础。

2. 在此基础上，重点掌握数据类型之间互相转换的方法，则是提升计算思维的重要途径。通过学习和实践数据类型转换的技巧，学生能够更加灵活地运用编程知识，解决实际问题，从而锻炼和提升自身的计算思维和创新能力。

探究活动

任务一：字符串转换函数

在 Python 编程中，我们经常需要将数值类型的数据转换为字符串类型，以便进行文本处理或输出。此时，str(x)函数便派上了用场。利用 str(x)函数把数值型 X 转为字符串，请按图 3.12 所示进行操作。

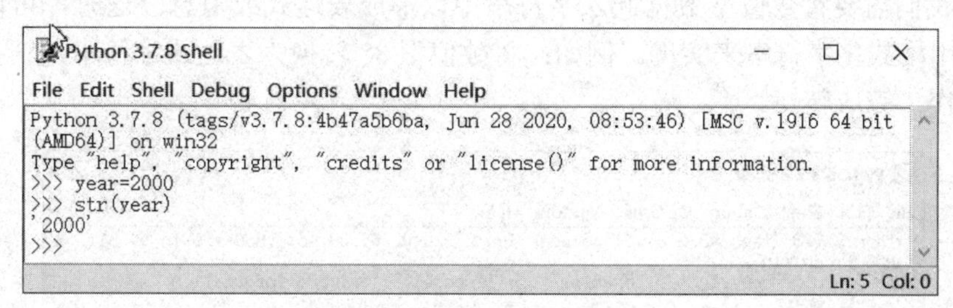

图 3.12　字符串转换函数

任务二：ASCII 字符到十进制数的转换

在处理字符数据时，有时我们需要知道某个 ASCII 字符对应的十进制数值。这时，ord(x)函数就显得尤为重要。请按照以下步骤，并参考图 3.13 来完成把 ASCII 字符转换为十进制数。

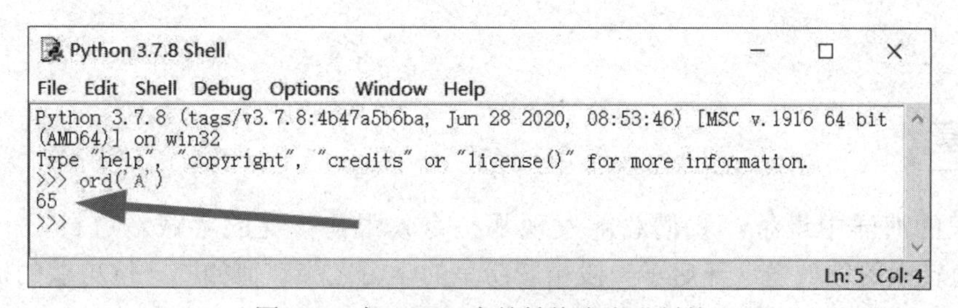

图 3.13　把 ASCII 字符转换为十进制数

任务三：十进制数到 ASCII 字符的转换

在某些情况下，我们可能需要将一个十进制数转换为其对应的 ASCII 字符。这时，chr(x)函数就是我们的得力助手。请遵循以下步骤，并参考图 3.14 来完成转换。

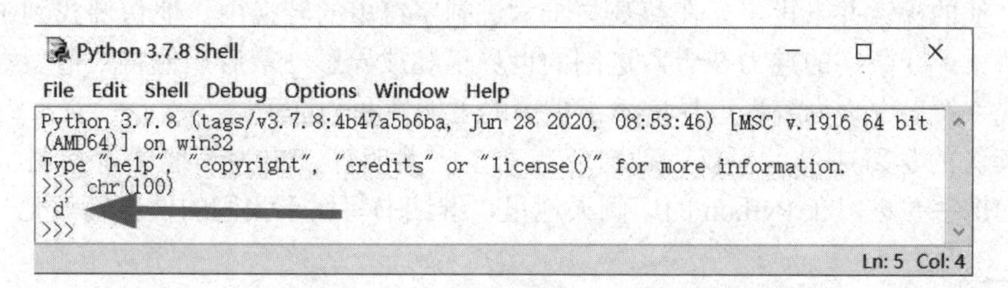

图 3.14　把十进制数转换为 ASCII 字符

任务四：整数到十六进制字符串的转换

在编程中，十六进制是一种常用的数制表示方法。Python 提供了简便的方法将整数转换为十六进制字符串。请按照以下步骤操作，并参考图 3.15 来完成转换：

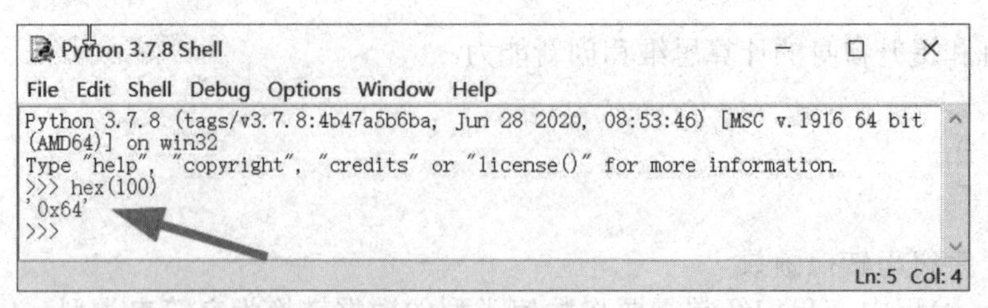

图 3.15 把整数 100 转换为十六进制字符串

任务五：数值型到表达式字符串的转换

有时，我们需要将数值型数据嵌入字符串中以形成表达式或消息。这时，可以通过字符串拼接或使用格式化字符串来实现。例如：将数值型 88 转换为表达式字符串，请按照图 3.16 所示步骤操作，完成转换。

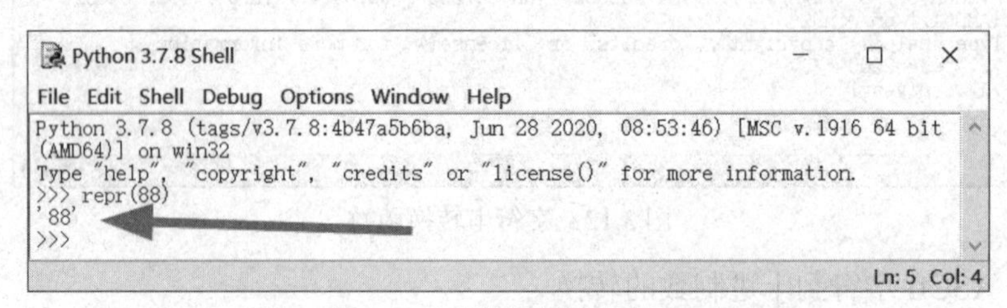

图 3.16 数值转换为字符串

想一想：在 Python 中，如果你有一个整数 x = 255，并且你想将其转换为一个表示十六进制数的字符串（如"0xff"格式），你应该使用哪个函数？同时，请说明如何调整该函数的输出以满足上述格式要求。

成果分享

在知识的海洋中遨游，我们总能发现那些令人眼前一亮的宝藏。近日，一位读者在 Python 数值转换的领域里，开启了一段精彩纷呈的学习之旅。他如同一位勇敢的探险家，穿梭在数字与字符之间，用智慧和汗水浇灌着知识的花朵。

他先是掌握了 str(x)的奥秘，将冰冷的数字转化为了温暖人心的字符串。紧接着，他又解锁了 ord(x)的神奇力量，让 ASCII 字符背后的十进制秘密跃然纸上。在 chr(x)的引领下，他更是将十进制数重新编织成了生动的字符画卷。

然而，他的探索并未止步。在整数与十六进制字符串的转换中，他仿佛找到了一条通往新世界的桥梁，让数字的魅力在十六进制的世界里绽放异彩。最后，他将数值型数据巧妙地融入表达式字符串中，为编程世界增添了更多的可能性和创造力。

这位读者的学习成果，不仅为他自己点亮了一盏明灯，更为其他读者指明了前行的方向。让我们携手并进，在 Python 的广阔天地里，继续书写属于我们的璀璨篇章吧！

思维拓展

你已掌握 Python 数值转换的精髓，但这只是编程海洋中的一朵浪花。现在，让我们扬帆起航，进一步拓展你的创新思维。

想象一下，当你面对复杂的数据处理任务时，能否将数值转换视为一种“变形术”，将数据在不同形态间自由切换，从而找到解决问题的新路径？例如，利用数值与字符串的转换，你可以创造出独特的编码方式，为信息安全筑起一道新的防线。

再进一步，你是否想过将数值转换与数据结构相结合，创造出全新的算法或数据结构？如图3.17所示，通过巧妙地转换数值，你可以设计出更加高效的搜索算法，或是构建出具有特殊性质的图结构。

图3.17 Python数值转换

当堂训练

1. int：将符合数学格式数字型字符串转换成整数。

```
>>> int('123')
123
```

2. str：将数字转换成字符或字符串。

```
>>> str(123)
'123'
```

3. float：将整数和数字型字符串转换成浮点数。

```
>>> float('123')
123.0
>>> float(123)
123.0
```

想创就创

创新编程：请编写一个Python程序，定义两个变量，一个变量为整数类型，存储数字123；另一个变量为浮点数类型，存储数字45.67。将这两个变量分别转换为字符串类型，并输出转换后的结果。

3.5 函数启蒙：Python基本函数

知识链接

函数，作为Python程序的重要构成元素，扮演着至关重要的角色。一个完整的Python程序，往往由多个函数协同组成，共同实现复杂的功能。在此之前，我们已频繁地使用过诸多函数，如len()、max()等，这些函数为我们提供了便捷的计算工具，标志着真正编程旅程的起点。

简言之，函数实质上是为实现特定功能的一段代码赋予了一个名称。这个名称如同一个简洁的指令，使我们在需要时能够轻松调用并执行相应的代码段。在函数的设计中，其灵活性尤为突出，既可以接收零个或多个参数作为输入，也能够返回零个或多个值作为输出。

从函数使用者的角度来看，函数就像一个“黑匣子”，程序将零个或多个参数传入这个“黑匣子”，该“黑匣子”经过一番计算即可返回零个或多个值。如表 3.7～表 3.9 所示函数都是常用的函数。

表 3.7　Python 数学函数

函　　数	描　　述	函　　数	描　　述
abs(x)	返回数字的绝对值，如 abs(−10)返回 10	ceil(x)	返回数字的上入整数，如 math.ceil(4.1)返回 5
cmp(x,y)	如果 x<y，返回−1；如果 x==y，返回 0；如果 x>y，返回 1	exp(x)	返回 e 的 x 次幂（e^x），如 math.exp(1)返回 2.718281828459045
fabs(x)	返回数字的绝对值，如 math.fabs(−10)返回 10.0	floor(x)	返回数字的下舍整数，如 math.floor(4.9)返回 4
log(x)	如 math.log(math.e) 返回 1.0，math.log(100, 10)返回 2.0	log10(x)	返回以 10 为基数的 x 的对数，如 math.log10(100)返回 2.0
max(x1, x2, ...)	返回给定参数的最大值，参数可以为序列	min(x1, x2,...)	返回给定参数的最小值，参数可以为序列
modf(x)	返回 x 的整数部分与小数部分，两部分的数值符号与 x 相同，整数部分以浮点型表示	pow(x, y)	x**y 运算后的值
round(x [,n])	返回浮点数 x 的四舍五入值，如给出 n 值，则代表舍入小数点后的位数	sqrt(x)	返回数字 x 的平方根

表 3.8　Python 随机数函数

函　　数	描　　述	用　　法
random.choice(seq)	从序列的元素中随机挑选一个元素，random.choice(range(10))，从 0～9 中随机挑选一个整数	import random print(random.choice("www.jb51.net")) 从序列中获取一个随机元素
randrange([start,]stop[, step])	从指定范围内，按指定基数递增的集合中获取一个随机数，基数默认值为 1	import random print(random.randrange(6, 28, 3))
random.random()	随机生成下一个实数，它在[0, 1)范围内	import random print("随机数: ", random.random())
random.seed([x])	改变随机数生成器的种子 seed。X 表示改变随机数生成器的种子 seed	import random random.seed(10) print(random.random())
random.shuffle(lst)	将序列的所有元素随机排序	import random num=[1, 2, 3, 4, 5, 6] random.shuffle(num) print(num)
random.uniform(x, y)	指定范围内生成随机数，其有两个参数，x 是范围上限，y 是范围下限	import random print(random.uniform(2, 6))

续表

函　数	描　述	用　法
random.sample(x, y)	从指定序列中随机获取指定长度的片段，原有序列不会改变，有两个参数，x 参数代表指定序列，y 参数是须获取的片段长度	import random num = [1, 2, 3, 4, 5] sli = random.sample(num, 3) print(sli)
random.randint(x, y)	随机生成指定范围内的整数，其有两个参数，y 是范围上限，x 是范围下限	import random print(random.randint(6, 8))

表 3.9　Python 三角函数

函　数	描　述	函　数	描　述
acos(x)	返回 x 的反余弦弧度值	asin(x)	返回 x 的反正弦弧度值
atan(x)	返回 x 的反正切弧度值	atan2(y, x)	返回给定的 x 及 y 坐标值的反正切值
cos(x)	返回 x 的弧度的余弦值	hypot(x, y)	返回欧几里得范数 sqrt(x*x + y*y)
sin(x)	返回 x 弧度的正弦值	tan(x)	返回 x 弧度的正切值
degrees(x)	将弧度转换为角度，如 degrees(math.pi/2)，返回 90.0	radians(x)	将角度转换为弧度

课堂任务

1. 掌握基本函数的正确使用方法，以落实信息意识这一核心素养，能够灵活调用函数解决实际问题，提升信息处理与应用的能力。

2. 在此基础上，进一步掌握 Python 自带编辑器 IDLE 编写程序的过程，这不仅是技术实践的重要一环，也是培养计算思维这一核心素养的关键步骤，通过编写代码，理解算法逻辑，形成解决问题的有效思路。

3. 最终，要熟练掌握 Python 使用编辑器编程运行程序的方法，确保程序能够正确执行并输出结果，这是数字化学习与创新这一核心素养的具体体现，通过不断实践，提升编程技能，为未来的信息技术学习和应用打下坚实的基础。

探究活动

任务一：掌握正弦函数的正确使用

Python 编程中，为了求解 x 弧度的正弦值，我们需要正确地使用 math 模块中的 sin()函数。这一步骤不仅考验着我们对 Python 基本函数的理解，更是培养我们信息意识与计算思维的关键。

首先，我们需导入 math 模块，这是 Python 中提供数学运算功能的标准库。具体操作为在代码顶部输入 import math，这样就可以使用 math 模块中提供的各种数学函数了。

其次，要调用 math 模块中的 sin()函数计算 x 弧度的正弦值。这一步需要明确，sin()函数是 math 模块的一个静态对象，因此我们需要通过 math.sin(x)的方式来调用它，其中 x 为我们想要计算正弦值的弧度值。

最后，为了查看计算结果，需要使用 print()函数将结果输出到控制台。当然，为了代码的简洁性，也可以将 print()函数与 math.sin()函数的调用结合在一起，形成一行代码，如 print(math.sin(x))。

任务二：使用 IDLE 编辑器编写并运行正弦函数程序

接下来，我们将使用 Python 自带的 IDLE 编辑器来编写一个完整的程序，实现输出 sin(x)的正弦值。

第 1 步：启动 IDLE 编辑器。我们可以在 Windows 的开始菜单中找到 IDLE (Python 3.7 64-bit)并单击打开它。单击“开始”菜单，在菜单里选择 IDLE (Python 3.7 64-bit))，如图 3.18 所示。

第 2 步：在 IDLE 编辑器中创建一个新的文件。这可以通过选择菜单栏中的 File→New File 命令来完成。此时，我们会看到一个空白的编辑窗口，这就是我们编写代码的地方。如图 3.19 和图 3.20 所示。

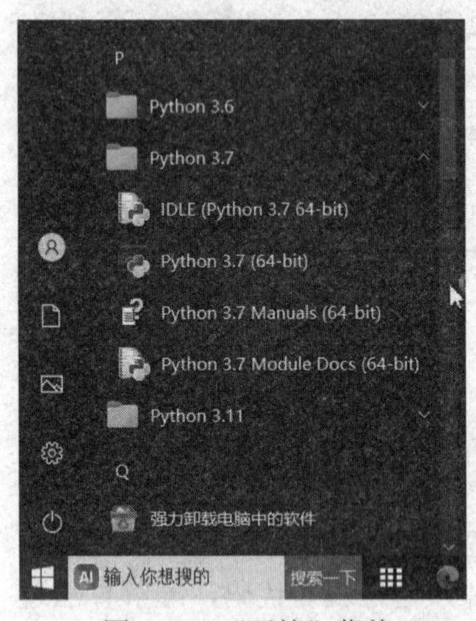

图 3.18 “开始”菜单

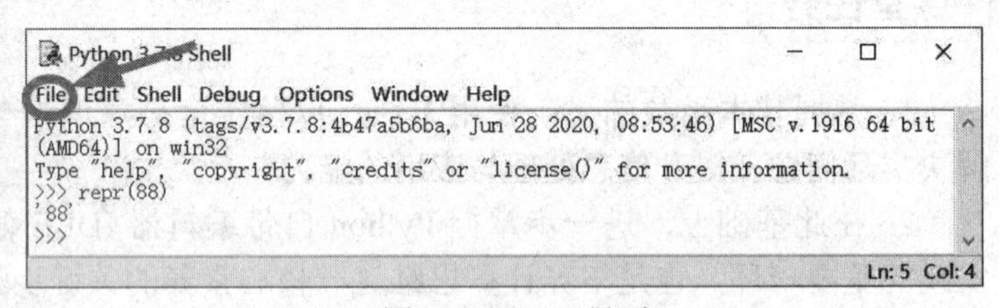

图 3.19 IDLE 界面

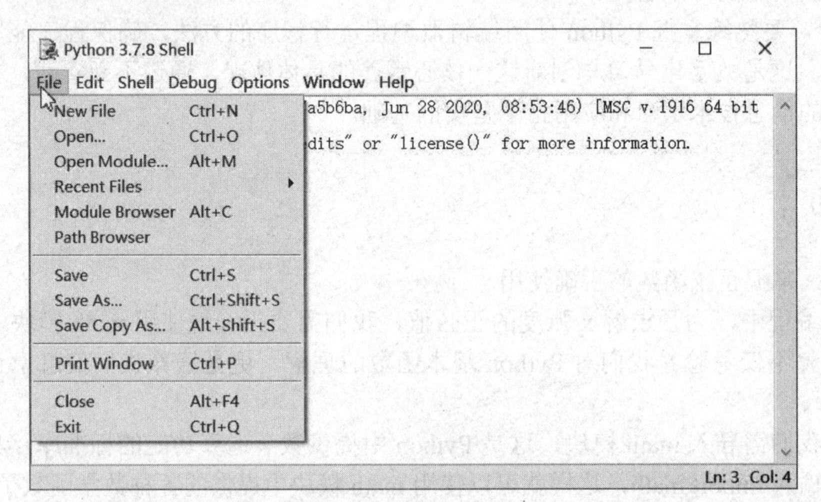

图 3.20 创建新文件

第 3 步：在空白编辑窗口中录入相关函数程序。我们需要输入导入 math 模块的代码，以及调用 sin()函数并输出结果的代码。这就是我们常说的在 Python 自带 IDLE 编辑器里编写程序过程。完整的程序如图 3.21 所示：

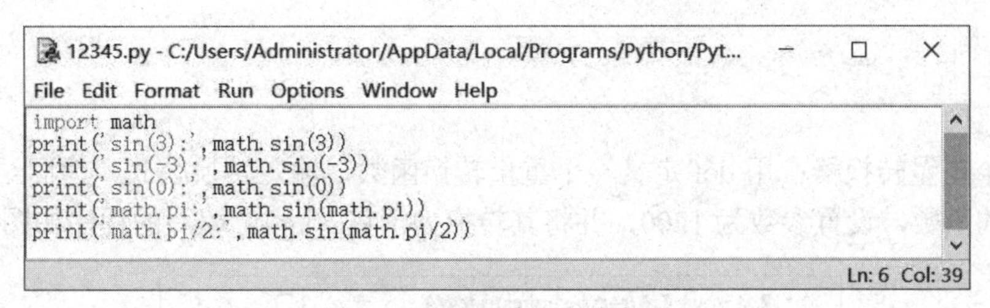

```
import math
print('sin(3):',math.sin(3))
print('sin(-3):',math.sin(-3))
print('sin(0):',math.sin(0))
print('math.pi:',math.sin(math.pi))
print('math.pi/2:',math.sin(math.pi/2))
```

图 3.21　IDLE 编写程序代码

第四步：在编辑器里编好的程序要等待运行指令才能运行结果，否则，Python 不会运行。有两种方法让它运行，一是直接按 F5 键；二是选择 Run→Run Module F5 命令。按 F5 键之后，系统会提示输入保存文件名及路径。当输入一个文件名，如 12345，系统会自动保存为 12345.py 文件，然后跳出一个窗口，就可以看到结果了，如图 3.22 所示。

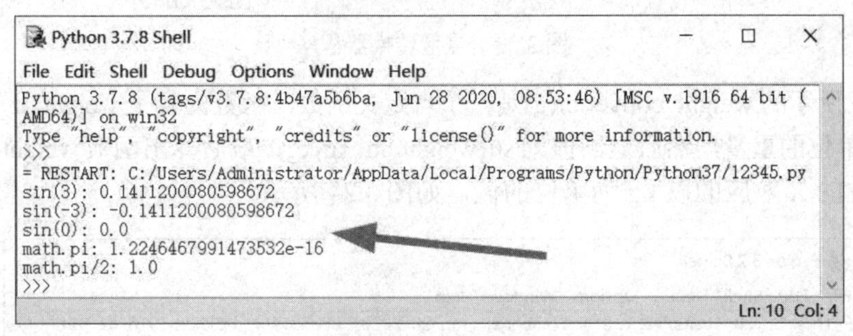

```
Python 3.7.8 (tags/v3.7.8:4b47a5b6ba, Jun 28 2020, 08:53:46) [MSC v.1916 64 bit (AMD64)] on win32
Type "help", "copyright", "credits" or "license()" for more information.
>>>
= RESTART: C:/Users/Administrator/AppData/Local/Programs/Python/Python37/12345.py
sin(3): 0.1411200080598672
sin(-3): -0.1411200080598672
sin(0): 0.0
math.pi: 1.2246467991473532e-16
math.pi/2: 1.0
>>>
```

图 3.22　运行结果

以上是以正弦函数 sin(x)为例讲述了函数的使用方法，其他函数的使用方法也是如此。

想一想：在 Python 中，除了 math 模块提供的 sin()函数外，还有哪些模块或方法可以用来计算正弦值？这些方法的使用场景和优缺点分别是什么？

成果分享

在 Python 的奇妙之旅中，我们探索了基本函数的奥秘，仿佛推开了一扇通往数字世界的神秘大门。那些曾经晦涩难懂的代码，如今已化作我们指尖跳跃的音符，演奏出一曲曲动人的旋律。

我们学会了如何利用 math 模块的 sin()函数，捕捉那些隐藏在弧度背后的正弦之美。每一次函数的调用，都像是与数学精灵的一次对话，它们以精准的答案回应着我们的好奇与探索。

在 IDLE 编辑器的陪伴下，我们亲手编织着程序的梦想。从空白的编辑窗口到满屏的代码，每一个字符都凝聚着我们的智慧与汗水。当运行结果跃然眼前，那份成就与喜悦，如同春日里绽放的花朵，绚烂而芬芳。

愿每一位正在学习 Python 的你，都能在这段旅程中找到属于自己的光芒，用代码书写属于自己的传奇。让我们携手共进，探索更多未知的可能，让 Python 的世界因我们的存在而更加精彩！

思维拓展

设计一个重量转换器：用 def 定义一个重量转换函数，输入转换公式，返回结果；然后调用自己定义的函数，设置参数为 1200，并将其转换为千克（kg）。编写的程序如图 3.23 所示。

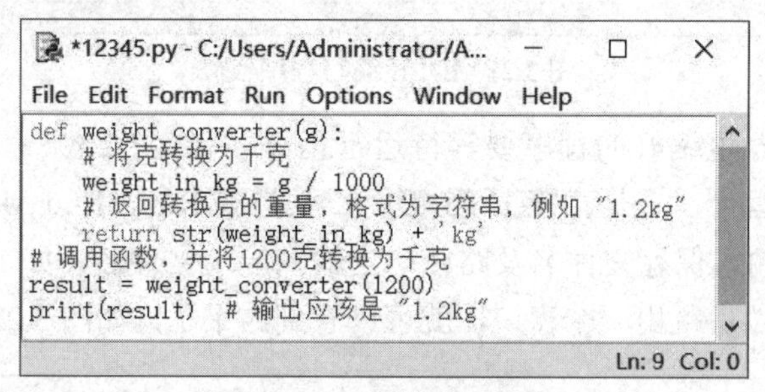

图 3.23　重量转换器程序

如图 3.23 所示的 weight_converter(g)是一个自定义函数，函数内容是 weight_in_kg=g/1000，算出以 kg 为单位的重量，然后返回值为 str(weight_in_kg)kg，最后算出函数 weight_converter(X)的以 g 为单位的 X 对应的以 kg 为单位的值，如图 3.24 所示。

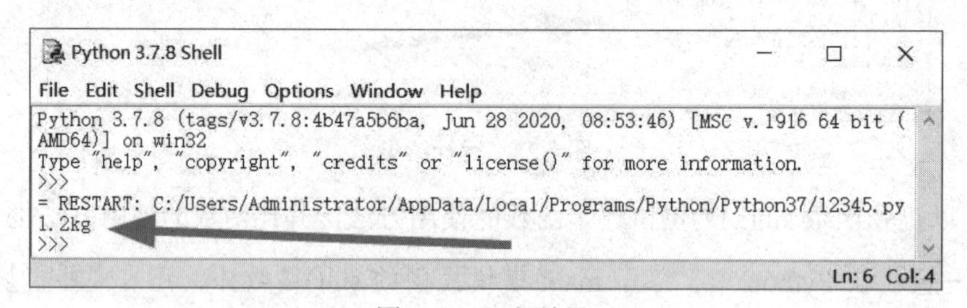

图 3.24　运行结果

从重量转换器设计过程来看，我们可以归纳总结出创建自定义函数的流程是：利用 def 定义函数，然后调用自己定义的函数，打印出结果。

完成这个设计后，可以再尝试一个稍微复杂点的函数。如设计一个求直角三角形斜边长的函数，要求是：两条直角边为参数，求斜边长。在 Python 中可以使用“**”运算符计算幂的乘方，运行出结果。

当堂训练

1. 请使用 Python 3.8 编写程序，模仿正弦函数 sin(x)的应用方式，实现其他数学函数（如 acos(x)和 cos(x)）的使用。要求程序能够接收用户输入的值，并输出对应的函数计算结果。

2. 请用 python 3.8 编写程序，输出一个 random()随机数，编写一个函数，求一个字符串的长度，在 main()函数中输入字符串，并输出其长度。

想创就创

创新编程：请编写一个 Python 程序，使用 math 模块中的 sqrt()函数计算一个给定正数 n

的平方根，并输出结果。要求 n 的值由用户输入，且必须是一个合法的正整数或正浮点数。如果用户输入的不是正数，请提示用户重新输入。

3.6　首次翱翔：我的第一次飞行

知识链接

Tello 无人机，作为一款备受欢迎的微型飞行器，以其精致的外观与强大的功能，赢得了众多飞行爱好者的青睐。它不仅能够通过蓝牙技术，与手机或计算机实现无缝连接，更以其灵活的操控性和稳定的飞行性能，成为初学者探索飞行世界的理想之选。

一、基础知识概览

在踏上这段飞行之旅前，掌握一些基本知识显得尤为重要。起飞，作为飞行旅程的起点，需要我们精心准备。首先，将 Tello 无人机平稳地放置在一个无遮挡的表面上，确保电池电量充足，为飞行提供充足的能量。随后，我们只需轻触 Tello 应用程序或遥控器上那醒目的起飞按钮（一个带有上升箭头的图标），无人机的电机便会轰鸣启动，带着它缓缓升空。

而当飞行结束，我们同样需要谨慎地操控无人机下降。在飞行过程中，只需轻轻按下遥控器上的下降按钮（一个带有下降箭头的图标），无人机便会平稳地降低高度，直至安全着陆。在此过程中，保持遥控器与无人机之间的直线距离至关重要，这不仅能确保操控信号的稳定传输，更能让我们时刻掌握无人机的动态，确保飞行的安全。

二、飞行实践步骤

为了将理论知识转化为实际操作，我们需要借助 Python 编程的力量。首先，请确保你的计算机上已安装了 tello 库。如果尚未安装，只需在命令行中输入“pip install tello”命令，即可轻松完成安装。

接下来，让我们一同探索这段飞行的代码之旅。这个脚本将首先建立起与 Tello 无人机的连接，随后发送起飞指令，让无人机在蓝天的怀抱中自由翱翔。起飞后 2 秒，脚本会发送下降指令，让无人机缓缓降落。当然，你可以根据自己的需求，灵活调整这段延迟时间，或是探索不同的飞行模式，让每一次飞行都充满惊喜与乐趣。

通过这段飞行实践的探索，我们不仅加深了对 Tello 无人机操作的理解，更在编程的世界中找到了与无人机互动的全新方式。每一次代码的编写与调试，都是对飞行梦想的追寻与实现。

三、Tello 无人机起降指令

1. 起飞指令

Tello 无人机的起飞指令为 tello.takeoff()。使用这个指令时，首先需要确保无人机已经正确连接，就像代码中通过 tello = Tello(battery=50, port='usb')进行连接设置一样。当执行起飞指令后，无人机会垂直升起。需要注意的是，在起飞前要确保周围环境安全，没有障碍物阻挡无人机的上升路径。同时，要确保无人机的电量充足，以保证起飞过程的顺利进行。

2. 降落指令

降落指令为 tello.land()。当需要让无人机降落时，执行这个指令。在执行降落指令前，要确保无人机已经完成了所有的飞行任务，并且处于安全的位置。降落过程中，无人机会缓慢下降直到接触地面。同样，在降落过程中也要注意周围环境，避免在降落过程中出现意外情况。

课堂任务

编程实现无人机的起飞与安全降落，此过程不仅是对技术操作的考验，更是对信息意识与计算思维的综合运用。学生须利用所学知识，设计合理的飞行路径与降落策略，确保无人机在复杂环境中能够稳定飞行并安全着陆。

探究活动

第 1 步：在踏上与 Tello 无人机共舞的编程之旅前，让我们先确保一切准备就绪。首先，请确认你的计算机上已安装了 tello 库。若尚未安装，只须按 win+R 组合键弹出窗口中录入 cmd 进入命令窗口，如图 3.25 所示。

第 2 步：在命令行窗口中输入“pip3 install tello”命令，如图 3.26 所示，即可轻松完成安装。这一步，如同为你的编程之旅铺设了一条坚实的道路。注意：python 3.7 版本以上使用 pip3，其他版本则使用 pip。

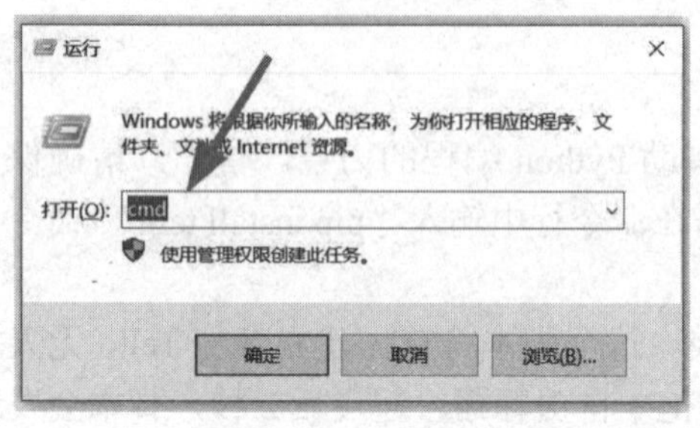

图 3.25 cmd 命令

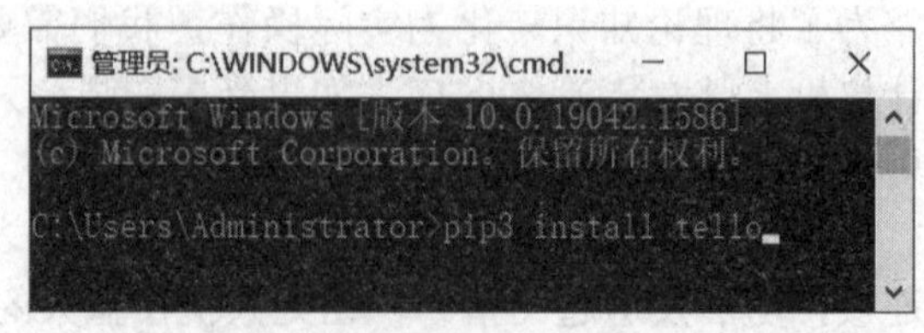

图 3.26 安装无人机库文件

首先，请确保已成功安装 tello 库，如图 3.27 所示。这个脚本首先连接到 Tello 无人机，然后发送起飞指令，延迟 2 秒后发送下降指令。你可以根据需要修改延迟时间和飞行模式。

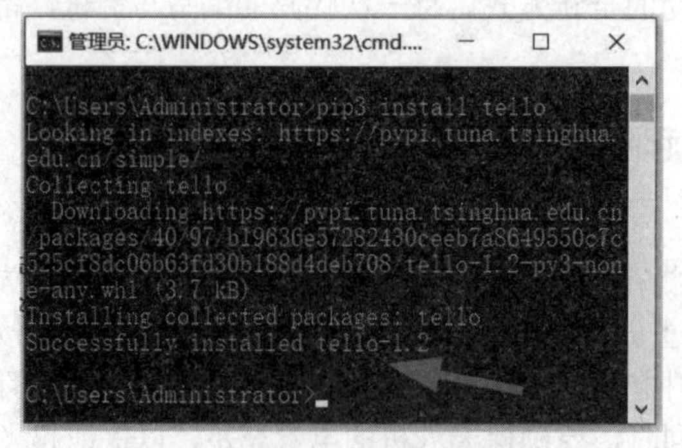

图 3.27 成功安装 tello 库

接下来，让我们回顾一下 Python 程序及编辑器的安装。在成功安装 Python 3.7 及 IDLE 编辑器后，你可以通过单击屏幕左下角的 Windows 标志，从“所有程序”菜单中找到 Python 3.7，并选择其中的 IDLE(Python 3.7 64-bit)选项，如图 3.28 所示。IDLE，这个 Python 自带的程序编辑器，将成为我们编写飞行指令的舞台。

图 3.28　IDLE(Python 3.7 64-bit)

第 3 步：打开 IDLE 后，你将看到一个名为 Shell、如图 3.29 所示的的界面，它如同一个操作的外壳，等待着我们的指令。

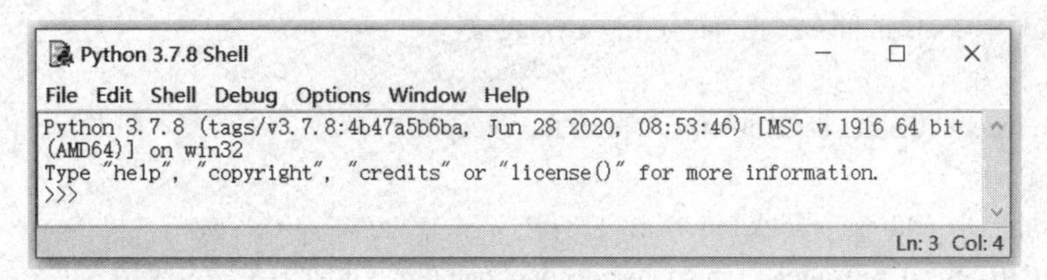

图 3.29　Shell 界面

为了编写并运行我们的飞行程序，我们需要选择 File 菜单中的 New File 命令，新建一个空白的文件。这个空白的文档，就像一张白纸，等待着我们用代码去描绘飞行的轨迹，如图 3.30 所示。

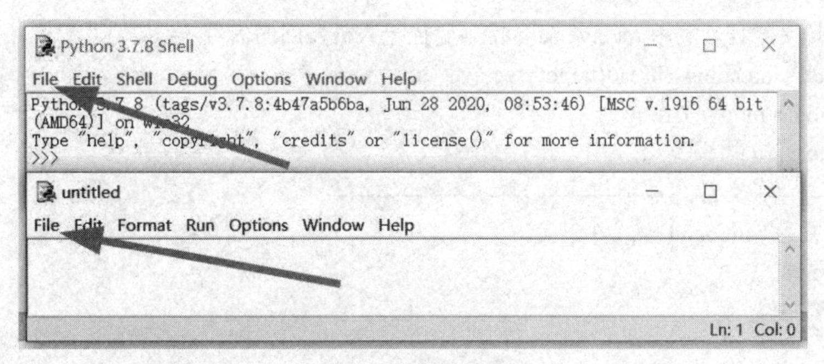

图 3.30　新建文件

现在，让我们在新建的文件中输入以下程序代码：

```
# 调用相关的模块
import socket
import threading
import time
```

```
# Tello 的 IP 和接口
tello_address = ('192.168.10.1', 8889)
# 本地计算机的 IP 和接口
local_address = ('192.168.10.2', 9000)
# 创建一个接收用户指令的 UDP 连接
sock = socket.socket(socket.AF_INET, socket.SOCK_DGRAM)
sock.bind(local_address)
# 定义 send 命令，发送 send 里面的指令给 Tello 无人机并允许一个几秒的延迟
def send(message, delay):
  # Try to send the message otherwise print the exception
  try:
    sock.sendto(message.encode(), tello_address)
    print("Sending message: " + message)
  except Exception as e:
    print("Error sending: " + str(e))
  # Delay for a user-defined period of time
  time.sleep(delay)
# 定义 receive 命令，循环接收来自 Tello 的信息
def receive():
  # Continuously loop and listen for incoming messages
  while True:
    # Try to receive the message otherwise print the exception
    try:
      response, ip_address = sock.recvfrom(128)
      print("Received message: " + response.decode(encoding='utf-8'))
    except Exception as e:
      # If there's an error close the socket and break out of the loop
      sock.close()
      print("Error receiving: " + str(e))
      break
# 开始一个监听线程，利用 receive 命令持续监控无人机发回的信号
receiveThread = threading.Thread(target=receive)
receiveThread.daemon = True
receiveThread.start()
##教学部分------------------------------------------------------
# 无人机设置为 command 模式并起飞
send("command", 3)
send("takeoff", 5)
# 上升
send("up 50"   , 4)
# 下降
send("down 50"   , 4)
# 降落
send("land", 5)
# 输出任务完成
```

```
print("Mission completed successfully!")
```

第 4 步：如图 3.31 所示，按 F5 键运行你的程序。随着代码的执行，你将看到 Tello 无人机在你的操控下腾空而起，又缓缓降落。这一刻，仿佛你也随着无人机一同翱翔在蓝天之上，感受着飞行的自由与乐趣。

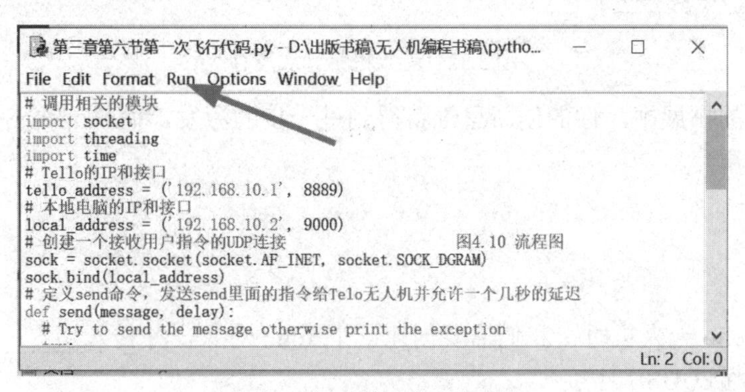

图 3.31　测试第一条飞行程序

▶ **想一想：**在编写并运行上述程序时，如果无人机没有按照预期起飞或降落，可能的原因有哪些？请至少列举出两个可能的原因，并简要说明。

成果分享

在知识的苍穹下，每一位读者都如雏鹰展翅，勇敢地踏上了“我的第一次飞行”的奇妙旅程。他们不仅学会了如何与 Tello 无人机共舞，更在编程的海洋中找到了属于自己的航向。

从最初的连接与起飞，到在空中的自如翱翔，每一步都凝聚着读者的智慧与汗水。他们仿佛化身为天空的画师，用无人机的轨迹勾勒出梦想的轮廓，每一次前进、每一次旋转，都是对未知世界的勇敢探索。

如今，他们已不再是初出茅庐的飞行新手，而是能够驾驭科技之翼，在蓝天上书写自己传奇的飞行大师。这份学习成果，不仅是对他们努力的最好证明，更是对其他读者的一次深情召唤——来吧，让我们一同在编程的天空中，追寻属于自己的星辰大海！

思维拓展

你已完成了“我的第一次飞行”的学习，但这只是创新之旅的起点。现在，让我们一同在飞行的轨迹上，继续探索，绘出属于你的创新蓝图。

想象一下，你手中的 Tello 无人机，不仅是一架飞行器，更是你创意的载体。你可以用它来绘制天空中的画卷，让每一道轨迹都成为灵感的火花。或者，尝试让无人机在特定的轨迹上飞行，解锁隐藏的任务与挑战，让每一次飞行都充满惊喜。

如图 3.32 所示，让我们用思维导图来整理这些创新的思路。在中心位置写上“无人机第一次飞行”，然后向外延伸出多个分支，如“技术角度”“技术层面”“应用角度”“创意角度”等。在每个分支上，继续细化你的想法，让思维导图成为你创新思维的宝库。

图 3.32 无人机第一次飞行

相信在这样的拓展中，你的创新思维将得到进一步的激发，而每一次飞行，都将成为你创新思维绽放的舞台。

当堂训练

1. 在连接 Tello 无人机时，我们需要创建一个 Tello 对象，并传入________和________两个参数（假设通过 USB 连接）。
2. Tello 无人机起飞前，我们需要调用________方法，以确保无人机能够顺利起飞。
3. 为了控制 Tello 无人机在空中停留一段时间，我们可以使用________模块中的________函数。
4. 当想要 Tello 无人机降落时，我们需要调用________方法。
5. 在结束飞行任务后，为了断开与 Tello 无人机的连接，我们应该调用________方法。

想创就创

编写一个 Python 脚本，连接 Tello 无人机，控制其向前飞行 5 米（假设 Tello 支持该指令，可通过 tello.forward(5)实现，实际需根据 API 调整），然后原地旋转 180°（可通过 tello.rotate_clockwise(180)或类似指令实现，需查阅 API 文档），最后返回起飞点并降落。注意，需确保无人机有足够的飞行空间。

3.7 本章学习评价

请完成以下题目，并借助本章的知识链接、探究活动、课堂训练以及思维拓展等部分，全面评估自己在知识掌握与技能运用、解决实际难题方面的能力，以及在此过程中形成的情感态度与价值观，是否成功达成了本章设定的学习目标。

一、填空题

1. Python 中用于标识代码块的开始和结束的符号是：________。
2. 在 Python 中，不可变的数据类型包括整数、浮点数和________。
3. Python 中将字符串转换为整数的函数是：________。
4. 在 Python 中，用于存储单个字符的数据类型是：________。
5. 表达式 5 // 2 的结果是：________。
6. 在 Python 中，使用________关键字可以定义一个全局变量。

7. Python 中，布尔类型有两个值，分别是 True 和________。
8. 表达式 not True 的结果是：________。
9. 在 Python 中，列表是一种________数据类型。
10. 使用 Python 编写 Tello 无人机程序时，首先需要导入的库是：________。

二、选择题

1. 在 Python 中，以下哪个选项不是合法的变量名？

   A. _myVar　　B. 2ndVar　　C. my_var2　　D. var_2

2. 表达式 10 % 3 的结果是？

   A. 0　　B. 1　　C. 2　　D. 3

3. 在 Python 中，以下哪个函数可以将浮点数转换为字符串？

   A. int()　　B. float()　　C. str()　　D. bool()

4. Python 中用于获取列表长度的函数是？

   A. len()　　B. size()　　C. getLength()　　D. count()

5. 以下哪个选项不是 Python 中的基本数据类型？

   A. 列表　　B. 字典　　C. 集合　　D. 数组

6. 在 Python 中，以下哪个语句用于交换两个变量的值？

   A. a, b = b, a　　B. a = b; b = a

   C. temp = a; a = b; b = temp　　D. a -> b; b -> a

7. 表达式 3 ** 2 的结果是？

   A. 5　　B. 6　　C. 8　　D. 9

8. 在 Python 中，以下哪个关键字用于定义函数？

   A. def　　B. func　　C. function　　D. define

9. Python 中用于连接字符串的运算符是？

   A. +　　B. -　　C. *　　D. /

10. 在 Python 中，以下哪个语句用于导入模块？

    A. include <module>　　B. import module

    C. use module　　D. load module

三、思考题

假设你正在使用 Python 编写 Tello 无人机的飞行程序，你希望通过程序控制无人机起飞、前进 50 厘米、旋转 90°、然后降落。请思考并简要描述你将如何实现这一功能，包括需要使用的 Tello 无人机 API 函数以及 Python 编程逻辑。

第 3 章答案

第 3 章代码

第 4 章 CHAPTER 4 Python 无人机编程入门

在那浩瀚无垠、蔚蓝如洗的天幕之下，无人机犹如轻盈的精灵，翩翩起舞，演绎着科技与梦想的交响曲。而 Python 编程，则化身为那无形的魔杖，以其独特的魅力，指挥着这些空中舞者自由翱翔。今日，我们即将启程，踏上一场关于无人机编程的奇幻之旅，从“飞翔启程”的懵懂初探，逐步迈向“驾驭核心”的深度探险，每一步旅程，都蕴含着无尽的挑战与令人心旷神怡的惊喜。

在这条探索之路上，赋值语句如同精准的舵手，引领无人机稳步穿梭于云霄之间；顺序结构则以其巧妙的布局，让飞行的节奏随心所欲，快慢自如。智能导航，作为未来的灯塔，照亮了前行的道路，而 if 条件判断，则赋予了无人机自主思考的能力，使其在复杂多变的环境中亦能做出明智的选择。逻辑的深化，如同解锁秘境的钥匙，if 嵌套的运用，让无人机的飞行逻辑更加复杂多变，却又能游刃有余。

当轨迹绘制遇上 for 循环，天空便成为了一幅流动的画卷，无人机以其独特的笔触，勾勒出一幅幅令人叹为观止的景致；而 while 循环，则如同赋予无人机不竭动力的源泉，让持久飞行不再是梦想，而是触手可及的现实。

本章内容，将依托一系列无人机实际飞行的生动实例，沿着程序的顺序、选择、循环这三大核心控制结构的脉络，引领读者踏上一段学习之旅，探索如何运用 Python 这门强大的编程语言，解决无人机飞行中遇到的各种实际问题。在这一过程中，我们不仅能够熟练掌握 Python 的基础语句、程序的基本控制结构，更能深刻领悟程序设计的核心理念与方法，从而在计算思维、逻辑思维能力以及编程实践技能上得到全面的锻炼与提升。

让我们以无人机翱翔天际的壮丽景象为蓝本，共同编织一幅编程与飞行交相辉映的辉煌画卷，开启计算思维与编程能力发展的新纪元，书写属于我们的创新篇章。

本章主要知识点：

- 无人机起飞降落编程初探。
- Tello SDK 与无人机控制。
- 赋值语句与匀速飞行控制。
- 顺序结构与飞行速度调整。
- if 条件与飞行路径的选择。
- if 嵌套与复杂飞行判断。
- for 循环与飞行路径编程。
- while 循环与长时间任务控制。

4.1 飞翔启程：无人机起飞降落编程初探

知识链接

设想一下，置身于未来世界的你，身份已化身为无人机飞行员，正矗立于无垠的绿茵之上，掌中紧握的，是那款精巧且智能的 Tello 无人机。Tello，作为 DJI（大疆创新）匠心打造的入门级无人机典范，以其轻盈之姿、易于驾驭的特性，以及开放的编程接口，已然成为探索无人机编程世界的理想伙伴。在这个科技与梦想交织的时代，无人机正以它那不可小觑的力量，广泛应用于航拍摄影、环境监测、精准农业喷洒、紧急救援搜索等众多领域，编织着一幅幅未来生活的绚丽图景。

而今，我们即将启程，共赴一场别开生面的编程探险。在这场旅途中，Python 编程语言将成为我们的得力助手，助力我们操控 Tello 无人机，在蔚蓝的天际间自由翱翔，演绎起飞与降落的精彩瞬间。编程的世界里，input 与 print 语句犹如基石，它们构建起程序与用户之间的桥梁，尤其在打造那些互动性强的应用程序时，更是发挥着举足轻重的作用。借由这两大语句，我们不仅能够接收用户的指令，还能即时反馈无人机的状态，让每一次飞行都尽在掌握，充满无限可能。

让我们携手，以 Tello 无人机为翼，以 Python 编程为舵，共同探索这片广阔无垠的天空，书写属于我们的飞行传奇。

一、基础知识

1. 输入与输出

1）input 语句

用于从用户那里获取输入数据。这些数据可以是文本、数字等，具体取决于程序的需求。通过 input 语句，程序能够与用户进行实时交互，根据用户的输入来执行相应的逻辑或操作。

2）print 语句

用于在屏幕上显示信息给用户。无论是程序的执行结果、状态更新还是错误提示，print 语句都是将信息传递给用户的主要手段。通过清晰、准确的输出，print 语句能够提升程序的易用性和用户体验。

两者都是程序与用户之间沟通的桥梁，是实现程序交互性的基础。在程序开发过程中，无论是调试阶段还是最终产品阶段，input 和 print 语句都是不可或缺的工具。

2. 输入输出语法规则及其解读

1）input 语句

语法：variable = input("提示信息")

解读：程序会显示提示信息给用户，并等待用户输入。用户输入的内容（默认为字符串类型）会被赋值给指定的变量。如果需要其他类型的数据（如整数、浮点数），则需要使用相应的类型转换函数（如 int()、float()）进行转换。

2）print 语句

语法：print("要显示的信息") 或 print(变量/表达式)

解读：程序会在屏幕上显示指定的信息或变量的值。print 语句可以接收多个参数，用逗号分隔，它们会被自动转换为字符串并连接在一起显示。

3. 无人机起飞与降落指令

（1）起飞（takeoff）：控制无人机起飞至一定高度。

（2）移动（move_forward, move_back, move_left, move_right, move_up, move_down）：控制无人机在三维空间中沿指定方向移动。

（3）降落（land）：控制无人机降落。

二、实现步骤

第 1 步，环境搭建。安装 Python 环境。如使用 pip 安装 tellopy 库：pip install tellopy。

第 2 步，连接无人机。使用 Python 脚本通过 Wi-Fi 连接到 TELLO 无人机。确保无人机已开启并处于可连接状态。

第 3 步，起飞。发送起飞命令给无人机。在 tellopy 库中，这通常通过调用无人机的 takeoff()方法实现。

第 4 步，飞行控制（可选，增加乐趣）。可以添加一些简单的飞行控制代码，如前进、后退、左转、右转等，让无人机在空中做出一些基础动作。

第 5 步，降落。当完成飞行任务后，发送降落命令给无人机。在 tellopy 库中，这通过调用无人机的 land()方法实现。

第 6 步，关闭连接。任务完成后，断开与无人机的连接，释放资源。

三、飞行实例

假设我们正在编写一个简单的无人机飞行控制程序，该程序允许用户输入飞行高度和速度，然后无人机将按照这些参数进行飞行。

```
# 无人机飞行控制程序
# 获取用户输入的飞行高度（单位：米）
height = float(input("请输入无人机的飞行高度（米）: "))
# 获取用户输入的飞行速度（单位：米/秒）
speed = float(input("请输入无人机的飞行速度（米/秒）: "))
 # 检查输入的有效性（这里仅作简单示例）
if height <= 0 or speed <= 0:
    print("输入无效，请确保高度和速度都是正数。")
else:
# 假设这里有一个函数来控制无人机的飞行
# 但为了简化，我们仅通过 print 语句来模拟飞行过程
    print(f"无人机正在以{speed}米/秒的速度，飞往{height}米的高度。")
# ...（这里可以添加更多关于无人机飞行的逻辑）
# 飞行结束后，输出一条消息
print("无人机已到达指定高度并稳定飞行中。")
```

在这个例子中，input 语句用于从用户那里获取飞行高度和速度的输入，而 print 语句则用于向用户显示提示信息、输入结果的确认以及飞行过程中的状态更新。通过这种方式，程

序能够与用户进行交互，并根据用户的输入来执行相应的飞行控制逻辑。

课堂任务

使用 Python 编写一个程序，该程序需实现无人机天气汇报的功能。用户需输入无人机状态及当前环境信息，程序随后判断环境是否满足无人机起飞的条件。若条件符合，无人机将起飞并执行天气汇报，5 秒后安全降落。

探究活动

第 1 步：无人机与电脑的硬件连接。

首先，打开无人机开关，如图 4.1 所示，通过电脑无线网卡，找到连接网络称，单击“连接”按钮，如图 4.2 所示。实现电脑与无人机连接。

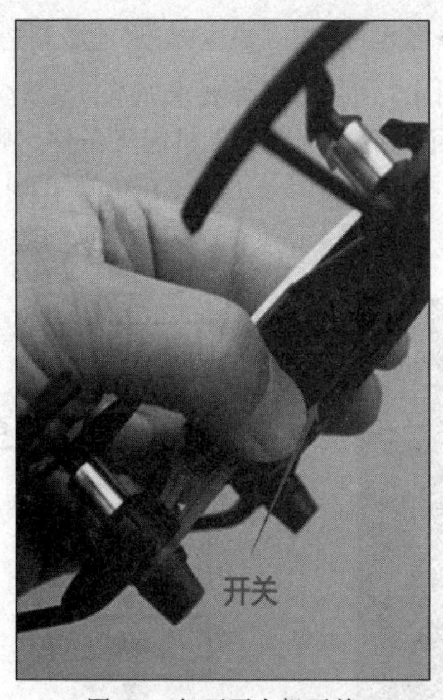

图 4.1　打开无人机开关

图 4.2　无人机网络连接示意图

其次，获取计算机的 IP 地址（默认 Windows）。单击鼠标右键“开始”选项，选择“运行”选项，如图 4.3 所示；在提示框中输入“cmd”，如图 4.4 所示；进入命令行模式，如图 4.5 所示。

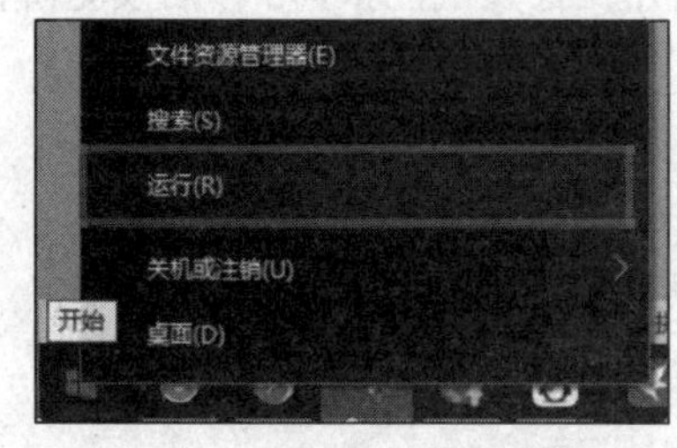

图 4.3　选择“运行”选项

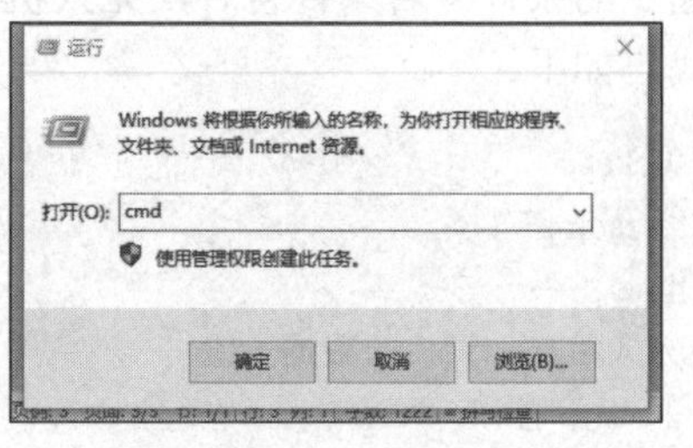

图 4.4　提示框

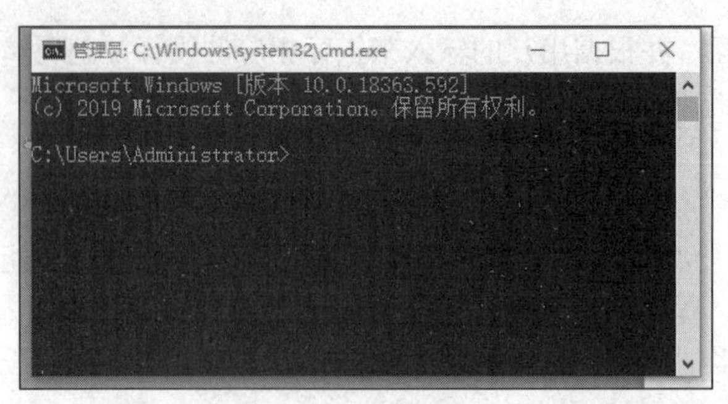

图 4.5 命令行模式

再次，在命令行模式中输入“ipconfig”，按下回车键获取计算机 IP 地址，如图 4.6 所示。代码中，无人机地址和计算机地址对应代码如下：

```
# Tello 的 IP 和接口
tello_address = ('192.168.10.1', 8889)
# 本地计算机的 IP 和接口
local_address = ('192.168.10.2', 9000)
```

第 2 步：无人机飞行控制流程图设计，如图 4.7 所示。具体要求如下：让无人机汇报天气情况，让用户输入无人机和环境情况，如果环境情况符合无人机起飞条件，则无人机起飞，5 秒钟后降落。

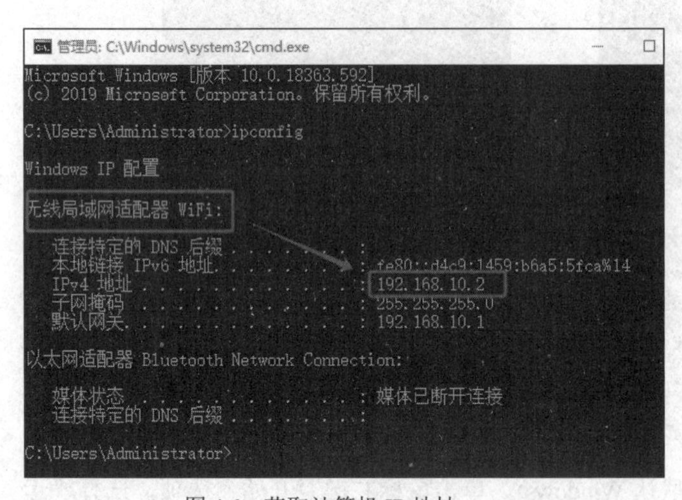

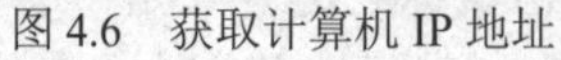
图 4.6 获取计算机 IP 地址

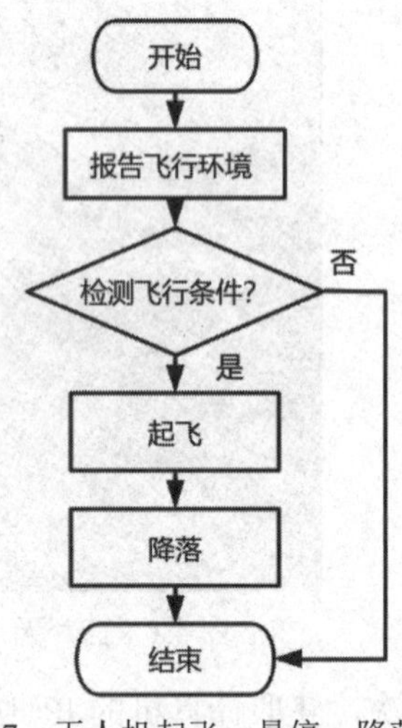

图 4.7 无人机起飞、悬停、降落流程

第 3 步：程序设计。用户需输入无人机状态及当前环境信息，程序随后判断环境是否满足无人机起飞的条件。若条件符合，无人机将起飞并执行天气汇报，5 秒后安全降落。

程序代码如下：

```
import socket
import threading
import time
##实现无人机和计算机的数据传输
# Tello 的 IP 和接口
tello_address = ('192.168.10.1', 8889)
```

```
# 本地计算机的 IP 和接口
local_address = ('192.168.10.2', 9000)
# 创建一个接收用户指令的 UDP 连接
sock = socket.socket(socket.AF_INET, socket.SOCK_DGRAM)
sock.bind(local_address)
# 定义 send 命令，发送 send 中的指令给 Tello 无人机并允许一个几秒的延迟
def send(message, delay):
  try:
    sock.sendto(message.encode(), tello_address)
    print("Sending message: " + message)
  except Exception as e:
    print("Error sending: " + str(e))
  time.sleep(delay)
# 定义 receive 命令，循环接收来自 Tello 的信息
def receive():
  while True:
    try:
      response, ip_address = sock.recvfrom(128)
      print("Received message: " + response.decode(encoding='utf-8'))
    except Exception as e:
      sock.close()
      print("Error receiving: " + str(e))
      break
# 开始一个监听线程，利用 receive 命令持续监控无人机发回的信号
receiveThread = threading.Thread(target=receive)
receiveThread.daemon = True
receiveThread.start()
##教学部分-------------------------------------------------
#任务一：无人机汇报天气情况，print()函数运用
print("Hello. I am Tello.")
weather = "sunny"
temperature = -40
print("It is",weather,"today.")
print("The temperature now is",temperature,"degree centigrade.")
print("Now I'm going to do a flight test.")
#任务二：让用户输入无人机和环境情况，input()函数运用
components = input("Components complete? yes or no")
environment = input("Environment safe? yes or no")
battery = input("Battery full? yes or no")
##教学部分-------------------------------------------------
# 用逻辑运算判断无人机是否可以起飞
if (components=="yes")   and (environment=="yes") and(battery=="yes"):
  print("TELLO will fly")
  send("command", 3)
  send("takeoff", 5)
```

```
    send("land", 3)
    print("Mission complete!")
else:
    print("TELLO cannot fly")
```

第 4 步：进行编码测试。请将编写的程序代码上传，并在菜单栏中选定“Run”或按下“F5”键以启动运行调试。单击运行后，你应能看到与图 4.8 相符的运行结果。

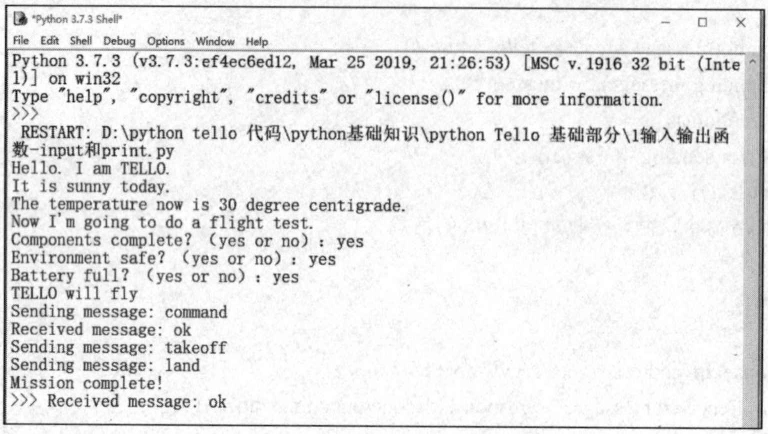

```
*Python 3.7.3 Shell*
File Edit Shell Debug Options Window Help
Python 3.7.3 (v3.7.3:ef4ec6ed12, Mar 25 2019, 21:26:53) [MSC v.1916 32 bit (Intel)] on win32
Type "help", "copyright", "credits" or "license()" for more information.
>>>
 RESTART: D:\python tello 代码\python基础知识\python Tello 基础部分\1输入输出函数-input和print.py
Hello. I am TELLO.
It is sunny today.
The temperature now is 30 degree centigrade.
Now I'm going to do a flight test.
Components complete? (yes or no) : yes
Environment safe? (yes or no) : yes
Battery full? (yes or no) : yes
TELLO will fly
Sending message: command
Received message: ok
Sending message: takeoff
Sending message: land
Mission complete!
>>> Received message: ok
```

图 4.8　程序代码运行结果效果图

成果分享

以 Python 为墨，以编程为翼，我们挥毫泼墨，勾勒出一幅无人机翱翔于蔚蓝天际的绝美画卷。起飞的瞬间，仿佛雄鹰展翅，划破长空；悬空之时，又似仙子凌波，悠然自得；降落之际，则如落叶归根，轻盈安稳。这一气呵成的飞行轨迹，正是编程艺术的完美展现。

在这编程的殿堂里，input 与 print 如同诗人笔下的佳句，它们进行着一场场如诗般的对话，让原本静默的代码世界焕发出了勃勃生机。这些简洁而有力的指令，不仅构建了无人机飞行的逻辑框架，更赋予了编程以灵魂和情感。

此刻，让我们共同欣赏这科技与创意碰撞出的璀璨火花，感受编程之美所带来的震撼与感动。不妨将这份美好分享至朋友圈，让更多的人一同领略编程的魅力，共同探索这个充满无限可能的数字世界。

思维拓展

在熟练掌握了无人机起飞、悬空、降落等基础功能的编程技巧后，我们的探索之旅并未止步，而是以此为基石，进一步拓宽视野，深入无人机编程的浩瀚天地。从基础概念出发，我们逐步揭开无人机编程的神秘面纱，如图 4.9 生动展示，引领学习者踏入一个充满无限可能的新世界。

在这个广阔领域中，我们不仅要学习具体的编程实现方法，更要探索无人机在多样化应用场景中的卓越表现。无论是用于航拍、环境监测，还是紧急救援、农业植保，无人机都以其独特的优势，展现出了无可比拟的价值。

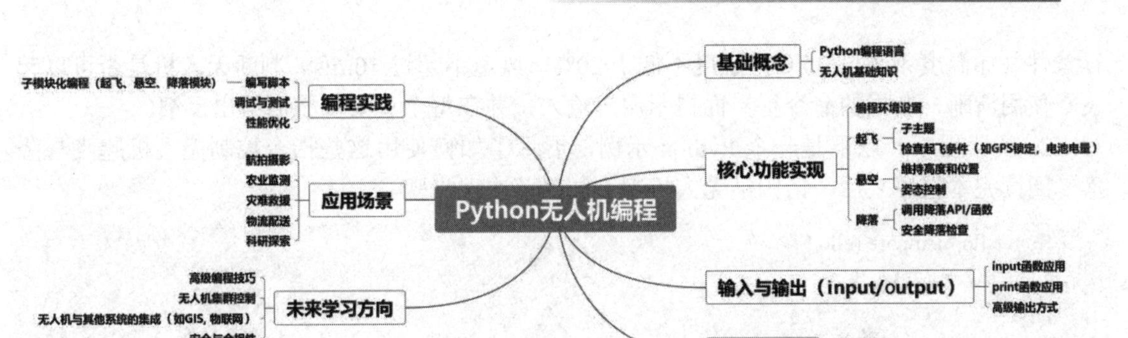

图 4.9　Python 无人机编程基础示意图

同时，我们还应着眼于未来，明确无人机编程的学习方向。通过不断学习新知识、新技术，我们可以不断拓展自己的应用领域，深化对无人机编程的理解与掌握。这样的思维拓展与描述，不仅有助于学习者系统地掌握无人机编程的关键知识和技能，更为他们未来的职业发展和技术创新奠定了坚实的基础。在这个充满挑战与机遇的时代，让我们携手并进，共同探索无人机编程的无限可能。

当堂训练

1. 在编写无人机控制程序时，首先通过_________("请输入无人机的起飞高度（米）:")获取用户希望无人机达到的高度，然后打印出确认信息：print("无人机将起飞至",_________, "米高度。")

2. 为了在无人机悬停时给用户反馈，可以使用 print("无人机已稳定悬停。当前高度：", _________, "米。")，其中_________应该是一个变量，它存储了无人机当前的高度信息。

3. 如果用户想要改变无人机的悬停高度，程序会先询问新高度：new_height = _________ ("请输入新的悬停高度（米）:")，然后更新无人机的悬停高度并打印确认信息。

4. 在无人机降落前，程序会打印一条确认信息给用户：print("即将降落无人机。请确认是否继续？[Y/N]:")，这里并没有直接使用 input 来获取用户回答，但接下来可能会根据用户的回答（　　）来决定是否继续执行降落操作。

▶ **注意**：此题不直接填空 input，但强调了其潜在应用。

5. 在一个交互式无人机控制脚本中，程序通过循环不断询问用户想要执行的操作（起飞、悬停、降落等），command =_________("请输入操作指令（起飞/悬停/降落）: ")，然后根据用户输入执行相应操作，并通过 print()函数给出操作结果或提示信息。

想创就创

1. 创新编程。设计并实现一个智能环境监测无人机系统，该系统不仅能够根据用户输入的环境条件判断无人机是否适合起飞，还能在飞行过程中实时收集并报告特定区域的天气与环境数据（如温度、湿度、风速等）。用户可以通过简单的命令行界面与系统进行交互。系统应具备以下功能：允许用户输入当前环境的温度、湿度和风速，系统根据预设的安全飞行条件（如温度不超过 35℃，湿度不低于 20%，风速不超过 10m/s）判断无人机是否可以起飞。使用清晰、友好的命令行界面提示用户输入，并在每个重要步骤后给出反馈。

2. 阅读程序。以下是一个 Python 示例，展示了如何使用这些指令控制无人机起飞与降落，阅读完本程序之后，请归纳无人机起飞与降落实现步骤。

```
from tellopy import Tello
# 初始化无人机对象
tello = Tello()
# 连接到无人机
tello.connect()
# 等待无人机连接成功
print(tello.get_battery())
# 起飞
tello.takeoff()
# 简单的飞行控制（示例：向前飞行 1 米）
tello.move_forward(100)  # 假设每 100 单位代表 1 米
# 降落
tello.land()
# 等待降落完成
while not tello.is_landing():
    pass
# 关闭连接
tello.quit()
print("无人机起飞、飞行并成功降落！")
```

4.2 驾驭核心：Tello SDK 与无人机控制

知识链接

假如你是一位未来城市的规划师，正站在科技与梦想的交汇点，渴望用无人机捕捉城市跳动的脉搏，洞悉交通流量的奥秘，描绘建筑布局的宏伟，或是监听环境的细语，那么，Tello 无人机及其飞行 SDK，无疑是你手中那把开启未来之门的神奇钥匙。它们携手，将你的愿景轻松编织成现实。

在教育领域，Tello SDK 同样大放异彩，它如同一座桥梁，连接着知识的彼岸与创新的此岸。学生们在它的引领下，穿梭于编程与机器人技术的广阔天地，每一次实践都是对创新思维的一次深情呼唤，每一次尝试都是对未知世界的一次勇敢探索。

Tello 无人机飞行 SDK，这款由大疆创新（DJI）精心打造的开发工具，专为 Tello Edu 无人机量身定制。它如同一位精通多国语言的翻译家，将开发者的编程逻辑准确无误地传达给无人机，让起飞、降落、移动、旋转、拍摄等复杂功能，在 Python 等编程语言的指挥下，变得如行云流水般自然流畅。

更值得一提的是，Tello 无人机飞行 SDK 在无人机飞行程序开发中，不仅扮演着核心和基础的角色，更以其简洁高效的编程接口和丰富多样的功能，为开发者铺设了一条通往创意应用的康庄大道。这里，开发者可以尽情挥洒智慧，将复杂的飞行逻辑化为简单的代码，将天马行空的创意变为触手可及的现实。

一、基础知识

1. Tello SDK 作用和地位

1）简化控制

Tello SDK 将复杂的无人机控制命令转化为简洁易用的 API 接口，开发者可以通过编程方式直接控制无人机的起飞、降落、飞行方向、速度等，极大地降低了无人机编程的门槛。

2）功能扩展

SDK 提供了丰富的功能支持，如实时视频流处理、图像分析、错误处理等，使得开发者可以基于这些功能开发出更多高级应用，如机器视觉、AI 避障、自动飞行路径规划等。

3）教育应用

对于 STEM 教育和编程教育来说，Tello SDK 是一个理想的工具。它让学生在实际操作中学习编程概念，如条件语句、循环和函数调用，提高了学习的趣味性和实践性。

4）社区支持

Tello SDK 是开源的，社区驱动的开发模式允许用户贡献代码，共同改进 SDK，同时用户也能获取到最新的更新和支持，这对于开发者来说是非常宝贵的资源。

5）无人机运输任务

使用无人机运输乒乓球。可以通过在无人机上挂载塑料袋、双面胶或绳子等方式，将乒乓球固定在无人机上，然后通过编程控制无人机将乒乓球从起点运送到目标地点。

6）编队飞行

在 AP 模式下，使用一台计算机或智能设备同时控制多台 Tello EDU 无人机，通过编程实现编队飞行表演，展示复杂的飞行轨迹和动作。

7）目标追踪

结合计算机视觉技术，使用 Tello SDK 接收实时视频流，编写程序进行图像处理和目标识别，实现无人机对特定目标的智能追踪。

通过上述内容，读者可以清晰地了解到 Tello 无人机飞行 SDK 控制指令在无人机飞行程序开发中的重要作用和地位，以及如何使用这些指令进行简单的无人机飞行编程。

2. SDK 控制指令的使用方法及解读

Tello SDK 主要通过 Wi-Fi UDP 协议与无人机进行通信，开发者可以通过发送特定的文本指令控制无人机。以下是一些基本的使用方法和指令解读：

1）安装 SDK

首先，确保已经安装了 Python 环境，并使用 pip 安装 Tello SDK，如 pip install djitellopy。

2）创建连接

在 Python 脚本中，创建一个 Tello 对象并连接到无人机，如 tello = Tello(); tello.connect()。

3）发送指令

通过 Tello 对象的方法发送控制指令，如 tello.takeoff()起飞，tello.land()降落，tello.move_forward(distance)前进等。

4）接收反馈

无人机对指令的响应（如“OK”或“ERROR”）会被 Tello 对象接收并处理，开发者可以根据反馈进行相应的逻辑处理。

5）断开连接

完成控制后，使用 tello.disconnect()方法断开与无人机的连接。

6）无人机飞行 SDK 部分指令应用，如表 4.1 所示。

表 4.1　无人机 SDK 部分指令使用说明表

指　　令	功　　能	使 用 说 明
command	进入 SDK 模式（发给无人机的第一个命令）	send_command()，这里用 command 作为示例
takeoff()	自动起飞	drone.takeoff() #调用 SDK 中的起飞方法
land()	自动降落	drone.land()　#调用 SDK 中的降落方法
forward(x)	向前飞 x 厘米	forward(10) #向前飞 10 厘米
back(x)	向后飞 x 厘米	back(10) #向后飞 10 厘米
up(x)	向上飞 x 厘米	up(10)　#向上飞 10 厘米
down(x)	向后飞 x 厘米	down(10)　#向后飞 10 厘米
left(x)	向左飞 x 厘米	left(10)　#向左飞 10 厘米
right(x)	向右飞 x 厘米	right(10)　#向右飞 10 厘米
cw(x)	顺时针旋转 x 度	cw (10)　#顺时针旋转 10 度
ccw(x)	逆时针旋转 x 度	ccw(10)　#逆时针旋转 10 度
speed(x)	将当前速度设定为 x 厘米/秒	speed(10)　#将当前速度设定为 x 厘米/秒

7）无人机 SDK（Software Development Kit）其他常见指令

无人机 SDK（Software Development Kit）的指令语法和应用会根据不同的无人机制造商和 SDK 版本而有所不同。然而，我可以基于一般性的无人机编程概念，给出一些常见的 SDK 指令语法分类以及它们的应用场景。注意，以下示例并不是针对特定品牌（如大疆 Tello）的精确语法，但可以作为理解和设计无人机应用的参考，如表 4.2 所表。

表 4.2　无人机 SDK 其他常用指令

类　　别	功　　能	指　　令	功 能 说 明
连接与控制指令	连接	connect()	建立与无人机的通信连接，如 connect()或指定 IP 和端口的连接方法
	起飞	takeoff()	控制无人机起飞，如 takeoff()
	降落	land()	控制无人机降落，如 land()
	紧急停止	emergency_stop()	立即停止无人机当前的所有动作，如 emergency_stop()
飞行控制指令	上升/下降	move_up(distance) 或 move_down(distance)	控制无人机垂直飞行，如 move_up(distance)或 move_down(distance)
	前进/后退	move_forward(distance) 或 move_backward(distance)	控制无人机在水平方向上移动，如 move_forward(distance)或 move_backward(distance)
	左转/右转	rotate_left(angle) 或 rotate_right(angle)	控制无人机绕自身轴心旋转，如 rotate_left(angle)或 rotate_right(angle)
	飞向指定位置	go_to(x, y, z) 或 fly_to_location(latitude, longitude, altitude)	发送坐标或 GPS 位置，让无人机飞行到指定点，如 go_to(x, y, z)或 fly_to_location(latitude, longitude, altitude)

续表

类 别	功 能	指 令	功能说明
相机与媒体控制指令	拍照	take_photo()	控制相机拍摄照片，如 take_photo()
	录像	start_recording() 或 stop_recording()	开始或停止录像，如 start_recording()或 stop_recording()
	调整相机参数	set_camera_settings(exposure, white_balance, ...)	如焦距、曝光、白平衡等，如 set_camera_settings(exposure, white_balance, ...)
状态查询指令	电池电量	get_battery_level()	查询无人机剩余电量，如 get_battery_level()
	飞行状态	get_flight_status()	获取无人机的当前飞行状态，如 get_flight_status()
	位置信息	get_location()	获取无人机的当前位置（经纬度、高度等），如：get_location()
配置与校准指令	设置参数	set_parameter(key, value)	配置无人机的飞行参数，如 set_parameter (key, value)
	校准传感器	calibrate_gyro() 或 calibrate_compass()	如陀螺仪、指南针等校准，如 calibrate_gyro()或 calibrate_compass()

二、实现步骤

第 1 步，环境搭建。首先，安装 Python 环境（如 Python 3.x）。然后使用 pip 安装 tellopy 库。如 pip install tellopy。

第 2 步，连接无人机。使用 Wi-Fi 或蓝牙（如果支持）将计算机与 Tello 无人机连接。然后，在 Python 代码中初始化 Tello 对象，并尝试发送命令确认连接。

第 3 步，编写起飞与降落代码。首先编写函数控制无人机的起飞和降落；然后，使用 tellopy 库提供的 takeoff()和 land()方法。

第 4 步，测试与调试。在安全的环境下运行代码，观察无人机的反应；根据需要调整参数，确保无人机行为符合预期。

三、简单无人机飞行编程事例

以下是一个简单的无人机编程飞行操作事例，实现了如何使用 Tello SDK 控制无人机起飞、前进和降落。

程序代码如下：

```
from djitellopy import Tello
import time
# 创建 Tello 对象并连接
tello = Tello() tello.connect()
# 等待连接成功
print(tello.get_battery())
# 起飞
tello.takeoff() time.sleep(2)
# 前进 1 米（Tello SDK 中距离单位为厘米）
tello.move_forward(100)
# 假设 100 厘米约等于 1 米
```

```
time.sleep(3) # 等待飞行
# 降落
tello.land()
# 断开连接
tello.disconnect()
```

课堂任务

任务一：熟悉常用的 Tello 无人机飞行 SDK 控制指令。

任务二：让无人机起飞后依次分别向前飞 50 厘米、向后飞 50 厘米、顺时针旋转 90 度、逆时针旋转 90 度、向左向右飞 50 厘米、上升下降 50 厘米，然后降下来。

探究活动

第一步：无人机与计算机硬件连接步骤，参见第 4 章 4.1 节内容。

第二步：设计无人机飞行控制流程图，如图 4.10 所示。具体要求如下：让无人机起飞后依次分别向前飞 50 厘米、向后飞 50 厘米、顺时针旋转 90 度、逆时针旋转 90 度、向左向右飞 50 厘米、上升下降 50 厘米，然后降下来。

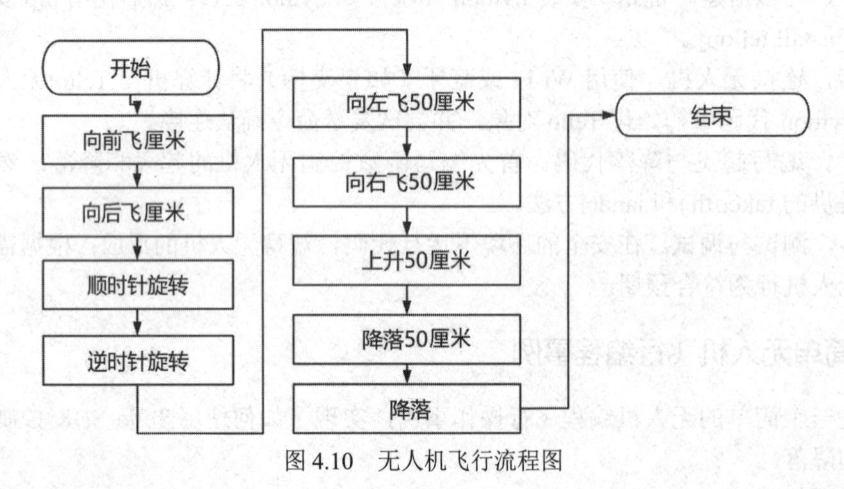

图 4.10 无人机飞行流程图

第三步：程序设计。

```
#程序代码如下：
# 调用相关的模块
import socket
import threading
import time
# Tello 的 IP 和接口
tello_address = ('192.168.10.1', 8889)
# 本地计算机的 IP 和接口
local_address = ('192.168.10.2', 9000)
# 创建一个接收用户指令的 UDP 连接
```

```
sock = socket.socket(socket.AF_INET, socket.SOCK_DGRAM)
sock.bind(local_address)
# 定义 send()命令，发送 send()中的指令给 Telo 无人机并允许一个几秒的延迟
def send(message, delay):
  # Try to send the message otherwise print the exception
  try:
    sock.sendto(message.encode(), tello_address)
    print("Sending message: " + message)
  except Exception as e:
    print("Error sending: " + str(e))
  # Delay for a user-defined period of time
  time.sleep(delay)
# 定义 receive()命令，循环接收来自 Tello 的信息
def receive():
  # Continuously loop and listen for incoming messages
  while True:
    # Try to receive the message otherwise print the exception
    try:
      response, ip_address = sock.recvfrom(128)
      print("Received message: " + response.decode(encoding='utf-8'))
    except Exception as e:
      # If there's an error close the socket and break out of the loop
      sock.close()
      print("Error receiving: " + str(e))
      break
# 开始一个监听线程，利用 receive()命令持续监控无人机发回的信号
receiveThread = threading.Thread(target=receive)
receiveThread.daemon = True
receiveThread.start()
##教学部分--------------------------------------------------------
# 无人机设置为 command 模式并起飞
send("command", 3)
send("takeoff", 5)
# 向前飞
send("forward 50"    , 4)
# 倒退飞
send("back 50"    , 4)
# 右转
send("cw 90", 3)
# 左转
send("ccw 90", 3)
# 向左飞
send("left 50"    , 4)
# 向右飞
send("right 50"    , 4)
# 上升
```

```
send("up 50"  , 4)
# 下降
send("down 50"  , 4)
# 降落
send("land", 5)
# 输出任务完成
print("Mission completed successfully!")
##教学部分--------------------------------------------------------
```

第四步：进行编码测试。请将编写的程序代码上传，并在菜单栏中选定“Run”或按下“F5”键以启动运行调试。单击运行后，你应能看到与图 4.11 相符的运行结果。

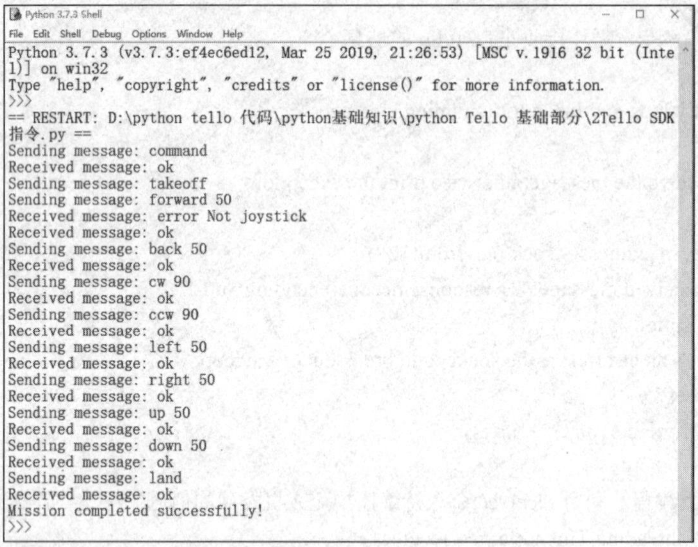

```
Python 3.7.3 Shell
File Edit Shell Debug Options Window Help
Python 3.7.3 (v3.7.3:ef4ec6ed12, Mar 25 2019, 21:26:53) [MSC v.1916 32 bit (Inte
l)] on win32
Type "help", "copyright", "credits" or "license()" for more information.
>>>
== RESTART: D:\python tello 代码\python基础知识\python Tello 基础部分\2Tello SDK
指令.py ==
Sending message: command
Received message: ok
Sending message: takeoff
Sending message: forward 50
Received message: error Not joystick
Received message: ok
Sending message: back 50
Received message: ok
Sending message: cw 90
Received message: ok
Sending message: ccw 90
Received message: ok
Sending message: left 50
Received message: ok
Sending message: right 50
Received message: ok
Sending message: up 50
Received message: ok
Sending message: down 50
Received message: ok
Sending message: land
Received message: ok
Mission completed successfully!
>>>
```

图 4.11 程序代码运行结果效果图

成果分享

借助 Python 这一强大的编程语言，与无人机 SDK（以 Tello SDK 为例）的精妙结合，我们得以编织出一幕幕无人机翱翔天际的壮丽画卷。通过精心编排的简洁脚本程序，无人机仿佛被赋予了生命的律动，轻松实现从静谧的起飞，到一系列流畅飞行动作的优雅演绎——无论是勇往直前的冲刺，灵活机敏的后退，还是轻盈曼妙的旋转，乃至左右自如的穿梭，乃至上下翻飞的灵动，皆在指尖轻触间一一呈现。

这不仅是一段代码的跃动，更是智慧与创意的交响。当无人机在蓝天的舞台上完成它的使命，缓缓降落，稳稳归巢，那一刻，我们见证的不仅是技术的力量，更是梦想照进现实的璀璨光芒。这一切，都得益于 Python 与 Tello SDK 的完美融合，让无人机的每一次飞翔，都成为对未来无限可能的深情探索。

思维拓展

在熟练掌握了以 Python 编程为钥匙，解锁无人机向前翱翔、向后滑翔、优雅旋转、左右翩跹、自如升降等一系列飞行技艺之后，我们的探索之旅并未止步于此。相反，这仅是一个开始，一个点燃读者心中想象力之火的火花，引领他们穿越思维的藩篱，深入无人机技术那片浩瀚无垠的星空，共同思索其背后蕴藏的无限潜能与对人类社会产生的深远影响。

正如图 4.12 所精心勾勒的，那不过是无人机技术广袤蓝图中的一抹亮色，是冰山一角，是浩瀚宇宙中的一颗璀璨星辰。在这片未知的领域中，无人机技术正以惊人的速度发展，不断拓展其应用的边界，从科研探索到日常生活，从环境监测到紧急救援，每一个角落都可能留下它轻盈而坚定的足迹。我们期待着，与读者一同见证这场由无人机技术引领的革命，共同探索那些尚未触及的奇迹之地。

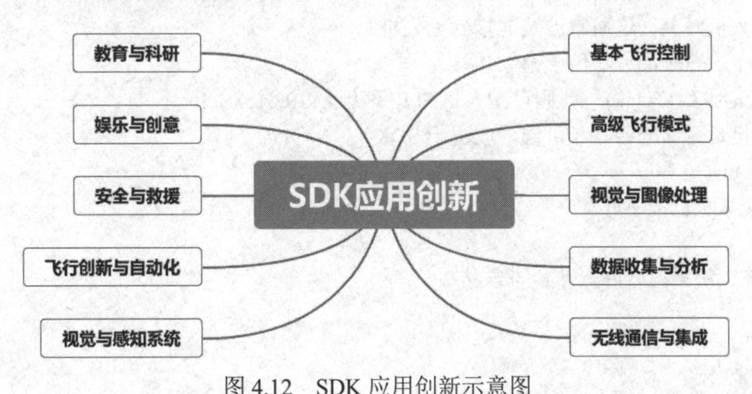

图 4.12　SDK 应用创新示意图

当堂训练

1. 在使用 Python 和无人机 SDK 进行编程前，首先需要确保无人机与计算机通过________（如 Wi-Fi）正确连接，并安装了必要的 SDK 库。

2. 初始化无人机对象后，通过调用________方法可以实现无人机的起飞，准备执行后续飞行动作。

3. 无人机向前飞行的指令通常通过调用 SDK 中的________函数实现，其中需要指定飞行速度和时间作为参数。

4. 若要使无人机执行旋转动作，应调用________函数，并通过参数指定旋转的方向（顺时针或逆时针）和旋转的角度或时间。

5. 在完成所有飞行动作后，通过调用________方法确保无人机能够平稳降落，避免意外碰撞或损坏。

想创就创

1. 创新编程。设计并实现一个 Python 脚本，利用 Tello SDK（或你熟悉的任何无人机 SDK），让无人机执行一个自定义的“寻宝探险”飞行任务。在这个任务中，无人机需要从起点起飞，按照预设的复杂路径（包含至少三个不同的飞行动作，如向前飞行、旋转、上升/下降以及左右飞行），到达并悬停在多个“宝藏点”（可以是预先设定的 GPS 坐标或相对位置标记）上方进行短暂观察（通过控制无人机的摄像头和悬停时间实现），最后返回起点并降落。

具体要求：（1）路径规划：设计一条包含至少三个不同“宝藏点”的飞行路径，每个点之间通过不同的飞行动作连接。（2）动作执行：确保无人机能够按照规划路径准确执行飞行动作，包括前进、后退、旋转、左右飞行、上升和下降。（3）利用无人机 SDK 提供的高级功能，如自动避障、智能跟踪等，提升任务的执行效率和安全性。

2. 阅读程序。以下是一个 Python 示例，展示了如何使用这些指令控制无人机，阅读完本程序之后，请归纳无人机飞行实现步骤。

```
# 假设已经有一个无人机对象名为 drone，它是通过 SDK 创建的
# 注意：这里的 drone 对象和方法是假设的，具体实现会依据你使用的 SDK
# 初始化无人机对象（这通常涉及连接到无人机）
# 假设有一个 connect()方法用于建立连接
drone.connect('192.168.1.1')  # 假设无人机的 IP 地址是 192.168.1.1
# 检查无人机是否已准备好（可选，取决于 SDK）
if drone.is_ready():
    print("无人机已准备好")
else:
    print("无人机未准备好，请检查连接")
    exit()
# 发送起飞指令
def takeoff():
    print("发送起飞指令...")
    drone.takeoff()  # 调用 SDK 中的起飞方法
    print("无人机已起飞")
# 发送降落指令
def land():
    print("发送降落指令...")
    drone.land()  # 调用 SDK 中的降落方法
    print("无人机已降落")
# 假设有一个发送自定义命令的方法（这里只是示意）
# 注意：实际中可能没有直接名为 send_command()的方法，而是通过其他方式发送
def send_custom_command(command_id, parameters=None):
    # 这里的 command_id 和 parameters 是假设的参数
    # 实际中，你可能需要按照 SDK 的要求来构造命令
    print(f"发送自定义命令 {command_id}...")
    # 假设 SDK 提供了一个 send_command()方法来发送自定义命令
    # drone.send_command(command_id, parameters)
    # 由于这是假设的，我们只用 print()来模拟
    print(f"自定义命令 {command_id} 已发送")
# 调用起飞函数
takeoff()
# （这里可以添加其他飞行控制逻辑，如移动到指定位置等）
# 调用降落函数
land()
# 断开与无人机的连接（如果 SDK 提供了这样的方法）
# drone.disconnect()
```

4.3　稳步飞行：赋值语句与匀速飞行控制

知识链接

在探索无人机技术的广阔领域中，Tello 无人机以其小巧灵活、易于编程的特点，成为了教育、娱乐、甚至是初步科研探索的理想工具。想象一下，通过编程控制 Tello 无人机在特定的环境中执行匀速飞行任务，如室内巡逻、户外风景拍摄或是作为智能监控系统的一部分，都能极大地丰富我们的应用体验。这不仅能够激发学生对科技的兴趣，还能培养他们的逻辑思维和编程能力。

Tello 无人机是一款小型四轴无人机，配备视觉定位系统和高清摄像头，适合进行室内飞行和简单的室外任务。通过编程控制，Tello 可以沿指定路径飞行，执行复杂任务。使用 Tello 无人机沿指定路径飞行，通常需要编写程序控制无人机的起飞、飞行、降落等动作。常用的编程语言包括 Python，通过安装如 djitellopy 等库，可以轻松实现对无人机的控制。

一、基础知识

1. 沿线飞行原理

Tello 无人机沿指定路径飞行的原理主要基于其内置的飞行控制系统和电机驱动系统。无人机通过调节电机的转速和螺旋桨的旋转方向控制飞行姿态和移动方向。具体来说，当需要改变无人机的飞行方向时，飞行控制系统会发送指令给电机驱动器，调整相应电机的转速，从而改变螺旋桨产生的升力和推力，使无人机能够按照预定路径飞行。

无人机的飞行路径规划通常依赖于 GPS（全球定位系统）或视觉定位系统等外部设备，但对于 Tello 这类小型室内无人机来说，更多依赖于其内置的传感器和视觉算法实现稳定飞行和路径跟踪。通过编程控制，开发者可以设定一系列目标点，无人机将自动调整飞行姿态，依次飞向这些目标点，从而沿指定路径飞行。

2. 沿线飞行指令

在控制 Tello 无人机沿指定路径飞行时，主要会使用到以下指令（以 Python 编程语言和 djitellopy 库为例），如表 4.3 所示。

表 4.3　无人机飞行指令

指　　令	描　　述	举　　例
起飞（takeoff）	使无人机从地面起飞至一定高度	send("takeoff", 5)
move_forward	向前移动	tello.move_forward(100)
move_back	向后移动	tello.move_back(100)
move_left	向左移动	tello.move_left(50)
move_right	向右移动	tello.move_right(50)
move_up	向上移动	tello.move_up(100)
move_down	向下移动	tello.move_down(100)
rotate_left	控制无人机绕自身轴线向左旋转	tello.rotate_left(45)
rotate_right	控制无人机绕自身轴线向右旋转	tello.rotate_right(45)

续表

指　　令	描　　述	举　　例
速度控制指令	虽然 djitellopy 库中的 move_系列指令通常包含速度参数，但更精细的速度控制可能需要使用 send_rc_control 等底层指令，该指令允许直接控制无人机的滚转、俯仰、偏航和油门等参数	move_forward(distance, speed=100)
降落（land）	使无人机从当前位置降落至地面	send("land", 5)

3. 赋值语句

1）变量与函数调用

变量可用于存储数据，并可以通过赋值语句来修改其值。函数调用是指通过函数名和括号内的参数来执行特定的操作。

格式：变量名 = 表达式

示例：speed = 50　# 假设 speed 代表无人机的速度，初始值为 50（单位可以是百分比或其他）

2）赋值语句

Python 中的赋值语句用于给变量或对象的属性赋值。其基本语法规则如下：使用单个等号 = 来表示赋值。赋值语句的左侧是变量名（或可赋值的表达式，如列表的索引赋值），右侧是表达式或值。可以同时进行多个变量的赋值，称为链式赋值或多变量赋值。例如：

```
# 单个变量赋值
x = 10
# 多变量赋值
a, b = 5, 6
# 链式赋值
x = y = z = 0
# 列表索引赋值
my_list = [1, 2, 3]
my_list[1] = 4  # 现在 my_list 变为[1, 4, 3]
# 字典键值对赋值
my_dict = {}
my_dict['key'] = 'value'
```

（1）基本赋值：在 Python 中，赋值使用等号（=）来完成。等号左边是变量名，右边是要存储到变量中的值。例如：

```
x = 5
y = "Hello, Python!"
```

这里，x 是一个变量，其被赋值为整数 5；y 是另一个变量，其被赋值为字符串 "Hello, Python!"。

（2）链式赋值：Python 允许将同一个值赋给多个变量，这称为链式赋值。例如：a = b = c = 0。这行代码将 0 赋值给了 a、b 和 c 三个变量。

（3）增量赋值：Python 还支持增量赋值，允许在赋值的同时对变量进行算术运算。这包括加法（+=）、减法（-=）、乘法（*=）、除法（/=）和幂运算（**=）等。例如：

```
x = 5
 x += 1 #  相当于 x = x + 1，此时 x 的值为 6
```

```
y = 2
y *= 3 # 相当于 y = y * 3，此时 y 的值为 6
```

（4）多元赋值：Python 还支持多元赋值，即同时给多个变量赋值。这可以通过在一个语句中给多个变量分别赋不同的值来实现，也可以将一个可迭代对象（如列表、元组）解包到多个变量中。例如：

```
a, b = 5, 10    # 或者
my_list = [1, 2, 3]
x, y, z = my_list    # x = 1, y = 2, z = 3
```

注意：在 Python 中，赋值操作对不可变类型（如整数、浮点数、字符串和元组）和可变类型（如列表、字典和集合）的处理方式有所不同。对于不可变类型，赋值实际上是创建了一个新的对象，并将该对象的引用赋给变量。对于可变类型，赋值则是将同一个对象的引用赋给新的变量，因此，如果通过任一变量修改了对象的内容，那么通过另一个变量访问时也会看到这些更改。理解 Python 中的赋值概念对于编写有效的 Python 代码至关重要。通过灵活运用赋值操作，你可以高效地管理和操作数据。

二、实现步骤

假设我们需要控制 Tello 无人机沿一个边长为 2 米的正方形轨迹飞行，可以按照以下步骤编写程序：

第 1 步：起飞：首先，发送起飞指令，使无人机升至适当高度。

第 2 步：向前飞行：使用 move_forward 指令控制无人机向前飞行 2 米（注意：实际距离须根据无人机参数和 move_forward 指令中的单位进行调整）。

第 3 步：向右旋转并飞行：由于 djitellopy 库中没有直接的“向右飞行”指令，我们需要先使用 rotate_right 指令使无人机旋转 90 度，然后再次使用 move_forward 指令向前飞行 2 米（此时实际上是沿原方向的右侧飞行）。

第 4 步：向后飞行：同样地，先使用 rotate_right 指令使无人机再次旋转 90 度（或根据需要旋转 180 度回到反方向），然后使用 move_back 指令向后飞行 2 米。

第 5 步：向左旋转并飞行：最后，使用 rotate_left 指令使无人机旋转 90 度（或根据需要调整旋转角度），然后使用 move_forward 指令向前飞行 2 米，回到起始位置。

第 6 步：降落：完成飞行任务后，发送降落指令，使无人机安全降落。

需要注意的是，上述示例中的旋转和飞行指令可能需要根据实际情况进行调整。特别是旋转角度的设定，可能需要多次尝试才能找到最适合无人机飞行路径的角度。此外，为了确保无人机能够稳定飞行并准确跟踪路径，还需要考虑无人机的飞行速度、加速度以及外部环境因素（如风速、障碍物等）的影响。

在实际应用中，开发者可以使用更高级的路径规划算法和传感器融合技术提高无人机沿指定路径飞行的精度和稳定性。同时，也可以利用无人机上搭载的摄像头等传感器进行实时图像处理和目标跟踪，以实现更复杂的飞行任务。

三、赋值语句与匀速飞行的实例

```
# 设置飞行速度（假设 Tello 支持直接设置速度命令，实际需参考文档）
```

```
speed = 50  # 假设的速度值，单位可能因无人机而异
tello_socket.sendall(f'speed {speed}'.encode())
# 匀速向前飞行
distance = 10  # 飞行距离，单位米
for _ in range(distance):  # 简化处理，实际需根据速度和时间计算
    tello_socket.sendall(b'forward 100')  # 假设'forward 100'是向前飞行 100 毫秒的指令
    # 这里需要添加延时以匹配实际飞行速度，但为简化示例未展示
# 停止飞行
tello_socket.sendall(b'land')
```

课堂任务

设计 Python 代码程序控制 Tello 无人机沿一个边长为 100 厘米的正方形轨迹飞行。

探究活动

第 1 步：无人机与电脑硬件连接步骤，参第 4 章 4.1 节内容。

第 2 步：设计无人机飞行控制流程图，如图 4.13 所示。具体要求如下：设计 Python 代码程序控制 Tello 无人机沿一个边长为 100 厘米的正方形轨迹飞行。

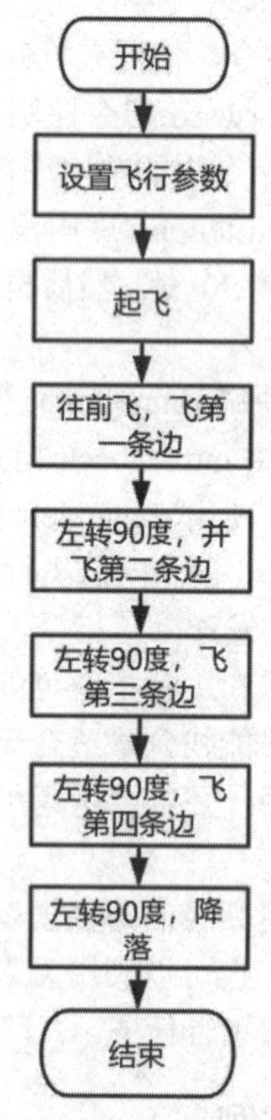

图 4.13 沿正方形轨迹飞行流程图

第 3 步：程序设计。程序代码如下：

```
# 调用相关的模块
import socket
import threading
import time
# Tello 的 IP 和接口
tello_address = ('192.168.10.1', 8889)
# 本地计算机的 IP 和接口
local_address = ('192.168.10.2', 9000)
# 创建一个接收用户指令的 UDP 连接
sock = socket.socket(socket.AF_INET, socket.SOCK_DGRAM)
sock.bind(local_address)
# 定义 send 命令，发送 send 中的指令给 Tello 无人机并允许一个几秒的延迟
def send(message, delay):
  # Try to send the message otherwise print the exception
  try:
    sock.sendto(message.encode(), tello_address)
    print("Sending message: " + message)
  except Exception as e:
    print("Error sending: " + str(e))
  # Delay for a user-defined period of time
  time.sleep(delay)
# 定义 receive 命令，循环接收来自 Tello 的信息
def receive():
  # Continuously loop and listen for incoming messages
  while True:
    # Try to receive the message otherwise print the exception
    try:
      response, ip_address = sock.recvfrom(128)
      print("Received message: " + response.decode(encoding='utf-8'))
    except Exception as e:
      # If there's an error close the socket and break out of the loop
      sock.close()
      print("Error receiving: " + str(e))
      break
# 开始一个监听线程，利用 receive 命令持续监控无人机发回的信号
receiveThread = threading.Thread(target=receive)
receiveThread.daemon = True
receiveThread.start()
##教学部分---------------------------------------------------------
# 沿着正方形方框轨迹飞行，轨迹的每条边长度为 100 厘米。Tello 默认使用厘米单位。
# 轨迹边长变量赋值
box_leg_distance = 100
# 旋转角度变量赋值
yaw_angle = 90
# 旋转方向变量赋值
yaw_direction = "cw"
# 无人机设置为 command 模式并起飞
```

```
send("command", 3)
send("takeoff", 5)
# 向前飞
send("forward " + str(box_leg_distance), 4)
# 右转
send("cw " + str(yaw_angle), 3)
# 向前飞
send("forward " + str(box_leg_distance), 4)
# 右转
send("cw " + str(yaw_angle), 3)
# 向前飞
send("forward " + str(box_leg_distance), 4)
# 右转
send("cw " + str(yaw_angle), 3)
# 向前飞
send("forward " + str(box_leg_distance), 4)
# 右转
send("cw " + str(yaw_angle), 3)
# 降落
send("land", 5)
# 输出任务完成
print("Mission completed successfully!")
##教学部分--------------------------------------------------------
# 关闭 socket
sock.close()
```

第 4 步：进行编码测试。请将编写的程序代码上传，并在菜单栏中选定“Run”或按下“F5”键以启动运行调试。单击运行后，你应能看到与图 4.14 相符的运行结果。

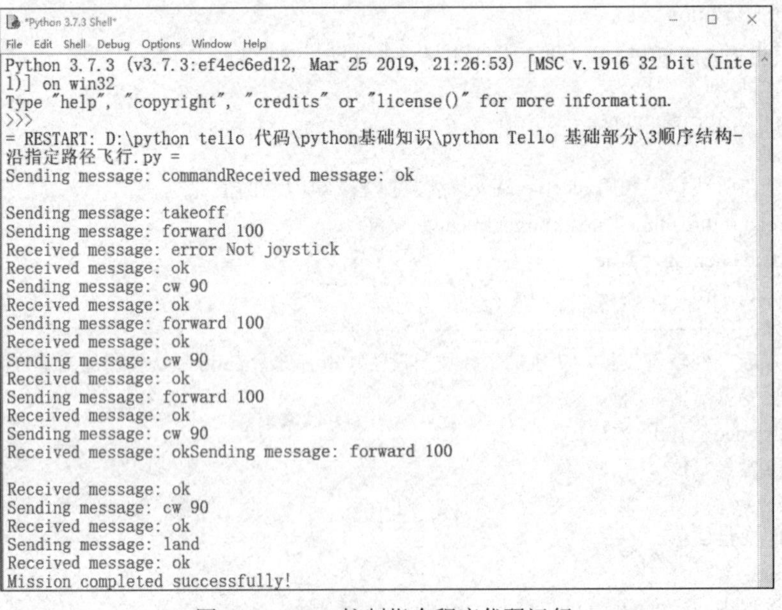

图 4.14 SDK 控制指令程序代码运行

成果分享

在探索与创新的征途中，我们携手编写了一段优雅的 Python 脚本，这段代码不仅是一串指令的集合，更是技术与想象力交织的华章。通过它，Tello 无人机仿佛被赋予了生命的翅膀，轻盈地在空中划出一道道精准的轨迹，勾勒出一个边长恰好为 100 厘米的正方形，宛如一幅精美的几何画卷在空中缓缓展开。

在这段脚本的引领下，Tello 无人机的每一次起飞、每一次转向，都如同舞者在舞台上的轻盈步伐，既展现了技术的严谨与精确，又不失想象力的浪漫与自由。它让我们见证了，在编程的世界里，只要敢于想象，勇于实践，就能让机器按照我们的意愿，在三维空间中绘制出最美丽的图案。

这一成果，不仅是我们对 Python 编程语言的熟练掌握，更是我们对无人机控制技术的深刻理解。它激发了我们对于技术探索的热情，也让我们更加坚信，技术与想象力的结合，能够创造出无限的可能。

思维拓展

当然，除了引领 Tello 无人机沿着规整的正方形路径翱翔天际，我们的思维更应如鹰击长空，无拘无束地探寻更加多样化的沿线飞行设计方案。这一探索之旅，不仅是对无人机编程技术的深度挖掘，更是对读者创新思维的一次全面激发。

如图 4.15 所示的精心呈现的思维导图框架，它宛如一座思维的灯塔，照亮了我们前行的道路。这座灯塔不仅鼓励我们跳出正方形路径的固有模式，更引领我们勇敢地驶向那些未知而充满挑战的创意海域。这里，每一种飞行方案都可能是对传统的颠覆，每一次尝试都可能是对创新的诠释。

图 4.15　无人机沿线飞行创意设计

而在这场思维的盛宴中，我们不仅是在设计飞行路径，更是在锤炼自己的批判性思维能力。我们学会用审视的眼光去看待每一个设计方案，用理性的思维去评估其可行性与实用性。这样的过程，不仅让我们的思维更加敏锐，也让我们的创新更加有力。

当堂训练

1. 在 Python 中，控制 Tello 无人机起飞的基本指令是________。
2. Tello 无人机通过接收来自________的指令实现飞行控制，这些指令通常通过________

协议发送。

3. 为了控制 Tello 无人机沿直线飞行一定距离，可以使用________指令，其中需要指定飞行的方向和距离（以厘米为单位）。

4. 在控制 Tello 无人机沿特定路径飞行时，常常需要结合使用________和________指令调整无人机的飞行方向。

5. 当 Tello 无人机完成飞行任务后，为了安全降落，应发送________指令。

想创就创

1. 创新编程。设计并编程实现 Tello 无人机沿一个创意无限的“迷宫追踪”路径飞行。路径由一系列随机生成的障碍和通道组成，无人机须自主避开障碍并找到出口。

2. 阅读程序。假设我们要让 Tello 无人机以 50 的速度匀速飞行 10 米后降落，并在飞行过程中拍摄一张照片。在下面的代码基础上，我们可以加入拍照指令（假设为 capture），并在飞行结束后发送降落指令。请指出本程序拍照指令是什么？

```
# ...（连接 Tello 的代码省略）
# 设置飞行速度
tello_socket.sendall(f'speed {50}'.encode())
# 匀速向前飞行
for _ in range(10):  # 假设每次循环代表飞行了一定距离
    tello_socket.sendall(b'forward 100')  # 假设每次发送向前飞行 100 毫秒
    # 假设需要在此处添加延时来匹配实际飞行速度
# 拍照
tello_socket.sendall(b'capture')
# 停止飞行
tello_socket.sendall(b'land')
# 关闭 socket 连接
tello_socket.close()
```

4.4 加速飞行：顺序结构与飞行速度调整

知识链接

在现代科技教育中，无人机编程不仅培养了学生的逻辑思维、空间想象能力，还激发了他们对航空技术的兴趣。通过控制 Tello 这类小型教育无人机，学生们可以在室内或室外安全环境下，实践编程知识，学习飞行控制原理，进而探索无人机在航拍、环境监测、农业植保等领域的广泛应用。

无人机的加速飞行主要涉及对无人机的速度控制。这通常包括水平速度（前进、后退、左右移动）控制和垂直速度（上升、下降）控制。通常通过调整无人机的油门（throttle）来实现。油门控制是无人机飞行控制中最基本也是最重要的功能之一，它决定了无人机的上升、下降和水平飞行速度。在编程中，我们需要通过调用无人机的 API 或库控制这些速度参数。

一、基础知识

1. 顺序结构

在深入无人机加速飞行编程之前，需要掌握一些 Python 编程的基础知识。这包括变量声明、赋值、顺序结构语句等。通常情况下程序结构由顺序结构、分支结构、循环结构等三大结构组成。下面首先介绍顺序结构。

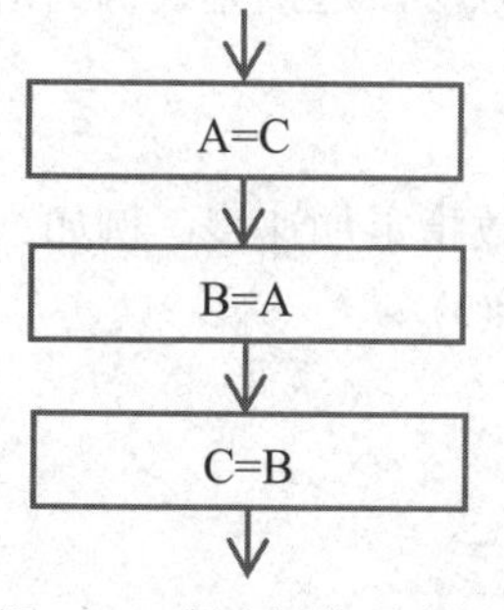

图 4.16　顺序结构示意图

顺序结构是程序中最基本的结构，它按照代码的书写顺序依次执行语句。Python 中的顺序结构非常简单，因为它本身就是按照从上到下的顺序执行代码的。虽然顺序结构没有特定的语法规则（因为它就是按照代码的自然顺序执行），但我们可以将其视为一种“默认”的结构，并通过实例来展示其应用。

顺序结构是编程中最基本、最简单的结构。在顺序结构中，程序按照语句的书写顺序执行，每个语句执行完毕后才会执行下一个语句。如图 4.16 所示。

示例一：

```
A=C
B=A`
C=B
Print A,B,C
```

示例二：

```
# 这是一个简单的顺序结构示例
# 打印问候语
print("Hello, World!")
# 计算两个数的和
a = 5
b = 3
sum = a + b
# 打印结果
print("The sum of", a, "and", b, "is", sum)
# 另一个操作，如打印当前的时间
from datetime import datetime
now = datetime.now()
print("Current time:", now.strftime("%Y-%m-%d %H:%M:%S"))
```

在上面的例子中，程序按照书写顺序依次执行了打印问候语、计算两个数的和、打印计算结果以及打印当前时间的操作。这就是顺序结构的一个简单示例，它展示了 Python 如何按照代码的自然顺序执行语句。

2. 无人机加速飞行指令及语法规则

在 Python 中控制无人机，通常需要通过调用无人机制造商提供的 API 或库来实现。这里以 djitellopy 库为例（注意，不同的无人机和库可能有不同的函数和用法）。

1. 安装无人机库

假设我们使用的库名为 drone_control，首先需要通过 pip 安装它。

安装格式：pip install djitellopy

2. 导入库并创建无人机对象

```
from drone_control import Drone # 创建无人机对象 drone = Drone()
```

3. 连接无人机

在控制无人机之前，需要先连接到无人机。假设库中有 connect()方法，连接无人机的语句如下：drone.connect()

4. 控制无人机加速飞行

假设库中有 increase_speed()方法用于加速飞行，并且接收一个参数指定加速度。例如：假设 5 表示加速度的某个单位，Python 语句示例：drone.increase_speed(5)

二、实现步骤

参见第 4 章 4.3 节实现步骤。

三、无人机加速飞行实例

```
from djitellopy import Tello
tello = Tello()  # 创建无人机对象
tello.connect()  # 连接到无人机
tello.takeoff()  # 起飞
def move_forward_with_speed(speed):  # 加速飞行，注意：这里的 speed 参数需要根据实际 API 文档来调整；以下仅为示例：假设有一个函数 move_forward_with_speed(speed)，speed 为速度值
print(f"无人机正在以{speed}%的速度前进")  # 假设该函数内部会根据 speed 值调整油门和其他参数，这里只是模拟。实际上，你需要调用 tello 库中的相关函数控制油门等，例如：tello.move_forward(distance)并没有直接的 speed 参数，需要间接控制
move_forward_with_speed(80) # 加速到 80%的速度
tello.land()  # 降落
tello.end()  # 断开连接
```

在实际操作中，始终确保无人机在安全区域内飞行，避免对人员或财产造成伤害。在编程时，要考虑错误处理机制，如使用 try-except 语句捕获并处理可能出现的异常。详细阅读你所使用的无人机库或 API 的官方文档，了解所有可用的方法和属性。

通过掌握 Python 的基本语法和无人机编程的基本概念，你可以开始编写控制无人机加速飞行的程序。随着经验的积累，你可以进一步探索更复杂的飞行控制和算法。

课堂任务

利用 Python 3.7 语言编写一程序。通过本程序，用户可以输入无人机的边长、初始速度以及速度增量等参数。随后，无人机将根据这些设定，以每边速度递增的方式飞行，从而绘制出一个正方形轨迹。

探究活动

第 1 步：无人机与计算机硬件连接步骤，参见第 4 章 4.1 节内容。

第 2 步：设计无人机飞行控制流程图，如图 4.17 所示。具体要求如下：设计 Python 代码程序控制 Tello 无人机沿一个边长为 100 厘米的正方形轨迹飞行。

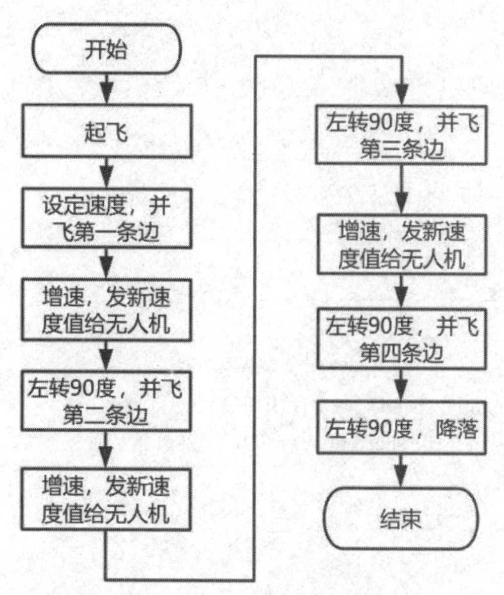

图 4.17　沿正方形轨迹飞行流程图

第 3 步：程序设计。通过本程序，用户输入边长、初始速度、速度增量等让无人机每边速度递增飞一个正方形。

```
# 调用相关的模块
import socket
import threading
import time
# Tello 的 IP 和接口
tello_address = ('192.168.10.1', 8889)
# 本地计算机的 IP 和接口
local_address = ('192.168.10.2', 9000)
# 创建一个接收用户指令的 UDP 连接
sock = socket.socket(socket.AF_INET, socket.SOCK_DGRAM)
sock.bind(local_address)
# 定义 send 命令，发送 send 里面的指令给 Tello 无人机并允许一个几秒的延迟
def send(message, delay):
    try:
        sock.sendto(message.encode(), tello_address)
        print("Sending message: " + message)
    except Exception as e:
        print("Error sending: " + str(e))
    time.sleep(delay)
# 定义 receive 命令，循环接收来自 Tello 的信息
def receive():
    while True:
        try:
```

```
        response, ip_address = sock.recvfrom(128)
        print("Received message: " + response.decode(encoding='utf-8'))
      except Exception as e:
        sock.close()
        print("Error receiving: " + str(e))
        break
# 开始一个监听线程，利用 receive 命令持续监控无人机发回的信号
receiveThread = threading.Thread(target=receive)
receiveThread.daemon = True
receiveThread.start()
##教学部分---------------------------------------------
# 设定参数
side = input("What is the length of the side?") #设置轨迹边长
speed = input("What is the initial speed?") #设置初速度
speed_increase = input("What is the speed increase?") #设置每条边速度增量
angle = 90 #设置旋转角度
# 无人机设置为 command 模式并起飞
send("command", 3)
send("takeoff", 5)
# 设定速度，并飞第一条边
send("speed " + str(speed),3)
send("forward " + str(side), 6)
# 速度增加，发送新速度给无人机
speed = int(speed) +int(speed_increase)
send("speed " + str(speed),3)
# 左转，飞第二条边
send("ccw " + str(angle), 3)
send("forward " + str(side), 5)
# 速度增加，发送新速度给无人机
speed = int(speed) +int(speed_increase)
send("speed " + str(speed),3)
# 左转，飞第三条边
send("ccw " + str(angle), 3)
send("forward " + str(side), 5)
# 速度增加，发送新速度给无人机
speed = int(speed) +int(speed_increase)
send("speed " + str(speed),3)
# 左转，飞第四条边
send("ccw " + str(angle), 3)
send("forward " + str(side), 5)
# 左转，降落，任务成功完成
send("ccw " + str(angle), 3)
send("land", 5)
print("Mission complete！ ")
```

第 4 步：进行编码测试。请将编写的程序代码上传，并在菜单栏中选定“Run”或按下

“F5”键以启动运行调试。单击运行后，你应能看到与图 4.18 相符的运行结果。

```
IDLE Shell 3.9.2rc1
File Edit Shell Debug Options Window Help
Python 3.9.2rc1 (tags/v3.9.2rc1:4064156, Feb 17 2021, 11:25:18) [MSC v.1928 64 bit (AMD64)] on win32
Type "help", "copyright", "credits" or "license()" for more information.
>>>
= RESTART: D:\工作\python tello 代码\python基础知识\python Tello 基础\python Tello 基础部分\5顺序结构-加速飞行.py
What is the length of the side?100
What is the initial speed?20
What is the speed increase?10
Sending message: command
Received message: ok
Sending message: takeoff
Sending message: speed 20
Received message: ok
Sending message: forward 100
Received message: ok
Sending message: speed 30Received message: ok

Received message: ok
Sending message: ccw 90
Received message: ok
Sending message: forward 100
Received message: ok
Sending message: speed 40Received message: ok

Sending message: ccw 90
Received message: ok
Sending message: forward 100
Received message: ok
Sending message: speed 50Received message: ok

Sending message: ccw 90
Received message: ok
Sending message: forward 100
Received message: ok
Sending message: ccw 90
Received message: ok
Sending message: land
Received message: ok
Mission complete!
>>>
```

图 4.18 调试结果示意图

成果分享

在这个激动人心的探索之旅中，我们不仅跨越了技术的边界，还成功实现了利用 Python 编程驾驭 Tello 无人机，沿一个精确至毫厘、边长为 100 厘米的正方形轨迹翱翔的非凡成果。这一壮举，犹如在蔚蓝的天幕上绘制出一幅科技与梦想交织的图案，不仅淋漓尽致地展现了无人机技术的浩瀚潜力，更深刻地揭示了编程在自动化控制领域中举足轻重的地位。

一行行精心雕琢的代码，与无人机那令人惊叹的精准执行力相得益彰，我们仿佛手持指挥棒，引领着这场空中芭蕾。每一次转弯，每一段直线飞行，都是对编程逻辑严谨性的验证，也是对无人机响应速度的颂歌。在这场智慧与机械的和谐共舞中，我们共同见证了科技之光与创新思维的璀璨交汇，它们携手编织出一幅关于未来无限可能的宏伟画卷。

此番实践，不仅加深了我们对编程控制原理的理解，更激发了我们对探索未知、挑战极限的热情。它像一座灯塔，照亮了通往高科技领域的道路，鼓励着每一位参与者继续在知识的海洋中扬帆远航，勇敢追寻那些尚未触及的星辰大海。让我们携手，以这段代码为翼，继续在科技的天空中自由飞翔，开创更多令人瞩目的辉煌篇章。

思维拓展

当然，针对无人机沿正方形轨迹飞行的这一创新挑战，我们的探索并未止步于技术的实现，而是以此为契机，深入挖掘 Python 编程与无人机控制相融合的无限创意空间，旨在培养更加敏锐的创新思维与严谨的逻辑思维能力。让我们一同踏入这场思维与技术的盛宴，借助一个精练而富有启发性的思维导图框架，如图 4.19 所示，来揭开沿正方形轨迹飞行的创新思路的神秘面纱。

图 4.19 无人机正方形轨迹飞行创新

此框架不仅是一幅路径图，引领我们穿梭于创意与实践的交织网络，更是一座桥梁，连接着编程语言的灵活多变与无人机飞行的精确控制。它鼓励我们从算法优化、路径规划、实时反馈等多个维度出发，不断探索如何在保持飞行轨迹精准的同时，融入更多创新元素，让每一次飞行都成为一次智慧的飞跃。

通过这一框架的引导，我们不仅学会了如何在 Python 的广阔天地里编织出控制无人机的精妙指令，更重要的是，我们学会了如何以创新的眼光审视问题，如何在逻辑的经纬间自由穿梭，寻找那些能够点亮灵感火花的独特视角。这不仅是一次技术的实践，更是一场心灵的启迪，激发着我们对于未知世界的好奇与向往，促使我们在未来的学习与探索中，不断突破自我，勇攀科技高峰。

当堂训练

1. 在 Python 无人机编程中，为了接收用户输入的边长，并将其存储在变量 side_length 中，应使用语句_________。

2. 在控制无人机飞行时，若要让无人机以用户输入的初始速度 initial_speed 开始飞行，并每边速度递增 speed_increment，则在飞行每边之前，应使用赋值语句_________来更新当前速度。

3. 无人机飞行完正方形的一条边后，为了准备飞行下一条边，需要将其航向调整 90 度。假设无人机 API 提供了 rotate_right(degrees)方法向右转，则调整航向的语句应为_________。

4. 在编写无人机飞行正方形的程序时，使用循环结构来遍历 4 边。若采用 for 循环，且希望循环变量仅用于控制循环次数而不直接用于计算，则循环的初始化部分可以写为_________。

5. 无人机飞行前的准备步骤通常包括起飞，这可以通过调用无人机对象上的_________方法来实现。

想创就创

1. 创新编程。设计一个 Python 程序，用于控制无人机完成一个创新的飞行轨迹——螺旋正方形。在这个轨迹中，无人机首先以初始速度沿正方形的第一条边飞行，随后在每进入下一条边时，不仅改变飞行方向，还逐渐增加飞行速度（即速度增量）。但与传统正方形轨迹不同的是，在每条边的中点处，无人机将执行一个小半径的螺旋上升或下降飞行，以增加轨迹的复杂性和观赏性。

2. 阅读程序。想象一下，我们要编写一个程序，让 Tello 无人机从地面起飞，先以中等速度向前飞行 10 秒，然后原地上升 5 秒，最后缓缓降落。整个过程中，学生可以通过观察无人机的飞行状态，直观感受到编程对无人机行为的控制。请指出本程序顺序结构特征是什么？

```
# 在 main()函数中添加
import time
try:
    adjust_speed(drone, 50, 0, 0)  # 向前飞行，速度 50%
    time.sleep(10)  # 持续 10 秒
    adjust_speed(drone, 0, 0, 20)  # 停止前进，上升速度 20%
    time.sleep(5)  # 持续 5 秒

    adjust_speed(drone, 0, 0, 0)  # 停止所有移动
    time.sleep(1)  # 稍作停顿
    land(drone)  # 降落
except Exception as e:
    print("Error:", e)
finally:
    drone.quit()
```

4.5 智能导航：if 条件与飞行路径选择

知识链接

想象一下，在广袤的田野之上，无人机正以其独特的视角，为农业领域带来一场技术革命。Tello 无人机，这一空中使者，正被寄予厚望，以期在作物监测与精准喷洒中大显身手。我们的愿景，是让这智能飞行器依据作物生长的细微差异——无论是叶片颜色的微妙变化，还是健康状态的波动，都能自主决策，精准施策。对病害区域，它将如鹰击长空，重点施药；对健康区域，则例行巡检。如此智慧农业的图景，该如何绘就？

步入无人机编程的殿堂，我们不难发现，分支结构正是那把开启智能之门的钥匙。这一基础而关键的结构，赋予了程序以判断之力，使其能在纷繁复杂的情境中，根据预设条件，灵活选择执行路径。在 Python 的世界里，if、elif 与 else，这三位条件分支的使者，携手并肩，共同编织着无人机智能飞行的逻辑网。它们不仅让代码拥有了思考的能力，更为 Tello 无人机的自主作业插上了翅膀，让智慧农业的梦想照进了现实。这一探索之旅，无疑将激发我们对无人机技术更深的好奇与热爱，引领我们向更加智能、高效的农业未来迈进。

一、基本语法

1. 格式

if-elif-else 结构用于根据条件执行不同的代码块，其格式如下：

```
if 条件表达式: # 如果条件为真，执行这里的代码
    执行语句 1
```

```
    执行语句 2 ...
elif 条件表达式 2: # 如果条件表达式为假，但条件表达式 2 为真，执行这里的代码
    执行语句 3 ...
else: # 如果前面的条件都不满足，执行这里的代码
    执行语句 4 ...
```

2. 分支结构示例，如图 4.20 所示。

```
if speed < 100:
    print("加速")
    speed += 10   # 假设每次增加 10 个单位的速度
else:
    print("已达到最大速度")
```

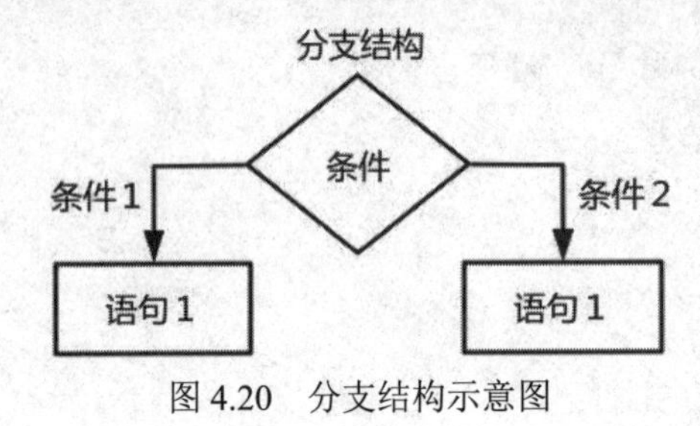

图 4.20　分支结构示意图

二、实现步骤

第 1 步，环境搭建。安装 Python 及必要的库（如 tellopy，一个用于控制 Tello 无人机的 Python 库）。

第 2 步，无人机连接。编写代码连接 Tello 无人机，确保无人机可以通过 Wi-Fi 或蓝牙与编程设备通信。

第 3 步，数据采集。使用无人机上的摄像头或其他传感器（如可能的话，集成颜色识别或 AI 模型进行作物健康分析）来收集作物生长状态的数据。

第 4 步，条件判断。根据收集到的数据，使用 if-elif-else 结构判断作物生长状态，并决定无人机的下一步行动。

第 5 步，路径规划与执行。根据判断结果，规划并执行相应的飞行路径，如针对病害区域进行低空慢速飞行喷洒，对健康区域进行快速扫描。

第 6 步，反馈与调整。在执行过程中，无人机可以实时反馈任务进度和效果，必要时进行飞行路径或任务的调整。

三、无人机飞行条件分支示例

示例一：

假设我们想要根据无人机的当前电量决定它的飞行行为：如果电量低于 30%，则无人机返回基地；如果电量在 30%到 70%之间，则继续当前任务；如果电量高于 70%，则执行更高能耗的飞行动作（如加速、爬升等），程序代码如下：

```
# 假设 battery_level 是一个表示无人机当前电量的变量，其值在 0 到 100 之间
battery_level = 60   # 示例值
```

```
if battery_level < 30:
    print("电量低，正在返回基地...")
    # 这里可以添加返回基地的代码
elif 30 <= battery_level < 70:
    print("电量适中，继续当前任务...")
    # 这里可以添加继续任务的代码
else:
    print("电量充足，执行更高能耗的飞行动作...")
    # 这里可以添加加速、爬升等代码
```

示例二：

```
from tellopy import Tello
# 初始化无人机
tello = Tello()
tello.connect()
# 假设有一个函数 check_crop_health()可以返回作物健康状态
# 返回值：'healthy'（健康）、'diseased'（病害）
crop_status = check_crop_health()  # 这里仅为示例，实际需集成传感器或图像识别
# 根据作物状态选择飞行路径
if crop_status == 'diseased':
    print("发现病害区域，执行喷洒任务。")
    tello.takeoff()
    tello.move_down(50)  # 降低高度
    tello.move_forward(100)  # 向前飞行喷洒
    tello.move_back(100)  # 返回原位
    tello.land()
elif crop_status == 'healthy':
    print("作物健康，执行常规监测。")
    tello.takeoff()
    tello.move_forward(200)  # 快速飞过健康区域
    tello.move_back(200)  # 返回
    tello.land()
else:
    print("无法识别作物状态，请检查传感器或图像识别模块。")
# 结束连接
tello.end()
```

四、无人机 Python 编程中的实际应用

在真实的无人机编程中，你需要将上述的 print 语句替换为控制无人机行为的函数或方法调用。这些函数或方法可能来自无人机的 SDK（软件开发工具包），它们允许发送指令给无人机，如改变飞行速度、方向、高度等。

例如，如果使用的是某款无人机的 Python SDK，并且该 SDK 提供了 goToHome()（返回基地）、continueMission()（继续任务）、performHighEnergyAction()（执行高能耗飞行动作）等方法，那么你的代码可能会像这样：

```
if battery_level < 30:
    drone.goToHome()  # 调用返回基地的方法
elif 30 <= battery_level < 70:
    drone.continueMission()  # 调用继续任务的方法
else:
    drone.performHighEnergyAction()  # 调用执行高能耗飞行动作的方法
```

上述代码中的 drone 是一个假设的无人机对象，它代表了无人机实例，并且 goToHome()、continueMission()、performHighEnergyAction()等方法也是假设的，需要根据所使用的无人机 SDK 替换为实际的方法名。

课堂任务

编写 Python 程序，实现输入是否满足飞行条件，如果是，无人机起飞，然后降落；如果否，提示不能起飞，程序结束。

探究活动

第 1 步：无人机与电脑硬件连接步骤，参见第 4 章 4.1 节内容。

第 2 步：设计无人机飞行控制流程图，如图 4.21 所示。具体要求如下：实现输入是否满足飞行条件，如果是，无人机起飞，然后降落；如果否，提示不能起飞，程序结束。

第 3 步：程序设计。如果条件符合，无人机起飞然后降落。

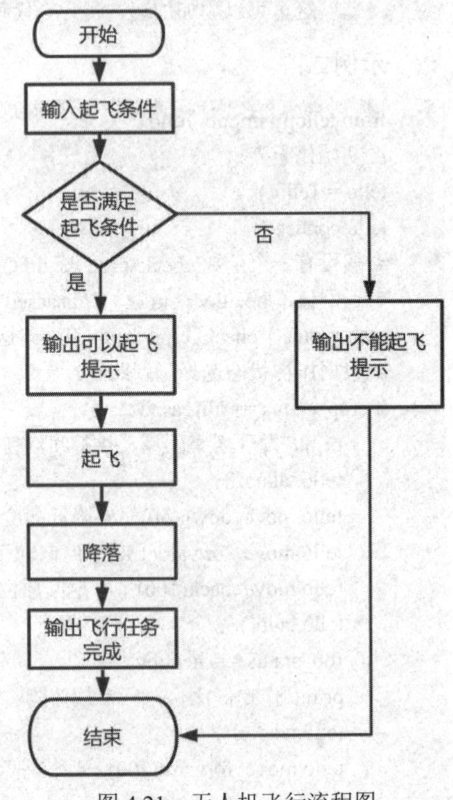

图 4.21　无人机飞行流程图

程序代码如下：

```
import socket
import threading
import time
##实现无人机和计算机的数据传输
# Tello 的 IP 和接口
tello_address = ('192.168.10.1', 8889)
# 本地计算机的 IP 和接口
local_address = ('192.168.10.2', 9000)
# 创建一个接收用户指令的 UDP 连接
sock = socket.socket(socket.AF_INET, socket.SOCK_DGRAM)
sock.bind(local_address)
# 定义 send 命令，发送 send 中的指令给 Tello 无人机并允许一个几秒的延迟
def send(message, delay):
    try:
```

```
            sock.sendto(message.encode(), tello_address)
            print("Sending message: " + message)
        except Exception as e:
            print("Error sending: " + str(e))
        time.sleep(delay)
# 定义 receive 命令，循环接收来自 Tello 无人机的信息
def receive():
    while True:
        try:
            response, ip_address = sock.recvfrom(128)
            print("Received message: " + response.decode(encoding='utf-8'))
        except Exception as e:
            sock.close()
            print("Error receiving: " + str(e))
            break
# 开始一个监听线程，利用 receive 命令持续监控无人机发回的信号
receiveThread = threading.Thread(target=receive)
receiveThread.daemon = True
receiveThread.start()
##教学部分---------------------------------------------------
#让用户输入无人机和环境检测情况
everything = input("Everything's OK？(yes or no):")
# 用分支语句判断“everything”是否符合起飞条件
if everything=="yes":
    print("TELLO will fly")
    send("command", 3)
    send("takeoff", 5)
    send("land", 3)
    print("Mission complete!")
else:
    print("TELLO cannot fly")
##教学部分---------------------------------------------------
```

第 4 步：进行编码测试。请将编写的程序代码上传，并在菜单栏中选定“Run”或按下“F5”键以启动运行调试。单击运行后，你应能看到与图 4.22 相符的运行结果。

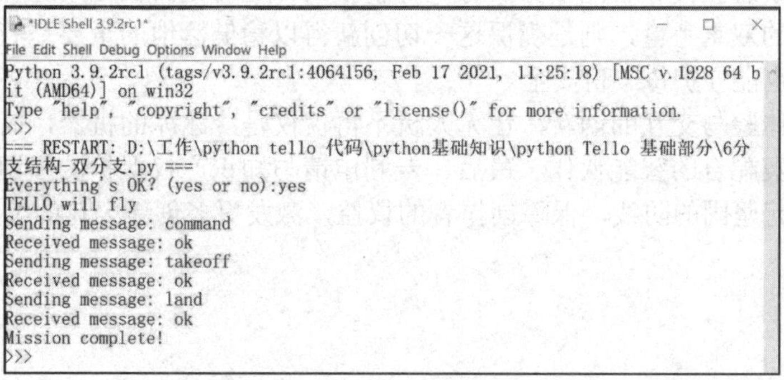

```
*IDLE Shell 3.9.2rc1*
File Edit Shell Debug Options Window Help
Python 3.9.2rc1 (tags/v3.9.2rc1:4064156, Feb 17 2021, 11:25:18) [MSC v.1928 64 bit (AMD64)] on win32
Type "help", "copyright", "credits" or "license()" for more information.
>>>
=== RESTART: D:\工作\python tello 代码\python基础知识\python Tello 基础部分\6分支结构-双分支.py ===
Everything's OK? (yes or no):yes
TELLO will fly
Sending message: command
Received message: ok
Sending message: takeoff
Received message: ok
Sending message: land
Received message: ok
Mission complete!
>>>
```

图 4.22　调试结果示意图

成果分享

各位朋友，欢迎踏入这场充满创意与激情的分享盛宴！在此，我们巧妙地借助 Python 这一编程语言，匠心独运，构建了一个简洁而高效的无人机飞行条件判断程序。该程序通过一系列流畅的交互设计，生动模拟了无人机从接收用户指令，到决策起飞、翱翔天际，直至安全降落的每一个精彩瞬间。此番实践，不仅彰显了 Python 在逻辑判断与流程控制领域的非凡实力，更引领我们深刻领悟了编程如何紧密贴合实际应用，创造无限价值。

此番分享，旨在引领大家深入探索 Python 编程中分支结构的奥秘，感受其如何如臂使指，灵活应对各种复杂情境。同时，我也衷心希望，通过这次分享，能点燃大家对编程的热情，让大家在享受编程带来的乐趣之余，也能深刻体会到其实用性与魅力所在。

若你已被这场编程之旅深深吸引，不妨动动手指，点赞、分享，让这份对知识的渴望与探索的热情，传递给更多志同道合的小伙伴。让我们携手并进，共同揭开编程世界的无限可能，翱翔于创意与智慧的蓝天之上！

思维拓展

在 Python 无人机编程的广阔天地里，我们以"依据输入条件精准调控无人机起飞与降落"为核心知识点，如图 4.23 所示，并以此为基石，辐射出多重创新设计的璀璨光芒。

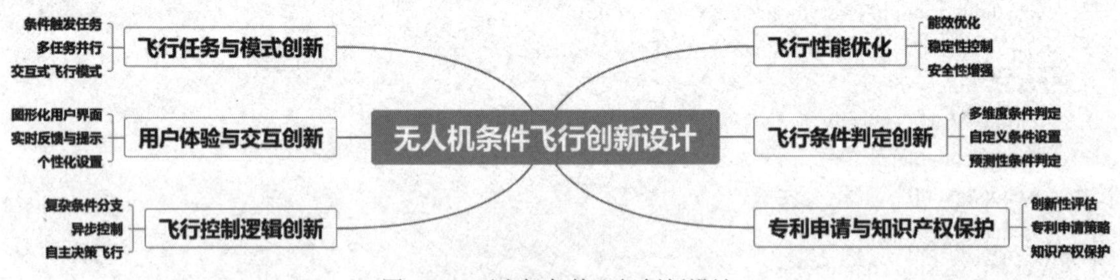

图 4.23 无人机条件飞行创新设计

首先，飞行条件的判定机制为我们提供了创新的温床，鼓励探索更为智能、精准的决策算法，让无人机的每一次升空都基于严谨而前瞻的判断。紧接着，飞行控制逻辑的革新，则是挑战传统，寻求更高效、更灵活的飞行指令执行方式，让无人机在空中舞动出更加曼妙的舞姿。

进一步地，飞行任务与模式的创新设计，为我们打开了想象的大门，无论是定点巡航、自动避障，还是紧急救援、智能拍摄，每一种新模式都是对无人机应用边界的勇敢拓展。而飞行性能与安全的双重考量，则是确保这一切创新得以稳健落地的重要基石，让无人机在追求极致的同时，也能守护每一份安全。

此外，用户体验与交互的创新，让无人机不再仅仅是冷冰冰的机器，而是成为能够与用户心灵相通、默契配合的智能伙伴。最后，专利申请与知识产权保护的强调，则是为这些宝贵的创新成果筑起坚固的防线，保障创作者的权益，激发更多创新火花的绽放。

当堂训练

1. 在 Python 中，使用 if 语句来判断是否满足飞行条件，如果条件为真（即满足飞行条件)，则执行 drone_takeoff()函数。请将以下代码片段补全：

```
if ______:
    drone_takeoff()
else:
    print("不能起飞，条件不满足！")
```

2. drone_takeoff()函数的作用是打印无人机起飞成功的消息。如果要添加一个功能，让无人机在起飞后飞行一定距离，应该在这个函数内部添加相关代码，或者调用另一个函数（如 fly_distance()函数）。假设已经定义好了 fly_distance()函数，请在 drone_takeoff()函数后添加调用该函数的代码。

3. 无人机在完成任务后需要降落，这是通过调用 drone_land()函数实现的。请写出调用 drone_land()函数的完整语句。

4. 在编写无人机程序时，通常会先检查飞行条件。这个检查过程通常被封装在一个函数中，以便在需要时调用。请给出这个可能函数的名称（假设已经给出了 check_flight_conditions()作为示例）。

5. 如果飞行条件不满足，程序应该打印一条消息并结束。在 Python 中，print()函数用于输出文本到控制台。请写出在飞行条件不满足时，程序应该打印的消息（假设已经给出了"不能起飞，条件不满足！"作为示例）。

想创就创

1. 创新编程。设计一个 Python 程序，该程序要求用户输入无人机的飞行模式和目标位置。飞行模式可以是“直线飞行”“环绕飞行”或“自定义飞行”。根据用户的选择，无人机将执行不同的飞行轨迹。对于“自定义飞行”，程序应进一步提示用户输入一系列坐标点，无人机将按顺序访问这些点。使用分支结构来实现这一功能，并确保无人机在完成任务后能够安全降落。

提示：

(1) 你可以定义一个 fly_mode()函数处理飞行模式的选择和相应的飞行逻辑。

(2) 对于“直线飞行”和“环绕飞行”，可以使用简单的逻辑模拟飞行过程（如打印消息表示飞行状态）。

(3) 对于“自定义飞行”，可以提示用户输入一系列坐标点（例如，使用逗号分隔的 x,y 值），并将这些点存储在一个列表中。然后，遍历列表以模拟无人机访问每个点。

(4) 在完成所有飞行任务后，确保调用一个函数（如 drone_land()）模拟无人机的降落。

2. 阅读程序。我们身处一个智能农业的场景中，使用 Tello 无人机进行作物监测与精准施肥。根据作物的生长状态和土壤湿度，无人机需要自主决定其飞行路径，以最高效地完成任务。通过 Python 编程，我们可以为 Tello 无人机编写智能飞行逻辑，使其能够根据不同的环境条件调整飞行策略。阅读以下程序，请说说在编程中如何实现无人机自主决定其飞行路径的？

```
from djitellopy import Tello
```

```
# 初始化无人机
tello = Tello()
tello.connect()
tello.for_back_velocity = 0
tello.left_right_velocity = 0
tello.up_down_velocity = 50
tello.takeoff()
# 假设通过某种方式获得了土壤湿度数据，这里用随机值模拟
soil_moisture = 40   # 假设湿度值范围 0～100
# 飞行路径选择逻辑
if soil_moisture < 30:
    print("土壤湿度低，执行施肥路径")
    # 编写施肥路径的飞行代码
    tello.move_forward(50)   # 假设向前飞行 50 厘米施肥
elif soil_moisture >= 30 and soil_moisture < 70:
    print("土壤湿度适中，执行监测路径")
    # 编写监测路径的飞行代码
    tello.rotate_clockwise(90)   # 假设右转 90 度拍摄照片
else:
    print("土壤湿度过高，无需特别处理")
# 飞行任务完成后降落
tello.land()
```

4.6 逻辑深化：if 嵌套与复杂飞行判断

知识链接

在无人机（如 DJI Tello）的编程应用中，if 嵌套与复杂飞行判断常用于实现精准定位、避障、跟随特定路径或执行基于环境变化的智能飞行任务。例如，在农业监测、野外搜救、空中摄影等领域，无人机需要根据实时数据（如高度、距离、障碍物位置等）调整其飞行策略，以确保任务的安全性和效率。

在 Python 编程中，多分支结构（主要通过 if-elif-else 语句实现）扮演着至关重要的角色。它允许程序根据不同的条件执行不同的代码块，从而实现更加复杂和灵活的逻辑处理。多分支结构是控制流语句的重要组成部分，与循环结构（如 for 和 while）一起，构成了程序流程控制的基础。多分支结构是编程中的基础构建块之一，它在几乎所有编程语言中都存在，并扮演着核心角色。在 Python 中，由于其简洁的语法和强大的功能，多分支结构被广泛用于各种编程任务和项目中。无论是简单的脚本还是复杂的系统，都离不开多分支结构的支持。

一、基础知识

多分支结构能够基于一个或多个条件的不同组合，决定程序的执行路径。这是实现条件

逻辑、数据验证、状态管理等功能的基础。通过多分支结构，可以将相关的代码块组织在一起，根据条件的不同选择不同的执行路径。这有助于保持代码的清晰和可维护性。

1. 多分支结构编程语法与格式

在 Python 中，多分支结构主要通过 if-elif-else 语句来实现。如图 4.24 所示，其基本语法和格式如下：

```
if 条件 1:
    # 当条件 1 为真时执行的代码块
    pass
elif 条件 2:
    # 当条件 1 为假且条件 2 为真时执行的代码块
    pass
elif 条件 3:
```

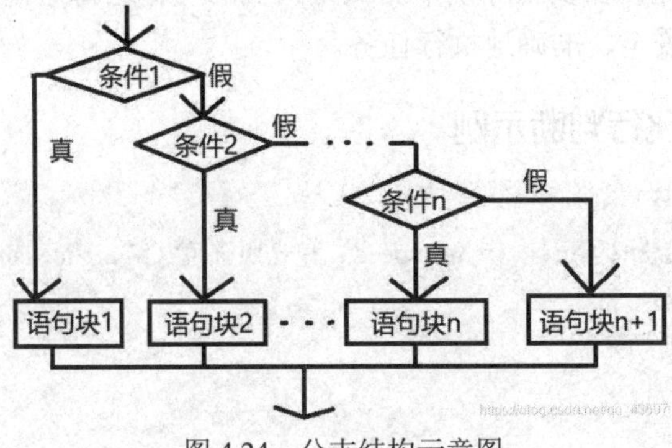

图 4.24　分支结构示意图

2. 在多分支结构方面无人机编程过程需要注意什么

if 语句：用于检查一个条件是否为真。如果为真，则执行 if 语句块中的代码。

elif 语句（可选）：是“else if”的缩写，用于提供额外的条件测试。elif 语句紧跟在 if 语句之后，可以有一个或多个。每个 elif 语句都包含一个新的条件表达式，只有在前面的 if 或 elif 条件表达式为假时才会被评估。

else 语句（可选）：如果前面的所有 if 和 elif 条件表达式都为假，则执行 else 语句块中的代码。else 语句是可选的，但在某些情况下用于捕获所有未明确指定的条件。

缩进：在 Python 中，缩进用于定义代码块的开始和结束。在多分支结构中，每个条件分支的代码块都通过缩进定义。这是 Python 语法的一个重要特性，也是初学者需要特别注意的地方。

pass 语句：在上面的示例中，pass 语句用作占位符，表示该位置应该有一个语句，但实际上什么也不做。在实际编程中，你会用具体的代码替换 pass 语句。

通过合理使用多分支结构，可以使 Python 程序更加灵活和强大，能够处理各种复杂的逻辑条件和场景。

二、实现步骤

第 1 步，环境搭建。安装 Python 环境，并安装 Tello 的 Python SDK。通常可以通过 pip

安装，如 pip install tellopy。

第 2 步，连接无人机。使用 Python 脚本连接到 Tello 无人机，编写代码连接到 Tello 无人机，确保可以发送和接收指令。

第 3 步，数据收集。通过无人机上的传感器或外部设备（如风速计、光敏传感器）获取实时数据（如风速、光照强度）。

第 4 步，飞行逻辑设计。根据收集到的数据，编写复杂的 if 嵌套逻辑，以决定无人机的下一步动作。使用 if-elif-else 嵌套结构根据采集到的数据设计飞行逻辑。例如，如果风速超过一定阈值，则降低飞行高度；如果光照强度过强，则寻找阴影区域飞行；如果检测到前方有障碍物且距离过近，则执行避障操作。

第 5 步，实现控制指令。根据飞行逻辑设计，编写对应的控制指令（如起飞、降落、上升、下降、前进、后退、旋转等）并发送给无人机。

第 6 步，测试与优化。在安全环境中测试无人机的飞行逻辑，根据实际情况调整参数和逻辑，确保无人机能够安全、准确地执行任务。

三、无人机复杂飞行判断示例

```
import tello
# 假设已通过某种方式获取了风速（wind_speed）和光照强度（light_intensity）
wind_speed = 5  # 米/秒
light_intensity = 800  # 勒克斯
drone = tello.Tello()
drone.connect()
if wind_speed > 10:
    print("风速过高，降低飞行高度")
    drone.send_command("down 50")  # 假设 down 命令后接数字表示下降高度
elif light_intensity > 1000:
    print("光照过强，寻找阴影区域")
    # 这里可以加入寻找阴影区域的逻辑，可能需要结合 GPS 和地图数据
    # 示例中简化为原地盘旋
    drone.send_command("cw 360")  # 顺时针旋转 360 度
else:
    print("环境适宜，继续正常飞行")
    # 可以加入更多飞行指令，如前进、拍摄等
drone.send_command("land")  # 任务完成后降落
drone.quit()
```

课堂任务

编写一个 Python 程序，该程序接收用户输入的无人机电池电量百分比，并根据电量输出相应的提示语，同时模拟无人机的起飞和降落过程。

根据电池电量，输出不同的提示语，如果电量大于 75%，输出提示：可以起飞。无人机

起飞，然后降落。如果电量在 25%～75%之间，输出：可以起飞，但要留意电池电量。无人机起飞，然后降落。如果电量小于 25%，输出：不能起飞。

探究活动

第 1 步：无人机与计算机硬件连接步骤，参见第 4 章 4.1 节内容。

第 2 步：设计无人机飞行控制流程图，如图 4.25 所示。具体要求如下：编写一个 Python 程序，该程序接收用户输入的无人机电池电量百分比，并根据电量输出相应的提示语。

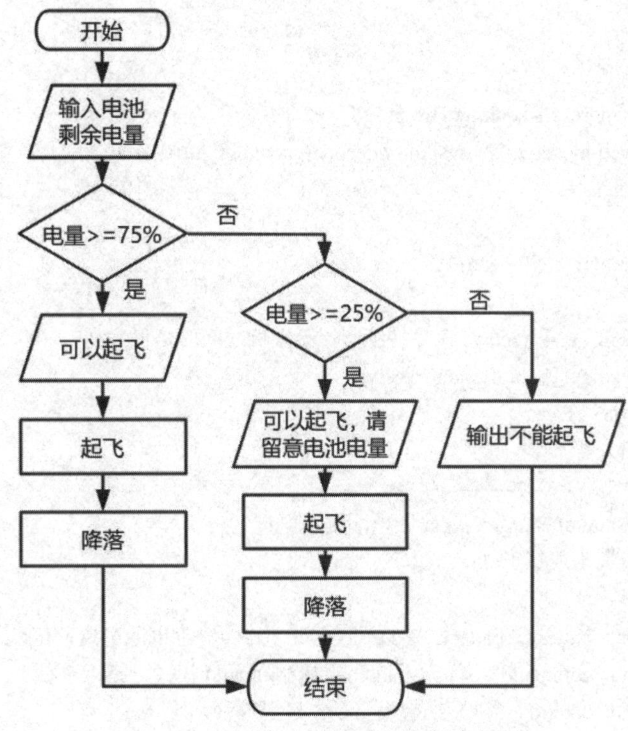

图 4.25　无人机多分支飞行控制流程图

第三步：程序设计。调用相关的模块。

程序代码如下：

```
import socket
import threading
import time
##实现无人机和计算机的数据传输
# Tello 的 IP 和接口
tello_address = ('192.168.10.1', 8889)
# 本地计算机的 IP 和接口
local_address = ('192.168.10.2', 9000)
# 创建一个接收用户指令的 UDP 连接
sock = socket.socket(socket.AF_INET, socket.SOCK_DGRAM)
sock.bind(local_address)
```

```
# 定义 send 命令，发送 send 中的指令给 Tello 无人机并允许一个几秒的延迟
def send(message, delay):
    try:
        sock.sendto(message.encode(), tello_address)
        print("Sending message: " + message)
    except Exception as e:
        print("Error sending: " + str(e))
    time.sleep(delay)
# 定义 receive 命令，循环接收来自 Tello 的信息
def receive():
    while True:
        try:
            response, ip_address = sock.recvfrom(128)
            print("Received message: " + response.decode(encoding='utf-8'))
        except Exception as e:
            sock.close()
            print("Error receiving: " + str(e))
            break
# 开始一个监听线程，利用 receive 命令持续监控无人机发回的信号
receiveThread = threading.Thread(target=receive)
receiveThread.daemon = True
receiveThread.start()
##教学部分-----------------------------------------------
battery = int(input("State of charge:")) #输入电池剩余电量
#如果电池剩余电量大于或等于 75
if battery>=75:
                print("battery:",battery,"%,TELLO will fly") #输出电池电量，可以起飞
                send("command", 3) #无人机设置为 command 模式，延迟 3 秒
                send("takeoff", 5) #发送起飞指令，延迟 5 秒
                send("land",3) #发送降落指令，延迟 3 秒
#如果电池剩余电量大于或等于 25 并且小于 75
elif 25<=battery<75:
                print("battery:",battery,"%,TELLO will fly,take care for State of charge! ")
                #输出电池电量，可以起飞，注意电池电量！
                send("command", 3) #无人机设置为 command 模式，延迟 3 秒
                send("takeoff", 5) #发送起飞指令，延迟 5 秒
                send("land",3) #发送降落指令，延迟 3 秒
#如果电池剩余电量小于 25
else:
          print("battery:",battery,"%, TELLO cannot fly")   #输出不能起飞
##教学部分-----------------------------------------------
```

第 4 步：进行编码测试。请将编写的程序代码上传，并在菜单栏中选定“Run”或按下“F5”键以启动运行调试。单击运行后，你应能看到与图 4.26 相符的运行结果。

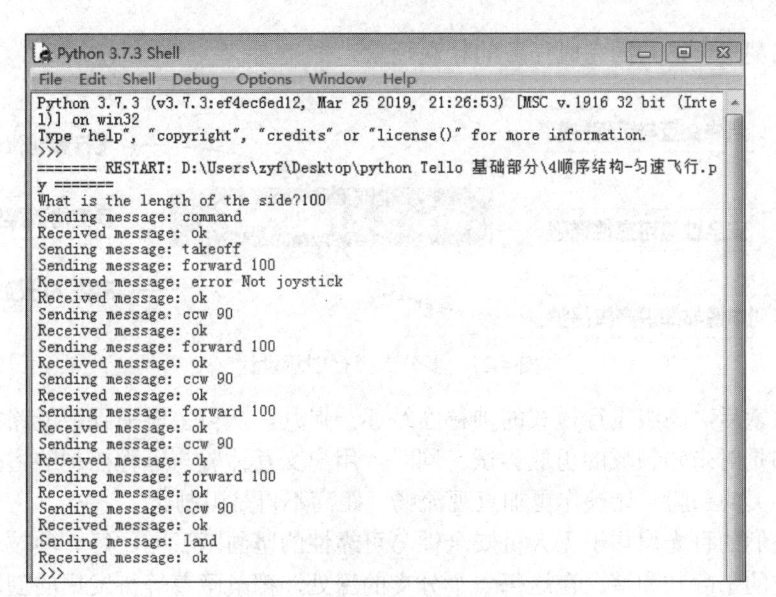

图 4.26　调试结果示意图

成果分享

通过本次课程的深度游历，我们携手踏入了 Python 编程与无人机控制领域交融的奇妙境界，一同揭开了以代码驾驭无人机起降的神秘面纱。这一探索之旅，紧紧围绕着无人机电池电量的实时监控这一核心，展现了技术与智慧的完美碰撞。

在学习的征途中，我们不仅解锁了 Python 接收用户输入的秘籍，更是在编程的海洋里遨游，掌握了多分支结构（if-elif-else）的精髓。这一结构如同魔法钥匙，能够依据无人机电池电量的细微变化，精准解锁不同的提示信息，让每一次电量反馈都跃然于屏幕之上，生动而直观。

更令人兴奋的是，我们不仅仅止步于理论学习，而是将知识转化为实践的力量，共同模拟了无人机从地面腾空而起、直至安全降落的完整过程。这一过程，既是对知识掌握的深度检验，也是对创新思维的一次大胆尝试，让无人机在我们的指尖下，仿佛拥有了生命，自由翱翔于想象的天空。

总而言之，本次课程不仅是一次知识的盛宴，更是一场激发无限可能的创新之旅。它让我们深刻体会到，通过 Python 编程，我们能够以前所未有的方式，与无人机这一高科技产物紧密相连，共同探索未知，飞向更加广阔的学习天地。

思维拓展

在 Python 无人机编程的浩瀚宇宙中，我们以“依据无人机电池电量精准调控起降”这一基石为起点，铺设出一条通往创新无限的道路，如图 4.27 所示。这不仅是一幅设计蓝图，更是激发创意灵感的火花之源。

沿着这条探索之路，我们首先踏入飞行策略优化的秘境，寻求在复杂多变的环境中，如何让无人机以最高效的姿态翱翔天际。随后，多机协同控制的壮丽图景展开，想象着无人机群如雁阵般默契配合，共同完成任务的壮观场景。

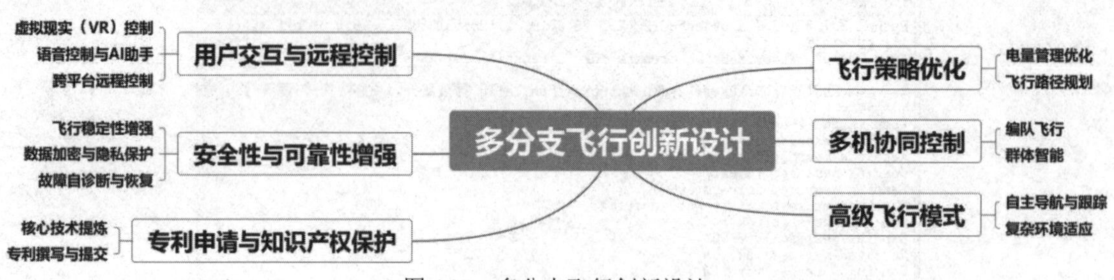

图 4.27 多分支飞行创新设计

经深入探索后，高级飞行模式的神秘面纱逐一揭开，从自主避障到智能路径规划，每一项技术突破都是对未知领域的勇敢尝试。同时，用户交互体验与远程控制的增强，如同为无人机插上了心灵的翅膀，让操作更加直观流畅，距离不再是限制。

最终，我们的目光聚焦于无人机安全性与可靠性的坚固基石上，每一项技术创新都旨在守护这片天空的宁静与和谐。在这每一个分支的深处，都蕴藏着等待发掘的创新宝藏，它们不仅是技术飞跃的跳板，更是引领我们迈向无人机编程新纪元的灯塔。

当堂训练

1. 在 Python 中，使用 input()函数可以接收用户输入的无人机电池电量百分比，并将其存储在变量中，例如：battery_percentage =__________________。

2. 在 Python 程序中，我们使用 input()函数接收用户输入的无人机电池电量百分比，并将其存储在变量 battery_percentage 中。接下来，我们需要通过__________________比较 battery_percentage 的值，以决定输出何种提示语并模拟无人机的行为。

3. 如果 battery_percentage 小于 25%，程序应输出提示："__________________"。

4. 为了将用户输入的字符串转换为整数，以便进行数值比较，可以使用(　　)函数，例如：battery_percentage = int(battery_percentage)。

5. 使用 if-elif-else 语句可以根据电池电量输出不同的提示语。如果电量大于 75%，应输出："__________________________"；如果电量在 25%到 75%之间，应输出："可以起飞，但要留意电池电量"；如果电量小于 25%，应输出："不能起飞"。

想创就创

1. 创新编程。假设你是一家农业科技公司的无人机编程专家，公司研发了一种新型无人机，用于精准农业中的作物监测。该无人机能够根据电池电量和作物生长阶段（如播种期、生长期、成熟期）优化飞行计划和任务执行。现在，请你编写一个 Python 程序，该程序接收用户输入的无人机电池电量百分比和作物生长阶段，根据这两个条件输出相应的提示语，并模拟无人机的起飞、执行任务（作物监测），以及降落过程。同时，根据作物生长阶段的不同，设计不同的监测策略和飞行高度。

编程要求：

（1）多分支控制：使用 if-elif-else 结构根据电池电量和作物生长阶段进行多分支控制。

（2）作物生长阶段处理：为播种期、生长期、成熟期分别设计不同的监测策略和飞行高度。例如，播种期可能需要低空飞行以详细监测播种情况；生长期可以适当提高飞行高度以监测作物生长态势；成熟期可能需要频繁飞行以监测成熟度和病虫害情况。

（3）飞行模拟：模拟无人机的起飞、根据作物生长阶段执行不同的监测任务，以及降落过程。

（4）创新点：鼓励读者在程序中添加自己的创意元素，如根据天气条件动态调整飞行计划、根据作物种类调整监测参数等。

2. 阅读程序。假设我们要编写一个无人机跟随特定路径飞行的程序，同时避免与障碍物碰撞。路径由一系列坐标点组成，无人机需要根据当前位置和下一个目标点的距离以及前方是否有障碍物调整飞行。请你叙述在编程中如何实现 if 嵌套？

```
from tellopy import Tello
import time
# 假设的障碍物检测函数（这里用随机数模拟）
def is_obstacle_ahead():
    import random
    return random.choice([True, False])  # 假设有 50%的概率检测到障碍物
# 初始化无人机
tello = Tello()
tello.connect()
tello.takeoff()
# 设定路径点（示例）
waypoints = [(100, 100), (200, 200), (300, 300)]
current_pos = (0, 0)  # 假设初始位置
for target_pos in waypoints:
    distance = ((target_pos[0] - current_pos[0])**2 + (target_pos[1] - current_pos[1])**2) ** 0.5

    if distance > 50:  # 如果距离较远
        tello.move_forward(distance)
    elif distance < 20:  # 如果接近目标
        if is_obstacle_ahead():  # 如果前方有障碍物
            tello.move_up(20)  # 上升避障
            tello.move_right(10)  # 向右偏移
            # 重新计算距离和避障
        else:
            tello.land()  # 到达目标点，降落
            break
    else:  # 距离适中
        # 可以选择继续直飞或微调方向
        tello.move_forward(10)
    # 更新当前位置（这里简化为直接跳到目标位置）
    current_pos = target_pos
# 结束飞行
tello.end()
```

4.7 轨迹绘制：for 循环与飞行路径编程

知识链接

想象自己化身为无人机编队导演，正精心编织一场夜空下的梦幻灯光秀。在这片璀璨的舞台上，数架 Tello 无人机，以其小巧灵动的身姿与易于编程的特性，即将成为点亮夜空的“星光演员”。它们将在我们的指挥下，于无垠的天幕上绘出一幅幅绚烂夺目的图案与轨迹，为观众献上一场视觉与想象的双重盛宴。为了实现这精确至毫厘的飞行艺术，我们将借助 Python 编程中的 for 循环，如同绘制精密的星图，为每架无人机规划出独一无二的行动轨迹。

设想你正站在舞台剧的导演席上，眼前是即将上演的一幕幕精彩场景。在这场戏剧的世界里，演员们（喻为变量与数据）如同舞台上的精灵，须依照既定的剧本与顺序，逐一展现他们的风采。此时，for 语句便化身为那位运筹帷幄的导演助手，它以其严谨的逻辑与无懈可击的执行力，确保每一位演员（序列中的每一个元素）都能按照剧本的精心编排，有条不紊地步入舞台中央，共同演绎出一场扣人心弦的戏剧。

在这两个截然不同的舞台上，无论是夜空下的无人机灯光秀，还是剧场内的舞台剧表演，for 循环都以其独特的魅力，成为连接创意与实现的桥梁，激发着我们不断探索与创新，让每一次的呈现都超越想象，成就非凡。

一、基础知识

for 语句的作用不仅仅是让代码更加简洁，更重要的是，它提供了一种强大的机制重复执行某段代码块，直到遍历完所有的演员（元素）。这种能力在处理大量数据时尤为重要，如遍历列表、处理字符串中的每个字符，或是按照一定规则生成一系列的数值等。

1. for 语句的基本语法

```
for 迭代变量 in 可迭代对象:
    # 执行循环体
    # 这里编写对序列中每个元素进行操作的代码
```

2. for 语句的使用规则

表 4.4 列出了 for 语句的使用规则。

表 4.4 for 语句的规则

规　则	说　明
迭代变量	在每次循环迭代时，这个变量会被赋予可迭代对象中的下一个元素的值。在循环体中，你可以使用这个变量来引用当前迭代的元素
in	这是 Python 中的一个关键字，用于指定循环遍历的范围，即哪个可迭代对象将被遍历
可迭代对象	这可以是一个列表、元组、字符串、字典（但通常我们会遍历字典的键或值，而不是直接遍历字典本身）、集合，或者是任何实现了__iter__()方法的对象
循环体	这是 for 语句下方缩进的代码块，它会在每次迭代时执行。你可以在这个代码块中执行任何操作，如打印元素的值、计算总和、检查条件等
自动结束循环	for 语句会自动遍历完可迭代对象中的所有元素，并在遍历完成后结束循环。你不需要手动结束循环

3. 示例一：使用 for 语句遍历列表

```
# 定义一个数字列表
numbers = [1, 2, 3, 4, 5]
# 使用 for 语句遍历列表
for number in numbers:
    # 打印当前元素
    print(number)
# 输出结果将会是：
# 1
# 2
# 3
# 4
# 5
```

在这个例子中，numbers 是可迭代对象，number 是迭代变量，它在每次迭代时被赋予 numbers 列表中的一个新元素。循环体中的 print(number)语句用于打印当前迭代的元素。

4. 示例二：for 语句还可以与 range()函数结合使用，以生成一个数字序列并进行遍历。例如，打印数字 0 到 9：

```
# 使用 range()函数生成 0 到 9 的数字序列
for i in range(10):  # 注意：range(10)生成的是 0 到 9 的数字
    print(i)
# 输出结果将会是：
# 0
# 1
# 2
# ...
# 9
```

在这个例子中，range(10)生成了一个从 0 到 9 的数字序列，for 语句遍历了这个序列，并在每次迭代时打印出当前的数字。

二、实现步骤

第 1 步：装备无人机大脑

首先，你需要给无人机装赋予“智慧”——也就是通过 Python 掌握它的飞行参数。这包括设定它转弯的角度有多大，飞得有多快，以及我们要它飞几个来回（循环次数），以决定蛇形轨迹的总长度。

```
# 假设代码，用于连接无人机并初始化
drone.connect()
drone.arm()  # 解锁无人机，准备飞行
# 设置飞行参数
angle_per_turn = 45  # 每次转弯的角度
speed = 3  # 飞行速度
num_turns = 10  # 转弯次数，决定蛇形长度
```

第 2 步：规划飞行路线

接下来，就像你规划旅行路线一样，我们也要为无人机规划一条独特的飞行路线。使用 Python 的 for 循环，就像重复按下“前进-转弯”按钮一样，让无人机按照蛇形规则（如先往左飞一点，再往右飞一点，或者先上后下，具体看你想画什么样的蛇）在空中舞动。每完成一次转弯，我们就告诉它：继续，保持这个节奏。

```
# 使用 for 循环控制飞行次数
for i in range(num_turns):
    if i % 2 == 0:  # 偶数次转弯，假设我们先左转
        drone.move_left(angle_per_turn, speed)  # 假设的函数，用于控制左转
    else:  # 奇数次转弯，右转
        drone.move_right(angle_per_turn, speed)  # 假设的函数，用于控制右转
    # 这里可能还需要添加直线飞行的代码，取决于蛇形定义
    # drone.fly_straight(distance, speed)  # 假设的函数，用于直线飞行
```

注意： 上面的 drone.move_left()、drone.move_right()和 drone.fly_straight()是假设的函数，实际中需要根据使用的无人机 API 或库调用相应的函数。

第 3 步：启动飞行表演

现在，一切准备就绪，是时候让无人机展示它的舞技了！按下“开始”键，无人机就会按照精心设计的航线，在空中划出一道道优美的弧线，就像一条真正的蛇在翱翔。

第 4 步：完美谢幕

当无人机完成了所有预定的飞行动作，别忘了给它一个优雅的降落指令，让它安全地回到地面。这就像一场精彩表演后的谢幕，给观众留下深刻的印象。

```
drone.disarm()  # 锁定无人机，准备降落
drone.land()      # 发送降落指令
```

现在，你已经完成了整个编程过程，从初始化无人机到设置航线，再到执行飞行和结束飞行。运行你的程序，看着无人机在空中画出美丽的蛇形图案，是不是非常有成就感呢？

课堂任务

通过本程序可以完成蛇形飞行任务，在代码中调整参数控制无人机飞出蛇形航线，运用计数循环设置循环飞行次数。

探究活动

第 1 步：无人机与计算机硬件连接步骤，参第 4 章 4.1 节内容。

第 2 步：设计无人机飞行控制流程图，如图 4.28 所

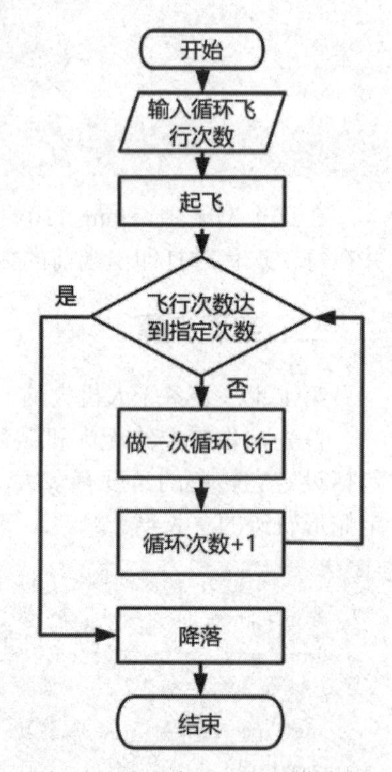

图 4.28 无人机飞行控制流程图

示。具体要求如下：用户可以通过本程序输入无人机零部件、飞行环境和无人机电量情况，如果条件都符合，无人机起飞，然后降落。

第 3 步：程序设计。本程序能实现蛇形飞行，通过调整代码参数控制航线，同时确保无人机与计算机的数据传输。

程序代码如下：

```
## 调用相关的模块
import socket
import threading
import time
# Tello 的 IP 和接口
tello_address = ('192.168.10.1', 8889)
# 本地计算机的 IP 和接口
local_address = ('192.168.10.2', 9000)
# 创建一个接收用户指令的 UDP 连接
sock = socket.socket(socket.AF_INET, socket.SOCK_DGRAM)
sock.bind(local_address)
# 定义 send 命令，发送 send 中的指令给 Tello 无人机并允许一个几秒的延迟
def send(message, delay):
  try:
    sock.sendto(message.encode(), tello_address)
    print("Sending message: " + message)
  except Exception as e:
    print("Error sending: " + str(e))
  time.sleep(delay)
# 定义 receive 命令，循环接收来自 Tello 的信息
def receive():
  while True:
    try:
      response, ip_address = sock.recvfrom(128)
      print("Received message: " + response.decode(encoding='utf-8'))
    except Exception as e:
      sock.close()
      print("Error receiving: " + str(e))
      break
# 开始一个监听线程，利用 receive 命令持续监控无人机发回的信号
receiveThread = threading.Thread(target=receive)
receiveThread.daemon = True
receiveThread.start()
##教学部分-------------------------------------
length = 50   #设置蛇形路径水平方向边长
width = 20   #设置蛇形路径垂直方向边长
times = 2   #设置蛇形路径周期
speed = 20 #设置飞行速度
send("command",3)
send("takeoff",3)
```

```
send("speed "+str(speed),3)
for i in range(int(times)):
    send("forward "+str(length),5)
    send("ccw 90",5)
    send("forward "+str(width),5)
    send("ccw 90",5)
    send("forward "+str(length),5)
    send("cw 90",5)
    send("forward "+str(width),5)
    send("cw 90",5)
send("land",3)
print("mission complete")
##教学部分----------------------------------------
```

第 4 步：进行编码测试。请将编写的程序代码上传，并在菜单栏中选定“Run”或按下“F5”键以启动运行调试。单击运行后，你应能看到与图 4.29 相符的运行结果。

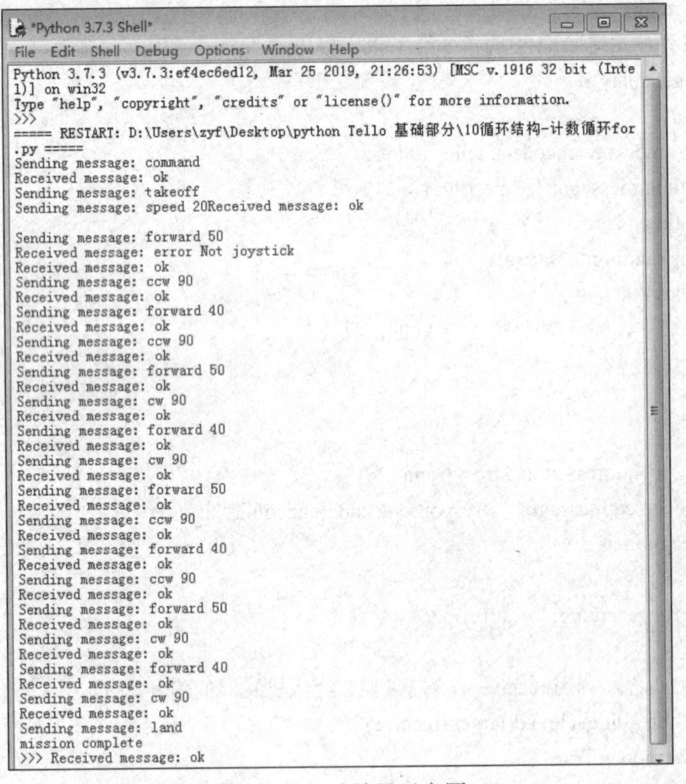

图 4.29　调试结果示意图

成果分享

在本次充满创意与挑战的编程实践中，我们凭借 Python 这一强大编程语言的魅力，巧妙融合循环结构的智慧，特别是那灵动而高效的计数循环——for 循环，精心打造了一款能够引领无人机翩翩起舞、完成复杂蛇形飞行任务的程序。这一份沉甸甸的成果，不仅如同璀璨星辰般点亮了我们对 Python 编程的深刻理解，更如同桥梁一般，连接起了理论与实践，使我们得以亲身踏入编程解决现实问题的奇妙之旅，尤其在无人机控制这一自动化编程的前沿阵地，感受到了编程带来的无限可能。

此番实践，不仅是一次技术的飞跃，更是一次心灵的触动，它犹如一股清泉，激发了我们内心深处对编程艺术的热爱与追求。我们坚信，这份宝贵的实践经验，将会成为每一位参与者心中不灭的灯塔，照亮我们未来在编程海洋中探索与创新的航程。让我们携手并进，继续在编程的世界里，用智慧与汗水，编织出更加绚烂多彩的篇章。

思维拓展

当然，为了深度挖掘并激活我们的创新思维与逻辑思维能力，一场关于无人机飞行程序多元化创新设计的探索之旅正等待着我们，正如图 4.30 那幅精妙的思维导图所细腻勾勒的广阔图景。

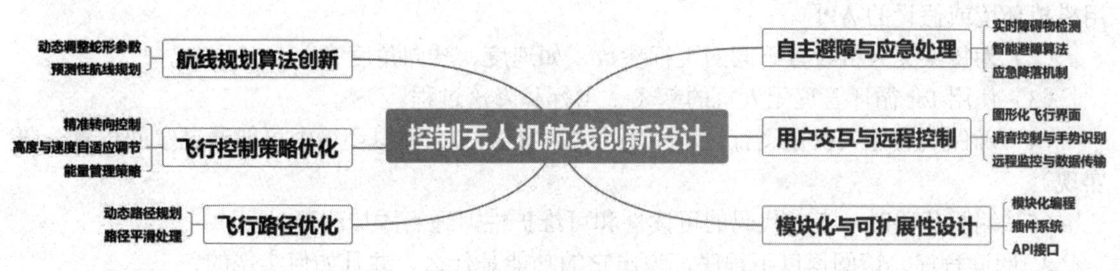

图 4.30　控制无人机航线创新设计示意图

这幅思维导图，如同一座思维的宝库，广泛而深入地揭示了飞行路径的优化艺术、航线规划的算法智慧、飞行策略的创新构想、用户交互与远程控制的未来趋势、自动化与智能化的技术前沿，以及模块化与可扩展性的设计哲学。它不仅仅是一个框架，更是一座桥梁，引领我们迈向控制无人机执行蛇形航线飞行的创新彼岸。

这些熠熠生辉的创新点，不仅能够显著提升无人机的飞行效能，赋予其更高的智能化水平，更如同一股清新的风，为技术创新领域注入源源不断的活力。它们如同一把钥匙，能够开启我们内心深处对未知的好奇与渴望，进而在更深层次上促进我们创新思维与逻辑思维能力的茁壮成长。

在此，我们诚挚地邀请每一位读者，勇敢地踏入编程这一浩瀚无垠的海洋，用你们的智慧与勇气，去开拓那些未知的领域，去挑战那些看似不可能的创新。让你们的思维火花，在代码的海洋中尽情绚烂绽放，照亮我们共同前行的道路。

当堂训练

1. 在 Python 中，编写循环通常使用 for 或 while 语句。对于需要执行固定次数的循环，通常使用_________语句。

2. 在无人机编程中，控制无人机飞行方向时，我们通常需要设置无人机的_________和_________。

3. 为了实现无人机的蛇形飞行，我们需要在循环中交替改变无人机的飞行方向，这通常通过修改无人机的________参数来实现。

4. 假设我们要让无人机飞行 10 次蛇形航线，那么 for 循环的终止条件应该是________。

5. 无人机编程中，除了设置飞行参数外，还需要确保无人机在每次改变方向前达到________状态，以保证航线的精确性。

想创就创

1. 创新编程。设计并实现一个 Python 程序，该程序能够控制多架无人机（假设为 3 架）同时执行蛇形飞行任务。每架无人机需要按照不同的速度或不同的蛇形幅度（通过调整每次转向的角度）进行飞行。使用 for 循环控制每架无人机的起飞、执行蛇形飞行和降落过程，并确保所有无人机在相同的时间段内完成飞行任务。

要求：

（1）Python 的无人机模拟库（如 dronekit，如果实际环境中没有真实无人机，则可以使用模拟环境或假设的 API）。

（2）为每架无人机设置不同的飞行参数（如速度、转向角度）。

（3）使用 for 循环管理无人机的起飞、飞行和降落过程。

（4）确保所有无人机在飞行过程中不会相互干扰（在模拟环境中可能通过空间位置分隔实现）。

（5）编写代码时，考虑代码的可读性和可维护性，适当添加注释。

2. 阅读程序。请阅读以下程序，说出它的功能是什么，并且如何实现的？

```
from tello import Tello
import time
# 初始化 Tello 无人机
tello = Tello()
tello.connect()
# 定义飞行路径
path = [(0, 0, 0), (1, 1, 0), (1, -1, 0), (-1, -1, 0), (-1, 1, 0), (0, 0, 0)]
# 使用 for 循环控制飞行路径
for point in path:
    x, y, z = point
    tello.send_rc_control(0, x*50, y*50, z*50, 0)  # 发送飞行指令，控制无人机移动到指定坐标
    time.sleep(1)  # 等待 1 秒，确保无人机有足够时间移动到指定位置
# 完成飞行，降落无人机
tello.land()
tello.end()
```

4.8 持久飞行：while 循环与长时间任务控制

知识链接

想象一下，你正在玩一个寻宝游戏。游戏的规则是，你需要一直沿着某个方向走（如往

东走)，直到你找到宝藏为止。在这个过程中，你不知道宝藏具体在哪里，但你有一个神奇的小机器，它会告诉你是否已经到达宝藏的位置。这就是 while 语句在编程中的角色——它让你“一直做某件事”，直到某个条件不再满足。

while 语句是 Python 中用于创建循环的一种结构。它会重复执行一段代码块，直到指定的条件不再为真（即条件为假或 False）。while 循环非常适合于不确定循环需要执行多少次的情况，如读取文件直到文件末尾，或者等待用户输入直到输入满足特定条件。

一、while 语句基本语法及其使用规则

1. while 语句的基本语法

```
while 条件表达式:
    # 循环体
    # 这里放置你想重复执行的代码
    # 通常会有一个改变条件表达式的语句，以避免无限循环
```

2. while 语句的使用规则

表 4.5 展示了 while 语句的使用规则。

表 4.5　while 语句规则

规　则	说　明
明确循环条件	确保循环条件在逻辑上是明确的，这样你就知道循环何时应该停止
更新循环条件	在循环体内，确保有一个或多个语句能够更新循环条件，否则你会得到一个无限循环
避免无限循环	始终确保有一个明确的退出条件，避免程序永远运行下去
注意缩进	Python 依赖于缩进来定义代码块。确保 while 循环体内的代码块正确缩进
可读性和维护性	保持循环简短和可理解，避免在循环体内进行复杂的计算或逻辑判断

3. 示例一：使用 while 语句打印数字 1 到 5

```
i = 1  # 初始化循环变量
while i <= 5:  # 循环条件
    print(i)  # 打印当前数字
    i += 1  # 更新循环变量，以避免无限循环
```

在这个例子中，i 是循环变量，它最初被设置为 1。while 循环的条件是 i <= 5，这意味着只要 i 的值小于或等于 5，循环就会继续执行。在循环体内，我们打印出 i 的当前值，并将 i 的值增加 1。这样，每次循环迭代后，i 的值都会更接近 6，直到它变成 6 时，循环条件不再为真，循环结束。

4. 示例二：使用 while 语句读取用户输入

```
user_input = ""
while user_input.lower() != 'quit':  # 用户输入小写后不等于'quit'时继续循环
    user_input = input("请输入一些内容（输入'quit'退出）: ")
    if user_input.lower() != 'quit':  # 可以在这里处理用户的输入
        print(f"你输入了: {user_input}")
```

在这个例子中，我们创建了一个 while 循环，它不断地提示用户输入内容，直到用户输入'quit'为止。在每次循环迭代中，我们读取用户的输入，并将其存储在 user_input 变量中。然后，我们检查 user_input（转换为小写以忽略大小写差异）是否不等于'quit'。如果不是，我们就打印出用户输入的内容；如果是，循环条件变为假，循环结束。注意，我们在循环条件内部和循环体内都检查了 user_input，但在实际应用中，你可能只需要在循环体内处理输入，并依赖循环条件控制何时退出循环。

二、while 语句与 for 语句的异同

1. 相同点

while 和 for 都是循环语句，用于重复执行一段代码。

2. 不同点

while 循环在条件为真时持续执行，直到条件变为假；它适合那些不知道需要循环多少次，但知道何时停止的情况。for 循环则用于遍历任何序列（如列表、元组、字符串）或其他可迭代对象，它知道循环的确切次数。它适合那些需要按顺序处理集合中每个元素的情况。

3. 应用场景一：自助餐（while 语句）

想象一下，你走进了一家自助餐厅，面对琳琅满目的美食，你的目标是品尝每一种你感兴趣的食物，直到你吃饱或者餐厅打烊（这里我们假设餐厅不会打烊，只考虑你吃饱的情况）。

在这个场景中，while 语句就像是你的食欲探测器。它不断地检查你是否饥饿（即条件是否满足），如果饥饿，就让你继续取食物、品尝（即执行循环体内的代码）。一旦你吃饱了（即条件不再满足），就停止取食物，离开餐厅。

```
# 假设我们有一个变量表示你的饥饿程度，初始为 10（非常饥饿）
hunger_level = 10
# 使用 while 语句来模拟不断取食物直到吃饱的过程
while hunger_level > 0:
    print("取食物并品尝...")
    hunger_level -= 1  # 假设每次取食物后，饥饿程度减少 1
# 当 hunger_level 变为 0 时，表示你已经吃饱了，循环结束
print("吃饱了，离开餐厅。")
```

4. 应用场景二：数苹果（for 语句）

现在，让我们转换到另一个场景：你有一个装满苹果的篮子，你的任务是数出篮子里有多少个苹果。在这个场景中，for 语句就像是你的计数器。它知道篮子里有多少个苹果（即循环的次数），并且会一个接一个地帮你计数（即执行循环体内的代码），直到数完所有的苹果。

```
# 假设篮子里有 5 个苹果
apples = [1, 2, 3, 4, 5]  # 这里用列表表示篮子里的苹果，但实际上我们只关心数量
# 使用 for 语句数苹果
total_apples = 0
for apple in apples:
```

```
        print(f"数到一个苹果：{apple}")  # 这里其实只是为了演示，实际上我们并不关心每个苹果的具体编号
        total_apples += 1  # 累加苹果的数量
    # 循环结束后，我们得到了苹果的总数
    print(f"篮子里总共有{total_apples}个苹果。")
    # 但是，如果我们只关心数量而不关心每个苹果本身，可以更简洁地写为：
    total_apples = len(apples)  # 直接使用 len()函数获取列表的长度
    print(f"篮子里总共有{total_apples}个苹果。")
```

通过上面的两个场景和例子，希望初学者能够更生动地理解 while 语句与 for 语句在 Python 编程中的异同。记住，选择哪种循环取决于你的具体需求：如果你知道需要重复的次数，或者正在遍历一个集合，那么 for 循环是更好的选择；如果你不知道需要重复多少次，但知道何时停止，那么 while 循环更适合。

课堂任务

通过本程序可以完成正方形或多边形飞行任务，在代码中调整参数控制无人机飞出正方形或多边形航线，运用条件循环设置循环飞行次数。

探究活动

第 1 步：无人机与计算机硬件连接步骤，参见第 4 章 4.1 节内容。

第 2 步：设计无人机飞行控制流程图，如图 4.31 所示。具体要求如下：用户可以通过本程序输入无人机零部件、飞行环境和无人机电量情况，如果条件都符合，无人机起飞，然后降落。

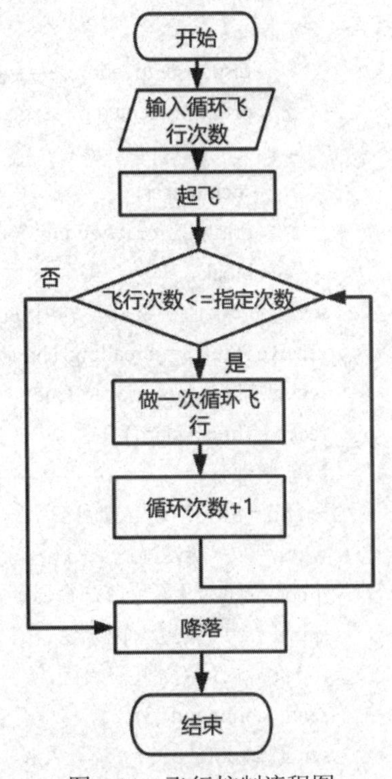

图 4.31 飞行控制流程图

第 3 步：程序设计。

程序代码如下：

```
#调用相关的模块
import socket
import threading
import time
# Tello 的 IP 和接口
tello_address = ('192.168.10.1', 8889)
# 本地计算机的 IP 和接口
local_address = ('192.168.10.2', 9000)
# 创建一个接收用户指令的 UDP 连接
sock = socket.socket(socket.AF_INET, socket.SOCK_DGRAM)
sock.bind(local_address)
```

```
# 定义 send 命令，发送 send 中的指令给 Tello 无人机并允许一个几秒的延迟
def send(message, delay):
    try:
        sock.sendto(message.encode(), tello_address)
        print("Sending message: " + message)
    except Exception as e:
        print("Error sending: " + str(e))
    time.sleep(delay)
# 定义 receive 命令，循环接收来自 Tello 的信息
def receive():
    while True:
        try:
            response, ip_address = sock.recvfrom(128)
            print("Received message: " + response.decode(encoding='utf-8'))
        except Exception as e:
            sock.close()
            print("Error receiving: " + str(e))
            break
# 开始一个监听线程，利用 receive 命令持续监控无人机发回的信号
receiveThread = threading.Thread(target=receive)
receiveThread.daemon = True
receiveThread.start()
##教学部分----------------------------------------
length = 50   #设置蛇形路径水平方向边长
width = 20   #设置蛇形路径垂直方向边长
times = 2   #设置蛇形路径周期
speed = 20 #设置飞行速度
i=0 #循环计数变量初始化
send("command",3)
send("takeoff",3)
send("speed "+str(speed),3)
while i<=3:   #循环条件：计数小于或等于 3 时
    send("forward "+str(length),5)
    send("ccw 90",5)
    send("forward "+str(width),5)
    send("ccw 90",5)
    send("forward "+str(length),5)
    send("cw 90",5)
    send("forward "+str(width),5)
    send("cw 90",5)
    i=i+1   #循环计数加 1
send("land",3)
print("mission complete")
```

```
##教学部分--------------------------------------
# 假设我们有一个控制无人机飞到指定位置的函数 fly_to_point(x, y)
# 这个函数只是模拟，实际上你需要使用 Tello SDK 或其他无人机控制库
# 定义正方形的 4 个角点
corners = [(0, 0), (100, 0), (100, 100), (0, 100)]  # 假设单位是厘米
# 当前位置索引
current_index = 0
# 飞行到正方形的第一个角点
# 注意：在实际应用中，这里可能需要一个初始起飞指令
print("Flying to first corner:", corners[current_index])
# 假设 fly_to_point(corners[current_index][0], corners[current_index][1]) 被调用了
# 使用 while 循环遍历正方形的 4 个角点
while current_index < len(corners) - 1:  # 减 1 是因为我们会在循环内部增加到最后一个角点
    # 获取下一个角点的索引（注意循环中的+1）
    next_index = (current_index + 1) % len(corners)
    # 假设有一个飞行到下一个角点的过程（这里只是打印）
    print("Flying from", corners[current_index], "to", corners[next_index])
    # 在这里会调用 fly_to_point(corners[next_index][0], corners[next_index][1])
    # 更新当前位置索引
    current_index = next_index
# 注意：在最后一个角点时，循环已经结束，但如果你想要无人机从最后一个角点飞回到起始点，
# 你可以再次调用 fly_to_point(corners[0][0], corners[0][1])，或者在这里添加一段代码来实现
print("Flying back to the starting point:", corners[0])
# 假设 fly_to_point(corners[0][0], corners[0][1]) 被调用了
# 重要的说明：
# (1)上面的代码是一个伪代码示例，它不会直接控制真实的无人机。
# (2)在实际应用中，你需要使用 Tello SDK 或类似的 API 来发送飞行指令。
# (3)无人机飞行时还需要考虑起飞、降落、速度控制、避障等因素。
```

第 4 步：进行编码测试。请将编写的程序代码上传，并在菜单栏中选定“Run”或按下“F5”键以启动运行调试。单击运行后，你应能看到与图 4.32 相符的运行结果。

```
Received message: ok
Sending message: cw 90
Received message: ok
Sending message: forward 50
Received message: ok
Sending message: ccw 90
Received message: ok
Sending message: forward 20
Received message: ok
Sending message: ccw 90
Received message: ok
Sending message: forward 50
Received message: ok
Sending message: cw 90
Received message: ok
Sending message: forward 20
Received message: ok
Sending message: cw 90
Received message: ok
Sending message: land
Received message: ok
mission complete
>>>
```

图 4.32　运行调试结果

成果分享

在本次编程的梦幻之旅中，学生们摇身一变，成为了翱翔天际的编织大师。他们巧妙运用 Python 那如魔法般的代码，为无人机精心勾勒出正方形的严谨与多边形的变幻莫测。在这场智慧与创意的盛宴里，学生们不仅深入掌握了 while 循环的精髓，指挥着无人机在蔚蓝的天幕下翩翩起舞，更在无数次参数的微调与尝试中，释放出了无尽的想象与潜能。

此番无人机飞行编程的实践，不仅见证了技术的飞跃，更是一次心灵的觉醒。它犹如一粒种子，在学生们的心田生根发芽，激发起对科技创新的无限向往与追求。我们深信，这仅仅是个开始，未来的征途中，我们将与学生们并肩作战，勇敢地攀登科技的高峰，探索那些未知而迷人的领域。让我们共同期待，在每一场编程实践的洗礼下，创新之花都将以最绚烂的姿态，绽放出属于我们的辉煌！

思维拓展

依托本节课的核心教学内容，我们得以在控制无人机飞出正方形乃至复杂多边形航线的程序设计领域，展开一场别开生面的创新探索。此番探索，不仅是一次技术的飞跃，更是思维火花碰撞的璀璨时刻。如图 4.33 所示，一幅精练的思维导图缓缓铺展，它如同一盏明灯，照亮了我们通往创新之路的每一步。

图 4.33　多边形航线飞行创新设计示意图

在这幅思维导图中，每一条细腻的分支，都是通往新知的桥梁。它们不仅承载着详实的实施策略，更蕴藏着激发灵感的技术创新点。我们鼓励每一位读者，在扎实掌握基础知识的坚实地基上，勇敢地迈出创新的步伐。通过这幅思维导图的引领，愿你的思维之翼得以翱翔，不仅深化对无人机航线设计的理解，更在无形中锻造出锐利的创新思维与严谨的逻辑思维能力。

让我们携手，以本节课为起点，共同开启一段充满挑战与惊喜的创新旅程，让无人机的航线在创新的天空下，绘出更加绚烂多彩的图案。

当堂训练

1. 在 Python 中，用于重复执行一段代码直到某个条件不再满足的语句是_________。
2. 在无人机飞行编程中，若需控制无人机在特定形状（如正方形）内飞行，可通过调整飞行路径的________和________来实现。

3. 使用 while 循环进行无人机飞行编程时，通常需要在循环体内更新控制变量，以避免产生________循环。

4. 在编写无人机多边形飞行路径的程序时，可以通过设置________变量来控制飞行边数，以及使用________语句来调整飞行方向。

5. 若希望无人机在完成一次正方形飞行后继续重复飞行，可以在 while 循环中嵌套一个________循环，用于控制正方形的 4 个边的飞行。

想创就创

1. 创新编程。设计并实现一个 Python 程序，该程序能够控制多台无人机（假设为两台）以不同的飞行速度执行正方形飞行任务。每台无人机应当独立控制，且飞行次数、速度等参数可通过用户输入来设定。程序应使用 while 循环控制无人机的飞行次数，并考虑使用函数封装无人机的飞行逻辑，以提高代码的可读性和可重用性。

2. 继写程序。以下是一个 Python 程序片段，用于控制单台无人机执行正方形飞行任务。但程序中缺失了部分代码，请补充完整，特别是 while 循环的条件和循环体内的飞行逻辑，以确保无人机能够飞行指定次数并完成正方形航线。

```
class Drone:
    def __init__(self, flight_times):
        self.flight_times = flight_times   # 飞行次数
        self.current_time = 0   # 当前飞行次数
    def fly_one_side(self):
        # 假设这里包含了控制无人机飞行正方形一边的代码
        print("Flying one side of the square.")
    def fly_square(self):
        # 使用 while 循环控制飞行次数
        # 填空部分开始
        while self.current_time < self.flight_times:   # 确保飞行次数不超过设定值
            for _ in range(4):   # 飞行正方形的 4 个边
                self.fly_one_side()
      # 注意：这里只增加外层循环的次数，因为内层 for 循环已经完成了 4 边的飞行
            self.current_time += 1   # 更新当前飞行次数
        # 填空部分结束
        print("Flight completed.")
# 实例化无人机并设置飞行次数
drone = Drone(4)   # 假设飞行 4 次，即飞行两个完整的正方形
# 调用飞行方法
drone.fly_square()
```

4.9　本章学习评价

请完成以下题目，并借助本章的知识链接、探究活动、课堂训练以及思维拓展等部分，

全面评估自己在知识掌握与技能运用、解决实际难题方面的能力，以及在此过程中形成的情感态度与价值观，是否成功达成了本章设定的学习目标。

一、填空题

1. 在 Python 中，使用________符号为变量赋值，例如，给无人机速度赋值可以写作 speed = 10。
2. 无人机的起飞动作在 Python 程序中通常作为________结构的第一条指令执行。
3. 要判断无人机是否达到指定高度，可以使用________语句实现条件判断。
4. 在 Python 中，循环结构分为 for 循环和________循环两种。
5. 使用 if-elif-else 结构可以处理无人机飞行中的________个或更多条件判断。
6. 无人机的飞行路径可以通过将一系列坐标点存储在________（数据结构）中来实现。
7. 假设无人机飞行时间为 time 秒，速度为 speed 米/秒，则飞行距离可以通过表达式________计算。
8 .在 Python 中，通过修改列表的________方法可以改变无人机飞行路径中的某个点。
9. 使用 Python 的 while 循环时，为了避免无限循环，通常需要设置一个________条件。
10. 当无人机完成所有任务后，应使用________语句结束程序。

二、选择题

1. 在 Python 中，以下哪个语句用于接收用户输入？
   A. input()　　B. print()
   C. if　　D. while
2. 要使无人机沿直线飞行一定距离，应使用以下哪个指令？
   A. takeoff()　　B. move_forward(distance)
   C. rotate_left(angle)　　D. land()
3. 在 Python 程序中，if-elif-else 结构用于实现什么功能？
   A. 循环执行代码　　B. 根据条件选择执行不同的代码块
   C. 停止程序运行　　D. 定义变量
4. while 循环的结束条件通常设置在什么位置？
   A. 循环体内部　　B. 循环体外部
   C. 循环开始前　　D. 不需要设置
5. 以下哪个不是无人机飞行控制中常用的指令？
   A. takeoff()　　B. print_message()
   C. move_up(distance)　　D. land()
6. 在控制无人机飞行时，若要让无人机执行特定的飞行动作，通常需要通过什么实现？
   A. 无人机遥控器　　B. Python 编程
   C. 手机 App　　D. 无人机自带的自动飞行模式
7. 下列哪个指令用于设置无人机的飞行速度？
   A. speed(value)　　B. height(value)
   C. direction(value)　　D. battery(value)

8. 在 Python 程序中，为了避免无限循环，我们需要在循环体内做什么？
   A. 调用外部函数　　B. 使用 break 语句
   C. 更新循环条件　　D. 增加延迟
9. 以下哪个数据结构适合存储无人机的飞行路径坐标点？
   A. 列表　　B. 字典
   C. 元组　　D. 集合
10. 在无人机编程中，若要实现无人机根据电池电量决定是否起飞，应使用什么结构？
   A. 顺序结构　　B. 分支结构
   C. 循环结构　　D. 递归结构

三、无人机飞行编程题

1. 让无人机在指定区域内循环飞行并每隔一定时间拍摄一张照片，直到接收到停止指令。
2. 根据飞行任务的紧急程度，调整无人机的飞行速度，紧急任务时加速，非紧急时减速。
3. 给定无人机的飞行时间和平均速度，计算并打印出无人机的总飞行距离。
4. 编写程序记录无人机的飞行日志，包括起飞时间、降落时间、飞行高度和速度等信息。
5. 模拟无人机同时执行多个任务（如拍摄、环境监测）的场景，使用 Python 的并发或异步编程技术实现。

四、阅读以下程序，并回答问题

```
# 请阅读以下 Python 程序片段，该程序控制无人机沿指定路径飞行。请分析程序逻辑，并回答以下问题：
# 假设已经连接到无人机并初始化了相关对象
drone = Drone()
# 定义飞行路径的坐标点
waypoints = [(0, 0), (100, 0), (100, 100), (0, 100)]
# 当前位置索引
current_index = 0
# 开始飞行
while current_index < len(waypoints):
    # 获取当前坐标点
    current_point = waypoints[current_index]
    # 飞行到当前坐标点
    drone.fly_to_point(current_point[0], current_point[1])
    # 更新当前位置索引
    current_index += 1
# 飞行结束，降落无人机
drone.land()
```

想一想：请问答如下几个问题：

1. 程序中的 waypoints 列表存储了什么信息？
2. drone.fly_to_point(current_point[0], current_point[1])这行代码的作用是什么？
3. while 循环的条件是什么？它如何确保无人机能够访问所有坐标点？

4. 如果希望在无人机飞行到每个坐标点后都执行一些额外的动作（如拍摄照片），应该在哪里添加代码？

第 4 章答案

第 4 章代码

下篇

第 5 章
CHAPTER 5

无人机拼图与数据处理

在前几章的无人机翱翔之旅中，我们仿佛漫步于 Python 编程的绮丽仙境，从基础数据类型的细腻描绘，到复杂程序结构的壮丽构建，每一步都闪耀着智慧与创意的璀璨光芒。然而，最引人入胜的冒险，总是藏匿于将知识的种子播撒于实践沃土的瞬间。此刻，我们将携手迈入一场无人机编程的梦幻之旅，以浩瀚苍穹为无垠画布，以精准数据为灵动笔触，共同绘制出一幕幕震撼心灵的飞行奇观。

无人机，作为现代科技之巅的璀璨明珠，其背后蕴含的编程智慧与数据处理魔力，是解锁未来无限风光的神秘钥匙。从轻盈的起落翩跹，到繁复轨迹的精准勾勒，每一刻都需要编程指令的严谨指挥与数据处理的精妙运筹。我们不仅是在汲取 Python 数据结构知识的甘泉，更是在以代码为线，以无人机为笔，勾勒出一场场关于飞翔的梦想盛宴，于天际间绘就一幅幅震撼人心的艺术巨作。

在这场旅程中，每一次编程挑战都如同智慧的飞跃，跨越思维的界限；每一次飞行尝试，都是对未知世界的勇敢探索，拓宽了我们的视野与想象。让我们并肩前行，在无人机编织的飞行轨迹间，共同撰写 Python 编程史上的崭新篇章，让创新的火花在蓝天的见证下璀璨绽放！

通过本章的深入探索，我们将超越基础的 Python 语法边界，深潜至列表、元组、字典等高级数据结构的奥秘之中，并巧妙运用函数与类的智慧，让无人机化身为我们手中的智慧之翼，自由翱翔于数据编织的梦幻空间。这一过程，不仅将显著提升我们的无人机实操技艺，更将深刻锤炼我们的逻辑思维、工程思维、计算思维与创新精神，为未来的科技探索之路奠定坚实的基石。

本章主要知识点：

- 智能起降：逻辑运算符编程探险。
- 列表拼图：无人机绘三角轨迹编程。
- 元组绘星：无人机五星轨迹环游飞。
- 字典织梦：Tello 无人机翱翔天际。
- 函数拼图：Tello 梯级降飞挑战。
- 智能绕障：Tello 飞行拼图挑战。
- 函数拼图：Tello 火山侦察探险。
- 蛇形轨迹：Tello 飞行函数编织。

5.1 智能起降：逻辑运算符编程探险

知识链接

无人机技术被广泛应用于航拍、农业监测、紧急救援、环境监测等多个领域。通过编程实现无人机的智能起降功能，能够进一步提升无人机作业的自动化水平，减少人工干预，并显著提高工作效率。

在无人机编程的初步阶段，首先需要掌握无人机的基本操作和控制原理。这包括但不限于对无人机起飞、降落、前进、后退、上升、下降等基本飞行控制动作的了解。此外，还需要熟悉无人机常用的传感器，如 GPS、惯性测量单元（IMU）等，以及这些传感器辅助飞行控制的过程。同时，了解无人机与地面控制站之间的通信协议，如 Wi-Fi、蓝牙等，也是编程中不可或缺的一部分。

一、基础知识

在 Python 编程中，not、and、or 是逻辑运算符，它们在控制程序流程、条件判断等方面起着至关重要的作用。这些运算符用于组合或修改条件表达式的真值（True 或 False）。下面将逐一介绍这些运算符的含义、作用、地位以及使用规则，并通过例子帮助初学者理解。

1. not 运算符

not 是一个逻辑非运算符，用于反转其操作数的真值。如果操作数为真（True），则结果为假（False）；如果操作数为假（False），则结果为真（True）。not 在编程中用于构建否定条件，使得在特定条件不满足时执行某些操作。使用规则：操作数应为布尔值（True 或 False）或可以隐式转换为布尔值的表达式；结果总是布尔值（True 或 False）。

例如：

```
# 否定布尔值
print(not True) # 输出: False
print(not False) # 输出: True
```

2. and 运算符

and 是一个逻辑与运算符，用于组合两个或多个条件，只有当所有条件都为真时，整个表达式的结果才为真。and 在编程中用于确保多个条件同时满足时才执行某些操作。使用规则：操作数应为布尔值或可以隐式转换为布尔值的表达式；结果是布尔值，只有当所有操作数都为真时，结果才为真。

例如：

```
# 逻辑与操作
print(True and True) # 输出: True
print(True and False) # 输出: False
print(5 > 3 and 2 < 3) # 输出: True
```

3. or 运算符

or 是一个逻辑或运算符，用于组合两个或多个条件，只要有一个条件为真，整个表达式的结果就为真。or 在编程中用于确保至少有一个条件满足时执行某些操作。使用规则：操作数应为布尔值或可以隐式转换为布尔值的表达式；结果是布尔值，只要有一个操作数为真，结果就为真。

例如：

```
# 逻辑或操作
print(True or False) # 输出: True
print(False or False) # 输出: False
print(5 > 10 or 2 < 3) # 输出: True
```

4. 组合使用

逻辑运算符可以组合使用，以构建更复杂的条件表达式。在组合使用时，not 的优先级高于 and，而 and 的优先级高于 or。但是，建议使用括号明确指定运算顺序，以提高代码的可读性。

例如：

```
# 组合使用逻辑运算符
print(not (True and False)) # 输出: True
print(False or not (5 < 3)) # 输出: True
```

通过上面的介绍和例子，初学者应该能够理解 not、and、or 逻辑运算符的含义、作用、地位以及使用规则，并能够在 Python 编程中灵活运用这些运算符构建条件表达式。

二、实现步骤

第 1 步，环境设置。安装 Python 环境，配置 Tello 无人机 SDK。

第 2 步，输入条件。通过用户输入或预设值设定无人机零部件状态（如电机是否完好）、飞行环境（如天气是否适宜）、无人机电量情况。

第 3 步，条件判断。使用逻辑运算符组合多个条件，判断是否满足起飞要求。例如：电机完好 and 天气适宜 and 电量充足。

第 4 步，执行飞行。如果条件满足，发送起飞指令给无人机，执行起飞动作。

第 5 步，执行降落。起飞后，可以设定一定时间或特定条件触发降落指令，使无人机安全降落。

三、逻辑运算符编程探险实例

```
# 假设已经通过 SDK 连接到无人机，并可以发送指令
def check_conditions(motor_status, weather, battery_level):
    return motor_status == "good" and weather == "suitable" and battery_level > 50
def fly_drone():
    motor_status = input("请输入电机状态（good/bad）：")
    weather = input("请输入天气情况（suitable/unsuitable）：")
    battery_level = int(input("请输入电量百分比："))
    if check_conditions(motor_status, weather, battery_level):
        print("所有条件满足，无人机起飞！")
```

```
            # 发送起飞指令给无人机
            send_command("takeoff")
            # 假设飞行一段时间后自动降落
            time.sleep(10)
            print("无人机降落。")
            send_command("land")
        else:
            print("条件不满足，无法起飞。")
# 假设 send_command()是已经定义好的发送指令给无人机的函数
def send_command(command):
    # 这里填入发送指令给无人机的代码
    print(f"发送指令：{command}")
# 运行无人机起降程序
fly_drone()
```

课堂任务

用户可以通过本程序输入无人机零部件、飞行环境和无人机电量情况，如果条件都符合，无人机起飞，然后降落（提示：多个条件是并列关系）。

通过本项目，学生将能够理解并应用 Python 中的逻辑运算符进行多条件判断；掌握如何通过编程控制无人机的起飞和降落；提升编程实践能力，体验无人机编程的乐趣和应用价值。

探究活动

第 1 步：无人机与计算机硬件连接步骤，参第 4 章 4.1 节内容。

第 2 步：设计无人机飞行控制流程图，如图 5.1 所示。具体要求如下：用户可以通过本程序输入无人机零部件、飞行环境和无人机电量情况，如果条件都符合，无人机起飞，然后降落。

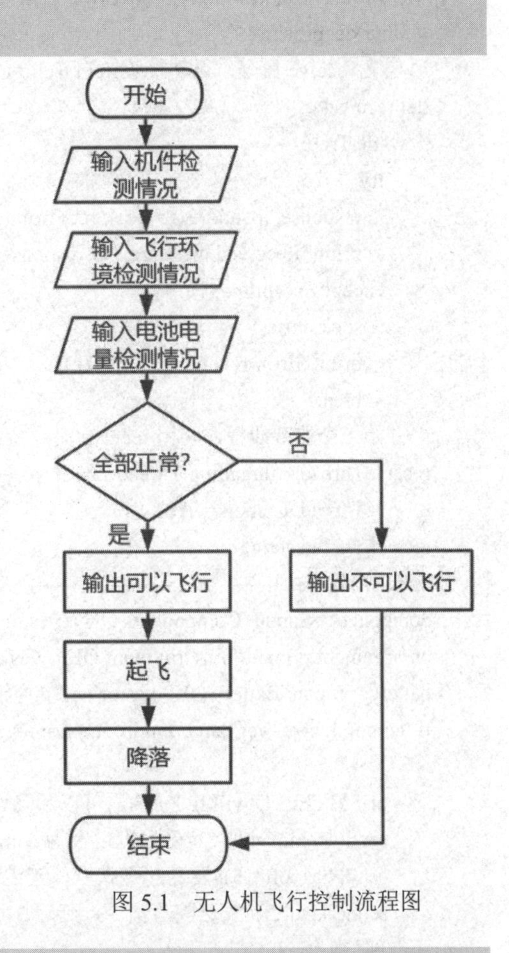

图 5.1　无人机飞行控制流程图

第三步：程序设计。

```
# 调用相关的模块
import socket
import threading
import time
##实现无人机和计算机的数据传输
# Tello 的 IP 和接口
```

```
tello_address = ('192.168.10.1', 8889)
# 本地计算机的 IP 和接口
local_address = ('192.168.10.2', 9000)
# 创建一个接收用户指令的 UDP 连接
sock = socket.socket(socket.AF_INET, socket.SOCK_DGRAM)
sock.bind(local_address)
# 定义 send 命令，发送 send 中的指令给 Tello 无人机并允许一个几秒的延迟
def send(message, delay):
    try:
        sock.sendto(message.encode(), tello_address)
        print("Sending message: " + message)
    except Exception as e:
        print("Error sending: " + str(e))
    time.sleep(delay)
# 定义 receive 命令，循环接收来自 Tello 的信息
def receive():
    while True:
        try:
            response, ip_address = sock.recvfrom(128)
            print("Received message: " + response.decode(encoding='utf-8'))
        except Exception as e:
            sock.close()
            print("Error receiving: " + str(e))
            break
# 开始一个监听线程，利用 receive 命令持续监控无人机发回的信号
receiveThread = threading.Thread(target=receive)
receiveThread.daemon = True
receiveThread.start()
##教学部分-----------------------------------------------
component = input("Components OK？ yes or no:") #机件是否正常
environment = input("Environment OK？ yes or no:")#环境是否符合飞行
battery = input("Battery OK? yes or no:")#电池电量是否足够
if (component=="yes")and (environment=="yes")and (battery=="yes"): #如果机件、环境、电池检测都符合
                                                                    #要求
    print("TELLO will fly")#输出可以起飞
    send("command", 3)#无人机设置为 command 模式，延迟 3 秒
    send("takeoff", 5)#发送起飞指令，延迟 5 秒
    send("land",3)#发送降落指令，延迟 3 秒
else: #否则
    print("TELLO cannot fly") #输出不能起飞

##教学部分-----------------------------------------------
```

第 4 步：上传程序代码并单击“Run”或按下“F5”键运行，调试运行状态；运行调试结果如图 5.2 所示。

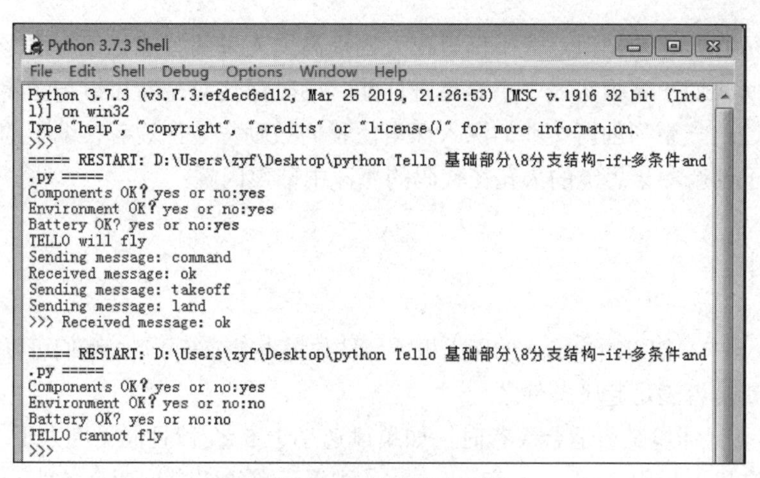

图 5.2　运行结果示意图

成果分享

在这个激动人心的编程学习旅程中，我们共同探索了如何使用 Python 实现无人机起飞与降落条件的模拟程序。通过该项目的实践，我们不仅加深了对 Python 编程语言的理解，还熟练掌握了利用 if 语句结合多个条件（通过 and 逻辑运算符）控制程序流程的技巧。

借助这一项目的实践，我们学会了在 Python 中处理用户输入、执行条件判断以及模拟简单的时间延迟。更为重要的是，每个人都深刻体会到了编程中逻辑思考的重要性。下面继续深入探索 Python 的更多功能，努力将所学知识应用于更为复杂的项目中，以此不断提升自身的编程能力。同时，也欢迎大家分享自己的学习心得和成果，共同营造一个积极向上的编程学习氛围。

思维拓展

当然，为了深度激发创新思维与逻辑思维能力，我们可以选择进一步探索无人机飞行程序的多样化创新设计路径，这一点在图 5.3 中得到了详尽的描绘。该思维导图系统地涵盖了从条件判断机制的精细化优化、飞行策略的突破性创新、用户交互体验的全面升级、飞行数据的深度管理与智能分析、安全性能与合规性标准的显著提升、丰富扩展功能的无缝集成，到程序架构的模块化与高度可扩展性等多个方面。

图 5.3　多条件飞行程序创新设计示意图

这些经过精心设计的创新点，不仅旨在大幅提高无人机的智能化运行水平，更作为强大的驱动力，促使我们在编程实践中不断精进技能，同时深化对创新思维与逻辑思维能力的培养与锻炼。通过这一系列创新实践的深入探索，我们鼓励每一位读者在编程的广阔领域中，勇于开拓，敢于创新，让思维的火花在代码的海洋中璀璨闪耀。

当堂训练

1. 在 Python 中，如果用户输入的无人机零部件数量大于或等于 5，我们可以使用________逻辑运算符判断是否满足起飞条件之一。

2. 当判断飞行环境是否适合飞行时，如果风速小于 5 米/秒且能见度大于 1000 米，则环境适合飞行。这里应使用________和________逻辑运算符组合这两个条件。

3. 无人机电量情况需要达到________（逻辑运算符）某一阈值（如 70%）才能安全起飞。虽然这里填空更偏向于条件描述，但如果非要用逻辑运算符表示，可以理解为“必须满足”，即逻辑上的“且”，但实际编程中通常直接使用比较操作。

4. 如果无人机零部件、飞行环境和无人机电量三个条件都满足，则使用________逻辑运算符将它们组合起来判断无人机是否可以起飞。

5. 无人机起飞后，为了安全降落，需要确认________（逻辑运算符）当前位置无障碍物且降落区域足够大。

想创就创

1. 创新编程。编写一个 Python 程序，该程序接收多架无人机的零部件状态、飞行环境适应性和电量水平作为输入。根据这些条件以及预定义的飞行任务要求，程序需要决定哪些无人机能够执行哪些飞行任务，并模拟它们的起飞、执行任务（以打印语句表示）和降落过程。

2. 阅读程序。请你阅读完本程序，说出逻辑运行符在哪里应用，在无人机飞行中起到什么作用。

```
# 假设已经通过 SDK 连接到无人机，并可以发送指令
def check_conditions(motor_status, weather, battery_level):
    return motor_status == "good" and weather == "suitable" and battery_level > 50
def fly_drone():
    motor_status = input("请输入电机状态（good/bad）：")
    weather = input("请输入天气情况（suitable/unsuitable）：")
    battery_level = int(input("请输入电量百分比："))
    if check_conditions(motor_status, weather, battery_level):
        print("所有条件满足，无人机起飞！")
        # 发送起飞指令给无人机
        send_command("takeoff")
        # 假设飞行一段时间后自动降落
```

```
            time.sleep(10)
            print("无人机降落。")
            send_command("land")
    else:
            print("条件不满足，无法起飞。")
# 假设 send_command()是已经定义好的发送指令给无人机的函数
def send_command(command):
    # 这里填入发送指令给无人机的代码
    print(f"发送指令：{command}")
# 导入 time 模块以使用 sleep()函数
import time
# 运行无人机起降程序
fly_drone()
```

5.2　列表拼图：无人机绘三角轨迹编程

知识链接

想象一下，你是一位无人机编程小能手，手握遥控器，正准备让你的 Tello 无人机在空中勾勒出绚丽的图案。今天，我们的挑战是让 Tello 无人机在空中精准地绘制一个三角形轨迹。这不仅仅是一次编程与无人机技术的融合实践，更是一次创意与技术的精彩碰撞。

通过编程，我们可以赋予无人机生命，让它按照我们的指令在空中自由飞翔，绘制出各种奇妙的图形。而要实现这一目标，Python 编程将是我们得力的工具。

Python 是一种功能强大的高级编程语言，它提供了丰富的内置数据结构，这些数据结构对于存储和操作数据至关重要。在 Python 的世界里，列表（list）、元组（tuple）、字典（dictionary）、集合（set）等数据结构是我们实现复杂编程任务的重要基石。接下来，就让我们利用 Python 的这些特性，一起动手编写代码，实现 Tello 无人机的三角形飞行轨迹吧！

一、基础知识

（一）遍历

在 Python 中，遍历（或迭代）是指按顺序访问一个序列（如列表、元组、字符串等）中的每个元素。在上面的例子中，我们使用 for 循环遍历了路径列表 path 中的每个坐标点。每次循环，我们都会从 path 中取出一个坐标点（即一个元组），然后解包这个元组到变量 x、y、z 中，最后调用 fly_to()函数使无人机飞行到该坐标点。

（二）列表

Python 列表是一种非常灵活和强大的数据结构，它允许你存储一个有序的元素集合；其中列表使用方括号[]表示，列表中的元素之间用逗号分隔。这些元素可以是不同类型的，包括数字、字符串、甚至是其他列表（嵌套列表），但在实际应用中，为了代码的可读性和可维护性，通常建议列表中的元素类型保持一致。例如：my_list = [1, "hello", 3.14]列表是可变的，意味着你可以添加、删除或修改列表中的元素，如表 5.1 所示。

表 5.1　列表操作

指　令	说　明	举　例
列表名=[ ]	创建列表：使用方括号[]直接定义列表，元素之间用逗号分隔	my_list = [item1, item2, ..., itemN] my_list = [1, 2, 3, 'a', 'b', [4, 5]]
列表名[索引]	访问元素：通过索引访问特定位置的元素，索引从 0 开始	my_list[index]（索引从 0 开始） print(my_list[0]) # 输出: 1 print(my_list[-1]) # 输出: [4, 5]

insert()	插入元素：使用 insert()方法在指定位置插入元素	my_list.insert(index, item)
		# 在索引 2 的位置插入'c'
		my_list.insert(2, 'c')

del()	删除元素：使用 del()语句删除指定位置的元素	del my_list[index] del my_list[2]　# 删除索引为 2 的元素

remove()	使用 remove()方法删除第一个匹配的元素（通过值来删除）	# 删除列表中第一个'a'
		my_list.remove('a')

pop()	使用 pop()方法删除并返回指定位置的元素，如果不指定位置，则默认删除最后一个元素	# 删除并返回最后一个元素
		last_element = my_list.pop()
		# 删除并返回索引为 1 的元素
		second_element = my_list.pop(1)

遍历列表	使用 for 循环遍历列表中的每个元素	for item in my_list: 　　print(item)
enumerate()	使用 enumerate()函数遍历列表，同时获取元素及其索引	for index, item in enumerate(my_list): 　　print(index, item)

列表切片	使用切片操作访问列表的一个子集	# 获取索引 1 到 2（不包括 3）的元素
		sub_list = my_list[1:3]
		# 获取所有偶数索引的元素 every_second_item = my_list[::2]

sort()	使用 sort()方法对列表进行原地排序（即直接修改原列表）	my_list.sort() # 默认升序排序 my_list.sort(reverse=True) # 降序排序
sorted()	使用 sorted()函数对列表进行排序，并返回一个新的列表，原列表不变	sorted_list = sorted(my_list)

列表连接	使用+运算符连接两个列表
	使用*运算符重复列表中的元素
		# 使用+运算符连接两个列表
		list1 = [1, 2, 3]
		list2 = [4, 5, 6]
		combined_list = list1 + list2
		# 创建一个包含 5 个 0 的列表
		repeated_list = [0] * 5

例 1：编程创建一个列表，并对列表中的元素进行访问、添加、删除及遍历输出等操作。

```
# 创建列表
my_list = [1, 'hello', 3.14]
```

```
# 访问元素
print(my_list[0]) # 输出: 1
# 插入元素
my_list.insert(1, 'world')
print(my_list) # 输出: [1, 'world', 'hello', 3.14]
# 删除元素
del my_list[1]
print(my_list) # 输出: [1, 'hello', 3.14]
# 遍历列表
for item in my_list:
    print(item)
# 输出:
# 1
# hello
# 3.14
```

（三）Tello 无人机沿线飞行指标

1. 坐标系统

无人机飞行通常基于一个二维或三维的坐标系统。对于简单的沿线飞行，我们主要关注二维坐标（X, Y），但在实际应用中可能还需要考虑高度（Z）。

2. 飞行指令

Tello 无人机通过接收特定的飞行指令执行动作，如起飞、降落、向前飞、向后飞、向左飞、向右飞等。在编程中，我们需要将这些动作转换为 SDK 中定义的函数调用。

3. 状态监控

在飞行过程中，无人机会不断发送其状态信息（如电池电量、飞行高度、速度等）。编程时，我们需要处理这些信息以确保飞行的安全性和稳定性。

4. 异常处理

无人机飞行过程中可能会遇到各种异常情况（如信号丢失、电池电量低、碰撞等）。编程时，我们需要编写异常处理逻辑应对这些情况。

二、实现步骤

第 1 步，规划路径。你需要确定无人机要规划一个三角形的飞行轨迹的路径，并记录下每个关键点的坐标。

第 2 步，初始化无人机。通过编程连接到 Tello 无人机，并进行必要的初始化设置，如设置飞行模式、校准传感器等。

第 3 步，起飞。发送起飞指令，使无人机离开地面并达到预设的飞行高度。

第 4 步，沿线飞行。遍历路径中的每个坐标点，计算无人机当前位置与目标位置之间的差值，并发送相应的飞行指令使无人机向目标点移动，例如：前进 X 米、左转 120 度、前进 X 米、左转 120 度、前进 X 米。

第 5 步，降落。当无人机完成所有飞行任务后，发送降落指令，使无人机安全着陆。

第 6 步，编写 Python 程序。

三、实例说明

以下是一个简化的 Python 示例，展示了如何让 Tello 无人机沿线飞行。注意，这里的函数（如 takeoff(), fly_to(), land()）是假设的，你需要用实际的 TELLO SDK 函数替换它们。

```
# 假设的 TELLO SDK 函数
# 实际上，你需要从 TELLO SDK 中导入并使用真实的函数
# 初始化无人机（这里省略了实际的连接和初始化代码）
# drone = Tello()
# drone.connect()
# 路径规划
path = [(0, 0, 5), (100, 0, 5), (100, 100, 5), (0, 100, 5), (0, 0, 5)]   # (X, Y, Z)
# 假设的起飞函数
def takeoff(height=5):
    print("Drone is taking off to {} meters...".format(height))
    # drone.takeoff(height) # 使用实际的起飞函数
# 假设的飞行到指定坐标点的函数
def fly_to(x, y, z):
    print(f"Flying to ({x}, {y}, {z})...")
    # drone.move_to(x, y, z) # 使用实际的飞行到指定坐标点的函数
# 假设的降落函数
def land():
    print("Drone is landing...")
    # drone.land() # 使用实际的降落函数
# 实现沿线飞行
takeoff() # 起飞
for point in path:
    x, y, z = point
    fly_to(x, y, z) # 遍历路径中的每个点并飞行到该点
land() # 降落
```

课堂任务

在一次科技活动中，老师向学生们生动展示了无人机绘制三角形的程序，并进行了实时演示。随着无人机的灵活移动，一个清晰的三角形轨迹逐渐在空中呈现，学生们目睹这一过程后，纷纷表达了惊讶与兴奋之情。请你编程实现无人机绘制三角形轨迹。

探究活动

第 1 步：无人机与计算机硬件连接步骤，参见第 4 章 4.1 节内容。

第 2 步：设计无人机飞行控制流程图，如图 5.4 所示。具体要求如下：创建无人机飞行指令列表，列表里的指令是无人机按顺序执行的飞行指令，可根据实际情况替换为实际的 Tello 命令。

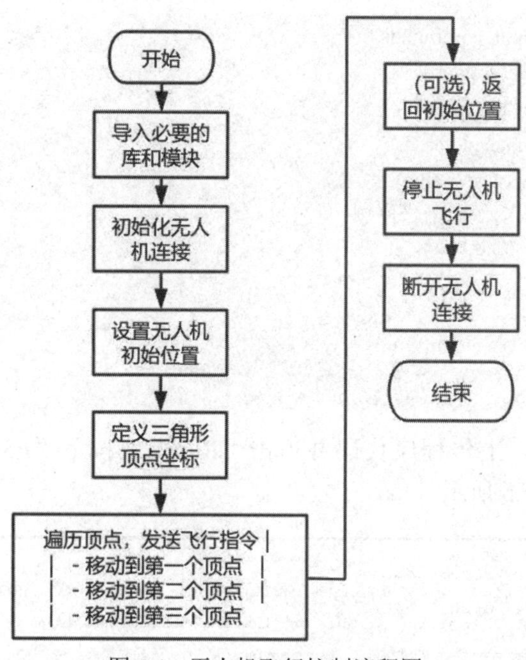

图 5.4　无人机飞行控制流程图

第 3 步：程序设计。假设我们已经有了与 Tello 无人机通信的库，并且该库提供了 takeoff()、move_forward(distance)、rotate_clockwise()和 land()等函数。以下是绘制三角形飞行轨迹的 Python 程序示例（注意：这里的函数名和参数仅为示例，实际需根据 TELLO SDK 调整）。

```
##实现无人机和计算机的数据传输
# 调用相关的模块
from djitellopy import Tello
import time
# 创建 Tello 对象
tello = Tello()
# 连接无人机
tello.connect()
# 检查电池电量
print(f"电池电量: {tello.get_battery()}%")
# 起飞
tello.takeoff()
# 定义指令列表
# 这里的指令列表包含移动和旋转动作
flight_commands = [
    ('move_forward', 100),          # 向前飞行 100 厘米
    ('rotate_clockwise', 120),      # 顺时针旋转 120 度
    ('move_forward', 100),          # 向前飞行 100 厘米
    ('rotate_clockwise', 120),      # 顺时针旋转 120 度
    ('move_forward', 100),          # 向前飞行 100 厘米
    ('rotate_clockwise', 120)       # 顺时针旋转 120 度（返回起飞位置）
]
# 遍历指令并执行
```

```
for command, value in flight_commands:
    if command == 'move_forward':
        tello.move_forward(value)
    elif command == 'rotate_clockwise':
        tello.rotate_clockwise(value)
    time.sleep(1) # 每次动作后稍作停顿
# 降落
tello.land()
print("完成三角轨迹飞行！")
# 断开连接
tello.end()
```

第 4 步：编码调试。上传程序代码并单击“Run”或按下“F5”键运行，调试运行状态；运行调试结果如图 5.5 所示。

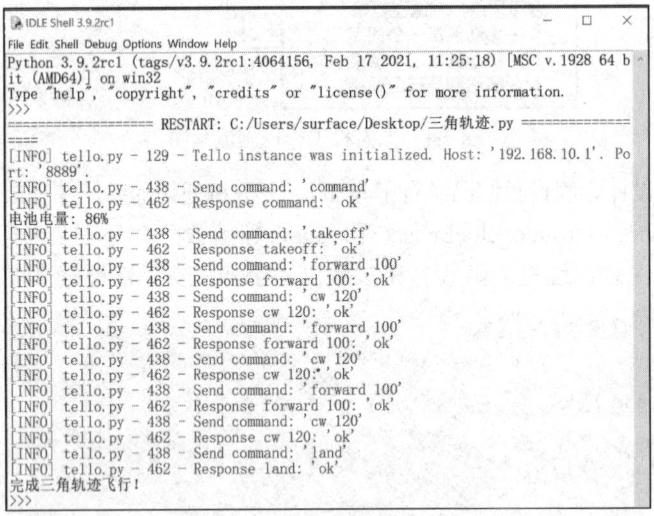

```
IDLE Shell 3.9.2rc1
File Edit Shell Debug Options Window Help
Python 3.9.2rc1 (tags/v3.9.2rc1:4064156, Feb 17 2021, 11:25:18) [MSC v.1928 64 b
it (AMD64)] on win32
Type "help", "copyright", "credits" or "license()" for more information.
>>>
================== RESTART: C:/Users/surface/Desktop/三角轨迹.py ==============
====
[INFO] tello.py - 129 - Tello instance was initialized. Host: '192.168.10.1'. Po
rt: '8889'.
[INFO] tello.py - 438 - Send command: 'command'
[INFO] tello.py - 462 - Response command: 'ok'
电池电量: 86%
[INFO] tello.py - 438 - Send command: 'takeoff'
[INFO] tello.py - 462 - Response takeoff: 'ok'
[INFO] tello.py - 438 - Send command: 'forward 100'
[INFO] tello.py - 462 - Response forward 100: 'ok'
[INFO] tello.py - 438 - Send command: 'cw 120'
[INFO] tello.py - 462 - Response cw 120: 'ok'
[INFO] tello.py - 438 - Send command: 'forward 100'
[INFO] tello.py - 462 - Response forward 100: 'ok'
[INFO] tello.py - 438 - Send command: 'cw 120'
[INFO] tello.py - 462 - Response cw 120: 'ok'
[INFO] tello.py - 438 - Send command: 'forward 100'
[INFO] tello.py - 462 - Response forward 100: 'ok'
[INFO] tello.py - 438 - Send command: 'cw 120'
[INFO] tello.py - 462 - Response cw 120: 'ok'
[INFO] tello.py - 438 - Send command: 'land'
[INFO] tello.py - 462 - Response land: 'ok'
完成三角轨迹飞行!
>>>
```

图 5.5　调试运行结果示意图

成果分享

刚才，我们共同跨越了技术的鸿沟，巧妙地将 Python 编程的强大功能与 Tello 无人机的无限可能相结合，在蔚蓝的天空下绘制出一幅精美的三角形飞行轨迹。这次经历不仅是对编程技能的一次实战应用，更是一场充满创意与想象力的盛宴。

随着键盘的敲击声，无人机仿佛被激活，化身为天空中的舞者，在广袤的天际中自由翱翔，精准地描绘出几何图案。那流畅的飞行轨迹，既是代码与硬件紧密合作的产物，也是勇于探索未知、挑战自我的象征，更是对编程艺术的一次深情表达。

更令人振奋的是，他们还将这段精彩的飞行过程录制成了名为“三角形轨迹飞行.mp4”的视频，并通过二维码分享给了全世界。这不仅仅是一个简单的视频展示，更是一次创新思维的交流与传播。只需扫描二维码，你便能亲身体验到无人机技术的魅力，同时激发自己对编程、科技以及未来无限可能的探索欲望。

让我们携手共进，继续在这条既充满挑战又充满奇迹的编程之路上前行，用代码编织梦想，用创新照亮前行的道路！

思维拓展

在 Python 编程与 Tello 无人机绘制三角形轨迹的探索中，我们不仅超越了基础技能的范畴，还深入挖掘了列表数据结构在无人机飞行编程中的广阔应用前景。这一项目不仅稳固了编程与无人机操控的基础，而且极大地激发了学生们对创新设计的浓厚兴趣。

通过重构飞行逻辑，学生们掌握了如何利用列表优化飞行路径，从而实现了创意与效率的完美结合，展现出独特的飞行艺术。同时，我们还引导他们思考交互与控制方式的创新，探索如何运用多样化的输入手段提升用户体验。

此外，我们引入了传感器与数据处理技术的最新视角，强调在确保飞行安全与稳定性的基础上，不断追求技术应用的深度与广度。这次实践不仅让学生们深刻感受到了科技的魅力，更为他们未来在无人机编程领域的探索与创新奠定了坚实的基础，同时也为无人机飞行程序的创新设计提供了宝贵的思路，如图 5.6 所示。

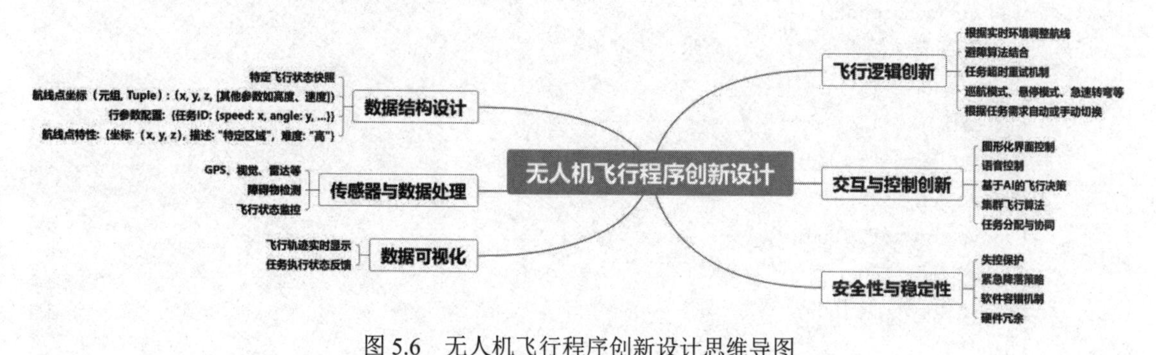

图 5.6　无人机飞行程序创新设计思维导图

当堂训练

1. 在 Python 中，我们可以使用________数据类型存储三角形顶点的坐标，每个顶点由一对(x, y)坐标组成。

2. Tello 无人机飞行控制通常通过发送________命令给无人机来实现，这些命令包括起飞、降落、移动等。

3. 在控制 Tello 无人机绘制三角形时，需要确保无人机按照正确的________顺序飞往各个顶点，以形成预期的图形。

4. 无人机在飞行过程中，其________和________会不断变化，这需要在编程时进行考虑和计算。

5. 为了确保 Tello 无人机能够准确绘制三角形，可能需要在程序中实现________算法，以计算从当前位置到目标顶点的飞行路径。

想创就创

1. 创新编程。设计一个 Python 程序，该程序使用数据结构列表规划并控制 Tello 无人机执行一项创新的飞行任务——“寻宝探险”。在这个任务中，你将挑战使用 Python 编程控制 Tello 无人机，在空中绘制一个由多个简单图形（如正方形、圆形、三角形等）组成的复杂拼图。这个拼图将由一系列预定义的图形顶点坐标列表组成，每个图形都由其特定的顶点坐标定义。你的任务是编写一个程序，该程序能够读取这些图形的数据，控制无人机依次绘制出每个图形，并最终形成完整的拼图。

2. 阅读程序。在以下 Python 代码片段中，填充缺失的部分，以完成无人机飞行拼图任务，并说出数据结构之列表在本程序中的作用。

```
# 假设的 TELLO 控制库（实际需要导入真实的 TELLO SDK）
from tello_simulated_sdk import Tello
# 初始化无人机对象
tello = Tello()
# 连接到 Tello 无人机（假设函数）
tello.connect()
# 等待无人机连接成功（假设函数）
tello.wait_for_connection()
# 飞行轨迹列表（假设距离单位为厘米，角度单位为度）
triangle_trajectory = [
    ("takeoff",),
    ("move_forward", 1000),   # 假设 10 米转换为 1000 厘米
    ("rotate_left", 120),
    ("move_forward", 1000),
    ("rotate_left", 120),
    ("move_forward", 1000),
    ("land",)
]
# 执行飞行轨迹
for command, value in triangle_trajectory:
    if value is not None:
        # 发送带有参数的指令
        getattr(tello, command)(value)
    else:
        # 发送无参数的指令
        getattr(tello, command)()
# 关闭无人机连接（假设函数）
tello.end()
```

5.3 元组绘星：无人机五星轨迹环游飞

知识链接

想象一下，你是一位无人机表演艺术家，手中灵活地操控着小巧的 Tello 无人机。接下来，你面临的挑战是在晴朗的天空中，巧妙地利用无人机的飞行轨迹，绘制出一个璀璨的五

星图案。这个图案应如夜空中最亮的星星，熠熠生辉，为人们带来无尽的惊喜与欢乐。此任务不仅对你的编程技能提出了高要求，更使你对无人机飞行的精准控制有了更为深刻的理解与掌握。

一、基础知识

（一）元组（tuple）

Python 元组是一种序列类型，元组使用圆括号 ()表示，元组中的元素之间用逗号分隔，如 my_tuple = (1, "hello", 3.14)。如果元组中只有一个元素，需要在元素后面添加逗号，如 (1,)，以区分元组和仅包含单个元素的表达式。

元组与列表（list）相似，但它一旦被创建就不能被修改（即它是不可变的）。如果需要修改元组中的值，通常需要将元组转换为列表，进行修改，然后再转换回元组。元组在 Python 中用于存储多个项，这些项可以是不同类型的数据。对元组的操作，如表 5.2 所示。

表 5.2　元组操作

指　　令	说　　明	举　　例
创建元组	使用圆括号( )创建元组	my_tuple = (1, 2, 3, 'a', 'b') singleton_tuple = (1,)
访问元素	通过索引访问特定位置的元素，索引从 0 开始	print(my_tuple[0]) # 输出: 1 print(my_tuple[-1]) # 输出: 'b'

切片操作	使用切片操作来访问元组的一个子集。切片还可以指定步长	sub_tuple = my_tuple[1:3]
		# 获取索引 1 到 2（不包括 3）的元素
		every_second_item = my_tuple[::2]
		# 获取所有偶数索引的元素

连接元组	使用+运算符可以连接两个或多个元组	tuple1 = (1, 2, 3) tuple2 = ('a', 'b', 'c') combined_tuple = tuple1 + tuple2

重复元组	使用*运算符可以重复元组中的元素，创建一个新的元组	# 创建一个包含 5 个 0 的元组
		repeated_tuple = (0,)* 5

编程过程中，当数据不需要修改时，使用元组可以提高代码的安全性；元组可以用作字典的键，因为它们是不可变的；在函数返回多个值时，可以使用元组来打包这些值。

在 Python 3.7 中，元组是一种内置的数据结构，用于存储一系列不可变的项目。对于 Tello 无人机的飞行轨迹来说，我们可以将每个飞行点的坐标（通常包括 x, y, z 坐标，但具体取决于无人机的控制协议）封装在元组中。然后，将这些表示飞行点的元组组合成一个更大的元组，即飞行路径。例如：我们可以这样定义一个表示五星图案飞行路径的元组：

```
star_path = (
    (x1, y1, z1),      # 第一个飞行点的坐标
    (x2, y2, z2),      # 第二个飞行点的坐标
    ...                # 以此类推，直到最后一个点
    (xn, yn, zn)       # 最后一个飞行点的坐标，可以是闭合点
)
```

（二）元组与列表互相转换

1. 元组转列表

在 Python 中，将元组转换成列表是一个常见的操作，因为列表是可变的，而元组是不可变的。这种转换通常通过内置的 list()函数完成。将元组作为参数传递给 list()函数，函数会返回一个新的列表，其中包含元组中的所有元素。这个操作不会修改原始元组，因为元组是不可变的。

例 2：假设有一个元组 my_tuple，我们想将它转换成列表 my_list。

```
# 定义一个元组
my_tuple = (1, 2, 3, 'a', 'b', [4, 5, 6])
# 使用 list()函数将元组转换成列表
my_list = list(my_tuple)
# 输出转换后的列表
print(my_list) # 输出: [1, 2, 3, 'a', 'b', [4, 5, 6]]
# 验证原始元组没有改变
print(my_tuple) # 输出: (1, 2, 3, 'a', 'b', [4, 5, 6])
```

如果你有一个包含嵌套元组的元组，并希望将它们都转换成列表（包括嵌套的），你可能需要递归函数。但这里仅提供一个简单的单层嵌套。

例 3：定义一个包含嵌套元组的元组

```
nested_tuple = (1, (2, 3), 'a', ('b', 'c'))
# 简单的转换，但注意这不会将嵌套元组也转换成列表
simple_conversion = list(nested_tuple)
print(simple_conversion) # 输出: [1, (2, 3), 'a', ('b', 'c')]
```

如果要转换嵌套元组，可以使用递归函数（这里不展示完整递归实现），但对于简单情况，你可以手动处理或编写一个特定的函数处理嵌套。对于复杂的嵌套结构，你可能需要编写一个递归函数遍历元组，并将所有级别的嵌套元组都转换成列表。这样的函数将检查每个元素，如果元素是元组，则递归地调用自身来转换它；否则，直接将元素添加到结果列表中。

2. 列表转元组

在 Python 中，将列表转换成元组是一个简单而直接的操作，因为元组是 Python 中用于存储多个项的不可变序列类型。这种转换通常通过内置的 tuple()函数完成。将列表作为参数传递给 tuple()函数，函数会返回一个新的元组，其中包含列表中的所有元素。这个操作不会修改原始列表，因为列表是可变的，而元组是不可变的。

例 4：假设有一个列表 my_list，我们想将它转换成元组 my_tuple。

```
# 定义一个列表
my_list = [1, 2, 3, 'a', 'b', [4, 5, 6]]
# 使用 tuple()函数将列表转换成元组
my_tuple = tuple(my_list)
# 输出转换后的元组
```

```
print(my_tuple) # 输出: (1, 2, 3, 'a', 'b', [4, 5, 6])
# 验证原始列表没有改变
print(my_list) # 输出: [1, 2, 3, 'a', 'b', [4, 5, 6]]
```

二、实现步骤

第 1 步，计算五星图案的坐标点。利用数学公式或绘图软件，计算出五星图案各个顶点的坐标。这些坐标将作为无人机飞行的目标点。

第 2 步，构建飞行路径元组。将计算出的坐标点按照飞行顺序封装成元组，并组合成飞行路径元组。

第 3 步，编写无人机控制脚本。使用 Python 编写脚本，通过 Tello SDK 或其他无人机控制库与 Tello 无人机进行通信。脚本需要能够解析飞行路径元组，并逐点发送飞行指令给无人机。

第 4 步，发送飞行指令。在无人机起飞后，脚本将遍历飞行路径元组，对每个坐标点发送飞行指令。无人机将按照指令移动到指定的位置。

第 5 步，监控与调整。在无人机飞行过程中，可以通过无人机自带的摄像头或地面站软件监控其飞行状态，并根据需要进行调整。

第 6 步，完成飞行并降落。当无人机完成五星图案的绘制后，发送降落指令让无人机安全着陆。

三、实例说明

以下是一个简化的 Python 脚本示例，展示了如何控制 Tello 无人机在假设的二维平面上（忽略 z 坐标）绘制一个简单的五星图案（注意：实际代码需要根据 Tello SDK 进行调整）：

```
# 假设 tello_controller 是一个与 Tello 无人机通信的对象
# 这里的坐标是简化的，实际坐标需要根据五星图案进行计算
star_path = (
    (0, 0),  # 起点（或中心点）
    (50, 30),  # 第一个顶点
    (100, 0),  # 第二个顶点
    # ... 省略其他顶点坐标
    (0, 0) # 回到起点，形成闭合图形（可选）
)
# 假设 tello_controller 包含起飞、移动和降落的方法
tello_controller.takeoff()
for point in star_path:
    x, y = point
    tello_controller.move_to(x, y) # 假设这是控制无人机移动到指定点的方法
    # 这里可能需要添加延迟确保无人机稳定
tello_controller.land()
```

注意，上述代码是一个高度简化的示例，旨在说明概念。在实际应用中，你需要根据 Tello SDK 的文档实现具体的控制逻辑，包括无人机的起飞、飞行控制、降落以及可能的异常处理等。此外，五星图案的坐标点也需要通过数学计算或绘图软件精确获取。

课堂任务

使用 Python 编写一个程序，该程序能够控制 Tello 无人机按照预设的元组中的坐标点飞行，以在空中绘制出一个标准的五星图形。元组中每个元素代表一个坐标点（可以是二维坐标，如(x, y)），坐标点应基于无人机的起飞点进行相对定位。

探究活动

第 1 步：无人机与计算机硬件连接步骤，参见第 4 章 4.1 节内容。

第 2 步：设计无人机飞行控制流程图，如图 5.7 所示。具体要求如下：让无人机沿五星图形轨迹循环飞行，可根据实际情况替换为实际的 Tello 命令。

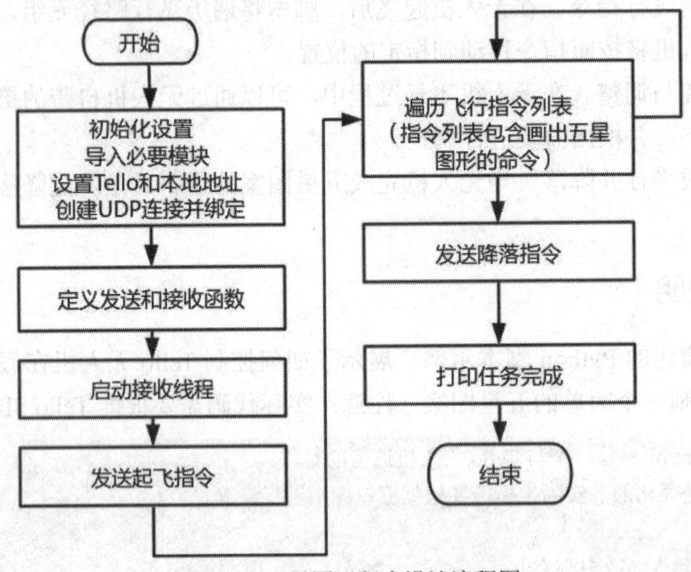

图 5.7 五星图形程序设计流程图

第 3 步：程序设计。

```
# 实现无人机和电脑的数据传输
# 调用相关的模块
import socket
import threading
import time
# Tello 的 IP 和接口
tello_address = ('192.168.10.1', 8889)
# 本地计算机的 IP 和接口
local_address = ('192.168.10.2', 9000)
# 创建一个接收用户指令的 UDP 连接
sock = socket.socket(socket.AF_INET, socket.SOCK_DGRAM)
sock.bind(local_address)
# 定义 send 命令，发送 send 中的指令给 Telo 无人机并允许一个几秒的延迟
def send(message, delay):
```

```
    try:
      sock.sendto(message.encode(), tello_address)
      print("Sending message: " + message)
    except Exception as e:
      print("Error sending: " + str(e))
    time.sleep(delay)
# 定义 receive 命令，循环接收来自 Tello 的信息
def receive():
  while True:
    try:
      response, ip_address = sock.recvfrom(128)
      print("Received message: " + response.decode(encoding='utf-8'))
    except Exception as e:
      sock.close()
      print("Error receiving: " + str(e))
      break
# 开始一个监听线程，利用 receive 命令持续监控无人机发回的信号
receiveThread = threading.Thread(target=receive)
receiveThread.daemon = True
receiveThread.start()
##教学部分---------------------------------------
#创建无人机飞行指令列表，列表里的指令是无人机按顺序执行的飞行指令，可根据实际情况替换为实际的 Tello 命令，如"takeoff"，"up 50"，"forward 100"等
commands = [
        "forward 50",  # 往前飞 50 厘米（五角星每条边长）
        "cw 144",      # 右转 144 度（五角星每个角崴脚角度）
        "forward 50",  # 往前飞 50 厘米
        "cw 144",      # 右转 144 度
        "forward 50",  # 往前飞 50 厘米（五角星每条边长）
        "cw 144",      # 右转 144 度
        "forward 50",  # 往前飞 50 厘米（五角星每条边长）
        "cw 144",      # 右转 144 度
        "forward 50",  # 往前飞 50 厘米（五角星每条边长）
        "cw 144",      # 右转 144 度
            ]
send("command",5)
send("takeoff",5)  # 起飞
for i in commands: #循环执行指令列表里面的指令，完成五角星飞行轨迹
  send(i,5)#向无人机发送指令列表里面的指令，每条指令间隔 5 秒
send("land",5)  # 降落
print("mission complete")
##教学部分---------------------------------------
```

第 4 步，编码测试与优化。完成代码编写后，鼠标单击“Run”或按下“F5”键运行，进入调试运行状态，运行调试结果如图 5.8 所示。

```
IDLE Shell 3.10.0b4
File Edit Shell Debug Options Window Help
Python 3.10.0b4 (tags/v3.10.0b4:2ba4b20, Jul 10 2021, 17:36:48) [MSC v.1929 64 bit (AMD64)] on win32
Type "help", "copyright", "credits" or "license()" for more information.

================ RESTART: C:/Users/surface/Desktop/基础部分/五角星.py ================
Sending message: commandReceived message: ok

Sending message: takeoff
Received message: ok
Sending message: forward 50
Received message: ok
Sending message: cw 144
Received message: ok
Sending message: forward 50
Received message: ok
Sending message: cw 144
Received message: ok
Sending message: forward 50
Received message: ok
Sending message: cw 144
Received message: ok
Sending message: forward 50
Received message: ok
Sending message: cw 144
Received message: ok
Sending message: forward 50
Received message: ok
Sending message: cw 144
Received message: ok
Sending message: land
Received message: ok
mission complete
```

图 5.8 调试运行结果示意图

成果分享

想象一下，只需指尖轻点或简单输入几个参数，Tello 无人机便能在蔚蓝天空中绘出璀璨的五星图形！在此，我们已成功研发出一款 Python 程序。这款程序不仅具备动态规划无人机飞行轨迹的能力，还赋予了用户自由调整五星各项细节的权力。无论是顶点的位置、大小，还是旋转的角度，都能在模拟预览中即时呈现，一目了然。

这次研发不仅是对无人机编程技术的深度探索，更是创意与科技完美融合的典范。我们诚邀您加入我们，一同探索无人机编程的无限可能，让飞行变得更加趣味横生！

更令人振奋的是，我们已将这段精彩绝伦的飞行旅程录制为“五星轨迹飞行.mp4”，并通过二维码的形式，将其分享给全世界。这不仅仅是一个视频的展示，更是一次创新思维的传递。只需轻轻扫码，您便能感受到无人机技术的独特魅力，同时激发自己对编程、科技乃至未来无限可能的想象与探索。

让我们携手并进，在这条充满挑战与奇迹的编程之路上不断前行。用代码编织梦想，用创新点亮未来，共同开创更加辉煌的科技新篇章！

思维拓展

在成功利用元组、列表等数据结构实现无人机五星图案飞行后，我们进一步围绕无人机五星轨迹飞行的核心功能进行深化与拓展。具体而言，我们从以下 6 个关键方面展开探讨：

首先是数据结构的优化。通过改进数据存储与访问方式，提高飞行轨迹的计算效率与准确性，为无人机的精准飞行奠定坚实基础。

其次，我们致力于 GUI（图形用户界面）的增强。通过设计直观易用的界面，使读者能够更轻松地规划与管理无人机的飞行轨迹，提升用户体验。

接下来是交互性的提升。我们增加了更多用户与无人机之间的交互方式，使得用户能够更灵活地控制无人机的飞行，满足多样化的需求。

此外，我们还深入探讨了飞行模式与策略。通过优化飞行算法与路径规划，使无人机能够更高效地完成五星轨迹飞行，同时保证飞行的稳定性与安全性。

同时，我们也关注拓展应用场景。将无人机五星轨迹飞行的技术应用于更多领域，如娱乐表演、教育演示等，为无人机的应用开辟更广阔的空间。

最后是数据分析与反馈的完善。通过收集与分析无人机的飞行数据，我们可以及时发现并解决问题，同时为用户提供更精准的飞行反馈与建议。

综上所述，这 6 个方面的探讨旨在帮助读者拓展创新思维、提升逻辑思维与创造力，如图 5.9 所示，共同推动无人机技术的不断发展与进步。

图 5.9　无人机五星轨迹飞行创新思维导图

当堂训练

1. 在 Python 中，用于存储不可变项目序列的数据结构是_________。

2. 当我们规划 Tello 无人机的飞行轨迹以拼出五星图形时，每个飞行点的位置信息（如 X, Y 坐标）通常被封装在_________数据结构中。

3. 假设我们有一个名为 star_path 的元组，它包含了绘制五星所需的所有飞行点坐标。要遍历这个元组并对每个点发送飞行指令，我们可以使用_________循环。

4. 在控制 Tello 无人机飞行时，通常需要先调用一个方法使无人机起飞，这个方法可能是_________ ()。

5. 为了确保 Tello 无人机在移动到下一个飞行点前已经稳定，我们可能需要在发送下一个飞行指令前添加一个_________语句控制时间延迟。

想创就创

1. 创新编程。设计并实现一个 Python 3.7 程序，该程序能够动态地规划 Tello 无人机飞行的五星轨迹，并允许用户通过输入或图形界面（GUI，可选）调整五星的顶点位置、大小或旋转角度。最终，程序应能生成一系列飞行点坐标（使用元组或类似结构存储），并通过模拟或实际控制 Tello 无人机来飞行这些点，形成五星图形。

创新要求：允许用户实时调整五星的参数（如顶点位置、大小、旋转角度），并立即看到调整后的飞行轨迹预览；优化飞行路径：在生成飞行点时，考虑优化路径以减少飞行时间和能耗，如通过减少不必要的转弯或重复路径。

2. 阅读程序。阅读以下程序片段，请找出元组应用或类似的数据结构。

```
import tellopy
import math
import time
# 五星参数
def generate_star_points(center_x, center_y, size, rotation=0):
```

```
    """
    # 生成五星的顶点坐标
    :param center_x: # 五星中心的 X 坐标
    :param center_y: # 五星中心的 Y 坐标
    :param size: # 五星的大小（影响半径）
    :param rotation: # 五星的旋转角度（度）
    :return: # 顶点坐标的列表（每个元素是一个包含(x, y)的元组）
    """
    points = []
    # 假设五星的外接圆半径为 size，计算 5 个顶点的角度
    angles = [math.radians(i * 72 + rotation)for i in range(5)]
    for angle in angles:
        # 使用极坐标转换到直角坐标
        x = center_x + size * math.cos(angle)
        y = center_y + size * math.sin(angle)
        points.append((x, y))
    return points
# 无人机控制函数
def fly_to_points(drone, points, speed=30):
    """
    # 控制无人机飞行到一系列点
    :param drone: tellopy.Tello # 对象
    :param points: # 要飞行的点列表，每个点是一个(x, y)元组
    :param speed: # 飞行速度（Tello 的速度单位）
    """
    for point in points:
        x, y = point
        drone.move_to(x, y, speed)
        time.sleep(2) # 等待无人机稳定
# 主程序
def main():
    # 连接到 Tello 无人机
    drone = tellopy.Tello()
    drone.connect()
    print(drone.get_battery())
    # 起飞
    drone.takeoff()
    time.sleep(2)
    # 用户输入五星参数（这里简化为硬编码）
    center_x, center_y = 0, 0  # 假设中心在原点
    size = 100  # 假设大小为 100 单位
    rotation = 0  # 不旋转
    # 生成五星轨迹点
    star_points = generate_star_points(center_x, center_y, size, rotation)
    # 飞行到五星的每个顶点
```

```
    fly_to_points(drone, star_points)
    # 降落
    drone.land()
if __name__ == "__main__":
    main()
```

5.4　字典织梦：Tello 无人机翱翔天际

知识链接

想象一下，你是一位无人机表演师，正站在一个宽阔的操场上，手中操控着一台小巧而灵活的 Tello 无人机。你的任务是让这台无人机在空中绘制出 5 个紧密相连的圆环，犹如奥运五环，既彰显科技的魅力，又传递和平与友谊的信息。通过编程，你可以精确地控制无人机的飞行轨迹，使其在蓝天上勾勒出这一引人注目的图案。

为了实现这一目标，使用 Python 对 Tello 无人机进行编程时，处理各种类型的数据变得至关重要。这些数据包括飞行指令、状态信息以及图像或视频数据等。在此过程中，合理选用数据结构不仅能提升代码的可读性，还能增强代码的可维护性和执行效率。

一、基础知识

（一）字典（Dictionary）

Python 中的字典是一种非常灵活的数据结构，用于存储键值对（key-value pairs）。每个键（key）都映射到一个值（value），键必须是唯一的，而值则可以是任意数据类型。

字典使用花括号{}表示，字典中的元素是一个键值对，键和值之间用冒号分隔；键值对之间用逗号分隔，如 my_set = {1, 2, 3}或者 my_set = set([1, 2, 3])。另外，字典是可变的，意味着你可以添加、删除或修改其中的元素。如表 5.3 所示。

表 5.3　字典操作

指　　令	说　　明	举　　例
花括号{}	使用花括号{}直接创建字典	my_dict = {'name': 'Alice', 'age': 30, 'city': 'New York'}
dict()	使用 dict()函数创建字典	my_dict = dict(name='Alice', age=30, city='New York')
get()	使用 get()方法访问值	value = my_dict.get('name', 'default_value')
修改	直接赋值修改字典值	my_dict['age'] = 31
添加	直接添加新键值对	my_dict['job'] = 'Engineer'
del()	使用 del 语句删除元素	del(my_dict['name'])
pop()	使用 pop()方法删除元素	value = my_dict.pop('age')
clear()	使用 clear()方法清空字典	my_dict.clear()
popitem()	使用 popitem()方法（Python 3.7+保证按插入顺序返回）	key, value = my_dict.popitem() #返回并删除字典中的最后一个（或第一个，取决于 Python 版本和字典的实现）键值对
遍历键	遍历字典的键	for key in my_dict:

续表

指　令	说　明	举　例
遍历值	遍历字典的值	for value in my_dict.values():
遍历键值对	遍历字典的键值对	for key, value in my_dict.items():
keys()	返回一个包含字典所有键的视图对象	my_dict = {'name': 'Alice' } for key in my_dict: print(key) # name
values()	返回一个包含字典所有值的视图对象	for value in my_dict.values(): print(value) # Alice
items()	返回一个包含字典所有（键，值）对的视图对象	my_dict = {'a': 1, 'b': 2, 'c': 3} items_view = my_dict.items() print(items_view)
update()	使用另一个字典或键值对更新当前字典	my_dict = {'a': 1, 'b': 2} my_dict.update({'b': 3, 'c': 4}) print(my_dict) # 输出 {'a': 1, 'b': 3, 'c': 4}
copy()	返回字典的一个浅副本	my_dict = {'a': 1, 'b': 2} new_dict = my_dict.copy() print(new_dict) # 输出 {'a': 1, 'b': 2}
sorted() items()	使用 sorted()函数和字典的 items()方法可以对键值对进行排序	sorted_items = sorted(my_dict.items(), key=lambda item: item[1]) print(sorted_items) # 输出 [('a', 1), ('b', 2), ('c', 3)]

例 5：字典遍历操作示例

```
my_dict = {'name': 'Alice', 'age': 30, 'city': 'New York'}
# 遍历键
for key in my_dict:
    print(key)
# 输出：
# name
# age
# city
# 遍历值
for value in my_dict.values():
    print(value)
# 输出：
# Alice
# 30
# New York
# 遍历键值对
for key, value in my_dict.items():
    print(key, ':', value)
# 输出：
```

```
# name : Alice
# age : 30
# city : New York
```

（二）无机飞行数据与字典

在 Python 中，我们可以使用列表存储一系列的飞行点坐标，但为了更好地管理和访问这些坐标，特别是当它们与特定的圆环或飞行阶段相关联时，使用字典会更为方便。字典允许我们为每个飞行阶段或圆环分配一个唯一的键，并将相关的飞行点坐标列表作为值存储起来。

```
# 字典示例，存储五环的飞行点坐标
rings = {
    'ring1': [(x1_1, y1_1), (x1_2, y1_2), ...],  # 第一个圆环的飞行点
    'ring2': [(x2_1, y2_1), (x2_2, y2_2), ...],  # 第二个圆环的...
    # 以此类推，直到第五个圆环
}
```

在这个例子中，我们定义了一个名为 commands 的列表，其中包含了要执行的飞行指令和对应的参数。每个指令都是一个字典，包含 command 键（表示指令类型）和 data 键（表示指令的参数，如飞行距离或旋转角度）。通过遍历这个列表，我们可以按顺序执行每个指令，并在需要时等待无人机完成当前动作。这种方式使得飞行任务的编排非常灵活，你可以轻松地添加、删除或修改指令，而无须对代码进行大量重构。此外，使用字典和列表等数据结构也使得代码更加清晰和易于理解。如表 5.4 所示。

表 5.4 commands 与 data

command	data
takeoff	None
up	30
forward	30
cw	90
down	30
land	None

二、实现步骤

第 1 步，定义五环的几何参数。首先，需要确定每个圆环的圆心位置、半径和飞行高度。

第 2 步，计算飞行点坐标。根据圆环的几何参数，计算出每个圆环上均匀分布的飞行点坐标。可以使用三角函数（如 sin()和 cos()）辅助计算。

第 3 步，构建字典存储飞行点。将计算出的飞行点坐标按照圆环分类，存储在字典中。

第 4 步，编写飞行控制代码。使用 Tello 无人机的 SDK 或 API，编写代码控制无人机按照字典中存储的飞行点顺序飞行。

第 5 步，执行飞行任务。在确保无人机安全且通信稳定的情况下，执行飞行任务，观察无人机在空中绘制出五环图案。

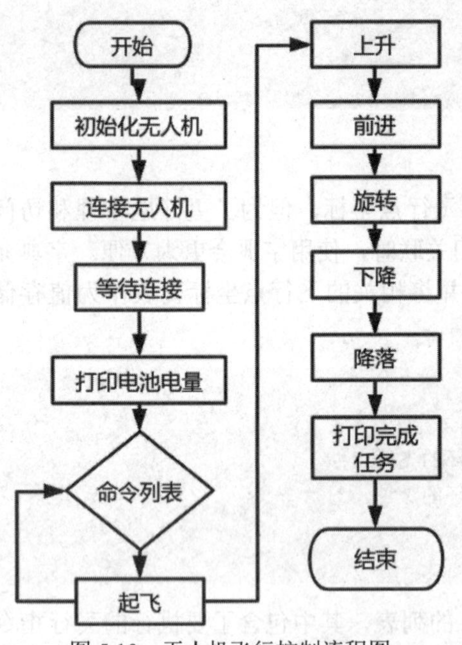

图 5.10　无人机飞行控制流程图

课堂任务

在 Python 中使用列表、字典、元组等数据结构控制 Tello 无人机执行一系列飞行任务。要求使用字典存储飞行指令和参数，使用列表组织这些指令的执行顺序。

探究活动

第 1 步：无人机与计算机硬件连接步骤，参见第 4 章 4.1 节内容。

第 2 步：设计无人机飞行控制流程图，如图 5.10 所示。具体要求如下：要求使用字典存储飞行指令和参数，使用列表组织这些指令的执行顺序。

第 3 步：程序设计。

程序代码如下：

```
from djitellopy import Tello
import time
# 初始化无人机
tello = Tello()
tello.connect()
# 等待无人机连接
print(tello.get_battery())
# 飞行指令和参数（字典和数据列表）
commands = [
        {'command': 'takeoff', 'data': None},
        {'command': 'up', 'data': 30},  # 上升 30 厘米
        {'command': 'forward', 'data': 30},  # 前进 30 厘米
{'command': 'cw', 'data': 90},  # 顺时针旋转 90 度
{'command': down, 'data': 30}  # 下降 30 厘米
        {'command': 'land', 'data': None}  # 降落
]
# 执行飞行指令
for command in commands:
        if command['command'] == 'takeoff':
                tello.takeoff()
                time.sleep(2) # 等待无人机起飞
        elif command['command'] == 'up':
                tello.move_up(command['data'])
                time.sleep(1) # 等待飞行稳定
elif command['command'] == 'down':
                tello.move_down(command['data'])
```

```
            time.sleep(1) # 等待飞行稳定
        elif command['command'] == 'forward':
            tello.move_forward(command['data'])
            time.sleep(1)
        elif command['command'] == 'cw':
            tello.rotate_clockwise(command['data'])
            time.sleep(1)
        elif command['command'] == 'land':
            tello.land()
            time.sleep(5) # 等待无人机降落
    print("mission complete")
```

第 4 步：编码调试。上传程序代码并单击“Run”或按下“F5”键运行，调试运行状态；运行调试结果如图 5.11 所示。

```
File  Edit  Shell  Debug  Options  Window  Help
Python 3.7.6 (tags/v3.7.6:43364a7ae0, Dec 19 2019, 00:42:30) [MSC v.1916 64 bit
(AMD64)] on win32
Type "help", "copyright", "credits" or "license()" for more information.
>>>
=============== RESTART: C:/Users/Administrator/Desktop/sjjg6.py ===============
[INFO] tello.py - 129 - Tello instance was initialized. Host: '192.168.10.1'. Po
rt: '8889'.
[INFO] tello.py - 438 - Send command: 'command'
[INFO] tello.py - 462 - Response command: 'ok'
18
[INFO] tello.py - 438 - Send command: 'takeoff'
[INFO] tello.py - 462 - Response takeoff: 'ok'
[INFO] tello.py - 438 - Send command: 'up 30'
[INFO] tello.py - 462 - Response up 30: 'ok'
[INFO] tello.py - 438 - Send command: 'forward 30'
[INFO] tello.py - 462 - Response forward 30: 'ok'
[INFO] tello.py - 438 - Send command: 'cw 90'
[INFO] tello.py - 462 - Response cw 90: 'ok'
[INFO] tello.py - 438 - Send command: 'down 30'
[INFO] tello.py - 462 - Response down 30: 'ok'
[INFO] tello.py - 438 - Send command: 'land'
[INFO] tello.py - 462 - Response land: 'ok'
mission complete
>>>
```

图 5.11　调试运行结果示意图

成果分享

在本次探究活动中，我们深入挖掘了 Python 中列表、字典、元组等数据结构的潜力，旨在实现对 Tello 无人机飞行任务的精确操控。从无人机的顺利起飞，到沿复杂路径的飞行，再到精准的避障与稳定悬停，每一步都彰显了代码为无人机赋予的智能。此过程不仅让我们熟练掌握了数据结构的应用技巧，更深刻体验到了无人机编程带来的乐趣与成就感。

目睹无人机在空中灵活穿梭，准确无误地执行每条指令，我们深感技术的非凡魅力。这份探究成果不仅是对我们技术能力的有力证明，也进一步激发了我们对无人机编程的浓厚兴趣。我们衷心希望，这份成果能够吸引更多读者加入，一同探索无人机编程的广阔天地，享受编程带来的无限乐趣与挑战。

思维拓展

在成功实现无人机基础飞行任务控制的基础上，我们进一步向高级智能编程领域迈进，探索并涵盖了 6 大创新领域。首先是动态任务规划，我们能够实时调整无人机的飞行计划，以适应不断变化的环境条件。其次是自主避障算法的优化，通过运用先进的AI技术，我们显著提升了无人机避障的精准度和效率。

此外，我们还深入研究了多机协同任务执行，利用高效的通信协议，实现了多台无人机在复杂任务中的紧密协作。视觉识别与追踪技术的集成，则让无人机能够精准锁定并追踪目标，进一步拓展了其应用场景。

为了方便用户操作，我们设计了用户自定义任务接口，简化了任务设置流程，极大地提升了用户体验。最后，在数据记录与分析方面，我们深入挖掘飞行数据的价值，不断优化飞行策略，为无人机的智能化飞行提供了有力支持。

如图5.12所示，这6大创新领域不仅激发了我们的创新思维，还强化了逻辑思维能力，推动了创造力的飞跃。

图5.12　无人机数据结构编程创新示意图

当堂训练

1. 在Python中，如果要存储Tello无人机的飞行高度、速度以及飞行模式等信息，最合适的数据结构是________。

2. 假设有一个名为tello_params的字典，其中包含了Tello无人机的速度（'speed'）和高度（'height'）信息，要获取无人机的速度值，应使用表达式tello_params['________']。

3. 在Python中，使用列表可以存储Tello无人机的飞行路径点，每个路径点可以用包含________和________的元组来表示。

4. 如果想要修改字典中Tello无人机的飞行高度，将高度从原来的5米改为10米，且字典变量名为flight_params，则应该使用的语句是flight_params['height'] =________。

5. 在Python中，如果要将多个飞行任务（如起飞、移动、旋转、降落等）组织成一个有序集合，以便按顺序执行，应使用________数据结构。

想创就创

1. 创新编程。设计并实现一个Python程序，该程序使用字典和列表规划并控制Tello无人机执行一个复杂的寻宝任务。在这个任务中，无人机需要从起点出发，按照预设的路线（通过坐标列表定义）飞行，途中需要避开几个已知的障碍物（障碍物的位置和大小也通过字典或列表给出），最终找到并悬停在“宝藏”位置上方。

创新要求：使用字典来存储无人机的当前状态（如位置、速度、高度等）或者使用字典或列表（可能结合使用）定义障碍物的位置和大小；编写函数控制无人机按照路径飞行，包括起飞、前进、转向、调整高度等动作。

2. 阅读程序。下面的代码示例仅用于说明如何使用字典存储飞行点坐标，并没有直接涉及与Tello无人机通信的具体实现。在实际应用中，你需要根据Tello无人机的SDK或

API 文档编写控制无人机飞行的代码。此外，为了安全起见，还需要在飞行前进行充分的测试和准备。阅读以下程序片段，请你修改完善，让无人机能飞起来。

```
import math
# 假设的飞行点计算函数（简化版）
def calculate_points(center_x, center_y, radius, num_points):
    points = []
    for i in range(num_points):
        angle = 2 * math.pi * i / num_points
        x = center_x + radius * math.cos(angle)
        y = center_y + radius * math.sin(angle)
        points.append((x, y))
    return points
# 存储飞行点坐标的字典
rings = {
    'ring1': calculate_points(0, 0, 5, 10),
    'ring2': calculate_points(10, 0, 7, 10),
}

# 接下来，你会使用 Tello 无人机的 API 控制它按照这些点飞行
# ...（这里省略了与 Tello 无人机通信的具体代码）
# 假设有一个函数叫作 fly_to_points()，它接收一系列点作为参数，并控制无人机飞行
# fly_to_points(rings['ring1'] + rings['ring2']) # 注意：这里直接相加可能不符合实际飞行逻辑，仅作示例
```

5.5　函数拼图：Tello 梯级降飞挑战

知识链接

假如你是一位环保科学家，正利用 Tello 无人机深入茂密的树林，进行森林生态监测。为了更细致地观察并记录不同高度的植被生长情况，你需要精心规划无人机的飞行路径，让它从高空开始，逐步下降到地面，执行梯级式的数据采集任务。这种梯级下降飞行模式，不仅能够有效减少对周围环境的干扰，还能确保所收集数据的全面性和准确性，为后续的科研分析提供坚实基础。

梯级下降飞行技术在多个领域都有广泛应用，如环境监测、农业管理以及救援行动等。在环境监测方面，它不仅可以用于上述的森林生态监测，还可以应用于水域污染检测、空气质量评估等项目，帮助科研人员更准确地了解环境状况。在农业管理领域，无人机可以在农田上方进行梯级下降飞行，获取不同高度的作物生长数据，为农民提供精准的农业管理建议。而在救援行动中，无人机通过梯级下降接近目标区域，能够进行更细致的搜索和定位，为救援人员提供宝贵的现场信息。

一、基础知识

无人机高度控制是无人机飞行控制系统中一个既基础又核心的功能，它使无人机能够在

垂直方向上灵活调整自身的飞行高度。这一功能对无人机执行多种任务而言至关重要，如航拍、环境监测、目标跟踪以及农业喷洒等。

接下来，我们将详细探讨无人机高度控制的具体概念。通过深入解析，将能更全面地理解这一功能在无人机飞行中的关键作用。此外，我们还将介绍如何通过编程指令实现无人机的上升与下降。这些精确的编程指令是确保无人机能够按照预定高度进行飞行调整的重要保障。

（一）无人机高度控制

无人机的高度控制主要依赖于其内置的飞行控制系统（flight control system，FCS）和传感器（如气压计、GPS、超声波传感器或视觉传感器）。这些系统共同工作，确保无人机能够稳定地保持在指定的高度上，或者按照指令上升或下降。其中，飞行控制系统是无人机的"大脑"，负责处理来自传感器的数据，并根据预设的算法或接收到的指令计算无人机的控制输入（如电机转速、舵面偏角等）。传感器提供关于无人机当前状态的信息，包括高度、速度、姿态等。气压计是测量无人机相对于地面高度的主要传感器之一，而 GPS 则提供绝对位置信息，有助于在更广阔的区域内维持高度。

（二）编程指令控制无人机上升或下降

在无人机编程中，控制无人机上升或下降通常涉及向飞行控制系统发送特定的控制指令。这些指令可能通过无人机制造商提供的 SDK（软件开发工具包）或 API（应用程序接口）实现。以下是一个基于假设性 API 的示例，用于说明如何通过编程指令控制无人机的高度。

1. 初始化无人机连接

首先，需要建立与无人机的通信连接。这通常涉及启动无人机、初始化 SDK/API 客户端，并连接到无人机的 Wi-Fi 网络或通过其他通信协议（如蓝牙、USB 等）。

```
# 假设有一个名为 Drone 的类，用于表示无人机
drone = Drone()
drone.connect() # 连接到无人机
```

2. 发送上升指令

要控制无人机上升，需要向飞行控制系统发送一个增加高度的指令。这通常通过调整无人机的油门（thrust）或垂直速度（vertical velocity）实现。

```
# 假设有一个方法用于控制无人机上升
drone.move_up(speed=50, duration=2) # 以 50 单位/秒的速度上升 2 秒
```

在这个例子中，move_up()方法接收两个参数：speed（上升速度）和 duration（持续时间）。这些参数的具体含义和单位可能因无人机型号和 SDK 而异。

3. 发送下降指令

与上升类似，控制无人机下降也涉及向飞行控制系统发送一个减少高度的指令。

```
# 假设有一个方法用于控制无人机下降
drone.move_down(speed=50, duration=2) # 以 50 单位/秒的速度下降 2 秒
```

4. 实时高度调整

在某些情况下，可能需要根据无人机的当前高度或环境条件实时调整其高度。这可以通过读取无人机的当前高度数据，并根据需要发送上升或下降指令来实现。

```
current_height = drone.get_height() # 获取当前高度
if current_height < target_height:
    drone.move_up(speed=20, duration=None) # 上升直到达到目标高度，duration 为 None 表示持续上升
elif current_height > target_height:
    drone.move_down(speed=20, duration=None) # 下降直到达到目标高度
```

在这个例子中，我们根据无人机的当前高度和目标高度决定是上升还是下降，并且使用了 duration=None 表示持续上升或下降直到达到目标高度。

5. 注意事项

不同的无人机和 SDK 可能有不同的 API 和参数。因此，在实际编程中，需要参考特定无人机和 SDK 的文档。高度控制可能会受到环境因素的影响，如风速、气压变化等。因此，在复杂环境中飞行时，需要采取额外的措施确保无人机的稳定性和安全性。在进行高度控制时，务必确保无人机在安全的飞行区域内，并遵守当地的飞行规定和法律。

（三）飞行延时与同步

1. 飞行延时

飞行延时指的是无人机在执行某项任务（如拍摄、测量、环境监测等）时，在特定位置（如特定高度、特定坐标点）停留一段时间，以便进行充分的数据采集、观察或确保任务完成。这种延时可以是有意的，通过编程或手动控制实现，以确保无人机有足够的时间完成预定任务。

在无人机编程中，为了确保无人机在每个高度停留足够的时间供观察或数据采集，通常会使用延时函数。以 Python 语言为例，time.sleep()是一个非常常用的延时函数，它可以让程序暂停执行指定的时间（以秒为单位）。

示例代码如下：

```
import time
from drone_control_library import DroneControl   # 假设这是一个控制无人机的库
# 初始化无人机控制对象
drone = DroneControl()
# 设定飞行高度列表
heights = [10, 20, 30, 40]
for height in heights:
    # 控制无人机飞到指定高度
    drone.fly_to_height(height)
    # 等待一段时间供观察或数据采集
    print(f"Flying at height {height}m, waiting for 5 seconds...")
    time.sleep(5) # 延时 5 秒
    # 在这里可以添加数据采集或观察的代码
    # ...
# 任务完成，关闭无人机
```

```
drone.land()
```

在上述示例中，无人机被编程为飞到一系列指定的高度，并在每个高度停留 5 秒钟。这 5 秒钟的延时为观察者或数据采集系统提供了足够的时间观察或收集数据。通过调整 time.sleep()中的参数，可以灵活控制无人机在每个高度的停留时间。

2. 同步飞行

同步在无人机应用中通常指多个系统或组件之间的时间或状态的一致性。在数据采集、视频录制、多机协同等场景中，同步尤为重要。例如，在航拍视频中，相机的快门速度需要与无人机的飞行速度相匹配，以确保视频画面的流畅性和稳定性；在多机协同任务中，各无人机之间的飞行姿态、速度等参数需要保持同步，以确保任务的顺利执行。

（四）代码模块化

为了增加项目的可重用性和清晰度，可以自定义一些函数封装重复的代码块，如 descend_to_height(target_height, step_height)，该函数负责将无人机从当前高度逐步下降到指定高度。同时，可以引入算法概念，如“状态机”管理无人机的飞行状态（起飞、飞行、下降、着陆等），使代码更加模块化和易于维护。

二、实现步骤

第 1 步：环境搭建。首先在你的计算机上安装 Python 环境，安装成功之后，再安装 tellopy 库，在 DOS 界面输入指令。例如：pip install tellopy。

第 2 步：编写代码。

首先，连接无人机。使用 tellopy 库建立与 Tello 无人机的连接。例如：

```
from tellopy import Tello
drone = Tello()
drone.connect()
drone.for_back_async(0) # 停止当前动作
drone.takeoff() # 起飞
```

其次，规划梯级下降。设定初始高度和每次下降的高度差；使用循环控制无人机逐步下降。

```
initial_height = 300   # 初始高度，单位厘米
step_height = 50          # 每次下降的高度差，单位厘米
for height in range(initial_height, 0, -step_height):
    drone.move_down(step_height)
    print(f"Descending to {height}cm")
    # 可以在这里加入延时，以便观察无人机的飞行
    time.sleep(1)
```

再次，安全着陆。当无人机下降到预定最低高度时，执行着陆操作。例如：drone.land()。

最后，断开连接。飞行结束后，断开与无人机的连接。例如：drone.end()。

第 3 步：编码测试。在安全的环境中运行代码，观察无人机的飞行行为。根据需要调整下降的高度差和延时时间。

课堂任务

为了实现 Tello 无人机从 3 米高度开始，每次下降 50 厘米直至安全着陆的梯级下降飞行，我们可以编写一个 Python 脚本控制其飞行。以下是一个简化的示例流程，用于指导无人机按照预定的梯级高度逐步下降。

首先，我们需要初始化无人机，并设置其起始高度为 3 米（或 300 厘米）。然后将编写一个循环，使无人机在每次迭代中下降 50 厘米，并在每个高度停留一段时间，以便进行观测或数据记录。

探究活动

第 1 步：无人机与计算机硬件连接步骤，参见第 4 章 4.1 节内容。

第 2 步：无人机梯级下降流程图设计，如图 5.13 所示。具体要求如下：编写 Python 脚本，无人机将按照预定的梯级高度逐步下降，直到触地。

第 3 步：程序设计。

程序代码如下：

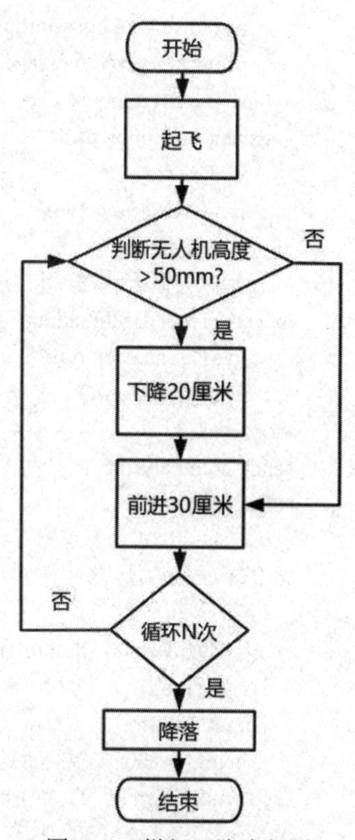

图 5.13　梯级下降流程图

```
# 调用相关的模块
import socket
import threading
import time
##实现无人机和计算机的数据传输
# Tello 的 IP 和接口
tello_address = ('192.168.10.1', 8889)
# 本地计算机的 IP 和接口
local_address = ('192.168.10.2', 9000)
# 创建一个接收用户指令的 UDP 连接
sock = socket.socket(socket.AF_INET, socket.SOCK_DGRAM)
sock.bind(local_address)
# 定义 send 命令，发送 send 中的指令给 Tello 无人机并允许一个几秒的延迟
def send(message, delay):
  try:
    sock.sendto(message.encode(), tello_address)
    print("Sending message: " + message)
  except Exception as e:
    print("Error sending: " + str(e))
  time.sleep(delay)
  try:
    #print('looping')
    response, ip_address = sock.recvfrom(16)
```

```
        response = response.strip()
        print("Received message: " + response.decode(encoding='utf-8'))
        return str(response.decode(encoding='utf-8'))
    except Exception as e:
        sock.close()
        print("Error receiving: " + str(e))
        return 'error'
# 开始一个监听线程，利用 receive 命令持续监控无人机发回的信号
#receiveThread = threading.Thread(target=receive)
#receiveThread.daemon = True
#receiveThread.start()
##教学部分--------------------------------------------------
send("command", 0.2)
send("speed 20",0.2)
send('takeoff',0.2)
for i in range(3):
    tof = send("tof?",2)
    a = list(filter(str.isdigit,tof))# 返回的高度有单位毫米，需要过滤掉
    b = "".join(a)
    height = int(b)
    if height > 500:    #判断高度
        send('down 20',2)   #下一级台阶（根据台阶实际高度修改参数）
        send('forward 30',2) #往前一级台阶（根据台阶实际宽度修改参数）
send('land',2)
##教学部分--------------------------------------------------
```

第 4 步，编码测试与优化。在完成了代码的编写工作之后，我们进入了第 4 步：编码测试与优化阶段。此时，只需单击“Run”或按下“F5”键，无人机便会启动，执行预设的梯级下降飞行任务。为了确保一切顺利进行，接下来的调试环节至关重要。我们需要仔细观察无人机的运行状态，确保其按照既定程序无误执行。这一过程的具体表现如图 5.14 所示，为我们提供了直观的参考和依据。

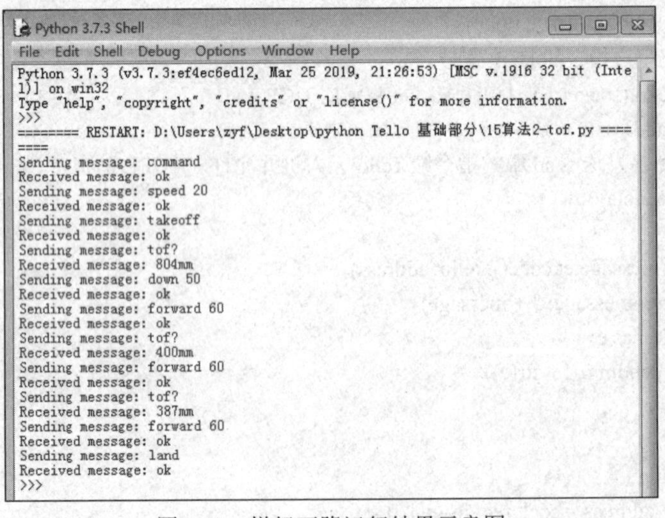

图 5.14　梯级下降运行结果示意图

成果分享

在本次项目中，我们不仅成功展示了 Tello 无人机从 3 米高空智能降落的精湛技艺，更在编程的广阔天地里探索了无人机飞行的无限潜能。通过精细设计的算法，无人机犹如优雅的舞者，精准地遵循着预设的阶梯轨迹，每一次下降都是对精确操控的完美展现。这不仅是技术实践的一次胜利，更是创新思维闪耀的璀璨时刻。

我们超越了单纯的指令执行，将编程思维融入每一个细微之处，使无人机在上升与下降的每一次转换中，都蕴含着对空间、时间与速度的深刻洞察。延时与同步的精确控制，确保了飞行过程的流畅与安全，仿佛每一行代码都在编织着未来飞行的梦想画卷。

更令人振奋的是，我们将这一成果凝聚成了“梯级下降飞行.mp4”这一视觉盛宴，并通过二维码的形式，让更多人能够跨越时空的限制，共同分享这份创新的喜悦。这不仅仅是一个视频，它是我们团队智慧与努力的结晶，是对未来科技无限可能的生动诠释。

在此，我们诚挚邀请每一位热爱探索、勇于创新的朋友，加入这场科技之旅。让我们用创意和激情，继续拓展无人机技术乃至整个科技领域的边界，共同描绘出更加辉煌的科技蓝图。携手前行，在创新的道路上不断超越，共同创造更多令人瞩目的奇迹！

思维拓展

我们成功编程实现了无人机按照预定的梯级高度逐步下降直至触地的功能。这一实践初步展示了算法在程序中的应用潜力。以此项目为基础，我们可以进一步拓展创新至其他领域，如图 5.15 生动呈现的那样。

图 5.15 无人机梯及下降飞行创新思路示意图

该思维导图以无人机编程的核心算法为中心，辐射出多个创新方向，充分展现了无人机技术在不同应用场景下的广泛潜力和灵活性。我们期望这份思维导图能够激发读者对无人机编程的浓厚兴趣，鼓励他们勇敢探索这一领域更多未知的可能性，共同推动无人机技术的创新与发展。

当堂训练

1. 在无人机梯级下降任务中，若起始高度为 3 米，每次下降 50 厘米，则无人机需要经历________次下降才能到达地面附近（假设无人机在最后一次下降时直接触地，无须额外高度调整）。

2. 无人机在执行梯级下降任务时，为了确保每个高度点的数据采集或观察充分，通常会使用编程中的________函数引入延时。

3. 在编写无人机梯级下降程序时，为了确保无人机能够按照预定的高度序列下降，需要用到________控制结构实现循环下降。

4. 无人机在下降过程中，为了防止过快下降导致的安全问题，除了设置每次下降的高度外，还可以通过调整无人机的________参数进一步控制下降速度。

5. 在无人机梯级下降任务中，若需要在每个高度点拍摄照片，除了控制无人机的高度和延时外，还需要确保无人机的________状态处于激活状态。

想创就创

1. 创新编程。编程设计一个无人机“寻宝游戏”：假设在学校的操场上散布着几个不同颜色的“宝藏”(可以用标志物代替)，每个宝藏位于不同的高度上。无人机需要从最高处开始，逐级下降，并在每个宝藏所在的高度短暂停留，模拟“发现宝藏”的过程。

创新要求：无人机起飞后，首先飞到最高宝藏所在的高度；使用 move_down()函数和 time.sleep()函数，让无人机逐级下降，并在每个预设高度停留几秒钟；在无人机停留期间，可以通过无人机搭载的摄像头拍摄照片或视频，模拟“记录宝藏”的过程。

2. 完成代码编程。下面代码中的 move_down()函数需要根据实际使用的库或 API 进行调整，因为 tellopy 库可能不直接支持按指定高度下降。在实际应用中，你可能需要通过计算当前高度与目标高度的差值，然后逐步下降来实现。此外，为了简化示例，此处省略了错误处理和无人机状态检查的部分。

```
from tellopy import Tello
import time
def takeoff_and_fly_to_height(drone, target_height):
    drone.takeoff()
    while drone.get_height()< target_height:
        time.sleep(0.5)
def descend_to_heights(drone, heights):
    for height in heights:
        drone.move_down(drone.get_height()- height) # 假设有方法直接下降到指定高度
        time.sleep(2) # 停留 2 秒观察或拍照
def main():
    drone = Tello()
    drone.connect()
    # 假设宝藏所在的高度列表，单位厘米
    treasure_heights = [300, 200, 100, 0]
    takeoff_and_fly_to_height(drone, treasure_heights[0])
    descend_to_heights(drone, treasure_heights)
    drone.land()
    drone.end()
if __name__ == "__main__":
main()
```

参考答案。以下是修改后的代码，实现了逐步下降的功能：

```
from tellopy import Tello
import time
def takeoff_and_fly_to_height(drone, target_height):
    drone.takeoff()
    while drone.get_height()< target_height:
        time.sleep(0.5)
def descend_to_height(drone, target_height):
    current_height = drone.get_height()
    while current_height > target_height:
        descent_distance = min(20, current_height - target_height) # 每次下降 20 厘米或剩余距离
        drone.move_down(descent_distance)
        time.sleep(0.5) # 短暂等待以确保下降
        current_height = drone.get_height() # 更新当前高度
def descend_to_heights(drone, heights):
    for height in heights:
        descend_to_height(drone, height)
        time.sleep(2) # 停留 2 秒观察或拍照
def main():
    drone = Tello()
    drone.connect()
    # 假设宝藏所在的高度列表，单位厘米
    treasure_heights = [300, 200, 100, 0]
    takeoff_and_fly_to_height(drone, treasure_heights[0])
    descend_to_heights(drone, treasure_heights)
    drone.land()
    drone.end()
if __name__ == "__main__":
    main()
```

5.6　智能绕障：Tello 飞行拼图挑战

知识链接

在无人机编程的奇妙探险里，绕障飞行就像是给 Tello 无人机装上了“智慧导航仪”，让它在既定的天空之路上自由穿梭，同时还能机智地躲开路上的“小惊喜”——障碍物。一旦发现，它的“超级大脑”就会立刻启动，快速分析那些数据，就像解谜游戏一样，找出最佳策略来绕过它们。这不仅仅是个游戏，更是一次科技与创意的碰撞！

一、基本知识

在 Python 中，编程指令的使用格式遵循基本的语法规则，如使用缩进表示代码块、使用函数定义和调用封装和重用代码等。对于无人机编程来说，还需要掌握特定库（如

tellopy）的 API 使用方法，包括如何连接到无人机、如何发送控制指令、如何接收无人机状态信息等。这些通常会在库的官方文档中有详细说明。

（一）算法

算法可以被定义为一系列明确指定、计算机可执行的步骤或指令集合，这些步骤旨在解决特定问题或执行特定计算任务。Python 作为一种高级编程语言，以其简洁的语法、丰富的标准库和强大的第三方库支持，成为了实现算法的理想选择之一，算法的基本特性如表 5.5 所示。

表 5.5 算法的基本特性

特　性	说　明
有穷性	算法必须在有限步骤内完成，即算法的执行时间不是无限的
确定性	算法的每一步骤都应有明确的定义，且对于相同的输入，算法将产生相同的输出（即算法是确定的，不依赖于随机性）
输入	算法可以有零个或多个输入
输出	算法至少有一个输出，且输出与输入之间有明确的关系
可行性	算法的每一步都必须是可行的，即算法中的操作都可以通过已经实现的基本运算执行有限次来实现

1. Python 算法的实现步骤

在 Python 中，通过算法实现编程目标提供了一个大致的实现框架，可以根据具体算法的需求进行调整。

首先是问题定义。明确要解决的问题或任务，确定算法的输入和输出。

其次是算法设计。根据问题定义，设计算法的步骤和逻辑，这通常包括选择适当的数据结构和算法策略。

再次是算法实现。使用 Python 语言编写算法代码，实现算法的逻辑。

最后是测试优化。算法测试：对算法进行测试，验证其正确性和效率，确保算法能够正确处理各种输入情况。算法优化：根据测试结果，对算法进行优化，以提高其执行效率或降低资源消耗。

2. 常见 Python 算法示例

在 Python 中，实现常见算法是编程学习和实践的重要部分。下面将介绍几个常用的 Python 算法，包括排序算法（如冒泡排序、快速排序）、搜索算法（如线性搜索、二分搜索）和递归算法（如斐波那契数列、阶乘），如表 5.6 所示。

表 5.6 常见 Python 算法

算　法	示　例
排序算法	如快速排序、归并排序、堆排序等，用于对一组数据进行排序
搜索算法	如二分搜索、深度优先搜索（DFS）、广度优先搜索（BFS）等，用于在数据结构中查找特定元素
图算法	如最短路径算法（Dijkstra 算法、Bellman-Ford 算法）、最小生成树算法（Prim 算法、Kruskal 算法）等，用于解决图论中的相关问题
机器学习算法	Python 是机器学习领域的重要工具，常见的机器学习算法如线性回归、决策树、随机森林、神经网络等都可以通过 Python 实现

（二）Python 自定义函数

Python 自定义函数是 Python 编程中的一个核心概念，它允许开发者将一组具有特定功能的代码块封装起来，并赋予一个名称（即函数名），以便在程序的其他部分通过调用这个名称重复执行这段代码。

1. 自定义函数的基本格式

```
def 函数名(参数列表):
    """这里是函数的文档字符串，用于说明函数的功能和用法"""
    # 函数体开始
    # 这里编写实现函数功能的代码
    # ...
    # 可以使用 return 语句返回一个值给调用者
    # 如果不使用 return，或 return 后面没有跟值，则函数默认返回 None
    return 结果  # 根据需要返回的值
# 函数调用
# 通过函数名和圆括号中的实际参数调用函数
# 如果函数定义时有参数，调用时也必须提供相应数量的参数（除非使用了默认参数）
# 调用后，Python 会执行函数体中的代码
调用结果 = 函数名(参数值) # 如果函数有返回值，可以将其赋值给变量
```

示例一：下面是一个简单的自定义函数示例，该函数计算两个数的和，并返回这个和。

```
def add_numbers(a, b):
    """这个函数接收两个参数，返回它们的和"""
    result = a + b
    return result
# 调用函数
sum_result = add_numbers(3, 4)
print(sum_result) # 输出: 7
```

在这个例子中，add_numbers 是函数名，它接收 a 和 b 两个参数。函数体内部，我们计算了这两个参数的和，并将结果存储在变量 result 中。然后使用 return 语句返回这个结果。最后通过调用 add_numbers(3, 4)执行这个函数，并将返回的结果赋值给变量 sum_result，最后打印出来。

2. 自定义函数使用规则

在 Python 3.7（以及 Python 的其他版本）中，自定义函数是一个强大的特性，它允许将代码块组织成可重用的单元。下面是一些关于如何编写和使用自定义函数的基本规则和指导原则。

第一：函数名应该是有意义的，能够反映函数的功能。

第二：参数列表中可以定义多个参数，参数之间用逗号分隔。

第三：在函数体内部，可以使用 return 语句结束函数的执行，并将结果返回给调用者。一个函数可以有多个 return 语句，但一旦执行到 return 语句，函数就会立即返回，不再执行后面的代码。

第四：如果函数没有返回值（即没有 return 语句，或 return 后面没有跟值），则默认返回 None。

第五：函数的文档字符串（docstring）是可选的，但强烈建议为复杂的函数提供文档字符串，以便其他开发者（或未来的你）能够理解函数的用途和用法。

3. 嵌套函数

嵌套函数是指在另一个函数内部定义的函数。内部函数可以访问外部函数的局部变量，但外部函数不能直接访问内部函数的局部变量。嵌套函数的一个常见用途是创建闭包（closure），即一个函数记住并操作其外部作用域中变量的函数。

例如：

```
def outer_function(text):
    def inner_function():
        return text.swapcase() # 交换大小写
    return inner_function
# 使用嵌套函数
my_function = outer_function('Hello, World!')
print(my_function()) # 输出: hELLO, wORLD!
```

在这个例子中，outer_function()接收一个文本参数 text，并定义了一个内部函数 inner_function()，该内部函数返回 text 的交换大小写版本。注意，outer_function()返回的是 inner_function()函数本身（而不是它的调用结果），这使得 inner_function()能够记住并访问 outer_function()的局部变量 text，即使 outer_function()已经执行完毕。

4. 递归函数

递归函数是一种直接或间接调用自身的函数。递归函数必须有一个明确的退出条件，以防止无限递归。递归通常用于解决可以分解为相似子问题的问题，如遍历树结构、计算阶乘等。例如：

```
def factorial(n):
    """
    计算 n 的阶乘。
    参数:
    n (int): 非负整数
    返回:
    int: n 的阶乘
    """
    if n == 0:
        return 1
    else:
        return n * factorial(n-1)
# 使用递归函数
print(factorial(5)) # 输出: 120
```

在上面这个例子中，factorial()函数计算并返回其参数 n 的阶乘。它首先检查退出条件（n == 0），如果满足，则直接返回 1（因为 0 的阶乘是 1）。如果不满足退出条件，则函数会调用自身，但参数减 1（n-1），直到达到退出条件为止。这种自我调用的过程会一直进行，直到满足退出条件，然后函数开始返回结果，每次返回都会乘以当前的 n 值，直到返回到最初的调用。

递归函数需要谨慎使用，因为它们可能会消耗大量的内存（特别是在深度递归时）或导致无限递归（如果没有适当的退出条件）。然而，在适当的情况下，递归提供了一种优雅且简洁的解决方案。

（三）Tello 无人机绕障飞行关键指标

Tello 无人机在绕障飞行方面的关键指标包括避障功能、智能飞行控制系统、传感器与摄像头、实时传输与遥控、续航与充电以及安全性与稳定性等方面。这些指标共同构成了 Tello 无人机在绕障飞行方面的综合性能。

1. 避障功能

Tello 无人机具备前方避障功能，这是绕障飞行的基础。通过前置的传感器或摄像头，无人机能够检测并避开前方的障碍物，确保飞行安全。虽然具体精度数据可能因不同型号或软件版本而异，但 Tello 无人机在避障时通常能够较为准确地识别并避开障碍物，减少碰撞风险。

2. 智能飞行控制系统

Tello 无人机内置的智能飞行控制系统能够根据预设的航线或实时环境信息自主规划飞行路径，避开障碍物，实现绕障飞行。智能飞行控制系统还能确保无人机在飞行过程中的稳定性，即使在遇到突发情况或复杂环境时也能保持平稳飞行。

3. 传感器与摄像头

Tello 无人机配备的高清摄像头可以拍摄高质量的图片和视频，同时摄像头还可以旋转 360 度，提供广阔的拍摄范围。这有助于无人机在绕障飞行时更好地观察周围环境，提高避障的准确性。部分型号的 Tello 无人机可能还配备了视觉传感器，这些传感器能够实时捕捉并分析周围环境信息，为避障提供数据支持。

4. 实时传输与遥控

Tello 无人机支持通过 Wi-Fi 或 4G 网络实时传输拍摄的图片和视频，用户可以实时观看无人机拍摄的现场情况，并根据需要调整飞行路径或避障策略。用户可以通过遥控器或手机 App 对无人机进行遥控控制，包括调整飞行方向、高度、速度等参数，以及启动或关闭避障功能。

5. 续航与充电

Tello 无人机的电池续航时间对于绕障飞行也非常重要。较长的续航时间意味着无人机可以在更复杂的环境中执行更长时间的绕障飞行任务。部分型号的 Tello 无人机可能还具备智能充电功能，在电量低时能够自动返回充电桩进行充电，确保无人机始终保持足够的电量进行飞行。

6. 安全性与稳定性

为了确保绕障飞行的安全性，建议用户在开阔地带进行飞行，避免在拥挤区域或复杂环境中飞行。同时，用户还应遵守当地法律法规和飞行规定，确保飞行安全。在实际使用前，用户可以对无人机进行稳定性测试，包括在不同环境条件下的飞行测试，以评估无人机的绕障飞行能力和稳定性。

二、实现步骤

Tello 无人机智能绕障的设计与实现是一个综合性的过程，涉及硬件、软件以及算法等多个方面。以下是一个概括性的设计与实现步骤，旨在提供一个清晰的框架。

第 1 步环境准备。确保 Tello 无人机与地面控制站（如计算机）连接正常，安装必要的 Python 库（如 tellopy）以控制无人机。

第 2 步障碍物检测。使用无人机上的摄像头实时捕捉图像，并通过图像处理技术（如 OpenCV）识别障碍物。

第 3 步路径规划。基于障碍物位置，利用算法（如 A*算法、Dijkstra 算法或简单的几何计算）规划出一条避开障碍物的飞行路径。考虑无人机的飞行限制（如最大速度、最大转弯角度）来优化路径。

第 4 步飞行控制。将规划好的路径分解为一系列飞行指令（如向前飞 X 米、右转 Y 度）。使用 Python 脚本和 tellopy 库向无人机发送这些指令。实时监控无人机的状态（如位置、速度、电池电量），确保飞行安全。

第 5 步调试与优化。在实际飞行前进行多次模拟测试，调整参数以优化飞行性能和路径准确性。

三、实例说明

以下是一个简化的 Python 示例，展示如何使用 tellopy 库控制 Tello 无人机进行基本的飞行操作（注意：这里不直接包含障碍物检测和路径规划，仅作为飞行控制的基础示例）。

程序代码如下：

```
from tellopy import Tello
def takeoff(tello):
    tello.takeoff()
    print("Tello: flying")
def land(tello):
    tello.land()
    print("Tello: landed")
def move_forward(tello, distance):
    # 假设每前进 1 米需要发送一定次数的'forward'指令
    # 这里需要根据实际测试调整
    for _ in range(int(distance)):
        tello.send_rc_control(0, 50, 0, 0)
        time.sleep(0.1) # 假设每次发送指令后等待 0.1 秒
def main():
    tello = Tello()
    tello.connect()
    print(tello.get_battery())
    takeoff(tello)
    move_forward(tello, 5) # 假设让无人机前进 5 米
```

```
        land(tello)
if __name__ == "__main__":
        import time
        main()
```

课堂任务

请设计一段无人机飞行程序，该程序需实现以下功能：控制无人机在飞行过程中，一边持续前进，一边仔细探测沿途的挑战卡。具体指令如下：当无人机遇到 5 号卡时，应立即执行左转动作，调整飞行方向；随后，继续其探索之旅，不断前行以寻找下一个目标 6 号卡；最终，在成功发现 6 号卡后，无人机需在其上方精确降落，从而圆满完成整个飞行与探测任务。

探究活动

第 1 步：无人机与计算机硬件连接步骤，参见第 4 章 4.1 节内容。

第 2 步：设计无人机飞行控制流程图，如图 5.16 所示。具体要求如下：设计无人机飞行程序控制无人机一边前进一边探测挑战卡，遇到 5 号卡之后左转，继续前进寻找 6 号卡，找到 6 号卡之后在上方降落。

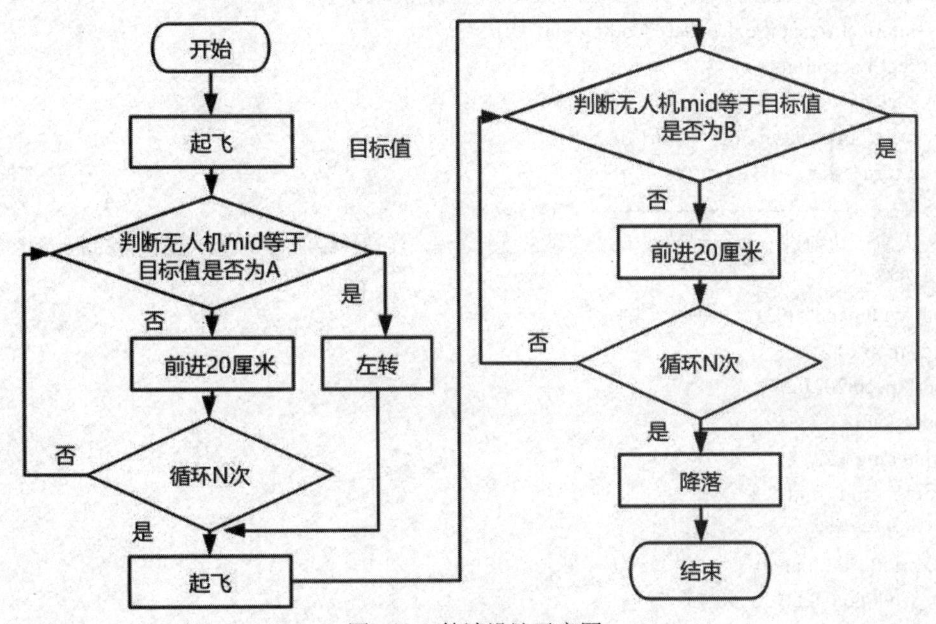

图 5.16　算法设计示意图

第 3 步：程序设计。无人机一边前进一边探测挑战卡，遇到 5 号卡之后左转，继续前进寻找 6 号卡，找到 6 号卡之后在上方降落。

```
#程序代码如下：
import socket
import threading
import time
```

```
##实现无人机和计算机的数据传输
# Tello 的 IP 和接口
tello_address = ('192.168.10.1', 8889)
# 本地计算机的 IP 和接口
local_address = ('192.168.10.2', 9000)
# 创建一个接收用户指令的 UDP 连接
sock = socket.socket(socket.AF_INET, socket.SOCK_DGRAM)
sock.bind(local_address)
# 定义 send 命令，发送 send 里面的指令给 Tello 无人机并允许一个几秒的延迟
def send(message, delay):
    try:
        sock.sendto(message.encode(), tello_address)
        print("Sending message: " + message)
    except Exception as e:
        print("Error sending: " + str(e))
    time.sleep(delay)
    try:
        #print('looping')
        response, ip_address = sock.recvfrom(16)
        response = response.strip()
        print("Received message: " + response.decode(encoding='utf-8'))
        return str(response.decode(encoding='utf-8'))
    except Exception as e:
        sock.close()
        print("Error receiving: " + str(e))
        return 'error'
##教学部分---------------------------------
# 无人机一边前进一边探测挑战卡，遇到 5 号卡之后左转，继续前进寻找 6 号卡，找到 6 号卡之后在
# 上方降落
send("command", 0.2)
send("mon",0.2)
send("speed 20",0.2)
send('takeoff',0.2)
for i in range(5):
    mid = send("mid?",2)
    if mid == '8':
        print('Mid found')
        send('go 0 0 80 20 m8',2)
        send("ccw 90",2)
        break
    else:
        send('forward 30',2)
for i in range(5):
    mid = send("mid?",2)
    if mid == '2':
        print('Mid found')
```

```
        send('go 0 0 80 20 m2',2)
        send("land",2)
        break
    else:
        send('forward 30',2)
##教学部分----------------------------------
```

第 4 步，编码测试与优化。此时，只需单击“Run”或按下“F5”键，无人机便会启动，执行预设的梯级下降飞行任务。观察其运行状态。调试结果如图 5.17 所示。

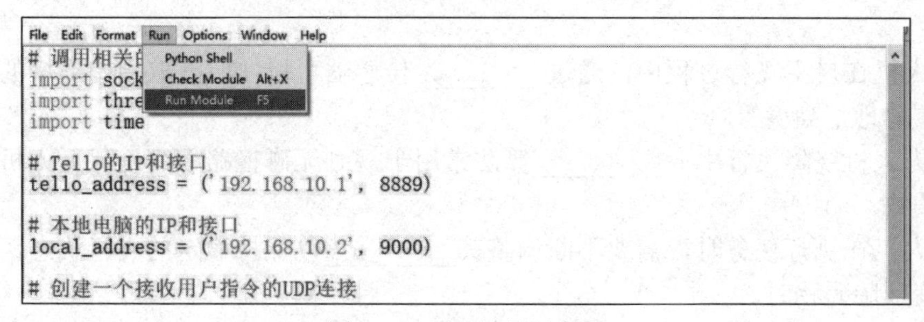

图 5.17　运行结果示意图

成果分享

刚涉足无人机编程这一奇妙疆域，我们便开启了一段算法与实践完美融合的非凡探险。亲手编写程序，我们驱动无人机在虚拟与现实的交错空间中稳健翱翔，同时敏锐捕捉周围散落的挑战卡。当无人机精准锁定 5 号卡的刹那，我们的内心激荡起兴奋的波澜，它随即优雅转身，向左继续它的探索之旅。

更为震撼的是，无人机最终成功发现并平稳降落于 6 号卡之上，那一刻的成就感难以用言语表达。这既是对编程技能的肯定，也让我们深刻体会到算法的强大力量。这次项目经历让我们深切感受到，无人机编程绝非简单的技术累积，而是创意与逻辑的璀璨交汇。它就像一个满载无限潜能的魔法宝盒，只要我们勇于想象，敢于实践，就能不断解锁新的探险篇章。

因此，我们诚挚地邀请每一位对无人机编程充满好奇的朋友，加入这场既趣味横生又充满挑战的旅程。让我们在编程的浩瀚宇宙中自由翱翔，共同探索未知，携手创造更加辉煌的未来！

思维拓展

通过编程指令，无人机能够执行诸如识别特定挑战卡、灵活转向、搜索目标及精准降落等一系列任务。这一过程不仅融合了算法的逻辑性，还融入了丰富的创意，为无人机技术的应用开辟了多个新颖且充满挑战的领域。

这样的结合不仅显著增强了无人机技术的实用性，还极大地提升了公众对无人机编程的兴趣与享受。进一步讲，这种融合还促成了多个领域的创新应用与创意作品的诞生，具体实例可参考图 5.18。

图 5.18 无人机绕障飞行算法拓展思维导图

当堂训练

1. 无人机在自主飞行过程中，通过_________传感器可以实时获取周围环境的信息，如障碍物位置、地形高度等。

2. 在无人机绕障飞行中，_________算法常用于规划无碰撞路径，确保无人机能够安全地避开障碍物。

3. 无人机在执行任务时，需要不断调整其_________以保持稳定的飞行状态，特别是在遇到风切变或障碍物时。

4. 为了准确识别并定位挑战卡，无人机通常会搭载_________系统，该系统能够处理并分析图像数据，识别出特定标记或图案。

5. 无人机在降落过程中，除了需要精确控制其位置外，还需要考虑_________的影响，以确保平稳着陆。

想创就创

1. 创新编程题。设计一个简单的无人机模拟程序，该程序控制无人机在二维网格上移动，同时探测并识别特定编号的挑战卡（在本例中为 5 号和 6 号卡）。无人机从起点出发，持续向前移动并探测当前位置是否有挑战卡。当无人机遇到 5 号卡时，它应左转 90 度并继续移动；当遇到 6 号卡时，它应在该位置上方（假设为网格的上方一格，不考虑实际高度变化，仅作为标记）执行“降落”操作，并结束任务。提示：你可以使用模拟的无人机控制库（如 tello 库，如果实际环境中没有真实的 Tello 无人机）来模拟无人机的飞行。旋转角度和拍照动作可以通过打印日志模拟。

2. 完形填空题。在以下 Python 代码片段中，填充缺失的部分，以完成无人机绕障飞行任务的一部分，旨在提升读者的创新思维并温故知新。这些题目假设您使用的是一种伪代码或类似 Python 的简洁语法来表达算法逻辑。

```
while not is_challenge_card_found(current_position):
    move_forward()
    if _______:  # 检测到 5 号挑战卡
        turn_left()
        continue
    # 其他逻辑...
```

答案：is_card_type(5, current_position)（假设有一个函数 is_card_type(card_number,position)用于检测当前位置是否有指定编号的挑战卡）。

```
def find_card(card_number):
    while True:
        if is_card_type(card_number, current_position):
            return True
        if _______:  # 如果当前位置是障碍物或边界
            # 转向或重新规划路径逻辑
            change_direction_or_replan()
        else:
            move_forward()
# 调用函数寻找 6 号卡
find_card(6)
```

答案：is_obstacle_or_boundary(current_position)（假设有一个函数用于检测当前位置是否为障碍物或达到飞行边界）。

```
def turn_left():
    global heading
    heading = (heading - 90)% 360   # 左转 90 度
    # 可能还需要更新无人机的位置或方向向量
    update_position_or_direction()
# 在某个条件下调用左转操作
if _______:
    turn_left()
```

答案：perform_landing()（假设有一个 perform_landing()函数用于执行降落操作）。

```
def main_flight_logic():
    card_5_found = False
    while not is_end_condition_met():  # 假设有一个结束条件
        if not card_5_found and is_card_type(5, current_position):
            card_5_found = True
            turn_left()
        elif card_5_found and is_card_type(6, current_position):
            _______  # 找到 6 号卡后执行的操作
            break  # 跳出循环
        else:
            move_forward()
# 主程序入口
main_flight_logic()
```

5.7　函数拼图：Tello 火山侦察探险

知识链接

嘿，探险小能手！您正是那位即将操控 Tello 无人机，勇敢探索活火山边缘的无人机英雄！这不是梦，而是即将上演的现实挑战！此次任务，您需要驾驶无人机穿越错综复杂的火山迷宫，展示无人机界的“舞蹈”绝技——精准执行正多边形轨迹飞行，全方位捕捉火山喷发的震撼瞬间。

这项任务之所以如此炫酷，是因为它不仅仅是一场视觉上的盛宴，更是科学探索的重要助推器。您的每一次飞行，都在为地质学家们提供宝贵数据，助力他们绘制出火山活动图，从而更准确地预测火山爆发的可能性，守护我们家园的安宁。

Tello 无人机，作为入门级神器，既稳定又智能，编程对它而言如同儿戏。这次火山探险，不仅是技术实力的试炼场，更是您迈向无人机大师之路的起跑线。

准备好了吗？让我们携手并进，凭借智慧与勇气，征服这片炽热而充满挑战的天空！

一、基础知识

（一）基本操作函数

针对 Tello 无人机在火山侦察探险中的编程应用，我们可以设计一系列自定义基本函数来实现无人机的控制、数据采集以及数据传输等功能。以下是一些自定义基本函数的设计思路：

1. 初始化无人机连接函数

```
def connect_tello(drone):
    """
    # 连接到 Tello 无人机并初始化
    # 参数:
    drone: # Tello 无人机对象
    """
    drone.connect()
    drone.for_back_calibration(1.0) # 前后校准
    drone.left_right_calibration(1.0) # 左右校准
```

2. 起飞函数

```
def takeoff(drone):
    """
    # 使无人机起飞
    # 参数:
    drone: Tello 无人机对象
    """
    drone.takeoff()
```

3. 降落函数

```
def land(drone):
    """
    # 使无人机降落
    # 参数:
    drone: # Tello 无人机对象
    """
    drone.land()
```

4. 向前飞行函数

```
def land(drone):
    """
    # 使无人机降落
    # 参数:
    drone: # Tello 无人机对象
    """
    drone.land()
```

（二）正多边形的内角——几何知识的运用

正多边形是指所有边等长且所有角等大的多边形。在无人机飞行中，实现正多边形飞行意味着无人机将按照预定的角度和边长，在空中绘制出一个完美的正多边形轨迹。要计算无人机在每个顶点之间的转向角度和飞行距离，需要了解正多边形的内角和外角公式。例如，对于一个正 n 边形，每个内角大小为$(n-2)\times180°/n$，每个外角大小则为$360°/n$。

如图 5.19 所示，对于一个正 n 边形，可以从中心点向顶点连线将它分为 n 个相同的等腰三角形，顶角大小都是 α，底角大小都是 β。圆周角为 360°，所以 $\alpha=360°/n$，三角形内角和 180°，所以 $\beta=(180°-\alpha)/2$，所以正 n 边形的内角 $2\beta=180°-360°/n$。因此，无人机每次转向角度为：$360°/n$。

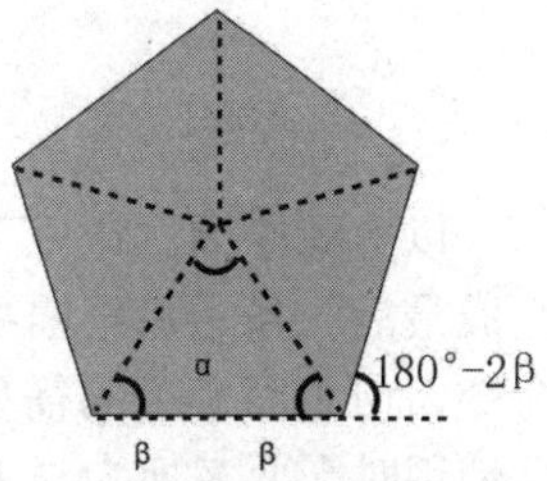

图 5.19　正多边形

（三）火山的侦察流程规划设计中的函数应用

根据飞行要求，从山下到山顶逐步缩小飞行半径，让无人机以正多边形的航线飞行，飞多边形的程序相同，但是每次的参数不同。参数没有规律且不适合使用循环结构。每次都写一遍多边形的语句很麻烦，这里可以运用函数。

```
def fly_regular_polygon(drone, n, side_length, height=50):
    """
    # 使无人机按照正 n 边形轨迹飞行，每边长度为 side_length，并保持一定高度
    # 参数:
    drone: # Tello 无人机对象
    n: # 正多边形的边数
    side_length: # 每边的长度（单位：厘米）
    height: # 飞行高度（单位：厘米，默认为 50 厘米）
    """
    drone.up(height) # 上升到指定高度
    angle_per_side = 360 / n   # 计算每个边的转向角度
    for _ in range(n):
        move_forward(drone, side_length) # 向前飞行
        rotate_clockwise(drone, angle_per_side) # 顺时针旋转
```

（四）火山的侦察流程规划设计，如图 5.20 所示。

1. 正多边形路径函数的定义：

```
def polygon(n, side_length=1):   # 自定义多边形函数，包含参数边数 n 和边长（这里固定为 1，但也可
```

```
以作为参数传入)
    r = int(360 / n) # 飞完一条边后无人机转动的角度
    for i in range(1, n + 1):  # 做 n 次飞行循环，完成 n 边形的路径
        send("forward " + str(side_length), 5) # 发送前进命令，side_length 为边长，5 为假设的延时
        if i < n:  # 如果不是最后一次飞行，发送转弯命令
            send("ccw " + str(r), 4) # 发送逆时针转弯命令，r 为转动的角度，4 为假设的延时
```

图 5.20 正多边形飞行分析示意图

以上程序须注意以下内项内容：一是这里没有发送最后一次转弯的命令，因为多边形在完成最后一条边后不需要额外转弯；二是如果需要回到起点，可以在循环外部添加一次转弯命令，但角度和方向需要根据实际情况确定；三是这里的 send()函数是一个假设的函数，实际使用时需要替换为与无人机通信的具体实现。

2. 飞行过程对函数的调用。主程序如下：

```
if __name__ == "__main__":
    import time  # 引入 time 模块以使用 time.sleep()函数
    # 向无人机发送命令，无人机起飞并设定速度
    send("command", 3)
    send("takeoff", 3)
    send("speed 30", 3)
    # 调用 polygon()函数，飞第一个多边形（正 8 边形，边长 80 厘米）
    polygon(8, 80)
    # 上升并内靠（这里使用 send()函数模拟无人机的移动）
    send("up 50", 3)
    send("left 50", 3) # 注意：原文本中的'1eft'应为'left'，这里已更正
    # 调用 polygon()函数，飞第二个多边形（正 5 边形，边长 70 厘米）
    polygon(5, 70)
    # 上升并内靠（继续模拟无人机的移动）
    send("up 50", 3)
    send("left 30", 3) # 注意：继续保持文本中的方向和距离正确性
    # 调用 polygon()函数，飞第三个多边形（正三角形，边长 50 厘米）
    polygon(3, 50)
    # 降落
    send("land", 3)
    print("Flight complete.")
```

二、实现步骤

Tello 无人机在火山侦察探险中的实现步骤可以详细规划如下。注意，由于火山环境的复杂性和危险性，实际操作前应确保充分的安全准备和风险评估，并遵守当地法律法规。

第 1 步：环境搭建。首先确保 Tello 无人机已开机，并通过 Wi-Fi 连接到计算机。然后在你的计算机上安装 Python 环境，安装成功之后，再安装 djitellopy 库，在 DOS 界面输入指令，如 pip install djitellopy。最后，导入库并创建 Tello 对象，例如：

```
from djitellopy import Tello
tello = Tello()
tello.connect()
```

第 2 步：程序设计。

首先，起飞与飞行控制。首先在起飞前要检查电池电量，确保无人机处于安全起飞状态。然后设定无人机飞行高度和飞行方向；再连接无人机并起飞与飞行控制。例如：

```
tello.takeoff() # 起飞
tello.move_forward(50) # 向前飞行 50 厘米
tello.rotate_clockwise(90) # 顺时针旋转 90 度
# 可以根据火山地形和侦察需求，添加更多飞行指令
```

其次，拍摄火山口图像。设定摄像头方向为正面，拍摄火山口高清图像。

```
tello.set_video_direction(Tello.CAMERA_FORWARD)
tello.streamon() # 开启视频流
# 这里可以加入图像保存或实时处理的代码
tello.streamoff() # 关闭视频流
```

再次，调整飞行路径。根据实时图像调整飞行路径，确保安全且有效侦察。使用 move_up(), move_down(), move_left(), move_right()等函数调整飞行高度和方向。在执行完任务之后，要让无人机安全着陆。当无人机下降到预定最低高度时，执行着陆操作 drone.land()。

最后，数据收集与分析。飞行结束后，使用 drone.end()指令断开与无人机的连接；然后，将拍摄到的图像和视频数据下载到计算机，进行后续分析。

第 3 步：编码测试。在安全的环境中运行代码，观察无人机的飞行行为。

课堂任务

假设我们需要侦察一座火山，了解其近期活动情况。首先，我们按照上述步骤起飞无人机，并设定其飞行至火山口上方一定高度。然后，通过调整摄像头方向，拍摄火山口的清晰图像。请用 Python 编写程序，针对目标火山，从山下到山顶逐步缩小飞行半径，让无人机以正多边形的航线飞行，如图 4.19 所示，模拟完成围绕火山飞行和收集数据的任务。

探究活动

第 1 步：无人机与计算机硬件连接步骤，参见第 4 章 4.1 节内容。

第 2 步：无人机正多边形飞行流程图设计，如图 5.21 所示。具体要求如下：基于对正

多边形分析，可以规划一个正多边形的飞行算法。

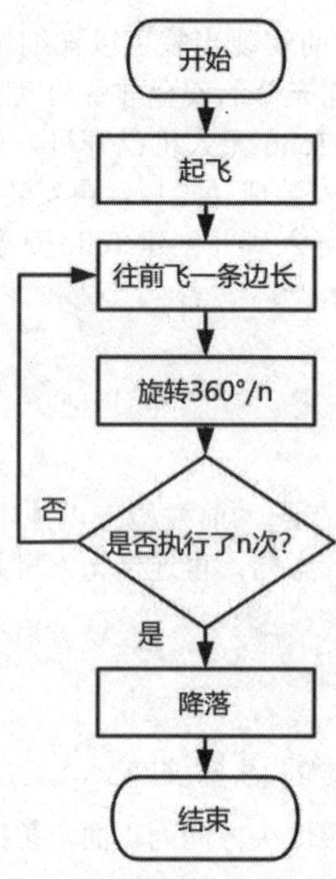

图 5.21 正多边形的飞行算法流程图

第 3 步：程序设计。首先，程序会调用相关的模块以准备无人机起飞前的各项设置；随后，用户可以通过本程序输入无人机的零部件状态、飞行环境参数以及无人机的电量情况。这些信息是判断无人机能否安全起飞的关键。如果所有输入的条件均符合无人机起飞的要求，程序将控制无人机起飞，并前飞 100 厘米后平稳降落。最后，为了完成整个飞行过程，程序会再次调用相关的模块以确保无人机的安全降落和后续处理。

```
#程序代码如下：
import socket
import threading
import time
##实现无人机和计算机的数据传输
# Tello 的 IP 和接口
tello_address = ('192.168.10.1', 8889)
# 本地计算机的 IP 和接口
local_address = ('192.168.10.2', 9000)
# 创建一个接收用户指令的 UDP 连接
sock = socket.socket(socket.AF_INET, socket.SOCK_DGRAM)
sock.bind(local_address)
# 定义 send 命令，发送 send 中的指令给 Tello 无人机并允许一个几秒的延迟
def send(message, delay):
  try:
    sock.sendto(message.encode(), tello_address)
    print("向无人机发送指令: " + message)
```

```
    except Exception as e:
      print("指令发送错误: " + str(e))
    time.sleep(delay)
# 定义 receive 命令，循环接收来自 Tello 的信息
def receive():
    while True:
      try:
        response, ip_address = sock.recvfrom(128)
        print("接收指令: " + response.decode(encoding='utf-8'))
      except Exception as e:
        sock.close()
        print("接收指令出错: " + str(e))
        break
# 开始一个监听线程，利用 receive 命令持续监控无人机发回的信号
receiveThread = threading.Thread(target=receive)
receiveThread.daemon = True
receiveThread.start()
##教学部分--------------------------------------------------------------
# 定义多边形函数，包含参数边数 n 和边长 s
def polygon(n,s):
# 飞完一条边后无人机转动角度
    a = int(360/n)
# 做 n 次飞行循环，完成 n 边飞行的路径
    for i in range(1,n+1):
          send("forward "+str(s),5)
          send("ccw "+str(a),4)
# 向无人机发送命令，无人机起飞设定速度
send("command",3)
send("takeoff",3)
send("speed 30",3)
# 调用函数，飞第一个多边形（正八边形，边长 80 厘米）
polygon(8,80)
# 上升内靠
send("up 50",3)
send("left 50",3)
# 调用函数，飞第二个多边形（正五边形，边长 70 厘米）
polygon(5,70)
# 上升内靠
send("up 50",3)
send("left 30",3)
# 调用函数，飞第三个多边形（正三角形，边长 50 厘米）
polygon(3,50)
# 降落
send("land",3)
##教学部分--------------------------------------------------------------
```

第 4 步，编码测试与优化。此时，只需单击“Run”或按下“F5”键，无人机便会启动，执行预设的梯级下降飞行任务。观察其运行状态。调试结果如图 5.22 所示。

```
File  Edit  Format  Run  Options  Window  Help
# 调用相关的      Python Shell
import sock       Check Module  Alt+X
import thre       Run Module    F5
import time

# Tello的IP和接口
tello_address = ('192.168.10.1', 8889)

# 本地电脑的IP和接口
local_address = ('192.168.10.2', 9000)

# 创建一个接收用户指令的UDP连接
```

图 5.22 运行结果示意图

成果分享

在这次充满挑战与启迪的编程实践中，我们不仅成功驾驭了 Tello 无人机，更在虚拟的火山侦察任务中，编织了一场科技与创意交织的梦幻篇章。通过一系列匠心独运的算法设计，无人机仿佛化身为智能的探险家，从山脚轻盈地盘旋升起，直至山巅，每一步都精准无误地遵循着正多边形飞行的轨迹，如同在广袤的天空中绘制出一幅幅令人叹为观止的几何艺术。

随着飞行半径的精妙调整，无人机在空中缓缓勾勒，每一道轨迹都像是精心计算的笔触，将火山的壮丽景色与深邃神秘完美融合，呈现出一场视觉与智慧的双重盛宴。在这场实践中，我们不仅深入掌握了无人机编程的核心技能，更在自定义函数的海洋里畅游，体会到了创造的无穷魅力。每一次函数的调用，都是对无人机行为的一次精妙诠释，使得复杂的飞行任务在我们的指尖下变得井然有序，仿佛是一首流动的诗篇。

如今，我们满怀喜悦地邀请您，一同踏入这场融合了视觉震撼与智慧启迪的盛宴。这里，您将感受到无人机翱翔天际的壮阔与自由，领略到算法之美如何为无人机技术插上翅膀，开启一段充满无限可能的探索之旅。这不仅是对我们学习成果的一次全面展示，更是对未来科技创新的一次深情呼唤，期待与您共同见证科技带来的无限惊喜与可能，携手共创更加美好的未来。

思维拓展

基于您所描绘的 Tello 无人机围绕火山以正多边形航线翱翔的壮观场景，我们不仅实现了技术与艺术的完美融合，更以此为契机，将 Python 编程中的自定义函数应用拓展至更为广阔的天地，如图 5.23 所示，开创了一系列新颖独特、趣味横生的无人机编程杰作。

图 5.23 火山侦察飞行编程创新拓展示意图

此番拓展，无疑揭示了 Python 自定义函数在无人机编程领域所蕴含的无限潜能与非凡灵活性。它如同一把钥匙，打开了通往创意无限可能的大门，引领我们探索一个又一个未知的挑战与机遇。每个新领域的涉足，都是一次对智慧与勇气的考验，同时也是一次对创新精神的礼赞。

我们期待每一位热爱编程、勇于探索的读者，紧随这股创新浪潮，深入无人机编程的广阔世界。这里，你不仅可以体验到编程带来的无尽乐趣，更能在每一次成功的尝试中，收获那份属于自己的创新成就感。让我们携手并进，共同书写无人机编程领域的新篇章，让智慧与创意的火花，在每一次飞行中璀璨绽放。

当堂训练

1. 无人机执行正多边形飞行任务时，若设定多边形边数为 n，则无人机需要完成________次转向操作以完成一圈飞行。

2. 在控制无人机进行正多边形飞行时，若飞行半径逐渐减小，则无人机的飞行速度应如何调整以保持飞行稳定？

3. 无人机在执行正多边形飞行任务时，用于定位火山顶点并确定飞行半径的主要技术是什么？

4. 在 Python 编程中，控制无人机以正多边形航线飞行，通常需要使用哪些无人机 SDK 中的函数或方法？

5. 为了实现无人机围绕火山飞行并收集数据，除了飞行控制，还需要考虑哪些关键因素？

想创就创

1. 创新编程。假设我们需要在一次模拟的火山侦察任务中，让 Tello 无人机从起飞点出发，飞行至火山口上方，拍摄火山口的照片或视频，然后返回并降落。通过完成代码编程中的程序代码与步骤，我们可以实现这一目标。读者可以通过修改代码中的飞行参数、添加图像处理代码或结合 GIS 数据，使火山侦察任务更加复杂和有趣。另外，在程序中添加视频流显示功能，让学生可以实时看到无人机拍摄的画面。在特定时间模拟火山爆发（如使用烟雾机），让学生练习紧急避障和返航功能。组织无人机编程竞赛，设定不同的侦察任务，鼓励学生发挥创意，编写出更高效、更有趣的程序。

2. 阅读程序。以下程序只是模拟，在真实场景中，还要完善程序代码，请你补充完整，让无人机能飞起来，并观察运行结果，看看这是一段无人机实现什么功能的程序代码。

```
from djitellopy import Tello
def main():
    # 创建 Tello 对象
    tello = Tello()
    # 连接到 Tello 无人机
    tello.connect()
    # 等待连接成功
    tello.wait_for_connection(60.0)
```

```
        # 起飞
        tello.takeoff()
        print("无人机已起飞")
        # 设置摄像头为正面
        tello.set_video_direction(Tello.CAMERA_FORWARD)
        # 飞行到火山口上方
        tello.move_forward(100) # 假设 100 为合适距离
        tello.move_up(50)        # 上升一定高度
        # 拍摄照片或视频（假设有相应函数，实际需调用 SDK 中的拍照或录像功能）
        print("正在拍摄火山口...")
        # 回到安全位置
        tello.move_back(100)
        tello.move_down(50)
        # 降落
        tello.land()
        print("无人机已降落")
        # 关闭连接
        tello.end()
if __name__ == "__main__":
        main()
```

5.8 蛇形轨迹：Tello 飞行函数编织

知识链接

无人机编程界的学霸们，你们是否已经整装待发，准备迎接这场智慧与创意的盛宴？在这片广阔的天空舞台上，你们不仅是驾驭风云的舵手，更是编织梦想的代码魔术师！现在，一项前所未有的挑战正等待着你们：打造一个能让无人机在空中自由翱翔，如行云流水般绘制出蛇形轨迹的神奇程序。这不仅仅是一项任务，更是一个让你们尽情挥洒智慧、展现无限创意的璀璨舞台！

或许你会担心这项任务的难度，但请相信，即便你是初涉编程的新手，也无须畏惧。因为在这个充满魔力的编程世界里，每一步都蕴含着无限可能。只要你愿意付出努力，一步步解锁编程的奥秘，就能让无人机在你的指挥下，于空中绘出独属于你的辉煌轨迹。所以，不要犹豫，不要彷徨，勇敢地迎接这场挑战吧！用你的智慧和创意，为这片天空增添一抹属于你的独特色彩。让无人机在你的代码魔法下，翩翩起舞，绽放出最绚烂的光芒！

一、基础知识

1. Tello 飞行函数及其用法

对于使用 Python 3.7 控制 Tello 无人机绘制蛇形轨迹的任务，首先需要确保已经安装了 Tello 的 Python SDK（如 tellopy 库）或者至少知道如何通过 Tello 的 API 发送命令。以下是一些基本的 Tello 飞行函数（假设使用 tellopy 库）及其用法的示例。注意，tellopy 库可能会随版本更新而有所变化，但基本概念是相似的。

首先需要安装 tellopy 库（如果尚未安装）：pip install tellopy。

然后，可以使用以下代码框架连接 Tello 无人机，并发送一些基本的飞行命令。对于绘制蛇形轨迹，你需要将这些基本命令组合起来，控制无人机的起飞、前进、转弯和降落。

```
from tellopy import Tello
# 初始化 Tello 对象
tello = Tello()
# 连接到 Tello 无人机
tello.connect()
# 等待 Tello 准备好
tello.wait_for_connection()
# 起飞
tello.takeoff()
# 前进一段距离（参数为距离，单位厘米，速度默认为 100）
def forward(distance_cm):
    tello.send_rc_control(0, 50, 0, 0) # 前进命令，参数需要调整以匹配实际速度
    time.sleep(distance_cm / 100.0) # 假设 100 厘米/秒的速度，根据实际需要调整
    tello.send_rc_control(0, 0, 0, 0) # 停止命令
# 逆时针旋转一定角度（参数为角度，单位度）
def rotate_ccw(angle_deg):
    # 注意：Tello 的旋转命令可能需要通过发送特定的角度值或者多次小角度旋转实现
    # 这里只是示意，实际可能需要计算旋转速度和所需时间
    # 假设每次发送一个固定的旋转命令，并根据角度循环发送
    step_angle = 30   # 每次旋转的小角度
    steps = int(angle_deg / step_angle)
    for _ in range(steps):
        tello.send_rc_control(0, 0, -50, 0) # 逆时针旋转命令，参数需要调整
        time.sleep(0.5) # 假设每次旋转需要 0.5 秒
        tello.send_rc_control(0, 0, 0, 0) # 停止旋转
# 绘制蛇形轨迹的伪代码
# 假设我们想要绘制一个简单的蛇形，由直线段和 90 度转弯组成
def draw_snake():
    forward(100) # 前进 100 厘米
    rotate_ccw(90) # 逆时针旋转 90 度
    forward(100)
    rotate_ccw(90)
    # 可以继续添加更多的前进和转弯绘制更复杂的蛇形
# 调用函数绘制蛇形
draw_snake()
# 降落
tello.land()
# 关闭连接
tello.end()
```

2. Tello 飞行函数用法解读

上面的 forward()和 rotate_ccw()函数中的参数（如速度、时间）都是示意性的，并且

send_rc_control()方法的使用可能并不完全符合 Tello SDK 的实际 API（因为 tellopy 库通常使用 send_command()来发送如 takeoff、land 等命令，而 send_rc_control()用于发送遥控控制信号，这些信号可能需要根据 Tello 的遥控协议进行精确调整）。在实际使用中，你可能需要查阅 tellopy 库的文档或 Tello 的官方文档，以了解如何正确发送遥控控制信号控制无人机的飞行。绘制蛇形轨迹时，你需要根据实际的蛇形图案组合这些基本命令，并可能需要调整速度、时间和角度等参数以获得最佳效果。

二、无人机蛇形飞行实现步骤

实现无人机（如 Tello）的蛇形飞行，需要精确控制无人机的起飞、飞行方向、速度和降落。以下是一个简化的实现步骤，假设你正在使用 Python 编程语言和适合 Tello 的库（如 tellopy）。

第 1 步：装备你的无人机大脑

首先，你需要给无人机装上“智慧”——也就是通过 Python 来掌握它的飞行参数。这包括设定它转弯的角度，飞得有多快，以及我们要它飞几个来回（循环次数），来决定蛇形轨迹的总长度。

```
# 假设代码，用于连接无人机并初始化
drone.connect()
drone.arm() # 解锁无人机，准备飞行
# 设置飞行参数
angle_per_turn = 45   # 每次转弯的角度
speed = 3   # 飞行速度
num_turns = 10   # 转弯次数，决定蛇形长度
```

第 2 步：规划飞行路线

接下来，就像你规划旅行路线一样，我们也要为无人机规划一条独特的飞行路线。使用 Python 的 for 循环，就像重复按下“前进-转弯”的按钮一样，让无人机按照蛇形规则（如先往左飞一点，再往右飞一点，或者先上后下，具体取决于想绘制什么样的蛇）在空中舞动。每完成一次转弯，我们就告诉它：“继续，保持这个节奏。”

```
# 使用 for 循环控制飞行次数
for i in range(num_turns):
    if i % 2 == 0:   # 偶数次转弯，假设先左转
        drone.move_left(angle_per_turn, speed) # 假设的函数，用于控制左转
    else:   # 奇数次转弯，右转
        drone.move_right(angle_per_turn, speed) # 假设的函数，用于控制右转
    # 这里可能还需要添加直线飞行的代码，取决于蛇形定义
    # drone.fly_straight(distance, speed) # 假设的函数，用于直线飞行
```

注意：上面的 drone.move_left()、drone.move_right()和 drone.fly_straight()是假设的函数，实际中你需要根据使用的无人机 API 或库调用相应的函数。

第 3 步：启动飞行表演

现在，一切准备就绪，是时候让无人机展示它的舞技了！按下“开始”键，无人机就会按照你精心设计的航线，在空中划出一道道优美的弧线，就像一条真正的蛇在翱翔。

第 4 步：完美谢幕

当无人机完成了所有预定的飞行动作，别忘了给它一个优雅的降落指令，让它安全地回到地面。这就像一场精彩表演后的谢幕，给观众留下深刻的印象。

```
drone.disarm() # 锁定无人机，准备降落
drone.land()    # 发送降落指令
```

现在，你已经完成了整个编程过程，从初始化无人机到设置航线，再到执行飞行和结束飞行。运行你的程序，看着无人机在空中画出美丽的蛇形图案，是不是非常有成就感呢？

课堂任务

编写一个 Python 程序，该程序能够控制无人机（如 Tello）在空中连续绘制出流畅的蛇形轨迹。通过调整代码中的参数，如飞行速度、转弯角度和飞行距离，来精确控制无人机的飞行路径。

探究活动

第 1 步：无人机与计算机硬件连接步骤，参见第 4 章 4.1 节内容。

第 2 步：设计无人机飞行控制流程图，如图 5.24 所示。具体要求如下：用户可以通过本程序输入无人机零部件、飞行环境和无人机电量情况，如果条件都符合，无人机起飞，然后降落。

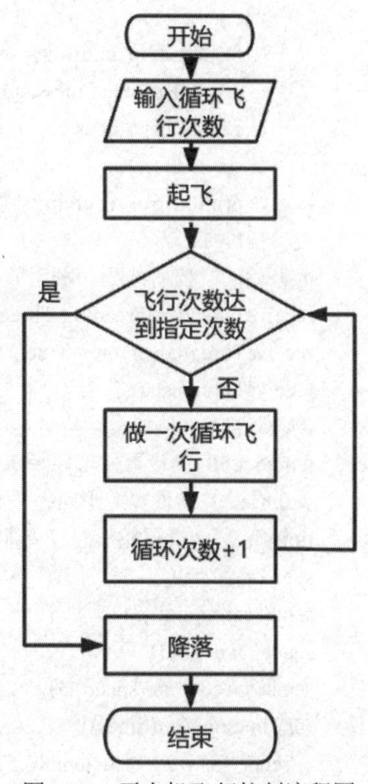

图 5.24　无人机飞行控制流程图

第 3 步：程序设计。本程序专为实现蛇形飞行任务而设计，其核心功能在于，用户能够在代码中轻松调整参数，从而精确控制无人机飞出流畅的蛇形航线。这一过程的实现，首先依赖于无人机与计算机之间稳定而高效的数据传输。确保数据传输无误后，程序会进一步调用相关模块以支持飞行任务。这些模块各司其职，共同协作，使得无人机能够按照预设的蛇形航线稳定飞行。

```
#程序代码如下：
import socket
import threading
import time
# Tello 的 IP 和接口
tello_address = ('192.168.10.1', 8889)
# 本地计算机的 IP 和接口
local_address = ('192.168.10.2', 9000)
# 创建一个接收用户指令的 UDP 连接
sock = socket.socket(socket.AF_INET, socket.SOCK_DGRAM)
```

```
sock.bind(local_address)
# 定义 send 命令，发送 send 中的指令给 Tello 无人机并允许一个几秒的延迟
def send(message, delay):
  try:
    sock.sendto(message.encode(), tello_address)
    print("Sending message: " + message)
  except Exception as e:
    print("Error sending: " + str(e))
  time.sleep(delay)
# 定义 receive 命令，循环接收来自 Tello 的信息
def receive():
  while True:
    try:
      response, ip_address = sock.recvfrom(128)
      print("Received message: " + response.decode(encoding='utf-8'))
    except Exception as e:
      sock.close()
      print("Error receiving: " + str(e))
      break
# 开始一个监听线程，利用 receive 命令持续监控无人机发回的信号
receiveThread = threading.Thread(target=receive)
receiveThread.daemon = True
receiveThread.start()
##教学部分--------------------------------------
length = 50  #设置蛇形路径水平方向边长
width = 20  #设置蛇形路径垂直方向边长
times = 2  #设置蛇形路径周期
speed = 20 #设置飞行速度
send("command",3)
send("takeoff",3)
send("speed "+str(speed),3)
for i in range(int(times)):
  send("forward "+str(length),5)
  send("ccw 90",5)
  send("forward "+str(width),5)
  send("ccw 90",5)
  send("forward "+str(length),5)
  send("cw 90",5)
  send("forward "+str(width),5)
  send("cw 90",5)
send("land",3)
print("mission complete")
##教学部分--------------------------------------
```

第 4 步，编码测试与优化。此时，单击“Run”或按下“F5”键，无人机便会启动，执行预设的梯级下降飞行任务。观察其运行状态。调试结果如图 5.25 所示。

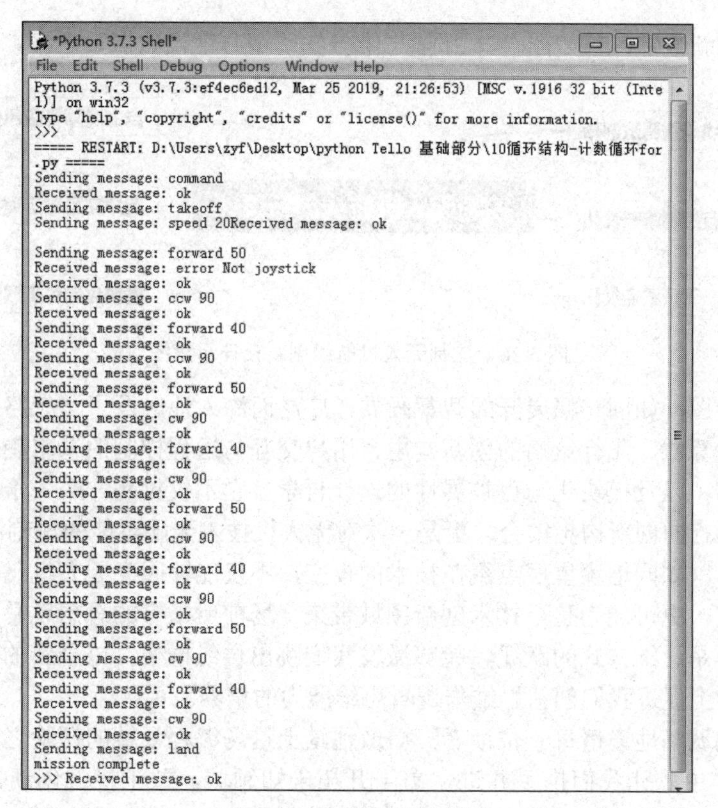

图 5.25　调试结果示意图

成果分享

在本次充满探索与创新的编程实践中，我们巧妙地利用 Python 这门强大而灵活的编程语言，结合其精髓之一的循环结构——特别是那简洁而高效的 for 循环，共同编织了一段能够引领无人机翩翩起舞，精准执行蛇形飞行任务的程序篇章。

这段编程之旅，不仅是一次对 Python 编程深度与广度的挖掘，更是一场关于如何将抽象代码转化为现实世界中具体行动的奇妙探险。我们仿佛化身为无人机的指挥家，通过指尖跳跃的字符，引领着它在蔚蓝的天际绘出一幅幅流动的蛇形画卷。

在这个过程中，Python 的循环结构成为了我们最得力的助手，它如同一位勤勉的工匠，不厌其烦地重复执行着我们的指令，直至无人机在空中划出了那令人瞩目的蛇形轨迹。而这一切，不仅加深了我们对 Python 编程语言的理解与掌握，更让我们深切体会到了编程在解决实际问题，尤其是在无人机控制这一高科技领域中的无限潜力与魅力。

总之，这次编程实践不仅是一次技术与艺术的完美融合，更是一次心灵与智慧的深刻洗礼。它让我们更加坚信，只要敢于探索，勇于创新，编程的力量定能引领我们走向更加广阔的未来。

思维拓展

当然，为了更深层次地激发创新思维与逻辑思维能力，让我们一同踏入无人机飞行程序设计的多元化创新殿堂，正如图 5.26 那幅思维导图所精心铺设的探索之路。

图 5.26 控制无人机航线创新设计示意图

这张思维导图，如同一幅展开的智慧画卷，广泛而深入地触及了飞行路径的优化艺术、航线规划的精妙算法、飞行策略的创新构思、用户交互与远程控制的未来趋势、自动化与智能化的技术前沿，以及模块化与可扩展性的设计哲学。它不仅仅是一个关于如何控制无人机执行蛇形航线飞行的创新构想集合，更是一次对无人机技术无限可能的深刻洞察。

这些创新点，如同璀璨星辰点缀在技术的夜空，不仅能够照亮无人机飞行效能与智能化程度提升的道路，更可能为整个技术创新领域带来一场前所未有的思想风暴。它们不仅仅是技术的革新，更是思维方式的跃迁，能够激发我们跳出传统框架，以全新的视角审视问题，从而在更深层次上促进我们创新思维与逻辑思维能力的培养。

因此，我们诚挚地邀请每一位读者，勇敢地踏上这场编程领域的探险之旅。在这片浩瀚无垠的代码海洋中，让我们携手并进，勇于开拓未知领域，敢于挑战创新。让每一次思维的碰撞都激发出绚烂的火花，照亮我们前行的道路，共同书写属于编程与无人机技术的辉煌篇章。

当堂训练

1. 在 Python 中，编写循环通常使用 for 或 while 语句。对于需要执行固定次数的循环，通常使用________语句。

2. 在无人机编程中，控制无人机飞行方向时，我们通常需要设置无人机的________和________。

3. 为了实现无人机的蛇形飞行，我们需要在循环中交替改变无人机的飞行方向，这通常通过修改无人机的________参数来实现。

4. 假设我们要让无人机飞行 10 次蛇形航线，那么 for 循环的终止条件应该是________。

5. 无人机编程中，除了设置飞行参数外，还需要确保无人机在每次改变方向前达到________状态，以保证航线的精确性。

想创就创

1. 创新编程。设计并实现一个 Python 程序，该程序能够控制多架无人机（假设为 3 架）同时执行蛇形飞行任务。每架无人机需要按照不同的速度或不同的蛇形幅度（通过调整每次转向的角度）进行飞行。使用 for 循环控制每架无人机的起飞、执行蛇形飞行和降落过程，并确保所有无人机在相同的时间段内完成飞行任务。

要求：（1）使用 Python 的无人机模拟库（如 dronekit，如果实际环境中没有真实无人机，则可以使用模拟环境或假设的 API）。（2）为每架无人机设置不同的飞行参数（如速度、转向角度）。（3）使用 for 循环管理无人机的起飞、飞行和降落过程。

2. 阅读程序。以下程序只是模拟，在真实场景中，还要完善程序代码，请你补充完整，让无人机能飞起来，并观察运行结果，看看这是一段无人机实现什么功能的程序代码。

```
# 假设有一个无人机对象 drone，已经通过某种方式初始化
# drone.takeoff()控制无人机起飞
# drone.goto(x, y, z, speed=speed)控制无人机飞到指定位置(x, y, z)，速度为 speed
# drone.change_heading(angle)控制无人机改变航向角为 angle
# drone.land()控制无人机降落
# 飞行参数
altitude = 10  # 飞行高度
turn_angle = 45  # 每次转向的角度
speed = 2  # 飞行速度
flight_cycles = 5  # 飞行循环次数
# 无人机起飞
drone.takeoff(altitude=altitude)
# 使用 for 循环控制无人机执行蛇形飞行
for _______ in range(flight_cycles):
    # 假设初始航向为 0 度，向左转
    drone.change_heading(_______ - turn_angle)
    # 向前飞行一段距离（这里简化为直接调用，实际可能需要计算）
    drone.goto(x=_______, y=_______, z=altitude, speed=speed) # 注意：这里 x, y 应基于当前位置和航向计算
    # 接着向右转
    drone.change_heading(_______ + turn_angle)
    # 再次向前飞行
    drone.goto(x=_______, y=_______, z=altitude, speed=speed) # 同样，x, y 需计算
# 无人机降落
drone.land()
# 注意：由于题目环境限制，实际 x, y 的计算需要根据当前位置、航向和飞行距离推算，这里用占位符表示。
```

5.9 本章学习评价

请完成以下题目，并借助本章的知识链接、探究活动、课堂训练以及思维拓展等部分，全面评估自己在知识掌握与技能运用、解决实际难题方面的能力，以及在此过程中形成的情感态度与价值观，是否成功达成了本章设定的学习目标。

一、填空题

1. 在 Python 中，使用__________运算符可以检查无人机是否同时满足电量充足（battery_level > 50）和 GPS 信号正常（gps_signal == 'OK'）两个条件。

2. 无人机在飞行过程中，其坐标位置可以存储在一个________中，以便于记录飞行轨迹。

3. 当需要同时存储无人机的飞行速度（浮点数）和方向（字符串）时，最适合使用________数据结构。

4. 无人机在执行复杂任务时，可能会根据任务类型选择不同的飞行高度。这可以通过________实现，其中键为任务类型，值为对应的高度。

5. Python 中，定义一个函数启动无人机，该函数可能不包含返回值，因此使用________关键字定义该函数。

6. 在编写控制无人机起飞的函数时，如果希望该函数在无人机已经起飞的情况下不执行任何操作，可以使用________语句检查无人机的状态。

7. 使用列表推导式，可以基于无人机当前位置列表（current_positions）生成一个新的列表，其中每个元素都表示无人机向前移动了 10 个单位的新位置。代码示例：[   ]。

8. 若要判断无人机是否达到预设的多个目标点之一，可以使用________函数检查无人机当前位置是否在这些目标点中。

9. 在无人机编程中，为了记录飞行日志，可能需要在字典中动态添加键值对。使用字典的________方法可以实现这一点。

10. 当无人机需要按照特定的顺序执行一系列动作时，可以使用 Python 的________结构控制。

二、编程题

1. 编写一个函数，接收无人机当前的高度（米）和目标高度（米）作为参数，如果目标高度高于当前高度，则输出无人机上升的动作，否则输出无人机下降的动作。

2. 使用列表存储无人机飞行过程中的一系列坐标点，编写一个函数计算无人机飞行的总距离（假设每两点间为直线飞行）。

3. 定义一个包含无人机飞行参数的字典，包括速度（km/h）、方向（如“N”表示北）、飞行时间（分钟）。编写一个函数计算无人机的总飞行距离（假设速度和方向在飞行过程中保持不变）。

4. 编写一个循环，模拟无人机在指定区域内进行网格搜索，每次飞行一定距离后转向 90 度，直至覆盖整个区域。

5. 使用元组表示无人机的当前状态（电池电量，GPS 信号强度），编写一个函数检查无人机是否适合进行长途飞行。

6. 编写一个函数，根据无人机的当前位置和一系列障碍物位置，使用列表推导式筛选出所有安全的飞行方向（假设方向为北、东、南、西）。

7. 创建一个字典存储无人机在不同高度下的飞行效率，编写一个函数，根据无人机当前高度返回其飞行效率。

8. 编写一个自定义异常类 DroneError，用于处理无人机飞行中的特定错误（如电量不足、GPS 信号丢失等），并在模拟飞行中触发该异常。

9. 使用 Python 的 enumerate()函数和列表推导式，根据无人机飞行日志的索引（表示时间顺序）和每个日志项（表示飞行状态），计算无人机飞行状态的持续时间。

10. 编写一个函数，接收一个包含无人机飞行数据的列表（每个元素是一个包含时间戳、高度、速度的元组），返回无人机达到的最高高度。

三、阅读以下程序，并回答问题

```
def fly_to_target(drone, target_position):
    current_position = drone['position']
    if current_position == target_position:
        print("无人机已在目标位置。")
    else:
        print(f"无人机正在从{current_position}飞向{target_position}。")
        # 假设这里有其他代码来控制无人机飞行
        drone['position'] = target_position   # 更新无人机位置
# 无人机状态字典
drone = {'position': (0, 0, 0), 'battery_level': 80}
# 调用函数
fly_to_target(drone, (10, 10, 10))
```

问题：执行上述代码后，无人机的位置更新为什么值？

第 5 章答案

第 5 章代码

第 6 章 航拍快递与智能控飞

CHAPTER 6

在科技飞速跃进的今天，无人机技术正以其独特的魅力引领着航拍快递与智能控飞的全新时代。国内外的前沿探索，不仅展现了无人机在航拍摄影、物流配送等领域的无限可能，更彰显了其在提升社会效率、促进经济发展方面的巨大价值。

本章内容汇聚了无人机技术的精髓，从一键捕影的航线拍摄到定点航拍的精准编程，再到地形测绘的深入探索与智慧航运的实战应用，每一环节都蕴含着技术的创新与突破。通过空中物流的多点速递、Tello 智控的人脸追踪，以及飞行表演的空中舞步，我们不仅向读者展示了无人机技术的多样应用，更旨在培养其逻辑思维、创新思维和系统思维能力。

通过本章的学习，将使读者在掌握无人机编程与控飞技能的同时，深刻理解其背后的科学原理与技术逻辑。结合学科核心素养与跨学科知识，我们将共同探索无人机技术的广阔天地，激发读者的学习热情与创造潜力。让我们携手前行，在无人机的世界里，共同追寻那份对科技的热爱与执着！

本章主要学习内容：

- 航线拍摄：一键捕影无人机编程。
- 航拍趣飞：无人机定点拍摄编程。
- 勘探地形：无人机编程测绘挑战。
- 智慧航运：无人机单点投递编程。
- 空中物流：无人机多点速递编程。
- 人脸追踪：Tello 智控编程趣飞行。
- 飞行表演：编织空中舞步的奥秘。
- 掌控天空：键盘操控飞行与拍摄。

6.1 航线拍摄：一键捕影无人机编程挑战

知识链接

在现代科技飞速发展的今天，无人机已成为众多领域不可或缺的工具，特别是在航拍、环境监测、农业、救援等方面展现出巨大潜力。想象一下，作为一名年轻的无人机程序员，你被赋予了一项激动人心的任务：开发一个“一键捕影”无人机系统，该系统能够按照预设航线自动拍摄高清图片和视频，并将这些素材实时传输回地面控制中心。这不仅考验着你的编程技能，还激发了你对无人机技术应用的无限遐想。

一、基础知识

无人机航线拍摄的基础知识涉及多个方面，包括航线规划、飞行控制、图像采集与传输等。以下是对这些基础知识的详细归纳。

（一）航线规划

1. 飞行区域选择：应选择开阔且无遮挡的区域进行飞行，避免在人群密集、建筑物密集或禁飞区进行飞行活动。同时，要根据拍摄需求，精心选择合适的起飞点和降落点，以确保无人机能够安全起降。

2. 航线设计：需要根据拍摄对象的特点和拍摄需求，设计一条合理且可行的飞行航线。航线应保持平滑、连续，尽量避免急转弯或突然升降的情况，以确保飞行的稳定性和拍摄效果。可以使用专业的无人机航线规划软件或App辅助航线设计，这些工具通常支持自定义航点、设置飞行高度和速度等实用功能，为航线设计提供便利。

3. 安全考虑：在规划航线时，必须充分考虑天气条件（如风向、风速、能见度等）对飞行的影响，以确保飞行安全。同时，要仔细避开高压线、通讯塔等可能干扰无人机信号或造成碰撞的障碍物，确保飞行过程的顺利进行。在飞行前，还应对无人机进行全面检查，确保其处于良好的工作状态。

（二）飞行控制

1. 飞行控制系统：无人机使用飞行控制器控制其飞行动作。飞行控制器接收来自各种传感器（如GPS、陀螺仪、加速度计等）的数据，并根据预设的参数进行飞行姿态的调整。姿态稳定控制系统则通过实时监测无人机的姿态和方向，实时调整飞行器的姿态，以确保其保持平稳的飞行状态。

2. 自动化控制：在进行无人机航拍时，通常需要进行自动化控制。这意味着需要设置预设参数和路线，无人机可以依照这些预设实现航线控制和拍摄控制。在自动化控制过程中，无人机能够按照预设的航线飞行，并在指定的航点执行拍摄任务。

3. 手动控制：对于需要灵活调整或进行特殊拍摄的场合，也可以采用手动控制模式。在这种模式下，操纵者可以通过遥控器或地面站软件对无人机进行实时控制。

（三）图像采集与传输

1. 图像采集设备：无人机通常搭载高清相机或摄像机进行图像采集。这些设备具有高分辨率、广视角等显著特点，能够拍摄出高质量的航拍照片和视频。

2. 图像传输系统：无人机需要将航拍所得的图像实时传输至地面控制系统，以便进行后续处理。传输方式通常包括高频无线信号传输或利用载有图像传输装置的数据链路。在传输过程中，必须确保信号稳定、传输速度快，这样才能保证图像的质量和实时性。

3. 存储与备份：无人机内部通常配备有存储卡等存储设备，用于存储拍摄的图像。飞行结束后，应及时将图像数据导出至计算机或其他存储设备中，进行备份和后期处理。

（四）拍摄技巧

1. 高度与角度：在拍摄时，应根据需求选择合适的飞行高度和拍摄角度。不同的高度和角度能够展现出不同的画面效果和视觉效果。例如，低空飞行能够捕捉到更多的细节和近景画面，而高空飞行则可以展现出更广阔的视野和地貌特征。

2. 光线与色彩：在拍摄时，要注意光线条件和色彩搭配。不同时间段（如清晨、傍晚）的光线条件和色温会对画面产生不同的影响。合理运用色彩对比和色彩搭配，可以增强画面的表现力和吸引力。

3. 构图与稳定性：构图在航拍中是非常重要的一环。通过合理的构图，可以突出拍摄主体并营造出良好的视觉效果。在拍摄过程中，要保持无人机的稳定性，避免抖动和晃动对画面质量造成影响。为了增强无人机的稳定性，可以采用三脚架或其他稳定器。

二、实现步骤

（一）准备阶段

1. 设备检查与准备：首先，确保 Tello 无人机、电池、microSD 卡（用于存储拍摄数据）等设备齐全无缺。其次，在计算机上安装 Python 环境，并安装 Tello 的 Python 库。通常可以通过 pip 进行安装，如使用命令 pip install djitello（注意：实际库名可能有所不同，具体需要根据官方文档确定）。最后，安装视频流处理库，如 opencv-python，用于接收和处理无人机的视频流数据。

2. 无人机与计算机的连接：开启无人机的 Wi-Fi 功能，并在计算机上搜索并连接到该 Wi-Fi 网络，确保电脑与无人机处于同一网络环境中，以便进行通信和数据传输。

（二）编写 Python 脚本

1. 导入库并初始化无人机：

```
import tello
import cv2
import time
# 初始化无人机对象
drone = tello.Tello()
# 连接到无人机
drone.connect()
# 设置无人机初始状态
drone.streamoff() # 确保视频流最初是关闭的
drone.speed = 0
```

2. 定义航线和拍摄动作：

```
# 定义航点列表，每个航点是一个包含 x, y, z 坐标和动作的字典
waypoints = [
    {'x': 0, 'y': 0, 'z': 0, 'action': None},
    {'x': 100, 'y': 0, 'z': 0, 'action': 'take_picture'},
    {'x': 100, 'y': 100, 'z': 0, 'action': 'start_video'},
    {'x': 0, 'y': 100, 'z': 0, 'action': 'stop_video'},
    {'x': 0, 'y': 0, 'z': 0, 'action': None}
]
```

3. 实现航点飞行和拍摄功能：

```
for waypoint in waypoints:
    # 发送飞行指令，使无人机飞到指定航点
    drone.send_rc_control(waypoint['x'], waypoint['y'], waypoint['z'], 0)
    time.sleep(5) # 等待无人机飞到航点
    # 根据定义的动作执行拍摄或视频录制
    if waypoint['action'] == 'take_picture':
        drone.take_picture()
    elif waypoint['action'] == 'start_video':
        drone.streamon()
    elif waypoint['action'] == 'stop_video':
        drone.streamoff()
```

4. 接收和处理视频流（可选，用于实时显示）

```
if drone.streamon():
    frame_read = drone.get_frame_read()
    while True:
        frame = frame_read.frame
        if frame is not None:
            cv2.imshow('Tello Video Stream', frame)
            if cv2.waitKey(1)& 0xFF == ord('q'):
                break
    drone.streamoff()
    cv2.destroyAllWindows()
```

5. 结束飞行并断开连接

```
drone.land() # 发送降落指令
time.sleep(10) # 等待无人机降落
drone.disconnect() # 断开与无人机的连接
```

（三）运行和测试

运行编写的Python脚本，并仔细观察无人机的飞行和拍摄行为，确保它们符合预期。如果需要调整航线或拍摄参数，可以直接修改脚本中的waypoints列表，并重新运行脚本进行测试。

（四）后续步骤

从microSD卡中导出拍摄的图片和视频数据，进行后续的分析或处理。根据实际应用需求，进一步优化航线和拍摄参数。同时，可以考虑实现更复杂的自动化拍摄任务，如跟踪拍摄、地形测绘等。这些任务可能需要更高级的编程技能和无人机控制技能。

课堂任务

利用Tello无人机库函数，编写一个控制程序，该程序需实现以下功能：首先，控制无人机起飞并按预定航线飞行；其次，在飞行中启动摄像头，实时预览画面。特别地，当用户按下 q 键时，程序需要立即关闭预览窗口，并同时保存当前画面至程序文件目录。

探究活动

第一步，设备检查与准备。请确保你已经安装了 Python 3.x 环境，以及通过 pip install djitello 安装了 Tello 的 Python 库（注意：库名可能有所不同，请根据实际安装的库名进行调整）。从官网下载所需库文件，在 Tello 无人机 Python 编程中，常用的库有 djitellopy、cv2 和 numpy。其中，djitellopy 是 DJI Tello 无人机的 Python 库，cv2（opencv-python）是用于处理图像的库，numpy 是用于处理矩阵和数组的库。进入命令行模式，下载所需的库：pip install djitellopy，如图 6.1 所示。

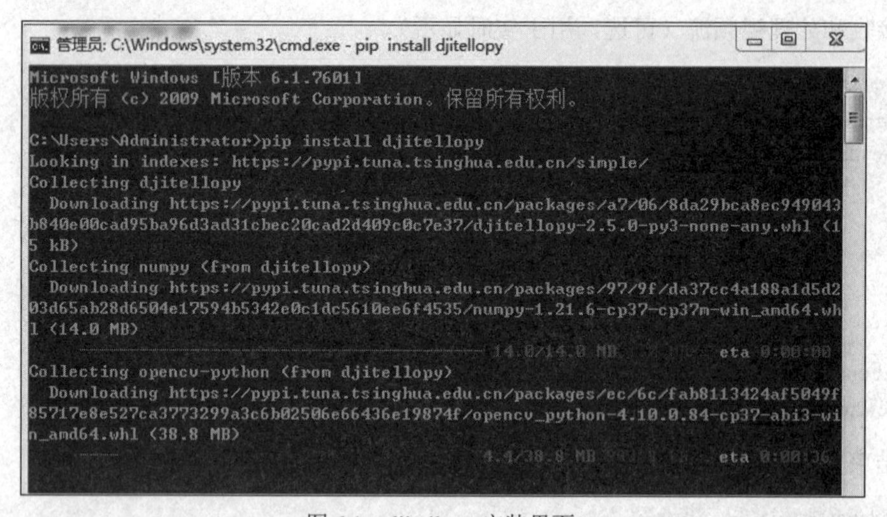

图 6.1 djitellopy 安装界面

第二步，算法设计。实现 Tello 无人机起飞、航线拍摄并将图片传回本地的流程图，如图 6.2 所示。

第三步，程序设计。

```
#加载相关库
import cv2
import numpy as np
from djitellopy import Tello
import time
#连接无人机
tello = Tello()
tello.connect()
time.sleep(2)
#初始化摄像头
tello.streamon()
frame_read = tello.get_frame_read()
#起飞
```

```
tello.takeoff()
print("I will take a picture！")
time.sleep(1)
# 拍照预览
while True:
    frame=frame_read.frame
    cv2.imshow('Tello Camera',frame) #弹出摄像头拍摄预览窗口
    if cv2.waitKey(1)&0xFF==ord('q'):  #当按下 q 键时退出预览窗口
cv2.imwrite("picture.png", frame_read.frame)
        break  #退出循环
# 同时保存按下 q 键时的画面，并保存下来
tello.land()#降落
tello.streamoff()#关闭摄像头
```

第四步：编码测试。上传程序代码并单击“Run”或按下“F5”键运行，调试运行状态；运行调试结果如图 6.3 所示。

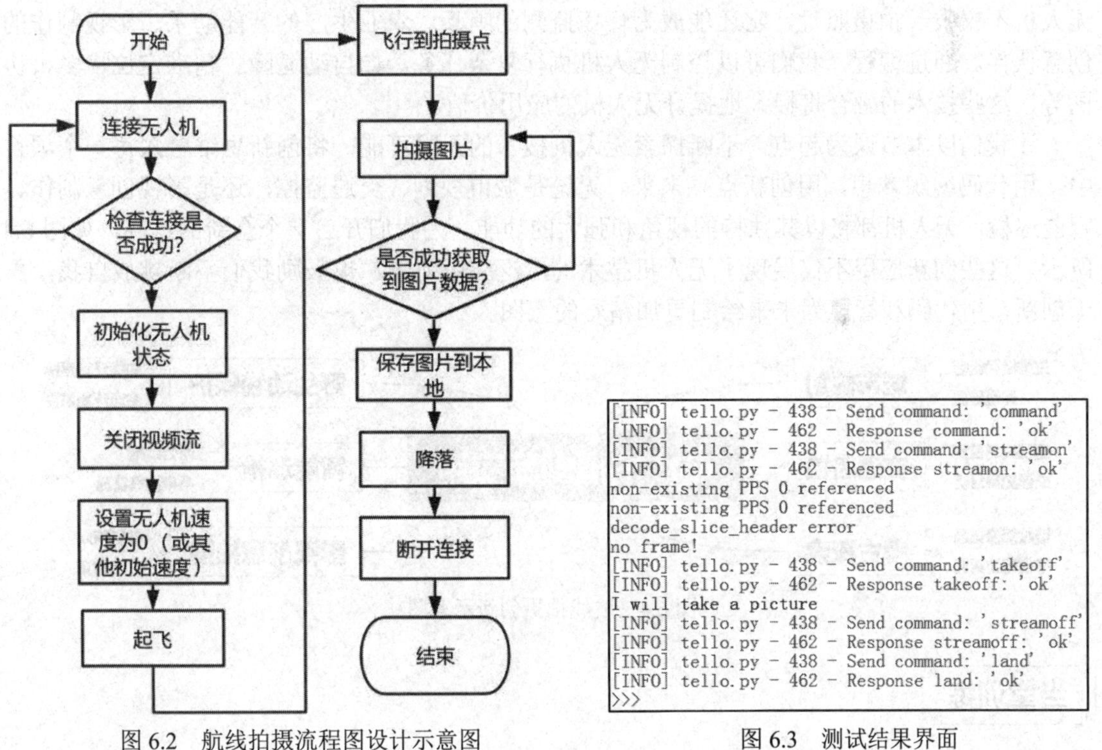

图 6.2　航线拍摄流程图设计示意图　　　　图 6.3　测试结果界面

编程提示：

1. Tello SDK 不包含直接监听键盘事件的功能，因为这通常是在桌面应用程序中实现的。在无人机编程中，可能需要通过其他方式（如遥控器按钮、网络请求等）触发特定的动作。

2. 拍摄图片并保存到本地通常涉及两个步骤：首先调用无人机的拍摄命令，然后等待图片传输完成并从无人机下载到本地计算机。这可能需要使用 SDK 提供的文件传输功能或自定义的网络通信逻辑。

3. 在编写无人机控制程序时，务必注意飞行安全，避免在人群密集或障碍物较多的区

域进行飞行测试。

成果分享

在本节课的探索之旅中，我们携手翱翔于科技与梦想的边际，利用 Tello 无人机库函数编织了一段飞翔的序曲。我们编写的控制程序，不仅让无人机腾空而起，沿预定航线翩翩起舞，更在蔚蓝的天幕下启动了摄像头，如同开启了一扇通往未知世界的窗。实时预览的画面，如同流动的画卷，让人心旷神怡。而当用户轻触 q 键，预览窗口优雅关闭，那一刻的风景被永恒定格，保存于程序文件目录之中，成为探索之旅的珍贵记忆。这不仅是一次技术的实践，更是对美的追求与致敬，激发了我们对无人机编程无尽的遐想与向往。

思维拓展

从本节课的无人机航线拍摄基础出发，我们可以向更广阔的领域拓展应用。想象一下，无人机不仅限于拍摄照片，它还能成为环境监测的哨兵、农业生产的智能助手、影视制作的创意伙伴。通过编程，我们可以控制无人机执行复杂任务，如自动避障、精准定位、多机协同等，这些技术的融合将极大地提升无人机的应用价值。

让我们以本节课为起点，不断探索无人机技术的无限可能，将创新思维融入每一个项目中，用代码编织梦想，用创新点亮未来。无论是城市规划、交通监控，还是影视创意制作、智能巡检，无人机都将以其独特的视角和强大的功能，为我们开启一个全新的世界，如图 6.4 所示。这些创新应用不仅展现了无人机技术的广泛应用前景，也鼓励我们不断挑战自我，勇于创新，用代码和智慧为未来绘制更加精彩的蓝图。

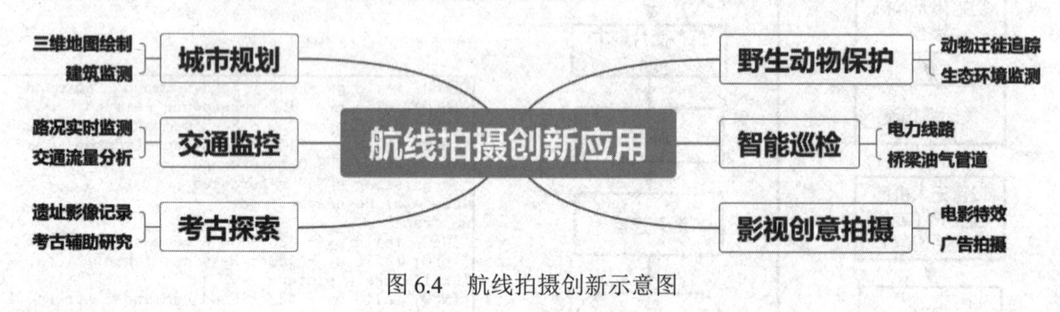

图 6.4 航线拍摄创新示意图

当堂训练

1. 在使用 Tello 无人机之前，首先需要从 tello 模块导入 Tello 类，并通过实例化该类创建无人机对象。实例化无人机对象的语句通常写作：drone = __________ ()。

2. 要连接到 Tello 无人机，需要使用无人机对象的 connect()方法。成功连接后，通常会检查连接状态，以确保无人机已准备好接收命令。检查连接状态的语句可以写作：if not drone.is_connected(): print("连接失败")。在此之前，调用 connect()方法的语句是：__________。

3. 无人机起飞前，通常需要设置飞行速度。设置飞行速度的方法名为 speed()，如果要设置飞行速度为 100，相应的代码是：__________(100)。

4. 在无人机飞行过程中，要拍摄一张图片并保存到本地，首先需要使用 snap_photo()方法拍摄图片。然后，由于 snap_photo()通常不直接保存图片到本地，而是将图片存储在无人机的内存中，因此需要通过其他方式（如 read_file()方法结合文件传输命令）将图片下载到本地。不过，为了填空题的简洁性，这里假设已经有一个处理下载和保存图片的函数 save_photo_to_disk()，它会在图片拍摄后被调用。调用 snap_photo()拍摄图片的语句是：drone.__________()

5. 当按下 q 键时，需要执行关闭摄像头预览窗口并保存当前画面的操作。这通常涉及事件监听和条件判断。假设已经有一个事件监听机制捕获 q 键的按下事件，并且有一个名为 save_and_quit()的自定义函数处理保存图片和退出预览的逻辑，那么在捕获到 q 键事件时，应调用的语句是：_________ ()。

想创就创

1. 创新编程。设计一个 Python 程序，利用 Tello 无人机的 SDK 库，实现无人机起飞后，按照预设的航线（例如：先向前飞行 10 米，然后上升 5 米，再向右转 90 度，向前飞行 5 米，最后降落）进行飞行，在第二个飞行阶段（即上升 5 米后）拍摄一张图片，并将这张图片保存到本地计算机的一个指定文件夹中（如./images/）。请确保在程序执行过程中，无人机能够正确响应并执行所有命令，并且在程序结束时安全降落。

创新要求：编写函数控制无人机的起飞、飞行、拍摄图片、降落；确保图片保存在指定的文件夹中，如果文件夹不存在，程序应自动创建它。

2. 阅读程序。以下是一个部分完成的 Python 程序，用于控制 Tello 无人机进行航线飞行并拍摄图片。请填写缺失的部分，使其完整。

```
from tello import Tello
import os
import time
# 连接到 Tello 无人机
drone = Tello()
drone.connect()
# 初始化无人机
drone.for_back_async(0)
drone.left_right_async(0)
drone.up_down_async(0)
drone.yaw_async(0)
drone.speed(100)
# 检查连接
if not drone.is_connected():
    print(drone.get_connection_status())
    exit()
# 函数：起飞
def takeoff():
    drone.takeoff()
    time.sleep(2)
```

```
# 函数：降落
def land():
    drone.land()
# 函数：拍摄图片并保存
def take_photo_and_save(folder_path='./images/'):
    if not os.path.exists(folder_path):
        os.makedirs(folder_path)
    filename = f"{folder_path}captured_image.jpg"
    drone.snap_photo(filename)
    print(f"Photo saved as {filename}")
# 预设航线飞行
def fly_mission():
    takeoff()
    # 向前飞行 10 米
    drone.move_forward(100)
    time.sleep(10) # 假设 1 秒飞行 1 米
    drone.move_forward(0)
    # 上升 5 米
    drone.move_up(50) # 假设每 10 单位上升 1 米
    time.sleep(5)
    # 拍摄图片
    ____  # 填写调用拍摄图片并保存的函数
    # 向右转 90 度
    drone.rotate_clockwise(90)
    time.sleep(1) # 假设 1 秒转 90 度
    # 向前飞行 5 米
    drone.move_forward(50)
    time.sleep(5)
    drone.move_forward(0)
    # 降落
    land()
# 执行飞行任务
fly_mission()
# 关闭连接
drone.end()
```

6.2 航拍趣飞：无人机定点拍摄编程

知识链接

在校园风景摄影比赛中。为了在众多参赛者中脱颖而出，你决定使用 Tello 无人机进行定点航拍，以独特的视角捕捉校园的美景。你精心挑选了几个具有代表性的地点，如图书馆前的广场、整洁的林荫道，以及夕阳西下的湖边。你希望通过编程控制 Tello 无人机，让它按照你设定的路线飞行，并在每个地点自动拍摄高清照片或视频。最后，无人机将自动返回出发点，完成这次创意满满的航拍任务。

Tello 无人机定点航拍是指通过编程控制 Tello 无人机飞行至指定位置（定点），并在该位置进行稳定拍摄，以获取高质量、特定视角的图像或视频。这种技术广泛应用于航拍摄影、环境监测、地形测绘等领域。通过编程实现定点航拍，不仅提高了拍摄的准确性和效率，还增加了操作的趣味性和灵活性。

一、基础知识

在 Python 3.7 中，坐标是一个广泛使用的概念，尤其是在处理图形界面、游戏开发、数据分析以及地理信息系统等领域。坐标通常用于表示一个点在空间中的位置，可以是二维的（如平面上的点，由 x 和 y 两个值定义），也可以是三维的（如空间中的点，由 x、y、z 三个值定义）。下面我将按照中文语法规则和条理，清晰地描述 Python 中坐标的概念、语法以及使用规则。

（一）坐标概念

坐标是描述一个点在空间中的位置的数值。在 Python 中，我们通常使用元组（tuple）、列表（list）或自定义的类（class）表示坐标。对于二维坐标，常用(x, y)的形式表示；对于三维坐标，则使用(x, y, z)的形式。

（二）坐标语法

1. 元组表示法：元组是 Python 中不可变的数据结构，非常适合用来表示坐标，因为它一旦创建就不能被修改。应用元组表示坐标如下所示。

```
# 二维坐标
point_2d = (10, 20)
# 三维坐标
point_3d = (10, 20, 30)
```

2. 列表表示法：列表是 Python 中的可变数据结构，虽然也可以用来表示坐标，但不如元组直观，因为坐标一旦确定通常不应被修改。用列表组表示坐标如下所示。

```
# 二维坐标
point_2d_list = [10, 20]
# 三维坐标
point_3d_list = [10, 20, 30]
```

3. 自定义类表示法：对于更复杂的场景，可以定义一个坐标类，包含坐标值以及可能的方法（如计算距离、平移等）。

```
class Point:
    def __init__(self, x, y, z=0):
        self.x = x
        self.y = y
        self.z = z
# 创建二维坐标点
point_2d = Point(10, 20)
```

```
# 创建三维坐标点
point_3d = Point(10, 20, 30)
```

4. 使用规则

首先，选择合适的数据结构：根据应用场景选择合适的数据结构表示坐标。如果坐标值在创建后不会改变，则使用元组；如果需要修改坐标值，则考虑使用列表或自定义类。

其次，访问坐标值：对于元组和列表，可以通过索引访问坐标值，如 point_2d[0]访问 x 坐标。对于自定义类，则通过属性访问，如 point_2d.x。

再次，坐标计算：根据具体需求，可能需要进行坐标的计算，如计算两点之间的距离、平移坐标等。这些操作在自定义类中更容易实现和管理。

另外，坐标转换：在某些应用中，可能需要将坐标从一个系统转换到另一个系统（如从笛卡儿坐标系转换到极坐标系）。这通常涉及数学运算，并可能需要定义专门的函数或方法来处理。

最后，注意维度：在使用坐标时，注意坐标的维度（二维或三维），确保在进行计算或比较时考虑到了这一点。

通过上述描述，我们可以清晰地理解 Python 3.7 中坐标的概念、语法以及使用规则。在实际编程中，合理应用这些规则，可以高效地处理与坐标相关的任务。

（三）定点航拍

定点航拍是指无人机飞行到指定的三维空间坐标（通常是 GPS 坐标或相对于起飞点的相对坐标），并在该位置稳定悬停后执行拍摄任务的过程。对于 Tello 这样的消费级无人机，由于其通常不具备 GPS 定位功能，而是依赖视觉定位或手动控制，我们通常使用相对于起飞点的相对坐标控制其飞行到指定位置。

在定点航拍中，无人机通过内部的飞行控制系统（flight control system，FCS）接收指令，调整其姿态、速度、高度等参数，以达到并保持指定的飞行位置。一旦达到目标位置并稳定悬停，无人机上的摄像头就会被激活以拍摄照片或视频。

对于 Tello 无人机，由于其主要通过 Wi-Fi 连接和专用的 SDK（软件开发包）进行控制，你可以通过 Python 脚本和 TELLO SDK 实现定点航拍。

（四）飞行控制系统的核心构成

飞行控制系统（FCS），作为无人机的中枢神经，其职能在于接收并整合来自多方（外部如遥控器、地面控制站及预设的自主飞行计划；内部则涵盖传感器数据及故障诊断系统等）的指令，进而精准调控无人机的飞行状态。FCS 的精密运作离不开以下几个核心组件的协同作用。

1. 传感器套件：这一套件是无人机感知世界的窗口，集成了 GPS 接收器（针对配备 GPS 功能的无人机）、惯性测量单元（IMU，内含加速度计、陀螺仪及磁力计）、气压计以及视觉传感器（如摄像头与激光雷达）等多元化设备，全面采集并传递无人机的位置坐标、飞行速度、姿态信息及周围环境数据。

2. 中央处理器（CPU/微控制器）：作为数据处理与决策制定的核心，CPU 或微控制器负责解析来自传感器套件的海量数据，执行复杂的控制算法，并据此生成精准的控制指令。这些指令直接关联到无人机的电机转速调节、舵面角度优化等方面，确保无人机能够实现稳定的飞行状态，并按照预定路径精确移动。

3. 执行机构：包括电机、伺服机构等关键部件，它们作为指令的实际执行者，将中央处理器发出的控制信号转化为无人机的具体动作，如升降、转向等，从而实现对无人机飞行状态的直接操控。

4. 通信模块：此模块建立了无人机与外部世界沟通的桥梁，支持无人机与遥控器、地面站等外部设备之间的无线数据传输，同时也为无人机间的联网协作或与其他系统的集成提供了可能，增强了无人机的灵活性与可扩展性。

（五）指令接收与执行流程

1. 指令输入阶段：用户利用遥控器上的操作界面，包括控制杆、按钮或触摸屏，输入飞行指令。这些指令随后通过无线通信技术（如 Wi-Fi、蓝牙或专用频段）被迅速传输至无人机。对于复杂的飞行任务，地面控制站软件则扮演关键角色，负责规划详细的飞行路径、设定飞行参数，并通过稳定的无线连接将指令传达给无人机。此外，无人机还具备自主飞行能力，能够按照预编程的飞行计划，基于预设算法和条件自动执行任务。

2. 指令接收与解读：无人机的飞行控制系统（FCS）内置通信模块，负责捕捉并接收来自外部设备的指令信号。随后，这些信号被中央处理器高效解析，转化为具体的控制指令，明确指示无人机需要执行的动作，如调整飞行高度、改变航向、执行摄影摄像任务等。

3. 控制算法应用：解析指令后，中央处理器启动相应的控制算法，这些算法依据传感器网络提供的数据（如位置、速度、姿态信息），精确计算无人机当前状态与目标状态之间的差异。基于这些计算，算法生成并发送精确的控制指令，旨在最小化状态差异，引导无人机精确向目标状态靠拢。

4. 执行与状态反馈：执行机构迅速响应控制指令，调整无人机的飞行姿态和参数。同时，传感器持续监测并收集无人机的实时状态数据，这些数据实时反馈至中央处理器，以供进一步分析和必要调整。在某些情况下，无人机还会主动通过通信模块向用户或地面站发送飞行状态更新、任务执行结果（如拍摄的图像或视频）等信息，以便用户实时监控和评估任务执行情况。

5. 闭环控制机制：整个过程中，FCS 形成了一个高效的闭环控制系统，它不断循环接收指令、解析指令、执行控制算法、发送控制指令并调整飞行状态。这一机制确保无人机能够持续监测自身状态，根据环境变化和任务需求进行实时调整，从而稳定、准确地完成飞行任务。

二、实现步骤

Tello 无人机，凭借其强大的功能与简易的编程特性，结合视觉定位系统及机载摄像头，成为执行定点航拍任务的理想选择。以下是实现 Tello 无人机定点航拍的详细步骤。

第 1 步：准备工作

1. 无人机组装与检查：首先，确认 Tello 无人机的所有部件已正确安装，特别是桨叶需要牢固固定于电机上，以防飞行时脱落。随后，检查电池电量，建议保持满电状态以进行航拍任务。

2. 充电与连接：使用标准的 Micro USB 线，将 Tello 无人机连接至符合 FCC/CE 标准的 USB 充电器进行充电，预计充电时间为 1.5 小时。随后，确保无人机与移动设备（如手机、平板电脑）通过 Wi-Fi 成功连接，Tello App 应能显示预览画面，且飞行器状态指示灯呈现黄灯缓慢闪烁状态。

3. 选择飞行环境：挑选一个空旷、无遮挡且安全的环境作为飞行区域，确保区域内无电线、树木等潜在障碍物。

第 2 步：设置与规划

1. 软件准备：在移动设备上安装并打开 Tello App 或适宜的编程软件（如 Scratch、Python 等），这些软件均可对 Tello 无人机进行编程控制。

2. 规划航点：利用 Tello App 或编程软件规划飞行路径，明确航拍的目标位置及拍摄角度。同时，根据无人机的飞行高度、速度及拍摄范围，合理规划飞行路径，确保拍摄效果符合预期。

3. 参数调整：根据拍摄需求，调整无人机的飞行参数，包括高度、速度及曝光时间等，并确认相机设置（如分辨率、帧率）满足拍摄要求。

第 3 步：飞行与拍摄

1. 起飞：在 Tello App 或编程软件中启动起飞指令，无人机将自动升至预设高度。随后，密切关注无人机状态指示灯及 App 中的实时画面，确保飞行平稳。

2. 执行航拍：无人机将按照预设路径飞行，并在指定位置进行拍摄。通过编程软件，可实现环绕、俯仰等复杂飞行动作，以丰富拍摄内容。

3. 监控与调整：飞行过程中，持续监控无人机状态及拍摄画面，根据实际情况调整飞行参数或拍摄设置。同时，留意周围环境变化，确保飞行安全。

第 4 步：降落与数据处理

1. 降落：完成航拍任务后，发送降落指令，无人机将自动降回地面。确保降落区域安全，避免与障碍物发生碰撞。

2. 数据导出与处理：将拍摄的视频与照片从无人机或移动设备导出至计算机。利用视频编辑软件对素材进行剪辑、调色等后期处理，以达到理想的视觉效果。

课堂任务

给定一个列表 points，其中存放了若干个点的坐标。你的任务是编写程序，让无人机按顺序移动到这些点，并在每个点的位置拍摄照片或视频，然后将照片或视频保存在程序的同目录下，然后无人机降落原点。

探究活动

第 1 步，设备检查与准备。首先，请确认您已经成功安装了 Python 3.x 环境。随后，需要通过 pip 命令安装 Tello 无人机的 Python 库。需要注意的是，库的名称可能随时间更新而有所变化，因此请根据您实际需要安装的库名进行调整。

在 Tello 无人机 Python 编程中，常用的库包括 djitellopy（或可能存在的其他 Tello 相关库名）、cv2（即 opencv-python，用于图像处理）以及 numpy（用于处理矩阵和数组）。

接下来，进入命令行模式（也称为终端或命令提示符），执行以下命令安装所需的库。注意，以下命令以 djitellopy 为例，若库名有所不同，请相应替换。

进入命令行模式，安装所需的库：pip install djitellopy。此命令将自动从 Python 包索引（PyPI）下载并安装 djitellopy 库及其依赖项。安装过程可能会显示一些进度信息，完成后，您就可以开始使用 Tello 无人机进行 Python 编程了，如图 6.5 所示。

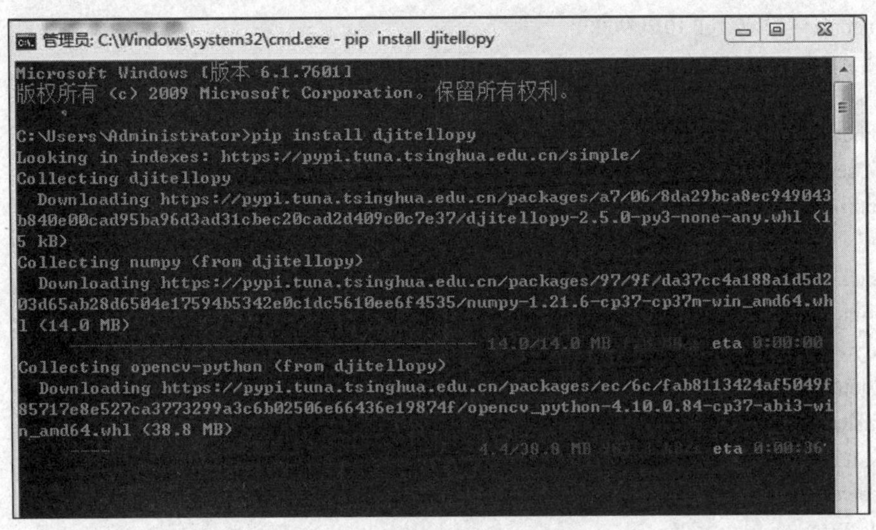

图 6.5 库 djitellopy 安装界面

第 2 步，算法设计。要设计一个程序控制无人机按顺序移动到指定的点并拍摄照片或视频，我们可以按照以下步骤构建流程图，如图 6.6 所示。

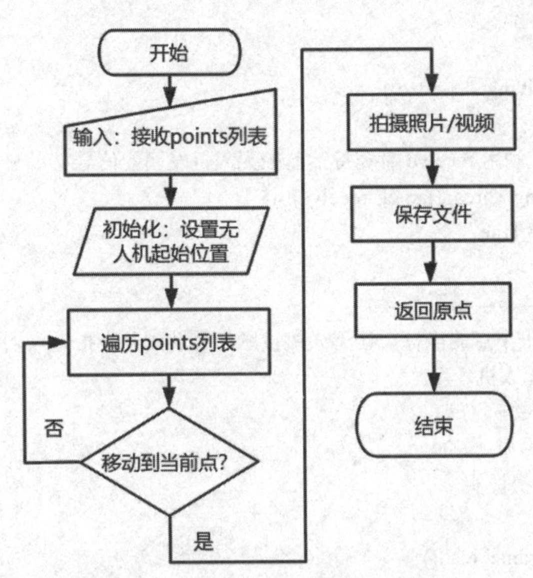

图 6.6 定点航拍流程图设计示意图

第 3 步，程序设计。

```
# 调用相关的模块
import cv2
from djitellopy import Tello
import socket
import threading
```

```
import time
# Tello 的 IP 和接口
tello_address = ('192.168.10.1', 8889)
# 本地计算机的 IP 和接口
local_address = ('192.168.10.2', 9000)
# 创建一个接收用户指令的 UDP 连接
sock = socket.socket(socket.AF_INET, socket.SOCK_DGRAM)
sock.bind(local_address)
# 定义 send 命令，发送 send 中的指令给 Telo 无人机并允许有几秒的延迟
def send(message, delay):
  try:
    sock.sendto(message.encode(), tello_address)
    print("Sending message: " + message)
  except Exception as e:
    print("Error sending: " + str(e))
  time.sleep(delay)
# 定义 receive 命令，循环接收来自 Tello 的信息
def receive():
  while True:
    try:
      response, ip_address = sock.recvfrom(128)
      print("Received message: " + response.decode(encoding='utf-8'))
    except Exception as e:
      sock.close()
      print("Error receiving: " + str(e))
      break
# 开始一个监听线程，利用 receive 命令持续监控无人机发回的信号
receiveThread = threading.Thread(target=receive)
receiveThread.daemon = True
receiveThread.start()
##教学部分--------------------------------------
#列表 points 中存放若干个点的坐标，让无人机按顺序移动到各个指定点,并在指定点位置拍下照片。
tello = Tello() #初始化无人机
tello.connect()#连接无人机
time.sleep(2)
tello.streamon()#初始化摄像头
time.sleep(2)
frame_read = tello.get_frame_read()
time.sleep(2)
points = [   # 设置指定点坐标
    (30, 0, 20),   # A 点坐标
    (30, 30, 20),   # B 点坐标
    (0, 30, 20),   # C 点坐标
    (0, 0, 20) # D 点坐标
        ]
```

```
send("command", 5)
send("takeoff", 8)#起飞
print("I am ready!")
time.sleep(1)
i=1
for point in points:   #  飞行到每个点
    x,y,z = point   #获取每个点的坐标
    send("right "+str(x),5)#完成 x 轴飞行
    send("forward "+str(y),5)#完成 y 轴飞行
    send("up "+str(z),5) #完成 z 轴飞行
    print(f"I take picture{i}!")
    time.sleep(1)
    cv2.imwrite(f"picture{i}.png", frame_read.frame)#拍照并保存
    i=i+1 #照片顺序+1
tello.streamoff()#  关闭摄像头
send("land",5) #降落
print("mission complete")
##教学部分---------------------------------------
```

第 4 步：编码测试。上传程序代码并单击“Run”或按下“F5”键运行，调试运行状态；运行调试结果如图 6.7 所示，照片存放位置如图 6.8 所示。

```
Sending message: command
Sending message: takeoff
I am ready!
Sending message: right 30
Sending message: forward 0
Sending message: up 20
I take picture1!
Sending message: right 30
Sending message: forward 30
Sending message: up 20
I take picture2!
Sending message: right 0
Sending message: forward 30
Sending message: up 20
I take picture3!
Sending message: right 0
Sending message: forward 0
Sending message: up 20
I take picture4!
[INFO] tello.py - 438 - Send command: 'streamoff'
[INFO] tello.py - 462 - Response streamoff: 'ok'
Sending message: land
mission complete
>>>
```

图 6.7　运行结果示意图

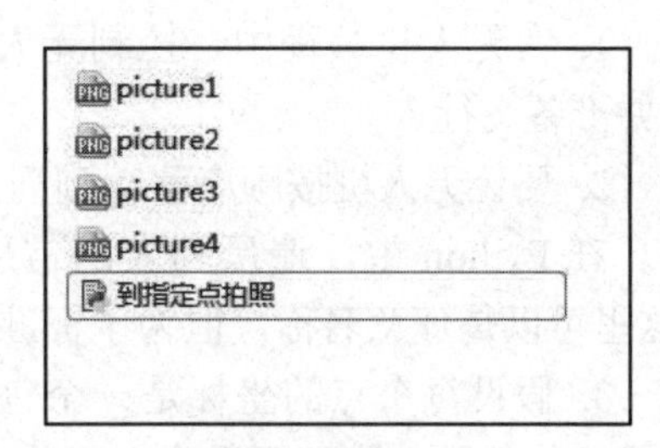

图 6.8　照片文件

编程提示：在编写无人机控制程序时，请确保遵循无人机的安全飞行指南，并在开阔、无障碍物的区域进行测试。

成果分享

在本节课的奇妙探险中，我们解锁了无人机编程的新篇章。面对承载着坐标信息的列表 points，我们巧妙地编织代码，指挥无人机翩翩起舞。它仿佛一位忠诚的旅者，逐一造访那些神秘的坐标点，每到一处，便细心捕捉周围的风景，无论是静谧的照片还是生动的视频，

都被悉心保存在程序的同目录下，如同珍藏起旅途中的每一份记忆。最终，当任务圆满，无人机优雅地返回原点，稳稳降落，完成了一次科技与美学的完美融合。这次实践，不仅让我们的编程技能更加娴熟，更激发了我们对无人机应用无限可能的遐想，引领我们向着更广阔的探索前景迈进。

思维拓展

从无人机定点航拍出发，我们可以深入探索其多元化应用，激发创新思维。首先，将拍摄数据与 GIS 系统结合，实现精准地理定位与数据分析，助力城市规划与环境监测。其次，利用无人机搭载的专业传感器，如红外热成像仪，进行夜间巡查与火情监测，提升应急响应速度。再者，结合 VR 技术，打造沉浸式航拍体验，让用户身临其境感受美景，如图 6.9 所示。此外，还可以开发无人机集群拍摄系统，实现多角度、全方位拍摄，提升影视作品质量。最后，可探索无人机在农业领域的应用，如作物生长监测、病虫害识别，助力智慧农业发展。这些拓展应用不仅拓宽了无人机技术的边界，也培养了读者的系统思维、逻辑思维、工程思维及创新意识。

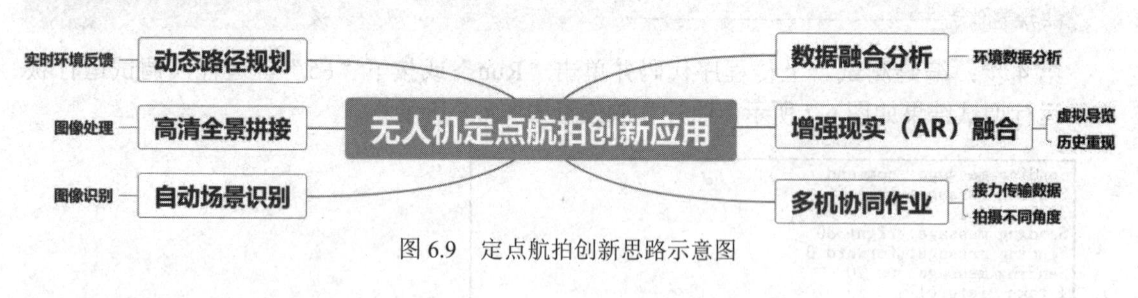

图 6.9　定点航拍创新思路示意图

当堂训练

1. 在无人机编程中，控制无人机起飞的函数通常是__________()，它让无人机从地面升起并准备飞行。

2. 要让无人机按顺序移动到列表 points 中的每个点，并拍摄照片，首先需要遍历这个列表。在 Python 中，遍历列表的常用方法是使用 for 循环，循环变量通常命名为__________（这里可以是任意名称，但为了标准性，建议使用 point）。

3. 假设每个点的坐标是一个包含两个元素的元组，分别代表 X 和 Y 坐标（如(x, y)）。为了简化问题，我们假设无人机的高度是固定的。在移动无人机到指定点时，需要调用控制飞行的函数，并传入相应的参数。这些参数可能包括速度、方向或直接的坐标值。若使用伪代码表示，这个过程可能是 move_to(__________)，其中__________应该被替换为点的坐标。

4. 拍摄照片或视频后，需要将文件保存到磁盘。在 Python 中，可以使用内置的 open()函数结合文件操作模式（如'w'表示写入文本，'wb'表示写入二进制数据）保存文件。对于图片或视频文件，通常使用'wb'模式。保存文件时，需要指定文件名和路径。如果希望文件名包含序号以区分不同的照片或视频，可以使用 f"photo_{__________}.jpg"这样的格式化字符串，其中__________应替换为当前照片的序号（通常是循环的索引加 1）。

5. 无人机完成任务后，需要降落到原点或起飞点。在无人机编程中，控制无人机降落的函数是________()。这个函数会让无人机平稳地降落到地面上，结束飞行任务。

想创就创

1. 编程创新。给定一个包含多个点坐标（每个点以(x, y)元组形式表示）的列表 points。请编写一个 Python 程序，控制无人机执行以下飞行与拍摄任务：在每个停留点，除基本拍摄外，创新实现全景拍摄或延时摄影功能。

▶ **提示：**

（1）全景拍摄：自动旋转无人机，捕获 360 度全景画面；

（2）延时摄影：设置延时拍摄，记录周围环境的自然变迁。

2. 阅读程序。以下是是一个简化的伪代码框架，用于指导编程实现：请阅读完程序之后，说出本程序的作用。

```
# 假设已经连接了无人机并初始化了相关对象
drone = Drone() # 假设的无人机对象
# 假设 points 是一个包含点坐标的列表
points = [(x1, y1), (x2, y2), ...]
# 无人机起飞
drone.takeoff()
# 遍历点列表，按顺序移动到每个点并拍摄照片
for i, point in enumerate(points, start=1):
    # 移动到指定点（这里需要实现具体的移动逻辑）
    # drone.move_to(*point) # 假设的移动函数，实际中可能不同
    # 拍摄照片
    # drone.capture_photo(f"photo_{i}.jpg") # 假设的拍摄和保存函数，实际中需要处理文件保存
# 无人机降落
drone.land()
# 注意：上述代码中的函数（如 move_to(), capture_photo()）是假设的
# 实际编程时需要根据无人机 SDK 提供的具体函数来实现
```

6.3　趣探地形：无人机编程测绘挑战

知识链接

Tello 无人机作为一款集智能、便捷与趣味于一体的飞行器，它在地形勘察领域展现出了非凡的能力。这款无人机搭载了高清摄像头和先进的飞行控制系统，能够轻松应对复杂地形，执行精确的数据采集任务。通过无人机沿复杂地形飞行，实时采集飞机与垂直下方地表的距离信息，进而计算出地形的高度数据，为地形测绘、城市规划、地质研究等领域提供了强有力的技术支持。

Tello 无人机不仅具备高清拍摄功能，还内置了 GPS 和北斗双模定位系统，确保飞行过程中的稳定性和准确性。其智能飞行控制系统能够根据预设的航线自动飞行，自动规划最佳

路径并避开障碍物，大大降低了操作难度和飞行风险。此外，Tello 无人机的防水防尘设计使其在恶劣天气条件下也能正常工作，进一步拓宽了其应用场景。

一、基础知识

无人机（unmanned aerial vehicle，UAV），特别是像大疆特洛 Tello 这样的入门级四轴飞行器，在地形勘察中发挥着重要作用。以下将详细介绍 Tello 无人机在地形勘察领域的基础知识，包括无人机的特点、地形勘察的应用、操作要点以及数据处理等方面。

（一）Tello 无人机 API

Tello 无人机 API 是一组预定义的函数和命令集合，通过这些函数和命令，开发者可以实现对无人机的远程控制，包括起飞、降落、移动、旋转等基本飞行操作，以及更高级的飞行模式和功能，如图像识别、目标跟踪等。Tello 无人机支持多种编程语言，如 Python、Scratch 等，用户可以根据自己的需求选择合适的编程语言进行开发。

1. 连接与通信

连接方式：Tello 无人机通过 Wi-Fi 与编程设备（如计算机、手机或平板）进行连接。连接成功后，编程设备可以通过指定的端口与无人机进行通信。

通信协议：Tello 无人机使用基于 TCP/IP 协议的自定义通信协议进行数据传输。开发者需要遵循该协议格式发送指令并接收响应。

2. 基本控制指令

Tello 无人机 API 提供了一系列基本控制指令，用于实现无人机的起飞、降落、移动、旋转等基本操作。以下是一些常用的控制指令示例。

takeoff()：起飞指令，使无人机从地面垂直升起。

land()：降落指令，使无人机垂直降落到地面。

move_forward()、move_back()、move_left()、move_right()：分别控制无人机向前、向后、向左、向右移动。

rotate_clockwise()、rotate_counter_clockwise()：分别控制无人机顺时针和逆时针旋转。

up()、down()：控制无人机上升和下降。

3. 状态查询与传感器数据

状态查询：开发者可以通过发送特定的查询指令获取无人机的当前状态信息，如电池电量、飞行高度、速度等。

传感器数据：Tello 无人机配备了多种传感器，如气压计、陀螺仪、加速度计等。开发者可以通过 API 获取这些传感器的实时数据，用于实现更精确的控制和避障等功能。

4. 高级飞行模式与功能

自定义飞行路径：开发者可以编写程序控制无人机按照预设的飞行路径进行飞行，实现复杂的飞行任务。

避障飞行：利用无人机的传感器数据和图像处理技术，开发者可以实现无人机的自动避障功能，提高飞行的安全性和稳定性。

图像识别与目标跟踪：结合无人机的摄像头和图像处理算法，开发者可以实现图像识别和目标跟踪功能，用于特定场景下的应用，如智能巡检、安防监控等。

5. 编程环境与工具

编程语言：Tello 无人机支持多种编程语言进行编程控制，包括 Python、JavaScript 等。这些语言具有广泛的用户基础和丰富的资源，便于开发者学习和使用。

编程软件：开发者可以使用专门的编程软件（如 Tello IDE）或集成开发环境（IDE）编写控制无人机的程序。这些软件通常提供了友好的用户界面和丰富的功能，帮助开发者快速上手。

（二）地图和导航系统

地图是地理信息的可视化表示，涵盖了道路、地形、建筑、公共设施等多种地理要素。根据使用场景和技术特点，地图可分为电子地图、纸质地图、三维地图等多种类型。在无人机应用中，电子地图因其实时性、可交互性和高精度而备受青睐。地图数据主要来源于卫星遥感、航空摄影、地面测量等多种手段，经过收集、处理、编辑后，形成可供导航和定位使用的地图信息。对于无人机而言，高精度的地图数据是实现精准导航和避障的基础。

地图坐标系是描述地图上点、线、面位置关系的参考系统，常见的包括 WGS84（全球测量系统）和 GCJ02（中国国测局坐标系）。WGS84 是一种国际通用的地心坐标系，而 GCJ02 则是对 WGS84 坐标进行加密后的结果，主要用于中国大陆地区的地图服务。

导航系统利用卫星定位技术、惯性导航技术、地图匹配技术等多种手段，为移动物体提供位置、速度、方向信息以及路径规划服务。在无人机领域，导航系统是实现自主飞行、精准定位、避障绕障等功能的关键。其中，路径规划算法是导航系统的重要组成部分，它根据当前位置、目的地位置以及地图信息，计算出一条最优的行驶路径。常用的路径规划算法包括最短路径算法、最优路径算法、避免拥堵算法等。在无人机导航中，路径规划算法需要综合考虑飞行距离、飞行时间、飞行安全等多种因素，以确保无人机能够高效、安全地到达目的地。此外，地图匹配技术通过将导航设备计算出的位置信息与地图数据库中的道路数据进行匹配，修正定位误差、提高定位精度。而惯性导航技术不依赖外部信号，通过测量载体的加速度和角速度，利用积分运算推算出载体的位置、速度和姿态。虽然惯性导航的精度会随时间累积误差，但通过与 GPS 等外部定位技术的互补使用，可以显著提高导航系统的整体性能。

（三）航测计算地形高度

Tello 无人机在进行航测时，计算地形高度主要依赖于其搭载的传感器。尽管标准 Tello 无人机可能不直接支持高度测量的高级传感器，但我们可以基于类似无人机或扩展功能阐述这一过程。以下是一个概括性的步骤说明。

1. 数据采集

无人机按照预设的航线或实时导航系统的指示进行飞行。在飞行过程中，无人机利用搭载的测距传感器（如激光雷达、超声波传感器，或通过相机和视觉算法估计高度）实时采集与下方地表的距离数据。同时，无人机上的 GPS 模块会记录每个采集点的地理位置信息（经纬度）。

2. 数据处理

将采集到的高度数据和 GPS 定位数据进行整合，形成包含地理位置和对应高度信息的数据集。随后，对高度数据进行滤波和去噪处理，以消除测量误差和噪声干扰，提高数据的准确性和可靠性。最后，利用处理后的数据构建地形模型，这通常涉及将离散的高度数据点插值成连续的地形表面，形成数字高程模型（DEM）。

3. **地形高度计算**

对于地形上的任意一点，可以通过查询其在 DEM 中的高度值，得到该点相对于某个参考面（如平均海平面、椭球体等）的高度。地形高度可以是绝对高度，即相对于某一全球参考面的高度；也可以是相对高度，即地形上两点之间的高度差，如图 6.10 所示。

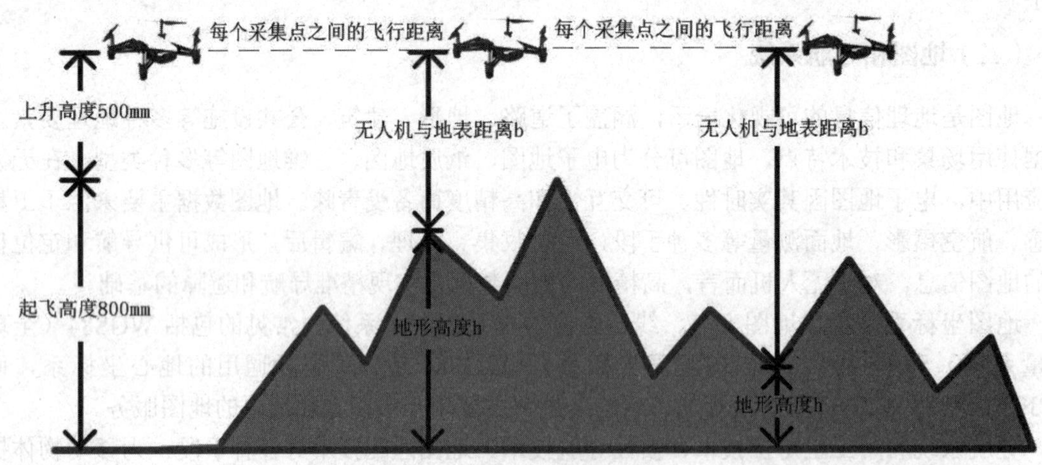

图 6.10 计算地形高度示意图

二、实现步骤

我们可以使用 Python 编写程序控制 Tello 无人机沿复杂地形飞行，并采集与下方地表的距离数据来计算地形高度，这将为地形测绘、环境监测等领域提供有力的支持。具体实现步骤如下。

第 1 步，进行环境设置与准备。首先，确保 Tello 无人机处于可用状态并已充满电。其次，在计算机上安装必要的 Python 库，如 tello 库，以便与无人机进行通信。最后，确保无人机与运行程序的计算机处于同一网络中，以便进行无线控制。

第 2 步，初始化无人机并建立连接。首先，导入 tello 库并创建一个无人机对象。其次，通过该对象连接到无人机，并获取其当前状态信息，确保无人机已经准备好起飞。

第 3 步，规划航线或设置实时导航。根据任务需求，可以规划一条预设的航线，该航线应包含多个坐标点，用于指导无人机飞行。或者，设置实时导航系统，该系统能够根据地形实时调整无人机的飞行路径。

第 4 步，执行飞行任务并采集数据。首先，发送起飞命令，使无人机开始执行飞行任务。然后，无人机按照预设的航线或实时导航系统的指示进行飞行。在飞行过程中，使用无人机的距离传感器采集与下方地表的距离数据，并记录每个坐标点的 GPS 信息和对应的高度数据。

第 5 步，计算地形高度。对采集到的数据进行处理，计算每个坐标点相对于起始点的高度差。可以使用简单的数学运算或更复杂的算法来平滑和解释这些数据，以得到更准确的地形高度信息。

第 6 步，结束飞行任务。首先，发送降落命令，使无人机安全降落。然后，断开与无人机的连接并关闭相关程序。

第 7 步，进行数据分析和可视化。对采集到的地形数据进行进一步的分析和处理，并使用图形库（如 matplotlib）将地形高度数据进行可视化展示，以便更直观地了解地形特征。

课堂任务

使用 Python3.7 编写程序，Tello 无人机沿复杂地形飞行，通过预设航线或实时导航，采集无人机与下方地表的距离并计算地形高度。

探究活动

第 1 步，进行设备检查与准备。请确保你的计算机上已经安装了 Python 3.x 环境。接下来，你需要安装 Tello 的 Python 库，通常可以通过 pip 安装（注意：库名可能有所不同，请根据实际安装的库名进行调整）。在 Tello 无人机 Python 编程中，常用的库包括 djitellopy、cv2 和 numpy。其中，djitellopy 是 DJI Tello 无人机的 Python 控制库，cv2（即 opencv-python）是用于图像处理的库，而 numpy 则用于处理矩阵和数组。进入命令行模式，执行以下命令下载并安装所需的库：pip install djitellopy。确保所有库都正确安装后，你就可以开始进行 Tello 无人机的编程与控制了。

第 2 步，算法设计。程序首先初始化无人机并建立连接。如果连接成功，它将加载必要的库和配置参数，然后起飞至一个初始高度。随后，无人机开始沿预定路径飞行，并在飞行过程中不断采集下方地表的距离数据，并将这些数据存储起来。当无人机到达路径的终点时，程序将使用存储的距离数据计算地形的高度变化，并输出一个地形高度的报告。最后，无人机降落，程序结束，如图 6.11 所示。

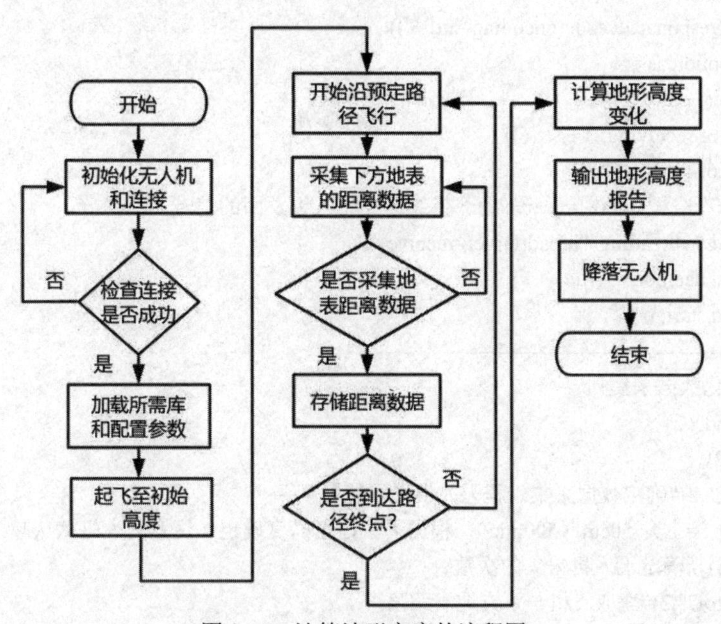

图 6.11　计算地形高度的流程图

第 3 步，程序设计。

```
# 无人机沿着复杂地形飞行，采集飞机与垂直下方地表的距离，计算地形的高度# 调用相关的模块
```

```
#程序代码如下
import socket
import threading
import time
##实现无人机和计算机的数据传输
# Tello 的 IP 和接口
tello_address = ('192.168.10.1', 8889)
# 本地计算机的 IP 和接口
local_address = ('192.168.10.2', 9000)
# 创建一个接收用户指令的 UDP 连接
sock = socket.socket(socket.AF_INET, socket.SOCK_DGRAM)
sock.bind(local_address)
# 定义 send 命令，发送 send 中的指令给 Tello 无人机并允许有几秒的延迟
def send(message, delay):
  try:
    sock.sendto(message.encode(), tello_address)
    print("Sending message: " + message)
  except Exception as e:
    print("Error sending: " + str(e))
  time.sleep(delay)
  try:
    #print('looping')
    response, ip_address = sock.recvfrom(16)
    response = response.strip()
    print("Received message: " + response.decode(encoding='utf-8'))
    return str(response.decode(encoding='utf-8'))
  except Exception as e:
    sock.close()
    print("Error receiving: " + str(e))
    return 'error'
# 开始一个监听线程，利用 receive 命令持续监控无人机发回的信号
#receiveThread = threading.Thread(target=receive)
#receiveThread.daemon = True
#receiveThread.start()
##教学部分-------------------------------------------------
data=[] #初始化数据采集列表
send("command", 2)
send('takeoff',2)
send("speed 20",2)#确定数据采集过程无人机飞行速度
send('up 50',2)  #上升 50cm（500mm），根据采集地形高度确定，注意无人机默认起飞高度为 800mm
for i in range(5): #确定无人机采集的次数
  tof = send("tof?",2)#获取飞机与下方地表距离
  a = list(filter(str.isdigit,tof))# 返回的距离有单位 mm，需要过滤掉
  b = "".join(a)#飞机与下方地表距离
  h=800+500-int(b)#地形高度：默认起飞高度 800mm+上升高度 500mm−飞机与下方地表距离
```

```
    data.append(h)#把地形高度存入列表
    send('forward 30',2)#无人机完成每次数据采集往前飞行距离（300mm）
send('land',2)#降落
print("topographic data：",data)#输出地形数据采集列表
print("Mission complete！")
##教学部分-----------------------------------------------
```

第4步：编码测试与优化。上传程序代码并单击“Run”或按下“F5”键运行，调试运行状态；运行调试结果如图6.12所示。

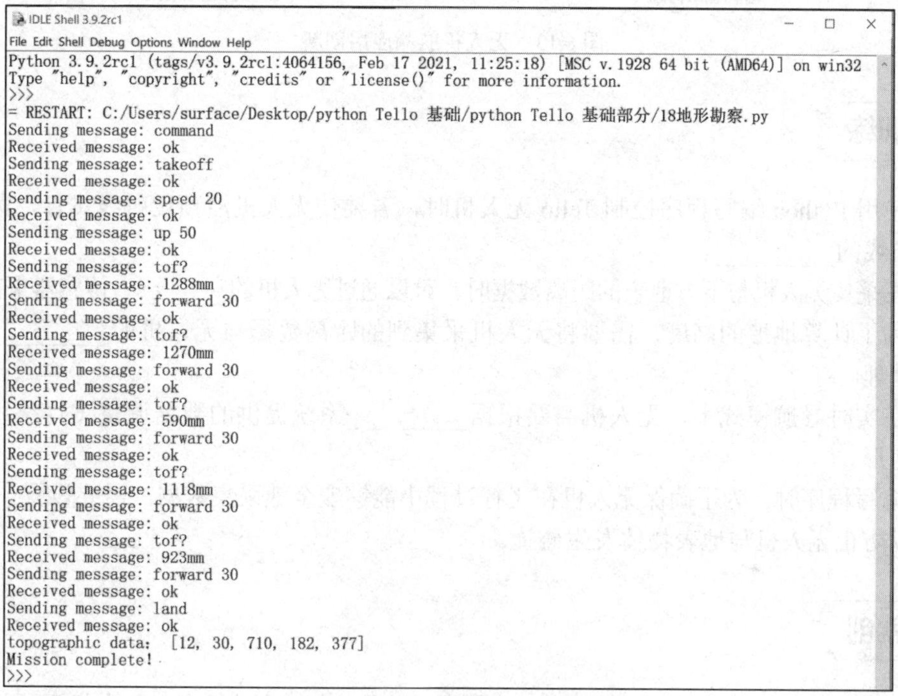

```
IDLE Shell 3.9.2rc1
File Edit Shell Debug Options Window Help
Python 3.9.2rc1 (tags/v3.9.2rc1:4064156, Feb 17 2021, 11:25:18) [MSC v.1928 64 bit (AMD64)] on win32
Type "help", "copyright", "credits" or "license()" for more information.
>>>
= RESTART: C:/Users/surface/Desktop/python Tello 基础/python Tello 基础部分/18地形勘察.py
Sending message: command
Received message: ok
Sending message: takeoff
Received message: ok
Sending message: speed 20
Received message: ok
Sending message: up 50
Received message: ok
Sending message: tof?
Received message: 1288mm
Sending message: forward 30
Received message: ok
Sending message: tof?
Received message: 1270mm
Sending message: forward 30
Received message: ok
Sending message: tof?
Received message: 590mm
Sending message: forward 30
Received message: ok
Sending message: tof?
Received message: 1118mm
Sending message: forward 30
Received message: ok
Sending message: tof?
Received message: 923mm
Sending message: forward 30
Received message: ok
Sending message: land
Received message: ok
topographic data:  [12, 30, 710, 182, 377]
Mission complete!
>>>
```

图6.12 地形勘察运行结果示意图

成果分享

在本节课的智慧翱翔中，我们携手Tello无人机，以Python3.7为翼，共赴一场探索地形奥秘的旅程。通过精心编织的代码，无人机仿佛拥有了智慧之眼，能沿复杂多变的地形优雅飞行。无论是遵循预设的精密航线，还是实时响应导航的召唤，它都能游刃有余。在飞行间，无人机化身数据采集的使者，不断测量与下方地表的距离，进而绘制出一幅幅地形高度的精密图谱。这不仅是一次对技术的深度探索，更是对自然之美的敬畏与记录。随着每一次数据的跳动，我们的思维亦随之飞跃，向着无人机应用的广阔天地，勇敢追梦，不断前行。

思维拓展

掌握了利用Python操控Tello无人机进行定点航测的技能后，我们可以进一步拓宽思路，探索无人机在多元领域的创新应用。具体而言，这包括科研数据采集的精准化、森林管

理与防火的智能化、灾害评估与监测的快速响应、智慧城市构建的三维可视化、影视特效拍摄的独特视角，以及三维地形建模的精确构建等 6 大方向。这些创新应用旨在引导读者将无人机航测技术融入更广阔的实践领域，激发创新思维，提升实践能力，同时增添学习乐趣，强化创新意识，如图 6.13 所示。

图 6.13 无人机航测应用创新

当堂训练

1. 使用 Python 编写程序控制 Tello 无人机时，若要使无人机沿预设航线飞行，需要事先定义好航线的_________。

2. 在采集无人机与下方地表的距离数据时，可以通过无人机的_________传感器来获取。

3. 为了计算地形的高度，需要将无人机采集到的距离数据与无人机的_________数据进行综合处理。

4. 在实时导航模式下，无人机需要根据_________系统提供的数据调整飞行路线，以适应复杂地形。

5. 编写程序时，为了确保无人机在飞行过程中能够安全地采集数据，需要设置_________机制，以防止无人机与地表物体发生碰撞。

想创就创

1. 创新编程。设计并实现一个 Python 程序，该程序旨在控制 Tello 无人机沿预设的复杂多边形航线飞行。在飞行过程中，利用无人机内置的传感器（假设其数据可通过 SDK 获取）实时测量无人机与下方地表的距离。程序需完成以下任务：定义一个包含起点、多个中间点及终点的多边形航线。在每个航点上方保持固定高度（如 5 米）飞行，并在此高度采集无人机距离下方地表的距离数据。

2. 阅读程序。以下是一个 Python 程序框架，用于控制 Tello 无人机进行地形测绘。请在空白处填入合适的代码来完成程序。

```
from tellopy import Tello
# 初始化无人机连接
drone = Tello()
drone.connect()
# 预设航线（这里使用相对位置作为示例）
waypoints = [(0, 0, 5), (10, 0, 5), (10, 10, 5), (0, 10, 5)]   # (x, y, z)，z 为无人机飞行高度
# 存储地形高度的列表
terrain_heights = []
# 起飞无人机
```

```
drone.takeoff()
# 遍历航线点
for point in waypoints:
    # 移动到当前航点
    drone.move_to(point[0], point[1], point[2])
    # 等待无人机到达航点
    drone.wait_for_arrival()
    # 获取无人机当前距离地面的高度
    current_distance = drone.get_distance_tof() # 使用 Tello SDK 的 get_distance_tof()方法
    # 计算地形高度（假设无人机飞行高度为 point[2]）
    terrain_height = point[2] - current_distance
    # 添加到地形高度列表中
    terrain_heights.append(terrain_height)
# 降落无人机
#________________________________________
# 打印地形高度
for i, height in enumerate(terrain_heights):
    print(f"Waypoint {i+1} Terrain Height: {height} meters")
# 关闭无人机连接
drone.quit()
```

6.4　智慧航运：无人机单点投递编程

知识链接

在人工智能的推动下，智慧物流体系正加速发展，其中无人机物流作为机械化、自动化和智能化发展的结晶，正逐渐成为行业的新宠。随着生活节奏的加快，人们对物流配送效率的要求日益提高，越来越多的企业开始尝试利用无人机进行配送，以突破地面运输的限制。展望未来，随着技术、成本、政策等瓶颈的逐步突破，无人机送货时代正渐行渐近。

无人机航运快递是近年来无人机技术应用的一个重要领域。这一技术可以显著提高配送效率，尤其在偏远地区或交通拥堵的城市中，无人机配送展现出了巨大的潜力。无人机航运快递系统涵盖了无人机系统组成、快递收发流程，以及基于现有 SDK 库的 Python 控制代码等多个方面。

一、基础知识

（一）无人机快递系统概览

无人机快递系统主要由航运无人机、地面站、调度中心和快递处理中心 4 大组成部分构成。

1. 航运无人机

无人机作为快速运送货物的空中平台，已成为现代物流的重要工具。它们通常配备有 GPS 导航系统，确保精准定位与航线规划。避障传感器的加入，使其能在复杂环境中灵活飞行，避免碰撞。高清摄像头则提供了实时监控与货物追踪的能力。在无人机的类别上，常见的有固定翼无人机和多旋翼无人机两种型号，它们各自具有不同的特点和优势，为快速、高效的货物运输提供了新的解决方案。

其中，DJI Matrice 600 Pro、Yuneec H520 和 Vantage Robotics Snap 是三种典型的航运无人机型号。DJI Matrice 600 Pro 是一款多旋翼无人机，配备有 GPS 导航、避障传感器和高清摄像头，具有强大的负载能力，可以携带重达 6 公斤的货物，适用于各种快递配送任务。Yuneec H520 是一款固定翼无人机，同样配备了先进的导航系统，具有较长的续航时间和较高的飞行速度，适合进行长距离快递配送。Vantage Robotics Snap 则是一款结合了多旋翼和固定翼优点的无人直升机，具备垂直起降和长续航的能力，同时配备了先进的导航和避障系统，非常适合在复杂环境中进行快递配送。

2. 地面站

地面站是无人机系统的重要组成部分，它不仅负责无人机的起飞、降落和充电，还处理数据通信和任务调度。地面站具备精准控制无人机起飞和降落的能力，确保无人机在复杂环境中安全起降。同时，它还负责无人机的充电管理，确保无人机在任务执行前后能够及时充电，保持充足电量。在数据通信方面，地面站与无人机之间建立稳定、高速的数据传输通道，实时接收和处理无人机发送的各种数据。

3. 调度中心

无人机调度中心是无人机系统的核心部分，它负责全面监控飞行状态、精准分配任务及规划高效路径。调度中心实时接收并分析无人机传回的传感器数据，确保飞行稳定安全。同时，它根据预设任务计划和无人机当前状态智能分配任务，并综合考虑地形、气象、空域等因素为无人机规划最优飞行路径。此外，调度中心还具备强大的通信与数据处理能力，以及用户友好的界面设计，使操作人员能够实时监控无人机状态，轻松进行任务分配和路径规划调整。

4. 快递处理中心

快递处理中心在快递物流体系中扮演着关键角色，它负责分拣、打包、装载以及无人机的维护与管理。该中心配备先进的自动化设备，能够高效地对大量快递进行快速分拣。同时，它还注重保护商品安全，采用环保材料进行封装。在装载区域，工作人员会精心安排无人机装载计划以提高运输效率。此外，快递处理中心还设有专门的无人机维护区域，负责定期检查、保养和修理无人机，确保其处于最佳工作状态。

（二）无人机快递收发流程与实践

无人机快递的收发流程包括订单处理、无人机起飞、取货与装载、飞行配送以及卸货与返回等步骤。每一步都需要精确的操作和协调，以确保快递能够安全、准确地送达目的地。作为无人机编程专家，掌握无人机快递的基础知识以及相关的编程技能是实现无人机智能配送的关键。通过不断的学习和实践，我们可以为无人机快递行业的发展贡献自己的力量，推动这一领域不断向前发展。

二、无人机快递收发实现步骤

利用 Python 编程实现无人机航运快递的技能是至关重要的。以下将详细介绍实现这一功能的步骤，并提供可执行的 Python 代码。本程序基于 DJI 的 SDK 库进行开发，支持

Python 3.7 及以上版本。

第 1 步，环境准备。首先要确保已安装 Python 3.7 或更高版本；其次要安装 DJI SDK 库，该库提供了控制无人机所需的各种函数和接口。

第 2 步，无人机起飞与降落。在无人机航运快递的过程中，首先需要实现无人机的起飞与降落。以下是相关的 Python 代码：

```
from dji_sdk import DJIDrone
# 初始化无人机对象
drone = DJIDrone()
# 连接无人机
drone.connect()
# 起飞
drone.takeoff()
# 执行其他任务...
# 降落
drone.land()
# 断开连接
drone.disconnect()
```

第 3 步，规划飞行路径。无人机航运快递需要规划从起点到终点的飞行路径。这可以通过设置一系列的路点（waypoint）来实现。以下是规划飞行路径的 Python 代码：

```
from dji_sdk import Waypoint, WaypointMission
# 创建路点列表
waypoints = [
    Waypoint(latitude=起点纬度, longitude=起点经度, altitude=起飞高度),
    Waypoint(latitude=终点纬度, longitude=终点经度, altitude=降落高度)
]
# 创建路点任务
mission = WaypointMission(waypoints=waypoints)
# 上传路点任务到无人机
mission.upload()
# 开始执行任务
mission.start()
# 监控任务执行状态
while not mission.is_finished():
    pass  # 这里可以添加其他逻辑，如更新任务状态到 UI 等
# 任务执行完毕后，可以选择是否自动降落
# 如果选择自动降落，则无须再调用 drone.land()
mission.auto_land = True
```

第 4 步，取货与卸货。取货与卸货通常需要通过无人机搭载的机械臂或其他装置来实现。这部分功能需要与无人机的硬件接口进行对接，并通过 Python 代码进行控制。由于这部分功能高度依赖于具体的硬件实现，因此这里不提供具体的代码实现。但一般来说，你会需要编写函数控制机械臂的移动、抓取和放置动作。

第 5 步，集成与测试。最后，你需要将上述各个步骤集成到一起，并进行全面的测试，

以确保无人机能够按照预期完成快递的航运任务。在测试过程中，你需要关注无人机的飞行稳定性、路径规划的准确性、取货与卸货的可靠性等方面。

通过以上步骤，你可以利用 Python 编程实现无人机航运快递的功能。当然，在实际应用中，你还需要考虑更多的因素，如天气条件、空域限制、电池续航等。但掌握基本的编程和控制技能是迈向成功的第一步。

三、无人机航运实例

以下是一个基于 Tello SDK 的 Python 控制代码示例，用于控制 Tello 无人机进行基本的起飞、降落和移动操作。本程序支持 Python 3.x 版本。

```
import socket
import threading
import time
# Tello 无人机的 IP 地址和端口
TELLO_IP = '192.168.10.1'
TELLO_PORT = 8889
# 创建 socket 连接
def create_connection():
    sock = socket.socket(socket.AF_INET, socket.SOCK_DGRAM)
    return sock
# 发送指令到无人机
def send_command(sock, command):
    sock.sendto(command.encode(), (TELLO_IP, TELLO_PORT))
# 接收无人机回复
def receive_response(sock):
    while True:
        try:
            data, addr = sock.recvfrom(1024)
            print(f'Received: {data.decode()}')
        except KeyboardInterrupt:
            print('Exiting receive thread...')
            break
# 主程序
def main():
    sock = create_connection()
    # 启动接收线程
    recv_thread = threading.Thread(target=receive_response, args=(sock,))
    recv_thread.start()
    # 发送起飞指令
    send_command(sock, 'command')
    send_command(sock, 'takeoff')
    time.sleep(5)
    # 发送移动指令
    send_command(sock, 'up 20')
    time.sleep(2)
```

```
        send_command(sock, 'forward 30')
        time.sleep(2)
        send_command(sock, 'down 20')
        time.sleep(2)
        send_command(sock, 'back 30')
        time.sleep(2)
        # 发送降落指令
        send_command(sock, 'land')
        # 关闭 socket 连接
        sock.close()
if __name__ == '__main__':
        main()
```

注意：上述代码中的 IP 地址和端口需要根据实际使用的 Tello 无人机的设置进行修改。另外，在运行代码之前，请确保已经安装了 Tello SDK，并且无人机已经处于可连接状态。

四、图形化编程与挑战卡

1. 挑战卡介绍

挑战卡的图案主要由小火箭、挑战卡 ID 和星球三部分组成。其中，小火箭代表该挑战卡在坐标系中的 X 轴正方向。挑战卡的 ID 分别为数字 1 至 8，这一设计便于用户区分不同的挑战卡。星球图案则起到关键作用，无人机通过探测星球的排列图案来识别挑战卡的 ID，并同时获取在该挑战卡坐标系中的坐标值，如图 6.14 所示。

2. 识别挑战卡

第 1 步，放置挑战卡，将挑战卡放置在水平面上，根据需求调整挑战卡小火箭朝向。

第 2 步，开启无人机挑战卡探测。将无人机准确放置在挑战卡的中心位置，确保无人机与挑战卡对齐。根据实际情况，选择并开启无人机的前视或下视摄像头进行挑战卡的探测，如图 6.15 所示。

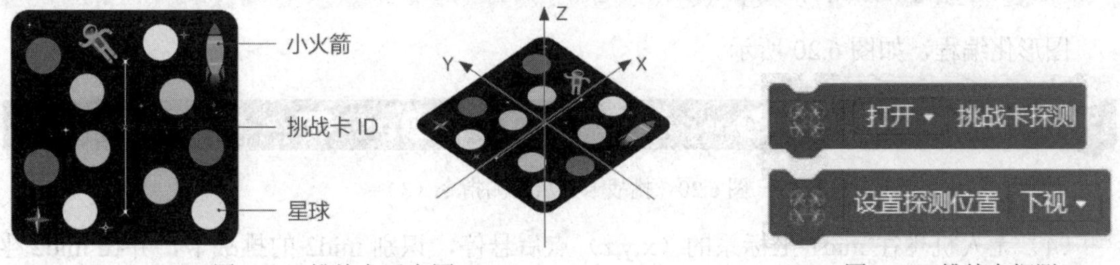

图 6.14　挑战卡示意图　　　　图 6.15　挑战卡探测

第 3 步，显示识别到的挑战卡信息。

在软件界面上，勾选挑战卡信息变量，以便查看并确认识别到的挑战卡信息，如图 6.16 所示。识别到的具体信息与挑战卡的 ID 以及无人机与挑战卡之间的相对位置有关，如图 6.17 所示。

3. 编程指令说明

（1）开启挑战卡，如果不开启则挑战卡相关指令无法使用，以下分别用 Python 代码与图形化编程两种形式来实现，如图 6.18 所示。

```
Python 代码：protocol.sendTelloCtrlMsg("mon")
            protocol.sendTelloCtrlMsg("mdirection 0")
```

图形化编程，如图 6.18 所示。

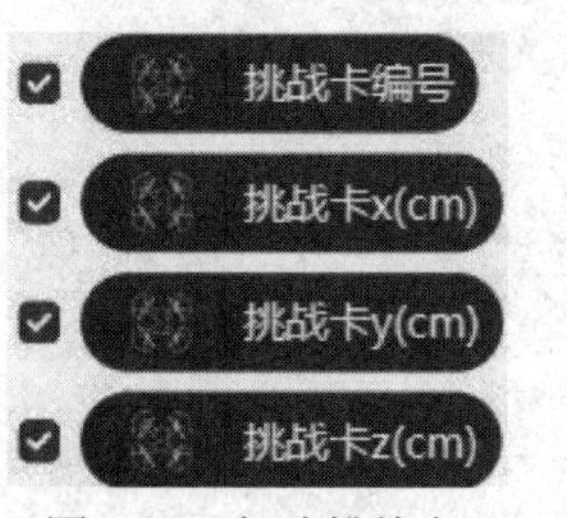

图 6.16 勾选挑战卡

图 6.17 与挑战卡的 ID 相对位置

图 6.18 挑战卡开启探测指令（1）

（2）以设置速度（m/s）飞往设置 id 的挑战卡坐标系的（x,y,z）坐标点。x、y、z 不能同时在-20～20 之间。m1～m8：对应挑战卡上的挑战卡 ID。m-1：无人机内部算法最快识别到的挑战卡。m-2：距离无人机最近的挑战卡，如图 6.19 所示。

```
Python 代码：protocol.sendTelloCtrlMsg("go "+str(int(50))+" "+str(int(50))+" "+str(int(80))+" "+str(int(50))+
" "+"m-1")
```

图形化编程，如图 6.19 所示。

飞往挑战卡下 x 50 cm y 50 cm z 80 cm 速度 50 cm/s Mid m-1

图 6.19 挑战卡开启探测指令（2）

（3）以设置速度（cm/s）飞弧线，经过设置 mid 的挑战卡坐标系中的（x1,y1,z1）点到（x2,y2,z2）点。如果弧线半径不在 0.5～10 米范围内，则返回相应提醒。x、y、z 不能同时在-20～20 之间，如图 6.20 所示。

```
Python 代码：protocol.sendTelloCtrlMsg("curve "+str(int(20))+" "+str(int(20))+" "+str(int(80))+" "+str(int(40))+
" "+str(int(60))+" "+str(int(80))+" "+str(int(60))+" "+"m-1")
```

图形化编程，如图 6.20 所示。

飞弧线经挑战卡下 x1 20 cm y1 20 cm z1 80 cm 和 x2 40 cm y2 60 cm z2 80 cm 速度 60 cm/s Mid m-1

图 6.20 挑战卡开启探测指令（3）

（4）无人机飞往 mid1 坐标系的（x,y,z）点后悬停，识别 mid2 的挑战卡，并在 mid2 坐标系下 (0,0,z)的位置转向到设置的 yaw 值，(z>0)。

```
Python 代码：protocol.sendTelloCtrlMsg("jump "+str(int(100))+" "+str(int(0))+" "+str(int(80))+" "+str(int(50))+
" "+str(int(0))+" "+"m-1"+" "+"m-1")
```

图形化编程，如图 6.21 所示。

图 6.21 挑战卡开启探测指令（4）

（5）开启通过无人机实时返回的状态码返回当前飞机的各种状态，勾选可以在舞台上显示具体数据。打开挑战卡探测之后才有数据。如图6.22所示。

图6.22 挑战卡开启探测指令（5）

例如：在无人机识别到挑战卡后控制其飞往挑战卡上方，并悬停降落，如图6.23所示。

图6.23 挑战卡悬停降落指令（6）

课堂任务

利用Python编程环境，通过编写代码实现Tello无人机的模拟航运快递功能。此任务要求无人机能够识别并定位挑战卡，显示其ID及与无人机的相对位置，随后引导无人机精准飞往挑战卡所在位置，并在识别到挑战卡后执行悬停降落操作。

▶ **提示：**如何寻找到挑战卡呢？需要将无人机飞行至挑战卡的有效识别范围内才能识别到挑战卡，如图6.24所示。

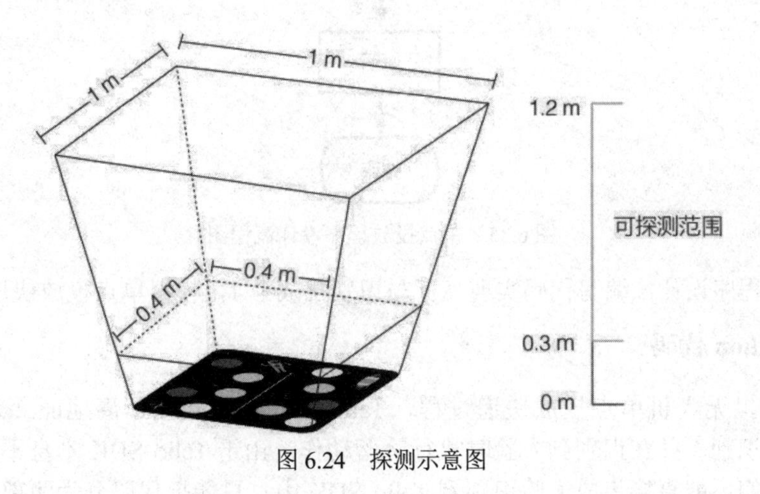

图6.24 探测示意图

探究活动

第1步，环境准备。首先要确保计算机上已安装Python 3.x版本。其次要安装并配置Tello无人机的SDK库，以便在Python代码中使用无人机的各项功能。最后将无人机与计算机连接，并确保无人机处于可飞行状态且电量充足。

第 2 步，算法设计，如图 6.11 所示。设计飞行路线与挑战卡布置：首先，在室内或室外选定一个安全、开阔的区域作为飞行场地。其次，在场地上布置 1 个挑战卡，挑战卡 1 代表飞行路标点。最后，规划无人机从起点到挑战卡 1 的飞行路线，然后停 2 秒，再降落模拟送快递，如图 6.25 所示。

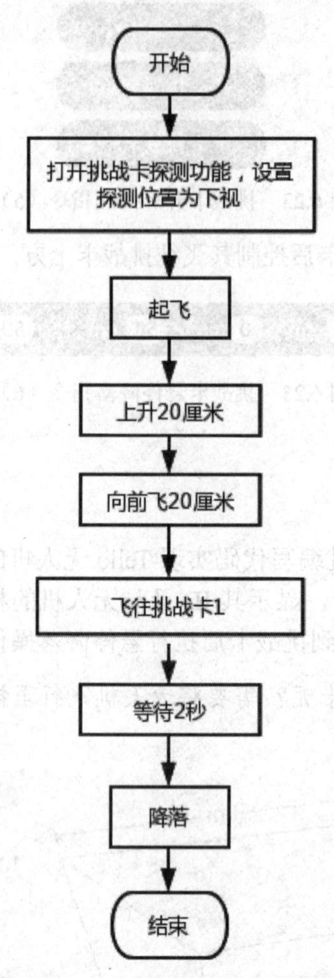

图 6.25　单点投放程序设计流程图

第 3 步，程序设计：编写代码实现飞行与识别挑战卡 1，模拟单点投放快递过程。

（一）Python 代码

为了能模拟无人机单点投放快递过程，Tello 无人机先起飞，离地面 2 米高后向前飞行，打开人脸识别，并在识别到人脸时执行降落动作。由于 Tello SDK 本身不提供人脸识别功能，所以我们不能直接集成人脸识别到 Tello SDK 中，只能把代码分为两部分：无人机飞行控制和假设的人脸识别信号处理。

以下是一个简化的代码示例，该示例假设您已经能够检测到人脸，并且当人脸被识别时，将发送一个信号给无人机执行降落。

1. 无人机控制脚本（Python IDLE）：这个脚本负责控制 Tello 无人机的起飞、飞行和降落。它等待来自人脸识别系统的信号执行降落。

```
# 无人机控制脚本
import tello
import socket
import threading
import time
# 创建一个 socket 用于接收来自人脸识别系统的信号
def receive_command(sock, drone):
    while True:
        try:
            data, addr = sock.recvfrom(1024)
            if data.decode()== 'LAND':
                print("Received LAND command from face recognition system.")
                drone.land()
                break  # 降落后退出循环
        except:
            print("Error receiving data from socket")
# 无人机控制函数
def control_drone():
    drone = tello.Tello()
    drone.connect()
    # 检查连接
    if not drone.check_connection():
        raise Exception("Failed to connect to drone")
    # 初始化 socket
    sock = socket.socket(socket.AF_INET, socket.SOCK_DGRAM)
    sock.bind(('0.0.0.0', 12345)) # 监听所有 IP 地址上的 12345 端口
    # 开启线程接收命令
    command_thread = threading.Thread(target=receive_command, args=(sock, drone))
    command_thread.start()
    # 发送起飞指令
    drone.takeoff()
    time.sleep(2) # 等待无人机起飞
    # 飞到 2 米高（假设的油门值）
    drone.send_rc_control(0, 0, 0, 50) # 调整此值以匹配实际高度
    time.sleep(5) # 等待到达指定高度
    # 向前飞行
    drone.send_rc_control(30, 0, 0, 50) # 向前飞行同时保持高度
    # 等待人脸识别系统的信号或手动中断
    try:
        while True:
            time.sleep(1)
    except KeyboardInterrupt:
        print("Stopping drone...")
        drone.send_rc_control(0, 0, 0, 0) # 停止所有动作
        drone.land() # 安全降落
        time.sleep(3)
```

```
            drone.end() # 关闭连接
            # 关闭 socket
            sock.close()
# 运行无人机控制函数
control_drone()
```

2. 人脸识别脚本（Raspberry Pi 上的 OpenCV）：这个脚本在 Raspberry Pi 上运行，使用 OpenCV 处理视频流并检测人脸。当检测到人脸时，它通过 socket 发送降落命令给无人机。

```
# 人脸识别脚本（示例，需要 OpenCV 支持）
import cv2
import socket
def detect_face(frame):
    # 使用 OpenCV 的人脸检测功能（这里省略了详细实现）
    # 假设 face_rect 是一个包含人脸位置的矩形框
    # 如果检测到人脸，则返回 True，否则返回 False
    # 这里我们用 True 来模拟检测到人脸
    return True   # 实际应用中应替换为实际的检测逻辑
def main():
    # 初始化 socket
    sock = socket.socket(socket.AF_INET, socket.SOCK_DGRAM)
    # 开启视频捕获
    cap = cv2.VideoCapture(0) # 0 通常是计算机的默认摄像头
    while True:
        ret, frame = cap.read()
        if not ret:
            break
        # 检测人脸
        if detect_face(frame):
            print("Face detected!")
            sock.sendto(b'LAND', ('<your_drone_ip>', 12345)) # 发送 LAND 命令给无人机
            break   # 检测到人脸后退出循环（或根据需求继续监测）
        # 显示结果（可选）
        # cv2.imshow('Face Detection', frame)
        # if cv2.waitKey(1)& 0xFF == ord('q'):
        #       break
    # 释放资源
    cap.release()
    sock.close()
    # cv2.destroyAllWindows()
if __name__ == '__main
```

（二）图形化编程代码

以下代码片段符合在 Min+中直接运行的要求，通过 Tello 无人机探测挑战卡 1，上升 50 厘米后向前飞 50 厘米等待 1 秒后探测到挑战卡 1 的位置，执行落降，完成模拟快递投递过程。图形化编程代码如图 6.26 所示。

RMTT ESP32主程序开始
打开 ▾ 挑战卡探测
设置探测位置 下视 ▾
起飞
上升 ▾ 50 厘米
等待 1 秒 ▾
向 前 ▾ 飞 50 厘米
等待 1 秒 ▾
飞往挑战卡的 x 0 cm y 0 cm z 50 cm 速度 50 cm/s Mid 挑战卡1 ▾
等待 2 秒 ▾
降落

图 6.26　单点投放航运图形化编码

成果分享

在本节课的创意翱翔中，我们巧妙融合 Python 编程与 Tello 无人机的无限潜能，共同编织了一场模拟航运快递的精彩演绎。通过精心撰写的代码，无人机仿佛被赋予了慧眼与智翼，能够迅速识别并精确定位挑战卡，不仅展示其独特 ID，还精准计算出与无人机的相对位置。随后，在代码的指引下，无人机如同灵巧的鹰隼，精准飞向目标所在，最终在挑战卡上方优雅悬停，完成降落使命。这场实践不仅锻炼了我们的编程技艺，更激发了我们对无人机应用未来的无限遐想，引领我们向着智慧物流的广阔天地勇敢探索。

思维拓展

在本节 Tello 无人机航运单点投放快递的学习基础上，以“Tello 无人机航运单点投放快递”为中心，向外辐射出多目标投递、智能避障、环境适应性、货物管理、运程监控、人机交互等 6 个创新应用方向，每个方向再细分具体实现技术与潜在应用场景，从而形成一个丰富而系统的创新网络，激发读者对无人机技术应用的无限遐想与探索欲望，如图 6.27 所示。

图 6.27　无人机单点投递创新应用示意图

当堂训练

1. 在无人机快递系统中，Tello 无人机通过________技术探测挑战卡 1 以启动投递流程。

2. 无人机快递收发流程中，无人机在探测到挑战卡后首先执行的操作是________。

3. 在 Python IDE 中实现无人机快递收发时，控制无人机上升 50 厘米高度的代码行通常包含字符串________。

4. Tello 无人机在飞行过程中，向前飞行 50 厘米后，会等待________秒以确认挑战卡 1 的位置。

5. 模拟快递单点投放过程中，无人机在确认挑战卡 1 位置后执行的操作是________。

想创就创

1. 创新编程。设计一个增强的无人机快递投递系统，该系统不仅要求 Tello 无人机能够按照上述流程（探测挑战卡 1、起飞、上升、前飞、等待、降落）完成单点投递，还需要增加以下功能：在飞行过程中，如果无人机检测到前方有障碍物（假设通过某种传感器数据模拟），则自动提升高度避障，然后继续按原路径飞行至目标点。在降落前，无人机需要对挑战卡 1 进行二次确认，若确认无误则执行降落，若未检测到挑战卡（可能由于移动或误判），则回到起点重新执行投递流程。

提示：使用 Python 编程语言，结合 Tello 无人机的控制库（如 RMTTLib）和可能的传感器模拟库（如随机函数模拟障碍物检测）。

2. 阅读程序。以下代码利用 Tello 无人机的 SDK 库，实现无人机识别挑战卡位置，并在识别到后实现悬停降落功能的 Python 代码示例，代码中的'command'需要替换为 Tello SDK 库中实际的指令字符串。在实际应用中，还需添加异常处理、无人机状态检测等逻辑，以确保程序的健壮性和安全性，请你完善程序实现以上功能。

```
from tello import Tello
# 初始化无人机连接
drone = Tello()
drone.connect()
# 开启挑战卡探测
drone.send_command('command') # 此处需替换为实际开启探测的命令
# 获取挑战卡信息
mission_pad_info = drone.get_mission_pad_info()
print("Challenge Card ID:", mission_pad_info.id)
print("Position:", mission_pad_info.x, mission_pad_info.y, mission_pad_info.z)
# 控制无人机前往挑战卡位置（示例为简单直线前往，实际需根据位置信息计算路径）
drone.send_rc_control(0, 30, 0, 0) # 向前飞行
# 识别到挑战卡后悬停并降落
# 此处需实现循环检测逻辑，确认识别到挑战卡后执行以下指令
drone.send_command('command') # 替换为悬停指令
drone.send_command('land') # 发送降落指令
# 断开无人机连接
drone.end()
```

6.5 空中物流：无人机多点速递编程

知识链接

空中物流，作为现代物流体系的革新力量，依托先进的无人机技术，实现了货物运输的高效与灵活性。通过预设航线或实时导航，无人机能够突破地面交通的束缚，安全、快速地将货物送达至偏远或难以抵达的指定地点。其核心价值在于速度快、成本低、覆盖广，尤其在紧急救援和偏远地区配送中展现出无可比拟的优势。随着技术的飞速发展，空中物流正逐步成为智慧城市、应急响应等领域的重要组成部分，引领物流行业迈向新的高度。

一、基础知识

（一）多点速递编程概览

无人机多点速递编程是一个综合性的技术挑战，涉及飞行控制算法、通信协议、路径规划及避障策略等多个方面。编程人员需要精通无人机飞行指令集，借助GPS定位与导航系统规划最优航线，同时确保数据通信的实时性与稳定性。路径规划需要兼顾效率与安全性，采用智能算法优化飞行轨迹；避障策略则依赖于高精度传感器与先进算法，确保无人机在复杂环境中安全飞行。此外，载荷管理、续航优化及紧急应对措施的掌握也是提升无人机多点速递可靠性与效率的关键。

1. 飞行控制算法

飞行控制算法是无人机技术的核心。传统上，PID控制算法以其稳定性和精确性在无人机领域广泛应用。然而，随着技术的进步，卡尔曼滤波技术通过高效融合多传感器数据，进一步提升了无人机的定位精度和姿态估计能力。更前沿的是，人工智能与机器学习技术的引入，使无人机能够自主优化飞行策略，如预测风场变化、动态调整路径等，极大地提高了飞行的智能化水平。

2. 通信协议

通信协议是无人机多点速递的基石。当前，基于LTE-U、5G等无线通信技术的协议正逐步成为主流，它们提供了高速、低延迟的数据传输能力。如大疆无人机的Lightbridge 2.0技术，采用高效编码和抗干扰算法，实现了远距离、低延迟的视频传输与控制指令交互。MAVLink等开源协议的应用，则实现了指令的标准化，便于多机协同作业与数据管理。这些协议的演进，为无人机多点速递的实时性、可靠性和安全性提供了坚实保障。

3. 多点速递的路径规划

路径规划与避障策略是无人机多点速递的重要组成部分。基于AI的算法如A*搜索、RRT等，能够结合环境感知与预测模型，实现动态路径优化。同时，融合多种传感器的避障系统，结合深度学习算法进行障碍物识别与分类，确保无人机在复杂环境中的安全飞行。

4. 多点速递的避障策略

无人机多点速递的避障策略基础在于实时感知与智能决策。当前最前沿技术融合了多种传感器（如激光雷达、摄像头、超声波传感器）进行环境感知，结合深度学习算法进行障碍物识别与分类。在真实成熟案例中，如大疆无人机的APAS（高级避障系统）利用视觉与红外传感器，实现精准避障。同时，基于机器学习的预测性避障算法也在不断发展，能够预测障碍物运动轨迹，提前规划避障路径。此外，多传感器融合技术提高了避障系统的健壮性与准确性，确保无人机在复杂环境中的安全飞行。这些技术共同构成了无人机多点速递避障策略的核心。

（二）Python IDE 实现空中多点速递

在使用 Python IDE 实现空中多点速递的过程中，其涵盖了编程环境搭建、无人机控制接口集成、路径规划算法实现、避障策略编码以及实时通信协议应用等多个方面。

首先，选择合适的 Python IDE（如 PyCharm、VS Code 等）作为开发平台，确保支持无人机编程所需的库和框架。在真实成熟案例中，许多无人机项目都基于这些 IDE 进行开发，因为它们提供了强大的代码编辑、调试和版本控制功能。

其次，集成无人机控制接口是关键步骤。这通常涉及使用无人机制造商提供的 SDK（如大疆的 DJI SDK）或第三方库（如 DroneKit），通过 Python 调用这些接口实现无人机的起飞、降落、飞行控制等功能。参考 6.4 节“单点投放”示例，可利用 RMTTLib 等库与无人机进行通信，发送控制指令。

在路径规划方面，需在 Python 中实现高效的算法，如 A*、RRT 等，结合地图数据和实时环境信息，计算出最优飞行路径。这些算法需要考虑无人机的性能限制、飞行环境的复杂性以及多机协同的需求。亚马逊 Prime Air 等真实案例展示了如何通过算法优化配送路线，从而提高整体效率。

避障策略的实现则依赖于传感器数据的处理与决策算法。通过集成激光雷达、摄像头等传感器，获取环境信息，利用深度学习等技术进行障碍物识别与分类。大疆的 APAS 系统就是一个很好的例子，它展示了如何通过视觉与红外传感器实现精准避障。在 Python 中，可以利用 OpenCV 等库处理图像数据，结合机器学习模型进行预测性避障。

最后，实时通信协议的应用是确保无人机与地面站之间稳定通信的关键。使用如 MAVLink 等开源协议，可以标准化指令格式，便于多机协同作业与数据管理。同时，随着 5G 等高速无线通信技术的发展，也为无人机提供了更广阔的应用场景和更高的数据传输效率。

二、无人机快递收发实现步骤

利用 Python 编程实现无人机航运快递的技能是至关重要的。以下将详细介绍实现这一功能的步骤，并提供可执行的 Python 代码。本程序基于 DJI 的 SDK 库进行开发，支持 Python 3.7 及以上版本。

第 1 步，环境准备。首先要确保已安装 Python 3.7 或更高版本；其次要安装 DJI SDK 库，该库提供了控制无人机所需的各种函数和接口。

第 2 步，无人机起飞与降落。在无人机航运送快递的过程中，首先需要实现无人机的起飞与降落。以下是相关的 Python 伪代码：

```
from dji_sdk import DJIDrone
# 初始化无人机对象
drone = DJIDrone()
# 连接无人机
drone.connect()
```

```
# 起飞
drone.takeoff()
# 执行其他任务...
# 降落
drone.land()
# 断开连接
drone.disconnect()
```

第 3 步，规划飞行路径。无人机航运快递需要规划从起点到终点的飞行路径。这可以通过设置一系列的路点（Waypoint）来实现。以下是规划飞行路径的 Python 代码：

```
from dji_sdk import Waypoint, WaypointMission
# 创建路点列表
waypoints = [
    Waypoint(latitude=起点纬度, longitude=起点经度, altitude=起飞高度),
    Waypoint(latitude=终点纬度, longitude=终点经度, altitude=降落高度)
]
# 创建路点任务
mission = WaypointMission(waypoints=waypoints)
# 上传路点任务到无人机
mission.upload()
# 开始执行任务
mission.start()
# 监控任务执行状态
while not mission.is_finished():
    pass  # 这里可以添加其他逻辑，如更新任务状态到 UI 等
# 任务执行完毕后，可以选择是否自动降落
# 如果选择自动降落，则无须再调用 drone.land()
mission.auto_land = True
```

第 4 步，取货与卸货。取货与卸货通常需要通过无人机搭载的机械臂或其他装置来实现。这部分功能需要与无人机的硬件接口进行对接，并通过 Python 代码进行控制。由于这部分功能高度依赖于具体的硬件实现，因此这里不提供具体的代码实现。但一般来说，你会需要编写函数控制机械臂的移动、抓取和放置动作。

第 5 步，集成与测试。最后，你需要将上述各个步骤集成到一起，并进行全面的测试，以确保无人机能够按照预期完成快递的航运任务。在测试过程中，你需要关注无人机的飞行稳定性、路径规划的准确性、取货与卸货的可靠性等方面。

通过以上步骤，你可以利用 Python 编程实现无人机航运快递的功能。当然，在实际应用中，你还需要考虑更多的因素，如天气条件、空域限制、电池续航等。但掌握基本的编程和控制技能是迈向成功的第一步。

三、无人机航运实例实践

实践示例一：以下是一个基于 DJI SDK 的 Python 控制代码示例，用于控制 DJI Matrice 600 Pro 无人机进行基本的起飞、移动和降落操作。本程序支持 Python 3.x 版本。

```
from dji_sdk.drone import Drone
```

```
from dji_sdk.flight_controller import FlightController
# 连接到无人机
drone = Drone()
drone.connect()
# 获取飞行控制器
flight_controller = drone.flight_controller
# 起飞
flight_controller.takeoff()
# 等待无人机起飞到预设高度
while not flight_controller.is_flying():
    pass
# 移动无人机
flight_controller.move_by_velocity_z(1, 0, 0, 5) # 向前移动 5 米
# 等待一段时间
import time
time.sleep(5)
# 降落
flight_controller.land()
# 断开与无人机的连接
drone.disconnect()
```

运行上述代码之前，请确保已经安装了 DJI SDK，并且无人机已经处于可连接状态。此外，由于 DJI SDK 的 API 可能会发生变化，因此建议查阅最新的 DJI SDK 文档以获取最新的 API 信息和示例代码。

实践示例二：以下是一个基于 Tello SDK 的 Python 控制代码示例，用于控制 Tello 无人机进行基本的起飞、降落和移动操作。本程序支持 Python 3.x 版本。

```
import socket
import threading
import time
# Tello 无人机的 IP 地址和端口
TELLO_IP = '192.168.10.1'
TELLO_PORT = 8889
# 创建 socket 连接
def create_connection():
    sock = socket.socket(socket.AF_INET, socket.SOCK_DGRAM)
    return sock
# 发送指令到无人机
def send_command(sock, command):
    sock.sendto(command.encode(), (TELLO_IP, TELLO_PORT))
# 接收无人机回复
def receive_response(sock):
    while True:
        try:
            data, addr = sock.recvfrom(1024)
            print(f'Received: {data.decode()}')
        except KeyboardInterrupt:
```

```
            print('Exiting receive thread...')
            break
# 主程序
def main():
    sock = create_connection()
    # 启动接收线程
    recv_thread = threading.Thread(target=receive_response, args=(sock,))
    recv_thread.start()
    # 发送起飞指令
    send_command(sock, 'command')
    send_command(sock, 'takeoff')
    time.sleep(5)
    # 发送移动指令
    send_command(sock, 'up 20')
    time.sleep(2)
    send_command(sock, 'forward 30')
    time.sleep(2)
    send_command(sock, 'down 20')
    time.sleep(2)
    send_command(sock, 'back 30')
    time.sleep(2)
    # 发送降落指令
    send_command(sock, 'land')
    # 关闭 socket 连接
    sock.close()
if __name__ == '__main__':
    main()
```

注意： 上述代码中的 IP 地址和端口需要根据实际使用的 Tello 无人机的设置进行修改。另外，在运行代码之前，请确保已经安装了 Tello SDK，并且无人机已经处于可连接状态。

四、图形化编程与挑战卡

1. 多点飞行核心编码。以下是实现 Tello 无人机多点飞行速递的核心代码。该代码使用 tellopy 库控制 Tello 无人机在多个预设点之间飞行，并模拟快递运输的过程。代码中包含了起飞、飞行到各个点、降落等基本操作。如图 6.28 所示。

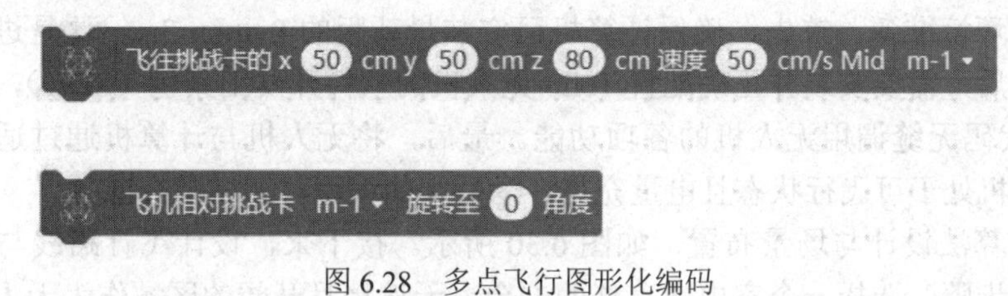

图 6.28　多点飞行图形化编码

2. Mind+图形编程步骤

第 1 步，创建项目：打开 Mind+软件，创建一个新的项目。

第 2 步，添加 Tello 无人机：在设备列表中选择 Tello 无人机，确保已连接到无人机。

第 3 步，初始化程序：在程序开始时，添加“当绿旗被单击”事件块，作为程序的入口。

第 4 步，连接无人机：使用“连接 Tello”块，确保无人机成功连接。

第 5 步，起飞：添加“起飞”块，使无人机起飞并稳定。

第 6 步，设置飞行路径：定义多个挑战卡的位置，可以使用“移动到”块或“飞往”块，设置无人机的飞行坐标。例如，假设挑战卡的位置为：

卡 1: (0, 100)

卡 2: (100, 100)

卡 3: (100, 0)

卡 4: (0, 0)

第 7 步，依次飞行：使用循环结构（如“重复”块）依次飞往每个挑战卡的位置。在每次飞行到达后，可以添加“等待”块，确保无人机在每个位置停留一段时间。

第 8 步，降落：在完成所有挑战卡的飞行后，添加“降落”块，使无人机安全降落。

第 9 步，结束程序：添加“结束程序”块，确保程序正常结束。

课堂任务

利用 Python IDLE 编程实现 Tello 无人机在预设的快递运输路线上飞行，通过识别多个挑战卡设置飞行路线，并在到达每个挑战卡后执行降落动作模拟送快递，如图 6.29 所示。

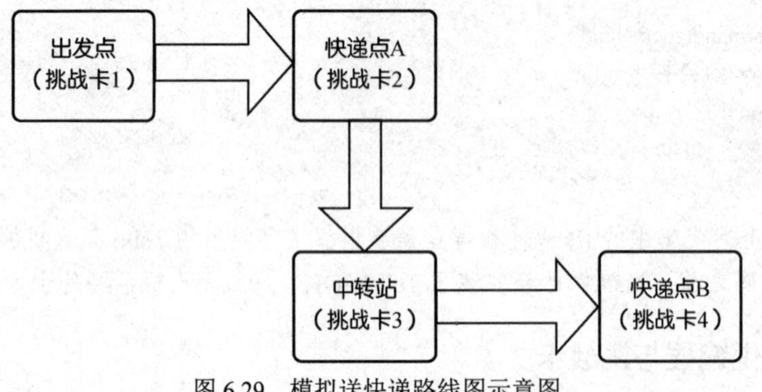

图 6.29 模拟送快递路线图示意图

探究活动

第 1 步，环境准备。首先，确保计算机已安装最新版的 Python 3.x，这是进行无人机编程的基础。随后，需要安装并正确配置 Tello 无人机的软件开发工具包（SDK），这将允许您通过 Python 代码无缝调用无人机的各项功能。最后，将无人机与计算机通过适当的接口连接，确保无人机处于可飞行状态且电量充足，为后续的编程与测试做好准备。

第 2 步，算法设计与场景布置，如图 6.30 所示。接下来，设计飞行路线与布置挑战卡是至关重要的步骤。选择一个室内或室外的安全、无遮挡且开阔的区域作为无人机的飞行场地。在场地上精心布置多个挑战卡，每个挑战卡代表无人机需要访问的一个飞行路标点。根据实际需求，规划一条从起点到终点的最优飞行路线，确保这条路线能够有效覆盖所有挑战卡，模拟多点速递的场景。

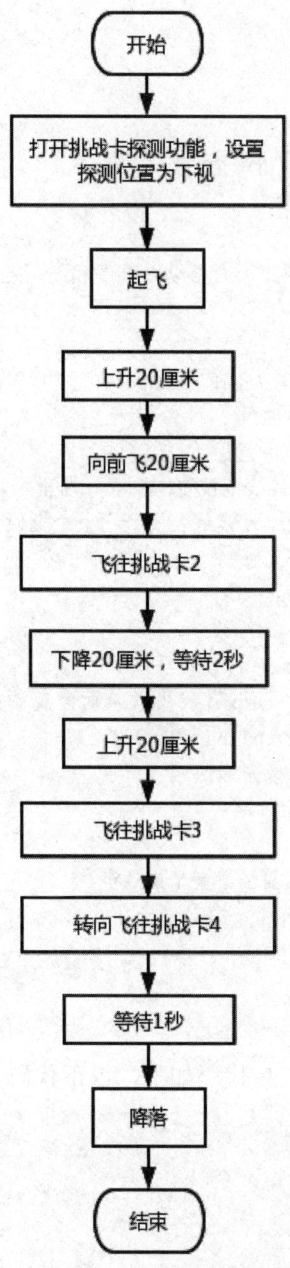

图 6.30　航运快递程序设计流程图

第 3 步，程序设计。编写代码与功能实现：一是利用 Python IDLE 编程实现依次控制 Tello 无人机左右移动 50 厘米及 10 次舞步飞行；二是采用 Min+图形化编实现以上功能。

（一）Python IDLE 代码：在这一步中，您需要编写 Python 代码实现无人机的自主飞行与挑战卡识别功能。利用 Tello SDK 提供的 API，可以轻松地控制无人机的起飞、飞行、悬停、降落以及方向调整等动作。通过集成图像识别技术（如 OpenCV 库），无人机能够识别放置在场地上的挑战卡，并在每个挑战卡位置执行相应的动作（如模拟送快递的降落动作）。

1. 编程伪代码：首先导入 Tello 无人机的 SDK 库。

```
import tello
```

```
import time
# 初始化无人机并连接
drone = tello.Tello()
drone.connect()
print(drone.get_battery()) # 打印无人机电量
# 开启无人机的视频流并准备飞行
drone.streamon()
drone.send_rc_control(0, 0, 0, 0) # 停止所有移动，准备起飞
# 定义飞行到挑战卡的函数
def go_to_challenge_card(duration):
    drone.send_rc  control(30, 0, 0, 0) # 向前飞行
    time.sleep(duration) # 飞行持续时间
    drone.send_rc_control(0, 0, 0, 0) # 悬停
# 假设 challenge_cards 是一个包含挑战卡位置的列表，这里用时间模拟
challenge_cards = [10, 20, 30]   # 每个元素代表飞到下一个挑战卡所需的时间（秒）
# 开始执行快递运输路线
print("Drone is starting its delivery route...")
for i in range(len(challenge_cards)):
    print(f"Moving to challenge card {i+1}...")
    go_to_challenge_card(challenge_cards[i]) # 根据实际距离调整飞行时间
    print("Challenge card detected. Preparing to land...")
    drone.land() # 执行降落动作，模拟送快递
    time.sleep(3) # 等待无人机稳定降落
    if i < len(challenge_cards)- 1:
        drone.takeoff() # 重新起飞前往下一个挑战卡
        time.sleep(3) # 等待无人机起飞稳定
# 飞行结束，关闭视频流并断开连接
drone.streamoff()
drone.end()
```

2. python IDLE 代码，完整 IDLE 代码如下，以下代码在 Python3.7.8 版本测试通过。

```
import socket
import threading
import time
# Tello 的 IP 和接口
tello_address = ('192.168.10.1', 8889)
# 本地计算机的 IP 和接口
local_address = ('', 9000)
# 创建一个接收用户指令的 UDP 连接
sock = socket.socket(socket.AF_INET, socket.SOCK_DGRAM)
sock.bind(local_address)
# 定义 send 命令，发送 send 中的指令给 Tello 无人机并允许一个几秒的延迟
def send(message, delay):
  try:
    sock.sendto(message.encode(), tello_address)
    print("Sending message: " + message)
```

```
    except Exception as e:
      print("Error sending: " + str(e))
    time.sleep(delay)
# 定义 receive 命令，循环接收来自 Tello 的信息
def receive():
  while True:
    try:
      response, ip_address = sock.recvfrom(128)
      print("Received message: " + response.decode(encoding='utf-8'))
    except Exception as e:
      sock.close()
      print("Error receiving: " + str(e))
      break
# 开始一个监听线程，利用 receive 命令持续监控无人机发回的信号
receiveThread = threading.Thread(target=receive)
receiveThread.daemon = True
receiveThread.start()
##教学部分----------------------------------------
#列表 points 中存放若干个快递点的坐标（相对坐标），让无人机按顺序移动到各个快递点
points = [
    (80, 0, 30),   # 第一个快递点坐标
    (80, 50, 30),  # 第二个快递点相对第一个快递点坐标
    (0, 50, 30),   # 第三个快递点相对第二个快递点坐标
    (0, 0, 30) # 第四个快递点相对第三个快递点坐标
        ]
send("command", 5)
send("takeoff", 8)
p=0 #初始化投放快递点数
a=0 #离开原点 x 轴方向的位移
b=0 #离开原点 y 轴方向的位移
c=0 #离开原点 z 轴方向的位移
for point in points:   # 飞行到每个快递点
    x,y,z = point  #获取每个快递点的坐标
    send("right "+str(x),5)#完成 X 轴飞行
    send("forward "+str(y),5)#完成 Y 轴飞行
    send("up "+str(z),5) #完成 Z 轴飞行
    p=p+1 #完成投放点数
    print("Finish casting",p,"point.")#完成某个快递点的投放
    a=a+x #离开原点 X 轴方向的位移
    b=b+y #离开原点 Y 轴方向的位移
    c=c+z #离开原点 Z 轴方向的位移
print("Finish all casting points.Now return to base")#完成所有快递点的投放，现在返航
send("left "+str(a),10)#返航 X 轴方向
send("back "+str(b),10)#返航 Y 轴方向
send("down "+str(c),10)#返航 Z 轴方向
```

```
send("land",5) #在原点（出发点）降落
print("mission complete")#任务完成
##教学部分--------------------------------------
```

（二）图像化编程代码，如图 6.31 所示。以下代码是 Mind+平台运行测试成功的图形化代码。

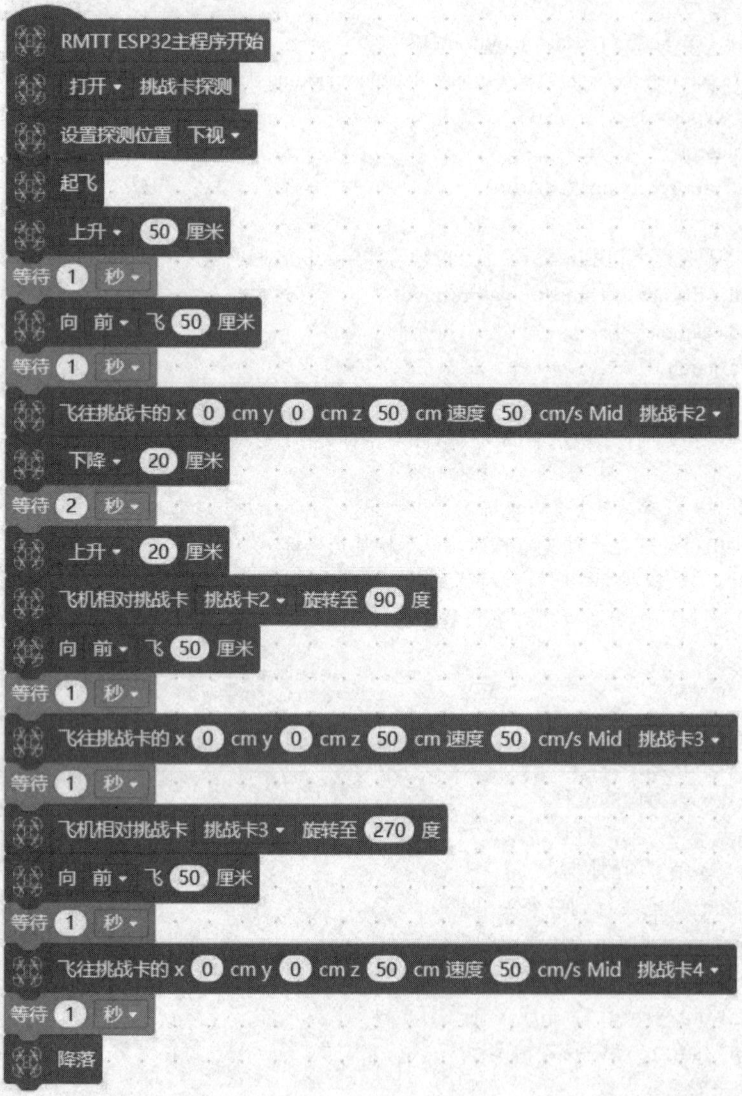

```
RMTT ESP32主程序开始
打开 挑战卡探测
设置探测位置 下视
起飞
上升 50 厘米
等待 1 秒
向 前 飞 50 厘米
等待 1 秒
飞往挑战卡的 x 0 cm y 0 cm z 50 cm 速度 50 cm/s Mid 挑战卡2
下降 20 厘米
等待 2 秒
上升 20 厘米
飞机相对挑战卡 挑战卡2 旋转至 90 度
向 前 飞 50 厘米
等待 1 秒
飞往挑战卡的 x 0 cm y 0 cm z 50 cm 速度 50 cm/s Mid 挑战卡3
等待 1 秒
飞机相对挑战卡 挑战卡3 旋转至 270 度
向 前 飞 50 厘米
等待 1 秒
飞往挑战卡的 x 0 cm y 0 cm z 50 cm 速度 50 cm/s Mid 挑战卡4
等待 1 秒
降落
```

图 6.31 航运快递 Mind+图形化代码

第 4 步，编码测试与优化。完成代码编写后，进入测试阶段。您可以通过两种方式进行测试：一是在 Python IDLE 中直接运行编写的代码，如图 6.32 所示，观察无人机的实际飞行行为；二是使用图形化编程环境（如 Mind+）进行调试，这种方式对于初学者或偏好直观操作的用户尤为友好。在测试过程中，密切注意无人机的飞行轨迹、挑战卡识别准确性以及飞行稳定性，根据实际情况调整代码中的参数，如飞行速度、悬停时间、降落精度等，以确保无人机能够按照规划的路线高效、准确地完成任务。

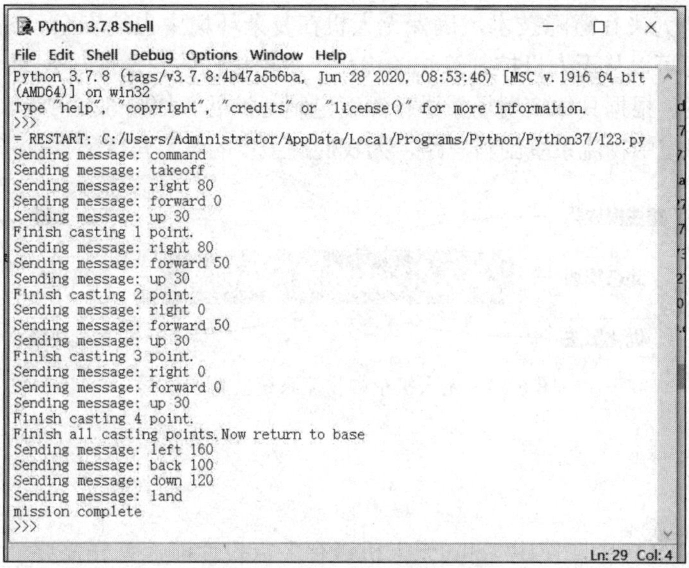

```
Python 3.7.8 Shell
File Edit Shell Debug Options Window Help
Python 3.7.8 (tags/v3.7.8:4b47a5b6ba, Jun 28 2020, 08:53:46) [MSC v.1916 64 bit
(AMD64)] on win32
Type "help", "copyright", "credits" or "license()" for more information.
>>>
= RESTART: C:/Users/Administrator/AppData/Local/Programs/Python/Python37/123.py
Sending message: command
Sending message: takeoff
Sending message: right 80
Sending message: forward 0
Sending message: up 30
Finish casting 1 point.
Sending message: right 80
Sending message: forward 50
Sending message: up 30
Finish casting 2 point.
Sending message: right 0
Sending message: forward 50
Sending message: up 30
Finish casting 3 point.
Sending message: right 0
Sending message: forward 0
Sending message: up 30
Finish casting 4 point.
Finish all casting points.Now return to base
Sending message: left 160
Sending message: back 100
Sending message: down 120
Sending message: land
mission complete
>>>
Ln: 29 Col: 4
```

图 6.32 多点速递运行效果

编程提示：

1. 确保在开阔、安全的环境中进行测试。
2. 根据实际情况调整飞行高度和速度，以确保无人机安全飞行。
3. 以上 Python 代码可以直接在 Python IDLE 中运行，确保在运行前已连接到 Tello 无人机。

成果分享

在本节课中，我们携手迈入了无人机空中物流的奇幻之旅，利用 Python 编程技术，成功实现了 Tello 无人机在预设路线上的多点智能快递投放。我们亲眼见证了编程代码如何转化为无人机精准的飞行指令，它不仅能够精准识别挑战卡并设定飞行轨迹，更能在每个指定地点完成精准的降落动作，生动模拟了未来物流领域的智能化与高效率。

这一过程，不仅是对我们编程能力的深度锤炼，更是激发了我们对前沿科技创新的无限遐想与憧憬。从精心规划飞行路径，到巧妙处理飞行中的各种可能异常，每一步都要求我们具备严密的逻辑思维与系统思维。我们学会了如何将复杂的任务拆解为简单的模块，并用一行行代码编织出智能物流的宏伟蓝图。

尤为重要的是，这次实践让我们深刻领悟到了工程思维的真谛——将抽象的理论知识转化为解决实际问题的能力。我们坚信，随着科技的飞速发展，无人机物流必将在不久的将来深刻改变我们的生活方式，而今天的探索，正是我们通向未来世界的坚实桥梁。

让我们携手并进，保持对未知世界的好奇与渴望，用编程的魔法创造无限可能，让无人机在广袤的蓝天中绘制出更加璀璨夺目的物流新篇章！

思维拓展

在掌握了使用 Python 编程实现 Tello 无人机多点快递投放的基础上，我们可以进一步拓宽视野，探索更多可能性。例如，我们可以设计不同的运送策略，以应对多样化的物流需求；同时，深入研究飞行避障技术，确保无人机在复杂环境中也能安全、高效地完成任务。

此外，我们还可以从无人机控制算法的优化、数据传输的安全性与效率、用户界面的友好性等多个维度出发，根据具体应用场景进行深度定制与扩展。如图 6.33 所示，这张思维导图清晰地呈现了无人机空中物流系统创新思路，为我们进一步的学习与探索提供了宝贵的指引。

图 6.33　无人机空中物流系统创新示意图

当堂训练

1. 在 Python IDLE 中，使用 Tello 无人机进行多点投递前，首先需要_________以与无人机建立连接。

2. 为了控制 Tello 无人机按照预设路线飞行，我们需要在程序中定义_________来规划无人机的飞行路径。

3. 在无人机飞行到每个挑战卡位置后，为了模拟投递过程，我们需要调用_________函数使无人机降落。

4. 为了确保无人机在飞行过程中能够安全执行任务，程序中应包含对_________的处理，以应对可能的异常情况。

5. 在编程实现 Tello 无人机多点投递时，为了提高程序的健壮性和可读性，我们可以使用_________组织代码，使每个功能模块独立且易于维护。

想创就创

1. 创新编程。设计并实现一个 Python 程序，利用 Tello 无人机在预设的复杂城市环境中进行多点快递投放任务。无人机需要按照预设的路线飞行，途中会经过多个挑战卡（模拟为不同的 GPS 坐标或视觉标记），并在每个挑战卡位置执行精确的降落操作以模拟快递投放。在完成所有投放后，无人机需返回起始点并执行降落。

任务要求：使用 Python IDLE 或任何 Python IDE 编写程序；设计一个包含至少三个不同投放点的复杂路线，每个投放点有独特的 GPS 坐标或视觉识别标记；程序中需要包含无人机起飞、飞行至各投放点、降落、再次起飞（除最后一个投放点外）、飞行至下一投放点以及最终返回起点的完整流程。

2. 阅读程序。以下是利用 Tello 无人机的 SDK 库，实现无人机前往识别挑战卡位置并在识别到后实现悬停降落功能的 Python 代码示例：代码中的'command'需要替换为 Tello SDK 库中实际的指令字符串。在实际应用中，还需要添加异常处理、无人机状态检测等逻辑，以确保程序的健壮性和安全性，请你完善程序实现以上功能。

```
from tello import Tello
# 初始化无人机连接
```

```
drone = Tello()
drone.connect()
# 开启挑战卡探测
drone.send_command('command') # 此处需要替换为实际开启探测的命令
# 获取挑战卡信息
mission_pad_info = drone.get_mission_pad_info()
print("Challenge Card ID:", mission_pad_info.id)
print("Position:", mission_pad_info.x, mission_pad_info.y, mission_pad_info.z)
# 控制无人机前往挑战卡位置（示例为简单直线前往，实际需要根据位置信息计算路径）
drone.send_rc_control(0, 30, 0, 0) # 向前飞行
# 识别到挑战卡后悬停并降落
# 此处需要实现循环检测逻辑，确认识别到挑战卡后执行以下指令
drone.send_command('command') # 替换为悬停指令
drone.send_command('land') # 发送降落指令
# 断开无人机连接
drone.end()
```

6.6 人脸追踪：Tello 智控编程趣飞行

知识链接

无人机人脸视觉追踪是基于图像处理与机器学习的技术。无人机搭载高清摄像头捕捉视频流，通过人脸检测算法（如 Haar 特征分类器、深度学习模型）快速定位人脸区域。随后，利用跟踪算法（如卡尔曼滤波、粒子滤波）预测并更新人脸位置，实现连续追踪。同时，优化算法效率，确保追踪的实时性与准确性。此外，考虑光照变化、遮挡等复杂场景，增强追踪健壮性。最终，结合无人机飞行控制，实现稳定的人脸视觉追踪与拍摄，为安防、影视拍摄等领域提供高效解决方案。

一、基础知识

（一）人脸视觉追踪编程概览

Tello 无人机的人脸视觉追踪技术，是无人机技术与计算机视觉相结合的产物，其核心在于通过无人机搭载的高清摄像头捕捉视频流，并利用先进的图像处理与机器学习算法实时检测与追踪人脸。作为一款教育级智能飞行器，其人脸视觉追踪功能集成了先进的计算机视觉技术，为用户提供了高度智能化的应用体验。该功能通过无人机搭载的高清摄像头捕捉视频流，并运用先进的人脸检测与追踪算法，实现了对目标人脸的实时捕捉与跟踪。

在功能实现上，Tello 无人机的人脸视觉追踪首先依赖于高效的人脸检测算法。这些算法能够快速识别视频流中的人脸区域，即使在复杂背景下也能保持较高的准确性。一旦人脸被成功检测，追踪算法便会启动，通过预测人脸的运动轨迹并动态调整无人机的飞行姿态与摄像头角度，确保人脸始终保持在画面中心。

当前最前沿的人脸追踪技术融合了深度学习、机器视觉等多个领域的研究成果，显著提升了追踪的精度与健壮性。在实际应用中，如安防监控、影视拍摄等领域，Tello 无人机的

人脸视觉追踪功能展现出了巨大的潜力与价值。

大疆等无人机品牌的人脸追踪技术已经实现了商业化应用，并在多个领域取得了显著成效。对于初学者而言，通过学习与探索 Tello 无人机的人脸视觉追踪功能，不仅能够深入了解无人机编程与计算机视觉技术的相关知识，还能培养创新思维与实践能力，为未来的科技发展贡献自己的力量。

（二）人脸视觉追踪编程路径

Tello 无人机的人脸视觉追踪功能集成了高清摄像头与先进的计算机视觉算法，能实时识别并追踪目标人脸，包括机器视觉中的人脸检测算法（如基于深度学习的方法），以及无人机自主飞行控制技术。初学者可借助 Mind+或 Python 等编程平台，通过调用 Tello SDK 或类似库实现此功能。

初学者首先需要了解无人机编程基础，包括如何使用 Mind+或 Python 进行代码编写。随后，需要学习人脸识别技术，可借鉴 OpenCV 等库实现人脸检测。之后，通过无人机 API 发送控制指令，让无人机跟随检测到的人脸移动。为增加趣味性和挑战性，您可探索多脸追踪、自动调整高度与距离以保持人脸在画面中心等技术。

另外，许多开源项目提供了 Tello 无人机人脸追踪的实现范例，学生可借鉴这些项目代码，加速学习进程。此外，结合 STEM 教育理念，此类项目能有效促进初学者在技术、科学、工程和数学等领域的综合能力提升。

二、实现步骤

在 Python IDLE 中实现 Tello 无人机的人脸视觉追踪功能，我们需要结合 Tello 的 SDK 和 OpenCV 库。以下是一个简化的步骤和示例代码，确保代码可以直接在 Python IDLE 中运行，并且使用真实的命令控制 Tello 无人机拍照。Python 版本支持：本程序支持 Python 3.x 版本。

第 1 步，导入必要的库：导入 Tello SDK（如 tello 库，如果可用）和 OpenCV 库。

第 2 步，初始化 Tello 无人机：建立与 Tello 无人机的连接，并发送起飞命令。

第 3 步，初始化 OpenCV 摄像头：虽然这里我们实际上是从 Tello 获取视频流，但示例中仍使用 OpenCV 模拟人脸检测过程。

第 4 步，人脸检测与追踪：在模拟的视频流中检测人脸，并计算人脸位置（实际中需要从 Tello 获取视频流）。

第 5 步，控制 Tello 无人机：根据人脸位置（假设已计算）发送控制命令调整无人机姿态。

课堂任务

请编写一个 Python 程序，利用 Tello 无人机和 OpenCV 库实现 Tello 无人机的人脸追踪拍照功能。要求：使用 Python 3.x 版本；代码应清晰、注释充分，便于理解；确保程序能够在 Python IDLE 中直接运行。

探究活动

第 1 步，环境准备。在开始前，请确保开发环境已配置妥当。首先，安装必要的库：

tellopy 和 opencv-python，它们分别用于与 Tello 无人机通信及图像处理。您可以通过 Python 的包管理工具 pip 安装这些库，命令如下：pip install tellopy opencv-python；此外，请选择一个开阔且安全的环境进行测试，以确保无人机能够自由飞行并避免任何潜在的风险。

第 2 步，算法设计。在进行编程之前，建议先设计好整体的算法流程。流程通常包括无人机起飞、人脸检测、视觉追踪、拍照、降落等步骤。流程图可参考图 6.34。

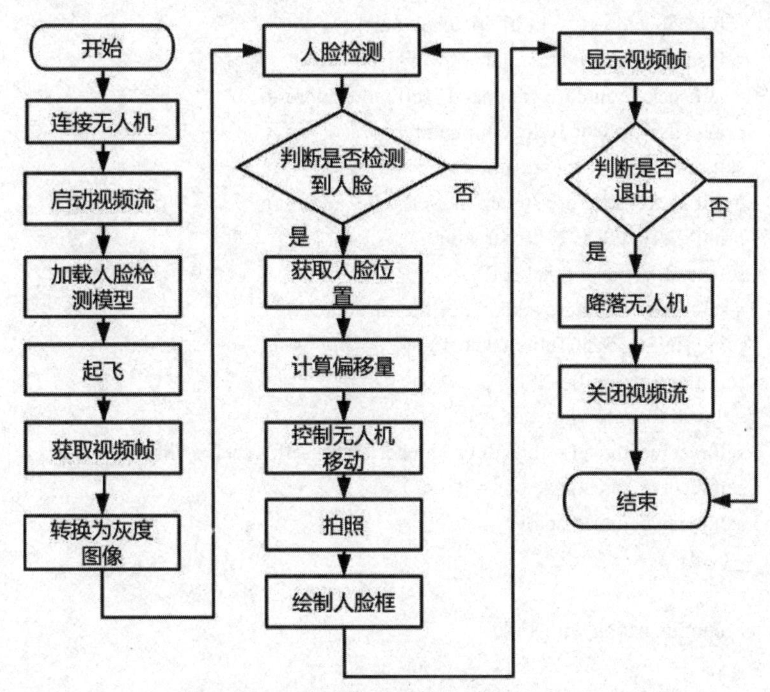

图 6.34 人脸追踪拍照算法流程图示意图

第三步，程序设计。编码实现：以下是利用 Python IDLE 编程实现 Tello 无人机人脸视觉追踪并拍照的步骤。该程序支持 Python 3.x 版本，并使用了 tellopy 库和 opencv-python 库进行人脸识别和拍照。

1. 首先，执行 tello_drone.py，初始化无人机

```
#tello_drone.py
import socket
import threading
import cv2 as cv
class Tello:
    """
    Handles connection to the DJI Tello drone
    """
    def __init__(self, local_ip, local_port, is_dummy=False, tello_ip='192.168.10.1', tello_port=8889):
        """
        Initializes connection with Tello and sends both command and streamon instructions
        in order to start it and begin receiving video feed.
        """
        self.background_frame_read = None
```

```
        self.response = None
        self.abort_flag = False
        self.is_dummy = is_dummy
        if not is_dummy:
            self.socket = socket.socket(socket.AF_INET, socket.SOCK_DGRAM)
            self.tello_address = (tello_ip, tello_port)
            self.local_address = (local_ip, local_port)
            self.send_command('command')
            # self.socket.sendto(b'command', self.tello_address)
            print('[INFO] Sent Tello: command')
            self.send_command('streamon')
            # self.socket.sendto(b'streamon', self.tello_address)
            print('[INFO] Sent Tello: streamon')
            self.send_command('takeoff')
            # self.socket.sendto(b'takeoff', self.tello_address)
            print('[INFO] Sent Tello: takeoff')
            self.move_up(160)
            # thread for receiving cmd ack
            self.receive_thread = threading.Thread(target=self._receive_thread)
            self.receive_thread.daemon = True
            self.receive_thread.start()
    def __del__(self):
        """
        Stops communication with Tello
        """
        if not self.is_dummy:
            self.socket.close()
    def _receive_thread(self):
        """
        Listen to responses from the Tello.
        Runs as a thread, sets self.response to whatever the Tello last returned.
        """
        while True:
            try:
                self.response, ip = self.socket.recvfrom(3000)
            except socket.error as exc:
                print (f"Caught exception socket.error: {exc}")
    def send_command(self, command):
        """
        Send a command to the Tello and wait for a response.
        :param command: Command to send.
        :return (str): Response from Tello.
        """
        self.abort_flag = False
        timer = threading.Timer(0.5, self.set_abort_flag)
        self.socket.sendto(command.encode('utf-8'), self.tello_address)
```

```
        timer.start()
        while self.response is None:
            if self.abort_flag is True:
                break
        timer.cancel()
        if self.response is None:
            response = 'none_response'
        else:
            response = self.response.decode('utf-8')
        self.response = None
        return response
    def send_command_without_response(self, command):
        """
        Sends a command without expecting a response. Useful when sending a lot of commands.
        """
        if not self.is_dummy:
            self.socket.sendto(command.encode('utf-8'), self.tello_address)
    def set_abort_flag(self):
        """
        Sets self.abort_flag to True.
        Used by the timer in Tello.send_command()to indicate to that a response
        timeout has occurred.
        """
        self.abort_flag = True
    def move_up(self, dist):
        """
        Sends up command to Tello and returns its response.
        :param dist: Distance in centimeters in the range 20 - 500.
        :return (str): Response from Tello
        """
        self.send_command_without_response(f'up {dist}')
    def move_down(self, dist):
        """
        Sends down command to Tello and returns its response.
        :param dist: Distance in centimeters in the range 20 - 500.
        :return (str): Response from Tello
        """
        self.send_command_without_response(f'down {dist}')
    def move_right(self, dist):
        """
        Sends right command to Tello and returns its response.
        :param dist: Distance in centimeters in the range 20 - 500.
        :return (str): Response from Tello
        """
        self.send_command_without_response(f'right {dist}')
    def move_left(self, dist):
```

```
        """
        Sends left command to Tello and returns its response.
        :param dist: Distance in centimeters in the range 20 - 500.
        :return (str): Response from Tello
        """
        self.send_command_without_response(f'left {dist}')
    def move_forward(self, dist):
        """
        Sends forward command to Tello without expecting a return.
        :param dist: Distance in centimeters in the range 20 - 500.
        """
        self.send_command_without_response(f'forward {dist}')
    def move_backward(self, dist):
        """
        Sends backward command to Tello without expecting a return.
        :param dist: Distance in centimeters in the range 20 - 500.
        """
        self.send_command_without_response(f'back {dist}')

    def rotate_cw(self, deg):
        """
        Sends cw command to Tello in order to rotate clock-wise
        :param deg: Degrees bewteen 0 - 360.
        :return (str): Response from Tello
        """
        self.send_command_without_response(f'cw {deg}')
    def rotate_ccw(self, deg):
        """
        Sends ccw command to Tello in order to rotate clock-wise
        :param deg: Degrees bewteen 0 - 360.
        :return (str): Response from Tello
        """
        self.send_command_without_response(f'ccw {deg}')
    def get_udp_video_address(self):
        """
        Gets the constructed udp video address for the drone
        :return (str): The constructed udp video address
        """
        return f'udp://{self.tello_address[0]}:11111'
    def get_frame_read(self):
        """
        Get the BackgroundFrameRead object from the camera drone. Then, you just need to call
        backgroundFrameRead.frame to get the actual frame received by the drone.
        :return (BackgroundFrameRead): A BackgroundFrameRead with the video data.
        """
        if self.background_frame_read is None:
```

```
            if self.is_dummy:
                self.background_frame_read = BackgroundFrameRead(self, 0).start()
            else:
                self.background_frame_read = BackgroundFrameRead(self, self.get_udp_video_address()).start()
        return self.background_frame_read
    def get_video_capture(self):
        """
        Get the VideoCapture object from the camera drone
        :return (VideoCapture): The VideoCapture object from the video feed from the drone.
        """
        if self.cap is None:
            if self.is_dummy:
                self.cap = cv.VideoCapture(0)
            else:
                self.cap = cv.VideoCapture(self.get_udp_video_address())
        if not self.cap.isOpened():
            if self.is_dummy:
                self.cap.open(0)
            else:
                self.cap.open(self.get_udp_video_address())
        return self.cap
    def end(self):
        """
        Call this method when you want to end the tello object
        """
        # print(self.send_command('battery?'))
        if not self.is_dummy:
            self.send_command('land')
        if self.background_frame_read is not None:
            self.background_frame_read.stop()
        # It appears that the VideoCapture destructor releases the capture, hence when
        # attempting to release it manually, a segmentation error occurs.
        # if self.cap is not None:
        #     self.cap.release()
class BackgroundFrameRead:
    """
    This class read frames from a VideoCapture in background. Then, just call backgroundFrameRead.frame to get the
    actual one.
    """
    def __init__(self, tello, address):
        """
        Initializes the Background Frame Read class with a VideoCapture of the specified
        address and the first frame read.
        :param tello: An instance of the Tello class
        :param address: The UDP address through which the video will be streaming
        """
```

```
        tello.cap = cv.VideoCapture(address)
        self.cap = tello.cap
        if not self.cap.isOpened():
            self.cap.open(address)

        self.grabbed, self.frame = self.cap.read()
        self.stopped = False
    def start(self):
        """
        Starts the background frame read thread.
        :return (BackgroundFrameRead): The current BrackgroundFrameRead
        """
        threading.Thread(target=self.update_frame, args=()).start()
        return self
    def update_frame(self):
        """
        Sets the current frame to the next frame read from the source.
        """
        while not self.stopped:
            if not self.grabbed or not self.cap.isOpened():
                self.stop()
            else:
                (self.grabbed, self.frame)= self.cap.read()
    def stop(self):
        """
        Stops the frame reading.
        """
        self.stopped = True
```

2. 再执行主程序 main.py

```
import numpy as np
import cv2 as cv
import tello_drone as tello
host = ''
port = 9000
local_address = (host, port)
# 传递面部特征标记以在本地摄像机上运行面部检测
drone = tello.Tello(host, port, is_dummy=False)
def adjust_tello_position(offset_x, offset_y, offset_z):
    """
    Adjusts the position of the tello drone based on the offset values given from the frame
    :param offset_x: Offset between center and face x coordinates
    :param offset_y: Offset between center and face y coordinates
    :param offset_z: Area of the face detection rectangle on the frame
    """
    if not -90 <= offset_x <= 90 and offset_x is not 0:
```

```
            if offset_x < 0:
                drone.rotate_ccw(10)
            elif offset_x > 0:
                drone.rotate_cw(10)
        if not -70 <= offset_y <= 70 and offset_y is not -30:
            if offset_y < 0:
                drone.move_up(20)
            elif offset_y > 0:
                drone.move_down(20)

        if not 15000 <= offset_z <= 30000 and offset_z is not 0:
            if offset_z < 15000:
                drone.move_forward(20)
            elif offset_z > 30000:
                drone.move_backward(20)
    face_cascade = cv.CascadeClassifier('cascades/haarcascade_frontalface_default.xml')
    frame_read = drone.get_frame_read()
    while True:
        # frame = cv.cvtColor(frame_read.frame, cv.COLOR_BGR2RGB)
        frame = frame_read.frame
        cap = drone.get_video_capture()
        height = cap.get(cv.CAP_PROP_FRAME_HEIGHT)
        width = cap.get(cv.CAP_PROP_FRAME_WIDTH)
        # 计算框架中心
        center_x = int(width/2)
        center_y = int(height/2)
        # 画出框架的中心
        cv.circle(frame, (center_x, center_y), 10, (0, 255, 0))
        # 将框架转换为灰度以应用 haar 级联
        gray = cv.cvtColor(frame, cv.COLOR_BGR2GRAY)
        faces = face_cascade.detectMultiScale(gray, 1.3, minNeighbors=5)
        # 如果识别出某个面孔，在上面画一个矩形，然后将其添加到面孔列表中
        face_center_x = center_x
        face_center_y = center_y
        z_area = 0
        for face in faces:
            (x, y, w, h)= face
            cv.rectangle(frame,(x, y),(x + w, y + h),(255, 255, 0), 2)
            face_center_x = x + int(h/2)
            face_center_y = y + int(w/2)
            z_area = w * h
            cv.circle(frame, (face_center_x, face_center_y), 10, (0, 0, 255))
        # 计算识别面从中心的偏移量
        offset_x = face_center_x - center_x
        # 增加 30，以便无人机能尽可能多地拍摄物体
        offset_y = face_center_y - center_y - 30
```

```
        cv.putText(frame, f'[{offset_x}, {offset_y}, {z_area}]', (10, 50), cv.FONT_HERSHEY_SIMPLEX, 2,
(255,255,255), 2, cv.LINE_AA)
        adjust_tello_position(offset_x, offset_y, z_area)
        # 显示生成的框架
        cv.imshow('Tello detection...', frame)
        if cv.waitKey(1)== ord('q'):
            break

    # 停止背景帧读取并降落无人机
    drone.end()
    cv.destroyAllWindows()
```

第 4 步，编码测试与优化。完成编码后，将程序代码上传至 Python IDLE 或选择的 IDE 中，单击“Run”或按下“F5”键运行程序。在调试过程中，注意观察无人机的飞行状态及图像识别效果，并根据需要进行调整和优化。调试结果如图 6.35 所示。

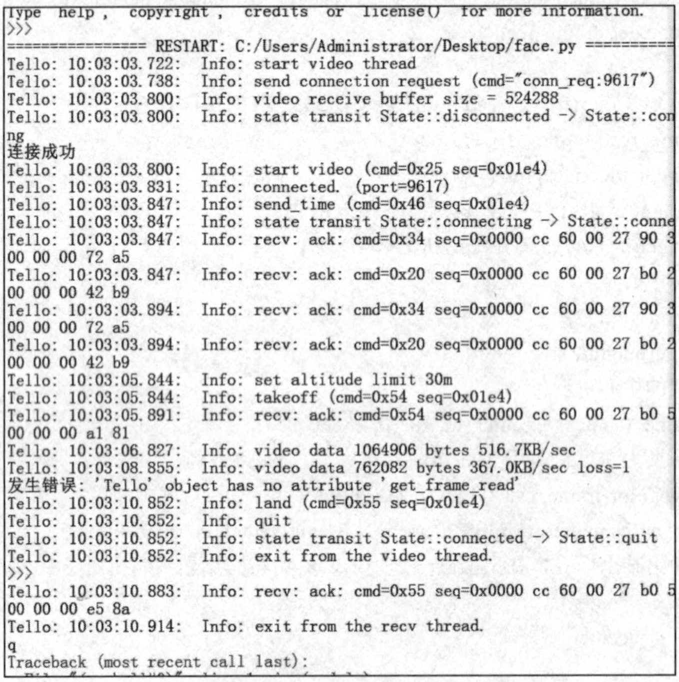

```
Type "help", "copyright", "credits" or "license()" for more information.
>>>
================ RESTART: C:/Users/Administrator/Desktop/face.py ==========
Tello: 10:03:03.722:  Info: start video thread
Tello: 10:03:03.738:  Info: send connection request (cmd="conn_req:9617")
Tello: 10:03:03.800:  Info: video receive buffer size = 524288
Tello: 10:03:03.800:  Info: state transit State::disconnected -> State::con
ng
连接成功
Tello: 10:03:03.800:  Info: start video (cmd=0x25 seq=0x01e4)
Tello: 10:03:03.831:  Info: connected. (port=9617)
Tello: 10:03:03.847:  Info: send_time (cmd=0x46 seq=0x01e4)
Tello: 10:03:03.847:  Info: state transit State::connecting -> State::conne
Tello: 10:03:03.847:  Info: recv: ack: cmd=0x34 seq=0x0000 cc 60 00 27 90 3
00 00 00 72 a5
Tello: 10:03:03.847:  Info: recv: ack: cmd=0x20 seq=0x0000 cc 60 00 27 b0 2
00 00 00 42 b9
Tello: 10:03:03.894:  Info: recv: ack: cmd=0x34 seq=0x0000 cc 60 00 27 90 3
00 00 00 72 a5
Tello: 10:03:03.894:  Info: recv: ack: cmd=0x20 seq=0x0000 cc 60 00 27 b0 2
00 00 00 42 b9
Tello: 10:03:05.844:  Info: set altitude limit 30m
Tello: 10:03:05.844:  Info: takeoff (cmd=0x54 seq=0x01e4)
Tello: 10:03:05.891:  Info: recv: ack: cmd=0x54 seq=0x0000 cc 60 00 27 b0 5
00 00 00 a1 81
Tello: 10:03:06.827:  Info: video data 1064906 bytes 516.7KB/sec
Tello: 10:03:08.855:  Info: video data 762082 bytes 367.0KB/sec loss=1
发生错误: 'Tello' object has no attribute 'get_frame_read'
Tello: 10:03:10.852:  Info: land (cmd=0x55 seq=0x01e4)
Tello: 10:03:10.852:  Info: quit
Tello: 10:03:10.852:  Info: state transit State::connected -> State::quit
Tello: 10:03:10.852:  Info: exit from the video thread.
>>>
Tello: 10:03:10.883:  Info: recv: ack: cmd=0x55 seq=0x0000 cc 60 00 27 b0 5
00 00 00 e5 8a
Tello: 10:03:10.914:  Info: exit from the recv thread.
q
Traceback (most recent call last):
```

图 6.35　调试结果示意图

成果分享

在本课程中，我们取得了显著的成果，成功开发了一款基于 Tello 无人机与 OpenCV 库的 Python 程序，该程序实现了令人瞩目的人脸追踪拍照功能。通过精心构建的算法与深入的编程实践，我们不仅掌握了无人机控制与人脸识别的关键技术，更深刻感受到了编程带来的乐趣与创造的无限可能。

该程序在 Python 3.x 环境下运行稳定，代码架构条理清晰，注释详尽，即便是编程初学者也能轻松跟随逻辑脉络，理解每一步操作的精髓。从无人机的腾空而起，到精准锁定人脸，再到自动捕捉瞬间并安全返航，每一个步骤都凝聚了我们的智慧与努力。

此次探索不仅锤炼了我们的编程技艺，更重要的是，它点燃了我们探索未知世界的热情与渴望。展望未来，这份对技术的热爱与不懈追求，定将引领我们在科技征途上创造更加辉煌的篇章。

思维拓展

基于本课程所学习的 Tello 无人机人脸追踪拍照技术，可广泛应用于多个前沿领域，进一步激发学习者的创新思维与实践能力。例如，在无人机导览服务中，为游客提供个性化、沉浸式的游览体验；在互动娱乐领域，创造新颖的人脸识别游戏与表演；在活动记录与直播方面，捕捉每一个精彩瞬间，实现全方位、多角度的现场直播；在运动追踪与分析中，助力运动员提升训练效果，精准分析比赛策略；在智能安防监控领域，构建更加高效、智能的安全防护体系，以及在空中摄影与艺术创作上，开启全新的视角与创意空间，如图 6.36 所示。这些创新应用不仅极大地拓宽了无人机人脸追踪拍照技术的应用场景，更激发了广大读者对无人机编程与人工智能技术的浓厚兴趣，推动了科技与日常生活的深度融合，共同迈向更加智能、便捷的未来。

图 6.36　无人机人脸追踪拍照创新示意图

当堂训练

1. 在编写 Tello 无人机人脸追踪拍照功能的 Python 程序中，首先需要从_________库导入必要的模块实现人脸检测功能。

2. 为了确保 Tello 无人机能够接收并执行控制指令，我们需要使用 UART 通信协议，并设置波特率为_________。

3. 在控制 Tello 无人机起飞前，通常会发送"_________"指令启动无人机的监控模式，以便接收后续的飞行指令。

4. 当无人机成功追踪到人脸并准备拍照时，需要调用 OpenCV 的_________函数捕获当前帧的图像。

5. 为了控制 Tello 无人机进行人脸追踪拍照，并在拍照后安全降落，程序中的控制流程大致为：起飞→上升→_________→拍照→降落。

想创就创

1. 创新编程：在探索无人机编程的边界时，我们构想了一个前沿项目：设计一项无人机操作任务，该任务深度融合了 Tello 无人机的飞行能力与 OpenCV 库的强大图像处理能力。此任务旨在户外环境中精准追踪并拍摄指定人数（如 3 人）的合照，其核心挑战与创新点在于：利用 OpenCV 库对无人机实时传输的视频流进行高效的人脸检测，精确锁定并持续追踪指定数量的目标人脸；通过编写精细的 Python 程序，利用 Tello SDK 操控无人机调整至最佳拍摄高度与角度，确保所有目标人脸均清晰呈现于镜头之中，实现完美的构图；一旦检测到所有人脸均被稳定追踪且构图理想，系统将自动触发拍照功能，并迅速将照片安全地保存至本地存储设备或云端服务器，以备后续查看与分享。

2. 阅读程序。阅读以下简化的 Python 程序片段并回答问题，该程序实现了无人机人脸追踪拍照功能的核心代码。

（1）描述程序的主要工作流程，包括如何初始化无人机和 OpenCV 视频捕获、如何检测人脸、如何根据人脸位置控制无人机、以及何时触发拍照操作。

（2）指出程序中可能存在的潜在问题或需要进一步完善的地方（如异常处理等）。

（3）如何优化无人机的飞行控制策略，以便更高效地追踪和拍摄目标人脸？

程序代码如下：

```
# 假设已导入必要的库和模块
# 初始化无人机连接
drone = Tello()
drone.connect()
# 初始化 OpenCV 视频捕获
cap = cv2.VideoCapture(0)
# 加载人脸检测模型（此处省略具体加载代码）
face_cascade = cv2.CascadeClassifier('haarcascade_frontalface_default.xml')
# 追踪目标人脸（假设已有逻辑确定追踪对象）
tracked_faces = [...]  # 假设这是一个包含追踪人脸信息的列表
# 无人机控制逻辑（简化版）
def control_drone(height, x, y):
    # 发送控制指令，如上升、移动到指定位置等
    drone.takeoff()
    drone.move_up(height)
    drone.move_forward(x)
    drone.move_right(y)
# 主循环
while True:
    ret, frame = cap.read()
    if not ret:
        break
    gray = cv2.cvtColor(frame, cv2.COLOR_BGR2GRAY)
    faces = face_cascade.detectMultiScale(gray, 1.3, 5)
    # 假设有逻辑更新 tracked_faces 列表
    # ...
    # 判断是否所有人脸都在视野内且位置合适
    if all_faces_in_view_and_positioned(tracked_faces, frame):
        # 拍照并保存（此处省略具体拍照代码）
        save_photo()
```

```
            break  # 拍照后退出循环
        # 根据追踪结果调整无人机位置（此处省略具体控制代码）
    # 清理工作：降落无人机、释放资源等
    drone.land()
    drone.end()
    cap.release()
    cv2.destroyAllWindows()
    # 假设函数定义
    def all_faces_in_view_and_positioned(faces, frame):
        # 实现判断逻辑
        pass
    def save_photo():
        # 实现拍照并保存的逻辑
        pass
```

6.7　飞行表演：编织空中舞步的奥秘

知识链接

空中舞步作为无人机表演的精髓，其核心在于精准的飞行控制与视觉艺术的完美融合。无人机操控团队需要利用先进的编程软件，对飞控系统与地面站进行精细调校，将创意构思转化为具体指令，包括每台无人机的精确飞行轨迹、速度控制及实时坐标定位，并融入 LED 灯光效果，调控亮度与闪烁频率，以营造璀璨夺目的空中画卷。

当前技术革新下，无人机表演的设计效率显著提升，从概念构想到实际编排，数小时至半天内即可完成，大大缩短了准备周期。成本效益方面，无人机表演的单架次费用已从早期的万元级降至数百至千元区间，经济性的提升进一步拓宽了其应用广度。

随着无人机技术的成熟与制造成本的持续下降，加之其绿色环保、无污染的特性，无人机表演正逐步取代传统的表演方式（如烟火），成为庆典、展会等大型活动的新宠。其独特的空中视角与灵活多变的编队能力，为观众带来前所未有的视觉盛宴，展现出巨大的市场潜力和无限创意空间。

一、基础知识

1. 空中舞步概述

空中舞步，作为无人机技术的高级应用之一，融合了精密编程、空间定位与动态美学，展现了无人机在三维空间中的极致操控能力。其基础知识涵盖以下几个方面。

首先，飞行控制算法是核心，通过先进的 PID 控制、自适应控制或强化学习算法，确保无人机在复杂环境中能够精确执行预设动作，如翻滚、旋转、螺旋上升等，实现流畅而精准的“舞步”。

其次，GPS 与视觉导航系统是关键技术，它们为无人机提供精准的位置信息与避障能力。结合高精度地图数据与实时图像识别，无人机能在复杂多变的场景中自主规划路径，避开障碍物，完成连续不断的空中动作组合。

再者，编队飞行技术进一步提升了空中舞步的观赏性。多台无人机通过无线通信协议同步动作，形成壮观的编队表演，如灯光秀、字母图案变换等，这要求极高的时间同步性和空间协调性。

在国内外多次大型庆典活动中，无人机编队演绎了令人震撼的空中灯光秀，如国庆庆典上的“70”字样、奥运会开幕式的和平鸽图案等，不仅展示了无人机技术的先进性，也传递了深刻的艺术与文化内涵。这些案例充分证明了空中舞步作为无人机应用的新领域，正逐步走向成熟与普及。

2. 多机联机编舞

为了实现 Tello 无人机的多机联机编舞（空中舞步），我们需要遵循一系列前沿技术与标准化流程，确保演出的顺利进行。以下是优化后的步骤描述。

首先，环境准备与优化。选择一个开阔、无遮挡且电磁环境清洁的场地作为表演舞台，确保空间足够支持无人机编队飞行的复杂动作。配置高稳定性的 Wi-Fi 网络环境，可以直接通过 Wi-Fi 直连或利用高性能路由器构建局域网，确保每台 Tello 无人机间信号互不干扰且传输延迟低。

其次，软件平台与脚本开发。利用最新的 DJI Tello SDK 或前沿的编程平台（如 Python 结合 TelloPy 库等），开发多机协同控制脚本。脚本设计需要精细规划每架无人机的飞行轨迹、飞行高度、速度以及编队变换策略，运用算法优化路径，以实现复杂且流畅的空中舞步。同时，确保脚本具备高度的可配置性与可扩展性，便于后续调整与迭代。

再次，无人机初始化与校准。通过编程接口或专用 App 对每台 Tello 无人机进行单独启动与全面校准，确保它们的传感器（如陀螺仪、加速度计）和飞行控制系统处于最优状态。根据编舞需求，可设定不同的起飞点或执行统一指令同时起飞，以保证编队的整齐划一。

另外，编队同步与精确控制。利用 Tello 可能支持的精准定位技术（如集成 GPS 模块或室内定位系统），或通过精确的时间同步协议（如 NTP），确保所有无人机在执行复杂编舞动作时能够保持高度一致性和协调性。通过编程实现精确的编队变换和队形保持，确保每一个空中舞步都准确无误。

然后，执行与展示。启动精心编写的编舞脚本，无人机群将按照预设指令执行一系列复杂且精妙的飞行动作，如优雅的旋转、刺激的翻滚、精准的交叉飞行等，共同编织出一场视觉盛宴。通过调整脚本参数，可以灵活控制舞步的复杂程度与视觉冲击力，满足不同的表演需求。

最后，监控与数据分析。在整场表演过程中，利用地面控制站或专用 App 实时监控无人机的飞行状态与轨迹，确保安全无误。同时，收集并分析飞行数据，如速度、高度、位置变化等，为后续的编舞优化、性能提升提供宝贵的数据支持。

通过上述步骤，您可以高效且安全地实现 Tello 无人机的多机联机编舞，展现科技与艺术的完美结合。

二、实现步骤

利用 Python IDLE 编程实现 Tello 无人机空中舞步表演步骤如下所示。

第 1 步，准备工作：确保 Tello 无人机已经充电完毕，并在一个开阔、无遮挡的地方进行飞行，以保证飞行安全和表演效果。同时，确保计算机已经连接到 Tello 无人机的 Wi-Fi 网络，以便进行编程控制和数据传输。

第 2 步，安装 tellopy 库：在命令行中运行以下命令以安装 tellopy 库，这是 Python 编程

语言中用于控制 Tello 无人机的一个库：pip install tellopy。

第 3 步，编写程序：打开 Python IDLE，创建一个新的 Python 文件，并开始编写控制无人机的代码。你可以定义各种动作和舞步，以及它们之间的时间间隔和顺序。

第 4 步，连接无人机：在 Python 代码中，使用 tellopy 库提供的连接函数连接到 Tello 无人机。确保无人机已经开机并处于可连接状态。

第 5 步，执行舞步：在代码中定义无人机的舞步动作，包括起飞、前进、后退、旋转和降落等。你可以根据需要进行创意组合，形成独特的空中舞步表演。

第 6 步，结束飞行：在表演结束后，确保无人机能够安全降落，并在代码中添加断开连接的指令，以结束与无人机的通信。同时，关闭无人机的电源，并进行适当的收纳和保养。

三、实例

使用重复执行指令和无人机飞行指令编写程序实现无人机的左右摆动舞蹈。

以下是利用 Python IDLE 编程实现 Tello 无人机左右摆动 10 次舞蹈的完整代码示例。该程序支持 Python 3.x 版本，并使用 tellopy 库进行无人机控制。

```
import tellopy
import time
def main():
    # 创建 Tello 对象
    drone = tellopy.Tello()
    try:
        # 连接无人机
        drone.connect()
        print("连接成功！")
        # 起飞
        drone.takeoff()
        time.sleep(2)
        # 左右摆动舞蹈
        for i in range(10):
            print(f"第 {i + 1} 次摆动")
            drone.rotate_clockwise(30) # 向右旋转 30 度
            time.sleep(0.5)
            drone.rotate_counter_clockwise(30) # 向左旋转 30 度
            time.sleep(0.5)
        # 降落
        drone.land()
        print("降落成功！")
    except Exception as e:
        print(f"发生错误: {e}")
        # 确保无人机在发生错误时安全降落
        try:
            drone.land()
            print("无人机已安全降落。")
        except Exception as land_error:
```

```
            print(f"降落时发生错误: {land_error}")
    finally:
        # 确保无人机安全退出
        drone.quit()
if __name__ == "__main__":
    main()
```

四、空中飞行守则

（一）环境安全

1. 确保无人机在远离人群聚集区及电磁干扰源的开阔地带飞行。

2. 飞行区域限制在海拔 1000 米以下，且飞行高度保持在 10 米以内，以符合大多数地区的空域管理规定。

3. 选择在 0℃～40℃的气温范围内，天气晴朗（避免雨天、大雾、降雪、雷电及强风天气）、光线条件良好的时段飞行。

4. 严格遵守飞行区域的法律法规，确保不在禁飞区飞行，并获取必要的飞行许可（如适用）。

（二）设备安全

1. 飞行前检查飞行器、遥控器及连接的移动设备电量充足，确保飞行全程无忧。

2. 验证电池已牢固安装，螺旋桨无松动或损坏，安装方向正确。

3. 清理螺旋桨与电机，确保其表面无异物附着，并保持最佳性能。同时，检查螺旋桨位置是否正确安装。

4. 确保摄像头镜头及传感器清洁，无遮挡物，以维持清晰的视觉与传感能力。

（三）操作安全

1. 严禁在无人机螺旋桨与电机运转时靠近，以防意外伤害。

2. 选择 Wi-Fi 信号稳定、无电磁干扰的环境进行飞行，并确保始终在可视范围内操作。

3. 操控过程中，避免使用移动设备执行如接打电话、发送信息等可能分散注意力的操作。

4. 注意飞行区域，避免靠近水面、光滑地面等可能导致视觉定位系统误判的镜面反射区域。

5. 一旦收到低电量警告，应立即执行返航程序，确保无人机安全着陆。

课堂任务

任务一：利用 Python IDLE 编程实现控制 Tello 无人机前后、左右等旋转的空中表演。

任务二：利用 Mind+编程实现 Tello 无人机左右移动、左右翻滚、左右旋转的空中表演。

探究活动

第 1 步，准备工作。在开始无人机编程之前，请确保飞行环境已妥善设置。首要任务是安装必要的 Python 库 tellopy，用于控制 Tello 无人机。您可以使用 Python 的包管理工具 pip 轻松完成安装，具体命令如下：pip install tellopy。此外，确认 Tello 无人机已充满电，并在一个宽敞且无障碍的开放空间中进行飞行，以确保安全。此外，还需确保计算机已通过 Wi-Fi 连接到 Tello 无人机的网络，这是实现控制的基础。

第二步，算法设计。在着手编程之前，规划好整体的算法流程至关重要。一般而言，一个基本的无人机控制流程可能包括起飞、执行飞行任务（如左右移动），以及最终的降落等步骤。您可以通过绘制流程图帮助厘清思路，如图 6.37 所示。设计算法时，还需要考虑无人机的飞行参数设置，如速度、高度和旋转角度等，以确保无人机能够按照预期执行任务。同时，为了提升程序的健壮性和安全性，建议加入飞行状态监测和紧急停机机制。

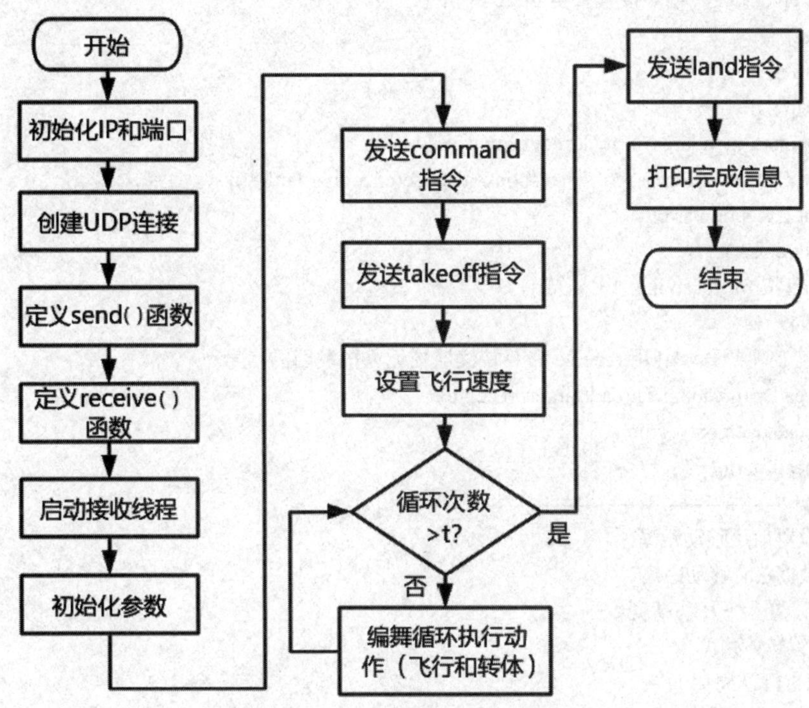

图 6.37　空中舞步程序设计流程图

第 3 步，程序设计。编写代码与功能实现：一是利用 Python IDLE 编程实现依次控制 Tello 无人机舞步飞行；二是采用 Mind+图形化编程实现无人机左右移动、左右翻滚、左右旋转等运动功能。

（一）Python IDLE 代码：以下是利用 Python IDLE 编程实现 Tello 无人机舞蹈编排的完整代码示例。该程序支持 Python 3.x 版本，使用 tellopy 库进行无人机控制。

```
import socket
import threading
import time
# Tello 的 IP 和接口
tello_address = ('192.168.10.1', 8889)
# 本地计算机的 IP 和接口
local_address = ('', 9000)
# 创建一个接收用户指令的 UDP 连接
```

```
sock = socket.socket(socket.AF_INET, socket.SOCK_DGRAM)
sock.bind(local_address)
# 定义 send 命令，发送 send 中的指令给 Tello 无人机并允许一个几秒的延迟
def send(message, delay):
  try:
    sock.sendto(message.encode(), tello_address)
    print("Sending message: " + message)
  except Exception as e:
    print("Error sending: " + str(e))
  time.sleep(delay)
# 定义 receive 命令，循环接收来自 Tello 的信息
def receive():
  while True:
    try:
      response, ip_address = sock.recvfrom(128)
      print("Received message: " + response.decode(encoding='utf-8'))
    except Exception as e:
      sock.close()
      print("Error receiving: " + str(e))
      break
# 开始一个监听线程，利用 receive 命令持续监控无人机发回的信号
receiveThread = threading.Thread(target=receive)
receiveThread.daemon = True
receiveThread.start()
##教学部分--------------------------------------
s= 50  #设置前后移动距离
l= 50  #设置左右移动距离
h = 30  #设置上下移动高度
r=360 #设置转体角度
t = 2  #设置舞蹈周期
v = 20 #设置飞行速度
send("command",3)
send("takeoff",8)
send("speed "+str(v),2)
for i in range(int(t)): #通过计数循环设置飞行动作（舞蹈编排）
  send("forward "+str(s),5) #往前
  send("ccw "+str(r),8) #逆时针转体
  send("back "+str(s),5) #后退
  send("ccw "+str(r),8) #逆时针转体
  send("left "+str(l),5)#往左
  send("right "+str(l),5)#往右
  send("up "+str(h),5) #往上
  send("cw "+str(r),8) #顺时针转体
  send("down "+str(h),5) #往下
  send("cw "+str(r),8) #顺时针转体
```

```
    send("right "+str(l),5) #往右
    send("left "+str(l),5) #往左
send("land",5)
print("mission complete")
##教学部分--------------------------------------
```

（二）图像化编程代码，如图 6.38、图 6.39、图 6.40 所示。以下代码分别是 Mind+平台运行测试 Tello 无人机左右移动、左右翻滚、左右旋转的图形化代码。提示：电量小于 50%翻滚动作会被限制。

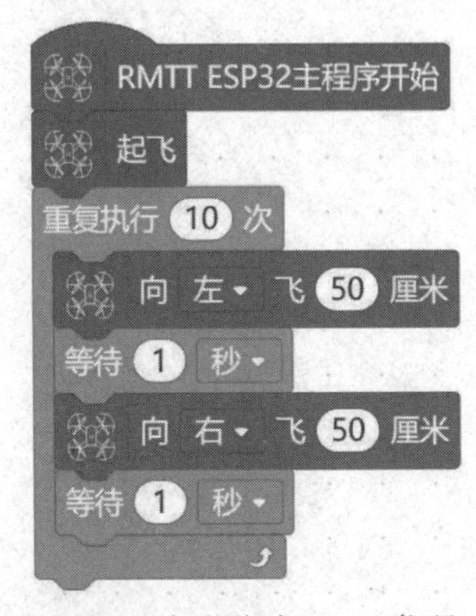

图 6.38　左右移动 Mind+代码

图 6.39　左右翻滚 Mind+代码

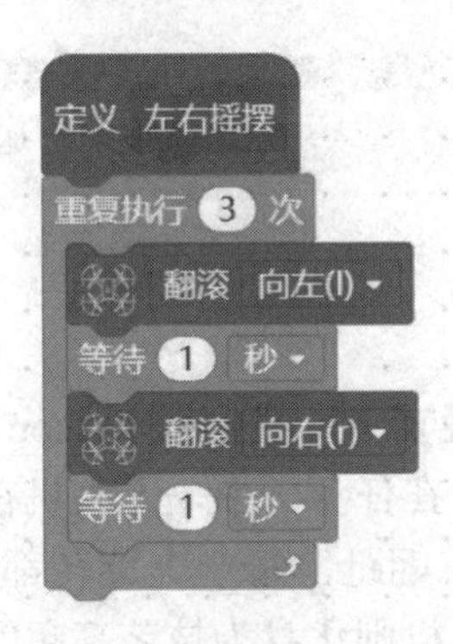

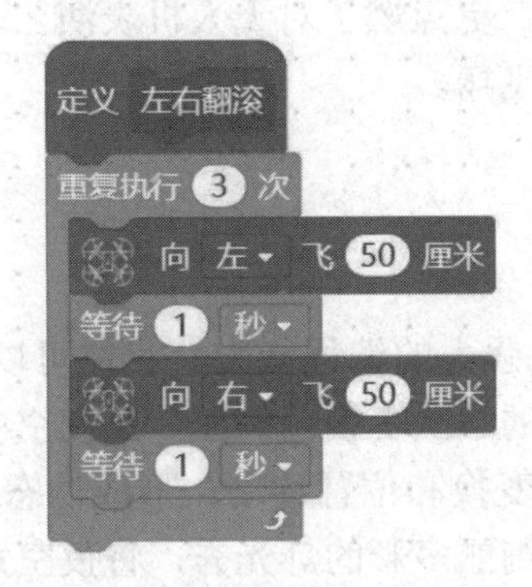

图 6.40　左右旋转 Mind+代码

第 4 步，编码测试与优化。完成编码后，将程序代码上传至 Python IDLE 或您选择的 IDE 中，单击“Run”或按下“F5”键运行程序。在调试过程中，注意观察无人机的飞行状态及图像识别效果，根据需要进行调整和优化。调试结果如图 6.41 所示。

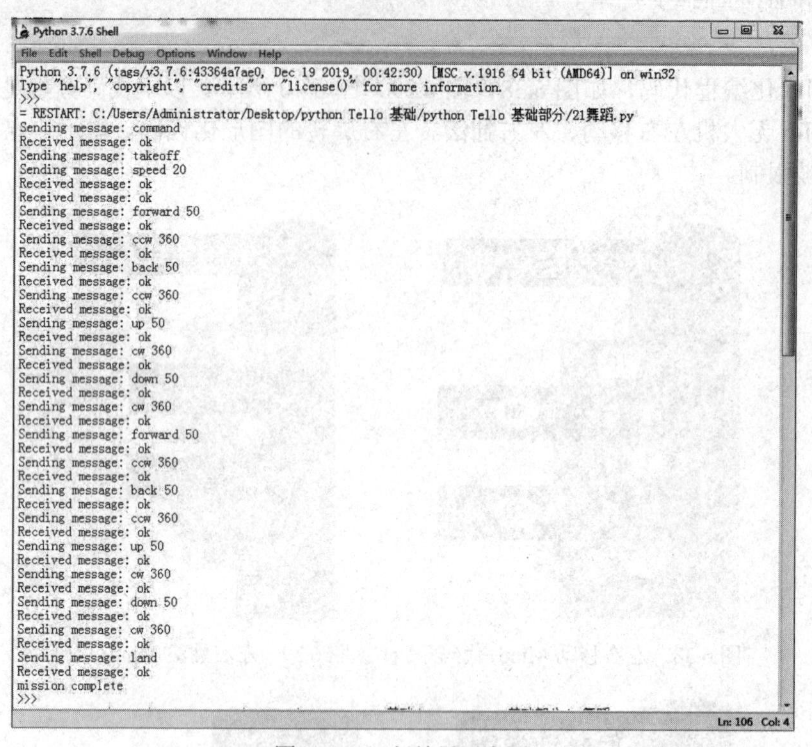

图 6.41　运行结果示意图

成果分享

在本节课的飞翔盛宴中，我们以 Python IDLE 与 Mind+为笔，共同绘就了 Tello 无人机空中表演的壮丽篇章。在任务一中，无人机在我们的精心编排下，犹如舞台上的精灵，轻盈地完成前后翱翔、左右翩跹，每一个旋转都精准而优雅，演绎出一场视觉与技术的双重盛宴。在任务二中，无人机则化身为技艺高超的飞行员，左右移动游刃有余，翻滚旋转间尽显灵动与风采，将天空作为画布，肆意挥洒着创意与激情。这两场实践，不仅让我们的编程技艺更加炉火纯青，更点燃了对无人机表演艺术无限可能的探索之火，引领我们向着更加广阔的蓝天梦想勇敢飞翔。

思维拓展

利用 Python 强大的编程能力，我们可以设计算法精确控制每一台无人机的飞行路径与速度，实现无缝的编队变换。例如，在夜空中，多台无人机可以组成星星、心形、字母等图案，并通过颜色变换和位置移动，形成动态的视觉效果。此外，结合无人机搭载的 LED 灯光，还能编排出绚丽多彩的灯光秀，将夜空点缀得如梦似幻。通过编程控制无人机之间的通信与协作，确保它们在变换队形或执行复杂动作时能够保持高度的同步性，这将极大地提升表演的观赏性和震撼力。如图6.42所示，这样的创新不仅考验了编程技巧，也展示了无人机技术在艺术领域的无限可能。

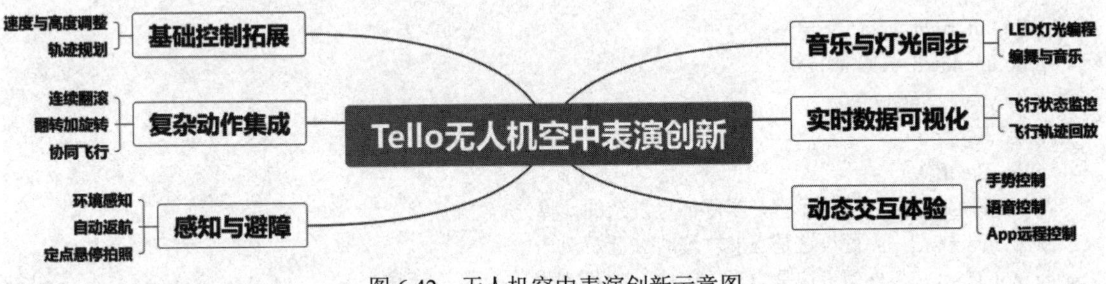

图6.42 无人机空中表演创新示意图

当堂训练

1. 在Python中，通过Tello SDK控制无人机起飞的命令是tello.send_command('________')。

2. 在Mind+环境中，当你想通过编程让Tello无人机执行向左移动的动作时，可以通过设置无人机速度（speed）和旋转时间（duration）发送指令，一般格式为tello.command('________', speed, duration)，其中speed为速度值，duration为持续时间。

3. 在Python IDLE中，如果你已经通过import tellopy引入了Tello SDK，并且创建了Tello对象tello = tellopy.Tello()，接下来你需要设置无人机的连接信息，通常是通过tello.connect()方法实现的，但在此之前，如果需要指定连接超时时间，可以通过tello.connect(________=timeout_value)实现。

4. 在Mind+编程中，实现Tello无人机左右翻滚的动作，可以通过连续发送多个指令完成，其中包括起飞指令、翻滚指令以及着陆指令。翻滚指令的发送通常格式为tello.command('________')，具体翻滚方向需要根据实际命令参数确定。

5. 在使用Python控制Tello无人机进行空中表演时，为了确保无人机在执行完一系列动作后能够安全着陆，应发送________命令。

想创就创

1. 创新编程题。设计一个Python程序，用于控制Tello无人机执行“螺旋上升下降”表演。要求无人机从当前高度开始，以螺旋轨迹逐渐上升一定高度（如5米），然后沿相同轨迹逐渐下降回起始高度。在上升和下降过程中，无人机的旋转速度应逐渐增加再逐渐减小，以营造动态视觉效果。

创新要求：利用数学公式（如极坐标方程）计算无人机在每个高度点的X, Y坐标和旋转角度；通过调整无人机的飞行速度和旋转速度，实现上升时加速旋转，下降时减速旋转的效果。

2. 程序阅读题。阅读并分析以下Python程序片段，该程序控制Tello无人机完成一个“心形轨迹”飞行表演。请解释程序的关键步骤，并指出可能的改进点。

```
from djitellopy import Tello
# 初始化无人机
```

```
tello = Tello()
tello.connect()
tello.for_back_velocity = 0
tello.left_right_velocity = 0
tello.up_down_velocity = 0
tello.yaw_velocity = 0
# 起飞
tello.takeoff()
# 心形轨迹参数（简化示例，实际需更复杂的计算）
x_points = [...]  # 假设这是心形轨迹的 X 坐标列表
y_points = [...]  # 假设这是心形轨迹的 Y 坐标列表
# 遍历轨迹点
for x, y in zip(x_points, y_points):
    # 转换为 Tello 可理解的命令（这里简化处理，实际需要转换为速度和时间）
    # 假设每个点直接飞行到，不考虑速度变化
    tello.move_to(x, y, 10) # 假设 move_to()函数为自定义，实际 Tello SDK 无此函数
# 降落
tello.land()
# 断开连接
tello.end()
```

6.8 掌控天空：键盘操控飞行与拍摄

知识链接

键盘控制 Tello 无人机的基础知识涉及使用标准键盘的按键发送指令，实现对无人机的实时操控。这一技术依赖于 Tello 官方提供的 SDK（软件开发工具包），它为用户提供了与无人机通信的接口。通过编写 Python 程序，我们可以监听键盘事件，将按键操作转换为无人机能理解的命令，如起飞、降落、前进、后退、左转、右转等。掌握这些基础知识，你就能像使用游戏控制器一样使用键盘，轻松驾驭 Tello 无人机，体验飞行的乐趣。

一、基础知识

1. Tello SDK

Tello SDK 是一款专为 Tello Edu 无人机设计的软件开发工具包，它允许开发者通过编程控制无人机的各项功能。该 SDK 提供了丰富的接口和命令，使得用户能够实现对无人机的精细操控，包括起飞、降落、飞行控制、视频流处理等。Tello SDK 基于 Python 语言开发，由于 Python 的简洁易懂的语法，使得无论是编程新手还是有经验的开发者都能够快速上手使用。

Tello SDK 主要基于 UDP 协议进行通信，这意味着它是通过数据包的形式在网络中传输数据。具体来说，它创建了一个 UDP 套接字与无人机进行通信。这种通信方式具有速度快、开销小的优点，适合实时性要求较高的应用场景。同时，该 SDK 还支持多线程操作，可以同时接收数据和发送命令，提高了程序的响应速度和用户体验。

在实际应用中，Tello SDK 的应用非常广泛。例如，在教育领域，它被用于 STEM 教

育，帮助学生通过实际操作学习编程和机器人知识。在计算机视觉领域，利用 Tello SDK 获取的视频流可以用于物体识别、追踪等算法的开发和实践。此外，无人机竞赛也是其重要的应用场景之一，开发者可以通过自定义飞行逻辑提升竞技表现。

总的来说，Tello SDK 为无人机编程提供了一个功能强大且易于使用的工具，无论是在教育、科研还是娱乐领域，都展现出了广泛的应用前景。

2. Python 键盘监听库

Python 键盘监听库是一种用于捕获和处理键盘事件的软件包，它允许开发者在他们的 Python 应用程序中检测用户按下的键以及相应的操作。这类库通常提供了一系列功能，包括捕获按键事件、识别特殊键（如 Ctrl 键、Alt 键、Shift 键等）、模拟键盘输入等。

以下是一些常用的 Python 键盘监听库及其基本介绍。

（1）pynput 功能概述：pynput 库提供了对鼠标和键盘输入的监控和控制功能。它可以捕获按键事件、鼠标移动和单击事件，并支持全局热键的设置。pynput 跨平台支持，易于使用且具有丰富的 API，并支持自动化脚本、游戏开发、键盘快捷键绑定等。

（2）keyboard 功能概述：keyboard 库是一个轻量级的键盘监听库，可以捕获按键事件并触发相应的回调函数。它还支持全局热键的设置和模拟键盘输入。keyboard 简单易用，适用于快速实现键盘监听功能，并支持自动化脚本、游戏开发、键盘快捷键绑定等。

（3）pygame 功能概述：虽然 pygame 主要被用作游戏开发框架，但它也提供了键盘事件的监听功能。通过 pygame 的事件系统，可以轻松捕获按键事件并进行相应处理。pygame 专为游戏开发而设计，提供了丰富的图形和音频处理功能，并支持游戏开发、简单的键盘交互应用等。

这些库都提供了不同的功能和特性，开发者可以根据自己的需求选择合适的库实现键盘监听功能。无论是编写自动化脚本、制作游戏还是创建自定义快捷键工具，这些库都能帮助开发者轻松地与用户的键盘输入进行交互。

3. 无人机控制命令

无人机控制命令是用于远程操控无人机执行特定动作的指令集合。这些命令通常通过无线通信发送给无人机，并被其内置的控制系统解析以驱动电机、螺旋桨、摄像头等组件，从而实现对无人机的精确控制。以下是一些常见的无人机控制命令及其功能介绍。

（1）起飞命令功能概述：起飞命令是用于让无人机从地面垂直升空到达指定高度的指令。在准备飞行前，操作者会发送起飞命令，使无人机开始飞行。

（2）降落命令功能概述：降落命令是用于让无人机减速下降并安全着陆的指令。在飞行任务完成或电量不足时，操作者会发送降落命令，使无人机平稳降落到地面。

（3）前进/后退/左移/右移命令功能概述：这些命令用于控制无人机在水平方向上的移动。在飞行过程中，操作者可以通过发送这些命令调整无人机的位置和飞行方向。

（4）上升/下降命令功能概述：这些命令用于控制无人机在垂直方向上的移动。在飞行过程中，操作者可以通过发送这些命令调整无人机的飞行高度。

（5）旋转命令功能概述：旋转命令用于控制无人机绕其中心轴进行旋转。在飞行过程中，操作者可以通过发送旋转命令调整无人机的朝向。

（6）速度控制命令功能概述：速度控制命令用于调节无人机的飞行速度，包括水平速度和垂直速度。在飞行过程中，操作者可以根据需要发送速度控制命令加快或减慢无人机的飞行速度。

（7）摄像头控制命令功能概述：摄像头控制命令用于调节无人机摄像头的拍摄角度、焦距等参数。在飞行过程中，操作者可以通过发送摄像头控制命令调整摄像头的拍摄视角和画质。

此外，许多高级无人机还支持编程控制，允许开发者利用 SDK（软件开发工具包）编写自定义的程序控制无人机的飞行。这种高级控制方式为开发者提供了更大的灵活性和创造力，使得无人机能够自主执行复杂的飞行任务和作业。

二、实现步骤

第 1 步，安装和导入库。安装 Tello SDK 和 Python 键盘监听库，并在程序中导入这些库。

第 2 步，初始化无人机连接。使用 SDK 提供的函数初始化与 Tello 无人机的连接，确保程序能够与无人机通信。

第 3 步，设置键盘监听。利用键盘监听库设置按键监听，当检测到特定按键被按下时，触发相应的事件处理函数。

第 4 步，编写事件处理函数。为每个按键编写事件处理函数，根据按键的不同，构造并发送对应的控制命令给 Tello 无人机。

第 5 步，运行程序并测试。运行程序，并通过键盘操作测试对 Tello 无人机的控制是否有效。

三、举例说明

以“W”键控制无人机前进为例：在事件处理函数中，当检测到“W”键被按下时，构造前进命令。使用 SDK 提供的函数或发送命令字符串给 Tello 无人机，执行前进动作，如表 6.1 所示。

表 6.1 按键与功能对照表

按 键	功 能	按 键	功 能	按 键	功 能
↑	起飞	w	上升	i	向前
↓	降落	s	下降	k	向后
p	拍照	a	逆时针旋转	j	向左平移
		d	顺时针旋转	l	向右平移

第一，准备测试环境：选择一个安全、开阔的场地进行实际测试，确保无人机在飞行过程中不会遇到障碍物。

第二，运行程序：启动 Python 程序，确保程序已经成功连接到 Tello 无人机。

第三，进行键盘操作：尝试按下“W”键，观察无人机是否按照指令前进。

第四，验证结果：如果无人机能够响应键盘操作并执行相应的飞行动作，那么就说明程序已经成功实现了键盘控制 Tello 无人机的功能。

通过以上步骤，我们可以利用 Python 编程和键盘监听技术实现对 Tello 无人机的实时控制。这一实践不仅有趣，还能帮助我们更深入地了解无人机的工作原理和编程技术的应用。

课堂任务

通过 Python 程序调用官方 Tello SDK，实现使用键盘控制 Tello 无人机并拍摄照片的功能。

探究活动

第 1 步，环境准备。在开始前，请确保开发环境已配置妥当。首先，安装必要的库：djitellopy（或 DJITelloPy）、opencv-python、numpy 和 tkinter，它们分别用于与 Tello 无人机通信及图像处理。您可以通过 Python 的包管理工具 pip 安装这些库，命令如下：pip3 install tellopy；from tkinter import *；pip3 install pygame。此外，请选择一个开阔且安全的环境进行测试，以确保无人机能够自由飞行并避免任何潜在的风险。

第 2 步，算法设计。在进行编程之前，建议先设计好整体的算法流程，如图 6.43 所示。

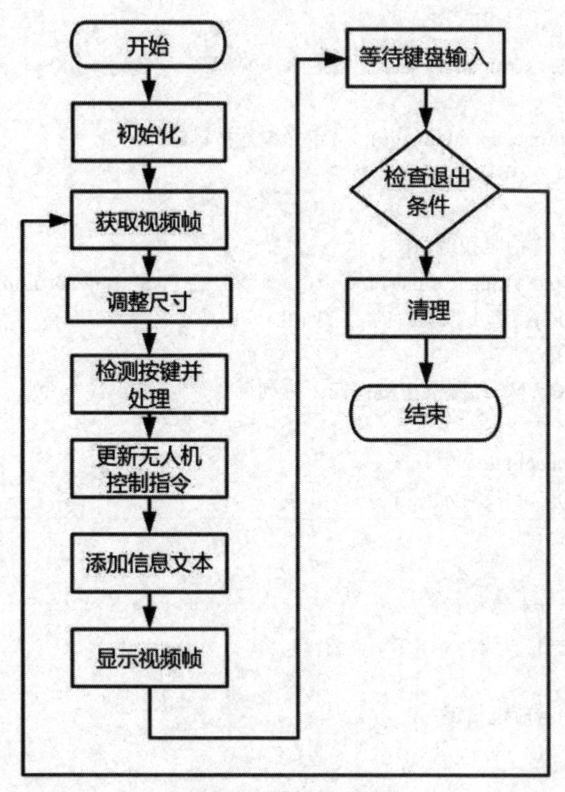

图 6.43　算法流程图

第 3 步，程序设计。编写代码与功能实现：通过 Python 程序调用官方 Tello SDK，实现使用键盘控制 Tello 无人机并拍摄照片的功能。

```
#第 1 步，调用 pygame 库编写一个获取按键的程序 KeyPressModule.py
```

```
import pygame
def init():
    pygame.init()
    win = pygame.display.set_mode((400, 400))
def getKey(keyName):
    ans = False
    for eve in pygame.event.get(): pass
    keyInput = pygame.key.get_pressed()
    myKey = getattr(pygame,'K_{}'.format(keyName))
    if keyInput[myKey]:
        ans = True
    pygame.display.update()
    return ans
if __name__ == '__main__':
    init()
#第 2 步，编写键盘控制程序 main.py
import logging
import time
import cv2
from djitellopy import tello
import KeyPressModule as kp   # 导入键盘按键库，就是第一步编写的 KeyPressModule.py
from time import sleep
def getKeyboardInput(drone, speed, image):   #定义键盘按键输入函数
    lr, fb, ud, yv = 0, 0, 0, 0
    key_pressed = 0
    if kp.getKey("p"):   #拍照按键：p
        cv2.imwrite('pic-{}.jpg'.format(time.strftime("%H%M%S", time.localtime())), image)
    elif kp.getKey("UP"): #起飞按键：向上方向键
        Drone.takeoff()
    elif kp.getKey("DOWN"): #降落按键：向下方向键
        Drone.land()
        print("mission complete")
    elif kp.getKey("j"):   #左移按键：j
        key_pressed = 1
        lr = -speed
    elif kp.getKey("l"): #右移按键：l
        key_pressed = 1
        lr = +speed
    elif kp.getKey("i"): #前进按键：i
        key_pressed = 1
        fb = speed
    elif kp.getKey("k"):   #后退按键：k
        key_pressed = 1
        fb = -speed
    elif kp.getKey("w"):   #上升按键：w
```

```
            key_pressed = 1
            ud = speed
        elif kp.getKey("s"): #下降按键：s
            key_pressed = 1
            ud = -speed
        elif kp.getKey("a"):   #逆时针旋转：a
            key_pressed = 1
            yv = -speed
        elif kp.getKey("d"): #顺时针旋转：d
            key_pressed = 1
            yv = speed
        InfoText = "battery : {0}% height: {1}cm    time: {2}".format(drone.get_battery(), drone.get_height(),
time.strftime("%H:%M:%S",time.localtime()))
        cv2.putText(image, InfoText, (10, 20), font, fontScale, (0, 0, 255), lineThickness)#视频窗口文字提示
        drone.send_rc_control(lr, fb, ud, yv)#发送按键对应的指令到无人机
    # 摄像头设置
    Camera_Width = 720
    Camera_Height = 480
    DetectRange = [6000, 11000]
    PID_Parameter = [0.5, 0.0004, 0.4]
    pErrorRotate, pErrorUp = 0, 0
    # 字体设置
    font = cv2.FONT_HERSHEY_SIMPLEX
    fontScale = 0.5
    fontColor = (255, 0, 0)
    lineThickness = 1
    # 无人机初始化设置
    Drone = tello.Tello() # 创建无人机对象
    Drone.connect() # 连接到无人机
    Drone.streamon() # 开启视频传输
    Drone.LOGGER.setLevel(logging.ERROR) # 只显示错误信息
    sleep(5) #  等待初始化
    kp.init() # 初始化按键处理模块
    # 循环等待接收按键
    while True:
        OriginalImage = Drone.get_frame_read().frame
        Image = cv2.resize(OriginalImage, (Camera_Width, Camera_Height))
        getKeyboardInput(drone=Drone, speed=30, image=Image) # 调用键盘按键输入函数
        cv2.imshow("Tello Control Centre", Image)
        cv2.waitKey(1)
```

第4步，编码测试与优化。完成代码编写后，单击“Run”或按下“F5”键运行。运行程序后鼠标热点必须在pygame window窗口中，才能实现键盘按键的接收。按下“p”键时，拍下摄像头预览窗口的画面，照片以pic开头命名，保存在程序文件同目录文件夹内，如图6.44所示。

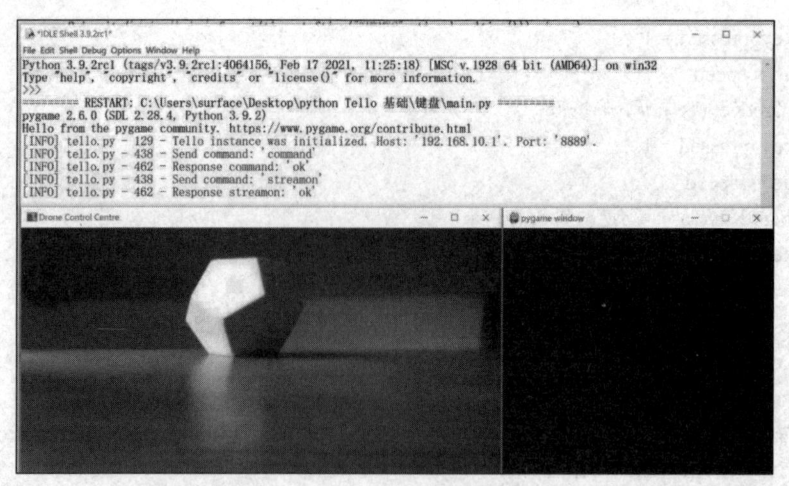

图 6.44 键盘操控 Tello 飞行与拍摄程序运行结果示意图

成果分享

在本课中，我们深入学习了利用 Python 3.x 编程控制 Tello 无人机，实现了通过键盘操作进行遥控及自动拍照的功能。我们首先确保了必需的库（如 djitellopy）的正确安装，这对于后续的程序运行至关重要。通过逐步讲解和实践操作，我们完成了无人机连接、视频流获取、键盘事件响应以及执行飞行与拍照命令等任务。特别强调了拍照功能的实现：当特定键被按下时，无人机会自动拍摄照片并保存到本地，极大地扩展了其应用场景。为了提高程序的稳定性和安全性，我们加入了异常处理机制。本课程不仅提升了编程技能，还为未来科技创新和应用提供了新思路。

思维拓展

在本课中，我们学习了通过 Python 和 Tello SDK 控制无人机的基础知识。除了基本的键盘操控飞行之外，还可以从声音控制、手势识别、自动驾驶、多机协作、实时数据分析、增强现实（AR）等 6 个方面进行创新和拓展。这些创新方向不仅使编程控制无人机变得更加有趣和富有挑战性，还能有效提升学生的工程思维、逻辑思维和计算思维，为他们未来的学习和职业发展打下坚实的基础，如图 6.45 所示。

图 6.45 键盘控制飞行创新示意图

当堂训练

1. 使用官方 Tello SDK 与无人机建立连接时，首先需要导入__________模块。

2. 在 Python 中，为了通过键盘控制 Tello 无人机，可以使用＿＿＿＿＿库实现键盘事件的监听。

3. 调用 Tello 无人机的＿＿＿＿＿方法可以控制无人机起飞。

4. 为了拍摄照片并保存到本地，Tello 无人机提供了＿＿＿＿＿方法。

5. 当需要设置一个全局热键控制无人机起飞时，可以使用 keyboard 库中的＿＿＿＿＿函数。

想创就创

1. 创新编程题目。设计一个 Python 程序，使用 Tello SDK 实现以下功能：（1）通过键盘控制无人机的移动（例如：前进、后退、上升、下降、左转、右转）。（2）当按下特定的组合键时，无人机自动拍摄照片并保存到本地。（3）在无人机飞行过程中，实时显示无人机的视频流。（4）当无人机电量低于一定阈值时，自动返回起飞点并降落。

2. 程序阅读题。请阅读以下 Python 代码，并回答问题。

```
import cv2
from djitellopy import Tello
# 创建 Tello 无人机对象
tello = Tello()
# 连接到 Tello 无人机
tello.connect()
# 启动视频流
tello.streamon()
# 创建一个窗口用于显示视频流
cv2.namedWindow("Tello Video Stream")
while True:
    # 获取当前的视频帧
    frame_read = tello.get_frame_read()
    # 将视频帧转换为 OpenCV 图像格式
    image = frame_read.frame
    # 在窗口中显示图像
    cv2.imshow("Tello Video Stream", image)
    # 按下'q'键退出循环
    if cv2.waitKey(1)& 0xFF == ord('q'):
        break
# 停止视频流并断开连接
tello.streamoff()
tello.end()
cv2.destroyAllWindows()
```

想一想：以上代码的主要功能是什么？它如何实现这个功能？

6.9　本章学习评价

请完成以下题目，并借助本章的知识链接、探究活动、课堂训练以及思维拓展等部分，全面评估自己在知识掌握与技能运用、解决实际难题方面的能力，以及在此过程中形成的情感态度与价值观，是否成功达成了本章设定的学习目标。

一、填空题

1. 在进行航线拍摄时，通过设置无人机的________路径，可以实现一键捕影功能，自动记录美景。

2. 在编程趣飞章节中，无人机定点航拍需要精确设置无人机的________和________，以确保拍摄效果。

3. 在趣探地形的无人机编程测绘挑战中，利用________传感器可以获取地形的高度信息。

4. 智慧航运中，无人机单点投递编程关键在于准确控制无人机的________和________，以实现精准投放。

5. 空中物流多点速递编程时，无人机需要按照预设的________依次访问各个投递点。

6. 在人脸追踪 Tello 智控编程中，利用________技术可以使无人机自动跟踪目标人脸。

7. 飞行表演编织空中舞步时，通过编程设置无人机的________和________动作，可以展现出精彩的飞行表演。

8. 掌控天空章节中，键盘操控飞行与拍摄要求操作者熟练掌握无人机的________和________控制技巧。

9. 为了实现无人机的自动避障功能，在编程中需要集成________传感器检测障碍物。

10. 在无人机多点速递任务中，通过________算法可以优化无人机的飞行路径，提高效率。

二、编程题

1. 编写一个 Python 程序，利用 Tello 无人机的 SDK 库，实现无人机起飞后按照预设航线自动拍摄高清图片，并将图片实时传输回地面控制中心。

2. 设计一个 Python 程序，通过无人机定点航拍编程，让无人机在指定位置（如校园图书馆前）拍摄高清照片，并自动保存至本地计算机。

3. 请实现一个 Python 程序，利用无人机编程测绘技术，控制无人机沿复杂地形飞行，采集无人机与下方地表的距离数据，并计算地形高度变化。

4. 编写一个 Python 程序，模拟无人机在智慧航运中的单点投递过程。无人机需要识别挑战卡，并在识别到挑战卡后执行悬停降落操作。

5. 实现一个无人机多点速递的 Python 程序，无人机需要按照预设的路线飞行，途中经过多个挑战卡，并在每个挑战卡位置执行降落动作模拟送快递。

6. 利用 Tello SDK，编写一个 Python 程序，实现无人机的人脸追踪拍照功能。当无人机检测到人脸时，自动调整飞行姿态以确保人脸位于画面中心，并拍摄照片。

7. 设计一个无人机飞行表演程序，利用 Python 编程控制多台 Tello 无人机同步进行复杂的编队飞行，如形成心形图案。

8. 编写一个 Python 程序，通过键盘操控 Tello 无人机进行飞行与拍摄。用户可以通过键盘上的方向键控制无人机的飞行方向，并按特定键拍摄照片。

9. 实现一个无人机自动避障的 Python 程序。无人机在飞行过程中需要实时检测周围环境中的障碍物，并在检测到障碍物时自动调整飞行路径以避免碰撞。

10. 编写一个 Python 程序，结合无人机航拍与地形测绘技术，实现对特定区域的详细地形测绘，并生成数字高程模型（DEM）。

三、程序阅读分析题

1. 程序阅读分析题一：请阅读以下 Python 程序片段，该程序控制 Tello 无人机完成一个基本的航拍任务，然后回答问题。请描述该程序的主要功能？在拍摄照片之前，无人机执行了哪些飞行动作？如果需要在拍摄完照片后添加一段延时以便无人机稳定后再返回，你将在哪里添加代码，并给出相应的代码示例。

程序片段如下：

```
from djitellopy import Tello
# 初始化无人机
drone = Tello()
drone.connect()
# 起飞
drone.takeoff()
# 飞到指定高度和位置进行拍摄
drone.move_up(50) # 上升 50 厘米
drone.move_forward(100) # 前进 100 厘米
drone.snap_photo() # 拍摄照片
# 返回并降落
drone.move_back(100)
drone.move_down(50)
drone.land()
```

2. 程序阅读分析题二：请阅读以下 Python 程序片段，该程序实现了无人机在识别到挑战卡后执行悬停降落的功能，然后回答问题。在该程序中，drone.send_rc_control(x, y, z, 0)的作用是什么？请指出程序中可能存在的问题或不足之处，并给出改进建议。如果需要在无人机飞往挑战卡位置的过程中添加飞行状态监控，你将在哪里添加代码，并给出相应的代码示例。

程序片段如下：

```
from tello import Tello
# 初始化无人机连接
drone = Tello()
drone.connect()
# 假设已经实现了挑战卡识别功能，并获取了挑战卡的位置信息
# challenge_card_position = (x, y, z)
# 控制无人机飞往挑战卡位置
drone.send_rc_control(x, y, z, 0)
# 悬停并降落
drone.send_command('command') # 替换为悬停指令
```

```
drone.send_command('land') # 发送降落指令
# 断开无人机连接
drone.end()
```

第 6 章答案

第 6 章代码

第 7 章 视觉跟踪与多机编队

CHAPTER 7

在当今科技日新月异的时代，视觉跟踪与多机编队技术如同两颗璀璨的星，照亮了无人机技术发展的广阔天穹。这一领域不仅汇聚了图像识别、人工智能等前沿科技的精粹，更在公共安全、环境监测、农业精准作业等多个维度展现出巨大的社会价值。其发展对于推动国防建设、灾害救援、影视制作等众多领域具有不可估量的价值。

本章内容丰富多彩，从图像识别的基础空中人脸拍摄开始，逐步深入到人脸追随的精准飞行，让读者领略到无人机在视觉跟踪方面的独特魅力。随后，通过三机编队的旋转飞行控制、线程编程下的双机齐飞操控，以及编队表演、集群追逐、队形变换等精彩章节，全面展现了多机编队的复杂与精妙。

通过学习本章内容，读者不仅能够掌握无人机视觉跟踪与多机编队的核心技术，更能在实践中锻炼逻辑思维、创新思维与系统思维能力、团队协作能力。这与新课程新课标的理念不谋而合，旨在通过跨学科的学习，全面提升读者的综合素质与创新能力。

在无人机的世界里，每一次飞行都是对未知的探索，每一次编队都是智慧的结晶。让我们携手并进，用智慧与勇气编织无人机编队飞行的壮丽画卷，为国家的科技发展贡献自己的力量。愿每位读者都能成为无人机技术的领航者，共同开创智能飞行的美好未来！

本章主要学习内容：

- 图像识别：空中人脸拍摄。
- 图片追随：跟随人脸飞行。
- 三机编队：旋转飞行控制。
- 线程编程：双机齐飞操控。
- 编队表演：双机交叉飞行。
- 编队集群：多机追逐飞行。
- 编队变换：Tello 雁形飞行。
- 多机编队：波浪队形飞行。

7.1 图像识别：空中人脸拍摄

知识链接

无人机空中人脸识别与拍摄是一个跨学科的技术领域，它要求无人机编程专家不仅要精通飞行器的控制技术，还要掌握先进的图像处理和人脸识别算法。随着技术的发展，这一领域有望为公共安全、智能监控和个人娱乐等多个行业带来革命性的变化。

一、基础知识

（一）计算机视觉

计算机视觉是一项涉及使计算机能够从图像或多维数据中理解和解析信息的科学与技术。它融合了图像处理、模式识别、机器学习和人工智能等多个领域的技术，以模拟和实现人类视觉系统的功能。

计算机视觉是指使计算机具备从图像或视频中提取、分析和理解信息的能力，从而模拟人类的视觉系统。其核心目的在于实现图像和视频理解的自动化与智能化，进而为无人机提供高级别的视觉感知能力。

计算机视觉的核心算法与技术主要包括以下几点：一是特征提取，即从图像中提取有用的特征信息，如颜色、纹理、形状等，这些特征对于后续的图像识别和分析至关重要；二是机器学习与深度学习，利用相关算法对图像特征进行训练和学习，以实现自动化的图像识别和分析，其中深度学习中的卷积神经网络（CNN）在图像识别领域取得了显著成果；三是三维重建，根据二维图像信息恢复出三维场景的结构和形状，为无人机提供更丰富的环境感知能力。计算机视觉的用途广泛，具体应用如表 7.1 所示。

表 7.1 计算机视觉的用途

用　途	解读
图像识别	识别图像中的物体或场景，如人脸识别、车辆识别等
目标检测	在图像中定位和识别一个或多个目标对象，并给出其位置信息
图像分割	将图像划分为具有相似属性的区域或对象，实现更细致的场景理解
场景理解	对图像或视频中的场景进行高层次的理解和分析，如行为识别、事件检测等

（二）图像处理

1. 图像处理与数字图像概述

图像处理是指对数字图像进行分析和修改，以改善其质量或提取有用信息的过程。它包括广泛的技术，如图像增强、滤波、边缘检测、颜色空间转换等。在无人机领域，图像处理是实现高质量视觉数据捕获的基础，可以用于增强图像质量，使后续的图像识别和分析更加准确。数字图像是由像素组成的二维矩阵，每个像素都具有特定的颜色或灰度值。图像的颜色和亮度信息可以通过不同的颜色模型（如 RGB、HSV 等）表示。在无人机拍摄的图像中，这些颜色和亮度信息对于后续的处理和分析至关重要。关于图像处理的基本操作，如表 7.2 所示。

表 7.2 数字图像基本操作

操　作	解　读
灰度化	将彩色图像转换为灰度图像，以便进行更简单的处理和分析
二值化	将灰度图像转换为黑白图像，进一步简化图像信息，便于边缘检测和形状识别
滤波	通过滤波算法（如均值滤波、高斯滤波、中值滤波等）去除图像噪声，提高图像质量
边缘检测	利用边缘检测算法（如 Sobel 算子、Canny 边缘检测器等）提取图像中的边缘信息，这对于形状识别和物体分割非常有用

续表

操　作	解　读
图像分割	将图像划分为多个区域或对象，以便进行更细致的分析和处理。常见的图像分割方法包括基于阈值的分割、基于区域的分割、基于边缘的分割等

数字图像是由像素点组成的矩阵，每个像素包含颜色和亮度信息，是计算机可以进行处理和分析的信息载体。图像处理则是一种技术，它直接作用于数字图像，旨在改善图像质量、提取图像中的信息或为进一步的图像分析做准备。图像处理包括对这些数组进行操作的各种技术，如滤波、变换、直方图均衡等。高质量的图像可以更好地响应处理算法，产生更准确的结果。同时，图像处理技术的改进也推动了数字图像应用领域的拓展。数字图像与图像处理之间的关系是相辅相成的。数字图像提供了进行图像处理所需的原始材料，而图像处理则通过一系列算法和技术改善或解析这些图像，以实现特定的应用目标。

2. 空中人脸识别与拍摄概述

图像识别、无人机空中人脸识别与拍摄是无人机技术中的一项高级应用，它结合了计算机视觉、机器学习、人工智能和无人机操作等多个领域的技术。

图像识别（image recognition）：图像识别是指利用计算机程序对数字图像进行处理和分析，以识别图像中的对象或特征。这个过程通常包括图像预处理、特征提取、模式识别和分类等步骤。在无人机应用中，图像识别可以用来检测地面的特定目标，如车辆、建筑物或自然地标，以及进行地形测绘和环境监测。

人脸识别（face recognition）：人脸识别是一种生物特征识别技术，它通过分析人脸的特征信息识别个体的身份。这项技术通常涉及人脸检测、面部特征点定位、面部特征提取和匹配等步骤。人脸识别系统可以用于安全验证、人群监控和个性化服务等多种场合。

无人机空中人脸识别与拍摄（aerial face recognition and photography）：无人机空中人脸识别与拍摄是指使用无人机搭载的摄像头在空中对地面的人脸进行识别和拍摄的技术。这种应用通常需要无人机具备稳定的悬停能力、高清摄像头和强大的计算处理能力。无人机可以在搜索和救援行动中快速定位失踪人员，或者在安全监控中跟踪特定个体。

二、实现步骤

在 Python IDLE 编程环境中实现无人机人脸识别与拍摄功能可以分为以下几个具体步骤。

步骤 1：设置开发环境。首先，确保已经安装了 Python 和必要的开发工具，包括 Python IDLE。此外，你还需要安装一些额外的库，如 OpenCV、NumPy 和 Pillow，这些库可以帮助处理图像和实现人脸识别。

步骤 2：导入必要的库。在 Python 脚本的开头，导入所需的库：

```
import cv2
import numpy as np
from PIL import Image
```

步骤 3：连接无人机。使用适合无人机型号的 SDK 或 API 建立连接。确保无人机的飞行控制系统集成了摄像头，并且能够传输视频流。

步骤 4：捕获视频流。从无人机的摄像头捕获视频流，并在 Python 中进行处理。你可以使用 OpenCV 的 cv2.VideoCapture()函数捕获视频流。

步骤 5：图像预处理。对捕获的每一帧图像进行预处理，包括调整大小、转换颜色空间和去噪等，以提高人脸识别的准确性。

步骤 6：加载人脸识别模型。使用预训练的人脸识别模型，如 Haar Cascade 或 Deep Learning 模型。OpenCV 提供了预训练的 Haar Cascade 模型，可以使用 cv2.CascadeClassifier()加载。

步骤 7：检测人脸。在每一帧图像中检测人脸。如果检测到人脸，可以在图像中标记出人脸的位置，并提取该区域的图像。

步骤 8：拍摄和保存。当检测到人脸时，拍摄照片并保存。你可以使用 cv2.imwrite()函数将图像保存到本地磁盘。

步骤 9：实时监控与调整。在无人机飞行过程中，实时监控识别结果，并根据需要调整飞行路径或摄像头参数，以优化拍摄效果。

步骤 10：断开连接。完成任务后，断开与无人机的连接，并安全降落无人机。

以上流程概述了使用 Python IDLE 编程环境实现无人机空中人脸识别与拍摄的基本步骤。每个步骤都需要细致的编程工作，特别是在图像处理和人脸识别的部分。确保在实际飞行前充分测试代码，以保证安全性和可靠性。

课堂任务

本任务旨在通过 Python 3.7 的 IDLE 编程环境，实现对无人机的基本操作。编写代码，完成无人机起飞、打开摄像头、实时人脸检测及标记，并设置键盘 q 键监听，触发后无人机自动降落。

探究活动

第 1 步，进行设备检查与准备。在 Python3.7 中，我们可以使用 OpenCV 库实现无人机空中人脸识别与拍摄的功能。首先需要安装 OpenCV 库，可以使用以下命令进行安装：pip3 install opencv-python。

第 2 步，算法设计。程序首先初始化无人机并建立连接。如果连接成功，它将加载必要的库和配置参数，然后起飞至一个初始高度。接下来读取摄像头的视频流，加载人脸识别模型，然后对每一帧图像进行人脸识别，最后，将识别到的人脸用矩形框标出并保存包含人脸的图像、无人机降落，程序结束，如图 7.1 所示。

第 3 步，程序设计。通通过 Python 3.7 的 IDLE 编程环境，实现对无人机的基本操作。编写代码，完成无人机起飞、打开摄像头、实时人脸检测及标记，并设置键盘 q 键监听，触发后无人机自动降落的功能。

```
#程序代码如下：
import cv2
import numpy as np
from djitellopy import Tello
import time
#连接无人机
tello = Tello()
tello.connect()
time.sleep(2)
```

```
#初始化摄像头
tello.streamon()
time.sleep(10)
frame_read = tello.get_frame_read()
#起飞
#tello.takeoff()
#time.sleep(3)
print("Face Recognition Start!")
face_cascade=cv2.CascadeClassifier(cv2.data.haarcascades+"haarcascade_frontalface_default.xml")#获取训练好的数据模型
while True:
    frame=frame_read.frame #获取无人机摄像头帧图像
    faces=face_cascade.detectMultiScale(frame,1.3,5)#识别检测帧图像中的人脸的个数
    img=frame
    for (x,y,w,h)in faces: #在识别出人脸的位置画框
        img=cv2.rectangle(img,(x,y),(x+w,y+h),(255,0,0),2)
        face_area=img[y:y+h,x:x+w]
    cv2.imshow('face',img)#显示识别出人脸的位置
    if cv2.waitKey(5)==ord('q'): #当按下键盘 q 键时，跳出循环
        break
tello.streamoff()#关闭摄像头
tello.land()#降落
print("Mission completed successfully!")
```

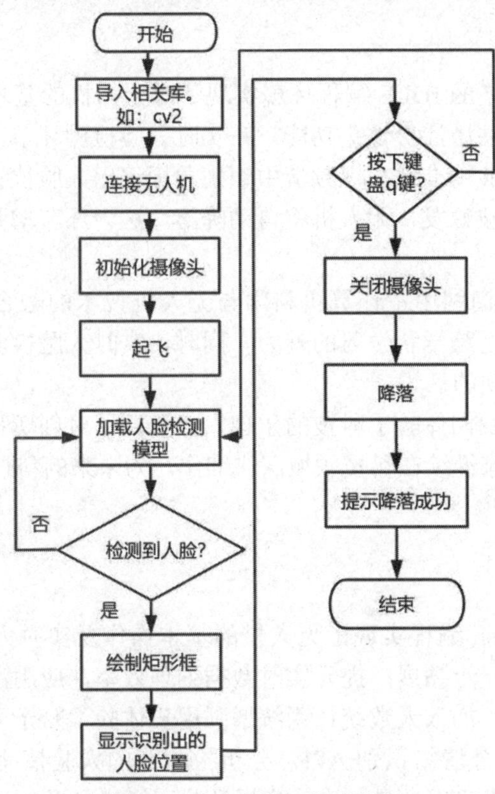

图 7.1　空中人脸识别流程图

第 4 步，编码测试与优化。完成代码编写后，单击“Run”或按下“F5”键运行。无人机完成预设的飞行拍摄任务之后，按下 q 键时，无人机降落在地并保存照片，本次测试结束，如图 7.2 所示。

图 7.2 无人机人脸识别测试结果示意图

成果分享

刚才，通过 Python 3.7 的 IDLE 编程环境实现了对无人机的基本操作。大家亲自编写代码，令无人机顺利起飞，并激活摄像头功能。在实时人脸检测环节，大家见证了人工智能技术的强大，我们的程序能够精准地在视频流中识别并标记出人脸位置。此外，我们还设置了键盘 q 键监听机制，一旦被触发，无人机将自动降落，这一环节增强了我们对于事件驱动编程的理解。

这次课堂的教学，我们利用了计算机科学与无人机技术的融合，这不仅提高了编程技能，还让我们深刻体会到了跨学科学习的魅力。同时，实时人脸检测的实践也让我们对人工智能的应用领域有了更直观的认识。

通过本次课的学习，我们体验了科技的乐趣，并激发了对创新科技的探索热情。希望这份课堂成果分享能激励大家继续在科技领域深耕细作，为未来的科技创新贡献自己的力量。

思维拓展

本节课任务通过 Python 编程实现了无人机的基本操作及实时人脸识别功能。在此基础上，我们可从 6 个方向进一步拓展：提升实时数据处理效率，应用深度学习模型提高识别准确度，扩展至多目标跟踪，加入人数统计系统增强用户体验，赋予无人机自主决策能力，以及完善情绪识别功能，结合情绪识别 API，分析检测到的人脸情绪，用于心理状态监测措施。这些拓展将丰富无人机应用场景，进一步提升其智能化水平，如图 7.3 所示。

图 7.3 无人机人脸识别应用创新示意图

当堂训练

1. 在 Python 3.7 的 IDLE 编程环境中，我们通常需要导入________库控制无人机的起飞和降落操作。

2. 为了打开无人机的摄像头并进行实时人脸检测，我们需要使用________库实现图像处理和人脸识别。

3. 在编写监听键盘输入的代码时，我们需要使用 Python 的________模块捕捉键盘事件。

4. 当我们按下键盘上的 q 键时，无人机执行了________操作，这是通过在代码中设置特定的________实现的。

5. 在实现实时人脸检测功能时，我们通常需要使用预训练的________模型识别图像中的人脸。

想创就创

1. 创新编程。编写一个 Python 程序，通过无人机进行指定区域的巡逻。无人机起飞后，打开摄像头并实时检测画面中的人脸；如果发现人脸，自动跟踪该人脸并保持画面中央；同时记录该人脸出现的次数和位置。设置键盘 q 键监听，触发后无人机自动降落。

创新要求：在完成课堂任务的基础上，增加无人机自动跟踪人脸并记录人脸出现次数和位置的功能。通过使用 OpenCV 库进行人脸检测，并在检测到人脸时，让无人机自动调整位置以跟踪人脸。同时，利用键盘 q 键的监听功能，使无人机在完成任务后能够安全降落。

2. 程序阅读。阅读以下程序片段之后，说出本程序实现什么功能，并修改以下程序代码，让它能在 Python 中运行，实现无人机预定功能。

```
import cv2
import numpy as np
from PIL import Image
import dronekit
from pymavlink import mavutil
import cv2
import keyboard
# 连接无人机
drone = connect('127.0.0.1:14550', wait_ready=True)
# 起飞
drone.simple_takeoff(10)
```

```
# 打开摄像头并设置窗口
cap = cv2.VideoCapture(0)
cv2.namedWindow("Drone Feed", cv2.WINDOW_NORMAL)
# 人脸检测
face_cascade = cv2.CascadeClassifier('haarcascade_frontalface_default.xml')
faces = []
while True:
    ret, frame = cap.read()
    gray = cv2.cvtColor(frame, cv2.COLOR_BGR2GRAY)
    faces = face_cascade.detectMultiScale(gray, 1.3, 5)
    for (x,y,w,h)in faces:
        cv2.rectangle(frame,(x,y),(x+w,y+h),(255,0,0),2)
        cv2.imshow("Drone Feed", frame)
    # 按下 q 键，无人机降落
    if keyboard.is_pressed('q'):
        drone.land()
        break
cap.release()
cv2.destroyAllWindows()
drone.close()
```

7.2 图片追随：跟随人脸飞行

知识链接

无人机人脸追随控飞是一种高级的无人机飞行控制技术，它结合了人脸识别、图像处理、飞行控制和实时通信等多个领域的知识。通过这项技术，无人机能够在飞行过程中自动识别和跟踪指定的人脸，并根据人脸的位置和移动调整飞行姿态，以保持人脸在摄像头视野中的最佳位置。

一、基础知识

在深入探讨如何用 Python 实现无人机人脸追随控飞之前，我们首先需要理解这一技术背后的几个关键领域：无人机飞行控制、人脸识别与跟踪技术、实时通信技术以及数据处理与分析。下面，我们将逐一详细阐述这些基础知识。

（一）无人机飞行控制

无人机飞行控制是实现人脸追随控飞的前提。通常，我们可以通过特定的无人机 SDK（软件开发工具包）控制无人机的飞行。以 DJI 的 Tello SDK 为例，它提供了一系列 API 接口，允许开发者通过编程控制无人机的起飞、降落、悬停、移动和旋转等动作。

在 Python 中，我们可以使用这些 API 接口发送控制指令给无人机。例如，通过调用相应的函数实现无人机的起飞和降落，或者通过设置无人机的飞行速度和方向控制其移动。

（二）人脸识别与跟踪技术

人脸识别与跟踪是实现无人机人脸追随控飞的核心技术。这一过程通常包括人脸检测和人脸跟踪两个步骤。

人脸检测是指在视频帧中定位人脸的位置。在 Python 中，我们可以使用 OpenCV 库中的 Haar 特征分类器或 HOG+SVM 算法实现人脸检测。这些算法能够分析视频帧中的图像特征，并准确地定位出人脸的位置。

人脸跟踪则是在连续的视频帧中持续地跟踪已经检测到的人脸。为了实现人脸跟踪，我们可以使用 OpenCV 库中的 KCF、MIL、TLD 或 MOSSE 等跟踪算法。这些算法能够根据前一帧中人脸的位置和特征，在后续帧中准确地跟踪到人脸的位置。

（三）实时通信技术

实时通信技术是实现无人机人脸追随控飞的重要保障。在无人机飞行过程中，我们需要实时地获取无人机的视频流，并将人脸识别和跟踪的结果以及飞行控制指令发送给无人机。

为了实现实时通信，我们可以使用 Wi-Fi、4G/5G 网络或专有的无线通信协议。在 Python 中，我们可以使用 socket 编程或特定的通信库实现与无人机的实时通信。通过建立稳定的通信连接，我们可以确保视频流、人脸识别结果和飞行控制指令的顺畅传输。

（四）数据处理与分析

数据处理与分析是实现无人机人脸追随控飞的关键环节。在获取到无人机的视频流后，我们需要对视频帧进行预处理，如灰度化、去噪等，以提高人脸检测和跟踪的准确性。同时，我们还需要对人脸识别和跟踪的结果进行后处理，如平滑滤波、预测等，以提高无人机飞行的稳定性和准确性。

在 Python 中，我们可以使用 NumPy、Pandas 等数据处理库对视频流进行预处理和后处理。通过这些处理，我们可以提取出有用的信息，并生成准确的飞行控制指令。

综上所述，实现无人机人脸追随控飞需要掌握无人机飞行控制、人脸识别与跟踪技术、实时通信技术以及数据处理与分析等基础知识。在掌握了这些基础知识后，我们可以结合具体的无人机型号和应用场景，编写出符合需求的 Python 程序以实现无人机人脸追随控飞。

二、实现步骤

实现无人机人脸追随控飞，是一个融合无人机控制、计算机视觉和实时通信技术的综合性任务。以下是通过 Python 编程实现该功能的详细步骤。

（一）环境准备与配置

首先，确保 Python 编程环境已正确安装，并配备所需的库，如 OpenCV 用于图像处理，NumPy 用于数值计算，以及特定无人机的 SDK，如 DJI Tello SDK，用于与无人机通信。同时，无人机应处于良好状态，电池电量充足，且摄像头功能正常。确保地面控制设备（如计算机或移动设备）与无人机之间的通信连接稳定，通常通过 Wi-Fi 网络实现。

（二）初始化无人机与摄像头

使用无人机 SDK 提供的 API，初始化无人机并获取实时视频流。这一步骤通常包括连接无人机、启动摄像头，并设置视频流的分辨率和帧率等参数。确保视频流稳定且清晰，以便后续的人脸检测和跟踪。

（三）人脸检测与跟踪

第 1 步，加载人脸检测模型。利用 OpenCV 库中的 Haar 特征分类器或预训练的深度学习模型，加载人脸检测模型。这些模型能够分析视频帧中的图像特征，准确识别出人脸的位置。

第 2 步，实时人脸检测。在每一帧视频中，运用加载的人脸检测模型检测人脸。如果检测到人脸，则标记出人脸的边界框，并保存其位置信息。

第 3 步，初始化人脸跟踪器。选择适合的跟踪算法（如 KCF、CSRT 等），并根据首帧中检测到的人脸位置，初始化人脸跟踪器。

第 4 步，实时人脸跟踪。在后续的视频帧中，利用跟踪器持续跟踪已经检测到的人脸。如果跟踪失败或人脸离开视野，则重新进行人脸检测，以确保跟踪的连续性和准确性。

（四）飞行控制指令生成

根据人脸的位置信息和图像中心的位置，计算人脸与图像中心的位置偏差。设计飞行控制算法，将位置偏差转换为无人机的飞行指令，如调整飞行方向、高度和速度等。确保飞行指令的平滑性和准确性，以避免无人机出现突兀或危险的动作。

（五）发送飞行指令与实时调整

使用无人机 SDK 提供的 API 接口，将生成的飞行指令发送给无人机。同时，监控无人机的飞行状态，并根据实际飞行效果和人脸位置的变化，实时调整飞行指令。这一步骤需要确保通信连接的稳定性和指令传输的及时性。

（六）系统集成与测试优化

将人脸识别、跟踪、飞行控制等模块集成到统一的 Python 脚本中，实现数据的顺畅传递和处理。在不同的光照条件、人脸遮挡和快速移动等场景下测试系统的性能，记录测试结果，并分析系统的准确性和稳定性。根据测试结果，对系统的参数和算法进行优化和改进，以提高人脸追随控飞的性能和效果。

通过以上步骤，我们可以实现 Python 编程控制无人机并进行人脸追随控飞。这一过程的实现需要综合运用无人机控制、计算机视觉和实时通信技术等多方面的知识，并需要不断地测试和优化，以达到最佳的性能和效果。

课堂任务

本任务旨在通过 Python 3.7 的 IDLE 编程环境，实现对无人机的人脸追随飞行。编写 Python IDLE 代码，完成无人机起飞、打开摄像头、实时人脸检测及控制飞行，并设置键盘 q 键监听，触发后无人机自动降落。

探究活动

第 1 步，安装依赖库

在 Python3.7 中，确保已经安装了 OpenCV 库。你可以使用 pip3 命令来安装：pip3 install opencv-python。

第 2 步，程序设计。通过 Python 3.7 的 IDLE 编程环境，编写 Python IDLE 代码，完成无人机起飞、打开摄像头、实时人脸检测及控制飞行，并设置键盘 q 键监听，触发后无人机自动降落，实现对无人机的基本操作。

```
#程序代码如下：
import cv2
import numpy as np
import socket
import struct
import threading
import time
import keyboard   # 需要安装 pynput 库：pip3 install pynput
# Tello 无人机的 IP 地址和端口号（需要根据实际情况修改）
TELLO_IP = '192.168.10.1'
TELLO_PORT = 8889
TELLO_COMMAND_PORT = 8890
# 创建 UDP 套接字
tello_socket = socket.socket(socket.AF_INET, socket.SOCK_DGRAM)
tello_address = (TELLO_IP, TELLO_PORT)
# 发送命令到 Tello 无人机
def send_command(command):
    tello_socket.sendto(command.encode('utf-8'), tello_address)
# 初始化无人机
def initialize_tello():
    send_command('command') # 唤醒无人机
    time.sleep(1)
    send_command('takeoff') # 起飞
    time.sleep(1)
    send_command('streamon') # 打开摄像头
# 人脸检测参数
face_cascade = cv2.CascadeClassifier(cv2.data.haarcascades + 'haarcascade_frontalface_default.xml')
# 定义全局变量
frame = None
face_position = None
running = True
# 从视频流中接收帧的线程
def receive_frame():
    global frame, running
    buffer_size = 65536
    while running:
```

```
        try:
            data, _ = tello_socket.recvfrom(buffer_size)
            frame = cv2.imdecode(np.frombuffer(data, dtype=np.uint8), cv2.IMREAD_COLOR)
        except socket.error as e:
            print(f"Socket error: {e}")
            running = False
# 人脸检测和跟踪
def detect_and_track_faces():
    global frame, face_position, running
    while running:
        if frame is not None:
            gray = cv2.cvtColor(frame, cv2.COLOR_BGR2GRAY)
            faces = face_cascade.detectMultiScale(gray, 1.1, 4)
            if len(faces)> 0:
                (x, y, w, h)= max(faces, key=lambda f: f[2] * f[3]) # 假设只追踪最大的人脸
                face_position = (x + w // 2, y + h // 2)
                cv2.rectangle(frame, (x, y), (x + w, y + h), (255, 0, 0), 2)
                cv2.circle(frame, face_position, 5, (0, 255, 0), -1)
                # 这里可以添加控制无人机的代码，根据 face_position 调整无人机的飞行
            else:
                face_position = None
            cv2.imshow('Face Tracking', frame)
            if cv2.waitKey(1)& 0xFF == ord('q'):
                running = False
# 键盘监听事件，按下 q 键时触发降落
def on_press(key):
    try:
        if key.char == 'q':
            global running
            running = False
            send_command('land') # 降落无人机
    except AttributeError:
        pass  # 非字符按键（如功能键）会触发 AttributeError
# 初始化无人机
initialize_tello()
# 启动线程
frame_thread = threading.Thread(target=receive_frame)
face_thread = threading.Thread(target=detect_and_track_faces)
frame_thread.start()
face_thread.start()
# 监听键盘事件
listener = keyboard.Listener(on_press=on_press)
listener.start()
# 等待线程和键盘监听结束
face_thread.join()
frame_thread.join()
```

```
listener.join()
# 释放资源
cv2.destroyAllWindows()
tello_socket.close()
```

第 3 步，编码测试与优化。完成代码编写后，单击“Run”或按下“F5”键运行。无人机完成预设的飞行拍摄任务之后，按下 q 键时，无人机降落在地并保存照片，本次测试结束。

飞行提示：

1. 确保无人机和控制代码都符合当地的飞行规则和安全准则。

2. 在室内或开阔、安全的室外场地进行测试。

3. 由于网络延迟和无人机的响应速度，实际的控制可能会有一定的滞后。

4. 代码中没有实现具体的飞行控制逻辑，只是标记了检测到的人脸。你需要根据 Tello 无人机的命令格式和控制需求实现具体的飞行控制逻辑。

5. keyboard 库需要单独安装，可以使用 pip install pynput 进行安装。如果不能使用 keyboard 库或者它在你的环境中不起作用，可以考虑使用其他方法监听键盘事件，如使用 GUI 库（如 Tkinter）提供的键盘事件监听功能。

成果分享

通过本节课的深入探索，我们成功解锁了 Python 在无人机人脸追随飞行中的强大应用。我们不仅学会了如何在 Python 3.7 的 IDLE 编程环境下，实现指挥无人机完成起飞、摄像头开启、实时人脸检测等一系列复杂动作，还掌握了如何通过键盘监听，实现安全降落的贴心设计。在这一系列操作的背后，蕴含着 OpenCV 图像处理的精妙算法与无人机控制技术的完美融合。

然而，这仅仅是无人机编程世界的冰山一角。想象一下，未来我们可以将这项技术拓展到更多领域：从搜索救援中的快速定位，到影视拍摄中的智能跟焦；从环境监测的精准采样，到农业植保的高效作业。每一次技术的革新，都是对未知世界的勇敢探索。让我们携手并进，在 Python 无人机编程的广阔天地中，不断挑战自我，创造更多可能，共同飞向更加智能、更加精彩的未来！

思维拓展

通过本节课的学习，我们不仅掌握了 Python 无人机编程的基础技能，更激发了无限的创新潜能。无人机与 Python 的结合，为我们打开了一个充满可能性的新世界。在这个世界里，我们可以运用所学知识，创造出能够自主导航、智能避障的无人机系统，为物流配送、地理测绘等领域带来革命性的变革。

为了进一步提升读者的创新能力，拓宽创新视野，我们可以从以下方面进行思维拓展：结合机器学习算法，实现无人机的自主飞行与决策；利用计算机视觉技术，提升无人机的环境感知与识别能力；融入物联网技术，构建无人机集群协同作业系统，如图 7.4 所示。

图 7.4 无人机人脸追随应用创新示意图

当堂训练

1. 在 Python 3.7 的 IDLE 编程环境中，要实现无人机的人脸追随飞行，首先需要编写代码完成无人机的________操作。

2. 在起飞后，为了进行人脸检测，需要打开无人机的________。

3. 实时人脸检测通常依赖于 OpenCV 库中的________功能来实现。

4. 为了控制无人机根据检测到的人脸位置进行飞行，需要在代码中实现________逻辑。

5. 当按下键盘上的 q 键时，为了安全起见，应该编写代码让无人机执行________操作。

想创就创

1. 创新编程。基于 Python 3.7 的 IDLE 编程环境，实现无人机的人脸追随飞行，并增加以下创新功能：（1）在无人机飞行过程中，如果人脸暂时离开视野范围，无人机应在当前位置悬停，并持续搜索人脸，直到重新检测到为止。如果人脸在设定时间内（如 10 秒）未重新出现，无人机应自动降落并发出警告声。（2）无人机在追随人脸飞行时，应保持一定的安全距离（如 1 米）。如果无人机距离人脸过近，应自动调整飞行高度或位置，以确保安全距离。（3）除了 q 键用于触发降落外，增加 w 键用于控制无人机上升，s 键用于控制无人机下降，a 键用于控制无人机左转，d 键用于控制无人机右转。

2. 程序阅读。阅读以下 Python 代码片段，该代码用于实现无人机的人脸追随飞行。请分析代码，并回答以下问题：

（1）代码中使用了哪个库来进行人脸检测？

（2）face_cascade.detectMultiScale()函数的作用是什么？

（3）无人机是如何根据检测到的人脸位置进行移动的（请简要描述）？

（4）如果要增加无人机在人脸暂时离开视野时悬停并搜索的功能，应该在代码的哪个部分进行修改？

```
import cv2
import time
from drone_control import Drone
# 初始化无人机和摄像头
drone = Drone()
cap = cv2.VideoCapture(0)
face_cascade = cv2.CascadeClassifier(cv2.data.haarcascades + 'haarcascade_frontalface_default.xml')
def takeoff_and_follow():
    drone.takeoff()
```

```
    while True:
        ret, frame = cap.read()
        gray = cv2.cvtColor(frame, cv2.COLOR_BGR2GRAY)
        faces = face_cascade.detectMultiScale(gray, 1.1, 4)
        if len(faces)> 0:
            # 获取人脸中心位置
            face_x, face_y, face_w, face_h = faces[0]
            center_x = face_x + face_w // 2
            center_y = face_y + face_h // 2
            # 控制无人机飞向人脸中心位置（简化示例，仅作演示）
            drone.move_to(center_x, center_y)
        # 检查键盘输入
        if cv2.waitKey(1)& 0xFF == ord('q'):
            drone.land()
            break
    cap.release()
    cv2.destroyAllWindows()
# 开始人脸追随飞行
takeoff_and_follow()
```

7.3　三机编队：旋转飞行控制

知识链接

编队飞行是指多架无人机按照预定的队形和任务要求，通过协同控制实现整体的飞行和任务执行。在编队飞行中，无人机需要准确地感知自身的位置和姿态，以及周围环境的信息，并通过实时的数据交互，实现协同控制。

无人机编队的表演效果众所周知，它不仅能够满足人们的视觉要求，还有望取代烟火表演，达到零排放量的环保要求。除此之外，于拍摄而言，编队飞行能够在立体空间内快速采集多角度的影像资料，在搜索救援中提供信息支持；对于物流而言，编队飞行能够灵活地派送货物，协力运送重物；对于军用而言，编队飞行能够密集突防，提高任务成功率。所以它的用途还是相当广泛的。

一、基础知识

Tello 无人机是一款小型的教育级无人机，它基于 DJI 的飞控技术，具备一定的编程接口，可以通过 Python 编程实现一些基本的飞行控制。具体到编队飞行的实现，Tello 无人机可以作为编队中的单个节点，通过编程设计其飞行轨迹和行为。然而，要实现完整的编队飞行，还需要考虑以下关键因素。

1. 通信与协同：编队飞行要求无人机之间能够进行实时的数据交互，这通常通过无线电通信实现。Tello 无人机具备 Wi-Fi 通信能力，可以作为通信的基础。在编程时，需要设计合适的通信协议，确保数据的准确传输和接收。

2. 感知与定位：为了保持准确的队形，无人机需要感知自身的位置和姿态。Tello 无人机配备了惯性测量单元（IMU）和气压计，可以提供基本的姿态和高度信息。同时，可以利用 Tello 的 SDK 获取无人机的实时状态，如位置、速度等。

3. 控制算法：编队飞行的核心是设计合适的控制算法，以实现多架无人机的协同控制。对于 Tello 无人机，可以通过 Python 编程实现基本的飞行控制，但实现复杂的编队控制算法可能需要更深入的编程知识和算法设计。

4. 安全与容错：编队飞行中，安全和容错是非常重要的。需要设计安全保护机制，以防止无人机之间的碰撞和与障碍物的碰撞。同时，还需要设计容错机制，以应对无人机故障和通信受限等情况。

综上所述，Tello 无人机具备一定的编程接口，可以通过 Python 编程实现基本的飞行控制，但要实现完整的编队飞行，还需要考虑通信与协同、感知与定位、控制算法以及安全与容错等关键因素。这些功能的实现需要更深入的编程知识和算法设计，可能超出了 Tello 无人机的原生功能范围。

二、Tello 多机编队

（一）无人机与路由器互联

1. 准备工作：

在开始之前，请确保拥有以下设备：一台 Tello 无人机，一部智能手机或平板电脑（用于连接 Tello 的 Wi-Fi 信号并进行设置），Tello 的用户手册（如果需要逐步指导）。

2. 开启 Tello 无人机：

首先，确保 Tello 无人机已经充满电。开启 Tello 无人机的电源，通常是通过将电源开关拨到 ON 的位置或按下电源按钮。

3. 启动 Tello 应用程序：

在您的智能手机上，启动 Tello 的官方应用程序（Tello App）或任何支持 Tello 无人机的第三方应用程序。确保您的智能手机已经连接到 Tello 无人机的 Wi-Fi 信号。通常，Tello 无人机的 Wi-Fi 信号以“Tello-XXXX”格式命名，其中“XXXX”是一个四位的十六进制数字。

4. 进入设置模式：

在 Tello 应用程序的主界面上，找到并单击“进入设置模式”或“Settings”按钮。您可能需要根据应用程序的不同而在不同的位置找到这个选项，常见的位置是在主界面的底部或顶部菜单中。

5. 选择“Wi-Fi 设置”：

在设置模式中，浏览各个选项，找到“Wi-Fi 设置”“网络设置”或类似的选项。点击“Wi-Fi 设置”，进入 Wi-Fi 配置界面。

6. 配置 Wi-Fi 连接：

在“Wi-Fi 设置”界面，您会看到当前连接的 Wi-Fi 网络信息。若要连接到新的路由器 Wi-Fi，选择“连接其他网络”“添加网络”或类似的选项。搜索并选择路由器的 Wi-Fi 网络名称（SSID）。输入路由器的 Wi-Fi 密码，确认无误后保存设置。

7. 重启 Tello 无人机：

修改 Wi-Fi 设置后，可能需要重启 Tello 无人机以使设置生效。关闭并重新打开 Tello 无人机的电源，或者根据应用程序的指示进行重启。

8. 确认连接：重启后，检查 Tello 无人机是否成功连接到路由器的 Wi-Fi 网络。在 Tello 应用程序中，您应该能够看到新的 Wi-Fi 网络信息。

9. 测试连接：

使用 Tello 应用程序或计算机控制程序，尝试向 Tello 无人机发送指令，如起飞、降落等，以确保其正确响应。

注意事项：在更改 Wi-Fi 设置时，请确保您不在飞行模式下，以免发生意外。如果遇到任何问题，可以参考 Tello 的用户手册或官方支持页面获取帮助。

（二）Tello 无人机的两种网络模式

1. 默认模式（AP 模式）：Tello 无人机会创建自己的 Wi-Fi 网络，设备可以直接连接到它进行通信。这种模式适用于单架无人机的操作。

2. 组网模式（Station Mode）：Tello 无人机可以连接到指定的 Wi-Fi 路由器，允许多个无人机连接到同一个网络。这种模式常用于多架无人机的编队飞行。

为了将 Tello 无人机设置为组网模式，可通过 Python 编写程序，命令 Tello 连接到指定的 Wi-Fi 路由器，以下是详细步骤和代码示例。

（三）Python 编程控制多台无人机

要通过 Tello 提供的 SDK 或 API 与每台无人机建立通信连接，需要执行以下步骤。

1. 安装 Tello SDK：首先需要在计算机上安装 Tello SDK。Tello SDK 是一个 Python 库，您可以使用 pip 安装它。在命令行中输入以下命令安装 Tello SDK：pip install tellopy。

2. 导入 Tello 库：在 Python 代码中，导入 Tello 库以使用其功能。对此，可添加以下代码行：import tellopy as tello。

3. 创建 Tello 实例：对于每台无人机，需要创建一个 Tello 实例。这些实例将用于与每台无人机进行通信。为每台无人机创建一个新的 Tello 实例，例如：

```
tello1 = tello.Tello('tello1')
tello2 = tello.Tello('tello2')
tello3 = tello.Tello('tello3')
```

注意，每个实例应具有唯一的名称（在此示例中为'tello1'、'tello2'和'tello3'），这些名称应对应于每台无人机的 Wi-Fi SSID。

4. 检查连接状态：使用每个 Tello 实例的 is_connected()方法检查与无人机的连接状态。例如：

```
if tello1.is_connected():
    print("Connected to Tello 1")
else:
    print("Failed to connect to Tello 1")
```

如果连接成功，将看到"Connected to Tello X"的消息，其中 X 是无人机的编号。

5. 控制指令：一旦与所有无人机建立连接，可以使用每个 Tello 实例的相关方法发送控制指令。例如，起飞、降落、前进、后退、左右转向等。例如，要使所有无人机起飞，可以执行以下操作：

```
tello1.takeoff()
tello2.takeoff()
tello3.takeoff()
```

课堂任务

将三架 Tello 无人机和一台计算机接入同一个无线局域网，编写一个程序，该程序能够同时控制三架 Tello 无人机执行以下动作：三架无人机同时起飞；然后同时向前飞行 100 厘米；再同时顺时针旋转 90 度；最后，三架无人机同时降落。

假设三架无人机的 IP 地址分别为：无人机 1：192.168.10.1；无人机 2：192.168.10.2；无人机 3：192.168.10.3；计算机的 IP 地址为：192.168.10.101。

▶ **提示**：在执行飞行任务时，保持适当的空间和安全距离，避免无人机之间或与其他物体之间发生碰撞。完成任务后，及时关闭无人机和计算机上的相关程序，确保设备安全。

探究活动

第一步：配置无线局域网与设置无线路由器。首先，进行路由器的配置，具体设置如下：帐号（SSID）：ysit；密码：12345678；DHCP 地址池范围设定为 192.168.10.1 至 192.168.10.99，如图 7.5 所示。

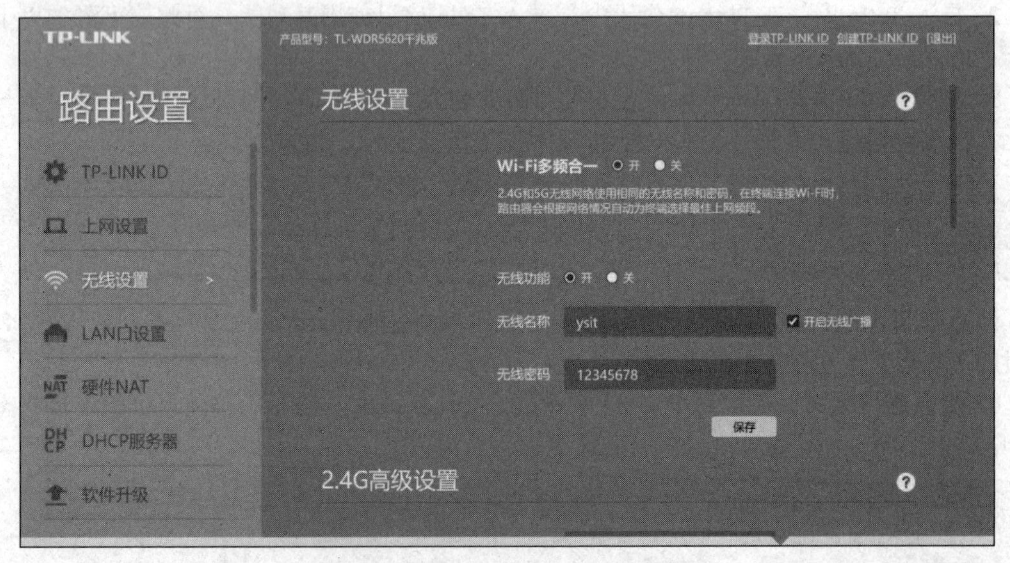

图 7.5 无线局域网路由器设置界面

第二步：配置 DHCP 服务器。接下来，需要将 DHCP 服务器的地址池范围同样设置为 192.168.10.1 至 192.168.10.99，以确保与无线路由器的设置相匹配，如图 7.6 所示。

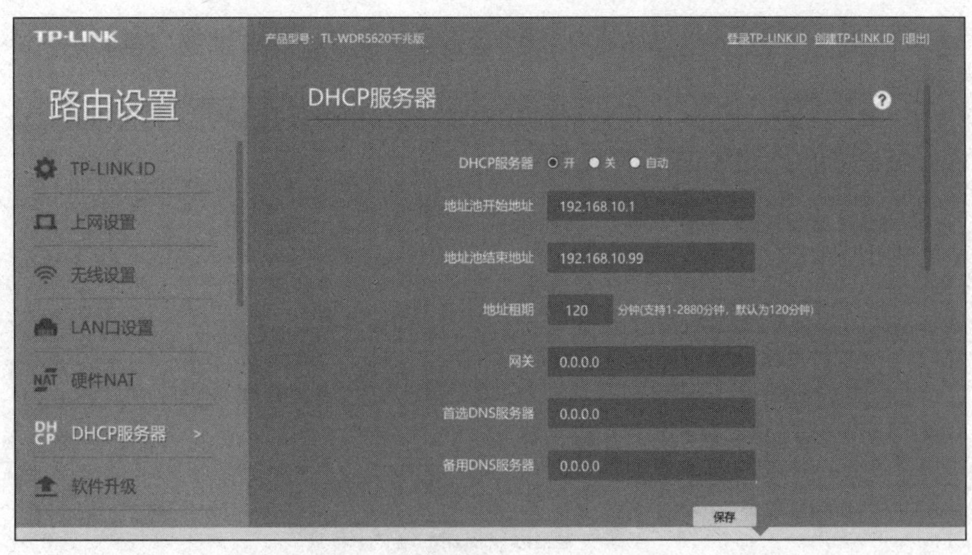

图 7.6　设置无线路由 DHCP 地址池范围：192.168.10.1～192.168.10.99

第三步：Tello 无人机连接指定统一的 Wi-Fi。逐个打开 Tello 无人机，让计算机 Wi-Fi 逐个连接到编号对应的无人机。运行 set_ap.py，让无人机逐个接入指定的无线网络。

第 1 步：准备工作

（1）Tello 无人机：确保无人机电池充足。

（2）Wi-Fi 路由器：确保路由器可用，并记录其 SSID 和密码，本章用到的路由器 SSID 为“ysit”，密码为“12345678”，请根据实际使用的无线路由器做相应改动。

（3）Python 环境：确保安装了 Python 3.x，建议使用 Python 3.8 或 Python 3.9。

（4）编程计算机：连接到 Tello 无人机的默认 Wi-Fi（如 TELLO-XXXXXX）。

第 2 步：确保正确连接 Tello 的 Wi-Fi

（1）打开 Tello 无人机，把编程用的计算机连接到 Tello 无人机默认的 Wi-Fi 网络（如 TELLO-XXXXXX）。如图 7.7 所示。

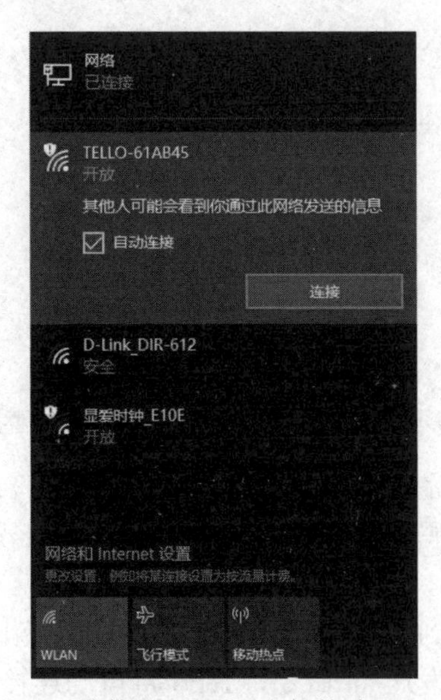

图 7.7　连接到 Tello 无人机的默认 Wi-Fi

（2）确保无人机和计算机可以通过 UDP 协议进行通信，默认 IP 地址为 192.168.10.1，端口为 8889。

第 3 步：编写程序，设置 Tello 连接到指定的无线路由器。Tello 无人机可以通过命令 ap <SSID> <PASSWORD>设置 Wi-Fi 网络连接。

```
#代码文件为 set_wifi.py ,代码如下：
import socket
import time
# Tello 默认的 IP 地址和端口
TELLO_IP = '192.168.10.1'
TELLO_PORT = 8889
TELLO_ADDRESS = (TELLO_IP, TELLO_PORT)
# 要连接的 Wi-Fi 网络的 SSID 和密码
WIFI_SSID = 'ysit'  # 替换为实际路由器的 SSID
WIFI_PASSWORD = '12345678'  # 替换为实际路由器的密码
# 创建 UDP 套接字用于与 Tello 通信
sock = socket.socket(socket.AF_INET, socket.SOCK_DGRAM)
#向 Tello 发送命令
def send_command(command):
    try:
        # 发送命令到 Tello
        sock.sendto(command.encode(), TELLO_ADDRESS)
        print(f"已发送命令: {command}")
    except Exception as e:
        print(f"发送命令失败: {e}")
def set_wifi(ssid, password): #设置 Tello 连接到指定的 Wi-Fi 网络
    command = f"ap {ssid} {password}"
    send_command(command)
if __name__ == '__main__':
    # 1. 向 Tello 发送 'command' 命令，进入 SDK 模式
    send_command("command")
    time.sleep(2) # 等待无人机进入命令模式
    # 2. 设置 Wi-Fi 连接信息
    set_wifi(WIFI_SSID, WIFI_PASSWORD)
    # 3. 等待无人机连接到指定的 Wi-Fi 网络并自动重启
    time.sleep(5)
    # 关闭套接字
    sock.close()
    print("Tello 无人机已设置为组网模式，连接到指定的 Wi-Fi 网络。")
```

第 4 步：测试以上程序。完成代码编写后，单击“Run”或按下“F5”键运行结束。假如要接入 wifi ssid: ysit，密码：12345678，根据实际情况更改这两个参数，运行执行.>>>set_wifi('ysit', '12345678')，运行结果如图 7.8 所示。

第 5 步：确保计算机连接到 Tello 的 Wi-Fi。在终端运行上述 Python 程序，它会将 Tello 连接到指定的路由器。程序将发送 ap 命令，Tello 将自动连接到新的 Wi-Fi 网络并重启。运

行结果如图 7.9 所示。

```
IDLE Shell 3.9.2rc1
File Edit Shell Debug Options Window Help
Python 3.9.2rc1 (tags/v3.9.2rc1:4064156, Feb 17 2021, 11:25:18) [MSC v.1928 64 bit (AMD64)] on win32
Type "help", "copyright", "credits" or "license()" for more information.
>>>
================= RESTART: C:\Users\surface\Desktop\set ap.py ================
sending command command
from ('192.168.10.1', 8889): b'ok'
sending command ap ysit 12345678
from ('192.168.10.1', 8889): b'OK,drone will reboot in 3s'
>>> |
```

图 7.8　设置无人机接入 AP 的运行结果示意图

```
IDLE Shell 3.9.2rc1
File Edit Shell Debug Options Window Help
Python 3.9.2rc1 (tags/v3.9.2rc1:4064156, Feb 17 2021, 11:25:18) [MSC v.1928 64 bit (AMD64)] on win32
Type "help", "copyright", "credits" or "license()" for more information.
>>>
================= RESTART: C:/Users/surface/Desktop/set_wifi.py ================
已发送命令: command
已发送命令: ap ysit 12345678
Tello 无人机已设置为组网模式，连接到指定的 Wi-Fi 网络。
>>>
```

图 7.9　设置组网模式

第 6 步：验证 Tello 已连接到指定路由器，并分配到 IP 地址。当 Tello 成功连接到路由器时，它会获得路由器分配的新的 IP 地址。可以通过路由器的客户端列表查看 Tello 的 IP 地址，如图 7.10 所示。提示：确保路由器为 2.4GHz 频段，因为 Tello 不支持 5GHz Wi-Fi。如果要操作多个无人机，可以让它们都连接到同一个路由器，分配不同的 IP 地址，然后分别控制它们。

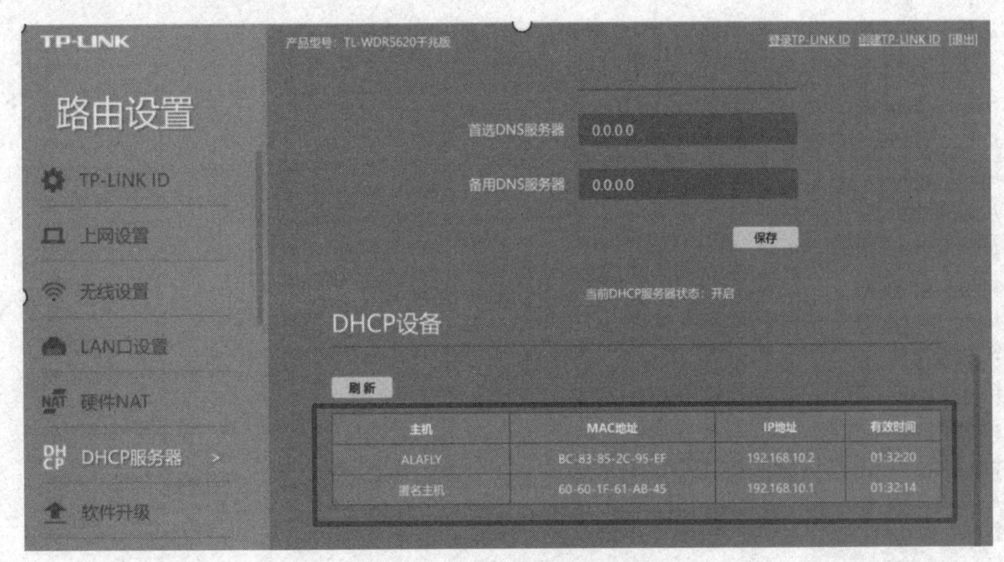

图 7.10　查询连接的 IP 地址

第四步：进入无线路由管理端，如图 7.11 所示，查看 Tello 无人机接入情况和获取的 IP，确定无人机和对应的 IP 地址，无人机和控制的计算机必须在同一个网段，按程序指定位置放好无人机。

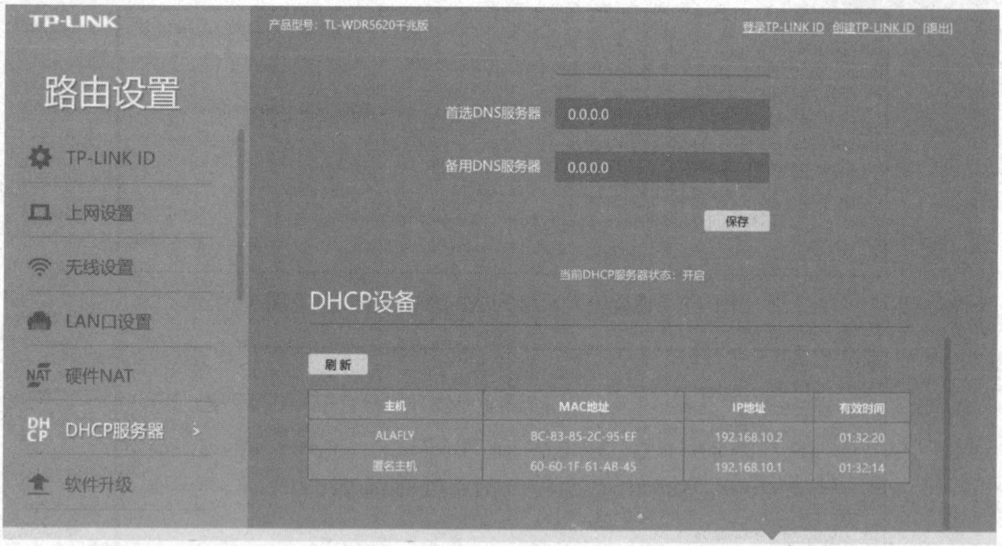

图 7.11　查看 DHCP 设备列表中接入的 Tello 无人机和对应的 IP 地址

第五步，程序设计。编写程序实现控制三架无人机同时起飞，同时向前飞 100 厘米，再同时顺时针旋转 90 度，再同时降落。把程序保存并命名为“Tello-Formation1.py”。

```
#Tello-Formation1.py 程序代码如下：
from djitellopy import Tello
import time
# 创建三个 Tello 对象，根据无人机数量创建
tello1 = Tello()
tello2 = Tello()
tello3 = Tello()
# 无人机的 IP 地址，根据 Tello 无人机获取的地址确定
tello1_address = '192.168.10.1'
tello2_address = '192.168.10.2'
tello3_address = '192.168.10.3'
# 连接无人机
tello1.connect()
tello2.connect()
tello3.connect()
# 检查电池状态
print(f'Tello 1 电池:、{tello1.get_battery()}%')
print(f'Tello 2 电池: {tello2.get_battery()}%')
print(f'Tello 3 电池: {tello3.get_battery()}%')
# 同时起飞
tello1.takeoff()
tello2.takeoff()
tello3.takeoff()
# 等待 3 秒
```

```
time.sleep(3)
# 进行简单的编队飞行，每架飞机都往前飞行 100 厘米
tello1.move_forward(100)
tello2.move_forward(100)
tello3.move_forward(100)
time.sleep(2)
# 进行简单的编队飞行，每架飞机都顺时针旋转 90 度
tello1.rotate_clockwise(90)
tello2.rotate_clockwise(90)
tello3.rotate_clockwise(90)
time.sleep(2)
# 同时降落
tello1.land()
tello2.land()
tello3.land()
# 断开连接
tello1.end()
tello2.end()
tello3.end()
```

第六步，编码测试与优化。完成代码编写后，单击“Run”或按下“F5”键运行。如图 7.12 所示。

```
IDLE Shell 3.9.2rc1
File Edit Shell Debug Options Window Help
Python 3.9.2rc1 (tags/v3.9.2rc1:4064156, Feb 17 2021, 11:25:18) [MSC v.1928 64 bit (AMD64)] on win32
Type "help", "copyright", "credits" or "license()" for more information.
>>>
==================== RESTART: C:\Users\surface\Desktop\旋转.py ====================
[INFO] tello.py - 129 - Tello instance was initialized. Host: '192.168.10.1'. Port: '8889'.
[INFO] tello.py - 129 - Tello instance was initialized. Host: '192.168.10.2'. Port: '8889'.
[INFO] tello.py - 438 - Send command: 'command'
[INFO] tello.py - 438 - Send command: 'command'
[INFO] tello.py - 462 - Response command: 'ok'
[INFO] tello.py - 462 - Response command: 'ok'
[INFO] tello.py - 438 - Send command: 'takeoff'
[INFO] tello.py - 438 - Send command: 'takeoff'
[INFO] tello.py - 462 - Response takeoff: 'ok'
[INFO] tello.py - 462 - Response takeoff: 'ok'
[INFO] tello.py - 438 - Send command: 'up 50'
[INFO] tello.py - 438 - Send command: 'up 50'
[INFO] tello.py - 462 - Response up 50: 'ok'
[INFO] tello.py - 462 - Response up 50: 'ok'
[INFO] tello.py - 438 - Send command: 'cw 720'
[INFO] tello.py - 438 - Send command: 'ccw 720'
[WARNING] tello.py - 448 - Aborting command 'cw 720'. Did not receive a response after 7 seconds
[INFO] tello.py - 438 - Send command: 'cw 720'
[WARNING] tello.py - 448 - Aborting command 'ccw 720'. Did not receive a response after 7 seconds
[INFO] tello.py - 438 - Send command: 'ccw 720'
[INFO] tello.py - 462 - Response cw 720: 'ok'
[INFO] tello.py - 462 - Response ccw 720: 'ok'
[INFO] tello.py - 438 - Send command: 'down 50'
[INFO] tello.py - 438 - Send command: 'down 50'
[INFO] tello.py - 462 - Response down 50: 'ok'
[INFO] tello.py - 462 - Response down 50: 'ok'
[INFO] tello.py - 438 - Send command: 'land'
[INFO] tello.py - 438 - Send command: 'land'
[INFO] tello.py - 462 - Response land: 'ok'
[INFO] tello.py - 462 - Response land: 'ok'
两台无人机的旋转飞行任务完成!
>>>
```

图 7.12　运行结果示意图

成果分享

通过本节课的深入探索，我们成功利用 Python 3.7 的 IDLE 编程环境，将三架 Tello 无人机巧妙接入同一无线局域网，实现了精准的同步编队飞行。我们精心编写的程序，不仅指挥三架无人机同时优雅起飞，还让它们默契地一同向前飞行 100 厘米，紧接着完成顺时针 90 度的华丽旋转，并最终在指令下稳稳降落。这次实践不仅让我们对无人机飞行控制有了更深的理解，更激发了我们对编队飞行艺术的无限热爱和追求。未来，我们将继续拓展创新思维，挑战更多复杂的飞行任务，让无人机在我们的智慧引领下，绽放出更加璀璨的光彩。

思维拓展

通过本节课的学习，我们不仅掌握了 Python 3.7 IDLE 环境下对三架 Tello 无人机的编队飞行控制，实现了同步起飞、飞行、旋转和降落，更在此基础上拓宽了创新视野。我们可以进一步探索无人机的自主避障、路径规划以及智能协同作业，将无人机的应用拓展到更广泛的领域。同时，我们可以尝试结合机器视觉、深度学习等前沿技术，提升无人机的智能化水平，实现更加复杂、高效的任务执行，如图 7.13 所示。

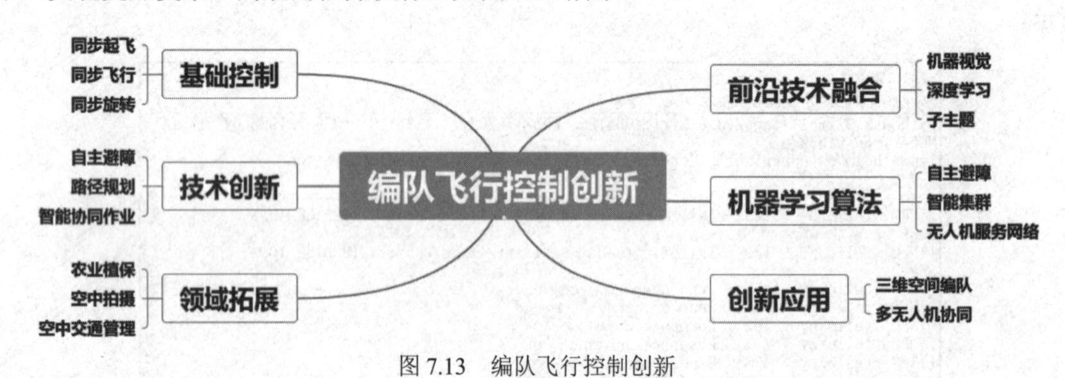

图 7.13　编队飞行控制创新

当堂训练

1. 在通过 Python 3.7 的 IDLE 编程环境控制 Tello 无人机编队飞行时，我们首先需要确保_________架 Tello 无人机和_________台计算机接入同一个无线局域网。

2. 编写程序中，为了控制三架无人机同时起飞，我们需要向每架无人机发送起飞命令，该命令通常为_________。

3. 在让三架无人机同时向前飞行 100 厘米的代码中，我们需要设置的飞行距离为______厘米，并使用相应的飞行命令。

4. 控制无人机顺时针旋转 90 度的命令在程序中通常表示为_________。

5. 完成所有飞行动作后，程序中应包含让三架无人机同时降落的命令，该命令通常为_________。

想创就创

1. 创新编程。基于本节课所学，设计一个创新的编队飞行程序。要求如下：

控制三架 Tello 无人机同时起飞，并上升到相同的高度。让三架无人机分别向前飞行不同的距离（例如：无人机 1 飞行 100 厘米，无人机 2 飞行 150 厘米，无人机 3 飞行 200 厘米），形成一个梯形编队。之后，每架无人机都顺时针旋转 90 度。接下来，三架无人机以相反的方向飞回原始位置，形成初始的并排状态。最后，三架无人机同时降落。

请编写完整的 Python 代码，并在 IDLE 环境中测试运行，确保程序能够正确控制三架无人机的飞行动作。

2. 程序阅读。阅读以下 Python 代码片段，该代码用于控制三架 Tello 无人机执行一系列飞行动作。请分析代码，并回答以下问题：代码中 fly_distance()函数的功能是什么？在 rotate_drones()函数中，无人机是如何实现顺时针旋转的？如果想要在每次无人机起飞后增加一个 2 秒的等待时间，应该在哪个函数中进行修改，并如何修改？

```
import tello
import time
# 初始化无人机
drone1 = tello.Tello()
drone2 = tello.Tello()
drone3 = tello.Tello()
# 飞行指定距离
def fly_distance(drone, distance):
    drone.send_command(f'forward {distance}')
    time.sleep(1) # 等待飞行完成
# 旋转无人机
def rotate_drones(drones):
    for drone in drones:
        drone.send_command('cw 90')
        time.sleep(1)
# 起飞所有无人机
def takeoff_all(drones):
    for drone in drones:
        drone.takeoff()
# 降落所有无人机
def land_all(drones):
    for drone in drones:
        drone.land()
# 主控制逻辑
drones = [drone1, drone2, drone3]
takeoff_all(drones)
fly_distance(drone1, 100)
fly_distance(drone2, 100)
fly_distance(drone3, 100)
rotate_drones(drones)
land_all(drones)
```

7.4 线程编程：双机齐飞操控

知识链接

Tello 无人机编队表演中的双机齐飞操控，是通过编程实现两架无人机的同步起飞、飞行和降落，确保它们在飞行过程中保持一致的飞行高度、速度和方向。例如，Python 3.7 版本编程控制无人机飞行时，使用 djitello 库控制 Tello 无人机进行编队表演和双机并行飞行，你需要确保 Python 环境已经安装了该库，并且计算机与两架 Tello 无人机都连接在同一个 Wi-Fi 网络中。djitello 库为 Tello 无人机提供了一个简单的 API 接口，使得控制无人机变得更加容易。

一、线程控制

在 Python 中，使用线程（thread）是一种实现并发编程的方法，它允许同时运行多个代码块（即线程），这些代码块共享同一个进程的内存空间。当需要同时处理多个任务，而又不希望为每个任务启动一个单独的进程时，线程就显得特别有用，因为线程比进程更轻量级，且它们之间的通信和数据共享也更为方便。

在无人机控制的应用场景中，使用线程可以同时控制多架无人机，或者在同一架无人机上同时执行多个任务（如飞行控制、传感器数据读取、图像处理等）。

1. 线程创建：在 Python 中，可以使用 threading 模块创建线程。通过实例化 threading. Thread 类，并传递一个函数作为目标（target），可以定义线程要执行的任务。

2. 线程启动：创建线程对象后，需要调用它的 start()方法启动线程。这将导致线程开始执行传递给它的函数。

3. 线程同步：当多个线程需要访问共享资源或需要按照特定顺序执行时，线程同步就变得至关重要。你可以使用锁（lock）、信号量（semaphore）或其他同步原语确保线程之间的正确协调。

4. 线程通信：线程之间有时需要通信来共享数据或协调活动。你可以使用队列（queue）或其他数据结构实现线程间的安全通信。

5. 线程结束：线程会在其目标函数执行完毕后自然结束。你也可以通过调用线程的 join()方法等待线程结束，这在需要确保所有线程都完成它们的任务之前再执行其他操作时非常有用。

6. 全局解释器锁（GIL）：需要注意的是，Python 的标准实现（CPython）中有一个称为全局解释器锁的机制，它在执行多线程时会限制线程的并行性。然而，对于 I/O 密集型任务（如网络通信、文件读写等），GIL 的影响较小，因为这些任务通常会花费大量时间等待外部资源，而不是执行实际的 Python 代码。

在无人机控制的上下文中，可能会为每个无人机创建一个单独的线程，或者为无人机的不同控制任务（如飞行控制、传感器数据处理等）创建多个线程。通过合理地使用线程，可以更有效地利用计算资源，从而实现更复杂的无人机控制逻辑。

二、实现步骤

在 Python 中，通过线程控制实现 Tello 无人机双机并飞，意味着要创建和管理两个独立的线程，每个线程负责控制一架 Tello 无人机。这两个线程将并行运行，允许同时向两架无人机发送命令，从而实现双机并飞或协同飞行的效果。以下是实现 Tello 无人机双机并飞的基本步骤。

1. 无人机初始化：首先，需要使用 djitello 库或其他适当的库初始化两架 Tello 无人机。这通常涉及提供每架无人机的 IP 地址和端口号，以便建立网络连接。

2. 创建线程：对于每架无人机，需要创建一个单独的线程。在 Python 中，可以使用 threading.Thread 类创建线程。每个线程将运行一个函数，该函数包含控制无人机飞行的逻辑。

3. 定义飞行逻辑：在每个线程的函数中，需要定义无人机的飞行逻辑。这可能包括起飞、前进、后退、左转、右转、上升、下降和降落等命令。确保两架无人机的飞行逻辑在逻辑上是同步的，以便它们能够按照预期的方式并飞。

4. 启动线程：一旦定义了飞行逻辑并创建了线程，就可以通过调用线程的 start()方法启动它们。这将导致两个线程同时运行，分别向两架无人机发送飞行命令。

5. 线程通信和同步（可选）：在某些情况下，可能需要在线程之间通信，以便协调两架无人机的飞行。你可以使用 Python 的 queue 模块或其他线程安全的通信机制实现这一点。然而，由于网络延迟和无人机响应速度的差异，完全同步两架无人机的飞行可能是困难的。如果需要确保两架无人机在特定时刻执行相同的动作，可能需要使用锁（threading.Lock）或其他同步原语协调线程的执行。但是，注意，这种同步可能会增加代码的复杂性和运行时的不确定性。

6. 监控飞行：在双机并飞期间，你应该监控两架无人机的状态，并确保它们按照预期的方式飞行。你可以通过打印日志信息、观察无人机的实际飞行行为或使用调试工具实现这一点。

7. 处理异常：在控制无人机时，可能会遇到网络中断、无人机响应超时或其他异常情况。你应该在代码中添加适当的异常处理逻辑，以便在这些问题发生时能够优雅地处理它们。

8. 结束飞行：当双机并飞任务完成时，需要向两架无人机发送降落命令，并确保它们安全地着陆。然后，你可以结束线程，并断开与无人机的连接。

三、库与多线程的应用

1. 库的运用：使用 DJITelloPy 库与 Tello 无人机进行通信，并使用 Python 的 threading 库实现多线程并行控制。

2. TelloDrone 类：parallel_flight()函数定义了无人机的飞行动作：如表 7.3 所示。

表 7.3　TelloDrone 类

命　令	功　能	命　令	功　能
takeoff()/(land()	起飞/降落	move_forward(50)	向前飞 50 厘米
move_up(50)	上升 50 厘米	move_down(50)	下降 50 厘米
curve_xyz_speed(x1, y1, z1, x2, y2, z2, speed)		从当前点飞向目标坐标的弧线	

3. 多线程控制：使用 Python 的 threading.Thread 创建两个线程，每个线程分别控制一台

无人机执行相同的飞行动作。通过 start()启动线程，通过 join()等待两个线程完成。

4. 实现飞弧线的 curve_xyz_speed()函数：弧线的飞行可以通过 curve_xyz_speed()实现。参数表示当前无人机飞行的弧线轨迹，由两段弧线定义起点、控制点和终点。使用 curve_xyz_speed (x1, y1, z1, x2, y2, z2, speed)指定从当前点飞向目标坐标的弧线（Tello 支持两段弧线的飞行）。无人机弧线飞行的坐标是相对坐标，单位是厘米。你可以根据需要调整飞行的轨迹。

课堂任务

利用 Python 编程，并结合多线程技术，协调控制两台 Tello 无人机同步执行以下飞行任务：首先同时起飞，随后共同上升 50 厘米，接着并肩向前飞行 50 厘米，之后协同飞出一道优美的弧线，最后依次下降 50 厘米并安全降落。通过精确控制，确保两台无人机在整个飞行过程中保持一致的动作和轨迹。

假设两架无人机的 IP 地址分别为：无人机 1：192.168.10.1；无人机 2：192.168.10.2；计算机的 IP 地址为：192.168.10.101。

探究活动

第 1 步：配置无线局域网与设置无线路由器。首先，进行路由器的配置，具体设置如下：帐号（SSID）：ysit；密码：12345678；DHCP 地址池范围设定为 192.168.10.1 至 192.168.10.99。详细的设置步骤请参考第 7 章 7.3 节探究活动。

第 2 步：配置 DHCP 服务器。接下来，需将 DHCP 服务器的地址池范围同样设置为 192.168.10.1 至 192.168.10.99，以确保与无线路由器的设置相匹配。具体设置方法同样参见第 7 章 7.3 节探究活动。

第 3 步：连接 Tello 无人机至指定 Wi-Fi。逐一开启 Tello 无人机，并在计算机上通过 Wi-Fi 逐个连接到对应编号的无人机。在 Python 3.7 环境下运行 set_ip.py 脚本，确保每架无人机都能成功接入预设的无线网络。set_ap.py 脚本编写与连接的具体操作请参考第 7 章 7.3 节探究活动。

第 4 步：检查 Tello 无人机的接入状态与 IP 地址。登录无线路由器管理界面，查看各架 Tello 无人机的接入情况及所分配的 IP 地址，确保无人机与控制计算机处于同一网段，并根据程序要求将无人机放置在指定位置。

第 5 步，程序设计。把程序保存并命名为“binglie.py”。通过 Python 编写程序，并使用多线程控制两台 Tello 无人机实现以下并列飞行任务：一起起飞；一起上升 50 厘米；一起向前飞行 50 厘米；一起飞一道弧线；一起下降 50 厘米；一起降落。

```
#程序代码如下：
from djitellopy import Tello
import threading
import time
# 定义无人机控制的类
class TelloDrone:
```

```
    def __init__(self, tello_ip):
        self.tello = Tello(tello_ip)
        self.tello.connect()
        self.tello.streamon()
    def parallel_flight(self):
        # 起飞
        self.tello.takeoff()
        time.sleep(2)
        # 上升 50 厘米
        self.tello.move_up(50)
        time.sleep(2)
        # 向前飞 50 厘米
        self.tello.move_forward(50)
        time.sleep(2)
        # 飞一道弧线：模拟从(0, 0)到(100, 100)的圆弧（Tello 的 arc 命令使用的半径和速度）
        self.tello.curve_xyz_speed(100, 100, 0, 200, 0, 0, 30)
        time.sleep(5)
        # 下降 50 厘米
        self.tello.move_down(50)
        time.sleep(2)
        # 着陆
        self.tello.land()
    def disconnect(self):
        self.tello.end()
# 定义多线程函数控制两台无人机
def control_drone(drone):
    drone.parallel_flight()
    drone.disconnect()
# 初始化两台无人机（假设无人机的 IP 地址分别为'192.168.10.1'和'192.168.10.2'）
drone1 = TelloDrone('192.168.10.1')
drone2 = TelloDrone('192.168.10.2')
# 创建两个线程来并行控制两台无人机
thread1 = threading.Thread(target=control_drone, args=(drone1,))
thread2 = threading.Thread(target=control_drone, args=(drone2,))
# 启动线程
thread1.start()
thread2.start()
# 等待线程结束
thread1.join()
thread2.join()
print("两台无人机的并列飞行任务完成。")
```

第 7 步，编码测试与优化。完成代码编写后，单击“Run”或按下“F5”键运行。运行结果如图 7.14 所示。

```
IDLE Shell 3.9.2rc1
File Edit Shell Debug Options Window Help
Python 3.9.2rc1 (tags/v3.9.2rc1:4064156, Feb 17 2021, 11:25:18) [MSC v.1928 64 b
it (AMD64)] on win32
Type "help", "copyright", "credits" or "license()" for more information.
>>>
============ RESTART: C:/Users/surface/Desktop/34并列飞行/34binlie.py =========
====
[INFO] tello.py - 129 - Tello instance was initialized. Host: '192.168.10.1'. Po
rt: '8889'.
[INFO] tello.py - 438 - Send command: 'command'
[INFO] tello.py - 462 - Response command: 'ok'
[INFO] tello.py - 438 - Send command: 'streamon'
[INFO] tello.py - 462 - Response streamon: 'ok'
[INFO] tello.py - 129 - Tello instance was initialized. Host: '192.168.10.2'. Po
rt: '8889'.
[INFO] tello.py - 438 - Send command: 'command'
[INFO] tello.py - 462 - Response command: 'ok'
[INFO] tello.py - 438 - Send command: 'streamon'
[INFO] tello.py - 462 - Response streamon: 'ok'
[INFO] tello.py - 438 - Send command: 'takeoff'
[INFO] tello.py - 438 - Send command: 'takeoff'
[INFO] tello.py - 462 - Response takeoff: 'ok'
[INFO] tello.py - 438 - Send command: 'up 50'
[INFO] tello.py - 462 - Response takeoff: 'ok'
[INFO] tello.py - 438 - Send command: 'up 50'
[INFO] tello.py - 462 - Response up 50: 'ok'
[INFO] tello.py - 462 - Response up 50: 'ok'
[INFO] tello.py - 438 - Send command: 'forward 50'
[INFO] tello.py - 438 - Send command: 'forward 50'
[INFO] tello.py - 462 - Response forward 50: 'ok'
[INFO] tello.py - 438 - Send command: 'curve 100 100 0 200 0 0 30'
[INFO] tello.py - 462 - Response forward 50: 'ok'
[INFO] tello.py - 438 - Send command: 'curve 100 100 0 200 0 0 30'
[WARNING] tello.py - 448 - Aborting command 'curve 100 100 0 200 0 0 30'. Did no
t receive a response after 7 seconds
[INFO] tello.py - 438 - Send command: 'curve 100 100 0 200 0 0 30'
[WARNING] tello.py - 448 - Aborting command 'curve 100 100 0 200 0 0 30'. Did no
t receive a response after 7 seconds
[INFO] tello.py - 438 - Send command: 'curve 100 100 0 200 0 0 30'
[INFO] tello.py - 462 - Response curve 100 100 0 200 0 0 30: 'ok'
[INFO] tello.py - 462 - Response curve 100 100 0 200 0 0 30: 'ok'
[INFO] tello.py - 438 - Send command: 'down 50'
[INFO] tello.py - 462 - Response down 50: 'ok'
[INFO] tello.py - 438 - Send command: 'down 50'
[INFO] tello.py - 438 - Send command: 'land'
[INFO] tello.py - 462 - Response down 50: 'ok'
[INFO] tello.py - 462 - Response land: 'ok'
[INFO] tello.py - 438 - Send command: 'streamoff'
[INFO] tello.py - 462 - Response streamoff: 'ok'
[INFO] tello.py - 438 - Send command: 'land'
[INFO] tello.py - 462 - Response land: 'ok'
[INFO] tello.py - 438 - Send command: 'streamoff'
[INFO] tello.py - 462 - Response streamoff: 'ok'
两台无人机的并列飞行任务完成。
>>>
```

图 7.14 运行结果示意图

成果分享

在本节课的探索之旅中，我们解锁了 Python 编程与多线程技术的完美融合，指挥着两台 Tello 无人机，在蔚蓝的天空中绘制出一幅幅动人心魄的画卷。通过精心编码，无人机 1（192.168.10.1）与无人机 2（192.168.10.2）在计算机（192.168.10.101）指挥下，仿佛被赋予了生命，它们同时腾空而起，携手攀升 50 厘米，再并肩前行 50 厘米，留下一道道平行的优美轨迹。随后，它们默契配合，划出一道令人叹为观止的弧线，最终在精准控制下，优雅地下降 50 厘米，安全降落。这一连串流畅的动作，不仅展现了技术的魅力，更激发了我们对无人机编程无尽的好奇与向往。

思维拓展

通过本节课的学习，我们不仅掌握了利用 Python 编程结合多线程技术协调控制两台

Tello 无人机完成复杂飞行任务的方法，更拓宽了无人机编程的创新视野。在此基础上，我们还可以进一步探索无人机编队飞行的更多可能性，如增加无人机数量形成更复杂的飞行图案，或结合机器视觉技术实现自主避障与路径规划。此外，还可以尝试将音乐、灯光等元素融入无人机飞行表演中，创造更加震撼的视听效果。这些创新应用不仅能够提升无人机的实用性，更能激发我们的创造性思维，推动无人机技术的不断发展，如图 7.15 所示。

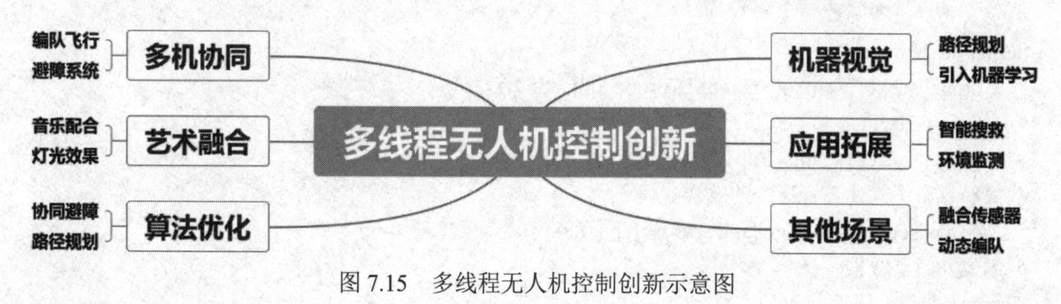

图 7.15　多线程无人机控制创新示意图

当堂训练

1. 在利用 Python 编程控制 Tello 无人机时，为了实现两台无人机（IP 地址分别为 192.168.10.1 和 192.168.10.2）的同时起飞，我们需要采用________技术并发执行起飞命令。

2. 为了确保两台无人机能够共同上升 50 厘米，编程时需要向每台无人机发送包含________指令的控制命令。

3. 在并肩向前飞行 50 厘米的任务中，我们需要通过设定无人机的________参数实现直线前进，并且保证两台无人机的该参数一致。

4. 协同飞出一道优美的弧线任务要求编程者必须精确控制无人机的________和________，以实现两台无人机轨迹的同步与协调。

5. 在整个飞行任务结束前，为了确保两台无人机安全降落，编程时需要向无人机发送________指令，并且监控其________状态，直到确认安全着陆。

想创就创

1. 创新编程。请设计一个 Python 程序，利用多线程技术控制两台 Tello 无人机（IP 地址分别为 192.168.10.1 和 192.168.10.2）执行一项创新的同步飞行任务。任务要求如下：首先，两台无人机同时从地面起飞；随后，它们共同上升至指定高度（例如，50 厘米）；接下来，它们以特定的队形（如“人”字形或“V”字形）并肩向前飞行一段距离（例如，50 厘米）；在飞行过程中，它们需要协同完成一个复杂的动作，如同时围绕一个虚拟中心点做圆周飞行，形成一道动态的弧线；最后，它们再次调整队形，保持一致，依次下降并安全降落。请详细描述程序设计思路，并编写核心代码实现这一创新飞行任务。

2. 程序阅读。请阅读以下 Python 程序片段，该程序旨在利用多线程技术控制两台 Tello 无人机（IP 地址分别为 192.168.10.1 和 192.168.10.2）执行一系列飞行任务。请分析程序中的关键步骤，并指出该程序在实现同步飞行任务时可能存在的问题。例如：指出程序中定义无人机对象及其连接的方式可能存在的问题。分析飞行任务函数 fly_task()中的指令发送顺序是否存在潜在的问题？

```
# 定义无人机对象及其连接
drones = [{'ip': '192.168.10.1', 'socket': socket.socket()},
          {'ip': '192.168.10.2', 'socket': socket.socket()}]
# 省略了连接初始化的具体代码
# 定义飞行任务函数
def fly_task(drone):
    drone['socket'].sendto(b'takeoff', (drone['ip'], 8889))
    time.sleep(1)
    drone['socket'].sendto(b'up 50', (drone['ip'], 8889))
    # 省略了其他飞行指令的发送代码
    drone['socket'].sendto(b'land', (drone['ip'], 8889))
# 创建并启动线程
threads = []
for drone in drones:
    thread = threading.Thread(target=fly_task, args=(drone,))
    threads.append(thread)
    thread.start()
# 等待所有线程完成
for thread in threads:
    thread.join()
```

7.5 编队表演：双机交叉飞行

知识链接

Tello 无人机编队表演中的双机交叉飞行是一项展示无人机协同控制和高精度飞行能力的精彩表演。Tello 无人机编队表演中的双机交叉飞行是一项精彩且技术要求较高的展示。要实现这样的表演，需要精确的编程控制和良好的无人机间协同。以下是对这一表演的深入解读，旨在清晰阐述其技术要点、编程实现过程以及可能面临的挑战与解决方案。

一、编队表演概述

Tello 无人机编队表演，是借助编程与控制技术，让多架 Tello 无人机在空中以特定队形和动作进行飞行展示。其中，双机交叉飞行作为编队表演的一种高难度形式，要求两架无人机在空中以精确的交叉路径飞行，这不仅展示了无人机之间的卓越协同性，更凸显了其高精度的飞行控制能力。

二、技术实现步骤

1. 无人机基础控制

起飞与降落：通过精心编程，向无人机发送起飞和降落指令，确保两架无人机能够同时平稳地完成起降动作。

飞行控制：利用 Tello SDK 等无人机开发工具，通过 UDP 端口发送精确的控制指令，实现对无人机的平移、旋转、速度调整等精细操作。

2. 路径规划与设计

交叉飞行路径设计：精心规划两条在空中相交的飞行路径，确保两架无人机在交叉点处能够安全、顺畅地通过，避免发生任何碰撞。路径规划需要综合考虑无人机的飞行速度、高度、转向半径等关键参数。

同步性控制：通过编程手段，实现两架无人机在飞行过程中的高度同步，使交叉飞行呈现出协调、流畅的视觉效果。这可能需要借助定时器或同步信号等技术手段，确保两架无人机按照预定的时序精确飞行。

3. 通信与协同控制

实时通信链路建立：构建无人机与地面控制站之间以及无人机之间的实时通信链路，确保控制指令和状态数据的即时、准确传输。

协同控制实现：通过编程技术，实现两架无人机的紧密协同控制，使它们能够严格按照预定的路径和时序进行飞行。协同控制过程中需要解决无人机之间的避障、速度匹配等复杂问题。

三、可能面临的挑战与应对策略

1. 通信稳定性问题

挑战：无线通信可能受到各种干扰，导致数据传输不稳定或丢失。

解决方案：采用更稳定的通信协议，增加通信冗余设计，优化通信参数等，以全面提升通信的可靠性和稳定性。

2. 飞行精度挑战

挑战：无人机的飞行精度受到风向、气流、机械磨损等多种因素的影响。

解决方案：通过精确的编程控制和无人机校准技术，提高飞行精度；在飞行路径规划时充分考虑环境因素对飞行精度的影响；在飞行过程中实施实时监测和动态调整。

3. 协同控制难度

挑战：两架无人机的协同控制需要实现高精度的时序和位置控制，技术难度较大。

解决方案：引入先进的控制算法（如 PID 控制器），优化无人机的飞行控制性能；在编队表演前进行充分的测试和调试工作，确保无人机的协同控制性能达到最佳状态；在飞行过程中实施实时监测和动态调整，确保协同控制的稳定性和准确性。

综上所述，Tello 无人机编队表演中的双机交叉飞行是一项极具挑战性和观赏性的展示活动。通过精确的编程控制、合理的路径规划以及稳定的通信与协同控制技术的综合运用，我们可以实现两架无人机在空中以精确的交叉路径飞行，为观众呈现出一场精彩绝伦的无人机编队表演盛宴。随着无人机技术的不断发展和完善，我们有理由相信，未来将会涌现出更多精彩、创新的无人机编队表演作品。

课堂任务

利用 Python3.7 编写一个程序，首先将两架 Tello 无人机和一台计算机接入同一个无线局域网，然后编写的程序能够同时控制两架 Tello 无人机执行以下动作：两架无人机同时起飞；同时向前飞行 100 厘米；最后，让两架无人机在垂直方向上交错飞行，两架无人机同时降落。假设两架无人机的 IP 地址分别为：无人机 1：192.168.10.1；无人机 2：192.168.10.2；计算机的 IP 地址为：192.168.10.101。

探究活动

第 1 步：配置无线局域网与设置无线路由器。首先进行路由器的配置，具体设置如下：帐号（SSID）：ysit；密码：12345678；DHCP 地址池范围设定为 192.168.10.1 至 192.168.10.99。详细的设置步骤请参考第 7 章 7.3 节探究活动。

第 2 步：配置 DHCP 服务器。接下来，需要将 DHCP 服务器的地址池范围同样设置为 192.168.10.1 至 192.168.10.99，以确保与无线路由器的设置相匹配。具体设置方法同样参见第 7 章 7.3 节探究活动。

第 3 步：连接 Tello 无人机至指定 Wi-Fi。逐一开启 Tello 无人机，并在计算机上通过 Wi-Fi 逐个连接到对应编号的无人机。在 Python 3.7 环境下运行 set_ip.py 脚本，确保每架无人机都能成功接入预设的无线网络。set_ap.py 脚本编写与连接的具体操作请参考第 7 章 7.3 节探究活动。

第 4 步：检查 Tello 无人机的接入状态与 IP 地址。登录无线路由器管理界面，查看各架 Tello 无人机的接入情况及所分配的 IP 地址，确保无人机与控制计算机处于同一网段，并根据程序要求将无人机放置在指定位置。

第 5 步，程序设计。把程序保存并命名为“jiaocuo.py”。通过 threading.Thread 创建两个线程，分别控制两台无人机的飞行，确保它们能同步交错飞行。在 control_tello1 和 control_tello2 中直接调用 sock.sendto()发送 SDK 命令控制每台无人机的飞行。使用 for x in range(3)和 for z in range(3)计数循环，确保每台无人机分别在 X 轴（水平）与 Z 轴（垂直）方向都重复飞行三次，形成十字交错轨迹。

```
#jiaocuo.py 程序代码如下：
import threading
import socket
import time
# 创建两个 socket 用于控制两台无人机
sock1 = socket.socket(socket.AF_INET, socket.SOCK_DGRAM)
sock2 = socket.socket(socket.AF_INET, socket.SOCK_DGRAM)
# Tello 无人机的 IP 地址和端口
tello1_address = ('192.168.10.1', 8889) # 第一台无人机的 IP 地址
tello2_address = ('192.168.10.2', 8889) # 第二台无人机的 IP 地址
# 启动 socket
sock1.bind(('', 9000))
sock2.bind(('', 9001))
# 控制第一台无人机的飞行
def control_tello1():
    try:
```

```
        # 进入 SDK 模式
        sock1.sendto('command'.encode(), tello1_address)
        print(f"Sent to {tello1_address}: command")
        time.sleep(2)
        # 起飞
        sock1.sendto('takeoff'.encode(), tello1_address)
        print(f"Sent to {tello1_address}: takeoff")
        time.sleep(5)
        # 执行 Z 轴方向交错飞行 3 次
        for z in range(3):
            sock1.sendto('up 50'.encode(), tello1_address) # 向上 50 厘米
            print(f"Sent to {tello1_address}: up 50")
            time.sleep(2)
            sock1.sendto('down 100'.encode(), tello1_address) # 向下 100 厘米
            print(f"Sent to {tello1_address}: down 100")
            time.sleep(2)
            sock1.sendto('up 50'.encode(), tello1_address) # 向上 50 厘米
            print(f"Sent to {tello1_address}: up 50")
            time.sleep(2)
        # 降落
        sock1.sendto('land'.encode(), tello1_address)
        print(f"Sent to {tello1_address}: land")
    except Exception as e:
        print(f"Error controlling Tello 1: {e}")
# 控制第二台无人机的飞行
def control_tello2():
    try:
        # 进入 SDK 模式
        sock2.sendto('command'.encode(), tello2_address)
        print(f"Sent to {tello2_address}: command")
        time.sleep(2)
        # 起飞
        sock2.sendto('takeoff'.encode(), tello2_address)
        print(f"Sent to {tello2_address}: takeoff")
        time.sleep(5)
        # 执行 X 方向交错飞行 3 次
        for x in range(3):
            sock2.sendto('right 50'.encode(), tello2_address) # 向右 50 厘米
            print(f"Sent to {tello2_address}: right 50")
            time.sleep(2)
            sock2.sendto('left 100'.encode(), tello2_address) # 向左 100 厘米
            print(f"Sent to {tello2_address}: left 100")
            time.sleep(2)
            sock2.sendto('right 50'.encode(), tello2_address) # 向右 50 厘米
            print(f"Sent to {tello2_address}: right 50")
```

```
            time.sleep(2)
        # 降落
        sock2.sendto('land'.encode(), tello2_address)
        print(f"Sent to {tello2_address}: land")
    except Exception as e:
        print(f"Error controlling Tello 2: {e}")
# 启动多线程同时控制两台无人机
def main():
    # 创建两个线程分别控制两台无人机
    thread1 = threading.Thread(target=control_tello1)
    thread2 = threading.Thread(target=control_tello2)
    # 启动线程
    thread1.start()
    thread2.start()
    # 等待两个线程结束
    thread1.join()
    thread2.join()
if __name__ == "__main__":
main()
```

第 6 步，编码测试与优化。完成代码编写后，单击“Run”或按下“F5”键运行束。运行结果如图 7.16 所示。

```
IDLE Shell 3.9.2rc1
File Edit Shell Debug Options Window Help
Python 3.9.2rc1 (tags/v3.9.2rc1:4064156, Feb 17 2021, 11:25:18) [MSC v.1928 64 bit (AMD64)] on win32
Type "help", "copyright", "credits" or "license()" for more information.
>>>
=============== RESTART: C:/Users/surface/Desktop/交错飞行/jiaocuo.py ==============
Sent to ('192.168.10.1', 8889): commandSent to ('192.168.10.2', 8889): command

Sent to ('192.168.10.1', 8889): takeoffSent to ('192.168.10.2', 8889): takeoff

Sent to ('192.168.10.2', 8889): right 50Sent to ('192.168.10.1', 8889): up 50

Sent to ('192.168.10.2', 8889): left 100Sent to ('192.168.10.1', 8889): down 100

Sent to ('192.168.10.1', 8889): up 50Sent to ('192.168.10.2', 8889): right 50

Sent to ('192.168.10.1', 8889): up 50
Sent to ('192.168.10.2', 8889): right 50
Sent to ('192.168.10.1', 8889): down 100
Sent to ('192.168.10.2', 8889): left 100
Sent to ('192.168.10.1', 8889): up 50
Sent to ('192.168.10.2', 8889): right 50
Sent to ('192.168.10.1', 8889): up 50
Sent to ('192.168.10.2', 8889): right 50
Sent to ('192.168.10.1', 8889): down 100
Sent to ('192.168.10.2', 8889): left 100
Sent to ('192.168.10.1', 8889): up 50
Sent to ('192.168.10.2', 8889): right 50
Sent to ('192.168.10.1', 8889): land
Sent to ('192.168.10.2', 8889): land
>>>
```

图 7.16　交叉飞行运行结果

成果分享

在本节课的奇妙探索中，我们携手踏入了 Python 3.7 与 Tello 无人机共舞的殿堂。通过精心编织的代码，我们不仅成功将两架 Tello 无人机（IP 分别为 192.168.10.1 与 192.168.10.2）和我们的计算机（IP 为 192.168.10.101）融入了同一无线局域网的怀抱，更实现了对这两架飞行精灵的同步指挥。随着指令的下达，两架无人机仿佛心有灵犀，同时腾空而起，优雅地划过 100 厘米的空中轨迹，随后又在垂直方向上演绎了一场错落有致的飞行舞蹈，最终默契十足地缓缓降落。这不仅是技术的展现，更是对协同与控制之美的深刻诠释，激发着我们对无人机编程无限可能的遐想与追求。

思维拓展

通过本节课的学习，我们不仅掌握了利用 Python 3.7 控制两架 Tello 无人机完成同步起飞、飞行与降落的基本技能，更重要的是，这一过程激发了我们对无人机编队飞行与协同控制的无限创意。在此基础上，我们可以进一步拓展思维，尝试更多创新性的实践，如探索无人机在三维空间中的复杂编队飞行，设计独特的飞行轨迹与图案；结合机器视觉技术，让无人机能够自主识别与追踪目标，实现更高级的飞行任务；或者将无人机编队应用于实际场景中，如农业监测、影视拍摄等，从而发挥技术的实用价值，如图 7.17 所示。

图 7.17　双机交叉飞行创新示意图

当堂训练

1. 在利用 Python 3.7 编写的程序中，为了与 Tello 无人机建立通信连接，需要导入_________库，并通过该库向无人机的 IP 地址发送控制指令。

2. 要实现两架 Tello 无人机（IP 分别为 192.168.10.1 和 192.168.10.2）同时起飞，需要在程序中分别向这两个 IP 地址发送_________指令。

3. 控制 Tello 无人机向前飞行 100 厘米，需要向无人机的 IP 地址发送包含飞行距离（单位为厘米）的指令，该指令的格式为_________。

4. 在让两架无人机在垂直方向上交错飞行时，可以通过发送_________指令调整无人机的高度，以实现垂直方向上的错开。

5. 完成所有飞行动作后，要使两架 Tello 无人机同时降落，需要向它们的 IP 地址发送_________指令。

想创就创

1. 创新编程。请设计一个 Python 3.7 程序，该程序不仅能实现两架 Tello 无人机（IP 地址分别为 192.168.10.1 和 192.168.10.2）的同时起飞、向前飞行 100 厘米、垂直方向交错飞行以及同时降落，还需要增加一个新的功能：让两架无人机在飞行过程中，根据预设的坐标点（例如，(x1, y1, z1)和(x2, y2, z2)），分别执行一次自定义的三维空间移动，最终再返回起始位置并降落。要求程序结构清晰，注释完整，并考虑无人机飞行的同步性与安全性。

2. 程序阅读。以下是一个简化的 Python 3.7 程序片段，用于控制两架 Tello 无人机执行起飞、前飞和降落动作。请仔细阅读程序，并回答以下问题：程序中使用了哪个库与 Tello 无人机建立通信连接？如何实现两架无人机的同步起飞？在程序中，forward_distance 变量代表什么意义？假设想要在无人机起飞后添加一个延时（如 2 秒），再执行前飞动作，应该如何修改程序？

```
import socket
import time
# 定义无人机的 IP 地址和端口
drone1_ip = '192.168.10.1'
drone2_ip = '192.168.10.2'
port = 8889
# 创建 socket 对象
drone1_sock = socket.socket(socket.AF_INET, socket.SOCK_DGRAM)
drone2_sock = socket.socket(socket.AF_INET, socket.SOCK_DGRAM)
# 发送起飞指令
drone1_sock.sendto(b'takeoff', (drone1_ip, port))
drone2_sock.sendto(b'takeoff', (drone2_ip, port))
# 设定前飞距离（单位：厘米）
forward_distance = 100
# 发送前飞指令
drone1_sock.sendto(f'forward {forward_distance}'.encode(), (drone1_ip, port))
drone2_sock.sendto(f'forward {forward_distance}'.encode(), (drone2_ip, port))
# 发送降落指令
drone1_sock.sendto(b'land', (drone1_ip, port))
drone2_sock.sendto(b'land', (drone2_ip, port))
# 关闭 socket 连接
drone1_sock.close()
drone2_sock.close()
```

7.6 编程集群：多机跟逐飞行

知识链接

多机跟逐飞行是指利用 Python 编程语言编写的程序控制多个 Tello 无人机进行协同飞行，其中一架无人机（通常称为领导者或领航者）引领飞行，其他无人机（称为跟随者）则根据领导者的飞行轨迹和动作进行跟随飞行。

一、技术实现的具体步骤

首先，必须建立稳固的通信连接。这要求使用 Python 3.7 版本的 socket 编程或特定的库（如 DJITelloPy，在其支持 Python 3.7 的前提下）与每一架 Tello 无人机构建无线通信链路。

此步骤确保所有无人机与地面控制站（运行 Python 脚本的计算机）之间的通信既稳定又实时，且高度可靠。

接下来是对无人机的精确控制。通过编写 Python 代码，发送包括起飞、降落、前进、后退、左转、右转等在内的控制指令，以精细调整每架 Tello 无人机的飞行状态，从而保证它们能够准确无误地执行飞行任务。

随后，进行路径规划与协同算法的开发。为领导者无人机设定飞行路径，这可以是预设的轨迹，也可以是基于实时数据的动态规划。同时，开发协同算法，使得跟随者无人机能够根据领导者的飞行数据（位置、速度、航向等）做出实时调整，以维持与领导者的相对位置或飞行状态一致。这一过程涉及复杂的数学运算和逻辑判断。

在飞行期间，实时数据处理与反馈至关重要。Python 脚本需要实时接收并处理每架无人机回传的飞行数据，如位置、速度、电池电量、传感器信息等。根据数据处理结果，动态调整控制指令，并及时发送给相应的无人机，以确保多机跟逐飞行的稳定性和精确度。

由于需要同时操控多架无人机，因此采用多线程或多进程处理成为必然。利用 Python 3.7 的多线程或多进程编程技术，可以并行处理多个无人机的控制任务，从而提升程序的响应速度和执行效率。同时，通过线程或进程间的同步机制（如锁、信号量等），确保多无人机协同飞行时不会发生冲突或数据竞争。

最后，进行实际的测试与验证。在真实的飞行环境中进行多次测试，以检验多机跟逐飞行的效果和稳定性。这包括测试不同场景下的飞行表现，以及处理可能出现的各种异常情况。根据测试结果，对代码和控制算法进行优化与改进，以提高飞行的准确性和安全性。同时，还需要确保飞行环境的合规性和安全性，遵守相关法律法规进行飞行测试和应用。

二、Python 编程的具体步骤

首先，进行环境准备与库安装。确保 Python 3.7 环境已正确安装，并安装与 Tello 无人机通信所需的库，如 DJITelloPy（在其支持 Python 3.7 的情况下）或其他兼容的第三方库。

接下来，进行无人机的初始化与连接。使用无人机的 IP 地址和端口号初始化 Tello 对象，并建立与每架无人机的稳定通信连接。

然后，实现起飞与基本飞行控制。编写函数或方法，实现无人机的起飞、降落、前进、后退、左转、右转等基本飞行控制功能，并对每架无人机进行单独的飞行测试，以确保其能正常响应控制指令。

在飞行过程中，需要获取领导者无人机的数据。对此，可实现一种机制，以实时获取领导者无人机的飞行数据，如位置、速度、航向等。这些数据可以通过无人机的 API、SDK 或自定义的通信协议获取。

同时，开发跟随算法。根据领导者无人机的数据，开发跟随算法，以计算跟随者无人机应飞行的轨迹。跟随算法可以基于简单的比例控制、PID 控制或更高级的机器学习算法。

在实时数据处理与通信方面，Python 脚本需要实时处理领导者无人机的数据，并根据跟随算法计算跟随者无人机的控制指令。随后，将控制指令发送给跟随者无人机，以确保其能实时调整飞行状态。

由于需要同时处理多架无人机的数据和控制指令，因此采用多线程或异步处理成为必要。利用 Python 的多线程、多进程或异步编程技术，并行处理多个无人机的控制任务，并确保线程或进程之间的同步和通信，以避免数据竞争和冲突。

进行飞行测试与调试。在真实的飞行环境中进行多机跟逐飞行的测试，观察无人机的飞行表现，记录数据，并根据需要调整跟随算法和控制参数。

此外，还需要实现安全机制与故障处理。设计安全机制，以处理无人机故障、通信中断或其他紧急情况。确保在发生故障时，能够安全地降落无人机，避免造成损坏或伤害。

最后，进行代码优化与性能提升。对 Python 脚本进行优化，提高代码的执行效率和响应速度。这可以通过采用更高效的算法和数据结构，以减少计算延迟和通信开销实现。

总的来说，利用 Python 3.7 编程实现 Tello 多机跟逐飞行是一项复杂且充满挑战的任务。它涉及多个技术领域的知识和技能，但通过持续的学习和实践，可以逐渐掌握这一技能，并开发出更加先进和实用的无人机应用系统。

课堂任务

利用 Python 3.7 编写一段程序，通过 threading 库和 DJITelloPy 库，实现两架 Tello 无人机的跟随飞行。具体任务为：无人机 1（IP：192.168.10.1）先执行飞行动作，无人机 2（IP：192.168.10.2）在 5 秒后跟随执行相同动作。计算机作为控制端，IP 为 192.168.10.101。

探究活动

第 1 步：配置无线局域网与设置无线路由器。首先进行路由器的配置，具体设置如下：帐号（SSID）：ysit；密码：12345678；DHCP 地址池范围设定为 192.168.10.1 至 192.168.10.99。详细的设置步骤请参考第 7 章 7.3 节探究活动。

第 2 步：配置 DHCP 服务器。接下来，需要将 DHCP 服务器的地址池范围同样设置为 192.168.10.1 至 192.168.10.99，以确保与无线路由器的设置相匹配。具体设置方法同样参见第 7 章 7.3 节探究活动。

第 3 步：连接 Tello 无人机至指定 Wi-Fi。逐一开启 Tello 无人机，并在计算机上通过 Wi-Fi 逐个连接到对应编号的无人机。在 Python 3.7 环境下运行 set_ip.py 脚本，确保每架无人机都能成功接入预设的无线网络。set_ap.py 脚本编写与连接的具体操作请参考第 7 章 7.3 节探究活动。

第 4 步：检查 Tello 无人机的接入状态与 IP 地址。登录无线路由器管理界面，查看各架 Tello 无人机的接入情况及所分配的 IP 地址，确保无人机与控制计算机处于同一网段，并根据程序要求将无人机放置在指定位置。

第 5 步，程序设计。把程序保存并命名为“35follow.py”。

```
#35follow.py 程序代码如下：
from djitellopy import Tello
import threading
import time
# 定义无人机控制的类
class TelloDrone:
    def __init__(self, tello_ip):
```

```
        self.tello = Tello(tello_ip)
        self.tello.connect()
        self.tello.streamon()
    def flight_sequence(self):
        # 起飞
        self.tello.takeoff()
        time.sleep(2)
        # 上升 50 厘米
        self.tello.move_up(50)
        time.sleep(2)
        # 向前飞 50 厘米
        self.tello.move_forward(50)
        time.sleep(2)
        # 飞一道弧线：从(0, 0)飞到(100, 100)的弧线
        self.tello.curve_xyz_speed(100, 100, 0, 200, 0, 0, 30)
        time.sleep(5)
        # 下降 50 厘米
        self.tello.move_down(50)
        time.sleep(2)
        # 着陆
        self.tello.land()
    def disconnect(self):
        self.tello.end()
# 定义多线程函数控制无人机
def control_drone(drone, delay=0):
    # 延迟执行
    time.sleep(delay)
    drone.flight_sequence()
    drone.disconnect()
# 初始化两台无人机（假设无人机的 IP 地址分别为'192.168.10.1'和'192.168.10.2'）
drone1 = TelloDrone('192.168.10.1')
drone2 = TelloDrone('192.168.10.2')
# 创建两个线程分别控制两台无人机
# 第一台无人机立即起飞，第二台无人机延迟 5 秒起飞
thread1 = threading.Thread(target=control_drone, args=(drone1,))
thread2 = threading.Thread(target=control_drone, args=(drone2, 5)) # 延迟 5 秒
# 启动线程
thread1.start()
thread2.start()
# 等待线程结束
thread1.join()
thread2.join()
print("两台无人机的跟随飞行任务完成。")
```

第 6 步，编码测试与优化。完成代码编写后，单击“Run”或按下“F5”键运行。运行结果如图 7.18 所示。

```
IDLE Shell 3.9.2rc1
File Edit Shell Debug Options Window Help
Python 3.9.2rc1 (tags/v3.9.2rc1:4064156, Feb 17 2021, 11:25:18) [MSC v.1928 64 b
it (AMD64)] on win32
Type "help", "copyright", "credits" or "license()" for more information.
>>>
============= RESTART: C:/Users/surface/Desktop/35跟随飞行/35follow.py =========
====
[INFO] tello.py - 129 - Tello instance was initialized. Host: '192.168.10.1'. Po
rt: '8889'.
[INFO] tello.py - 438 - Send command: 'command'
[INFO] tello.py - 462 - Response command: 'ok'
[INFO] tello.py - 438 - Send command: 'streamon'
[INFO] tello.py - 462 - Response streamon: 'ok'
[INFO] tello.py - 129 - Tello instance was initialized. Host: '192.168.10.2'. Po
rt: '8889'.
[INFO] tello.py - 438 - Send command: 'command'
[INFO] tello.py - 462 - Response command: 'ok'
[INFO] tello.py - 438 - Send command: 'streamon'
[INFO] tello.py - 462 - Response streamon: 'ok'
[INFO] tello.py - 438 - Send command: 'takeoff'
[INFO] tello.py - 462 - Response takeoff: 'ok'
[INFO] tello.py - 438 - Send command: 'takeoff'
[INFO] tello.py - 438 - Send command: 'up 50'
[INFO] tello.py - 462 - Response up 50: 'ok'
[INFO] tello.py - 462 - Response takeoff: 'ok'
[INFO] tello.py - 438 - Send command: 'forward 50'
[INFO] tello.py - 438 - Send command: 'up 50'
[INFO] tello.py - 462 - Response forward 50: 'ok'
[INFO] tello.py - 462 - Response up 50: 'ok'
[INFO] tello.py - 438 - Send command: 'curve 100 100 0 200 0 0 30'
[INFO] tello.py - 438 - Send command: 'forward 50'
[INFO] tello.py - 462 - Response forward 50: 'ok'
[INFO] tello.py - 438 - Send command: 'curve 100 100 0 200 0 0 30'
[WARNING] tello.py - 448 - Aborting command 'curve 100 100 0 200 0 0 30'. Did no
t receive a response after 7 seconds
[INFO] tello.py - 438 - Send command: 'curve 100 100 0 200 0 0 30'
[INFO] tello.py - 462 - Response curve 100 100 0 200 0 0 30: 'ok'
[WARNING] tello.py - 448 - Aborting command 'curve 100 100 0 200 0 0 30'. Did no
t receive a response after 7 seconds
[INFO] tello.py - 438 - Send command: 'curve 100 100 0 200 0 0 30'
[INFO] tello.py - 462 - Response curve 100 100 0 200 0 0 30: 'ok'
[INFO] tello.py - 438 - Send command: 'down 50'
[INFO] tello.py - 462 - Response down 50: 'ok'
[INFO] tello.py - 438 - Send command: 'land'
[INFO] tello.py - 438 - Send command: 'down 50'
[INFO] tello.py - 462 - Response down 50: 'ok'
[INFO] tello.py - 462 - Response land: 'ok'
[INFO] tello.py - 438 - Send command: 'streamoff'
[INFO] tello.py - 462 - Response streamoff: 'ok'
[INFO] tello.py - 438 - Send command: 'land'
[INFO] tello.py - 462 - Response land: 'ok'
[INFO] tello.py - 438 - Send command: 'streamoff'
[INFO] tello.py - 462 - Response streamoff: 'ok'
两台无人机的跟随飞行任务完成。
>>>
```

图 7.18 多机跟逐运行结果示意图

成果分享

在本节课的精彩旅程中，编程爱好者们深入 Python 3.7 的奥秘，巧妙地结合了 threading 库与 DJITelloPy 库的力量，共同编织了一场令人瞩目的无人机飞行表演。在这场表演中，无人机 1 宛如领航者，率先在蔚蓝的天空中划出优美的轨迹；而无人机 2，则如同忠诚的追随者，在精准的 5 秒延迟后，完美地复刻了无人机 1 的每一个飞行动作。这一切的指挥与协调，都源自于那台静默却强大的控制端计算机，它坐镇于 192.168.10.101，以无形的代码之线，牵引着这两架无人机共舞天际。这次实践不仅展现了多线程编程的无限可能，更激发了学习者们对无人机协同作业的无限遐想，引领他们向着更广阔的编程天地翱翔。

思维拓展

通过本节课的学习，我们不仅掌握了如何利用 Python 3.7、threading 库以及 DJITelloPy

库实现两架 Tello 无人机的跟随飞行，更重要的是，这一实践过程激发了我们的创新思维。我们可以进一步思考，如何优化无人机的飞行路径，实现更复杂的编队飞行；或者探索如何利用机器视觉技术，让无人机能够自主识别并跟随特定目标。此外，我们还可以考虑加入更多的无人机，形成庞大的无人机集群，进行协同作业。这些创新方向不仅限于技术层面，更涉及到算法优化、策略制定等多个维度，如图 7.19 所示。

图 7.19　多机跟随飞行创新示意图

当堂训练

1. 在利用 Python 3.7 编写无人机控制程序时，我们需要导__________库实现多线程功能，以便同时控制多架无人机。

2. 通过 DJITelloPy 库与 Tello 无人机进行通信时，首先需要创建一个__________对象，并使用该对象的 connect()方法连接到无人机的 IP 地址和端口。

3. 为了实现无人机 1（IP：192.168.10.1）先执行飞行动作，无人机 2（IP：192.168.10.2）在 5 秒后跟随执行相同动作，我们可以在控制无人机 2 的线程中使用__________函数设置一个 5 秒的延迟。

4. 在编写程序时，我们需要定义两个函数：一个用于控制无人机 1 的飞行动作，另一个用于控制无人机 2 的飞行动作。这两个函数应该分别放在两个__________中执行，以实现并行控制。

5. 控制端计算机的 IP 地址为 192.168.10.101，在程序中它并不直接参与无人机的控制，而是作为__________发送控制指令给两架无人机。

想创就创

1. 创新编程。请设计一个创新的 Python 3.7 程序，实现两架 Tello 无人机（无人机 1 IP：192.168.10.1，无人机 2 IP：192.168.10.2）的协同跟随飞行。要求如下：

（1）无人机 1 首先执行一系列预定义的飞行动作，如起飞、前进、左转、右转等，每个动作之间间隔 2 秒。

（2）无人机 2 在无人机 1 开始飞行动作后 5 秒，开始跟随执行与无人机 1 完全相同的飞行动作序列，且每个动作的执行时间应与无人机 1 保持同步。

（3）为了增加复杂性，请设计一个动态调整机制，使得在飞行过程中，可以根据需要实时调整无人机 2 的跟随速度，使其可以是无人机 1 速度的一定比例（例如，50%、75%、100%等）。

（4）请确保程序中使用 threading 库管理无人机的并行控制，并使用 DJITelloPy 库与无人机进行通信。控制端计算机的 IP 为 192.168.10.101，请确保程序能够正确连接到两架无人机。

2. 程序阅读。请仔细阅读以下 Python 3.7 程序片段，该程序使用了 threading 库和 DJITelloPy 库实现两架 Tello 无人机的跟随飞行。你的任务是理解程序的逻辑，并回答后续的问题。

（1）程序中的 fly_tello1()函数和 fly_tello2()函数分别控制哪架无人机？它们各自的执行顺序是怎样的？

（2）time.sleep(5)在 fly_tello2()函数中的作用是什么？为什么需要这个等待时间？

（3）如果想要实现无人机 2 在跟随飞行过程中，每个动作的执行时间都是无人机 1 的一半，应该如何修改程序？

程序片段如下：

```
import threading
import time
from DJITelloPy import Tello
# 初始化无人机对象
tello1 = Tello()
tello2 = Tello()
# 连接无人机
tello1.connect('192.168.10.1', 8889)
tello2.connect('192.168.10.2', 8889)
# 定义飞行动作函数
def fly_tello1():
    tello1.takeoff()
    time.sleep(2)
    tello1.forward(100)
    time.sleep(2)
    tello1.left(90)
    time.sleep(2)
    tello1.land()
def fly_tello2():
    time.sleep(5) # 等待 5 秒
    tello2.takeoff()
    time.sleep(2)
    tello2.forward(100)
    time.sleep(2)
    tello2.left(90)
    time.sleep(2)
    tello2.land()
# 创建线程并启动
thread1 = threading.Thread(target=fly_tello1)
thread2 = threading.Thread(target=fly_tello2)
thread1.start()
thread2.start()
# 等待线程结束
thread1.join()
thread2.join()
```

7.7　编队变换：Tello 雁形飞行

知识链接

编队飞行变换是无人机领域中的一项重要技术，它要求多架无人机在飞行过程中能够保持特定的队形，并根据任务需求进行队形的变换。Tello 无人机作为一款易于编程和操控的小型四旋翼无人机，是学习和实践编队飞行变换的理想选择。

一、基础知识

（一）编队变换的实现

首先进行无人机初始状态设置：我们需要确保所有 Tello 无人机都处于可控状态，并且电量充足；随后，通过编程接口或控制软件，我们要设置每架无人机的初始位置、高度和速度等参数，这样才能确保它们能够在同一时间点开始飞行。

接下来，进入队形规划与设计阶段：根据任务的具体需求，我们要设计合适的队形，无论是“一字”“人字”还是其他更为复杂的队形；同时，还需要精确计算每架无人机在队形中的相对位置，以便在飞行过程中实现精确控制。

然后是飞行指令编程环节：利用 Python 编程语言和 Tello 无人机的 SDK 或第三方库（如 djitellopy），我们要编写出包含起飞、前进、转向、上升、下降等动作的指令代码，并且还要根据队形变换的需要，加入特殊动作指令。

接下来要实现协同控制与通信：必须确保所有 Tello 无人机都能同步接收并执行飞行指令，以维持队形的整齐与稳定；在多架无人机进行编队飞行时，可能需要建立一个中央控制系统协调各架无人机的动作。

在飞行过程中，实时监控与调整显得尤为重要：我们要实时监控每架无人机的状态信息，包括位置、高度、速度等；并且，要根据实时监控数据，及时调整飞行指令，以确保无人机能够按照预定的队形和路径飞行。

最后，完成降落与回收工作：在编队飞行任务结束后，我们要控制所有 Tello 无人机安全降落，并进行回收；在此过程中，要确保无人机的稳定性与安全性，避免发生碰撞或损坏。

综上所述，Tello 无人机编队飞行变换确实是一项复杂而富有挑战性的任务。然而，通过熟练掌握无人机的控制原理、编程技巧以及队形变换算法等方面的知识，我们可以逐步掌握这一技能，并享受到无人机编队飞行带来的乐趣和成就感。同时，不断实践和探索新的飞行模式和算法，也是提升无人机编队飞行能力的重要途径。

（二）雁形飞行的实现

雁形飞行，作为一种经典的飞行队形，要求无人机在飞行中维持特定的相对位置，模拟出大雁飞行的队列形态。在探索 Tello 无人机的雁形飞行实现过程中，我们需关注几个核心方面。

首先，从硬件配置上讲，我们配备了多架 Tello 无人机，如 5 架。Tello 以其轻巧、易操控的四旋翼设计，以及支持 Wi-Fi 连接计算机的特性，为我们提供了通过 Python 进行远程编程控制的便利。为确保飞行任务的顺畅执行，每架无人机都应处于最佳工作状态，且电池电量饱满。

其次，在编程层面，我们选定 Python 3.7 版本，并统一采用 djitellopy 库控制 Tello 无人机。djitellopy 作为一个强大的 Python 库，为我们提供了与 Tello 无人机通信的接口，简化了发送控制指令和接收无人机状态信息的过程。

随后，为了实现从“一字”到“人字”雁形队列的变换，我们需要精心编写一系列控制指令。初始阶段，通过 djitellopy 库初始化无人机，并确保它们在 Y 轴上对齐，同时在 X 轴上以 50 厘米的间距排成“一字”队形。随后，发送前进指令，引导整个队列沿 Y 轴正方向飞行 100 厘米，其间持续监控无人机位置，以保持队形整齐。

接下来是变换为“人字”队形的关键环节。我们根据“人字”队形的特征，预先计算各无人机的目标位置，并编写对应的飞行指令。这可能涉及数学计算，如三角函数，以精确规划无人机在变换过程中的移动路径。在变换过程中，我们仍需要实时监控无人机位置，确保它们准确移至指定位置。

最后，当“人字”队形成功构建后，我们继续控制无人机前行 100 厘米，并发出降落指令，确保所有无人机安全着陆。在此过程中，需要谨慎控制飞行速度和降落高度，以防碰撞或损坏。

总之，完成本节课的教学任务，要求我们熟练掌握 Tello 无人机的硬件特性、Python 3.7 编程语言及 djitellopy 库的应用。通过综合运用这些知识，我们能够编写出精确控制 5 架 Tello 无人机实现“一字”到“人字”雁形队列变换的程序。

二、实现步聚

步骤 1：设置初始“一字”队形

首先定义初始位置：设定 5 架无人机的初始位置，使它们在 X 轴上间隔一定距离（如 50 厘米）排成“一字”形。接下来，起飞并移动到初始位置：发送起飞指令给每架无人机，并使用位置控制模式，将每架无人机精确地移动到其初始位置。

步骤 2：整体向 Y 轴正方向飞行

随后，发送前进指令：给所有无人机发送相同的前进指令，使它们沿 Y 轴正方向飞行一定距离（如 100 厘米）。同时，监控飞行状态：实时监控每架无人机的位置，确保它们在飞行过程中保持队形前进。

步骤 3：变换为“人字”队形

接下来，进行队形变换。首先，计算目标位置：根据“人字”队形的特点，精确计算每架无人机的目标位置，“人字”队形通常包括一个领头的无人机和两侧斜向后的无人机，形成一个类似“人”字的形状。然后，发送变换指令：给每架无人机发送移动到其目标位置的指令，这可能需要结合前进、转向和侧移等复杂动作。在变换过程中，不断调整队形：实时监控无人机的位置，并根据需要进行微调，确保无人机之间的相对位置正确，形成稳定的“人字”队形。

步骤 4：继续前行并降落

最后，继续前行并准备降落。先发送前进指令：给所有无人机发送相同的前进指令，使它们继续沿当前方向飞行一定距离（如再飞行 100 厘米）。当接近预定降落点时，准备降落：发送降落准备指令给每架无人机。最终，安全降落：发送降落指令，确保所有无人机都能安全着陆。在降落过程中，要实时监控无人机的状态，以避免任何可能的碰撞或损坏。

通过遵循上述步骤，你应该能够成功地实现 Tello 无人机编队飞行从“一字”队形到“人字”队形的变换。这确实需要一定的编程和操控技能，但通过不断的练习和探索，你可以逐渐掌握这一高级技能。

课堂任务

运用多线程，控制两台 Tello 无人机并列同时起飞。同时上升 50 厘米，然后以横向队列向前飞 100 厘米，然后顺时针旋转 90 度，呈现纵向队列，再向前飞 100 厘米，然后同时降落。

探究活动

第 1 步：配置无线局域网与设置无线路由器。首先进行路由器的配置，具体设置如下：帐号（SSID）：ysit；密码：12345678；DHCP 地址池范围设定为 192.168.10.1 至 192.168.10.99。详细的设置步骤请参考第 7 章 7.3 节探究活动。

第 2 步：配置 DHCP 服务器。接下来，需要将 DHCP 服务器的地址池范围同样设置为 192.168.10.1 至 192.168.10.99，以确保与无线路由器的设置相匹配。具体设置方法同样参见第 7 章 7.3 节探究活动。

第 3 步：连接 Tello 无人机至指定 Wi-Fi。逐一开启 Tello 无人机，并在计算机上通过 Wi-Fi 逐个连接到对应编号的无人机。在 Python 3.7 环境下运行 set_ip.py 脚本，确保每架无人机都能成功接入预设的无线网络。set_ap.py 脚本编写与连接的具体操作请参考第 7 章 7.3 节探究活动。

第 4 步：检查 Tello 无人机的接入状态与 IP 地址。登录无线路由器管理界面，查看各架 Tello 无人机的接入情况及所分配的 IP 地址，确保无人机与控制计算机处于同一网段，并根据程序要求将无人机放置在指定位置。

第 5 步，程序编码。把程序保存并命名为“Tello-Formation2.py”。

```
#Tello-Formation2.py 程序代码如下：
import threading
from djitellopy import Tello
import time
# 创建两个 Tello 对象
drone1 = Tello('192.168.10.1')
drone2 = Tello('192.168.10.2')
def drone_mission(drone):
    drone.connect()
    drone.takeoff()                    # 起飞
    time.sleep(3)
    drone.move_up(50)                   # 上升 50 厘米
```

```
        time.sleep(3)
        drone.move_forward(100)          # 向前飞 100 厘米
        time.sleep(3)
        drone.rotate_clockwise(90)       # 顺时针旋转 90 度
        time.sleep(3)
        drone.move_forward(100)          # 再次向前飞 100 厘米
        time.sleep(3)
        drone.land()                     # 降落
# 创建两个线程，分别控制两架无人机
thread1 = threading.Thread(target=drone_mission, args=(drone1,))
thread2 = threading.Thread(target=drone_mission, args=(drone2,))
# 启动两个线程
thread1.start()
thread2.start()
# 等待所有线程执行完毕
thread1.join()
thread2.join()
print("无人机完成横队向纵队变换!")
```

第 6 步，编码测试与优化。完成代码编写后，单击“Run”或按下“F5”键运行，如图 7.20 所示。

```
IDLE Shell 3.9.2rc1
File Edit Shell Debug Options Window Help
Python 3.9.2rc1 (tags/v3.9.2rc1:4064156, Feb 17 2021, 11:25:18) [MSC v.1928 64 bit (AMD64)] on win32
Type "help", "copyright", "credits" or "license()" for more information.
>>>
================ RESTART: C:/Users/surface/Desktop/heng-zong.py ================
[INFO] tello.py - 129 - Tello instance was initialized. Host: '192.168.10.1'. Port: '8889'.
[INFO] tello.py - 129 - Tello instance was initialized. Host: '192.168.10.2'. Port: '8889'.
[INFO] tello.py - 438 - Send command: 'command'
[INFO] tello.py - 438 - Send command: 'command'
[INFO] tello.py - 462 - Response command: 'ok'
[INFO] tello.py - 462 - Response command: 'ok'
[INFO] tello.py - 438 - Send command: 'takeoff'
[INFO] tello.py - 438 - Send command: 'takeoff'
[INFO] tello.py - 462 - Response takeoff: 'ok'
[INFO] tello.py - 462 - Response takeoff: 'ok'
[INFO] tello.py - 438 - Send command: 'up 50'
[INFO] tello.py - 438 - Send command: 'up 50'
[INFO] tello.py - 462 - Response up 50: 'ok'
[INFO] tello.py - 462 - Response up 50: 'ok'
[INFO] tello.py - 438 - Send command: 'forward 100'
[INFO] tello.py - 438 - Send command: 'forward 100'
[INFO] tello.py - 462 - Response forward 100: 'ok'
[INFO] tello.py - 462 - Response forward 100: 'ok'
[INFO] tello.py - 438 - Send command: 'cw 90'
[INFO] tello.py - 462 - Response cw 90: 'ok'
[INFO] tello.py - 438 - Send command: 'cw 90'
[INFO] tello.py - 462 - Response cw 90: 'ok'
[INFO] tello.py - 438 - Send command: 'forward 100'
[INFO] tello.py - 438 - Send command: 'forward 100'
[INFO] tello.py - 462 - Response forward 100: 'ok'
[INFO] tello.py - 462 - Response forward 100: 'ok'
[INFO] tello.py - 438 - Send command: 'land'
[INFO] tello.py - 438 - Send command: 'land'
[INFO] tello.py - 462 - Response land: 'ok'
[INFO] tello.py - 462 - Response land: 'ok'
无人机完成横队向纵队变换!
```

图 7.20　运行结果示意图

成果分享

在本节课的蔚蓝画卷中，我们以 Python3.7 为笔，以 Tello 无人机为墨，共同绘就了一场震撼人心的飞行艺术。5 架无人机，宛如天际初绽的晨曦，于同一 Y 轴坐标上静静排列，以 50 厘米的精致间距，在 X 轴上铺展成一道亮丽的“一字”风景线。随着指令的轻盈跳跃，它们仿佛是被赋予了翅膀的诗行，整体抬升，向着 Y 轴的广阔天地翱翔 100 厘米，那一刻，空间与时间仿佛都为之凝固。

随后，无人机群在空中翩翩起舞，巧妙变换为“人字”雁形队列，如图 7.21 所示。如同自然界中最灵动的笔触，勾勒出一幅和谐而壮美的画面。在这片由代码编织的天空下，它们继续以完美的协同，优雅地前行 100 厘米，最终，在完成了这场视觉与智慧的盛宴后，它们缓缓降落，为这次非凡的飞行之旅画上了圆满的句号。这节课，不仅让我们见证了飞行的魅力，更激发了我们对无人机编队飞行的无限遐想与探索。

图 7.21 雁形队列

思维拓展

通过本节课的学习，我们不仅掌握了利用 Python3.7 编程控制 Tello 无人机进行“一字”到“人字”雁形队列变换的技能，更重要的是，这一过程激发了我们的创新思维和探索精神。我们可以进一步思考，如何优化算法，实现更加复杂多变的队形变换，如“V 字”“菱形”甚至动态变化的图案。同时，我们还可以探索无人机在不同环境下的应用，如恶劣天气条件下的稳定飞行、复杂地形的自主导航等。

为了拓宽创新视野，我们可以如图 7.22 所示进行思维拓展。

图 7.22 无人机编队飞行创新

当堂训练

1. 在实现 Tello 无人机从“一字”到“人字”雁形队列变换的过程中，我们使用了________架无人机，并且它们初始时位于同一 Y 轴坐标上。

2. 初始排列时，无人机在 X 轴方向上的间隔是________厘米，形成了“一字”队形。

3. 在开始变换队形之前，所有无人机首先会整体向________方向飞行________厘米。

4. 变换为“人字”队形后，无人机队伍会继续沿________方向飞行________厘米，然后执行降落操作。

5. 为了控制 Tello 无人机完成这些动作，我们使用了________版本的 Python 编程语言进行编程。

想创就创

1. 创新编程：设计一个创新的飞行队列变换程序。要求如下：初始时，5 架 Tello 无人机位于同一 Y 轴坐标，X 轴方向间隔 50 厘米排成“一字”飞行。首先，整体向 Y 轴正方向飞行 100 厘米。然后，变换为一个自定义的复杂队形（如“V 字”“菱形”或其他你能想到的有趣队形）飞行。最后，继续前行 100 厘米，并降落所有无人机。

编写 Python3.7 代码实现你的设计，并简要描述队形变换思路和程序逻辑。

2. 程序阅读。阅读以下 Python3.7 代码片段，该代码用于控制 5 架 Tello 无人机从“一字”队形变换为“人字”队形，并完成飞行和降落。请分析代码，回答以下问题：无人机的初始队形是什么？在变换队形之前，无人机进行了什么操作？“人字”队形的坐标是如何确定的？代码中的 fly_forward()函数起什么作用？无人机在最后执行了什么操作？

```
# 省略了部分初始化代码和库导入，假设已经建立了与无人机的连接
# 初始队形：一字排列
initial_positions = [(i * 50, 0)for i in range(5)]   # (x, y)坐标
# 无人机起飞并飞到初始位置
for i, pos in enumerate(initial_positions):
    drones[i].takeoff()
    drones[i].move_to(pos[0], pos[1]) # 假设 move_to()函数控制无人机移动到指定坐标
# 整体向 Y 轴正方向飞行 100 厘米
for drone in drones:
    drone.fly_up(100) # 假设 fly_up()函数控制无人机沿 Y 轴正方向飞行
# 变换为人字队形
human_positions = [
    (0, 100),    # 无人机 1 位置
    (50, 125),   # 无人机 2 位置
    (100, 150), # 无人机 3 位置（中间）
    (50, 175),   # 无人机 4 位置（与 2 对称）
    (0, 200)     # 无人机 5 位置（与 1 对称）
]
# 移动到“人字”队形位置
```

```
for i, pos in enumerate(human_positions):
    drones[i].move_to(pos[0], pos[1])
# 继续前行 100cm
for drone in drones:
    drone.fly_forward(100) # 假设 fly_forward()函数控制无人机沿 X 轴正方向飞行
# 降落所有无人机
for drone in drones:
    drone.land()
# ... 其他代码（如断开连接等）
```

7.8 多机编队：波浪队形飞行

知识链接

Tello 无人机，作为大疆（DJI）与瑞科（Ryze）携手推出的入门级产品，不仅配备了编程接口，还兼容 Python 等多种编程语言，为控制提供了极大的便利。谈及多机编队，它指的是数架无人机在翱翔天际时，能够遵循预设的队形与轨迹，实现协同飞行。这一壮举的背后，离不开无人机间的实时通信、位置信息共享以及基于算法的飞行状态调整。特别地，波浪队形作为一种独特的编队形式，要求无人机在飞行中模拟波浪轨迹，排列移动，从而营造出动感十足的视觉效果。

一、技术实现

首先是环境配置是基础。我们需要使用 Python 3.7 版本，安装 Tello 无人机的 SDK 或相应库，并将 N 架无人机与计算机接入同一无线局域网，确保双方通信畅通无阻。

随后，IP 地址配置至关重要。每架无人机都需要拥有一个独一无二的 IP 地址，以便计算机能够准确识别并控制它们。同时，计算机的 IP 地址也应设置在同一网段，进一步保障通信的顺利进行。

然后，起飞与降落控制是编队飞行的起点与终点。通过编写程序，发送控制指令，我们可以实现多架无人机的同步起飞与降落，这通常涉及对无人机基本飞行控制命令的精准调用。

接下来，波浪队形控制是编队飞行的核心。我们需要设计算法，精确计算每架无人机在波浪队形中的位置与轨迹。随后，根据算法结果，发送指令给每架无人机，调整其飞行状态与位置，以呈现出完美的波浪队形。这一过程可能涉及复杂的数学计算与实时的位置调整。

此外，实时通信与协同是编队飞行的关键。我们需要实现无人机间的实时通信，共享位置信息与飞行状态。这样，每架无人机都能根据其他无人机的位置与状态，动态调整自己的飞行轨迹，从而保持队形的稳定与协调。

最后，安全机制是编队飞行的保障。我们需要设计完善的安全机制，确保在飞行过程中，无人机之间不会发生碰撞或失控。同时，我们还需要监控无人机的飞行状态与电池电量，一旦发现异常情况，便能及时发出警报或采取紧急措施。

二、挑战与难点

首先，实时性与准确性是编队飞行的首要挑战。波浪队形要求无人机之间的位置与轨迹必须高度精确，且需要实时调整。这对通信速度、算法效率以及飞行控制能力都提出了极高的要求。

其次，稳定性与可靠性是编队飞行的基石。我们需要确保整个系统的稳定性与可靠性，因为任何一架无人机的故障或失控都可能对整个队形的稳定性与安全性造成严重影响。

最后，环境适应性是编队飞行不可忽视的因素。不同的飞行环境（如风速、气流等）可能对无人机的飞行状态与轨迹产生影响。因此，我们需要设计自适应算法，根据环境变化动态调整无人机的飞行策略与参数。

综上所述，Tello 无人机多机编队波浪队形飞行是一项复杂而富有挑战性的任务。它融合了编程、通信、控制理论、数学算法等多个领域的知识与技术。通过不断的研究与实践，我们可以逐步掌握这项技术，并呈现出更加复杂与精彩的无人机编队飞行表演。

课堂任务

在本次课堂任务中，我们要求使用 Python 3.7 版本进行编程，目标是将 N 架 Tello 无人机与一台计算机连接到同一个无线局域网内。我们假设（实际情况下 N 可以为任意正整数）三架无人机的 IP 地址依次为 192.168.10.1、192.168.10.2 和 192.168.10.3，后续无人机的 IP 地址也按照此模式递增。同时，计算机的 IP 地址设定为 192.168.10.101。接下来，需要通过所编写的程序，实现 N 架无人机的同步起飞。在飞行过程中，应控制无人机队列形成波浪起伏的队形效果。最后，当飞行展示结束后，程序需要指令所有 N 架无人机同时降落。

探究活动

第 1 步：配置无线局域网与设置无线路由器。首先进行路由器的配置，具体设置如下：帐号（SSID）：ysit；密码：12345678；DHCP 地址池范围设定为 192.168.10.1 至 192.168.10.99。详细的设置步骤请参考第 7 章 7.3 节探究活动。

第 2 步：配置 DHCP 服务器。接下来，需要将 DHCP 服务器的地址池范围同样设置为 192.168.10.1 至 192.168.10.99，以确保与无线路由器的设置相匹配。具体设置方法同样参见第 7 章 7.3 节探究活动。

第 3 步：连接 Tello 无人机至指定 Wi-Fi。逐一开启 Tello 无人机，并在计算机上通过 Wi-Fi 逐个连接到对应编号的无人机。在 Python 3.7 环境下运行 set_ip.py 脚本，确保每架无人机都能成功接入预设的无线网络。set_ap.py 脚本编写与连接的具体操作请参考第 7 章 7.3 节探究活动。

第 4 步：检查 Tello 无人机的接入状态与 IP 地址。登录无线路由器管理界面，查看各架 Tello 无人机的接入情况及所分配的 IP 地址，确保无人机与控制计算机处于同一网段，并根据程序要求将无人机放置在指定位置。

第 5 步，程序设计。编写程序实现控制若干架无人机同时起飞，同时向前飞 100 厘米，再同时顺时针旋转 90 度，再同时降落。把程序保存并命名为“Tello-wave.py”

```
#Tello-wave.py 程序代码如下：
from djitellopy import Tello
import threading
import time
# 创建两个 Tello 对象，分别代表两台无人机，指向两台无人机的 IP 地址，如果有 N 台无人机，则按照路由器中 DHCP 地址分配指向每一台无人机
tello1 = Tello('192.168.10.1')
tello2 = Tello('192.168.10.2')
# 定义波浪飞行函数，heigh1 为第一个高度，heigh2 为第二个高度
def wave_motion(tello, height1, height2, delay):
    #连接无人机
    tello.connect()
    #无人机起飞
    tello.takeoff()
    # 执行波浪运动
    for i in range(3):  # 执行 3 次波浪运动
        tello.move_up(height1) # 上升到第一个高度
        time.sleep(delay) # 停留片刻
        tello.move_down(height1) # 下降回起始高度
        time.sleep(delay) # 停留片刻
        tello.move_up(height2) # 上升到第二个高度
        time.sleep(delay) # 停留片刻
        tello.move_down(height2) # 下降回起始高度
        time.sleep(delay) # 停留片刻
    #无人机降落
    tello.land()
    tello.end()
# 设置波浪参数
height1 = 50   # 第一个高度，单位为厘米
height2 = 30   # 第二个高度，单位为厘米
delay = 1      # 每次上升或下降后的等待时间，单位为秒
# 创建两个线程，每个线程控制一台无人机，如果有 N 台无人机，则创建 N 个线程
thread1 = threading.Thread(target=wave_motion, args=(tello1, height1, height2, delay))
thread2 = threading.Thread(target=wave_motion, args=(tello2, height2, height1, delay))
# 启动两个线程，如果有 N 台无人机，则启动 N 个线程
thread1.start()
thread2.start()
# 等待两个线程完成，如果有 N 台无人机，则等待 N 个线程
thread1.join()
thread2.join()
print("Mission completed successfully!")
```

第 6 步，编码测试与优化。完成代码编写后，单击“Run”或按下“F5”键运行，如图 7.23 所示。

```
IDLE Shell 3.9.2rc1
File Edit Shell Debug Options Window Help
Python 3.9.2rc1 (tags/v3.9.2rc1:4064156, Feb 17 2021, 11:25:18) [MSC v.1928 64 bit (AMD64)] on win32
Type "help", "copyright", "credits" or "license()" for more information.
>>>
=================== RESTART: C:/Users/surface/Desktop/波浪.py ===================
[INFO] tello.py - 129 - Tello instance was initialized. Host: '192.168.10.1'. Port: '8889'.
[INFO] tello.py - 129 - Tello instance was initialized. Host: '192.168.10.2'. Port: '8889'.
[INFO] tello.py - 438 - Send command: 'command'
[INFO] tello.py - 438 - Send command: 'command'
[INFO] tello.py - 462 - Response command: 'ok'
[INFO] tello.py - 462 - Response command: 'ok'
[INFO] tello.py - 438 - Send command: 'takeoff'
[INFO] tello.py - 438 - Send command: 'takeoff'
[INFO] tello.py - 462 - Response takeoff: 'ok'
[INFO] tello.py - 438 - Send command: 'up 30'
[INFO] tello.py - 462 - Response takeoff: 'ok'
[INFO] tello.py - 438 - Send command: 'up 50'
[INFO] tello.py - 462 - Response up 30: 'ok'
[INFO] tello.py - 462 - Response up 50: 'ok'
[INFO] tello.py - 438 - Send command: 'down 30'
[INFO] tello.py - 438 - Send command: 'down 50'
[INFO] tello.py - 462 - Response down 30: 'ok'
[INFO] tello.py - 462 - Response down 50: 'ok'
[INFO] tello.py - 438 - Send command: 'up 50'
[INFO] tello.py - 438 - Send command: 'up 30'
[INFO] tello.py - 462 - Response up 50: 'ok'
[INFO] tello.py - 462 - Response up 30: 'ok'
[INFO] tello.py - 438 - Send command: 'down 50'
[INFO] tello.py - 438 - Send command: 'down 30'
[INFO] tello.py - 462 - Response down 30: 'ok'
[INFO] tello.py - 462 - Response down 50: 'ok'
[INFO] tello.py - 438 - Send command: 'up 50'
[INFO] tello.py - 438 - Send command: 'up 30'
[INFO] tello.py - 462 - Response up 50: 'ok'
[INFO] tello.py - 462 - Response up 30: 'ok'
[INFO] tello.py - 438 - Send command: 'down 50'
[INFO] tello.py - 438 - Send command: 'down 30'
[INFO] tello.py - 462 - Response down 50: 'ok'
[INFO] tello.py - 462 - Response down 30: 'ok'
[INFO] tello.py - 438 - Send command: 'up 30'
[INFO] tello.py - 438 - Send command: 'up 50'
[INFO] tello.py - 462 - Response up 30: 'ok'
[INFO] tello.py - 462 - Response up 50: 'ok'
[INFO] tello.py - 438 - Send command: 'down 30'
[INFO] tello.py - 438 - Send command: 'down 50'
[INFO] tello.py - 462 - Response down 30: 'ok'
[INFO] tello.py - 438 - Send command: 'up 50'
[INFO] tello.py - 462 - Response down 50: 'ok'
[INFO] tello.py - 438 - Send command: 'up 30'
[INFO] tello.py - 462 - Response up 50: 'ok'
[INFO] tello.py - 462 - Response up 30: 'ok'
[INFO] tello.py - 438 - Send command: 'down 50'
[INFO] tello.py - 438 - Send command: 'down 30'
[INFO] tello.py - 462 - Response down 50: 'ok'
[INFO] tello.py - 462 - Response down 30: 'ok'
[INFO] tello.py - 438 - Send command: 'up 30'
[INFO] tello.py - 438 - Send command: 'up 50'
[INFO] tello.py - 462 - Response up 30: 'ok'
[INFO] tello.py - 462 - Response up 50: 'ok'
[INFO] tello.py - 438 - Send command: 'down 30'
[INFO] tello.py - 438 - Send command: 'down 50'
[INFO] tello.py - 462 - Response down 30: 'ok'
[INFO] tello.py - 462 - Response down 50: 'ok'
[INFO] tello.py - 438 - Send command: 'land'
[INFO] tello.py - 438 - Send command: 'land'
[INFO] tello.py - 462 - Response land: 'ok'
[INFO] tello.py - 462 - Response land: 'ok'
Mission completed successfully!
>>>
```

图 7.23　运行结果

成果分享

在本次课堂任务中，我们编织了一场 Python 与无人机的梦幻联动。利用 Python 3.7 的巧妙编程，我们轻松地将 N 架 Tello 无人机与计算机牵引至同一无线局域网的广阔舞台。想象一下，三架无人机如星辰般点缀于天空，IP 地址依次排列，犹如宇宙中有序的星系。随着代码的跃动，无人机群仿佛被赋予了生命，它们在同一片蓝天下同步起飞，翩翩起舞，演绎出波浪起伏的队形，美不胜收。而这一切，皆在我们的指尖掌控之中。当飞行展示落下帷幕，我们轻挥衣袖，所有无人机便如落叶归根，同步降落，完美谢幕。这场无人机编程之旅，不仅让我们领略了技术的魅力，更激发了我们对未来无限可能的遐想。

思维拓展

通过本节课的学习，我们不仅掌握了如何使用 Python 3.7 编程控制 Tello 无人机进行基本飞行与编队，更在此基础上激发了无限的创新潜能。想象一下，无人机编队不再局限于简单的波浪队形，而是可以变幻出千姿百态的图案与轨迹，如同天空中的流动艺术。我们可以从算法优化、队形设计、动态调整、多机协同、环境感知以及人机交互等 6 个方面进行深度创新。通过算法优化，实现更精准的飞行控制；通过队形设计，展现更丰富的视觉效果；通过动态调整，应对复杂的飞行环境；通过多机协同，完成更复杂的任务；通过环境感知，提升无人机的自主能力；通过人机交互，实现更便捷的操作体验。这 6 个方面的创新思维导图，将引领我们走向无人机编程的广阔天地，开启无限可能，如图 7.24 所示。

图 7.24　波浪队形飞行编程创新

当堂训练

1. 在编程过程中，为了与 Tello 无人机建立通信，我们需要将无人机的 IP 地址和计算机的 IP 地址设定在同一________内。

2. 假设要控制 N 架 Tello 无人机，且已知前三架无人机的 IP 地址分别为 192.168.10.1、192.168.10.2 和 192.168.10.3，那么第 N 架无人机的 IP 地址可以通过________的计算方式得出。

3. 实现 N 架无人机的同步起飞，需要在程序中________地向每架无人机发送起飞指令。

4. 在控制无人机队列形成波浪起伏的队形效果时，我们需要设计算法计算每架无人机在队形中的________。

5. 飞行展示结束后，为了指令所有 N 架无人机同时降落，程序需要________地向每架无人机发送降落指令。

想创就创

1. 创新编程。在本次课堂任务的基础上，请你进一步拓展功能，实现 N 架 Tello 无人机从“一字”队形到“菱形”队形的变换。初始时，N 架无人机位于同一 Y 轴坐标，X 轴方向等间距排成“一字”飞行。首先，整体向 Y 轴正方向飞行一段距离；然后，变换为“菱形”

队形继续飞行，其中“菱形”的对角线长度与初始“一字”队形的长度相同；最后，再飞行一段距离后，程序需要指令所有N架无人机同时降落。请你设计并实现这一功能，考虑N为任意正整数的情况。

答案提示：

首先，根据N的值计算每架无人机的初始位置，确保它们排成“一字”队形。

然后，编写函数实现队形变换，将“一字”队形变换为“菱形”队形。这需要根据N的奇偶性确定菱形的形状，并计算每架无人机在菱形队形中的新位置。

接下来，控制无人机整体向Y轴正方向飞行一段距离，并变换为“菱形”队形继续飞行。

最后，再飞行一段距离后，指令所有N架无人机同时降落。

2. 程序阅读。以下是控制N架Tello无人机实现波浪起伏队形效果的部分代码片段。请仔细阅读代码，并回答以下问题：

```
# 省略了部分代码，包括连接到无人机、起飞等
def form_wave_pattern(drones, amplitude, wavelength):
    """
    控制无人机队列形成波浪起伏的队形效果。
    :param drones: 无人机列表
    :param amplitude: 波浪的振幅
    :param wavelength: 波浪的波长
    """
    for i, drone in enumerate(drones):
        # 计算每架无人机在波浪队形中的 X 轴偏移量
        x_offset = amplitude * math.sin(2 * math.pi * i / wavelength)
        # 假设初始 Y 轴坐标为 0，根据 x_offset 调整无人机的位置
        drone.move_to(x_offset, 0) # 假设 move_to()函数控制无人机移动到指定位置
# 省略了部分代码，包括调用 form_wave_pattern()函数等
```

请回答如下几个问题：

（1）代码中form_wave_pattern()函数的目的是什么？

（2）form_wave_pattern()函数中，amplitude和wavelength参数分别代表什么意义？

（3）假设有5架无人机，amplitude为10，wavelength为4，请描述这5架无人机在形成的波浪队形中的位置关系。

7.9 本章学习评价

请完成以下题目，并借助本章的知识链接、探究活动、课堂训练以及思维拓展等部分，全面评估自己在知识掌握与技能运用、解决实际难题方面的能力，以及在此过程中形成的情感态度与价值观，是否成功达成了本章设定的学习目标。

一、填空题

1. 在实现无人机空中人脸拍摄时，我们首先需要利用OpenCV库进行________，以便在视频流中识别出人脸。

2. 在无人机进行人脸追随飞行时，如果检测到人脸暂时离开视野，无人机应_______并在当前位置悬停，直到重新检测到人脸。

3. 在三机编队飞行中，为了保持队形的稳定性，每架无人机都需要实时共享其_______信息。

4. 通过使用 Python 的_______库，我们可以创建多个线程，从而实现多架无人机的并行控制。

5. 在双机交叉飞行表演中，两架无人机需要在空中以_______的路径飞行，以避免碰撞。

6. 多机追逐飞行要求一架无人机作为_______，其他无人机则根据其飞行轨迹进行跟随。

7. 在实现 Tello 雁形飞行变换时，我们首先需要计算每架无人机在队形中的_______位置。

8. 在波浪队形飞行中，无人机需要通过_______算法精确调整其飞行状态，以呈现出波浪起伏的效果。

9. 为了确保无人机在飞行过程中的安全性，我们需要设计_______机制，以防止无人机之间的碰撞。

10. 在无人机编程中，_______技术是实现多机协同飞行的基础，它允许无人机之间实时共享数据。

二、编程题

1. 请编写一个 Python 程序，实现无人机起飞、打开摄像头、实时检测并跟踪多个人脸，同时无人机根据检测到的人脸位置进行飞行调整，保持人脸在摄像头视野中央。当按下 q 键时，无人机自动降落。

2. 在双机交叉飞行的基础上，增加功能使两架无人机在交叉飞行后，继续以特定的队形（如菱形）飞行一段距离，再同时降落。请编写完整的 Python 代码实现这一功能。

3. 请设计一个程序，实现三架无人机以波浪队形飞行。初始时，三架无人机位于同一高度，随后它们依次上升和下降，形成波浪起伏的效果。请确保每架无人机的飞行高度和速度可以动态调整。

4. 在多机追逐飞行中，增加功能使跟随者无人机能够自主调整其飞行速度，以保持与领航者无人机之间的相对距离恒定。请编写代码实现这一功能。

5. 在 Tello 雁形飞行的基础上，增加功能使无人机群在飞行过程中能够动态变换队形，如从“人字”队形变换为“V 字”队形，再变换回“一字”队形。请编写代码实现这一动态变换过程。

6. 请编写一个 Python 程序，利用多线程技术控制 4 架无人机同步起飞、飞行一段距离、然后以特定的编队队形（如“X 字”形）飞行，最后同时降落。

7. 在实现无人机人脸追随飞行的基础上，增加功能使无人机能够根据检测到的人脸表情做出相应的反应，如检测到笑脸时无人机上升，检测到皱眉时无人机下降。请编写代码实现这一功能。

8. 请设计一个程序，实现两架无人机以镜像队形飞行，即它们始终保持相对位置不变，且飞行轨迹相反。请确保无人机在飞行过程中能够实时调整其位置和速度以维持队形。

9. 在多机编队飞行中，增加避障功能，使无人机在遇到障碍物时能够自主调整飞行路径以避开障碍物。请编写代码实现这一避障功能。

10. 请设计一个创新性的无人机编队飞行表演，要求无人机群在空中绘制出特定的图案（如心形、五角星等），并配以音乐同步进行表演。请编写完整的 Python 代码实现这一表演。

三、程序阅读分析题

（一）程序阅读分析题 1：请阅读以下 Python 代码片段，该程序旨在实现无人机的人脸追随飞行。请分析代码中的关键步骤，并指出程序中可能存在的问题或需要改进的地方。请回答以下几个问题：代码中如何确定无人机是否成功连接并接收到视频流？在控制无人机飞行时，如何确保飞行指令的准确性和实时性？如果在人脸检测过程中没有检测到人脸，程序应该如何处理？

Python 代码片段如下：

```
import cv2
import numpy as np
import socket
from threading import Thread
import time
import keyboard
# 省略了部分代码...
def track_face_and_control_drone():
    global running
    while running:
        ret, frame = cap.read()
        gray = cv2.cvtColor(frame, cv2.COLOR_BGR2GRAY)
        faces = face_cascade.detectMultiScale(gray, 1.3, 5)
        for (x, y, w, h)in faces:
            cv2.rectangle(frame, (x, y), (x + w, y + h), (255, 0, 0), 2)
            face_center = (x + w // 2, y + h // 2)
            # 假设这里已经实现了根据 face_center 控制无人机的飞行逻辑
            control_drone_based_on_face_center(face_center)
        cv2.imshow('Face Tracking', frame)
        if cv2.waitKey(1)& 0xFF == ord('q'):
            running = False
# 省略了部分代码...
```

（二）程序阅读分析题 2：请阅读以下 Python 代码片段，该程序用于控制三架无人机以波浪队形飞行。请分析代码中的逻辑错误或潜在问题，并提出改进建议。请回答以下几个问题：代码中的波浪队形实现逻辑是否正确？如何实现真正的波浪效果？无人机之间的飞行是否同步？如何确保它们按照预期的波浪队形飞行？如果某架无人机在飞行过程中出现故障，程序应该如何处理？

Python 代码片段如下：

```
import threading
import time
from djitellopy import Tello
# 省略了部分代码...
```

```
def wave_formation(drone, amplitude, wavelength, delay):
    drone.takeoff()
    for i in range(5):   # 假设进行 5 次波浪运动
        drone.move_up(amplitude)
        time.sleep(delay)
        drone.move_down(amplitude)
        time.sleep(delay)
    drone.land()
# 省略了部分代码...
# 创建无人机对象并启动线程
drones = [Tello('192.168.10.1'), Tello('192.168.10.2'), Tello('192.168.10.3')]
threads = []
for i, drone in enumerate(drones):
    amplitude = i * 10   # 设置不同的振幅以实现波浪效果
    wavelength = 3   # 假设波长固定为 3
    delay = 1   # 延迟时间
    thread = threading.Thread(target=wave_formation, args=(drone, amplitude, wavelength, delay))
    threads.append(thread)
    thread.start()
# 等待所有线程完成
for thread in threads:
    thread.join()
```

第 7 章答案

第 7 章代码

第 8 章 无人机编程竞赛策略与技巧

CHAPTER 8

在无人机技术飞速跃进的当下，无人机编程竞赛已跃然成为科技创新与智慧较量的前沿阵地。这一国际性赛事不仅推动了无人机技术的快速发展，更为培养跨时代的科技创新人才提供了宝贵平台。在此背景下，掌握无人机编程竞赛策略与技巧，对于培养新时代科技人才、推动无人机技术发展具有重要意义。

本章内容丰富多彩，从职业发展视角概述无人机编程竞赛的广阔前景，到团队协作中探寻制胜之道，再到编程技巧里挖掘代码优化的无限可能，最后以图形编程迷宫竞赛为例，展现无人机编程的实战魅力。通过本章的学习，读者将全面提升逻辑思维、创新思维和系统思维能力，为未来的科技挑战奠定坚实基础。

通过本章的学习，读者将不仅掌握前沿的无人机编程技术，更能在实践中锻炼逻辑思维、创新思维与系统思维能力。让我们携手并进，在无人机编程的征途中探索未知，挑战极限，共同开创无人机技术的新篇章！

本章主要学习内容：

- 职业发展：无人机编程竞赛概况。
- 团队协作：无人机竞赛制胜策略。
- 编程技巧：无人机代码优化策略。
- 图形编程：无人机编程迷宫竞赛。

8.1 职业发展：无人机编程竞赛概况

知识链接

在科技日新月异的今天，无人机编程竞赛已成为展现创新技术与编程才华的璀璨舞台。它不仅考验着参赛者的技术水平与团队协作能力，更为无人机编程领域的职业发展铺设了广阔道路。

一、无人机编程竞赛概述

无人机编程竞赛，作为一项融合了无人机技术、编程技能与创新思维的竞技活动，正逐渐成为展现技术实力和创新潜能的重要舞台。参赛者需要通过精心编写的程序，操控无人机完成诸如自主导航、目标精准识别、复杂路径规划等一系列高难度任务。此类竞赛不仅全面考验着参赛者的技术水平，更对其创新思维及团队协作能力提出了严苛要求。诸如国际无人机大赛、FPV（第一人称视角）竞速赛等知名赛事，通过其独特的赛制、严谨的规则以及参赛者的卓越表现，为观众呈现了一场场精彩纷呈的技术盛宴。

1. 竞赛的现实意义

无人机编程竞赛无疑为参赛者搭建了一个展示个人才华的绝佳平台。通过亲身参与竞赛，参赛者能够在实践中锻炼并提升自己的编程能力、创新思维以及团队协作能力，这些能力对于其未来的职业发展而言，无疑将奠定坚实的基础。同时，此类竞赛还极大地促进了无人机技术的交流与进步，为无人机技术的普及与应用推广贡献了重要力量。

2. 竞赛的参与方式

无人机编程竞赛为参赛者提供了锻炼自身能力、积累实践经验的宝贵机会。首先，参赛者需要通过官方网站或社交媒体等渠道，及时了解竞赛的相关信息，包括比赛时间、地点以及报名方式等。随后，根据竞赛的具体要求，准备相应的无人机设备及编程工具，并深入熟悉比赛规则及评分标准。在准备过程中，参赛者可以组建团队，通过团队协作的方式共同完成任务，以提升整体竞争力。在比赛现场，参赛者需要保持冷静与沉着，灵活应对各种挑战，充分展现自己的技术水平与创新思维。

3. 竞赛的未来发展

展望未来，随着无人机技术的持续进步及应用领域的不断拓展，无人机编程竞赛将迎来更加广阔的发展前景。未来，此类竞赛将更加注重技术创新与实际应用的结合，以推动无人机技术的快速发展与普及。同时，无人机编程竞赛也将为更多的人才提供展示个人才华的机会与平台，为无人机领域培养更多具备高超编程技能与创新能力的优秀人才。

二、竞赛规则与任务设定

无人机编程竞赛，作为展现技术实力和创新思维的平台，其规则与任务设定无疑是这场竞技的公约与核心目标。它们不仅为参赛者提供了明确的指引，还旨在培养参赛者的编程技能、创新思维和团队协作能力，从而为无人机领域的职业发展奠定坚实基础。

（一）竞赛目标与评分标准

在无人机编程竞赛中，目标主要聚焦于无人机的自主飞行能力、任务执行效率以及创新应用潜力。具体而言，我们期望参赛者能够充分展示无人机在复杂环境中的自主导航与避障能力，高效且准确地完成诸如定点拍摄、物资投送等预设任务，并在设计与应用上展现出独特的创新思维。

为确保竞赛的公正性和准确性，我们设定了详细的评分标准，如表 8.1 所示。评分标准紧密围绕竞赛目标展开，分为飞行性能、任务完成度和创新性三大板块。其中，飞行性能包括稳定性、速度和续航能力三个方面，共 30 分；任务完成度则涵盖任务准确性、任务效率和特殊情况处理，共 50 分；创新性则关注设计创新和应用创新，共 20 分。各板块评分细则明确，旨在全面、客观地评估参赛者的表现。

表 8.1 无人机编程竞赛评分标准

一级指标	二级指标	指标解读
飞行性能 30 分	稳定性 10 分	无人机在飞行过程中是否能够保持平稳，无剧烈抖动或失控现象
	速度 10 分	无人机完成指定飞行任务的速度，以快速且安全到达目标点为优
	续航能力 10 分	无人机在完成所有任务后的剩余电量或飞行时间，以体现其续航能力
任务完成度 50 分	任务准确性 20 分	无人机是否准确到达指定位置，完成预设任务，如定点拍摄的照片清晰度、物资投送的准确性等
	任务效率 20 分	完成所有任务所需的总时间，时间越短得分越高
	特殊情况处理 10 分	在飞行过程中遇到突发情况（如风向突变、障碍物等）时，无人机的应对能力
创新性 20 分	设计创新 10 分	无人机在结构设计、功能集成等方面的独特之处
	应用创新 10 分	无人机在任务执行过程中展现出的新颖应用方式或解决方案

（二）创新性与挑战性任务设计

在无人机竞赛中，设计兼具创新性与挑战性的任务对于激发参赛者的潜能、推动技术进步具有重要意义。因此，我们精心设计了以下几项任务。

首先是智能搜救任务。我们要求参赛者设计无人机在模拟的灾难现场执行搜救任务。无人机需要自主识别并避开障碍物，精确定位并标记“伤员”位置，同时传回实时视频画面供地面指挥中心评估。此任务旨在考验无人机的自主导航、避障及数据传输能力。

其次是动态目标追踪任务。参赛者需要编程控制无人机追踪地面移动目标，如模拟逃跑的“嫌疑人”。目标将采用随机路径移动，无人机需要实时调整飞行策略以保持追踪。此任务强调无人机的动态响应与路径规划能力。

最后是协同编队飞行任务。我们要求多架无人机协同执行特定编队飞行任务，如形成特定图案或完成复杂飞行动作。无人机间需要实时通信，协同调整飞行状态，以确保编队的稳定性和精确性。此任务旨在锻炼参赛者的团队协作与系统设计能力。

综上所述，这些任务设计不仅考验了无人机的技术性能，更注重参赛者在创新思维、团队协作及问题解决方面的能力展现。通过参与这样的竞赛，参赛者不仅能够提升自己的综合能力，还能为无人机技术的进一步发展与应用探索提供有力支撑。

三、无人机编程职业发展

无人机编程作为一项新兴的技术领域，具有广阔的就业前景和发展空间。随着无人机技术的不断发展和应用领域的不断拓展，无人机编程人才的需求也日益增加。

（一）职业发展方向概览

在无人机技术迅速发展的今天，无人机编程竞赛已成为培养无人机领域专业人才的重要途径。通过参与竞赛，参赛者不仅能够锻炼自身的编程能力、创新思维和团队协作能力，还能够为未来的职业发展打下坚实的基础。这里将从无人机软件工程师、数据分析与算法工程师、系统集成与测试工程师以及无人机运维与管理人员这 4 个方面，概述无人机编程竞赛的职业发展方向。

首先，无人机软件工程师是无人机编程竞赛中最为直接的职业发展方向之一。这类工程师主要负责无人机的软件设计、开发和维护。在竞赛中，参赛者需要编写控制无人机的程序，这要求他们具备扎实的编程基础和对无人机控制原理的深入理解。通过参与竞赛，他们能够锻炼自己的编程能力，积累宝贵的实践经验，从而为日后成为优秀的无人机软件工程师打下坚实基础。

其次，数据分析与算法工程师也是无人机编程竞赛的重要职业发展方向。在竞赛中，参赛者需要利用数据分析和算法优化无人机的性能，如提高飞行效率、精准定位等。这要求他们具备强大的数据分析和算法设计能力。通过参与竞赛，他们能够熟悉数据分析的流程和算法优化的技巧，为日后从事无人机领域的数据分析与算法工作做好准备。

再者，系统集成与测试工程师同样是无人机编程竞赛的潜在职业发展方向。在竞赛中，参赛者需要将无人机软硬件系统进行集成，并进行全面的测试以确保无人机的稳定性和可靠性。这要求他们具备系统的集成能力和测试技巧。通过参与竞赛，他们能够积累系统集成和测试的经验，为日后成为专业的系统集成与测试工程师提供有力支持。

最后，无人机运维与管理人员也是无人机编程竞赛不可或缺的职业发展方向。在竞赛中，参赛者需要负责无人机的日常维护和故障排查，确保无人机能够正常运行。这要求他们具备扎实的无人机知识和良好的运维能力。通过参与竞赛，他们能够熟悉无人机的结构和运行原理，为日后从事无人机运维与管理工作奠定坚实基础。

（二）职业技能需求与提升

在无人机技术日新月异的今天，无人机编程竞赛已成为衡量参赛者技术实力和创新思维的重要标尺。这一竞赛不仅要求参赛者具备扎实的专业技能，还考验着他们的团队协作能力。下面从编程技能与算法基础、无人机技术原理与操作、数据分析与处理能力以及团队协作与项目管理能力4个方面，详细阐述无人机编程竞赛的职业技能需求，并提出相应的提升策略。

1. 编程技能与算法基础

编程技能与算法基础是无人机编程竞赛的核心技能之一。参赛者需要熟练掌握至少一门编程语言，如Python、C++等，并能够灵活运用各种算法解决复杂问题。在竞赛中，参赛者需要通过编程实现无人机的自主导航、目标识别、路径规划等功能，这要求他们具备高效的编程能力和深厚的算法功底。

为了提升这一技能，参赛者可以通过以下途径进行学习和实践：一是参加线上或线下的编程课程，系统学习编程语言和算法知识；二是参与开源项目或实际项目，通过实践锻炼编程能力和算法设计能力；三是定期参加编程竞赛，如ACM竞赛、蓝桥杯等，以赛促学，不断提升自己的编程水平。

2. 无人机技术原理与操作

无人机技术原理与操作是无人机编程竞赛不可或缺的技能之一。参赛者需要深入了解无人机的飞行原理、控制系统、传感器技术等，并能够熟练操作无人机完成各种任务。在竞赛中，参赛者需要根据任务需求，编写程序控制无人机以完成复杂动作，这要求他们具备扎实的无人机技术基础和熟练的操作技能。

为了提升这一技能，参赛者可以通过以下途径进行学习和实践：一是阅读无人机相关的专业书籍和文献，了解无人机的技术原理和发展趋势；二是参加无人机培训课程或工作坊，学习无人机的操作技巧和注意事项；三是利用模拟器进行无人机飞行训练，熟悉无人机的飞行性能和操作特点。

3. 数据分析与处理能力

数据分析与处理能力是无人机编程竞赛中重要的辅助技能。参赛者需要收集、整理和分析无人机飞行过程中产生的各种数据，如飞行轨迹、速度、高度等，并根据分析结果优化无人机的性能和算法。在竞赛中，数据分析与处理能力能够帮助参赛者更好地了解无人机的飞行状态，提高竞赛成绩。

为了提升这一技能，参赛者可以通过以下途径进行学习和实践：一是学习与数据分析相关的课程或书籍，掌握数据分析的基本方法和工具；二是参与数据分析项目或比赛，通过实践锻炼数据分析能力和解决问题的能力；三是利用编程语言（如Python）进行数据处理和分析，提高数据处理效率和准确性。

4. 团队协作与项目管理能力

团队协作与项目管理能力是无人机编程竞赛中至关重要的技能之一。参赛者需要与团队成员密切合作，共同完成任务。在竞赛中，团队协作与项目管理能力能够帮助参赛者更好地分配资源、协调进度和解决问题，提高竞赛效率和质量。

为了提升这一技能，参赛者可以通过以下途径进行学习和实践：一是参加团队协作和项目管理相关的培训课程或讲座，了解团队协作和项目管理的基本原理和方法；二是参与团队项目或比赛，通过实践锻炼团队协作和项目管理能力；三是学习并应用敏捷开发等项目管理方法，提高团队的工作效率和响应速度。

（三）竞赛到职场过渡策略

无人机编程竞赛不仅成为检验参赛者技术水平和创新能力的平台，更为他们未来的职场发展铺设了坚实的基石。然而，从竞赛走向职场并非一蹴而就，需要参赛者具备有效的过渡策略。下面从竞赛经验如何转化为职场优势、持续学习与技能迭代以及职业规划与定位建议3个方面，探讨无人机编程竞赛参赛者如何顺利实现从竞赛到职场的过渡。

1. 竞赛经验如何转化为职场优势

无人机编程竞赛为参赛者提供了宝贵的实践经验和技能锻炼机会。在竞赛中，参赛者不仅需要掌握扎实的编程技能和无人机技术，还需要具备创新思维和团队协作能力。这些经验和技能在职场中具有极高的价值。

参赛者可通过以下方式将竞赛经验转化为职场优势：一是提炼竞赛中的成功案例和失败教训，形成自己的方法论和知识体系，为职场中的问题解决提供借鉴；二是在简历中突出竞赛经历和获奖情况，展现自己的技术实力和团队协作能力，提高求职竞争力；三是利用竞赛中建立的人脉关系，拓展职场中的合作伙伴和导师资源，为自己的职业发展铺路。

2. 持续学习与技能迭代

无人机技术日新月异，持续学习和技能迭代对于参赛者保持职场竞争力至关重要。在竞赛中，参赛者可能已掌握了某些先进的技术和方法，但职场中的需求和挑战往往更为复杂多变。

为了保持技能的前沿性，参赛者需要采取以下措施：一是关注行业动态和技术发展趋势，定期参加技术研讨会和培训课程，了解最新的技术进展和应用案例；二是积极参与开源社区和项目，与同行交流学习，共同提升技术水平；三是利用业余时间自学新技能，如人工智能、大数据分析等，拓宽自己的技术视野和应用领域。

3. 职业规划与定位建议

明确的职业规划和定位有助于参赛者在职场中更快地找到适合自己的发展方向。在无人机编程竞赛中，参赛者可能已展现出在某些领域的特长和兴趣，这些特长和兴趣可成为职场定位的重要依据。

对于职业规划与定位，参赛者可考虑以下建议：一是结合自己的兴趣和特长，选择与无人机技术相关的职业方向，如无人机研发、系统集成、数据分析等；二是设定短期和长期职业目标，制订详细的职业发展计划，并付诸实践；三是保持开放的心态和灵活的调整能力，根据职场环境的变化和个人发展的情况，适时调整职业规划，确保自己始终走在正确的职业道路上。

四、无人机编程的挑战与机遇

无人机编程作为一门新兴技术，既为行业带来了前所未有的挑战，也孕育着巨大的机遇。随着无人机技术的持续发展和普及，无人机编程人才的需求呈现出日益增长的趋势。然而，这一领域技术的复杂性和多样性，无疑给学习者带来了不小的挑战。

为了应对这些挑战，学习者需要保持对新技术和新趋势的高度敏感度和好奇心，不断学习和更新自己的知识和技能。此外，无人机技术的安全性和伦理道德问题也不容忽视，这是确保无人机技术健康发展的关键所在。学习者应深入了解并严格遵守相关的安全规范和法律法规，确保无人机在飞行过程中的安全性和合法性。

在无人机编程的机遇方面，其应用前景可谓广阔无垠。无人机已在农业、环保、物流、航拍等多个领域展现出巨大的应用潜力。无人机编程技术将为这些领域注入更多的创新和可能性，推动行业的转型升级和高质量发展。因此，掌握无人机编程技能无疑将为个人的职业发展开辟更为广阔的道路。

面对这样的机遇，我们更应鼓励创新思维与跨界合作。无人机编程是一门需要不断创新和跨界融合的领域。通过探索无人机技术与其他领域的结合点，我们可以发现更多新的应用场景和解决方案，推动无人机技术的不断进步和发展。同时，跨界合作也将为无人机技术的发展带来更多的资源和机会，促进无人机技术与其他领域的深度融合和协同发展。

此外，实践项目和案例研究在无人机编程的学习过程中同样占据着举足轻重的地位。学习者应通过参与实践项目，将理论知识与实际场景相结合，从而加深对无人机编程的理解和应用能力。同时，通过对实际案例的研究和分析，学习者可以更加直观地了解无人机编程在各个领域的应用情况，为未来的职业发展提供宝贵的借鉴和参考。

课堂任务

通过深入挖掘无人机竞赛中的技术创新点，并研究可操作的实践方案，旨在提升参赛者的技术创新能力和实战水平，推动无人机技术的快速发展和应用。

探究活动

第 1 步：挖掘无人机竞赛技术创新点

1. 分组研讨

将参与者分为若干小组，每组负责一个技术领域的探讨：无人机自主导航与避障算法创新、无人机集群控制与协同作业技术、无人机在特定行业中的应用创新。

小组内成员通过查阅资料、观看视频、讨论交流等方式，深入了解各自领域的前沿技术和创新点。

2. 专家讲座

邀请无人机领域的专家进行线上或线下讲座，分享最新的技术创新成果和竞赛经验。讲座结束后，组织参与者提问和互动，加深对技术创新点的理解。

3. 成果展示与汇报

各小组将研讨成果进行整理，制作成 PPT 或视频进行展示。组织汇报会，让各小组上台展示并分享他们的发现和思考。

第 2 步：研究可操作性实践方案

1. 开设无人机编程竞赛培训课程

设计详细的课程大纲，涵盖无人机基础知识、编程语言、算法设计、飞行控制原理等。邀请具有丰富经验的教师或行业专家进行授课，结合理论讲解和实操演练，提升参与者的技能水平。定期考核学员的学习成果，及时调整教学策略和内容。

2. 组织实战演练与模拟竞赛

制定实战演练计划，模拟真实竞赛环境，让参与者进行无人机编程和飞行控制的实操练习。组织模拟竞赛，设置与正式竞赛相似的规则和评分标准，检验参与者的实战能力和应变能力。对参与者的表现进行及时反馈和指导，帮助他们发现不足并持续改进。

3. 搭建无人机编程学习与交流平台

建立线上论坛和线下沙龙，为参与者提供一个交流经验、探讨问题的渠道。定期举办技术研讨会，邀请行业专家和学员共同参与，分享最新的技术动态和竞赛信息。鼓励参与者分享自己的学习心得和技术难题，形成良好的学习氛围。

4. 推动校企合作与产教融合

与无人机企业建立合作关系，引入企业的先进技术、实战经验和市场需求。共同开发课程资源和实习项目，为参与者提供贴近实际的学习内容和实习机会。组织企业参观和交流活动，让参与者了解企业的运作模式和无人机技术的应用场景。

想一想：无人机编程竞赛如何促进参赛者在无人机编程领域的职业发展？请举例说明。

思维拓展

作为无人机编程领域的专家，我们深知创新思维与创造力对于推动技术发展的重要性。在无人机编程竞赛与职业发展中，掌握 Python 编程技能是基础，而提升创新思维与创造力则是关键。通过参与竞赛，参赛者不仅锻炼了自己的编程能力，更学会了如何在复杂任务中寻找创新解决方案。同时，跨领域的知识融合也是激发创造力的有效途径。鼓励读者在掌握编程技能的基础上，勇于探索未知领域，将无人机技术与其他学科相结合，开拓出更多创新应用场景。这样，不仅能提升个人的职业竞争力，更能为无人机技术的发展贡献新的力量，如图 8.1 所示。

图 8.1　无人机编程竞赛与职业发展示意图

当堂训练

1. 在科技迅猛发展的今天，无人机编程竞赛已成为衡量参赛者________与________的重要标尺，同时也为无人机编程领域的职业发展奠定了坚实基础。

2. 无人机编程竞赛不仅要求参赛者具备扎实的编程技能，还考验其________、________以及________等综合能力。

3. 无人机编程职业发展路径具有多元化特征，参赛者可通过竞赛积累经验，向无人机软件工程师、________、________等职业方向发展。

4. 为了将无人机编程竞赛经验转化为职场优势，参赛者需要提炼竞赛中的________与________，形成自己的知识体系。

5. 无人机编程竞赛中的任务设计往往注重________与________的结合，以激发参赛者的潜能并推动技术进步。

想创就创

1. 无人机编程竞赛如何促进无人机技术的交流与进步？请结合文中内容简要说明。

2. 在无人机编程竞赛中，团队协作的重要性体现在哪些方面？请举例说明。

3. 无人机编程职业发展前景广阔，你认为未来无人机编程人才将主要集中在哪些领域？请至少列举两个领域并说明原因。

4. 如何将无人机编程竞赛中的创新思维应用到实际工作中？请给出具体建议。

5. 面对无人机编程领域的挑战与机遇，你认为个人应该如何做才能不断提升自己的竞争力？

8.2　团队协作：无人机竞赛制胜策略

知识链接

无人机竞赛不仅是对参赛者技术能力的考验，更是对团队协作与规划设计能力的综合挑战。一个高效、协调的团队，能够发挥出远超个体总和的力量，从而在竞赛中脱颖而出。以下是对 Python 无人机编程竞赛规划设计与团队协作的深入探讨。

一、无人机竞赛策略规划设计

（一）竞赛规则与任务分析

在无人机竞赛中，深入解读竞赛规则是制定有效策略的前提。本次竞赛规则明确指出了任务目标：无人机需要在规定时间内，自主完成一系列飞行动作，包括定点起飞、空中悬停、障碍穿越及精准降落等。同时，规则也设定了严格的限制条件，如无人机重量不得超过特定值，飞行高度与速度均有明确限制。

针对任务目标，我们分析出以下难点与关键点：首先，定点起飞与精准降落要求无人机具备高精度的定位能力；其次，空中悬停考验无人机的稳定性与控制系统；再次，障碍穿越则要求无人机具备灵活的避障算法与快速响应能力。此外，竞赛还强调无人机的自主性，即无人机需要在没有人工干预的情况下完成任务。

（二）技术选型与算法设计

在无人机竞赛的技术选型中，我们依据任务需求，精心选择了 Python 作为开发语言，并配套选用了一系列高效的库与工具。对于路径规划，我们采用了 networkx 库，其强大的图论功能为无人机的航线优化提供了有力支持。在图像识别方面，OpenCV 库以其丰富的图像处理函数，成为我们实现目标检测与跟踪的首选。

算法设计上，我们针对路径规划问题，提出了一种基于 Dijkstra 算法的改进方案，通过引入启发式函数，加快了搜索速度，同时保证了路径的最优性。在图像识别算法上，我们采用了卷积神经网络（CNN），通过训练大量样本，提高了无人机对目标的识别准确率与健壮性。

算法的创新性在于，我们结合了无人机竞赛的特定场景，对经典算法进行了针对性优化。通过引入动态调整机制，使算法能够根据实时环境变化，自适应地调整参数，从而提升了无人机的性能。同时，我们对算法的可行性进行了充分验证，通过模拟实验与实地测试，证明了算法在实际应用中的有效性与稳定性。综上所述，我们的技术选型与算法设计，为无人机在竞赛中的优异表现奠定了坚实基础。

（三）程序结构优化与代码优化

在无人机竞赛的编程实践中，程序结构优化与代码优化通过一系列优化措施，打造简洁、易读、易维护的代码体系，同时提高开发效率，减少运行时间与资源消耗。

首先，在程序结构上，我们采用了模块化设计思想，将无人机控制、路径规划、图像识别等功能模块独立封装，每个模块内部实现单一职责，降低模块间的耦合度。这不仅提高了代码的可读性与可维护性，还为后续的功能扩展与升级提供了便利。

其次，我们注重代码复用，通过定义通用函数与类，避免重复编写相同功能的代码。例如，在路径规划与图像识别中，我们分别设计了通用的路径规划算法与图像处理函数，这些函数可以在不同场景下被重复调用，大大提高了开发效率。

在代码性能调优方面，我们采用了多种优化手段。针对路径规划算法，我们通过预处理地图数据、减少不必要的搜索节点，显著降低了算法的运行时间。在图像识别中，我们采用了多线程并行处理技术，充分利用多核 CPU 的计算能力，提高了图像处理速度。同时，我们还对内存使用进行了精细管理，避免了内存泄漏与无效占用，进一步减少了资源消耗。

（四）无人机性能与飞行安全策略

在无人机竞赛中，无人机的飞行性能与飞行安全为竞赛的成功提供了有力保障。首先，我们对无人机的飞行性能参数进行了深入分析，包括飞行速度、飞行高度、续航能力以及稳定性等。基于这些参数，我们制定了相应的飞行策略，如在保证安全的前提下，尽可能提高飞行速度以缩短任务时间；根据任务需求，灵活调整飞行高度以获取更好的拍摄或监测效果；同时，合理安排无人机的飞行路径，以最大化其续航能力。

在飞行安全方面，我们设计了多重飞行安全机制。避障算法是其中的核心，我们采用了基于视觉与超声波融合的避障算法，能够实时感知周围环境，准确识别并避开障碍物。此外，我们还设计了紧急降落程序，一旦无人机出现异常情况，如电量过低、信号丢失等，程序将立即启动，引导无人机安全降落，避免发生意外。

为进一步提升无人机的稳定性与安全性，我们在策略设计中融入了冗余设计与容错机制。通过为关键系统配备备份，如双电池系统、双通信模块等，确保无人机在单一故障情况下仍能正常工作。同时，我们还对无人机的控制算法进行了优化，提高了其在复杂环境下的适应性与健壮性。

二、团队协作与项目管理

（一）团队组建与分工

在无人机竞赛中，一个高效、协作的团队是成功的关键。为了实现这一目标，我们根据成员的技能特长进行了合理的分工，并明确了各自的职责，确保每位成员都能在其擅长的领域发挥最大效用。例如，具有丰富编程经验的成员负责无人机的软件开发与算法优化；机械工程专业的成员则专注于无人机的结构设计与组装；而具备飞行经验的成员则承担无人机的测试与调试工作。

团队组建初期，我们对每位成员的技能进行了评估，包括编程、电子设计、机械设计、飞行控制等多个方面。根据评估结果，我们将成员分配到相应的岗位，如软件开发、硬件设计、飞行测试等，确保每个领域都有专业的人员负责。

为确保团队信息畅通，我们建立了多种沟通机制。例如，定期举行团队会议，分享工作进展，讨论遇到的问题及解决方案。同时，利用即时通信工具进行日常沟通，确保信息能够及时传递。此外，我们还设立了专门的协调人员，负责整合各方资源，确保项目按计划推进。

（二）团队协作模式

在无人机竞赛中，团队协作的效率与质量直接影响到竞赛的成败。敏捷开发与Scrum等团队协作模式，为我们提供了有效的解决方案。

敏捷开发强调快速响应变化、持续交付与团队协作。在无人机竞赛中，我们采用敏捷开发模式，将任务分解为小迭代，确保每个阶段都能迅速反馈、调整与优化。Scrum框架则进一步明确了团队角色与会议流程，如每日站会、迭代评审等，促进了团队间的紧密协作与信息流通。

团队协作的重要性不言而喻。通过敏捷开发与Scrum模式，我们促进了团队成员间的知识共享与技能提升。每个成员都能在协作中学习到其他领域的专业知识，从而提高了整个团队的综合能力。这种团队协作模式，为我们在无人机竞赛中取得优异成绩奠定了坚实基础。

（三）项目管理工具与方法

在无人机竞赛中，项目管理工具如 Jira 和 Trello 发挥着至关重要的作用。Jira 以其强大的任务管理和问题追踪功能，帮助团队成员清晰了解各自的任务进度和待解决问题，有效提升了协作效率。Trello 则以直观的可视化看板形式，简化了任务分配和进度监控过程，使得项目管理更加透明和高效。

为了进一步提升项目管理效率，竞赛团队采用了敏捷迭代和持续集成的方法。通过敏捷迭代，团队能够将项目分解为多个小周期，每个周期结束后都能交付可用的软件版本，从而快速响应变化、调整策略。持续集成则通过自动化构建、测试和部署流程，减少了人工干预，提高了软件质量和交付速度。

综上所述，无人机竞赛团队通过结合 Jira、Trello 等项目管理工具，以及敏捷迭代、持续集成等方法，有效提升了项目管理的效率，为竞赛的成功奠定了坚实的基础。

（四）冲突解决与激励机制

在无人机竞赛的团队协作中，冲突是难以避免的。常见冲突包括任务分配不均、意见不合等。为有效解决这些冲突，团队应建立开放的沟通渠道，鼓励成员表达意见和诉求。对于任务分配不均的问题，可通过重新评估和调整任务分配平衡工作量。对于意见不合，则可通过团队讨论和协商达成共识，必要时引入第三方调解。

为激发团队成员的积极性和创造力，设计合理的激励机制至关重要。一方面，可以设立明确的奖励制度，对表现突出的个人或团队给予物质或精神奖励，如奖金、荣誉证书等。另一方面，鼓励团队成员参与决策过程，增强其归属感和责任感。同时，提供持续的学习和发展机会，帮助团队成员提升技能水平，实现个人价值。

课堂任务

分析无人机竞赛中的创新策略案例，理解其创新点及对竞赛成绩的提升效果。探讨并实践团队协作在无人机竞赛中的重要性及可操作性方法。培养学生的创新思维、团队协作能力和问题解决能力。

探究活动

第一阶段：创新策略设计案例及分析

1. 案例引入

简要介绍无人机竞赛的背景和重要性，引出创新策略在竞赛中的关键作用。

2. 案例分析与讨论

案例一：先进路径规划算法的应用

展示案例背景和创新点，引导学生分析该策略如何提升竞赛成绩。学生分组讨论，模拟测试算法的过程，推选代表分享小组观点。

案例二：敏捷迭代与持续集成在团队协作中的应用

介绍敏捷迭代和持续集成的概念，分析其在无人机软件开发中的优势。学生思考并写下小组作业中实施敏捷迭代和持续集成的具体步骤，教师收集并点评。

3. 总结与反思

总结两个案例的创新点和实施效果，引导学生反思创新策略在无人机竞赛中的重要性。

第二阶段：可操作性团队协作实践活动

1. 跨学科团队协作案例分享

教师介绍跨学科团队协作的背景和实践过程，强调成员专业优势在项目实施中的作用。学生根据学科知识，组建无人机竞赛跨学科团队，写下团队成员构成和分工，同桌交流。

2. 敏捷开发与持续集成实践模拟

教师讲解敏捷开发和持续集成的具体方法，强调其在快速响应变化和保证代码质量方面的优势。学生以小组为单位，模拟无人机竞赛项目的敏捷开发过程，绘制流程图，展示从任务分配到最终测试的各个环节。

3. 建立有效沟通机制案例探讨

教师分享沟通不畅影响项目进度的案例，引出建立有效沟通机制的重要性。学生思考日常小组作业中的沟通问题，提出至少两个可建立的有效沟通机制，全班讨论。

4. 团队协作经验分享与总结

每个小组选择一种团队协作实践（跨学科协作、敏捷开发、有效沟通机制），分享实施经验和效果。教师总结团队协作在无人机竞赛中的关键作用，鼓励学生在未来项目中积极应用所学方法。

第三阶段：活动评估与反馈

1. 小组互评与自评

学生根据活动表现进行小组互评和自评，评估内容包括创新思维、团队协作能力和问题解决能力等。

2. 教师总结与反馈

教师对整个活动进行总结，点评学生在各个环节的表现，提出改进建议。鼓励学生将所学方法应用到未来的无人机竞赛和小组作业中，持续提升创新能力和团队协作水平。

想一想：在无人机编程竞赛中如何做到代码优化？请举例说明。

思维拓展

在 Python 无人机编程竞赛中，策略规划与团队协作是成功的关键。策略上，需要深入分析竞赛要求，明确技术路线，设定阶段性目标，注重技术创新与实战应用结合。团队协作上，应构建多元化团队，强化沟通机制，确保信息畅通；明确任务分工，建立进度监控，利用技术工具提高效率。这些策略不仅适用于无人机竞赛，更可拓展至机器人、AI 等科技创新领域。通过跨学科合作，可激发创新思维，提升团队整体实力，共同应对复杂挑战，开拓更广阔的应用前景，如图 8.2 所示。

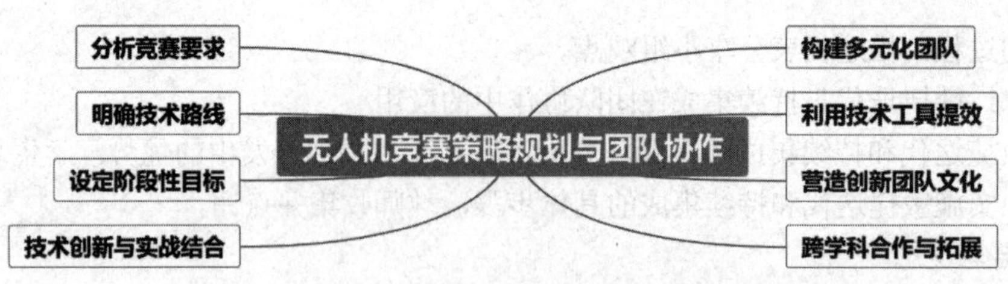

图 8.2 无人机竞赛策略规划与团队协作创新示意图

当堂训练

1. 在无人机竞赛团队中，为了实现高效协作，首先需要构建合理的团队结构，确保团队成员涵盖________、________、________等多个领域，以多角度解决竞赛中遇到的问题。

2. 高效的沟通机制对于团队协作至关重要。团队应定期召开会议，并利用________、________等在线协作平台进行代码管理、任务分配和即时通信，以提高团队协作效率。

3. 在任务管理方面，团队应制订详细的项目计划和时间表，明确各个阶段的目标，并通过设定________激励团队成员并监控项目进度。

4. 技术支持是团队协作不可或缺的一部分。团队应利用先进的编程工具和无人机技术，同时建立________和________流程，确保代码的稳定性和性能。

5. 积极的团队文化对于实现高效协作具有重要影响。团队应建立一种以________为导向的文化，鼓励成员共同努力实现共同目标，并通过表彰和奖励增强团队凝聚力和向心力。

想创就创

1. 在无人机竞赛团队中，如何构建一个多元化的团队结构，以确保能够从多个角度解决竞赛中遇到的技术难题？

2. 在无人机竞赛项目中，如何建立有效的沟通机制，以促进团队成员之间的信息共享和协同工作？

3. 在无人机竞赛任务管理中，如何设定关键里程碑，以激励团队成员并监控项目进度？

4. 在无人机竞赛中，如何利用技术支持提高团队协作效率和无人机性能？

5. 如何营造积极的团队文化，以增强团队凝聚力和向心力，提高无人机竞赛项目的成功率？

8.3 编程技巧：无人机代码优化策略

知识链接

在 Python 无人机竞赛中，编程技巧与代码优化是提升竞赛表现的核心要素。编程技巧的应用不仅能够提高代码的运行效率，还能增强代码的可读性和可维护性，从而为参赛者赢得宝贵的时间和分数。以下是对 Python 无人机竞赛中编程技巧与代码优化的深入探讨。

一、Python 无人机竞赛编程优化要点

首先，合理的数据结构与算法选择是编程技巧的基础。在无人机竞赛中，无人机需要处理大量的飞行数据、传感器数据和图像数据等。选择合适的数据结构，如列表、元组、字典和集合等，可以显著提高数据的处理效率。例如，使用字典存储无人机的状态信息，可以快速地通过键名访问对应的值，减少时间复杂度。此外，针对具体的问题，选择高效的算法，如快速排序、二分查找等，也能显著提升程序的性能。

其次，代码优化是编程技巧的高级应用。在 Python 中，代码优化主要包括内存优化、计算优化和逻辑优化等方面。内存优化通过减少不必要的数据存储和复制，降低程序的内存占用。计算优化则通过减少重复计算和避免不必要的函数调用，提高程序的执行速度。逻辑优化则通过简化代码逻辑，减少冗余代码，提高代码的可读性和可维护性。例如，在无人机控制代码中，可以将常用的计算逻辑封装成函数，减少代码重复，同时利用条件语句和循环语句优化代码逻辑，提高代码的执行效率。

此外，并发编程和异步处理也是 Python 无人机竞赛中常用的编程技巧。在无人机竞赛中，往往需要同时处理多个任务，如图像识别、路径规划和飞行控制等。通过并发编程和异步处理，可以有效地提高程序的并发性能和响应速度。Python 提供了多种并发编程库，如 threading、multiprocessing 和 asyncio 等，参赛者可以根据具体需求选择合适的库实现并发编程和异步处理。

最后，代码测试和调试是编程技巧与代码优化的重要保障。在无人机竞赛中，代码的稳定性和可靠性至关重要。通过编写单元测试和集成测试，可以及时发现和修复代码中的错误和漏洞。同时，利用调试工具和分析工具对代码进行性能分析，可以找到性能瓶颈并进行针对性优化。例如，使用 cProfile 模块对 Python 代码进行性能分析，可以找出程序中耗时最多的部分，从而进行重点优化。

综上所述，Python 无人机竞赛中的编程技巧与代码优化涉及多个方面，包括合理的数据结构与算法选择、代码优化、并发编程和异步处理以及代码测试和调试等。参赛者通过掌握这些编程技巧和优化方法，可以显著提升代码的性能和可维护性，从而在竞赛中取得更好的成绩。

二、编程技巧与代码优化的策略

在 Python 无人机竞赛中，实现编程技巧与代码优化是提升竞赛表现、增强无人机控制效能的关键。以下是如何在 Python 无人机竞赛中实现编程技巧与代码优化的优化策略。

（一）数据结构与算法优化

在 Python 无人机竞赛中，编程技巧的发挥与代码的优化直接关系到竞赛成绩的好坏。其中，选择合适的数据结构与优化算法是实现高效无人机控制的关键所在。

首先，在数据结构的选择上，需要根据无人机竞赛的具体需求进行考量。无人机在飞行过程中，其状态信息（如位置、速度、方向等）的实时获取与更新至关重要。此时，使用字典（dictionary）作为存储结构便显得尤为合适。字典通过键值对的形式存储数据，其访问时间复杂度为 O(1)，这意味着无论数据规模多大，获取或更新无人机状态信息的时间都是恒定的，从而保证了无人机控制指令的实时性与准确性。

其次，在算法优化方面，无人机竞赛中常涉及路径规划、图像识别等复杂功能的实现。以路径规划为例，选择高效的算法对于提高程序执行效率、确保无人机快速准确到达目的地具有重要意义。A*算法作为一种经典的启发式搜索算法，能够在保证找到最短路径的同时，通过引入启发式函数评估当前节点到目标节点的估计成本，从而有效减少搜索空间，提高搜索效率。在无人机竞赛中，利用 A*算法进行路径规划，不仅可以显著提升无人机的飞行效率，还能在复杂环境中表现出更强的适应性和健壮性。

（二）代码逻辑优化

在 Python 无人机竞赛中，代码逻辑的优化是从避免重复代码和简化逻辑结构两个方面探讨代码逻辑优化的方法。

首先，避免重复代码是优化代码逻辑的关键步骤。通过封装函数，我们可以将常用的代码块提取出来，形成独立的函数，从而在需要时直接调用，避免了重复编写相同的逻辑。此外，使用循环和条件语句也可以有效减少代码量。例如，对于需要多次执行相似操作的情况，可以使用循环结构；对于需要根据不同条件执行不同操作的情况，可以使用条件语句。这样不仅可以减少代码量，还可以提高代码的可读性和可维护性。

其次，简化逻辑结构也是优化代码逻辑的重要手段。在编写代码时，应尽量使逻辑结构清晰明了，避免过于复杂的嵌套和条件判断。复杂的嵌套和条件判断不仅会降低代码的执行效率，还会增加出错的风险。因此，我们应尽量通过合理的逻辑设计，将复杂的逻辑拆分成多个简单的部分，并保持每个部分的独立性，以提高代码的执行效率和可读性。

（三）并行与异步编程

在无人机竞赛中，高效的任务处理与资源调度是利用 Python 的并行与异步编程技术来优化程序性能。

首先，多线程或多进程编程是实现并发处理的有效手段。在无人机竞赛中，图像识别、路径规划、飞行控制等多个任务可能需要同时执行。通过使用 Python 的 threading 或 multiprocessing 模块，可以创建多个线程或进程并行处理这些任务，从而提高程序的并发性能。例如，可以使用一个线程进行图像识别，另一个线程进行路径规划，同时主线程负责飞行控制，这样可以显著缩短任务处理的总时间。

其次，对于 I/O 密集型任务，如网络通信、文件读写等，异步编程是提高程序响应速度和执行效率的不二选择。Python 的 asyncio 库提供了强大的异步编程支持，通过编写异步函数并使用 await 关键字，可以在不阻塞主线程的情况下执行 I/O 操作。在无人机竞赛中，利用 asyncio 库可以实现无人机与地面控制站之间的高效通信，以及飞行数据的实时读写，从而确保无人机在竞赛中保持最佳状态。

（四）内存管理优化

在无人机竞赛中，高效的内存管理是从避免内存泄漏和优化内存使用两个方面探讨无人机控制程序中的内存管理优化策略。

首先，避免内存泄漏是内存管理的基础。在编写无人机控制程序时，我们需要时刻关注内存的使用情况，确保及时释放不再使用的内存资源。例如，在使用图像识别、路径规划等库时，要注意在完成任务后释放相关资源，避免内存泄漏导致程序崩溃或性能下降。此外，还需要注意循环引用等问题，确保 Python 的垃圾回收机制能够有效回收内存。

其次，优化内存使用也是提高程序性能的重要手段。在数据结构选择方面，我们应尽量选择内存占用小且访问效率高的数据结构，如使用列表而非数组存储数据。同时，减少不必要的数据复制也是优化内存使用的有效方法。例如，在传递大数据量时，可以考虑使用指针或引用而非直接复制数据，从而减少内存的开销。

（五）持续优化与迭代

在无人机竞赛中，持续优化与迭代优化是从定期回顾与重构、关注新技术两个方面探讨相关策略。

首先，定期回顾与重构是保持代码质量和性能的重要手段。随着项目的推进，无人机控制程序中可能会逐渐积累冗余代码和低效算法。因此，我们需要定期回顾代码，识别并消除这些问题。通过重构，我们可以简化代码逻辑、优化算法实现，从而保持代码的简洁和高效。这不仅能够提高程序的运行效率，还能够降低维护成本，为后续的迭代开发打下良好基础。

其次，关注新技术对于无人机竞赛项目的持续优化至关重要。Python 无人机编程领域的技术日新月异，更高效的库、更先进的算法不断涌现。作为竞赛规划设计与指导专家，我们需要密切关注这些新技术和新工具，及时了解它们的特性和优势。在合适的时候，将这些新技术应用到竞赛项目中，可以显著提升项目的性能和竞争力。例如，引入更高效的图像处理库可以加快图像识别速度，采用更先进的路径规划算法可以优化无人机飞行轨迹。

课堂任务

分析 Python 无人机编程竞赛实例，探讨参赛者在任务设计、算法选择、代码优化及团队协作方面的表现，学习优化代码的方法以提升无人机性能和任务执行效率。

探究活动

第一步：Python 无人机编程竞赛实例分析

1. 导入与背景介绍

教师引导：简要介绍无人机编程竞赛的背景、意义以及 Python 在无人机编程领域的广泛应用。

任务展示：明确本次竞赛的任务要求：无人机需要在限定时间内自主识别特定目标、规划飞行路径，并准确降落在目标区域。

2. 任务设计分析

分组讨论：将学生分为若干小组，每组深入阅读竞赛实例中的任务设计部分，探讨参赛队伍如何分解和规划任务。

小组汇报：各组分享讨论成果，教师汇总并强调任务设计的核心要点，如目标识别、路径规划和降落控制等模块的划分。

3. 算法选择探讨

教师讲解：阐述竞赛中使用的算法（如 OpenCV 库用于图像处理、A*算法用于路径规划）的基本原理和适用场景。

学生讨论：分析参赛队伍选择这些算法的原因，并探讨其他可能的算法及其优缺点。

汇报与点评：各组汇报讨论结果，教师结合实例进行点评，强调算法选择对任务完成的重要性。

4. 代码优化与团队协作分析

实例展示：教师展示竞赛实例中的代码优化和团队协作内容，讲解参赛队伍在代码优化（如利用 Python 数据结构、减少数据复制等）和团队协作（分工明确、即时通信等）方面的措施。

分组讨论：学生结合实例，讨论代码优化对无人机性能和任务执行效率的影响，以及团队协作在竞赛中的关键作用。

汇报与总结：各组汇报讨论结果，教师总结代码优化和团队协作的重要性，并指导学生如何在实际编程中高效优化和良好协作。

第二步：Python 无人机编程代码优化实践

1. 优化任务介绍

教师说明：介绍本次代码优化的实践任务：以无人机追踪目标并自主降落的编程任务为例，要求学生通过优化 Python 代码提升无人机的响应速度和任务执行效率。

2. 优化点讲解与分析

（1）详细讲解：

多线程处理：将人脸检测与无人机控制逻辑分离到不同线程，减少控制延迟。

资源释放：确保程序结束时释放摄像头资源和销毁 OpenCV 窗口，防止资源泄露。

代码结构优化：将起飞、降落和人脸检测逻辑分离到不同函数，提高代码可读性。

异常处理：加入对无人机连接失败、摄像头读取错误等异常的处理。

（2）学生讨论：分析这些优化点的实际应用价值和实现方法。

3. 代码优化实践

分组实践：学生根据优化点要求，对给定的无人机编程代码进行优化。教师巡视指导，解答疑问。

小组展示与互评：各组展示优化后的代码，其他组进行评价，指出优点和可改进之处。

4. 代码优化实践

分组实践：学生根据优化点要求，对给定的无人机编程代码进行优化。教师巡视指导，解答疑问。

小组展示与互评：各组展示优化后的代码，其他组进行评价，指出优点和可改进之处。

（1）原始代码示例。

```
import cv2
import numpy as np
from djitellopy import Tello
def track_and_land(drone):
    cap = cv2.VideoCapture(0)
    face_cascade = cv2.CascadeClassifier(cv2.data.haarcascades + 'haarcascade_frontalface_default.xml')
    while True:
        ret, frame = cap.read()
```

```
            gray = cv2.cvtColor(frame, cv2.COLOR_BGR2GRAY)
            faces = face_cascade.detectMultiScale(gray, 1.3, 5)
            for (x, y, w, h)in faces:
                cv2.rectangle(frame, (x, y), (x + w, y + h), (255, 0, 0), 2)
                face_center = (x + w // 2, y + h // 2)
                drone.move_by(face_center[0] - 320, -face_center[1] + 240, 0) # 假设摄像头分辨率为 640x480
            cv2.imshow('Tracking', frame)
            if cv2.waitKey(1)& 0xFF == ord('q'):
                break
        drone.land()
        cap.release()
        cv2.destroyAllWindows()
# 初始化无人机
drone = Tello()
drone.connect()
drone.takeoff()
# 开始追踪并降落
track_and_land(drone)
```

（2）优化代码示例

```
import cv2
import numpy as np
from djitellopy import Tello
from threading import Thread
def face_detection(drone, cap, face_cascade):
    while True:
        ret, frame = cap.read()
        if not ret:
            break
        gray = cv2.cvtColor(frame, cv2.COLOR_BGR2GRAY)
        faces = face_cascade.detectMultiScale(gray, 1.3, 5)
        for (x, y, w, h)in faces:
            cv2.rectangle(frame, (x, y), (x + w, y + h), (255, 0, 0), 2)
            face_center = (x + w // 2, y + h // 2)
            drone.move_by(face_center[0] - 320, -face_center[1] + 240, 0) # 假设摄像头分辨率为 640x480
        cv2.imshow('Tracking', frame)
        if cv2.waitKey(1)& 0xFF == ord('q'):
            drone.land()
            break
def track_and_land(drone):
    cap = cv2.VideoCapture(0)
    face_cascade = cv2.CascadeClassifier(cv2.data.haarcascades + 'haarcascade_frontalface_default.xml')

    # 启动人脸检测线程
    detection_thread = Thread(target=face_detection, args=(drone, cap, face_cascade))
    detection_thread.start()
    # 无人机起飞
```

```
        drone.connect()
        drone.takeoff()
        # 等待人脸检测线程结束
        detection_thread.join()
        # 释放资源
        cap.release()
        cv2.destroyAllWindows()
# 初始化无人机并执行追踪降落任务
drone = Tello()
track_and_land(drone)
```

5. 总结与拓展

教师在总结实践中的关键点时，着重强调了代码优化对提升程序性能的重要作用。为了进一步巩固学生的学习成果，教师引导学生思考如何在其他编程任务中应用这些优化方法，并鼓励他们在课后继续探索更多的代码优化技巧与优化点分析。以下是一些拓展思考的方向。

（1）多线程处理

通过将人脸检测与无人机控制逻辑分离到不同的线程中执行，可以避免因人脸检测造成的无人机控制延迟，从而显著提高系统的响应速度。这种多线程处理的方式不仅适用于无人机控制，还可以广泛应用于其他需要同时处理多个任务的场景。

（2）资源释放

在程序结束时，确保释放摄像头资源和销毁所有 OpenCV 窗口至关重要，这能有效避免资源泄露的问题。良好的资源管理习惯不仅有助于提升程序的稳定性，还能降低系统资源的占用。

（3）代码结构

将无人机起飞和降落逻辑与人脸检测逻辑分离到不同的函数中，可以使代码结构更加清晰明了，便于后续的维护和扩展。这种模块化的编程思想不仅适用于本项目，也是软件开发中常用的最佳实践。

（4）异常处理

虽然本例中未直接展示异常处理代码，但在实际应用中，加入对无人机连接失败、摄像头读取错误等异常情况的处理是至关重要的。这不仅能提高程序的健壮性，还能确保程序在出现异常情况时能够妥善处理并给出相应的提示。

通过上述优化措施的实施，无人机在编程竞赛中的性能得到了显著提升，能够更好地完成追踪目标并自主降落的任务。希望同学们能够将这些优化方法灵活运用到其他编程实践中，不断提升自己的编程能力和水平。

▶ **想一想：**在无人机编程竞赛中如何做到代码优化？请举例说明。

思维拓展

在无人机竞赛中，编程技巧与代码优化的创新不仅关乎技术层面的提升，更涉及团队合作与竞赛策略的深化。通过灵活运用高级数据结构、算法优化和异步处理机制，可以显著提升无人机的响应速度和任务执行效率。同时，强化团队协作，明确分工，促进技术交流，能够激发更多创新灵感，提升代码质量和竞赛成绩。此外，结合实际应用场景，不断探索无人机编程的新领域和新应用，如农业植保、环境监测等，将进一步拓宽无人机编程的边界，为无人机技术的发展注入新的活力，如图 8.3 所示。

图 8.3　无人机竞赛编程技巧与代码优化创新示意图

当堂训练

1. 在 Python 无人机编程中，为了提高代码的执行效率，可以通过减少_________，避免不必要的数据重复处理。

2. 使用_________数据结构存储无人机状态信息，可以快速访问和更新无人机的位置、速度等参数。

3. 在无人机路径规划中，采用_________算法可以在复杂环境中找到最优或近似最优的飞行路径。

4. 为了减少代码冗余，提高代码的可读性和可维护性，可以利用 Python 的_________特性将常用的计算逻辑封装起来。

5. 在无人机编程竞赛中，采用_________处理机制可以提高程序的响应速度，尤其是在处理异步任务时。

想创就创

1. 在无人机编程竞赛中，代码优化对于提升无人机性能至关重要。请描述一种你可以采用的代码优化策略，并解释其原理及预期效果。

2. 请解释在无人机路径规划中，为什么 A*算法是一种有效的选择，并讨论其在实际应用中的优势。

3. 在无人机编程中，如何利用 Python 的函数特性提高代码的可读性和可维护性？请给出具体例子。

4. 在无人机编程竞赛中，面对复杂多变的任务需求，如何灵活运用数据结构提升代码性能？请结合具体场景说明。

5. 请讨论在无人机编程竞赛中，如何通过团队协作提高代码质量和创新能力？

8.4　图形编程：无人机编程迷宫竞赛

知识链接

无人机编程迷宫竞赛，是一场融合编程智慧与飞行技巧的巅峰对决。参赛者需要编写高效算法，操控无人机在复杂的数字迷宫中自主导航，寻找出口。这不仅考验着参赛者对编程语言的精通度，更挑战着他们的算法设计与优化能力。

一、竞赛概述

迷宫环境模拟真实物理世界，包含多变的地形、动态的障碍与未知的路径。参赛者需要精心编程，确保无人机具备强大的环境感知与自主决策能力，以灵活应对各种突发情况，快速规划最佳路径，实现精准飞行。编程逻辑与飞行策略的完美结合，是无人机成功穿越迷宫的关键。通过不断优化程序，提升无人机的自主导航与智能避障能力，参赛者将力求以最短时间穿越迷宫，赢得荣誉。无人机编程迷宫竞赛，不仅是一场技术的较量，更是对未来智能无人机应用的一次深度探索。

二、竞赛规则

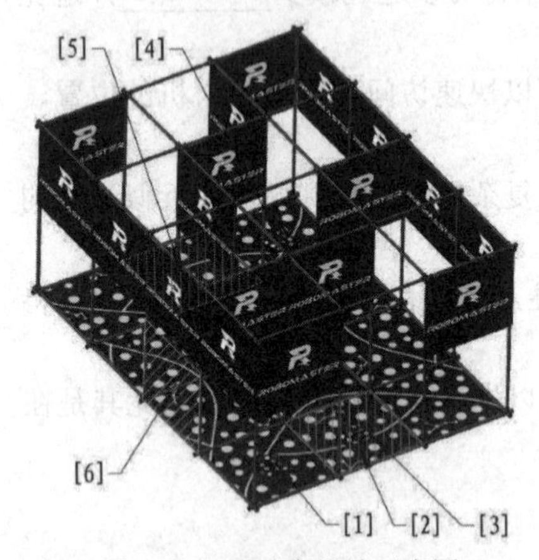

图 8.4　3×4 迷宫场地示意图

迷宫场地由若干个 60 厘米×60 厘米的单元格组成，整体尺寸为 3×4 个单元格，即 180 厘米×240 厘米，如图 8.4 所示。迷宫的起点和终点位置固定，分别为迷宫地图第一行和最后一行的中间单元格。迷宫内障碍隔板离地面最高高度为 120 厘米，挡板尺寸为 55 厘米的正方形，且挡板下方无任何遮挡物，无人机不能从挡板下方穿过。

在竞赛任务中，无人机需要从迷宫的起点出发，自主探索迷宫，直至找到终点位置。当无人机运动到迷宫终点时，需使用自身搭载的 LED 指示灯闪烁红色三次，以示任务完成。

三、计时与得分细则

1. 计时细则：每局比赛限时 7 分钟。比赛开始时，裁判发出指令并开始计时。裁判需要同时记录无人机挑战的时间，并在以下情况下结束比赛：

（1）无人机成功完成迷宫探索任务；

（2）7 分钟比赛时间耗尽；

（3）无人机坠落并停止；

（4）选手主动申请结束比赛。

2. 得分细则：若无人机在完成迷宫任务过程中比赛结束，则得分按以下方法计算：若无人机在终点单元格完成 3 次红灯闪烁后计时停止，用时短的排名靠前。比赛结束时，无人机所在单元格记为 P1。在迷宫从起始点到终点的最短路径上，找到距离 P1 路程最短的单元格 P2。迷宫从起点到终点的最短路程为 L。路程计算方式为无人机从一个单元格运动到另一个单元格所移动的格数。若无人机降落在格与格之间，则路程按距离最短格数的方式计算。最短距离格数等于终点到 P2 的最短路程格数加上 P1 到 P2 的最短距离格数。比赛过程中，若无人机超出场地范围时间大于 5 秒，成绩清零，并需要在对应场地的 A 点重启，计时不暂停。

3. 违规判罚：

（1）比赛过程中，若无人机飞行高度超过墙面时间大于 5 秒，则比赛结束；

（2）若无人机超过墙面飞行跨越单元格，比赛结束；

（3）若无人机穿过墙面禁区，比赛结束。

通过这些规则与细则，无人机编程迷宫竞赛不仅考验了参赛者的技术水平与创新思维，更为无人机技术的未来发展与应用探索提供了有力支撑。

四、无人机编程迷宫竞赛的基本知识

在无人机编程迷宫竞赛中，参赛者不仅需要掌握无人机的基本飞行控制技术，还需要深入了解迷宫算法以实现高效路径规划。

1. 迷宫算法概述

迷宫算法作为求解迷宫问题的自动化手段，在无人机编程迷宫竞赛中占据核心地位。根据不同的应用场景和需求，迷宫算法呈现出多样性，如深度优先搜索、广度优先搜索、Kruskal 算法以及摸墙算法等。其中，摸墙算法，亦称绕墙走算法，是一种基于左手或右手法则的迷宫搜索初级算法。该算法的核心思想在于，在迷宫搜索过程中，始终保持一只手（左手或右手）与迷宫墙壁接触，并沿墙壁前行。这种策略在简单连通的迷宫中尤为有效，能确保搜索者不会迷失方向，并最终找到出口（若存在）。尽管摸墙算法操作简单、直观易懂，但其效率相对较低，可能不是找到出口的最短路径。因此，在复杂或不规则的迷宫结构中，可能需要结合其他算法以提高搜索效率。

2. 无人机高度控制与 TOF 测距

无人机高度控制是无人机飞行控制中的基本且关键功能，对于执行航拍、环境监测、目标跟踪、农业喷洒等任务至关重要。在无人机编程迷宫竞赛中，精确的高度控制是确保无人机稳定飞行、避免触碰迷宫墙壁的重要前提。

而 TOF（time of flight）测距技术，则是一种利用光脉冲飞行时间测量无人机与目标物体之间距离的技术。该技术通过连续发射光脉冲到被测物体上，并接收从物体反射回来的光脉冲，通过计算光脉冲的飞行时间计算被测物体与无人机之间的距离。在无人机迷宫挑战赛中，由于向前飞行的模块距离控制可能不够精确，导致无人机容易触碰迷宫墙壁。为了提高飞行的稳定性，可以在无人机的避障飞行中添加 TOF 测距技术。

五、编程指令与 TOF 测距数据显示

在无人机编程中，通过编程指令可以控制无人机的飞行，并实时显示其数据，如图 8.5 所示。以下是关于编程指令显示 TOF 测距数据的具体步骤。

1. 初始化无人机连接：在启动无人机前，需要对无人机进行初始化，并开启飞行控制模式。在该模式下，通过判断无人机上的 LED 灯确定是否开启成功。若开启成功，则 LED 灯亮起绿色，此时可以单击按钮启动程序。如图 8.6 所示。

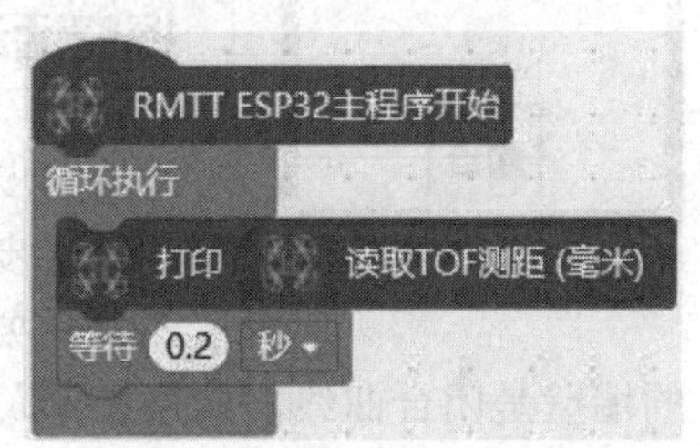

图 8.5　读取测距数据

2. 发送起飞指令：开启控制后，通过起飞指令设置让无人机起飞，如图 8.7 所示。

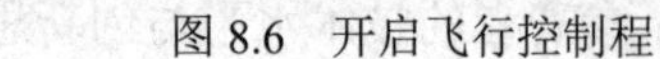

图 8.6 开启飞行控制程

图 8.7 起飞指令

3. 实时显示 TOF 数据：在无人机飞行过程中，将 TOF 测距传感器测量的距离数据实时显示在拓展模块的点阵屏上。由于 TOF 测距的最大测量距离是 1.2 米，且拓展模块的点阵屏每次仅可显示一个数字，因此需要对数据进行处理，如图 8.8 所示。

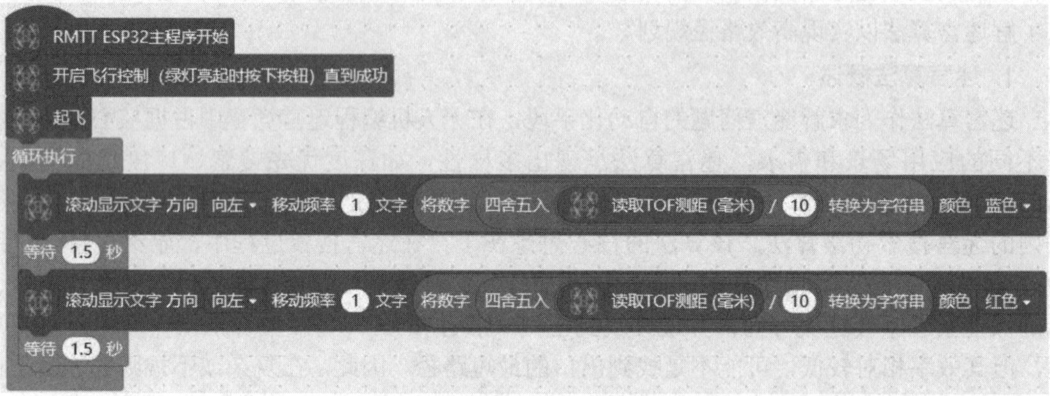

```
RMTT ESP32主程序开始
开启飞行控制（绿灯亮起时按下按钮）直到成功
起飞
循环执行
    滚动显示文字 方向 向左 ▾ 移动频率 1 文字 将数字 四舍五入 读取TOF测距（毫米） / 10 转换为字符串 颜色 蓝色 ▾
    等待 1.5 秒
    滚动显示文字 方向 向左 ▾ 移动频率 1 文字 将数字 四舍五入 读取TOF测距（毫米） / 10 转换为字符串 颜色 红色 ▾
    等待 1.5 秒
```

图 8.8 实时显示 TOF 数据

本程序中使用“除法”模块和“四舍五入”模块，先将 TOF 测距传感器测量距离除以 10，再通过四舍五入后得到整数。然后，由滚动显示模块将该数据以厘米为单位、在点阵屏上以蓝色字体滚动显示。为了区分连续显示的两组距离值，可以使用两种颜色显示（如先蓝色后红色）。同时，需要设置适当的等待时间，以确保一组距离数字能够恰好全部显示出来并只显示一次。

课堂任务

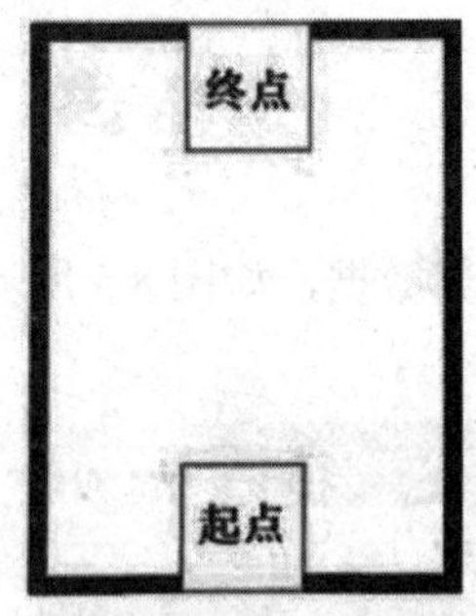

图 8.9 随机 3×4 迷宫

编写程序实现无人机从该迷宫的起点飞到迷宫的终点。先设计无人机探索迷宫的程序，然后再任意设计一个迷宫地图，最后设计无人机从该迷宫的起点飞到迷宫的终点的程序，如图 8.9 所示。

探究活动

第 1 步：无人机与计算机硬件连接步骤，参考第 4 章 4.1 节内容。

第 2 步：迷宫的起点和终点都通向迷宫的外部，而且迷宫是有墙壁的，只要顺着左侧或右侧的墙壁走，都能走出去，因为出口和入口的墙壁是闭合曲线，如果让无人机沿着左侧墙壁飞行，这称为行走迷宫的“左手法则”。如果让无人机沿着右侧墙壁飞行，这称为“右手法则”。当然，在一次的迷宫探索过程中只能统一使用一种法则，不能将左手法则与右手法则混用，否则无人机难以飞出迷宫。

接下来我们尝试使用右手法则让无人机探索迷宫。在迷宫中，无人机向前飞，从 1 号单元格进入 2 号单元格，如图 8.10 所示。无人机使用拓展模块上的 TOF 测距传感器测量单元格的某一面是否有墙壁。

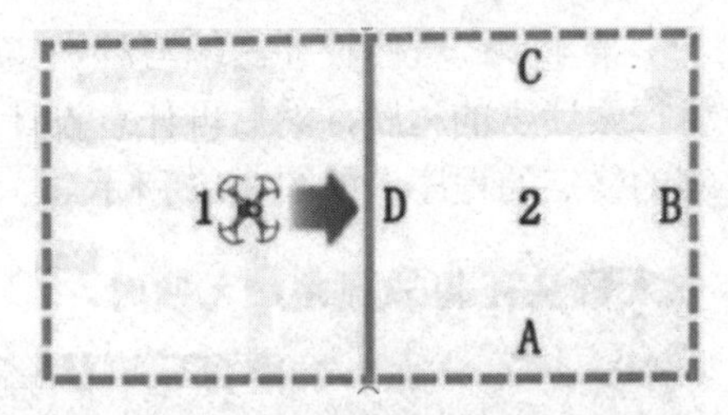

图 8.10　右手法则探索迷宫示意图

第 3 步：遵循右手法则。无人机先顺时针旋转朝向 A 面，如果 A 面没有墙壁，无人机直接从 A 面飞往下一个单元格；如果 A 面有墙壁，无人机逆时针旋转朝向 B 面。如果 B 面没有墙壁，无人机直接从 B 面飞往下一个单元格；如果 B 有墙壁，无人机逆时针旋转朝向 C 面。如果 C 面没有墙壁，无人机直接从 C 面飞往下一个单元格；如果 C 面有墙壁，无人机逆时针旋转朝向 D 面并直接飞回 1 号单元格，无人机每进入一个单元格都按这样的飞行原则对迷宫进行探索，直至走出迷宫。无人机右手法则探索迷宫程序设计流程图如图 8.11 所示。

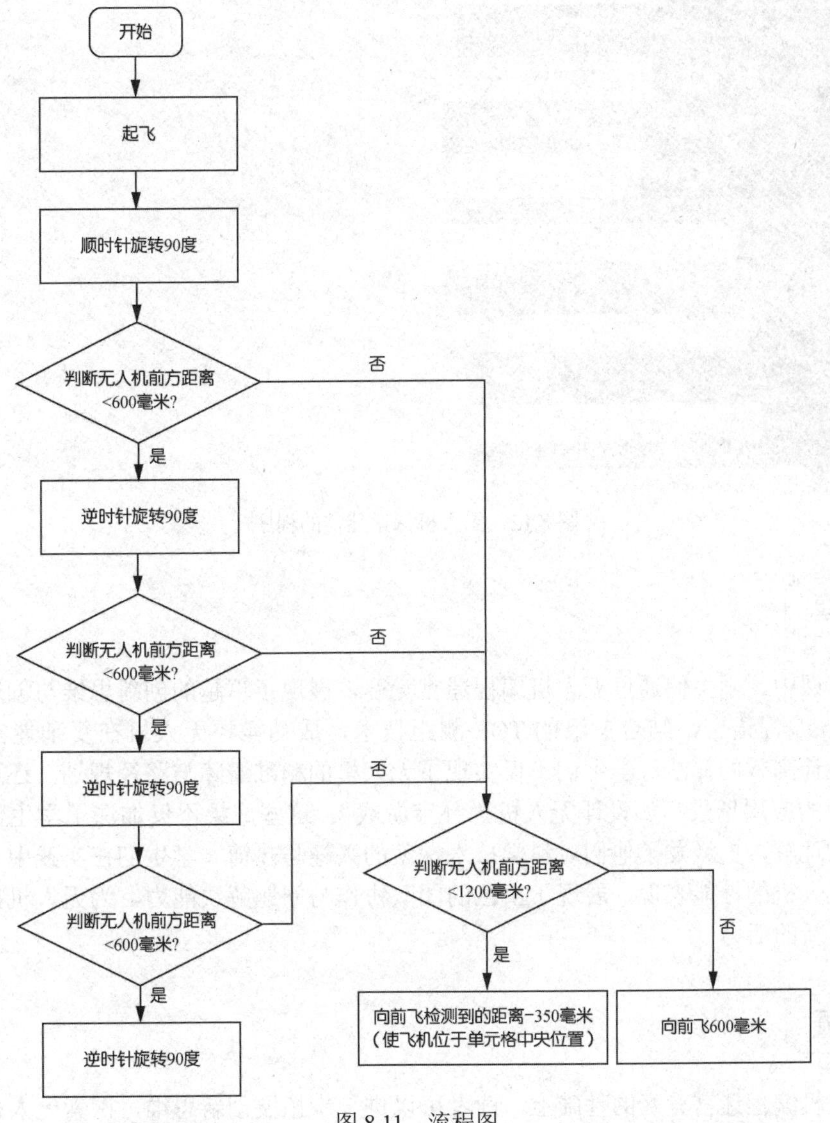

图 8.11　流程图

第 4 步：程序设计。编写程序实现无人机从该迷宫的起点飞到迷宫的终点。先设计无人机探索迷宫的程序，然后再任意设计一个迷宫地图，最后设计无人机从该迷宫的起点飞到迷宫的终点的程序，如图 8.12 所示。

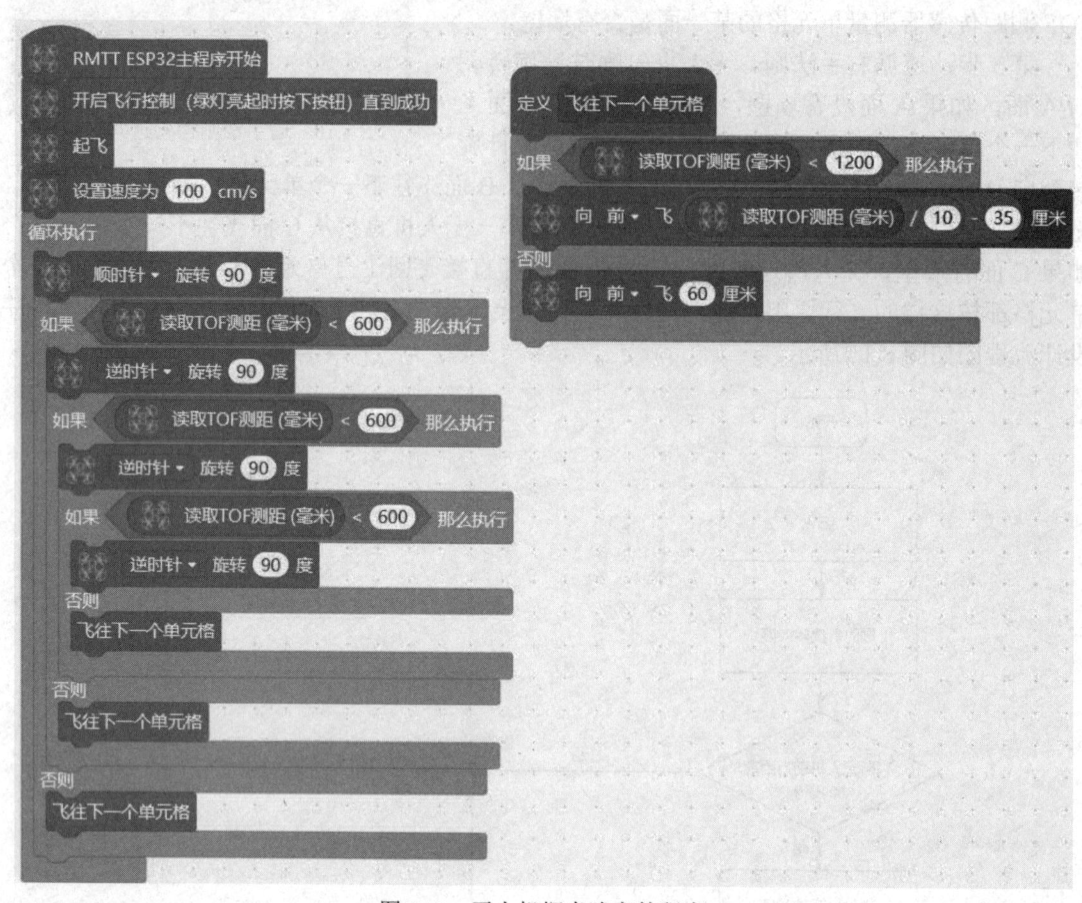

图 8.12　无人机探索迷宫的程序

成果分享

在本节课中，学生们通过无人机编程迷宫竞赛，展现了卓越的创新思维与创造力。他们利用 Python 编程语言，结合前沿的 TOF 测距技术，成功操控无人机在复杂迷宫中自主导航。通过设计高效的算法，学生们不仅实现了无人机的精准避障与路径规划，还进一步拓展了迷宫探索的应用场景，如设计无人机“寻宝游戏”。这些成果不仅加深了学生们对无人机编程技术的理解，更激发了他们对科学技术探索的兴趣与热情。学生们在实践中不断优化算法，提升无人机的性能表现，展现了出色的团队协作与问题解决能力，为无人机技术的未来发展注入了新的活力。

思维拓展

在无人机编程迷宫竞赛的基础上，读者可以进一步拓展创新思维，探索无人机编程在更多领域的应用。例如，将迷宫竞赛中的路径规划算法应用于无人机物流配送，优化配送路线，提高效率。或者，利用无人机编程技术，结合图像处理与机器学习，开发无人机环境监测系统，实时检测空气质量、森林火灾等。此外，还可以尝试将无人机编程与虚拟现实技术结合，创建沉浸式无人机飞行模拟训练平台，提升飞行员的训练效果。通过不断拓展思维，读者能够发现无人机编程技术的无限潜力，并激发创造力，推动科技进步，如图 8.13 所示。

图 8.13　无人机编程迷宫探索飞行创新思路示意图

当堂训练

1. 在无人机编程迷宫探索项目中，我们通过什么传感器实现对迷宫内障碍距离的检测？

2. 在无人机编程迷宫探索项目中，我们利用什么法则实现对迷宫的探索？

3. 在编写无人机迷宫探索程序时，需要用到__________控制结构实现无人机在一个单元格内对四周进行距离判断？

4. 在编写无人机迷宫探索程序时，无人机在某一单元格探索的过程中，我们设置 TOF 传感器检测到距离小于多少时视为该方向为死路？

5. 在编写无人机迷宫探索程序时，若想要无人机移动到下一个单元格的中间位置，无人机向前飞行的距离与 TOF 传感器检测到的距离有什么样的数量关系？

想创就创

1. 创新编程题：在无人机编程迷宫竞赛的基础上，进一步设计一个更加复杂且富有挑战性的任务——“无人机迷宫救援任务”。在这个任务中，迷宫内不仅包含固定的起点和终点，还随机分布着若干个“被困人员”（用小型标志物表示）。无人机的任务是从起点出发，不仅要找到终点，还需要在飞行过程中尽可能多地救援这些“被困人员”。每次救援成功后，无人机需要在“被困人员”位置悬停 5 秒，LED 灯闪烁红灯 3 次，并通过点阵屏显示已救援的人数。最后，无人机需要回到终点位置完成任务。请设计一个 Python 程序实现这一任务，并考虑如何优化无人机的路径规划，以最小化总飞行时间和飞行距离。

答案提示：

（1）路径规划：可以采用 A*算法或 Dijkstra 算法规划无人机从起点到终点的最短路径，并结合贪心算法或动态规划策略优先救援距离当前位置最近的“被困人员”。

（2）状态管理：使用列表或字典记录已救援的“被困人员”位置以及已访问过的单元格，避免重复访问和重复救援。

（3）时间优化：在救援过程中，可以根据“被困人员”的分布情况动态调整救援顺序，以减少无效飞行和等待时间。

（4）代码实现：利用 Python 的库（如 heapq 用于实现优先队列）辅助实现上述算法，并结合无人机编程接口控制无人机的飞行和状态显示。

2. 程序阅读题：请阅读并分析以下Python代码片段，该代码实现了无人机在迷宫中的一个简单探索过程。代码中使用了循环和条件判断控制无人机的飞行方向，并假设无人机能够感知到前方是否有墙壁。请解释代码的工作流程，并指出代码中可能存在的问题或改进点。

```
def explore_maze(drone, maze):
    # 假设 drone 对象包含 move_forward(), turn_left(), turn_right(), stop()等方法
    # maze 是一个二维列表，表示迷宫的布局，0 表示可通过，1 表示墙壁
    x, y = 0, 0   # 初始位置
    directions = [(0, 1), (1, 0), (0, -1), (-1, 0)]   # 右、下、左、上
    current_direction = 0   # 初始方向向右
    while not maze[x][y] == 'E':   # 假设终点标记为'E'
        # 检查前方是否有墙壁
        if maze[x + directions[current_direction][0]][y + directions[current_direction][1]] == 1:
            # 前方有墙壁，尝试左转
            drone.turn_left()
            current_direction = (current_direction - 1)% 4
        else:
            # 前方无墙壁，向前飞行
            drone.move_forward()
            x += directions[current_direction][0]
            y += directions[current_direction][1]
    drone.stop() # 到达终点，停止飞行
```

8.5 本章学习评价

请完成以下题目，并借助本章的知识链接、探究活动、课堂训练以及思维拓展等部分，全面评估自己在知识掌握与技能运用、解决实际难题方面的能力，以及在此过程中形成的情感态度与价值观，是否成功达成了本章设定的学习目标。

一、填空题

1. 无人机编程竞赛不仅考验参赛者的技术水平，还考验其________和团队协作能力。
2. 在无人机编程竞赛中，________是实现无人机高效控制的关键。
3. Python 的________库因其丰富的图像处理函数，成为实现目标检测与跟踪的首选。
4. 在无人机编程迷宫竞赛中，参赛者需要利用________实现无人机在迷宫中的自主导航。
5. 在无人机竞赛中，采用________可以提高程序的响应速度和执行效率。
6. 无人机的飞行性能参数包括飞行速度、飞行高度、________以及稳定性等。
7. 团队协作中，建立________机制有助于解决任务分配不均和意见不合等问题。
8. 在 Python 无人机编程中，使用________数据结构可以快速访问和更新无人机的状态信息。
9. 无人机编程迷宫竞赛中，无人机需要从迷宫的________出发，探索直至找到终点位置。
10. 为了提高无人机编程竞赛中的代码质量，参赛者应定期进行代码________和重构。

二、问答题

1. 无人机编程竞赛的现实意义是什么？请结合本章内容简要说明。
2. 在无人机编程迷宫竞赛中，如何确保无人机在飞行过程中不触碰迷宫墙壁？
3. 请阐述在无人机竞赛中团队协作的重要性，并举例说明。
4. 如何通过代码优化提高无人机编程竞赛中的程序执行效率？请给出具体策略。
5. 无人机编程迷宫竞赛中，迷宫算法的选择对竞赛成绩有何影响？请解释。
6. 请解释无人机编程竞赛中路径规划的重要性，并讨论一种有效的路径规划算法。
7. 在无人机编程竞赛中，如何确保无人机的飞行安全？
8. 请讨论无人机编程竞赛对无人机技术发展的推动作用？
9. 在无人机编程迷宫竞赛中，如何利用 TOF 测距技术提高无人机的避障能力？
10. 请结合本章内容，阐述无人机编程竞赛对参赛者职业发展的积极影响？

三、创新编程题

设计一款无人机编程竞赛中的“智能搜救与物资投送”任务。在该任务中，无人机需要在模拟的灾难现场执行搜救任务，同时携带一定数量的救援物资（如急救包、食品等），并将这些物资投送到指定的受困人员位置。设计一个 Python 程序实现这一任务，并考虑如何优化无人机的路径规划、物资分配和搜救效率。

▶ **答案提示：**

1. 路径规划：可以采用 A*算法或 Dijkstra 算法规划无人机从起点到终点的最短路径。同时，结合贪心算法或动态规划策略优先搜救距离当前位置最近的受困人员，并在投送物资时考虑路径的最优化。

2. 物资分配：使用列表或字典记录每个受困人员的位置和所需的物资类型及数量。在规划路径时，考虑无人机的载重限制和物资分配的优先级，确保能够高效地将物资投送到最需要的地方。

3. 搜救效率：通过实时监测无人机的位置和状态，动态调整搜救策略。例如，在发现新的受困人员时，可以重新规划路径以优先搜救；在物资不足时，可以返回补给点补充物资后再继续搜救。

4. 代码实现：利用 Python 的库（如 heapq 用于实现优先队列）辅助实现上述算法，并结合无人机编程接口控制无人机的飞行、物资投送和状态显示。

四、程序阅读分析题

请阅读并分析以下 Python 代码片段，该代码实现了无人机在无人机编程竞赛中的目标追踪任务。代码中使用了 OpenCV 库进行图像处理，并控制无人机飞向追踪目标。请解释代码的工作流程，并指出代码中可能存在的问题或改进点。

Python 代码片段如下：

```
import cv2
import numpy as np
from djitellopy import Tello
```

```
def track_target(drone):
    cap = cv2.VideoCapture(0)
    tracker = cv2.TrackerKCF_create()
    success, frame = cap.read()
    if not success:
        print("Error: Unable to capture video.")
        return
    bbox = cv2.selectROI(frame, False)
    tracker.init(frame, bbox)
    while True:
        success, frame = cap.read()
        if not success:
            break
        success, bbox = tracker.update(frame)
        if success:
            (x, y, w, h)= bbox
            cv2.rectangle(frame, (x, y), (x + w, y + h), (0, 255, 0), 2)
            drone.move_towards(x, y)
        else:
            drone.hover()
        cv2.imshow("Tracking", frame)
        if cv2.waitKey(1)& 0xFF == ord('q'):
            break
    cap.release()
    cv2.destroyAllWindows()
drone = Tello()
drone.connect()
drone.takeoff()
track_target(drone)
drone.land()
```

第 8 章答案

第 8 章代码

参 考 文 献

[1] 李跃，汪亚明，黄文清，等．基于 OpenCV 的摄像机标定方法研究[J]．浙江理工大学学报，2010，27（3）：417-420+440．

[2] 刘子源，蒋承志．基于 OpenCV 和 Haar 特征分类器的图像人数检测[J]．辽宁科技大学学报，2011，34（4）：384-388．

[3] 左腾．人脸识别技术综述[J]．软件导刊，2017，16（2）：182-185．

[4] 高雪．语音识别技术在人机交互中的应用研究[D]．北京：北方工业大学，2017．

[5] 梅龙宝，王同聚，齐新燕．AI 人工智能[M]．广州：广东教育出版社，2019．

[6] 郑岚．Python 访问 MySQL 数据库[J]．电脑编程技巧与维护，2010（6）：59-61．

[7] 余小高．用嵌入式 SQL 语言开发 ORACLE 数据库应用的方法研究[J]．计算机应用及软件，2004，21（4）：22-24．

[8] 高远．基于 Python 和 C/C++的分布式计算架构[J]．软件导刊，2012，11（6）：17-18．

[9] 孙凤杰，崔维新，张晋保，等．远程数字视频监控与图像识别技术在电力系统中的应用[J]．电网技术，2005，29（5）：81-83．

[10] 周小四，杨杰，朱一坦．用于监控智能报警系统的图像识别技术[J]．上海交通大学学报，2002，36（4）：498-501．

[11] 张浩，王玮，徐丽杰，等图像识别技术在电力设备监测中的应用[J]．电力系统保护与控制，2010，38（6）：88-91．

[12] 蒋树强，闵巍庆，王树徽．面向智能交互的图像识别技术综述与展望[J]．计算机研究与发展，2016，53（1）：113-122．

[13] 王波涛，蔡安妮，孙景鳌．生物图像识别技术及其应用[J]．计算机工程与设计，2001，22（4）：78-82．

[14] 刘伟善．Arduino 创客之路[M]．北京：清华大学出版社，2018．

[15] ABADI M, BARHAM P, CHEN J, et al. TensorFlow: a system for large-scale machine learning[J]. OSDI, 2016, 16: 265-283.

[16] 谢琼．深度学习——基于 Python 语言和 TensorFlow 平台[M]．北京：人民邮电出版社，2018．

[17] 王婷婷．轻型无人机发动机气缸磨损行为研究[D]．沈阳工业大学，2020. DOI:10.27322/d.cnki.gsgyu.2020.000556．

参考文献